浙江省"十四五"普通高等教育本科规划教材

浙江省普通本科高校"十四五"重点立项建设教材

化工原理
闯关学习指导

第二版

⊡ 姚 方 主编
⊡ 董振强 沈晓莉 副主编

化学工业出版社

·北京·

图书在版编目（CIP）数据

化工原理闯关学习指导 / 姚方主编；董振强，沈晓莉副主编. -- 2版. -- 北京：化学工业出版社，2025. 3. --（浙江省普通本科高校"十四五"重点立项建设教材）. -- ISBN 978-7-122-47106-2

Ⅰ. TQ02

中国国家版本馆 CIP 数据核字第 2025ZR1629 号

责任编辑：徐雅妮　孙凤英　　　　　　装帧设计：刘丽华
责任校对：宋　夏

出版发行：化学工业出版社
　　　　　（北京市东城区青年湖南街 13 号　邮政编码 100011）
印　　装：北京云浩印刷有限责任公司
787mm×1092mm　1/16　印张 25　字数 611 千字
2025 年 3 月北京第 2 版第 1 次印刷

购书咨询：010-64518888　　　　　　售后服务：010-64518899
网　　址：http://www.cip.com.cn
凡购买本书，如有缺损质量问题，本社销售中心负责调换。

前言

《化工原理闯关学习指导》（第二版）为浙江省"十四五"普通高等教育本科规划教材和普通本科高校"十四五"重点立项建设教材，是浙江省普通高校"十三五"新形态教材《化工原理闯关学习攻略》（上下册）的修订版。本书保留了原版教材的编写思路，借鉴网络游戏的闯关机制，将化工原理中常用的、经典的单元操作内容分别设计成一系列关卡，通过闯关、测试的方式激发学生的学习兴趣，同时，帮助学生在不断探究和体验闯关成功的满足感中完成课程的学习，主动建构知识体系，让枯燥的学习过程变得富有挑战和趣味。

《化工原理闯关学习指导》（第二版）中保留原有的"夯实基础题""灵活应用题""拓展提升题"，通过分层递进的练习，帮助学生循序渐进地掌握化工原理的基本概念和理论知识。同时，为拓宽学生视野，了解科技发展新趋势，在每个单元操作中增编了"拓展阅读"部分，并补充编写了新型分离技术章节，介绍化工单元操作新技术的应用、相关前沿技术研究进展。

除此，为落实立德树人根本任务，本书在修订过程中，以党的二十大报告提出的"六个必须坚持"为指引，挖掘各章节典型案例的思政育人价值、案例分析过程中潜在的哲学智慧以及单元操作的技术瓶颈和研究进展，从背景、意义、影响、作用、启示、方法、思维等多角度融入低碳环保、生态文明、社会责任、辩证思维等思政元素，引导学生树立系统观念，坚持问题导向，增强应用马克思主义哲学原理和方法解决复杂工程问题的能力，以培养具有坚定理想信念、坚持四个自信、敢于担当、脚踏实地的新时代有情怀的大学生。

本书由姚方任主编，董振强、沈晓莉任副主编。本次再版编写分工如下，姚方修订第7、8章，董振强修订第2、5章，沈晓莉修订第6、9章，陆银稷修订第1、3、4章并新编了第10章。本书配套教学视频由姚方、董振强、沈晓莉、洪辉泉联合录制。

东方仿真科技（北京）有限公司友情提供了化工经典单元操作设备图片、动画等素材资源，同时本书编写得到了巨化集团有限公司的大力支持与帮助，在此致以深切谢意。

本书编写过程中参阅了大量文献资料，在此对所有文献资料的作者表示由衷的感谢。

由于编者水平有限，书中难免有欠缺和不足之处，恳请读者批评指正。

编者

2024 年 6 月

第一版前言

《化工原理闯关学习攻略》是浙江省普通高校"十三五"新形态教材，是化工原理课程学习的指导书，所涉及的内容为常用、经典的化工单元操作。为了激发学生的学习兴趣，我们借鉴网络游戏里的闯关机制，将及时反馈与及时激励运用于教学过程，把化工原理设计成一系列的关卡。让学生每完成一个关卡知识点的学习，就进行一次闯关测试，及时检验学习效果，在不断探究和体验闯关成功的满足感中完成化工原理的学习，主动地构建自己的知识体系，使枯燥的学习过程变得富有挑战和趣味。

为此，我们在《化工原理闯关学习攻略》设置了"夯实基础题""灵活应用题""拓展提升题"和"闯关自测卷"，通过分层递进的练习，帮助学生循序渐进地掌握化工原理的基本概念和理论知识。"夯实基础题"简单直观、兼顾重点与细节，帮助学生自查对知识点的熟悉程度；"灵活应用题"难度较大、综合应用性强，帮助学生深入理解重点与难点，达到期末考试或闯关测试的要求；"拓展提升题"精选了全国重点高校化工原理考研试卷中的经典考题，帮助学生备战考研与提升能力；"闯关自测卷"按关卡设置，每个关卡包括 A 卷和 B 卷，帮助学生测试自己对相应关卡知识的掌握程度。

本书对经典习题、难点配以视频讲解，读者扫描书中的二维码，在手机上即可观看，帮助读者深入理解化工原理核心知识点。由北京东方仿真软件技术有限公司友情提供的素材资源将教材中抽象的设备结构可视化，方便读者直观了解化工单元操作典型设备的外形和内部构造。

本书可作为高等院校化工类及相关专业学生学习化工原理的辅导书，帮助学生自学闯关、期末复习、备战考研，也可为高等院校化工原理授课教师提供教学参考。

本书上册由姚方任主编，沈晓莉任副主编。上册第 1、3 章及其微课视频由姚方编写、制作，第 2 章及其微课视频由洪辉泉编写、制作，第 4 章及其微课视频由沈晓莉编写、制作。本书下册由姚方任主编，董振强任副主编。下册第 1 章及其微课视频由董振强编写、制作，第 2 章由洪辉泉编写，第 2 章微课视频、第 3～5 章及其微课视频由姚方编写制作、第 3 章微课视频由沈晓莉制作。闯关自测卷由董振强编写。

在编写过程中，我们得到了巨化集团有限公司、北京东方仿真软件技术有限公司的支持与帮助，在此致以深切谢意。

本书参阅了大量的文献资料，在此对所有文献资料的作者表示由衷的感谢。

由于编者水平有限，书中难免有不足之处，恳请读者批评指正。

编者

2020 年 5 月

目录

第 9 章　干燥　344

第 10 章　新型分离技术概述　374

第 1 章

流体流动

本章知识目标

❖ 理解边界层概念、流体流动阻力产生的原因与影响因素、量纲分析方法；
❖ 掌握流体密度、黏度、静压强的特性、表示方法以及单位换算；
❖ 掌握牛顿黏性定律、流体的静力学方程、伯努利方程、连续性方程的物理意义及应用；
❖ 掌握范宁公式、哈根-泊稷叶公式，直管及局部阻力的计算，管路系统中总能量损失的计算；
❖ 掌握简单管路和复杂的管路计算；
❖ 掌握流量计测流量的原理，以及能量损失公式在流量计中的应用。

本章能力目标

❖ 能进行流体静力学基本方程式的应用（压力与压差的测量、液位的测量以及液封高度等的计算）；
❖ 能进行适宜管径的选型设计；
❖ 能通过伯努利方程、阻力的计算，进行管路输送相关问题的分析和计算（如流速的变化规律、压强的分布、设备安装高度、输送设备的功率大小等）；
❖ 能通过某个分支上阀门开度变化来判断其他分支以及总管流量、压强、阻力的变化；
❖ 能进行简单、复杂管路的设计型和操作型问题的分析及计算。

本章素养目标

❖ 激发家国情怀，能建立家国责任感和使命感；
❖ 树立节能意识，能应用理论分析节能途径；
❖ 建立科学方法，能基于科学思维解决问题。

本章重点公式

1. 理想气体密度

$$\rho = \frac{m}{V} = \frac{pM}{RT} = \rho_0 \frac{pT_0}{p_0 T}$$

2. 牛顿黏性定律

$$\tau = \mu \frac{\mathrm{d}u}{\mathrm{d}y}$$

3. 静力学方程

$$\frac{p_1}{\rho} + gz_1 = \frac{p_2}{\rho} + gz_2 \qquad (\mathrm{J/kg})$$

4. U 形压差计

两侧测压口不在同一高度　　$\Delta p = p_A - p_B = Rg(\rho_i - \rho) - \rho g(z_A - z_B)$

两侧测压口在同一高度　　$\Delta p = Rg(\rho_i - \rho)$

5. 流量与流速

$$w_s = V_s \rho, \quad V_s = uA, \quad G = \frac{w_s}{A} = \frac{V_s \rho}{A} = u\rho$$

6. 连续性方程(质量守恒方程式)

$$u_1 A_1 \rho_1 = u_2 A_2 \rho_2 \longrightarrow u_1 A_1 = u_2 A_2 \longrightarrow u_1 d_1^2 = u_2 d_2^2$$

7. 伯努利方程(机械能衡算式)

$$gz_1 + \frac{u_1^2}{2} + \frac{p_1}{\rho} + W_e = gz_2 + \frac{u_2^2}{2} + \frac{p_2}{\rho} + \sum h_f \quad (\text{J/kg})$$

$$gz_1 + \frac{u_1^2}{2} + \frac{p_1}{\rho} = gz_2 + \frac{u_2^2}{2} + \frac{p_2}{\rho} \quad (\text{J/kg})$$

8. 雷诺数

$$Re = \frac{du\rho}{\mu} = \frac{dG}{\mu} = \frac{du}{\nu}$$

9. 管路系统总能量损失的计算(范宁公式)

$$\sum h_f = \lambda \frac{l}{d} \times \frac{u^2}{2} \quad (\text{J/kg})$$

$$\Delta p_f = \rho \sum h_f = \lambda \frac{l}{d} \times \frac{\rho u^2}{2} \quad (\text{Pa})$$

$$\sum H_f = \sum h_f / g = \lambda \frac{l}{d} \times \frac{u^2}{2g} \quad (\text{m})$$

$$\sum h_f = \left(\lambda \frac{l + \sum l_e}{d} + \sum \zeta \right) \frac{u^2}{2} \quad (\text{J/kg})$$

10. 当量直径

$$d_e = \frac{4A}{\Pi} = \frac{4 \times 流通截面积}{润湿周边}$$

11. 圆管内层流速分布

$$u = u_{max} \left[1 - \left(\frac{r}{R} \right)^2 \right]$$

12. 并联管路

$$V_s = V_{s1} + V_{s2} + V_{s3} + \cdots$$

$$\sum h_{f1} = \sum h_{f2} = \sum h_{f3} = \cdots$$

$$V_{s1} : V_{s2} : V_{s3} = \sqrt{\frac{d_1^5}{\lambda_1 (l + \sum l_e)_1}} : \sqrt{\frac{d_2^5}{\lambda_2 (l + l_e)_2}} : \sqrt{\frac{d_3^5}{\lambda_3 (l + l_e)_3}}$$

13. 串联管路

$$V_s = V_{s1} = V_{s2} = V_{s3} = \cdots$$

$$\sum h_f = \sum h_{f1} + \sum h_{f2} + \sum h_{f3} + \cdots$$

14. 分支管路

$$V_s = V_{s1} + V_{s2} + V_{s3} + \cdots$$

$$gz_0 + \frac{p_0}{\rho} + \frac{u_0^2}{2} = gz_1 + \frac{p_1}{\rho} + \frac{u_1^2}{2} + h_{f,0\text{-}1} = gz_2 + \frac{p_2}{\rho} + \frac{u_2^2}{2} + h_{f,0\text{-}2} = \cdots$$

1.1 流体静力学

1.1.1 概念梳理

【主要知识点】

1. 流体 液体和气体统称为流体,流体具有流动性。

2. 质点 含有大量分子的流体微团,其尺寸远小于设备尺寸,但比起分子自由程却要大得多,可将其视为有质量但无体积的点。

3. 连续性假定 假定流体是由大量质点组成的,彼此间没有间隙,完全充满所占空间的连续介质。

4. 流体的连续介质模型 将流体视为由无数分子基团所组成的连续介质。提出该模型的意义在于:①将对流体的研究建立在实验数据的基础上;②可以用连续函数等数学工具对流体进行数理分析。

5. 拉格朗日法 选定一个流体质点,对其跟踪观察,描述其运动参数(如位移、速度等)与时间的关系。

欧拉法 在固定空间位置上观察流体质点的运动情况,如空间各点的速度、压强、密度等,即直接描述各有关运动参数在空间各点的分布情况和随时间的变化。

拉格朗日法和欧拉法的区别 前者描述同一质点在不同时刻的状态;后者描述空间任意定点的状态。

6. 轨线与流线 轨线是同一流体质点在不同时间的位置连线,是拉格朗日法考察的结果;流线是同一瞬间不同质点在速度方向上的连线,是欧拉法考察的结果。

7. 系统与控制体 系统是采用拉格朗日法考察流体;控制体是采用欧拉法考察流体。

8. 流体的密度 单位体积流体具有的质量。对于气体来说,密度与温度、压力都有关。液体的密度基本上不随压力变化(极高压力除外),但随温度略有改变。对于理想气体

$$\rho = \frac{m}{V} = \frac{pM}{RT} = \rho_0 \frac{pT_0}{p_0 T}$$

式中, p 为系统压力,kPa; T 为系统温度,K。

对于液体混合物,各组分的组成常用质量分数表示。以 1kg 混合液体为基准,若各组分在混合前后体积不变,则 1kg 混合液体的体积等于各组分单独存在时的体积之和,即

$$\frac{1}{\rho_m} = \frac{a_1}{\rho_1} + \frac{a_2}{\rho_2} + \cdots + \frac{a_n}{\rho_n}$$

式中, ρ_i 为液体混合物中各纯组分的密度,kg/m³; a_i 为液体混合物中各组分的质量分数。其中, $i = 1, 2, 3, \cdots, n$ 。

9. 可压缩流体与不可压缩流体的区别 流体的密度与压强有关的称为可压缩流体,流体的密度与压强无关的称为不可压缩流体,一般液体与压力变化较小的气体可视为不可压缩流体。

10. 静压强的特性 ①在静止流体内部,任一点的静压力方向都与作业面相垂直,并指向该作业面。②静压力的大小与作业面的方位无关,同一点处各个方向作用的静压力相等,即静压力是各向同性的,只与所处位置有关。

11. 流体静力学基本方程式

$$\frac{p_1}{\rho} + gz_1 = \frac{p_2}{\rho} + gz_2 \qquad \text{(J/kg)}$$

或 $\qquad\qquad p_2 = p_1 + \rho g(z_1 - z_2) \qquad$ （Pa）

或 $\qquad\qquad p = p_0 + \rho g h \qquad$ （Pa）

或 $\qquad\qquad p_1 - p_2 = (\rho_A - \rho)gR \qquad$ （Pa）

（1）当容器液面上方的压力 p_0 一定时，静止液体内部任一点压力 p 的大小与液体本身的密度 ρ 和该点距液面的深度 h 有关。因此，在静止的、连续的同一液体内，处于同一水平面上各点的压力都相等。

（2）当液面上方的压力 p_0 有改变时，液体内部各点的压力 p 也发生同样大小的改变。

（3）方程还可以改成 $\dfrac{p - p_0}{\rho g} = h$，说明压差的大小可以用一定高度的液体柱表示。

（4）压强的表示方法

表压＝绝压－大气压　　压强表的读数为表压值；

真空度＝大气压－绝压　　真空表的读数为真空度值。

（5）主要应用　①指示液位高度；②计算液封高度；③测量压强（压差）。

（6）解题关键　寻找合适的等压面，列出静力学基本方程式。

【流体静力学部分思维导图】

1.压强的单位换算

$\text{1atm} = 1.013 \times 10^5 \text{Pa} = 101.3 \text{kPa} = 0.1013 \text{MPa} = 1.013 \text{bar}$

$= 10330 \text{kgf/m}^2 = 1.033 \text{kgf/cm}^2$

$= 760 \text{mmHg} = 10.33 \text{mH}_2\text{O} = 10330 \text{mmH}_2\text{O}$

1kgf/cm^2（一个工程大气压）$= 10 \text{mH}_2\text{O}$

2.压强的表达方式

(1) 绝压；(2) 真空度；(3) 表压

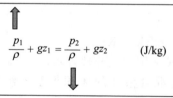 动画

压强的单位换算

$$\frac{p_1}{\rho} + gz_1 = \frac{p_2}{\rho} + gz_2 \qquad \text{(J/kg)}$$

1.流体根据密度是否随压力的改变而变化，分为可压缩与不可压缩流体

2.密度的获取方式

(1) 纯流体　查物性数据

(2) 混合液体　按公式计算　$\dfrac{1}{\rho_m} = \dfrac{a_1}{\rho_1} + \dfrac{a_2}{\rho_2} + \cdots + \dfrac{a_n}{\rho_n}$.

(3) 理想气体　按公式计算　$\rho = \dfrac{pM}{RT} \qquad \rho = \rho' \dfrac{pT_0}{p_0 T}$

物理意义：流体具有静压能和位能，静止时两项能量之和恒为常数且可相互转化

使用条件：直接使用于重力场中静止、连续的同一种不可压缩流体

解题关键：寻找合适的等压面，即等高面

1.1.2　典型例题

典型例题讲解
静力学方程
应用案例

【例】 有一根倾斜放置的水管，如图 1-1 所示，水从下而上流动，求 1、2 两截面间的压差。

解： 因为 3、3′ 两点在连通着的同一种静止流体内，且在同一水平面上，所以 $p_3 = p_3'$，由

$$p_3 = p_1 + \rho g(z_1 + R), \quad p_3' = p_2 + \rho g z_2 + \rho_0 g R$$

可得　$p_1 + \rho g(z_1 + R) = p_2 + \rho g z_2 + \rho_0 g R$

化简得　$p_1 - p_2 = \rho g(z_2 - z_1) + g R(\rho_0 - \rho)$

当被测管段水平放置时，$z_1 = z_2$，则上式可简化为

$$p_1 - p_2 = (\rho_0 - \rho)g R$$

注意： 在静力学方程的应用中，应首先选取合适的等压面，利用"等压面即等高面"原则解题，"想当然"式解题容易在较复杂的情况下出错。

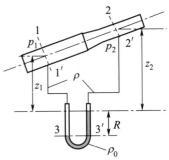

图 1-1　例题附图

总结

只有水平放置时，U 形压差计表示的压差才能等于两截面间的压差。当位差存在的时候，截面压差还与位能的改变有关。

思考

U 形压差计显示的压差是由哪部分因素造成的呢？（这个问题将在 1.4.4 灵活应用题的简答题 3 中展开讨论。）

1.1.3　夯实基础题

一、填空题

1. 连续性假定是指_____。

2. 连续介质模型，也称为质点模型，提出该模型的意义在于①_____；②_____。

3. 控制体与系统的区别在于考察方法的不同，对系统进行考察的方法是_____法，对控制体进行考察的方法是_____法。

4. 处于同一水平面的流体，维持等压面的条件必须是_____、_____、_____。

5. 流体有反抗在流动中发生速度差异的本性，这种本性叫作流体的黏性。流体具有黏性的原因是_____；_____。

6. $1\text{Pa} = \underline{\qquad} \text{N/m}^2 = \underline{\qquad} \text{kgf/cm}^2 = \underline{\qquad} \text{mmHg}$。

7. 当地大气压为 750mmHg，测得一容器内的绝对压强为 350mmHg，则真空度为____mmHg；测得另一容器内的表压强为 1360mmHg，则其绝对压强为____mmHg。

8. 温度为 25℃、摩尔质量为 18g/mol 的气体（可视为理想气体），压强为 $4×10^4$ Pa，则它的密度为_____。

9. 如图 1-2 所示，两容器内盛有水，容器截面远大于 U 形管直径，两个 U 形管内的指示液均为汞，R_1 液面上方的封闭管内是空气。若 p_1 变大，则 R_1____，R_2____；p_2____，p_3____。（变大、变小、不变）

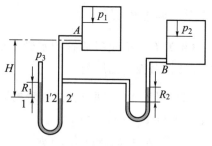

图 1-2　填空题 9 附图

二、选择题

1. 下列物体中服从牛顿黏性定律的有（　　）。

A. 气体、水、溶剂、甘油　　　　　　B. 油漆、蛋黄浆

C. 牙膏、纸浆　　　　　　　　　　　D. 凝固汽油、沥青、面团

2. 表压与大气压、绝压的正确关系是（　　）。

A. 表压＝绝压－大气压　　B. 表压＝大气压－绝压　　C. 表压＝绝压＋真空度

3. 设备内的真空度越高，说明设备内的绝对压强（　　）。

A. 越大　　　　　　　　B. 越小　　　　　　　　C. 不变

4. 以（　　）作起点计算的压强，称为绝对压强。

A. 大气压　　B. 表压强　　C. 相对零压　　D. 绝对零压

5. 被测流体的（　　）小于外界大气压强时，所用测压仪表称为真空表。

A. 大气压　　B. 表压强　　C. 相对压强　　D. 绝对压强

6. 以流体静力学原理作为依据的应用是（　　）。

A. 防止气体从设备中外逸的液封装置

B. 互不相溶的液体混合物的连续分离

C. 液柱式压力表　　　　D. 设备液位的测量

三、判断题

1. 表压强就是流体的真实压强。（　　）

2. 用 U 形管液柱压差计测量流体压差时，测压管的管径大小和长短都会影响测量的准确性。（　　）

3. 在静止的、处于同一水平面上的各点液体的静压强都相等。（　　）

四、简答题

1. 简述流体静压强的特性。

2. 海斗一号是我国研制的第一台全海深自主遥控潜水器，2021 年 10 月在马里亚纳海沟深渊科学考察中，海斗一号在国际上首次实现了对"挑战者深渊"西部凹陷区的大范围全覆盖巡航探测，下潜纪录 10947m。试根据这一创纪录的下潜深度计算潜水艇所承受的压强相当于多少个大气压。海水平均密度近似取 1070kg/m³。

3. 流体连续介质模型假设的基本要点是什么？连续介质模型假设对研究流动有何作用？

4. 静力学方程的 $z_1+\dfrac{p_1}{\rho g}=z_2+\dfrac{p_2}{\rho g}$ 和 $p_2=p_1+\rho gh$ 这两种表达式分别说明了什么？

五、计算题

1. 已知苯与甲苯的密度分别为 $879kg/m^3$ 与 $867kg/m^3$，试求含苯为 40%（质量分数）的苯-甲苯混合溶液的密度。

2. 已知甲地区的平均大气压为 85.3kPa，乙地区的平均大气压为 101.33kPa，在甲地区的某真空设备上装有一个真空表，其读数为 25kPa。若改在乙地区操作，真空表读数为多少才能维持该设备的绝对压力与甲地区操作时相同？

3. 如图 1-3 所示，两高度差为 z 的水管，与一倒 U 形管压差计相连，压差计内的水面高差 $h=10cm$，A、B 两点的压差为 3433.5Pa，试求 z。

4. 为测量腐蚀性液体在贮槽中的存液量，采用 1-4 图示的装置。测量时通入压缩空气，控制调节使空气缓慢地鼓泡通过观察瓶。U 形压差计中充有汞，今测得 U 形压差计读数为 $R=130mm$，通气管距贮槽底面 $h=300mm$，贮槽直径为 2m，液体密度为 $980kg/m^3$，$\rho_{Hg}=13600kg/m^3$。试求贮槽内液体的贮存量为多少吨？

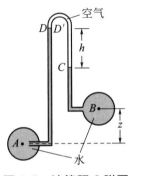

图 1-3　计算题 3 附图

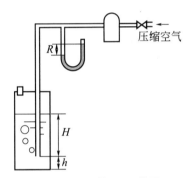

图 1-4　计算题 4 附图

【参考答案与解析】

一、填空题

1. 流体是由大量质点组成的、彼此间没有间隙、完全充满所占空间的连续介质。

2. 对流体的研究建立在实验数据的基础上；可以用连续函数等数学工具对流体进行数理分析。

3. 拉格朗日；欧拉。

4. 静止的、连通着的、同一种连续的流体。

5. 分子间的引力；分子的运动与碰撞。

6. 1；1.02×10^{-5}；0.0075。

7. 400；2110。**解析：**真空度＝大气压－绝压＝750－350＝400mmHg；绝压＝表压＋大气压＝1360＋750＝2110mmHg。

8. $0.29kg/m^3$。**解析：**温度为 273.15＋25＝298.15K，根据密度公式 $\rho=\dfrac{pM}{RT}$，求得

$$\rho=\frac{40\times18}{8.314\times298.15}=0.29kg/m^3 。$$

9. 变大；变大；不变；变大。**解析：**R_1 变大，其液面上方的空气被压缩，因此 p_3 变大。虽然因两容器间压力差的增大使得右边 U 形管压差计的读数 R_2 增大、R_2 液面上移，但小管直径比容器直径小许多，因此 B 容器内液面位置可视为不变，p_2 可视为恒定。

二、选择题

1. A。　2. A。　3. B。　4. D。　5. D。　6. ABCD。

三、判断题

1. ×。**解析：**以绝对零压作起点计算的压力，称为绝对压力，是流体的真实压力。

2. ×。**解析：**$p_1 - p_2 = (\rho_A - \rho)gR$，压差与管径大小和长短无关，与指示液、流体密度差和液柱高度有关。

3. ×。**解析：**漏了一个条件，连续的同种液体。

四、简答题

1. ①在静止流体内部，任一点的静压力方向都与作业面相垂直，并指向该作业面。②静压力的大小与作业面的方位无关，同一点处各个方向作用的静压力相等，即静压力是各向同性的，只与所处位置有关。

2. $p_{\text{表}} = \rho g h = 1070 \times 9.81 \times 10947 = 114907.4\text{kPa} = 1134\text{atm}$

3. 从微观上讲，流体是由大量的彼此之间有一定间隙的单个分子组成的，而且分子总是处于随机运动状态。但工程上，在研究流体流动时，常从宏观出发，将流体视为由无数流体质点（或微团）组成的连续介质。所谓质点是指由大量分子构成的微团，其尺寸远小于设备尺寸，但却远大于分子自由程，这些质点在流体内部紧紧相连，彼此间没有间隙，即流体充满所占空间，为连续介质。流体的物理性质及运动参数在空间连续分布，从而可使用连续函数的数学工具加以描述。

4. ①说明静止的、连续的同一种流体，等压面即等高面；②压差可以用一定高度的液柱来表示，当液面压力发生变化时必将引起液体内部各点压力发生同样大小的变化。

五、计算题

1. **解：**应用混合液体密度公式，则

$$\frac{1}{\rho_m} = \frac{a_A}{\rho_A} + \frac{a_B}{\rho_B} = \frac{40\%}{879} + \frac{60\%}{867} = 1.147 \times 10^{-3}(\text{m}^3/\text{kg})$$

所以 $\rho_m = 871.8\text{kg/m}^3$。

2. **解：**（1）设备内绝对压力

$$\text{绝压} = \text{大气压} - \text{真空度} = 85.3 - 25 = 60.3(\text{kPa})$$

（2）真空表读数

$$\text{真空度} = \text{大气压} - \text{绝压} = 101.33 - 60.3 = 41.03(\text{kPa})$$

3. **解：**设 C 点到 B 点的垂直高度为 R，根据静力学基本原理，取截面 $D\text{-}D'$ 为等压面，则 $p_D = p_{D'}$。又由流体静力学基本方程式可得

$$p_D = p_A - \rho_{\text{水}}g(h+R+z), \quad p_{D'} = p_B - \rho_{\text{空气}}gh - \rho_{\text{水}}gR$$

联立以上 3 式，并整理得

$$p_A - p_B = (\rho_{\text{水}} - \rho_{\text{空气}})gh + \rho_{\text{水}}gz$$

由于 $\rho_{\text{空气}} \ll \rho_{\text{水}}$，上式可化简为

$$p_A - p_B = \rho_{\text{水}}g(h+z) = 1000 \times 9.81 \times (0.1+z) = 3433.5(\text{Pa})$$

求得 $z = 0.25\text{m} = 25\text{cm}$。

4. 解： 由题意 $R=130\text{mm}$，$h=300\text{mm}$，$D=2\text{m}$。管道内空气缓慢鼓泡 $u=0$，可用静力学原理求解；空气的 ρ 很小，忽略空气柱的影响。所以

$$H\rho g = R\rho_{Hg}g$$

$$H = \frac{\rho_{Hg}}{\rho}R = \frac{13600}{980}\times 0.13 = 1.8(\text{m})$$

则

$$W = \frac{1}{4}\pi D^2(H+h)\rho = 0.785\times 2^2\times(1.8+0.3)\times 980 = 6.46(\text{t})$$

1.1.4　灵活应用题

一、填空与选择题

1. 某锅炉压力表读数为 16kgf/cm^2，相当于 _____ MPa。

2. 如图 1-5 所示，密封容器中盛有油和水，容器上方绝压为 0.1MPa。AB 截面上方为油（$\rho=800\text{kg/m}^3$），下方为水（$\rho=1000\text{kg/m}^3$）。a_1、a_2、a_3 恰好在同一水平面上，b_1、b_2、b_3 及 b_4 也在同一高度上，$h_1=120\text{mm}$，$h_2=180\text{mm}$，$h_3=100\text{mm}$，左侧 U 形管内指示剂为水，右侧 U 形管内指示剂为四氯化碳（$\rho=1594\text{kg/m}^3$），则各点的表压 $p_{a1}=$ _____，$p_{a2}=$ _____，$p_{b3}=$ _____，$p_{b4}=$ _____，$h_5=$ _____ mm。（表压值，均以 mmH_2O 为单位）

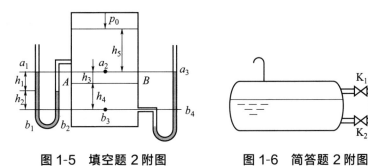

图 1-5　填空题 2 附图　　　　图 1-6　简答题 2 附图

3. 为使 U 形压差计的灵敏度较高，选择指示液时，应使指示液和被测流体的密度差（$\rho_{指}-\rho$）的值（　　）。

A. 偏大　　　　　　B. 偏小　　　　　　C. 越大越好

二、简答题

1. 如何选择 U 形压差计中的指示剂？

2. 如图 1-6 所示，某贮槽旁就地安装了一个液位计，若只打开阀门 K_2，问贮槽液面与液位计液面是否等高？若不等高，分析哪边高、哪边低。

3. 试定性解释下列液封装置的工作原理：

（1）参看图 1-7，试解释为何室内水槽的下水管道装有 U 形管？

（2）参看图 1-8，氯苯生产车间氯苯精制塔，塔内真空度为 0.07MPa，塔顶冷凝器放置在 5 楼的高度，距地面约 20m，贮槽放置在 1 楼。氯苯冷凝液进贮槽的管道在 2 到 3 楼之间，设置了一个很大的回弯管，回弯的高度为 H，问设置回弯管的原因以及 H 至少多高？

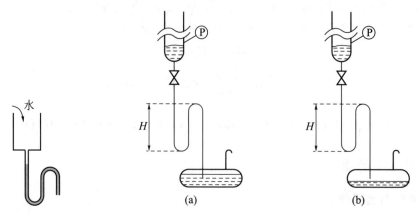

图 1-7　简答题 3（1）附图　　　图 1-8　简答题 3（2）附图

三、计算题

1.（1）如图 1-9 所示，以复式 U 形压差计测球形容器内水面的静压强 p 值（按表压计），指示剂为汞。已知空气、水与汞的密度分别为 1.405kg/m³、1000kg/m³ 及 13600kg/m³。

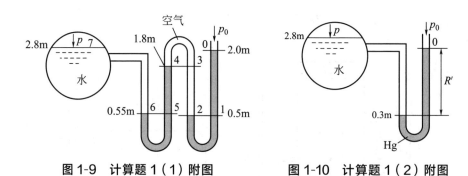

图 1-9　计算题 1（1）附图　　　图 1-10　计算题 1（2）附图

（2）如图 1-10 所示，若测压装置改为单个 U 形压差计，指示液为汞，问指示剂读数 R' 为多少？（略去容器内大气压强随高度的变化）

2. 用清水洗涤烟道放空气，水洗塔的塔釜表压为 0.1kgf/cm²，问：

（1）π 形管 cbd、平衡管 ab 设置目的何在？如图 1-11 所示，为保证塔底液面高度稳定，π 形管高度 H 应为多少？

（2）π 形管出口设置液封的目的何在？高度 H' 至少应为多少？

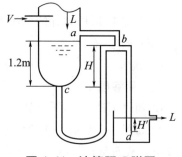

图 1-11　计算题 2 附图

【参考答案与解析】

一、填空与选择题

1. 1.57。**解析**：$\dfrac{16}{1.033} \times 0.1013 = 1.57$（MPa）

2. 0；24.0mmH₂O；304mmH₂O；478mmH₂O；200。**解析**：a_1、a_3 上方通大气，

所以表压 $p_{a1}=p_{a3}=0$。

$$p_{b4}=p_{a3}+\rho_{CCl_4}g(h_1+h_2)=0+1594\times9.81\times0.3=4691(Pa)(表压)$$

$$\frac{4691Pa}{1.0133\times10^5Pa}\times10330mmH_2O=478mmH_2O(表压)$$

等压面 $p_{b1}=p_{b2}$，即

$$p_{b1}=(h_1+h_2)\rho g=p_{a2}+h_1\rho_{油}g+h_2\rho_{水}g=p_{b2}(表压)$$

所以　　$p_{a2}=h_1(\rho_{水}-\rho_{油})g=0.12\times(1000-800)\times9.81=235.44(Pa)(表压)$

$$\frac{235.44Pa}{1.0133\times10^5Pa}\times10330mmH_2O=24.0mmH_2O$$

$p_{b3}=p_{a2}+\rho_{油}gh_3+\rho_{水}gh_4=235.44+800\times9.81\times0.1+1000\times9.81\times0.2=2982.24(Pa)(表压)$

$$\frac{2982.24Pa}{1.0133\times10^5Pa}\times10330mmH_2O=304mmH_2O(表压)$$

因为 $p_{a2}=p_0+h_5\rho_{油}g$，可得

$$h_5=\frac{235.44+1.0133\times10^5-0.1\times10^6}{800\times9.81}=0.20(m)=200(mm)$$

3. B。**解析：** $\Delta p=(\rho_{指}-\rho)gR$，压差相同时，密度差越小，则 R 越大，压差计的标度尺就可以划分更多刻度，读数精度可以越高。

二、简答题

1. U 形压差计要求指示液与被测流体不互溶，不起化学反应，且其密度大于被测流体密度。常用指示液有水银、四氯化碳、水和液体石蜡等，应根据被测流体的种类和测量范围合理选择指示液。

2. 阀门 K_1 关闭，K_2 打开，则贮槽内的流体流到液位计中，使得液位计上方压力比贮槽内大，在贮槽内与液位计找一等压面，如下附图 AB 截面所示。

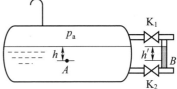

则 $p_A=p_B$，$p_A=p_a+\rho gh$，$p_B=p_{液位计}+\rho gh'$，因为 $p_{液位计}>p_a$，可得 $h'<h$，所以两者不等高，左高右低。

简答题 2 答案附图

⊕ **总结**

就地安装的液位计需要将上下阀门 K_1、K_2 都打开，才能达到直观地反映贮槽内液面位置的目的。

3. （1）设置 U 形管并令 U 形管内有水存留可起隔离气体作用，故称为"液封"。

（2）$H_{min}=3.23m$。正常操作的时候冷凝液要越过 U 形管最高点后流入贮槽。设置这一回弯管的目的就是隔绝两个体系的气体，具体解题思路见微视频。

简答题 3 讲解液封的应用案例

⊕ **总结**

U 形管有多种用途。其中液封是生活和工程中常见的设置，简单的结构可以获得良好的效果，设计液封的前提是对静力学方程的应用有清晰的认识。

三、计算题

1. 解：（1）按复式 U 形压差计计算

$$p_1 = p_2 = p_0 + \rho_{Hg}g(z_0 - z_1)$$
$$p_3 = p_4 = p_2 - \rho_{空}g(z_3 - z_2)$$
$$p_5 = p_6 = p_4 + \rho_{Hg}g(z_4 - z_5)$$
$$p = p_6 - \rho_{水}g(z_7 - z_6)$$

以上各式相加，可得

$$\begin{aligned}
p - p_0 &= \rho_{Hg}g(z_0 - z_1) - \rho_{空}g(z_3 - z_2) + \rho_{Hg}g(z_4 - z_5) - \rho_{水}g(z_7 - z_6)\\
&= 13600 \times 9.81 \times (2.0 - 0.5) - 1.405 \times 9.81 \times (1.8 - 0.5)\\
&\quad + 13600 \times 9.81 \times (1.8 - 0.55) - 1000 \times 9.81 \times (2.8 - 0.55)\\
&= 3.448 \times 10^5 (Pa)
\end{aligned}$$

（2）按单个 U 形压差计计算

因为 $p + \rho_{水}g \times (2.8 - 0.3) = \rho_{Hg}gR'$，所以 $R' = 2.77m$。

🔬 **总结**

由计算知：①若用单个 U 形压差计测压差，压差计读数高达 2.77m。读数太大，不便于对指示液上、下两液面高度的测量，这时宜采用复式 U 形压差计。②空气密度相对小很多，可以近似认为 $p_4 = p_2$。

---

2. 解：（1）π 形管的目的是通过 π 形管高度维持设备内一定液面，并阻止气体从排出管带出；平衡管的目的是使得水洗塔与 π 形管顶部压强相等。

假设液体排出量很小，塔内液体可近似认为处于静止状态。由于连通管的存在，塔内压强等于 π 形管顶部压强。在静止流体内部，等压面必是等高面，故 π 形管顶部距塔底的距离 $H = 1.2m$。

（2）防止塔内气体由连通管逸出

塔内气体欲经 π 形管逸出，气体首先必将抵达点 d。此时，d 点的压强 $p_d = p_a = p_{大气压} + \rho g H'$。因为 $p_a = 0.1kgf/cm^2 = 9.8 \times 10^3 Pa$（表压）为防止气体逸出，液封的最小高度为

$$H' = \frac{p_a - p_{大气压}}{\rho g} = \frac{(9.8 \times 10^3 + 1.013 \times 10^5) - 1.013 \times 10^5}{1000 \times 9.81} = 1.0(m)$$

1.1.5　拓展提升题

一、填空题

（考点 流体可压缩）假设大气层处于静止状态，大气温度为 30℃，海平面大气压强为 $1.013 \times 10^5 Pa$，试求海拔 5100m 处大气压强为 _____ Pa。

二、计算题

1.（考点 流体可压缩）若飞机舱内始终保持空气静压强为 1atm，试求飞机在海拔 8500m 处飞行时飞机内外的压差。已知在离海平面 0～11km 范围内的大气层内，气温随高度变化的规律是 $T = T_0 - \theta z$，式中 z 是距海平面高度（m），T 是高度为 z 处的气温（K），海平面处气温 $T_0 = 288K$，$\theta = 0.0065K/m$。

2.（考点 双液杯压差计）储气罐内压强 p_0 为 98.1Pa（表压），如图 1-12 所示。U 形压差计采用 $\rho_1=877kg/m^3$ 的酒精水溶液为指示液，微压计采用 $\rho_1=877kg/m^3$ 的酒精水溶液和 $\rho_2=830kg/m^3$ 的煤油作为指示液。试求：（1）U 形压差计的读数 R_1 为多少？若读数误差为 ±0.5mm，所得结果的相对误差为多少？（2）考虑杯内液面的变化，若读数误差为 ±0.5mm，所得微压计读数 R 的相对误差需小于 0.43%，则双杯式微压计直径 D 与 U 形压差计直径 d 的比值至少为多少？（3）忽略杯内液面高度的变化，引起测压的相对误差为多少？

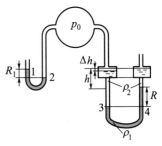

图 1-12 计算题 2 附图

【参考答案与解析】

一、填空题

不可压缩静止流体内部的压强与能量分布规律，原则上不适用于气体。但是，平衡方程式 $\int \dfrac{dp}{\rho}+g\int dz=0$ 对重力场内静止气体依然适用。

对于理想气体 $\rho=\dfrac{pM}{RT}$，代入上式积分得 $\ln\dfrac{p}{p_0}=-\dfrac{gMz}{RT}$，则

$$p=p_0\exp\left(-\frac{gMz}{RT}\right)=1.013\times10^5\times\exp\left[-\frac{9.81\times29\times10^{-3}\times5100}{8.314\times(273+30)}\right]=5.69\times10^4(Pa)$$

二、计算题

1. 解： 可列出下列方程组

$$dp=-\rho g\,dz \tag{①}$$

$$\rho=\frac{pM}{RT} \tag{②}$$

$$T=T_0-\theta z \tag{③}$$

边界条件当 $z=0$ 时，$T_0=288K$，$p_0=760mmHg$。将式②、式③代入式①，可得

$$dp=\frac{-pMg}{R(T_0-\theta z)}dz \tag{④}$$

对式④按边界条件 $z=0$，$p=p_0$；$z=z$，$p=p$ 积分得

$$\ln\frac{p}{p_0}=\frac{gM}{R\theta}\ln\frac{T_0-\theta z}{T_0} \tag{⑤}$$

当 $z=8500m$，高空大气的静压强解得

$$\ln\frac{p}{760}=\frac{9.81\times29}{8314\times0.0065}\times\ln\frac{288-0.0065\times8500}{288}$$

$$p=247.7mmHg$$

所以 $p_0-p=760-247.7=512.3mmHg$，即在 8500m 高空，飞机内外压差为 512.3mmHg。

总结 ------

飞机所在的大气层的由于位高温低，使用静力学方程的时候密度不能当作常数。

2. **解：**（1）若忽略气体柱的重量，由 $p_1=p_2$ 求得

$$R_1=\frac{p_0}{\rho_1 g}=\frac{98.1}{877\times9.81}=1.14\times10^{-2}m=11.4mm$$

所得结果的相对误差为 $\dfrac{2\times0.5}{11.4}=8.8\%$。

（2）微压计未与储气罐连通时，两臂指示液界面位于同一平面，此平面与杯内液面的垂直距离为 h。与容器连通后，左侧界面下降了 $R/2$，右侧界面上升了 $R/2$，同时，左侧杯内液面下降了 $\dfrac{\Delta h}{2}=\dfrac{d^2}{D^2}\times\dfrac{R}{2}$，右侧杯内液面上升了 $\dfrac{\Delta h}{2}=\dfrac{d^2}{D^2}\times\dfrac{R}{2}$，由 $p_3=p_4$ 可得

$$\Delta h=\frac{d^2}{D^2}R$$

$$p_0+\rho_2 g\left(h+R-\frac{d^2}{D^2}R\right)=\rho_2 gh+\rho_1 gR$$

$$p_0=gR(\rho_1-\rho_2)+\rho_2 gR\frac{d^2}{D^2}$$

$$R=\frac{p_0}{g(\rho_1-\rho_2)+\rho_2 g\dfrac{d^2}{D^2}}=\frac{98.1}{9.81\times(877-830)+830\times9.81\times\dfrac{d^2}{D^2}}$$

已知读数误差为 ±0.5mm，所得 R 的相对误差为 0.43%，则

$$R=\frac{0.5\times2}{0.43\%}=0.233\text{m}$$

所以

$$\frac{98.1}{9.81\times(877-830)+830\times9.81\times\dfrac{d^2}{D^2}}=0.233$$

解得 $D/d\approx14.3$，即 $D\geqslant14.3d$。

（3）若忽略杯内液面高度的变化，根据读数 $R=0.233$m，可求得

$$p_0'=gR(\rho_1-\rho_2)=9.81\times0.233\times(877-830)=107.4(\text{Pa})$$

由此引起的相对误差为 $\dfrac{p_0-p_0'}{p_0}=\dfrac{98.1-107.4}{98.1}=-9.5\%$。

总结

当所测压强很低，普通 U 形压差计的读数很小，测量结果的误差较大。为将读数 R 放大，可采用双液杯（单液杯）式微差压差计和倾斜式微差压差计。但若双液杯压差计的 D/d 比值较小时，可能会导致双液杯压差计"水库"内液面落差过大，以至于测量精度甚至小于 U 形压差计的测量精度，因此 D/d 需根据精度要求进行选择。

1.2 流体流动的基本方程及其应用

1.2.1 概念梳理

【主要知识点】

1. 流量与流速

（1）**流量** 单位时间内流过管道任一截面的流体量。

体积流量 V_s，单位为 m^3/s；质量流量 w_s，单位为 kg/s。$w_s=V_s\rho$。

（2）**流速**

平均流速 $u = \dfrac{V_s}{A}$，单位为 m/s。式中，A 为与流动方向相垂直的管道截面积，m^2。
管径选取方式见视频。

若为圆形管，以 d 表示管道内径，则 $u = \dfrac{V_s}{\dfrac{\pi}{4}d^2}$

动画

管径的选取

质量流速 $G = \dfrac{w_s}{A} = \dfrac{V_s\rho}{A} = u\rho$，单位为 $kg/(m^2 \cdot s)$。

2. 稳态流动与非稳态流动　在流动系统中，若各截面上流体的流速、压力、密度等有关物理量仅随位置的变化而变化，不随时间的变化而改变，这种流动称为稳态流动；若流体在各截面上的有关物理量既随位置的变化而改变，又随时间的变化而改变，则称为非稳态流动。

稳定性与定态性　稳定性是指系统对外界扰动的反应；定态性是指有关运动参数随时间变化而变化的情况。

3. 稳态流动系统的物料衡算式——连续性方程

稳态流动　$w_s = u_1 A_1 \rho_1 = u_2 A_2 \rho_2 = L = uA\rho = $ 常数

流体不可压缩　$V_s = u_1 A_1 = u_2 A_2 = L = uA = $ 常数

不可压缩流体在圆形管内流动　$u_1/u_2 = A_2/A_1 = d_2^2/d_1^2$

4. 稳态流动系统的能量衡算式——伯努利方程

使用条件：不可压缩流体、稳态流体、流体无升温现象、与外界无热交换。

$$gz_1 + \frac{u_1^2}{2} + \frac{p_1}{\rho} + W_e = gz_2 + \frac{u_2^2}{2} + \frac{p_2}{\rho} + \sum h_f \qquad （各项单位为 J/kg）$$

讨论：（1）gz，$u^2/2$，p/ρ 三项表示流体本身具有的能量，即位能、动能和静压能，合称机械能；$\sum h_f$ 为流体流动中的能量损失；W_e 为流体在两截面间所获得的有效功。

（2）理想流体，无外功输入时，上式转换为机械能守恒式

$$gz_1 + \frac{p_1}{\rho} + \frac{u_1^2}{2} = gz_2 + \frac{p_2}{\rho} + \frac{u_2^2}{2}$$

（3）**伯努利方程的物理意义**　流体流动中的位能、压力能、动能之间可以相互转换，三者之和保持不变。

（4）**可压缩流体**　当 $\Delta p/p_1 < 20\%$，仍可用上式，且 $\rho = \rho_m$。

（5）**输送设备有效功率**　$N_e = W_e w_s$　　（W）

轴功率　$N = N_e/\eta$　　（W）

（6）**单位重量（1N）的流体**　$H_e = \Delta z + \dfrac{\Delta p}{\rho g} + \dfrac{\Delta u^2}{2g} + \sum H_f$　　（m）

单位体积（$1m^3$）的流体　$W_e \rho = \rho gh + \Delta p + \dfrac{\Delta u^2 \rho}{2} + \rho \sum h_f$　　（Pa）

$$\Delta p_f = \rho \sum h_f \qquad （注意满足 \Delta p = \Delta p_f 的条件）。$$

（7）当系统内流体静止，伯努利方程即流体静力学方程。

5. 伯努利方程式的应用有 ①确定管道中流体的流量；②确定设备间的相对位置；③确定输送设备的有效功率；④确定管路中流体的压力。

6. 应用伯努利方程式解题要点 ①根据题意画出流动系统的示意图，确定衡算范围，上、下游截面应遵循从上游截取到下游的原则。②所求未知量应在截面上或在两截面之间，且除所需求取的未知量外，伯努利方程都应该是已知的或能通过其他关系计算出来的。③基准水平面的选取，在伯努利方程式中所反映的是位能差（$\Delta z = z_2 - z_1$）的数值。所以，基准水平面可以任意选取，但必须与地面平行。为了方便计算，通常取衡算范围的两个截面中的任一个截面为基准水平面；如衡算系统为水平管道，则位能 z 应通过管道的中心线选取。④两截面上的压力以 Pa 为单位，可以同时用绝压或者表压表示。

【流体流动的基本方程思维导图】

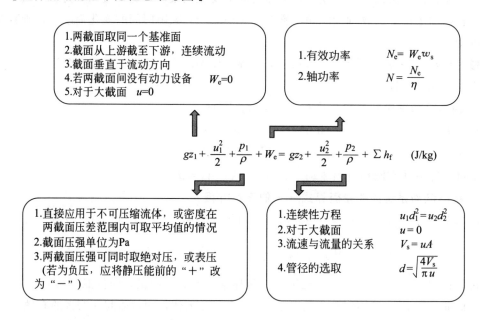

1. 两截面取同一个基准面
2. 截面从上游截至下游，连续流动
3. 截面垂直于流动方向
4. 若两截面间没有动力设备 $W_e=0$
5. 对于大截面 $u=0$

1. 有效功率 $N_e = W_e w_s$
2. 轴功率 $N = \dfrac{N_e}{\eta}$

$$gz_1 + \frac{u_1^2}{2} + \frac{p_1}{\rho} + W_e = gz_2 + \frac{u_2^2}{2} + \frac{p_2}{\rho} + \sum h_f \qquad (\text{J/kg})$$

1. 直接应用于不可压缩流体，或密度在两截面压差范围内可取平均值的情况
2. 截面压强单位为Pa
3. 两截面压强可同时取绝对压，或表压（若为负压，应将静压能前的"＋"改为"－"）

1. 连续性方程 $u_1 d_1^2 = u_2 d_2^2$
2. 对于大截面 $u = 0$
3. 流速与流量的关系 $V_s = uA$
4. 管径的选取 $d = \sqrt{\dfrac{4V_s}{\pi u}}$

1.2.2 典型例题

【例】 某化工厂的开口贮槽内盛有密度为 1100kg/m^3 的溶液，现用泵将溶液从贮槽输送至常压吸收塔 1 的顶部，经喷头 2 喷到塔内以吸收某种气体，如图 1-13 所示。已知输送管路与喷头连接处的表压强为 $0.3 \times 10^5 \text{Pa}$，连接处高于贮槽内液面 20m。输送管路为 $\phi57\text{mm} \times 2.5\text{mm}$，送水量为 $16\text{m}^3/\text{h}$。溶液流经管路的能量损失为 150J/kg（不包括流经喷头的能量损失）。若泵的效率为 0.8，求泵的轴功率（假设贮槽液面维持恒定）。

本题旨在练习伯努利方程的应用，注意解题时的计算步骤：找截面、列伯努利方程、给出方程中各项参数，最后得出计算结果。题中阻力数

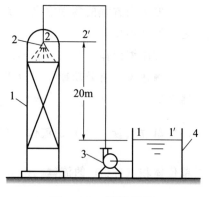

图 1-13 例题附图

据已知，需要运用到的主要公式有：伯努利方程、轴功率计算式。

解： 取 1-1′ 与 2-2′ 面列伯努利方程，并以 1-1′ 为基准面

$$gz_1 + \frac{u_1^2}{2} + \frac{p_1}{\rho} + W_e = gz_2 + \frac{u_2^2}{2} + \frac{p_2}{\rho} + \sum h_f$$

式中，$z_1 = 0$，$z_2 = 20\text{m}$；$u_1 = 0$，$u_2 = \dfrac{V_s}{\frac{\pi}{4}d^2} = \dfrac{16}{3600 \times \frac{\pi}{4} \times 0.052^2} = 2.09\text{m/s}$；$p_1 = 0$

（表压），$p_2 = 0.3 \times 10^5 \text{Pa}$（表压）；$\sum h_f = 150\text{J/kg}$。因此

$$W_e = 9.81 \times 20 + \frac{2.09^2}{2} + \frac{0.3 \times 10^5}{1100} + 150$$

解得 $W_e = 375.7\text{J/kg}$

$$w_s = \frac{16 \times 1100}{3600} = 4.89(\text{kg/s})$$

$$N = \frac{N_e}{\eta} = \frac{W_e w_s}{\eta} = \frac{375.7 \times 4.89}{0.8} = 2296(\text{W}) \approx 2.3(\text{kW})$$

注意： ①用伯努利方程求解时，必须首先给出明确的衡算范围，或者用在图中直接画出截面并标明截面序号的方式，或者用文字说明的形式。②解题时，建议首先写出完整的伯努利方程，然后将各项参数分别列出。③工程上，液体一般流速范围在 0.5~3m/s，气体一般流速范围在 10~30m/s，蒸气一般流速范围在 30~50m/s。计算得出的流速可据此初步判断答案是否可靠。④伯努利方程两边可同时采用表压以方便计算，代入数据时压强的单位应为 Pa，此时若其中有截面压强低于当地大气压，代入的表压应为负值。

总结

要计算泵的轴功率，则应选在泵的上下游范围内选取合适的衡算范围列伯努利方程。

1.2.3　夯实基础题

一、填空题

1. 稳态流动中，点流速只与_____有关，而非稳态流动中，点流速除与_____有关外，还与_____有关。

2. 如图 1-14 所示，现需用一次性注射器在 1min 内将 6mL 某种药剂注射完毕，注射器活塞直径约 12mm，针头内径约 0.7mm，则针头内药剂的流动速度为_____m/s，药剂在针头内的流速与针筒活塞推进速度的比值为_____。

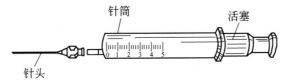

图 1-14　填空题 2 附图

二、选择题

1. 流体在管路中作稳态流动时，具有（　　　）特点。

A. 呈平缓的滞流

B. 呈匀速运动

C. 在任何截面处流速、流量、压强等物理参数都相等

D. 在一截面处的流速、流量、压强等物理参数不随时间的变化而变化

2. 在稳态连续流动系统中，单位时间通过任一截面的（　　　）流量相等。

A. 体积　　　　　　　　B. 质量　　　　　　　　C. 体积和质量

3. 伯努利方程式中 p/ρ 的项表示单位质量流体所具有的（　　　）。

A. 位能　　　　　B. 动能　　　　　C. 静压能　　　　　D. 有效功

4. 水在一条等直径的垂直管内作稳态连续流动时，其流速（　　　）。

A. 会越流越快　　　B. 会越流越慢　　　C. 不变　　　　D. 不确定

5. 液体在两截面间的管道内流动时，其流动方向是（　　　）。

A. 从位能大的截面流向位能小的截面

B. 从静压能大的截面流向静压能小的截面

C. 从动能大的截面流向动能小的截面

D. 从总能量大的截面流向总能量小的截面

三、判断题

1. 质量流量一定的气体在管内流动时，其密度和流速可能变化。（　　　）

2. 流体在等径管中做稳态流动时，由于有摩擦损失，因此流体的流速沿管长逐渐变小。（　　　）

3. 实际流体在导管内做稳态流动时，各种形式的压头可以互相转化，但导管任一截面上的位压头、动压头与静压头之和为一常数。（　　　）

4. 流体在圆管内流动时，管的中心处速度最大，而管壁处速度为零。（　　　）

5. 伯努利方程中的 $p/(\rho g)$ 表示 1N 的流体在某截面处具有的静压能，又称为静压头。（　　　）

6. 流体在水平管内做稳态连续流动时，直径小处，流速增大；其静压强也会升高。（　　　）

四、简答题

1. 学习流体流动与输送，你认为可解决些什么问题？

2. 如图 1-15 所示，A、B、C 三点在同一水平面上，$d_A = d_B = d_C$，问：（1）当阀门关闭时，A、B、C 三点处的压强哪个大？哪个小？或相等？（2）当阀门打开时，高位槽液面保持不变，A、B、C 三点处的压强哪个大？哪个小？或相等？

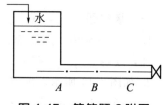

图 1-15　简答题 2 附图

五、计算题

1. 某厂精馏塔进料量为 48000kg/h，料液的性质和水相近，密度为 960kg/m³，试选择进料管的管径。

2. 在图 1-16 所示管路中水槽液面高度维持不变，管路中的流水视为理想流体，试求：（1）管路出口流速；（2）管路中 A、B、C 各点的压强。

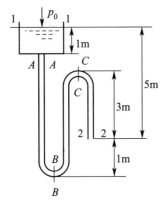

图 1-16 计算题 2 附图

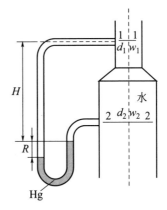

图 1-17 计算题 3 附图

3. 如图 1-17 所示，常温水自上而下流经异径管，已知 $R=40\text{mm}$，$H=0.3\text{m}$，U 形压差计指示剂为汞，$\sum h_{\text{f},1\text{-}2}=\dfrac{2.5u_1^2}{2}$，$d_2=\sqrt{2}\,d_1$，求 u_1。

【参考答案与解析】

一、填空题

1. 位置；位置；时间。 2. 0.26；293.9∶1。

二、选择题

1. D。 2. B。 3. C。 4. C。 5. D。

三、判断题

1. √。 2. ×。**解析**：通过连续性方程可知，等径管内流速不变。

3. ×。**解析**：不是实际流体，应是不可压缩的理想流体。

4. √。 5. √。 6. ×。**解析**：静压强减小。

四、简答题

1. （1）合理选择流体输送管道的管径；（2）确定输送流体所需的能量和设备；（3）流体流量、速度、体积和质量流量、压力测量，以及其控制；（4）流体流动的形态和条件，作为强化设备和操作的依据等。

2. （1）阀门关闭时，水处于静止状态，$p_A=p_B=p_C$。

（2）阀门打开时，水稳定流动，有阻力，故 $p_A>p_B>p_C$。

五、计算题

1. **解**：根据 $u=\dfrac{V_{\text{s}}}{\dfrac{\pi}{4}d^2}$ 来计算管径，即

$$d=\sqrt{\dfrac{4V_{\text{s}}}{\pi u}}$$

式中
$$V_{\text{s}}=\dfrac{w_{\text{s}}}{\rho}=\dfrac{48000}{3600\times960}=0.0139\ (\text{m}^3/\text{s})$$

因料液的性质与水相近，参考某些流体在管道中的常用流速范围表，选取 $u=1.8\text{m/s}$，故

$$d = \sqrt{\frac{4 \times 0.0139}{\pi \times 1.8}} = 0.099(\text{m})$$

根据化工原理教材附录中的管子规格，选用 $\phi 108\text{mm} \times 4\text{mm}$ 的无缝钢管，其内径为

$$d = 108 - 4 \times 2 = 100(\text{mm}) = 0.1(\text{m})$$

重新核算流速，即

$$u = \frac{4 \times 0.0139}{\pi \times 0.1^2} = 1.77(\text{m/s})$$

> **注意**：所选管径需通过查不同材质和加工类型的管径系列规格表加以圆整，并重新核算流速。

2. **解**：（1）以大气压强为压强基准，以出口断面为位能基准，在断面 1-1 和 2-2 间列机械能守恒式可得

$$gz_1 + \frac{p_1}{\rho} + \frac{u_1^2}{2} = gz_2 + \frac{p_2}{\rho} + \frac{u_2^2}{2}$$

式中，$p_1 = p_2$，$u_1 = 0$，可得

$$u_2 = \sqrt{2g(z_1 - z_2)} = \sqrt{2 \times 9.81 \times 5} = 9.9(\text{m/s})$$

（2）相对于所取基准 2-2 截面，水槽的总机械能为 $E = gH = 9.81 \times 5 = 49.05\text{J/kg}$，理想流体的总机械能守恒，管路中各点的总机械能皆为 E，由于管内流速在（1）中已经求出，因此从断面 1-1 至 A-A、B-B、C-C 各断面分别列机械能守恒式，也可求出各点的压强。

A 点压强：$\dfrac{p_A}{\rho} = E - gz_A - \dfrac{u_A^2}{2} = 5g - 4g - 5g = -4g$

$$p_A = -4\rho g = -4 \times 1000 \times 9.81 = -3.924 \times 10^4(\text{Pa})(\text{表压})$$

B 点压强：$p_B = \rho\left(E - gz_B - \dfrac{u_B^2}{2}\right) = 1000 \times [5g - (-1g) - 5g] = 9810(\text{Pa})(\text{表压})$

C 点压强：$p_C = \rho\left(E - gz_C - \dfrac{u_C^2}{2}\right) = 1000 \times (5g - 3g - 5g) = -2.943 \times 10^4(\text{Pa})(\text{表压})$

总结
> 本题是典型的理想流体系统中动能、位能、静压能之和守恒且可互相转化的案例。

3. **解**：由连续性方程，得 $d_1^2 u_1 = d_2^2 u_2$，又因 $d_2 = \sqrt{2} d_1$，所以 $u_2 = u_1/2$。

以"2"截面的中心线为基准水平面，由 1-2 截面间列伯努利方程，得

$$gz_1 + \frac{p_1}{\rho} + \frac{u_1^2}{2} = gz_2 + \frac{p_2}{\rho} + \frac{u_2^2}{2} + \sum h_{f,1-2}$$

式中，$z_1 = H - x$，$z_2 = 0$。

根据 U 形压差计计算式，得

$$p_1 - p_2 = (\rho_{\text{Hg}} - \rho)gR + \rho g(x - H)$$

以上三式联立，可得

$$\frac{Rg(\rho_{Hg}-\rho)}{\rho}=\frac{2.5}{2}u_1^2-\frac{1}{2}u_1^2+\frac{1}{8}u_1^2$$

$$\frac{0.04\times9.81\times(13600-1000)}{1000}=(1.25-0.5+0.125)u_1^2$$

所以 $u_1=2.377\text{m/s}$。

 总结

本题计算量不大，但综合运用到了连续性方程、静力学方程、伯努利方程。

1.2.4 灵活应用题

一、填空与选择题

1. 如图 1-18 所示，水槽液面稳定，水流从粗管以 $1.5\text{m}^3/\text{h}$ 流出。已知 d_1 为 10mm，该管段的压头损失 $\sum h_{f,1}=0.87u_1^2$（包括全部局部阻力），d_2 为 20mm，则管口喷出时水的速度 $u_2=$ ＿＿m/s，d_2 管段的压头损失 $H_{f,2}=$ ＿＿m。（不包括出口损失）

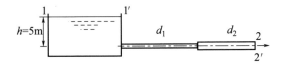

图 1-18　填空题 1 附图

2. 某流体在一左细右粗的水平变径管路中流过。现发现粗细两截面间的压强表读数一样。可断定管内流体（　　）。

A. 向左流动　　　B. 向右流动　　　C. 处于静止　　　D. 流向不定

3. 如图 1-19 所示，水分别从水平等径管、弯折等径管以及异径管三种情况下流动，不计流动阻力，右侧玻璃管水面的刻度是 a 位置的情况有（　　）图，是 b 位置的情况有（　　）图。

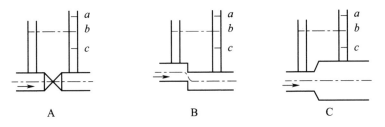

图 1-19　选择题 3 附图

二、简答题

1. 如图 1-20 所示，若水槽液面恒定，忽略流动能量损失，则：

(1) 若溢流管没有水流出，请写出 u_1 与 u_2 之间的关系式。

(2) 放水管的出口速度 u_2 与（　　）有关。为什么？

A. H　　　　　　B. H、d　　　　　C. d

D. 当地大气压　　　E. H、d、当地大气压

2. 如图 1-21 所示，高位槽的液面高度为 H（保持不变），高位槽下接一管路系统送水，其中 2、3 处为等径管。在管路 2、3、4 处各接一个垂直的直细管，在 4 处有阀门 K。（1）当阀门 K 关闭时，试定性画出各细管内的液柱高度之所在；（2）当阀门 K 打开时，试定性画出各细管内的液柱高度的相对位置。

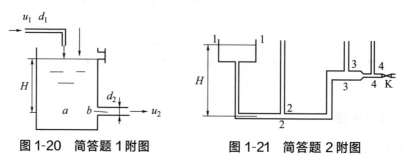

图 1-20　简答题 1 附图　　　　　图 1-21　简答题 2 附图

三、计算题

1. 图 1-22 所示为测试喷射泵的性能，泵入口水的流速为 2m/s，水压为 2atm（表压），已知水喷射泵进水管径为 20mm，喷嘴直径为 6mm，求此时水力喷射泵造成的吸入真空度为多少？

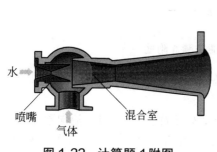

图 1-22　计算题 1 附图

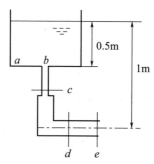

图 1-23　计算题 2 附图

2. 如图 1-23 所示为常温水由高位槽流经直径不等的两段管。上部细管直径为 20mm，下部粗管直径为 40mm。不计所有阻力损失，问：（1）管路出口流速多少？（2）细管内流速多少？（3）a、b 两点处于相同的水平位置，它们的压强相等吗？请给出有力解释；（4）d、e 之间的压强一样吗？请给出有力解释；（5）请写出 c、d 两截面之间的压强关系式。

3. 如图 1-24 所示，用泵将水从贮槽送至敞口高位槽，两液面均恒定不变，输送管路尺寸为 $\phi83\text{mm} \times 3.5\text{mm}$，泵的进出口管道上分别安装有真空表和压力表，真空表安装位置离贮槽的水面高度 H_1 为 4.6m，两槽液面的高度差 H 为 29.74m。当输水量为 36m³/h时，进水管道全部阻力损失为 1.96J/kg，出水管道全部阻力损失为 4.9J/kg，压力表读数为 $2.452 \times 10^5\text{Pa}$，泵的效率为 70%，水的密度 ρ 为 1000kg/m³，试求：（1）压力表安装位置离贮槽的水面高度 H_2 为多少？（2）泵所需的实际功率为多少（kW）？（3）真空表的读数为多少（kgf/cm²）？

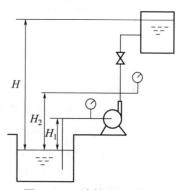

图 1-24　计算题 3 附图

4. 如图 1-25 所示，常温水从左流向右，大管为 $\phi 48\text{mm} \times 3.5\text{mm}$，小管为 $\phi 18\text{mm} \times 2.5\text{mm}$，$A$、$B$ 两点间接接一倒 U 形压差计，忽略流动阻力，两指示剂之间充满空气（空气密度 $\rho_2 = 1.29\text{kg/m}^3$）。已知大管中流速为 0.15m/s，试求压差计中 R 的大小。

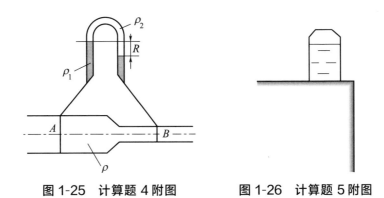

图 1-25　计算题 4 附图　　　　图 1-26　计算题 5 附图

5. 如图 1-26 所示，桌子上有一桶水，现拟用一根长为 1m、直径为 5mm 的软管利用虹吸现象从桶中取水，问水桶怎么放置才能使流量达到最大值？最大值为多少？（忽略流动阻力，不考虑水桶中的液位变化。）

6. 事故分析：某年夏天，一名 12 岁小孩儿在游泳时不幸被吸进泳池排水管窒息而亡，请解释原因。事故发生的游泳池结构如图 1-27 所示，馆内的排水阀突然打开排水，而池底排水口没有设置隔离网，排水口直径为 0.35m、距离池水液面 $h = 2.5\text{m}$。排水管的全部阻力（不包括出口阻力）可估取为 $\sum h_{\text{f}} = 0.75 \dfrac{u^2}{2}$。

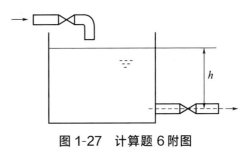

图 1-27　计算题 6 附图

四、案例实训

以下三个工程实际案例任选其一完成。

1. 以自己居住的学生寝室楼为对象，设计选用这幢寝室楼的输水总管管径及管材。

2. 某厂年产甲醇 150000t，现需将甲醇自车间贮槽输往甲醇罐区，为这段管路设计选用合适的管材与管径。

3. 某厂采用离子膜电解法生产烧碱。年产 30%（质量分数）的烧碱 $1.0 \times 10^5 \text{t}$。请选用输送成品氢气总管的管材和管径。（要求：氢气纯度 $> 99.5\%$，温度可视为常温，输送管表压为 0.08MPa。）

【参考答案与解析】

一、填空与选择题

1. 1.33；2.41。**解析**：以 2-2′ 中心线为基准水平面，在 1-1′ 与 2-2′ 内侧列以单位重量液体为衡算基准的伯努利方程式，即

$$z_1+\frac{u_1^2}{2g}+\frac{p_1}{\rho g}=z_2+\frac{u_2^2}{2g}+\frac{p_2}{\rho g}+\sum H_f$$

$z_1=5\text{m}$，$z_2=0$，$u_1=0$，$p_1=p_2=0$(表压)，$\sum H_f=H_{f,1}+H_{f,2}$，所以

$$5=\frac{u_2^2}{2g}+\sum H_f$$

又因为

$$u_2=\frac{V_s}{\frac{\pi}{4}d_2^2}=\frac{1.5\times4}{3600\times\pi\times0.02^2}=1.33\text{m/s}$$

则 $\sum H_f=5-\dfrac{1.33^2}{2\times9.81}=4.91\text{m}$， $u_1=\dfrac{V_s}{\frac{\pi}{4}d_1^2}=\dfrac{1.5\times4}{3600\times\pi\times0.01^2}=5.3\text{m/s}$，

$$H_{f,1}=\frac{\sum h_{f,1}}{g}=\frac{0.87\times5.3^2}{9.81}=2.5\text{m}$$

可得 $H_{f,2}=4.91-2.5=2.41\text{m}$。

2. B。**解析**：列伯努利方程 $z_1g+\dfrac{u_1^2}{2}+\dfrac{p_1}{\rho}=z_2g+\dfrac{u_2^2}{2}+\dfrac{p_2}{\rho}+\sum h_f$。由于管路为水平，所以 $z_1=z_2$。已知 $p_1=p_2$，对于实际流体 $\sum h_f>0$，可得 $u_1>u_2\Rightarrow d_1<d_2$，所以向右流动。本题也可采取反证法，假设从右流向左，判断两截面压力能否相等。

3. C；AB。**解析**：由伯努利方程可知，理想流体在流动中的位能、压力能、动能之和保持常数。A、B 情况下动能相等，B 的静压能增量就等于位能减少量，故等高；而 C 情况下由细管变粗，动能变小，则静压能变大。

二、简答题

1.（1）$\dfrac{u_1}{u_2}=\left(\dfrac{d_2}{d_1}\right)^2$。（2）A。**解析**：在水槽液面与放水管处列伯努利方程 $gz_1+\dfrac{u_1^2}{2}+\dfrac{p_1}{\rho}=gz_2+\dfrac{u_2^2}{2}+\dfrac{p_2}{\rho}$。已知 $\sum h_f=0$，$z_1=H$，$u_1\approx0$，$p_1=p_2=0$(表压)，可得 u_2 仅和 H 有关。

2. **解析**：2、3、4 处的垂直细管内液柱高度反映了该处的静压头大小 $p/(\rho g)$。

（1）当 K 关闭时，流体是静止的，根据静力学方程，等压面即等高面，故 2、3、4 处的垂直细管内液位高度一致，如附图 1 所示。

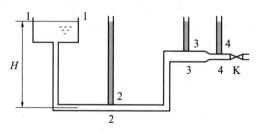

简答题 2 答案附图 1

（2）当 K 打开时，流体是流动的，可应用伯努利方程式。①对于 2 截面，动能的存在以及流动阻力，使静压能下降，因此 2 管内液位低于 H。②对于 3 截面，动能与 2 截面相等，若无流动阻力则 2、3 管液面相等，但由于 2 至 3 段阻力的存在，3 管液面低于 2 管的。③对于 4 截面，由于动能比 3 截面大且 3 至 4 段有流动阻力，故 $p_4 < p_3$，4 管液面低于 3 管液面。2、3、4 处的垂直细管内液位高度相对位置如附图 2 所示。

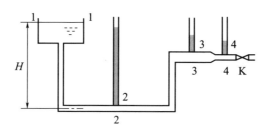

简答题 2 答案附图 2

总结 -

对于实际流体，机械能（动能＋位能＋静压能）不守恒，但机械能中各项可以相互转化，且均可转化为摩擦损失。

三、计算题

1. **解：** 在截面进水口处与喷嘴处之间列伯努利方程式，忽略位差。两截面间无外功加入，能量损失可忽略。据此，伯努利方程式可写为

$$gz_1 + \frac{u_1^2}{2} + \frac{p_1}{\rho} = gz_2 + \frac{u_2^2}{2} + \frac{p_2}{\rho}$$

式中 $z_1 = z_2 = 0$。

$$u_1 = 2\text{m/s}, \quad u_2 = u_1 \left(\frac{d_1}{d_2}\right)^2 = 2 \times \left(\frac{20}{6}\right)^2 = 22.22\text{m/s}$$

$$p_2 = p_1 + \frac{\rho(u_1^2 - u_2^2)}{2} = -42264\text{Pa（表压）}$$

所以吸入真空度为 42264Pa。

2. **解：**（1）以管路出口中心线为基准水平面，在高位槽液面与管路出口列伯努利方程

$$gz_1 + \frac{u_1^2}{2} + \frac{p_1}{\rho} = gz_2 + \frac{u_2^2}{2} + \frac{p_2}{\rho}$$

式中，$z_1 = 1\text{m}$，$z_2 = 0\text{m}$，$p_1 = p_2$（表压）。

计算题 2 讲解
机械能的
守恒和转换

因高位槽截面比管道截面大得多，在体积流量相同的情况下，高位槽内水的流速比管内流速就小得多，故高位槽内水的流速可忽略不计，即 $u_1 \approx 0$。化简得 $u_2 = \sqrt{2g} = 4.43\text{m/s}$。

（2）根据体积流量一定时，流速与管径的平方成反比，可得细管内流速为 17.72m/s。

（3）不相等。b 点在管口，有动能，静压能下降。

（4）一样。因为在 d、e 两截面间列伯努利方程可知两截面的位能、动能一样，又不计所有阻力损失，所以静压能相等。

（5）$\rho g z_c + 147\rho + p_c = p_d$

3. 解：（1）在压力表所在截面 2-2′ 与高位槽液面 3-3′ 间列伯努利方程，以贮槽液面为基准水平面，得

$$gH_2 + \frac{u_2^2}{2} + \frac{p_2}{\rho} = gH + \frac{u_3^2}{2} + \frac{p_3}{\rho} + \sum h_{\text{f},2\text{-}3}$$

其中 $\sum h_{\text{f},2\text{-}3} = 4.9\text{J/kg}$，$u_3 = 0$，$p_3 = 0$（表压），$p_2 = 2.452 \times 10^5\text{Pa}$，$H = 29.74\text{m}$，$u_2 = \dfrac{V_s}{A} = 2.205\text{m/s}$，代入上式得

$$H_2 = 29.74 - \frac{2.205^2}{2 \times 9.81} - \frac{2.452 \times 10^5}{1000 \times 9.81} + \frac{4.9}{9.81} \approx 5.00\text{m}$$

（2）在贮槽液面 0-0′ 与高位槽液面 3-3′ 间列伯努利方程，以贮槽液面为基准水平面，有

$$gH_0 + \frac{u_0^2}{2} + \frac{p_0}{\rho} + W_e = gH + \frac{u_3^2}{2} + \frac{p_3}{\rho} + \sum h_{\text{f},0\text{-}3}$$

其中 $\sum h_{\text{f},0\text{-}3} = 6.86\text{J/kg}$，$u_0 = u_3 = 0$，$p_0 = p_3 = 0$（表压），$H_0 = 0$，$H = 29.74\text{m}$，代入方程得

$$W_e = 298.64\text{J/kg}, \quad w_s = V_s\rho = \frac{36}{3600} \times 1000 = 10\text{kg/s}$$

故 $\quad N_e = w_s W_e = 2986.4\text{W}, \quad N = \dfrac{N_e}{\eta} = 4.27\text{kW}$

（3）在贮槽液面 0-0′ 与真空表截面 1-1′ 间列伯努利方程，有

$$gH_0 + \frac{u_0^2}{2} + \frac{p_0}{\rho} = gH_1 + \frac{u_1^2}{2} + \frac{p_1}{\rho} + \sum h_{\text{f},0\text{-}1}$$

其中 $\sum h_{\text{f},0\text{-}1} = 1.96\text{J/kg}$，$u_0 = 0$，$p_0 = 0$（表压），$H_0 = 0$，$H_1 = 4.6\text{m}$，$u_1 = 2.205\text{m/s}$，代入上式解得

$$p_1 = -1000 \times \left(9.81 \times 4.6 + \frac{2.205^2}{2} + 1.96\right) = -4.95 \times 10^4\text{Pa}$$

$$= -0.505\text{kgf/cm}^2（表压）$$

⚙️ 总结 --

选截面列伯努利方程的时候，要尽量做到衡算范围内只有所求参数为未知量。

4. 解： 对倒 U 形压差计，在虚线处找等压面，继而可得

$$p_A - p_B = (\rho_1 - \rho_2)gR$$

在 AB 管段列理想流体的伯努利方程，得

$$gz_A + \frac{u_A^2}{2} + \frac{p_A}{\rho} = gz_B + \frac{u_B^2}{2} + \frac{p_B}{\rho}$$

式中 $z_A = z_B$，根据连续性方程，有 $u_B = \left(\dfrac{d_A^2}{d_B^2}\right)u_A$，代入上式，化简得

$$p_A - p_B = \rho \frac{u_A^2}{2} \left[\left(\frac{d_A}{d_B} \right)^4 - 1 \right]$$

所以　　　　　　　$$p_A - p_B = \rho \frac{u_A^2}{2} \left[\left(\frac{d_A}{d_B} \right)^4 - 1 \right] = (\rho_1 - \rho_2) g R$$

式中，$u_A = 0.15 \text{m/s}$，$d_A = 48 - 2 \times 3.5 = 41 \text{mm}$，$d_B = 18 - 2 \times 2.5 = 13 \text{mm}$，$\rho_1 = 1000 \text{kg/m}^3$，$\rho_2 = 1.29 \text{kg/m}^3$，因为 $\rho_2 \ll \rho_1$，可忽略 ρ_2，代入上式解得 $R = 0.11 \text{m}$。

总结

①本题应用了稳态流动时的连续性方程，由某一管径中的流速求算另一管径中的流速。②根据理想流体的伯努利方程可知，机械能（动能＋位能＋静压能）守恒，且各项能量形式之间可以相互转化。当流体由 A 流向 B 时，部分静压能转化成了动能，使动能增加，但总机械能保持不变。③在静力学方程的应用中，选取等压面是第一步。

5.**解**：见计算题 5 答案附图，以 2-2′ 为基准水平面，在水桶液面 1-1′ 与管子出口内侧 2-2′ 处列伯努利方程，可得

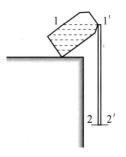

$$g z_1 + \frac{u_1^2}{2} + \frac{p_1}{\rho} = g z_2 + \frac{u_2^2}{2} + \frac{p_2}{\rho}$$

因为位差越大流量越大，故将水桶倾斜如图所示，尽量将软管都垂下。$z_1 = 1 \text{m}$，$z_2 = 0$，$u_1 = 0$，$p_1 = p_2 = 0$（表压），可得 $u_2 = \sqrt{2 g z_1}$，　$u_{\max} = \sqrt{2 \times 9.81 \times 1} = 4.43 \text{m/s}$，

$$V_{\max} = 3600 \times \frac{\pi}{4} d^2 u_{\max} = \frac{\pi}{4} \times 0.005^2 \times 4.43 \times 3600 = 0.31 \text{m}^3/\text{h}.$$

计算题 5 答案附图

6.**解**：压力 $F = \Delta p A = 2.1 \times 10^4 \times \frac{\pi}{4} d^2 = 2.02 \times 10^3 \text{N}$，可见，排水管处由于有压差的存在，小孩被吸进排水管，导致溺水窒息死亡。

计算题 6 讲解
游泳池事故分析

四、案例实训（略）

1.2.5　拓展提升题

一、选择题

1.（考点　皮托管工作原理）如图 1-28 所示，在 A、B 两处放置相同皮托管，$r_1 = r_2$，其读数分别为 R_1、R_2，则（　　）。

A. $R_1 > R_2$　　　B. $R_1 = R_2$　　　C. $R_1 < R_2$　　　D. $R_2 = R_1 + 2 r_1$

2.（考点　伯努利方程的应用）如图 1-29 所示为一异径管段，A、B 两截面积之比小于 0.5，水从 A 段流向 B 段，测得 U 形压差计的读数为 $R = R_1$，从 B 段流向 A 段测得 U 形压差计读数为 $R = R_2$。

(1) 若两种情况下的水流量相同，则（　　）。（R 只取绝对值）

A. $R_1 > R_2$　　　B. $R_1 = R_2$　　　C. $R_1 < R_2$　　　D. 不能判定

(2) 从 A 流向 B，U 形管指示剂液面何时左高？何时齐平？

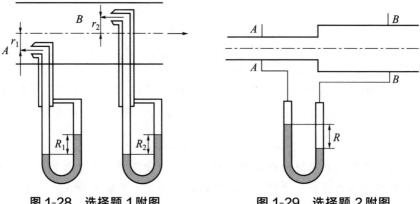

图 1-28　选择题 1 附图　　　　　　图 1-29　选择题 2 附图

二、计算题

1.（考点　机械能之间的转化）如图 1-30 所示，30℃的水由液位稳定的高位槽流经直径不等的两段管。上部粗管直径为 35mm，下部细管直径为 20mm。不计所有阻力损失，管路中何处压强最低？该处的水是否会发生汽化现象？

2.（考点　非稳态流动）有一装满水的贮槽，直径 1.2m，高 3m。现由槽底部的小孔向外排水。小孔的直径为 4cm，测得水流过小孔的平均流速 u_0 与槽内水面高度 z 的关系为 $u_0 = 0.62\sqrt{2zg}$。试求：放出 $1m^3$ 水所需的时间（设水的密度为 $1000kg/m^3$）？

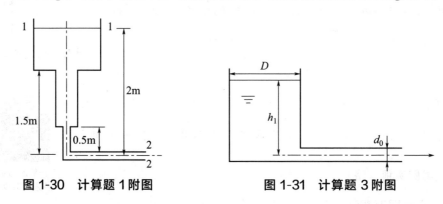

图 1-30　计算题 1 附图　　　　　　图 1-31　计算题 3 附图

3.（考点　非稳态流动）如图 1-31 所示的贮槽内径 $D = 2m$，槽底与内径 d_0 为 32mm 的钢管相连，槽内无液体补充，其初始液面高度 h_1 为 3m。液体在管内流动时的全部能量损失可按 $\sum h_f = 20u^2$ 计算，式中的 u 为液体在管内的平均流速。试求过了 1h 后，槽内液面下降了几米？

【参考答案与解析】

一、选择题

1. B。**解析**：皮托管测定的是点速度，A、B 两个位置的点速度是相同的。

2. （1）C。**解析**：A、B 的位能相等，从 A 流向 B 段的伯努利方程为

$$\frac{u_A^2}{2} + \frac{p_A}{\rho} = \frac{u_B^2}{2} + \frac{p_B}{\rho} + \sum h_f$$

即
$$\frac{p_B - p_A}{\rho} = \frac{u_A^2 - u_B^2}{2} - \sum h_f \qquad ①$$

从 B 流向 A 段的伯努利方程为

$$\frac{u_B^2}{2} + \frac{p_B}{\rho} = \frac{u_A^2}{2} + \frac{p_A}{\rho} + \sum h_f$$

即
$$\frac{p_B - p_A}{\rho} = \frac{u_A^2 - u_B^2}{2} + \sum h_f \qquad ②$$

可见式②的压差＞式①的压差。因为 $p_B - p_A = \rho g R$，可得 $R_1 < R_2$。

（2）从 A 流向 B 段的伯努利方程为

$$\frac{p_B - p_A}{\rho} = \frac{u_A^2 - u_B^2}{2} - \sum h_f$$

因为 $p_B - p_A = \rho g R$，当 $p_B > p_A$，即 $\dfrac{u_A^2 - u_B^2}{2} > \sum h_f$ 时，U 形管指示剂液面左高；

当 $p_B = p_A$，即 $\dfrac{u_A^2 - u_B^2}{2} = \sum h_f$ 时，U 形管指示剂液面齐平。

二、计算题

1. **解：**查 30℃时水的物性为 $p_v = 4241\text{Pa}$，$\rho = 995.7\text{kg/m}^3$。从 1 截面到 2 截面列伯努利方程

$$gz_1 + \frac{u_1^2}{2} + \frac{p_1}{\rho} = gz_2 + \frac{u_2^2}{2} + \frac{p_2}{\rho}$$

$$p_1 = p_2 = p_a, \quad u_1 = 0, \quad z_2 = 0$$

所以
$$u_2 = \sqrt{2gz_1} = \sqrt{2 \times 9.81 \times 2} = 6.26\text{m/s}$$

因为不计所有阻力损失，任何截面的动能、位能、静压能之和守恒，故压强最小的地方就是管内位能、动能之和最大的地方。即当某处 $\left(z_x g + \dfrac{u_x^2}{2}\right)$ 为最大时，$p_{\min} = p_x$。

无论是粗管还是细管，都是该段管子最高的地方位能最大，因此接下来对比这两个地方的 $\left(z_x g + \dfrac{u_x^2}{2}\right)$ 即可。

对于粗管：$u_{粗} = u_{细}\left(\dfrac{d_{细}}{d_{粗}}\right)^2 = 2.04\text{m/s}$，$\quad z_x g + \dfrac{u_x^2}{2} = 9.81 \times 1.5 + \dfrac{2.04^2}{2} = 16.8\text{J/kg}$

对于细管：$z_x g + \dfrac{u_x^2}{2} = 9.81 \times 0.5 + \dfrac{6.26^2}{2} = 24.5\text{J/kg}$

显然，在细管最上端，$\left(z_x g + \dfrac{u_x^2}{2}\right)$ 可达到最大。

在 1 截面与细管最高处列伯努利方程，已知 $z_x = 0.5\text{m}$

$$p = \left[\left(\frac{p_1}{\rho} + gz_1\right) - \left(gz + \frac{u^2}{2}\right)\right]\rho = \left[\left(\frac{1.013 \times 10^5}{995.7} + 9.81 \times 1.5\right) - \frac{6.26^2}{2}\right] \times 995.7$$

$$= 96442\text{Pa}$$

$p_x > p_v$（4241Pa），所以在此处不发生汽化现象。

2. **解**：设放出 $1m^3$ 水后液面高度降至 z_1，则

$$z_1 = z_0 - \frac{1}{\frac{\pi}{4}d^2} = 3 - 0.8846 = 2.115m$$

由任一瞬间的质量守恒定律得

$$w_{s1} = w_{s2} + \frac{dM}{d\theta}$$

式中，w_{s1} 为进水质量流量，因无水补充，$w_{s1} = 0$；w_{s2} 为出水质量流量，$w_{s2} = \rho u_0 A_0 = 0.62\rho A_0 \sqrt{2gz}$；$A_0$ 为小孔截面积；M 为槽中水量，kg；θ 为时间，s；$dM/d\theta$ 为贮槽中水量的变化率，$M = \rho A z$。故有

$$\rho A \frac{dz}{d\theta} + 0.62\rho A_0 \sqrt{2gz} = 0$$

即

$$\frac{dz}{\sqrt{2gz}} = -0.62 \frac{A_0}{A}d\theta$$

式中，A 为贮槽截面积。

上式积分得

$$\theta = \frac{2}{0.62\sqrt{2g}}\left(\frac{A}{A_0}\right)(z_0^{1/2} - z_1^{1/2}) = \frac{2}{0.62 \times \sqrt{2 \times 9.81}} \times \left(\frac{1}{0.04}\right) \times (3^{1/2} - 2.115^{1/2}) = 5.06s$$

3. **解**：由质量守恒定律，得

$$w_{s1} = w_{s2} + \frac{dM}{d\theta} \qquad ①$$

$$w_{s1} = 0, \quad w_{s2} = \frac{\pi}{4}d_0^2 u\rho \qquad ②$$

$$\frac{dM}{d\theta} = \frac{\pi}{4}D^2\rho \frac{dh}{d\theta} \qquad ③$$

将式②、式③代入式①得

$$\frac{\pi}{4}d_0^2 u\rho + \frac{\pi}{4}D^2\rho\frac{dh}{d\theta} = 0$$

$$u + \left(\frac{D}{d_0}\right)^2\frac{dh}{d\theta} = 0 \qquad ④$$

在贮槽液面与管出口截面之间列伯努利方程

$$gz_1 + \frac{u_1^2}{2} + \frac{p_1}{\rho} = gz_2 + \frac{u_2^2}{2} + \frac{p_2}{\rho} + \sum h_f$$

$$gh = \frac{u^2}{2} + \sum h_f = \frac{u^2}{2} + 20u^2 = 20.5u^2$$

可得

$$u = 0.692\sqrt{h} \qquad ⑤$$

式④与式⑤联立，得

$$0.692\sqrt{h} + \left(\frac{2}{0.032}\right)^2\frac{dh}{d\theta} = 0, \quad 即 \quad -5645 \times \frac{dh}{\sqrt{h}} = d\theta$$

$$-\int_3^h \frac{5645}{\sqrt{h}}dh = \int_0^{3600}d\theta$$

积分得 $\theta = -5645 \times 2(h - \sqrt{3}) = 3600s$，因此 $h = 1.4m$。

总结
即便对于非稳态系统，解题的手段仍是运用物料衡算和机械能衡算伯努利方程。

1.3　流体流动现象

1.3.1　概念梳理

【主要知识点】

1. 牛顿黏性定律
$$\tau = \mu \frac{\mathrm{d}u}{\mathrm{d}y}$$

式中，$\dfrac{\mathrm{d}u}{\mathrm{d}y}$ 为速度梯度；μ 为黏度，属于流体物性，黏性越大，其值越大。

理想流体与实际流体的区别　理想流体黏度为零，而实际流体黏度不为零。

流体行为符合牛顿黏性定律的即牛顿型流体，不符合的即非牛顿型流体。所有气体和大多数液体均属于牛顿型流体；而某些高分子溶液、油漆、血液等则属于非牛顿型流体。

2. 流体的黏性　在运动的状态下，流体有一种抗拒内在相对运动的特性，称为黏性。

黏度的物理意义　促使流体流动产生单位速度梯度的剪应力。

μ 称为黏滞系数或动力黏度，简称为黏度，单位为 $\mathrm{Pa \cdot s}$，$1\mathrm{Pa \cdot s} = 10\mathrm{P} = 1000\mathrm{cP}$；$\nu(=\mu/\rho)$ 称为运动黏度，单位为 $\mathrm{m^2/s}$。

黏性力生产的原因主要为分子间的引力和分子的热运动。通常气体的黏度随温度升高而增大，液体的黏度随温度升高而减小。气体分子间距离较大，以分子的热运动为主，温度上升，热运动加剧，黏度上升；液体分子间距离较小，以分子间的引力为主，温度上升，分子间的引力下降，黏度下降。

对于常压气体混合物的黏度
$$\mu_{\mathrm{m}} = \frac{\sum y_i \mu_i M_i^{\frac{1}{2}}}{\sum y_i M_i^{\frac{1}{2}}}$$

3. $Re = du\rho/\mu$，$Re \leqslant 2000$ 一般以层流为稳定形态；$Re \geqslant 4000$ 一般以湍流为稳定形态；$2000 < Re < 4000$ 不稳定过渡区。

雷诺数的物理意义　流体的惯性力与黏性力之比。

雷诺数量纲为 1，无论采用何种单位制，只要数群中各物理量采用相同单位制中的单位，计算出的雷诺数都是量纲为 1 的，并且数值相等。

4. 流动类型的比较

（1）**质点的运动方式**　流体在管内作层流流动时，其质点沿管轴作有规则的平行运动，各质点互不碰撞，互不混合；流体在管内作湍流流动时，其质点作不规则的杂乱运动并相互碰撞，产生大大小小的漩涡。

（2）**速度分布**　无论是层流或湍流，在管道任意截面上，流体质点的速度均沿管径而变化，管壁处速度为零，离开管壁后速度增加，到管中心处速度最大。
$$u = u_{\max}\left[1 - \left(\frac{r}{R}\right)^2\right]$$

层流：抛物线型，平均速度为最大速度的 1/2。

湍流：碰撞和混合使速度平均化。

(3) 阻力的形成

层流：黏性内摩擦力。湍流：黏性内摩擦力＋湍流切应力。

(4) 本质区别 湍流具有脉动现象，而层流没有。

5. 边界层 流动流体受固体壁面阻滞而造成速度梯度 $[u=(0-0.99)u_{max}]$ 的区域。实际流体有速度梯度就会形成内摩擦，有内摩擦就会造成阻力损失。即边界层是实际流体存在流动阻力的主体区域。

边界层分离 边界层脱离壁面的现象。

边界层分离的条件是：①逆压强梯度；②外层流体动量来不及传入边界层。

边界层脱体的后果是：①产生大量漩涡；②造成较大的能量损失。

边界层分离是流体局部阻力的主要组成，称为形体阻力。

$$\text{管路输送系统}\begin{cases}\text{等径直管} \longleftarrow \text{直管阻力} \longleftarrow \text{表皮阻力} \\ \text{管件或阀门} \longleftarrow \text{局部阻力} \longleftarrow \begin{cases}\text{表皮阻力} \\ \text{形体阻力}\end{cases}\end{cases}$$

🖱 动画

各种管件与阀门

【流体流动现象思维导图】

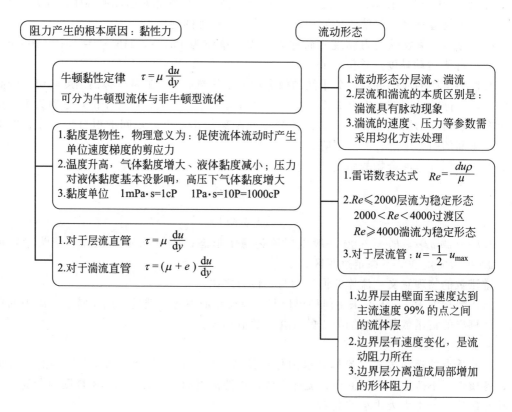

1.3.2 夯实基础题

一、填空题

1. 层流与湍流的本质区别是_____。

2. 层流与湍流的判据是＿＿＿＿＿＿＿＿＿＿＿＿＿＿＿。

3. 雷诺准数的物理意义是＿＿＿＿＿＿＿＿＿＿＿＿＿＿＿。

4. 流体流动速度分布方程 $u=\dfrac{\Delta p}{4\mu L}(R^2-r^2)$ 的使用条件是 ＿＿＿＿＿＿＿＿、

＿＿＿＿＿＿＿＿、＿＿＿＿＿＿＿＿＿。

5. 流体流动边界层是指＿＿＿＿＿＿＿＿。流体流动边界层分离（脱体）的两个条件

＿＿＿＿＿＿、＿＿＿＿＿＿＿。在化工过程中，边界层分离的弊端主要是＿＿＿＿＿，而其可

能的好处在于＿＿＿＿＿＿。

6. 流体在一段圆形水平直管中层流流动，测得平均流速为 0.6m/s，则管中心处点速

度为＿＿＿＿＿＿ m/s。

7. 当 20℃的甘油（$\rho=1261kg/m^3$，$\mu=1499cP$）在内径为 100mm 的管内流动时，

若流速为 2.5m/s，其雷诺准数 Re 为＿＿＿＿＿＿＿。流动形态为＿＿＿＿＿＿。

8. 雷诺准数的量纲是＿＿＿＿＿＿＿＿。

9. 形体阻力是指＿＿＿＿＿＿＿＿＿。

10. 一般情况下，温度升高，液体的黏度＿＿＿＿＿＿；气体的黏度＿＿＿＿＿＿。一般情况

下，压力升高，液体的黏度＿＿＿＿＿＿；气体的黏度＿＿＿＿＿＿。

11. 某温度下，某种流体的黏度为 0.568cP＝＿＿＿＿＿＿P＝＿＿＿＿＿＿mPa·s。

二、选择题

1. 流体在管内做层流流动时，其质点沿管轴做有规则的（　　）运动。

A. 垂直　　　　　　B. 平行　　　　　　C. 圆周　　　　　　D. 绕行

2. 流体流经圆形直管，在流场内剪切力集中在（　　）。

A. 近壁处　　　　　B. 管心处　　　　　C. 到处都一样　　　D. 根据流动状态确定

3. 层流时速度沿管径的分布为（　　）。

A. 直线　　　　　　B. 抛物线　　　　　C. 圆　　　　　　　D. 双曲线

4. 同一种流体在等温条件下层流底层越厚，则以下结论正确的是（　　）。

A. 近壁处速度梯度越大　　　　　　B. 单位长度上流动阻力越大

C. 单位长度上流动阻力越小　　　　D. 流体湍动程度越大

5. 设流体主体流速为 u_0，沿壁流动的速度为 u，边界层的区域通常为（　　）。

A. $u\geqslant 0.99u_0$　　B. $u=0.99u_0$　　C. $u\leqslant 0.99u_0$　　D. $u<0.99u_0$

三、判断题

1. 经过大量实验得出，雷诺数 $Re<2000$ 时，流型往往呈层流，这是采用国际单位制

得出的值，采用其他单位制应有另外数值。（　　）

2. 流体在管内湍流流动时，在近管壁处存在层流内层，其厚度随 Re 的增大而变薄。

（　　）

3. 当 $Re<2000$，流体的流动状态就是层流。（　　）

4. 牛顿黏性定律是：流体的黏度越大，其流动性就越差。（　　）

四、简答题

1. 理想流体和实际流体如何区别？

2. 何谓牛顿型流体？何谓非牛顿型流体？

3. 黏弹性流体的典型弹性行为有哪些？

4. 在相同管径的两条圆形管道中，同时分别流动着油和水（$\mu_{油} > \mu_{水}$），若雷诺数相同，且密度相近，试判断油的流速大还是水速大？为什么？

五、计算题

在 $\phi170\text{mm} \times 5\text{mm}$ 的无缝钢管中输送燃料油，油的运动黏度为 80cSt，试求燃料油作层流流动时的临界速度。

【**参考答案与解析**】

一、填空题

1. 湍流有径向脉动，而层流没有。　2. 层流，$Re \leqslant 2000$；湍流，$Re \geqslant 4000$。

3. 惯性力与黏性力之比。　4. 层流、牛顿型流体、水平圆形管。

5. 紧贴壁面非常薄的一层流体，该薄层内速度梯度很大；逆压强梯度；流体具有黏性；增大阻力损失；促进传热传质。

6. 1.2。　7. 210.3；层流。

8. $L^0 \cdot M^0 \cdot T^0$。**解析**：$Re = \dfrac{du\rho}{\mu} = \dfrac{L \cdot \dfrac{L}{T} \cdot \dfrac{M}{L^3}}{\dfrac{M}{L \cdot T}} = L^0 \cdot M^0 \cdot T^0$。

9. 由于固体表面形状而造成边界层分离所引起的能量损失。

10. 减小；增大；不变；增大。

11. 5.68×10^{-4}；0.568。注：$1\text{cP} = 0.01\text{P} = 1\text{mPa} \cdot \text{s}$。

二、选择题

1. B。　2. A。　3. B。

4. C。**解析**：层流底层越厚，意味着流速越慢，故流动阻力就越小。　5. C。

三、判断题

1. ×。　2. √。

3. ×。**解析**：雷诺数仅是流动形态的一个基本判据，不是必然依据，在工程环境下，有时可以出现湍流状态，只能说当 $Re < 2000$ 的时候，流动往往是以层流为主。

4. ×。**解析**：牛顿黏性定律是 $\tau = \dfrac{F}{A} = \mu \dfrac{\Delta u}{\Delta y}$。

四、简答题

1. 理想流体是没有黏性的，流动时不产生摩擦阻力，液体不可压缩，受热不膨胀；而实际流体反之。

2. 服从牛顿黏性定律的流体称为牛顿型流体；不服从牛顿黏性定律的流体称为非牛顿型流体。

3. 爬杆效应、挤出胀大、无管虹吸。

4. 油的流速大。因为 $Re_{油} = Re_{水}$，而 $\mu_{油} > \mu_{水}$，所以 $u_{油} > u_{水}$。

五、计算题

解：由于运动黏度 $\nu = \dfrac{\mu}{\rho}$，则 $Re = \dfrac{du\rho}{\mu} = \dfrac{du}{\nu}$。层流时，$Re$ 的临界值为 2000，即

$$Re = \frac{du}{\nu} = 2000$$

式中，$d = 170 - 5 \times 2 = 160\text{mm} = 0.160\text{m}$，$\nu = 80\text{cSt} = \frac{80}{100} \times 10^{-4}\,\text{m}^2/\text{s} = 8 \times 10^{-5}\,\text{m}^2/\text{s}$，

因此临界流速

$$u = \frac{2000 \times 8 \times 10^{-5}}{0.160} = 1.0\,\text{m/s}$$

1.3.3　灵活应用题

一、选择题

1. 在相同条件下，缩小管径，雷诺数（　　）。

A. 增大　　　　　　　　B. 减小　　　　　　　　C. 不变

2. 水在内径一定的圆管中稳态流动，若质量流量保持恒定，当水温降低时，Re 值
（　　）。

A. 变大　　　　　　　B. 变小　　　　　　　C. 不变　　　　　　　D. 不确定

3. 气体在一水平等径管中做等温稳态流动，上游截面为 1，下游截面为 2，则管路中
两截面处的质量流量 w_{s1}（　　）w_{s2}，雷诺数 Re_1（　　）Re_2，密度 ρ_1（　　）ρ_2。

A. $<$　　　　　　　　B. $=$　　　　　　　　C. $>$

4. 在国际单位制（SI 制）中，黏度的量纲是（　　）。

A. $[\text{ML}^{-1}\text{T}^{-1}]$　　B. $[\text{MLT}^{-2}]$　　　C. $[\text{ML}^2\text{T}^{-2}]$　　D. $[\text{ML}^{-1}\text{T}^{-2}]$

二、计算题

流体在圆管内作稳态湍流时的速度分布可用如下的经验式表达 $\dfrac{u_z}{u_{\max}} = \left(1 - \dfrac{r}{R}\right)^{1/7}$，试

计算管内平均流速与最大流速之比 $u/u_{\max}$。

三、案例实训

以下案例任选其一，计算过程流动过程中的阻力，并对阻力的影响因素进行讨论：

(1) 分析你所在的城市自来水管网中，水的流动阻力。

(2) 选择一段实际的输油管线，分析其长距离输送中油品的流动阻力。

【参考答案与解析】

一、选择题

1. A。**解析**：相同条件下，体积流量相同，则 $d_1^2 u_1 = d_2^2 u_2$，缩小管径，则 $d_1 > d_2$，

所以 $d_1 u_1 < d_2 u_2$，而 $Re = \dfrac{du\rho}{\mu}$，可得雷诺数增大。

2. B。**解析**：雷诺数表示为 $Re = \dfrac{du\rho}{\mu} = \dfrac{dG}{\mu}$，因为是稳态流动，质量流速 G 不变，但
是因为水的黏度随温度的降低而变大，故雷诺数 Re 会变小。

3. B；B；C。**解析**：根据质量守恒方程，$w_{s1} = w_{s2}$；气体的雷诺数表示为 $Re = \dfrac{du\rho}{\mu} =$

$\dfrac{dG}{\mu}$，因为是稳态流动，质量流速 G 不变，温度不变，黏度也不变，故雷诺数不变，$Re_1=Re_2$；气体在一水平等径管中做等温稳态流动，由伯努利方程知压强会逐渐减小，所以 $\rho_1>\rho_2$。

4. A。**解析**：黏度单位是 Pa·s，

$$\mu=pT=\dfrac{F}{A}T=\dfrac{M}{LT^2}T=\dfrac{M}{LT}\qquad (\text{Pa·s})$$

二、计算题

解：$u=\dfrac{1}{\pi R^2}\displaystyle\int_0^R u_z\cdot 2\pi r\,dr=\dfrac{1}{\pi R^2}\int_0^R\left(1-\dfrac{r}{R}\right)^{1/7}u_{max}\cdot 2\pi r\,dr$

令 $1-\dfrac{r}{R}=y$，则 $r=R(1-y)$

$u=\dfrac{1}{\pi R^2}u_{max}\displaystyle\int_0^1 y^{1/7}\cdot 2\pi R^2(1-y)\,dy=2u_{max}\int_0^1(y^{1/7}-y^{8/7})\,dy=0.817u_{max}$

三、案例实训（略）

1.3.4　拓展提升题

一、填空题

1.（考点　边界层）下图表示流体在圆形直管进口段内流动时边界层发展的情况，图 1-32 中 ab 截面管中心 a 点的流速为 u_s，b 点的流速为 u，图示中所表示的符号意义是，δ_1 为_____，δ_2 为_____，δ_3 为_____，u_s 表示_____，u 与 u_s 的关系_____。

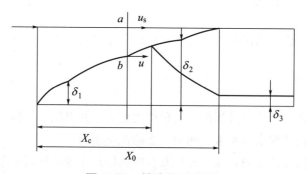

图 1-32　填空题 1 附图

2.（考点　速度分布）密度为 800kg/m^3，黏度为 0.05Pa·s 的油流经 $\phi110\text{mm}\times5\text{mm}$ 管道时，速度分布为 $u_r=20r-200r^2$，其中 r 为离开管壁的距离（单位为米），则流体的 $Re=$_____，属_____流动，管壁处的内摩擦应力 $\tau=$_____ Pa。

二、选择题

1.（考点　边界层厚度）圆管内的流动充分发展后，流体的边界层厚度（　　）圆管的半径。

A. 等于　　　　　　B. 大于　　　　　　C. 小于　　　　　　D. 不一定

2.（考点　影响雷诺数的因素）高温油品在等径管中做定态流动，管子未经保温，则沿流动方向其雷诺数（　　）。

A. 升高　　　　　　B. 降低　　　　　　C. 不变　　　　　　D. 不确定

三、简答题

1.（考点　边界层分离条件）如图 1-33 所示的两种流动条件下，哪种情况边界层会发生分离，并分析原因。

图 1-33　简答题 1 附图

2.（考点　描述湍流的方法）流体湍流流动有哪些描述方法？

3.（考点　非牛顿型流体）非牛顿型流体中，震凝性流体的特点是什么？触变性流体的特点是什么？塑性流体的特点是什么？假塑性流体的特点是什么？涨塑性流体的特点是什么？

四、计算题

1.（考点　速度分布关系）某不可压缩流体在矩形截面管道中作一维定态层流流动。设管道宽度为 b，高度 $2y_0$，且 $b \gg y_0$，流道长度为 l，两端压力降为 Δp，试根据力的衡算式导出：（1）剪应力 τ 随高度 y（自中心至任意一点的距离）变化的关系式；（2）通道截面上的速度分布方程；（3）平均流速与最大流速的关系。

2.（考点　速度分布关系）不可压缩流体在水平圆管中作一维定态轴向层流流动，试证明：（1）与主体流速 u_b 相应的速度点出现在离管壁 $0.293r_i$ 处，其中 r_i 为管内半径；（2）剪应力沿径向为直线分布，且在管中心为零。

【参考答案与解析】

一、填空题

1. 滞流边界层厚度；湍流边界层厚度；滞流内层；主流区速度；$u = 0.99u_s$。

2. 400，层流，1。**解析：** 速度分布为 $u_r = 20r - 200r^2$，可得 $(u_r)_{max} = 0.5 \text{m/s}$，假设为层流流动，则平均速度 $u = 0.25 \text{m/s}$，检验 Re

$$Re = \frac{du\rho}{\mu} = \frac{0.1 \times 0.25 \times 800}{0.05} = 400$$

因为 $400 < 2000$，所以属层流流动，假设成立。

通过对水平直管的受力分析，近管壁处剪应力可得

$$\frac{\tau}{r} = \frac{\Delta p_f}{2l}$$

式中，r 为管子半径；l 为管长。

由于流型为层流，由哈根-泊肃叶方程 $\Delta p_f = \frac{8\mu ul}{r^2}$，可得管壁处的内摩擦应力

$$\tau = \frac{4\mu u}{r} = \frac{8\mu u}{d} = \frac{8 \times 0.05 \times 0.25}{0.1} = 1 \text{Pa}$$

二、选择题

1. A。**解析：** 无论是层流还是湍流，流体的边界层四周合拢就形成了管内流体的流动形态，故边界层厚度都等于圆管的半径。

2. B。**解析**：$Re = \dfrac{du\rho}{\mu} = \dfrac{dG}{\mu}$，因是稳态流动，质量流速 G 不变；在流动的过程中，因热损失而降温，使得黏度随温度的下降而增大，故雷诺数会降低。

三、简答题

1. 边界层分离的条件是：①逆压强梯度；②外层流体动量来不及传入边界层。以上两图中图（2）满足条件。

2. ①时均速度的脉动速度。②把湍流看作是一个主体流动上叠加各种不同尺度、强弱不等的漩涡。

3. 震凝性流体黏度随剪切力作用的时间延长而增大。触变性流体黏度随剪切力作用的时间延长而变小，当剪切力 τ 所作用的时间足够长时，黏度达到稳态的平衡值。震凝性流体和触变性流体都是依时性流体。

塑性流体（主要是悬浮液）的 τ 与 du/dy 的关系，其斜率虽为常数，但不通过原点，当作用于其上的剪切力没有超过一定值 τ_0 前，不会产生流动，当所受力一超过 τ_0，其流动就与牛顿型流体一样。属于这类流体的有纸浆、牙膏、污水泥浆等。

假塑性流体 $\tau = K(du/dy)^n$，$n < 1$。涨塑性流体 $\tau = K(du/dy)^n$，$n > 1$。

四、计算题

1. **解**：（1）由于 $b \gg y_0$，可近似认为两板无限宽，故有

$$\tau = \frac{1}{2bl}(-\Delta p \cdot 2yb) = \frac{-\Delta p}{l}y \tag{①}$$

（2）将牛顿黏性定律代入式①得

$$\tau = -\mu\frac{du}{dy}, \quad \mu\frac{du}{dy} = \frac{\Delta p}{l}y$$

上式积分得

$$u = \frac{\Delta p}{2\mu l}y^2 + C \tag{②}$$

边界条件为 $y = y_0$，$u = 0$，代入式②中，得 $C = -\dfrac{\Delta p}{2\mu l}y_0^2$。因此

$$u = \frac{\Delta p}{2\mu l}(y^2 - y_0^2) \tag{③}$$

（3）当 $y = 0$，$u = u_{max}$ 时，可得

$$u_{max} = -\frac{\Delta p}{2\mu l}y_0^2$$

再将式③写成

$$u = u_{max}\left[1 - \left(\frac{y}{y_0}\right)^2\right]$$

根据平均流速 u_b 的定义，得

$$u_b = \frac{1}{A}\int_0^A u\,dA = \frac{1}{A}\int_0^A u_{max}\left[1 - \left(\frac{y}{y_0}\right)^2\right]dA = \frac{2}{3}u_{max}$$

2. **解：**（1）不可压缩流体在水平圆管中作一维稳态轴向层流流动，平均流速与最大流速的关系为

$$u = u_{\max}\left[1 - \left(\frac{r}{r_{\mathrm{i}}}\right)^2\right] = 2u_{\mathrm{b}}\left[1 - \left(\frac{r}{r_{\mathrm{i}}}\right)^2\right] \qquad \text{①}$$

当 $u = u_{\mathrm{b}}$ 时，由式①得

$$\left(\frac{r}{r_{\mathrm{i}}}\right)^2 = 1 - \frac{1}{2}$$

解得 $r = 0.707 r_{\mathrm{i}}$。故由管壁算起的距离为

$$y = r_{\mathrm{i}} - r = r_{\mathrm{i}} - 0.707 r_{\mathrm{i}} = 0.293 r_{\mathrm{i}}$$

（2）对式①求导得

$$\frac{\mathrm{d}u}{\mathrm{d}r} = -\frac{2u_{\max}}{r_{\mathrm{i}}^2}r$$

因 $\tau = -\mu\dfrac{\mathrm{d}u}{\mathrm{d}r}$，故

$$\tau = \frac{2\mu u_{\max}}{r_{\mathrm{i}}^2}r = \frac{4\mu u_{\mathrm{b}}}{r_{\mathrm{i}}^2}r$$

对于管中心处，$r = 0$，故 $\tau = 0$。

1.4　阻力计算及串联管路计算

1.4.1　概念梳理

【主要知识点】

1. 流动阻力产生的原因与影响因素　流体具有黏性，流动时存在着内摩擦，是流动阻力产生的根源，即内因；固定的管壁或其他形状固体壁面，促使流动的流体内部发生相对运动，为流动阻力产生的外因。所以流动阻力的大小与流体本身的物理性质、流动状况、流道的形状及尺寸等因素有关。

2. 流体在管内流动时的阻力损失表达式

$$\sum h_{\mathrm{f}} = \sum h_{\mathrm{f直管}} + \sum h_{\mathrm{f}}', \quad \sum H_{\mathrm{f}} = \frac{\sum h_{\mathrm{f}}}{g}, \quad \Delta p_{\mathrm{f}} = \rho \sum h_{\mathrm{f}}$$

阻力的表达形式

式中　$\sum h_{\mathrm{f}}$——单位质量流体流动时所损失的机械能，J/kg；

　　　$\sum H_{\mathrm{f}}$——单位重量流体流动时所损失的机械能，J/N＝m；

　　　Δp_{f}——单位体积流体流动时所损失的机械能，常称为阻力降（压力降），$\mathrm{J/m^3} = \mathrm{Pa}$。

3. 直管阻力损失

$$gz_1 + \frac{u_1^2}{2} + \frac{p_1}{\rho} = gz_2 + \frac{u_2^2}{2} + \frac{p_2}{\rho} + \sum h_{\mathrm{f}}$$

对于水平等径直管，$u_1 = u_2$，$z_1 = z_2$，则 $\Delta p = p_1 - p_2 = \Delta p_{\mathrm{f}}$。

（1）**范宁公式**（层流、湍流均使用，阻力单位不同，形式有差别）

$$\sum h_{\mathrm{f}} = \frac{\Delta p_{\mathrm{f}}}{\rho} = \lambda \frac{l}{d} \times \frac{u^2}{2}$$

（2）**哈根-泊肃叶公式**（应用于牛顿流体和稳定的层流状态）

$$\sum h_{f}=\frac{32\mu lu}{\rho d^{2}} \quad \text{或} \quad \Delta p_{f}=\frac{32ul\mu}{d^{2}}$$

4. 摩擦系数 λ

（1）**层流**　$\lambda=\frac{64}{Re}$，即 $\lambda=f(Re)$，与相对粗糙度无关。

（2）**湍流**　具体的定性关系参见摩擦因数图。

一般湍流区　$\lambda=f\left(Re,\dfrac{\varepsilon}{d}\right)$，λ 随 Re 增加而递减、随相对粗糙度增大而增大。

完全湍流区（阻力平方区）　$\lambda=f\left(\dfrac{\varepsilon}{d}\right)$，λ 与 Re 无关。

5. 量纲分析　其基础是量纲一致性原则和所谓的 π 定理。量纲一致性原则表明凡是根据基本物理规律导出的物理方程，其中各项的量纲必然相同。

量纲分析实验研究方法的主要步骤：①经初步实验列出影响过程的主要因素；②量纲为一化减少变量数并规划实验；③通过实验数据回归确定参数及变量适用范围，确定函数形式。

6. 流体在非圆形直管内的流动阻力　非圆形管的当量直径，用 d_{e} 表示，

$$d=d_{e}=4r_{H}=\frac{4\times\text{流通截面积}}{\text{润湿周边长}}$$

式中，r_{H} 为水力半径。

> **注意**：不能用当量直径 d_{e} 来计算截面积、流速等物理量。

7. 局部阻力损失 h_{f}'

（1）**阻力系数法**　　　　　$h_{f}'=\zeta\dfrac{u^{2}}{2}$

①对于异径管流速 u 均以小管的流速为准；②出口阻力系数 $\zeta_{o}=1.0$，进口阻力系数 $\zeta_{i}=0.5$；③管件与阀门的局部阻力系数可从有关手册查得。

> **注意**：截面取管出口内、外侧，对动能项及出口阻力损失项的计算有所不同。流体从管子直接排放到管外空间时，若截面处在管子出口的内侧，该截面上的压力可取管外空间的压力，截面上仍具有动能，出口损失不应计入系统的总能量损失；若截面处在管子出口的外侧，表示流体已离开管路，截面上的动能为零，出口损失应计入系统的总能量损失，压力可取管外空间的压力。两种截面选取方式计算结果一致。

（2）**当量长度法**　　　　　$h_{f}'=\lambda\dfrac{l_{e}}{d}\times\dfrac{u^{2}}{2}$

把局部阻力损失看作相当于某个长度的直管，该长度即为局部阻力当量长度。

8. 管路系统中的总能量损失　对于等径管路，总能量损失为

$$\sum h_{\mathrm{f}} = \left(\lambda\, \frac{\sum l_{\mathrm{i}} + \sum l_{\mathrm{e}}}{d} + \sum \zeta_{\mathrm{i}} \right) \frac{u^2}{2}$$

注意：①式中 u 是指管内的流速，而伯努利方程式中动能项中的流速 u 是指相应的衡算截面处的流速。②管件阀门等的局部阻力可用两种方法计算：若用当量长度法，应包含在 $\sum l_{\mathrm{e}}$ 内；若用阻力系数法，则应包含在 $\sum \zeta_{\mathrm{i}}$，同一个管件不要重复计算局部阻力。

9. 对于串联管路计算

（1）对于一段无外加机械能的等径直管而言，无论水平放置还是倾斜、垂直放置，两截面间的 U 形压差计读数反映的都是截面间流动阻力造成的压差。唯有水平放置的时候，其两截面间的压差由阻力造成，即等于 U 形压差计指示的压差。

（2）若两个容器之间是稳态流动，则阻力损失等于两个容器之间的总势能差。当管道上的阀门开度减小时，流量将减小，包括进出口阻力在内的管道总阻力损失不变，但该阀门当量长度增大，阀门局部阻力的增量值等于全程包括进出口阻力在内的其他阻力的降幅。

（3）异径管串联管路计算的特点

$$\sum h_{\mathrm{f}} = \sum h_{\mathrm{f1}} + \sum h_{\mathrm{f2}} + \sum h_{\mathrm{f3}}, \quad V_{\mathrm{s}} = V_{\mathrm{s1}} = V_{\mathrm{s2}} = V_{\mathrm{s3}}$$

在计算中，注意各段阻力计算的 u、l、d、λ 的不同。

【阻力计算及串联管路计算思维导图】

不同区域摩擦系数的影响因素

项目	层流区	湍流区	阻力平方区
$Re = \dfrac{du\rho}{\mu}$	$\leqslant 2000$	> 4000	Moody 图中虚线以上区域
$\sum h_{\mathrm{f}}$	$\dfrac{32\mu lu}{d^2 \rho}$	$\sum h_{\mathrm{f}} = \lambda \dfrac{l}{d} \times \dfrac{u^2}{2}$	
λ	$\lambda = \dfrac{64}{Re}$	查 moody 系数图	
影响因素	Re	$Re\quad \varepsilon/d$	ε/d
h_{f}-u	$\propto u^1$		$\propto u^2$

$$\sum h_{\mathrm{f}} = \left(\lambda \frac{l + \sum l_{\mathrm{e}}}{d} + \sum \zeta \right) \frac{u^2}{2} \qquad \text{(J/kg)}$$

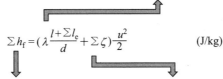

1. 阻力表达形式有 $\sum h_{\mathrm{f}}$，$\sum H_{\mathrm{f}} = \sum h_{\mathrm{f}}/g$，$\Delta p_{\mathrm{f}} = \rho \sum h_{\mathrm{f}}$

2. 直管阻力通式——范宁公式 $\sum h_{\mathrm{f}} = \lambda \dfrac{l}{d} \times \dfrac{u^2}{2}$

3. 管径不等的串联管路，分段计算阻力 $\sum h_{\mathrm{f}} = \sum h_{\mathrm{fi}}$

1. 产生局部阻力主要原因为边界层分离

2. 局部阻力计算主要有 ζ 和 l_{e} 两种方式

3. $\zeta_{\mathrm{i}} = 0.5$，$\zeta_{\mathrm{o}} = 1$

1.4.2 典型例题

【例】如图 1-34 所示，用泵将 2×10^4 kg/h 的溶液自精馏塔塔釜送至高位槽。精馏塔塔釜液面上方保持 25.9×10^3 Pa 的真空度，高位槽敞开。管道为 $\phi 78$ mm $\times 5$ mm 的钢管，总长为 40m，管线上有两个全开的闸阀、一个换热器（局部阻力系数为 4）、五个标准弯头。精馏塔内液面与管路出口的距离为 17m。若泵的效率为 0.7，求泵的轴功率。（已知溶液的密度为 1073kg/m^3，黏度为 6.3×10^{-4} Pa·s，管壁绝对粗糙度为 0.3mm。）

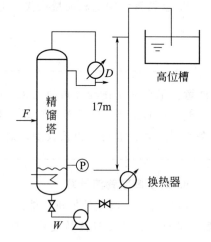

图 1-34 例题附图

解： 在精馏塔液面 1-1′ 与高位槽液面 2-2′ 间列机械能衡算方程，以截面 1-1′ 为基准水平面

$$gz_1 + \frac{p_1}{\rho} + \frac{u_1^2}{2} + W_e = gz_2 + \frac{p_2}{\rho} + \frac{u_2^2}{2} + \sum h_f$$

式中，$z_1 = 0$，$z_2 = 17$m，$u_2 \approx 0$。

$$u = \frac{w_s}{\frac{\pi}{4} d^2 \rho} = \frac{2 \times 10^4}{3600 \times \frac{\pi}{4} \times 0.068^2 \times 1073} = 1.43 \text{m/s}$$

将以上数据代入伯努利方程，得

$$W_e = g(z_2 - z_1) + \frac{p_2 - p_1}{\rho} + \sum h_f = 9.81 \times 17 + \frac{25.9 \times 10^3}{1073} + \sum h_f = 190.91 + \sum h_f$$

其中
$$\sum h_f = \left(\lambda \frac{l + \sum l_e}{d} + \sum \zeta \right) \times \frac{u^2}{2}$$

$$Re = \frac{du\rho}{\mu} = \frac{0.068 \times 1.43 \times 1073}{0.63 \times 10^{-3}} = 1.656 \times 10^5$$

$$\varepsilon/d = 0.0044$$

根据 Re 与 ε/d 值，查得 $\lambda = 0.03$，并由教材可查得各管件、阀门的当量长度分别为：闸阀（全开）$0.43 \times 2 = 0.86$m；标准弯头 $2.2 \times 5 = 11$m。故

$$\sum h_f = \left(0.03 \times \frac{40 + 0.86 + 11}{0.068} + 0.5 + 4 + 1 \right) \times \frac{1.43^2}{2} = 29.02 \text{J/kg}$$

于是
$$W_e = 190.91 + 29.02 = 219.93 \text{J/kg}$$

泵的轴功率
$$N = \frac{W_e w_s}{\eta} = \frac{219.93 \times 2 \times 10^4}{3600 \times 0.7} = 1.75 \text{kW}$$

注意： 出口阻力损失和出口端截面的动能不可重复计算。

1.4.3 夯实基础题

一、填空题

1. 若流体为理想流体且无外加功的情况下，写出

单位质量流体的机械能衡算式为 $E = zg + \dfrac{u^2}{2} + \dfrac{p}{\rho} = $ 常数，各项单位为_____；

单位体积流体的机械能衡算式为 $E = \rho zg + \dfrac{\rho u^2}{2} + p = $ 常数，各项单位为_____；

单位重量流体的机械能衡算式为 $E = z + \dfrac{u^2}{2g} + \dfrac{p}{\rho g} = $ 常数，各项单位为_____。

2. 流体在水平的等径管中流动时，摩擦阻力损失 $\sum h_f$ 所损失的是流体机械能中的_____。

3. 流体在等径管中作稳态流动时，流体由于流动而有摩擦阻力损失，流体的流速沿管长_____。（变大、变小、不变）

4. 流体在管内作湍流流动时（不是阻力平方区），其摩擦系数 λ 随_____和_____而变。完全湍流（阻力平方区）时，粗糙管的摩擦系数数值只取决于_____。

5. 流体流动时产生摩擦阻力的根本原因是_____。

6. 管壁粗糙度可用_____和_____两种形式来表示。

7. 减少流体在管路中流动阻力的措施有_____，_____，_____。

二、选择题

1. 将管路上的阀门关小时，其阻力系数（　　）。

A. 变小　　　　　　　B. 变大　　　　　　　C. 不变

2. 倘若输送任务不变，且流体呈层流流动，有人希望使管壁光滑些，于是在不改变管径的前提下将无缝钢管改选为塑料管，则流动的阻力将会（　　）。

A. 变大　　B. 变小　　C. 不变　　D. 阻力的变化取决于流体和石蜡的润湿情况

3. 降低流体在直管中的流速，流动的摩擦系数 λ 与沿程阻力损失 h_f 将发生（　　）。

A. λ 将减小，h_f 将增大　　　　　B. λ 将增大，h_f 将减小

C. λ、h_f 都将增大　　　　　　　D. λ、h_f 都将减小

4. 流体流经变径管时，局部阻力损失计算式 $h_f' = \zeta \dfrac{u^2}{2}$ 中的 u 是指（　　）。

A. 小管中流速 u_1

B. 小管中流速 u_1 与大管中流速 u_2 的平均值（$u_1 + u_2$）/2

C. 大管中流速 u_2　　　　　　　D. 与流向有关

5. 流体在圆管内作滞流流动时，阻力与流速的（　　）成比例，作完全湍流时，则与流速的（　　）成比例。

A. 平方　　　　　　B. 五次方　　　　　　C. 一次方

6. 量纲分析法的目的在于（　　）。

A. 得到各变量间的确切定量关系

B. 用量纲为 1 数群代替变量，使实验与关联简化

C. 得到量纲为 1 数群间定量关系

D. 无需进行实验，即可得到关联式

7. 下述（　　）不是光滑管。

A. 玻璃管　　　　　　B. 钢管　　　　　　C. 黄铜管　　　　　　D. 塑料管

三、判断题

1. 流体阻力是由流体与壁面之间的摩擦引起的。（　　）

2. 液体在圆形管中做层流流动，其他条件不变，仅流量增加一倍，则阻力损失增加一倍。（　　）

3. 理想流体流动时，无流动阻力产生。（　　）

四、简答题

1. 简要比较量纲分析法和数学模型方法之间的异同。

2. 何为哈根-泊肃叶公式？其应用条件有哪些？

3. 虽然到 2023 年上半年，我国石油产量位居世界第六位，但是为了支持经济发展，我国还是全球最大的原油进口国。其中中哈原油管道全线总长 2800 多公里，被誉为"丝绸之路第一管道"。原油是高黏度流体，在管内层流流动。试分析：若采用的管径减小10%，相同流量下流动阻力将增大多少倍？

五、计算题

1. 如图 1-35 所示，已知 AB 段的直管总长为 15m，管径为 $\phi 57mm \times 3.5mm$，摩擦系数 λ 为 0.02，水箱水位恒定。测得 AB 两截面测压管的水柱高差 $\Delta h = 0.45m$，管内水的流量为 $0.0023 m^3/s$，求弯头的局部阻力系数 $\zeta_{90°}$。

2. 如图 1-36 所示是某加压水洗塔的排水系统，塔釜表压 $4.905 \times 10^4 Pa$，排水管内径30mm、长度为 39m（包括全部直管长度和进口、弯头的当量长度），摩擦系数为 0.03，管路中装球心阀一个，要求塔釜液位稳定，洗水物性近似为常温水。试求：

(1) 当阀门全开（$\zeta = 6.4$）时，喷淋水量可为多少？管路的阻力损失为多少？

(2) 假定流动处于完全湍流区，当喷淋水量减少，为维持塔釜液面需关小阀门（$\zeta = 20$），计算排水量，阻力损失有何变化？

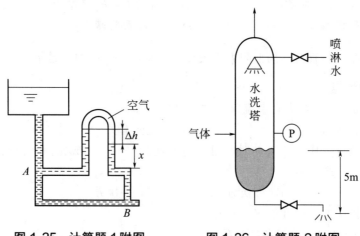

图 1-35　计算题 1 附图　　　图 1-36　计算题 2 附图

3. 有一段输油管道，年输油量为 $100 \times 10^4 t$，管道尺寸为 $\phi 219mm \times 6mm$，全长66km，管道允许承受的最大压力为 $5.88 \times 10^6 Pa$。为防止油的凝固，管道采用聚氨酯泡沫塑料黄夹克防腐保温，并在中间设置加热站。在输送过程中，令油品的温度维持在 50℃，对应的黏度为 $256 \times 10^{-3}\,\mathrm{Pa \cdot s}$，密度为 $882\,\mathrm{kg/m^3}$。计算输油管道的直管阻力损失，并判断输送途中是否需要设置加压站（忽略管道的高度差）。

【参考答案与解析】

一、填空题

1. J/kg；Pa；m。　2. 静压能。　3. 不变。　4. Re；ε/d；ε/d。

5. 流体具有黏性。　6. 绝对粗糙度；相对粗糙度。

7. 适当增大管径；管路长度尽可能缩短、尽量走直线；减少不必要的管件、阀门。

二、选择题

1. B。　2. C。**解析**：层流流动，流动的阻力与管壁光滑程度无关。

3. B。　4. A。　5. C；A。**解析**：滞流时 $h_{\mathrm{f}} = \dfrac{32\mu u l}{\rho d^2}$；完全湍流时 $h_{\mathrm{f}} = \lambda \dfrac{l}{d}\dfrac{u^2}{2}$。

6. B。　7. B。

三、判断题

1. ×。　2. √。　3. √。

四、简答题

1. 量纲分析法是通过将变量组合成量纲为 1 数群，从而减少实验自变量的个数，大幅度减少实验次数，在化工上广为应用。数学模型法是一种半经验半理论的研究方法，立足于对复杂问题做出合理简化，从而使方程得以建立。

2. $h_{\mathrm{f}} = \dfrac{32\mu l u}{\rho d^2}$，泊肃叶公式的应用条件是：①牛顿流体；②层流状态；③圆直管速度分布稳定段。

3. 1.524。

五、计算题

1. **解**：在 A、B 两截面间列伯努利方程，以 B 截面为基准水平面，可得

$$gz_A + \frac{u_A^2}{2} + \frac{p_A}{\rho} = gz_B + \frac{u_B^2}{2} + \frac{p_B}{\rho} + \sum h_{\mathrm{f},A\text{-}B}$$

式中，$z_B = 0$，$u_A = u_B = u$，$u = \dfrac{0.0023}{\dfrac{\pi}{4} \times 0.05^2} = 1.172\,\mathrm{m/s}$，$p_A = p_{\mathrm{a}} + (\Delta h + x)\rho g$。

因为空气密度远小于指示剂水的密度，忽略 $\rho g \Delta h$，可得 $p_B = p_{\mathrm{a}} + (x + z_A)\rho g$，化简可得

$$\sum h_{\mathrm{f},A\text{-}B} = g\Delta h = 9.81 \times 0.45 = 4.415\,\mathrm{J/kg}$$

又因为 $\sum h_{\mathrm{f},A\text{-}B} = \left(\lambda \dfrac{l}{d} + \zeta_{90°}\right)\dfrac{u^2}{2} = \left(0.02 \times \dfrac{15}{0.05} + \zeta_{90°}\right) \times \dfrac{1.172^2}{2} = 4.415\,\mathrm{J/kg}$

解得 $\zeta_{90°} = 0.428$。

2. **解**：（1）截面取法① 分别取塔釜液面和出水口内侧为 1-1′ 和 2-2′ 截面，以 2-2′ 截面为基准面，列机械能衡算式

$$gz_1 + \frac{p_1}{\rho} + \frac{u_1^2}{2} = gz_2 + \frac{p_2}{\rho} + \frac{u_2^2}{2} + \sum h_{\mathrm{f}}$$

式中，$z_1 = 5\text{m}$，$z_2 = 0$，$p_1 = 4.905 \times 10^4 \text{Pa}$（表压），$p_2 = 0$（表压），$u_1 = 0$，$u_2 \neq 0$，化简得

$$gz_1 + \frac{p_1}{\rho} = \frac{u_2^2}{2} + \sum h_f$$

其中

$$\sum h_f = \left(\lambda \frac{l}{d} + \zeta\right)\frac{u_2^2}{2}$$

因此

$$\frac{u_2^2}{2} = \frac{gz_1 + \dfrac{p_1}{\rho}}{1 + \lambda\dfrac{l}{d} + \zeta} = \frac{9.81 \times 5 + \dfrac{4.905 \times 10^4}{1000}}{1 + 0.03 \times \dfrac{39}{0.03} + 6.4} = 2.114\text{J/kg}$$

解得

$$u_2 = 2.056\text{m/s}$$

$$V_s = 3600 \times \frac{\pi}{4}d^2 u = 3600 \times \frac{\pi}{4} \times 0.03^2 \times 2.056 = 5.23\text{m}^3/\text{h}$$

包括出口阻力在内的全程阻力

$$\sum h_f = \left(\lambda \frac{l}{d} + \sum\zeta\right)\frac{u_2^2}{2} = gz_1 + \frac{p_1}{\rho} = 98.1\text{J/kg}$$

解析： 从结果可见，对液体而言，动能值往往比阻力值小很多。

截面取法② 分别在塔釜液面和管路出口外侧作 1-1′ 和 2-2′ 截面列机械能衡算式，以 2-2′ 截面为基准面，其中 $u_2 = 0$，故

$$gz_1 + \frac{p_1}{\rho} = \sum h_f = \left(\lambda \frac{l}{d} + \sum\zeta\right)\frac{u_2^2}{2}$$

$$\sum\zeta = \zeta_{\text{阀}} + \zeta_0 = 6.4 + 1$$

$$\frac{u_2^2}{2} = \frac{9.81 \times 5 + \dfrac{4.905 \times 10^4}{1000}}{0.03 \times \dfrac{39}{0.03} + 6.4 + 1} = 2.114\text{J/kg}$$

$$u_2 = 2.056\text{m/s}$$

解析： 此结果表明，2-2′ 截面截取在管路出口的内侧或是外侧，都不影响计算结果。

（2）当 $\zeta' = 20$ 时，当流动处于完全湍流区，λ 数值不随流速变化而改变

$$gz_1 + \frac{p_1}{\rho} = \sum h_f = \left(\lambda \frac{l}{d} + \sum\zeta'\right)\frac{u_2'^2}{2}$$

$$\sum\zeta' = \zeta_{\text{阀}}' + \zeta_0 = 20 + 1$$

$$\frac{u_2'^2}{2} = \frac{9.81 \times 5 + \dfrac{4.905 \times 10^4}{1000}}{0.03 \times \dfrac{39}{0.03} + 20 + 1} = 1.635\text{J/kg}$$

$$\sum h_f = \left(\lambda \frac{l}{d} + \sum\zeta'\right)\frac{u_2'^2}{2} = gz_1 + \frac{p_1}{\rho} = 98.1\text{J/kg}$$

可得 $u' = 1.79\text{m/s}$。

$$V_s' = 3600 \times \frac{\pi}{4}d^2 u' = 3600 \times \frac{\pi}{4} \times 0.03^2 \times 1.79 = 4.55\text{m}^3/\text{h}$$

总结

①1-1 截面所有的静压能和位能之和都用于克服全程流动阻力，1 截面状态不变，则全程阻力不变。②当阀门关小时，总阻力仍然不变，因速度减少而使全程直管阻力损失减少量就等于损失在阀门上的局部阻力的增大量。此时全部直管上任何其中一段的直管阻力减小量都不及此阀门关小导致的局部阻力增量大，这是一个很有用的推论，如有助于分析判断管路上某点压力随阀门开度改变的变化趋势。

3. **解**：$u = \dfrac{w_s}{\rho A} = \dfrac{100 \times 10^4 \times 10^3 \times 4}{365 \times 24 \times 3600 \times 882 \times \pi \times 0.207^2} = 1.07\text{m/s}$

$Re = \dfrac{du\rho}{\mu} = \dfrac{0.207 \times 1.07 \times 882}{256 \times 10^{-3}} = 763.1 < 2000$

所以管道内的流型为层流。

直管阻力损失

$$\Delta p_f = \lambda \frac{l}{d} \times \frac{\rho u^2}{2} = \frac{64}{Re} \times \frac{66 \times 10^3}{0.207} \times \frac{882 \times 1.07^2}{2} = 1.35 \times 10^7 \text{Pa}$$

全程直管压降已经大于管道能承受的压力，加上局部阻力，全程总压降必然大于管道能承受的压力。因为输送压力必须大于总压降，所以若一次性加压，输送压力大于管道能承受的压力，因此不能通过一次性加压克服阻力损失，需要中间加压。

1.4.4　灵活应用题

一、填空题

1. 已知某液体以平均流速 u 在内径为 d 的水平管路中稳定流动：

（1）若流型均为层流，当它以相同的体积流量通过等长的内径为 $d/2$ 的管子时，

$\dfrac{u'}{u} =$ _____；　$\dfrac{\Delta p_f'}{\Delta p_f} =$ _____；　$\dfrac{Re'}{Re} =$ _____；　$\dfrac{\lambda'}{\lambda} =$ _____。

（2）若流型均为完全湍流，当体积流量提高一倍，通过等长等径的管子时 $\dfrac{u'}{u} =$ _____；

$\dfrac{\Delta p_f'}{\Delta p_f} =$ _____；　$\dfrac{Re'}{Re} =$ _____；　$\dfrac{\lambda'}{\lambda} =$ _____。

2. 套管由 $\phi 57\text{mm} \times 2.5\text{mm}$ 和 $\phi 25\text{mm} \times 2.5\text{mm}$ 的钢管组成，则环隙的流通截面积等于 _____，润湿周边等于 _____，当量直径等于 _____。

3. 图 1-37 所示管路系统中，高位槽液面稳定。已知 $d_{ab} = d_{cd}$，$\lambda_{ab} = \lambda_{cd}$，$l_{ab} = l_{cd}$，$\mu \neq 0$。

（1）试比较 u_a _____ u_c，$(p_a - p_b)$ _____ $(p_c - p_d)$，R_1 _____ R_2（>、<、=）；

（2）试比较 p_a 与 p_b 的大小。

4. 一套管换热器，内管与外管均为光滑管，直径分别为 $\phi 30\text{mm} \times 2.5\text{mm}$ 与 $\phi 58\text{mm} \times 4\text{mm}$，平均温度为 40℃的水以 $10\text{m}^3/\text{h}$ 的流量流过套管的环隙。估算水通过环隙时每米管长的压力降为 _____。

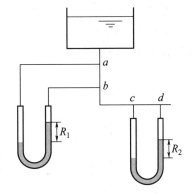

图 1-37　填空题 3 附图

二、选择题

1. 关于量纲分析法的错误论述是（　　）。

A. 量纲分析法用量纲为 1 数群代替变量，使实验与关联简化

B. 量纲分析法的使用使得人们可将小尺寸模型的实验结果应用于大型装置，可将水、空气等的实验结果推广应用到其他流体

C. 任何方程，等式两边或方程中的每一项均具有相同的量纲，都可以转化为量纲为 1 形式

D. 使用量纲分析法时需要对过程机理做深入了解

2. 采用局部阻力系数法计算突然扩大和突然缩小的阻力时，突然扩大采用的速度是（　　），突然缩小采用的速度是（　　）。

A. 粗管中的速度　　　　　　　　　B. 细管中的速度

C. 粗、细管中速度的算术平均值　　D. 粗、细管中速度的几何平均值

3. 牛顿型流体在直管中呈层流时，摩擦系数最小值为（　　）。

A. 0.036　　　　B. 0.025　　　　C. 0.040　　　　D. 0.032

三、简答题

1. 在流量、管长相同的前提下：（1）对比流通截面积相同的圆管和方形管，哪种管子的流通阻力小？（2）对比周长相同的圆管和方形管，哪种管子的流通阻力小？（两种情况下摩擦系数近似都相等）

2. 如图 1-38 所示，某储气柜外接一等径输气管，气柜压力恒定。整个体系气体密度可近似相等，问：（1）当阀门全开时，P_A、P_B 压力表的读数是否相同？为什么？（2）当阀门开度减小时，阀门前后压力表读数如何变化？

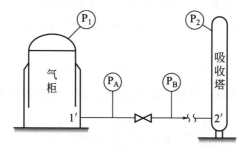

图 1-38　简答题 2 附图

3. 如图 1-39 所示 A、B、C、D 四套装置，所用材质均相同，各装置两测压孔间管长、管径 D、进入流速 u_1 均相等，在 C 图中 $d/D = 3/4$，D 装置中闸阀全开，试比较四种装置 U 形压差计读数 R 的大小。

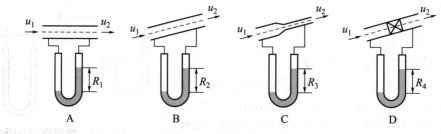

图 1-39　简答题 3 附图

四、计算题

1. 如图 1-40 所示，有两个敞开水槽，其底部用一水管相连，有一处 90°弯头，两水槽液面垂直距离为 $H=5\text{m}$。水管内径为 10mm，管长为 6m（不包括当量长度），摩擦系数为 0.02。求：（1）当截止阀全开时，求管路中的流量 $V_s(\text{m}^3/\text{h})$；（2）由于安装失误，反装了截止阀，发现流量仅为截止阀全开状态的 1/3，则截止阀的阻力系数多少？

2. 某工业燃烧炉产生的烟气由烟囱排入大气。烟囱的直径 $d=2\text{m}$，$\varepsilon/d=0.0004$。烟气在烟囱内的平均温度为 200℃，在此温度下烟气的密度 $\rho_{\text{烟}}=0.67\text{kg/m}^3$，黏度 $\mu=0.026\text{mPa}\cdot\text{s}$，烟气流量 $V_s=80000\text{m}^3/\text{h}$。在烟囱高度范围内，外界大气的平均密度 $\rho_{\text{air}}=1.15\text{kg/m}^3$，设烟囱内底部的压强低于地面大气压 p_1（真空）$=0.2\text{kPa}$，试求烟囱应有多少高度？试讨论用烟囱排气的条件是什么？增高烟囱对烟囱内底部压强有何影响？

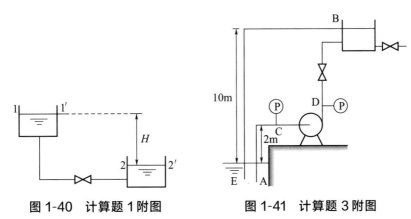

图 1-40　计算题 1 附图　　　　　图 1-41　计算题 3 附图

3. 如图 1-41 所示输水管路，经离心泵将水从水池打入高位槽。吸入管 AC 内径为 80mm，管长 5m，摩擦系数为 $\lambda_1=0.02$，压出管内径为 60mm，管长 14m，摩擦系数 $\lambda_2=0.03$，泵后阀门的局部阻力系数 $\zeta=6.4$，吸入管路有 1 个弯头，排出管路有 2 个弯头，$\zeta_{\text{弯头}}=0.75$，管内流量为 $0.015\text{m}^3/\text{s}$。试求：（1）若效率为 65%，求泵的轴功率？（2）泵进、出口断面的压强各为多少？（3）溢流管 BE 管长 20m，管材为无缝钢管，若要求最大溢流量达 $54\text{m}^3/\text{h}$，求管径至少多少？

【参考答案与解析】

一、填空题

1. （1）4；16；2；1/2。（2）2；4；2；1。**解析：**（1）流型均为层流　由 $u=\dfrac{V_s}{\frac{\pi}{4}d^2}$

可知 $\dfrac{u'}{u}=\left(\dfrac{d}{0.5d}\right)^2=4$；由 $\Delta p_f=\dfrac{32\mu ul}{d^2}$ 可知 $\dfrac{\Delta p_f'}{\Delta p_f}=\dfrac{u'}{u}\left(\dfrac{d}{0.5d}\right)^2=16$。由 $Re=\dfrac{du\rho}{\mu}$ 可知

$\dfrac{Re'}{Re}=\dfrac{0.5d}{d}\dfrac{u'}{u}=2$；由 $\lambda=\dfrac{64}{Re}$ 可知 $\dfrac{\lambda'}{\lambda}=\dfrac{Re}{Re'}=\dfrac{1}{2}$。

（2）流型均为完全湍流　由 $u=\dfrac{V_s}{\frac{\pi}{4}d^2}$ 可知 $\dfrac{u'}{u}=\dfrac{V_s'}{V_s}=2$；完全湍流区内，$\lambda$ 为常数，可

知 $\dfrac{\lambda'}{\lambda}=1$。由 $\Delta p_s=\lambda\dfrac{l}{d}\times\dfrac{\rho u^2}{2}$ 可知 $\dfrac{\Delta p'_f}{\Delta p_f}=\left(\dfrac{u'}{u}\right)^2=4$；由 $Re=\dfrac{du\rho}{\mu}$ 可知 $\dfrac{Re'}{Re}=\dfrac{u'}{u}=2$。

2. 0.001632m^2；0.242m；0.027m。**解析**：设套管的外管内径为 d_1，内管外径为 d_2，则流通截面积为

$$A=\dfrac{\pi}{4}d_1^2-\dfrac{\pi}{4}d_2^2=\dfrac{\pi}{4}(d_1^2-d_2^2)=\dfrac{\pi}{4}\times(0.052^2-0.025^2)=0.001632\text{m}^2$$

润湿周边 $\qquad \Pi=\pi(d_1+d_2)=3.14\times(0.052+0.025)=0.242\text{m}$

当量直径 $d_e=4r_H \qquad r_H=\dfrac{A}{\Pi}=\dfrac{\dfrac{\pi}{4}(d_1^2-d_2^2)}{\pi(d_1+d_2)}=\dfrac{d_1-d_2}{4}$

所以 $\qquad\qquad d_e=4\times\dfrac{d_1-d_2}{4}=d_1-d_2=0.052-0.025=0.027\text{m}$

3. (1) $=$；$<$；$=$。**解析**：在 a、b 之间列伯努利方程，化简可得

$$gl_{ab}+\dfrac{p_a}{\rho}=\dfrac{p_b}{\rho}+\sum h_{f,a-b}$$

所以 $\qquad\qquad gl_{ab}+\dfrac{p_a-p_b}{\rho}=\sum h_{f,a-b}=\lambda\left(\dfrac{l}{d}\right)_{ab}\times\dfrac{u_{ab}^2}{2}$

同理由伯努利方程可得

$$\dfrac{p_c-p_d}{\rho}=\sum h_{f,cd}=\lambda\left(\dfrac{l}{d}\right)_{cd}\dfrac{u_{cd}^2}{2}$$

所以 $\qquad\qquad gl_{ab}+\dfrac{p_a-p_b}{\rho}=\dfrac{p_c-p_d}{\rho}$

可得 $\qquad\qquad p_a-p_b+\rho gl_{ab}=p_c-p_d$

因为 $l_{ab}>0$，故 $(p_a-p_b)<(p_c-p_d)$。

ab 与 cd 两段长度相等，管径与管壁粗糙度相同，则流动阻力相同，由于无外加动力，等径直管间的 U 形压差计读数 R_1 和 R_2 反映的是两截面间的流动阻力损失大小，所以 $R_1=R_2$。

(2) 在 a、b 之间列伯努利方程，整理得

$$\dfrac{p_a-p_b}{\rho}=\sum h_{f,ab}-gl_{ab}$$

当 $\sum h_{f,ab}>gl_{ab}$ 时，$p_a>p_b$；当 $\sum h_{f,ab}=gl_{ab}$ 时，$p_a=p_b$；当 $\sum h_{f,ab}<gl_{ab}$ 时，$p_a<p_b$。

4. 2353Pa。**解析**：设套管的外管内径为 d_1，内管外径为 d_2。水通过环隙的流速为 $u=\dfrac{V_s}{A}$，水的流通截面

$$A=\dfrac{\pi}{4}d_1^2-\dfrac{\pi}{4}d_2^2=\dfrac{\pi}{4}\times(0.05^2-0.03^2)=0.00126\text{m}^2$$

所以 $\qquad\qquad u=\dfrac{10}{3600\times0.00126}=2.2\text{m/s}$

环隙的当量直径 $\qquad d_e=d_1-d_2=0.05-0.03=0.02\text{m}$

水在 40℃ 时 $\rho=992\text{kg/m}^3$，$\mu=65.6\times10^{-5}\text{Pa·s}$，所以

$$Re = \frac{d_e u \rho}{\mu} = \frac{0.02 \times 2.2 \times 992}{65.6 \times 10^{-5}} = 6.65 \times 10^4$$

属于湍流，查得 $\lambda = 0.0196$。每米管长的压力降为

$$\frac{\Delta p_f}{l} = \frac{\lambda}{d_e} \frac{\rho u^2}{2} = \frac{0.0196}{0.02} \times \frac{992 \times 2.2^2}{2} = 2353\mathrm{Pa/m}$$

二、选择题

1. D。　2. B；B。　3. D。**解析**：$\lambda_{\min} = \frac{64}{2000} = 0.032$。

三、简答题

1.（1）流通截面积不变时，圆管阻力小。圆管的当量直径 $d_e = d = \sqrt{\dfrac{4A}{\pi}}$，方形管的

当量直径 $d_e = \sqrt{A}$。可知，圆管的当量直径＞方形管的当量直径。因为流体阻力 $\sum h_f =$

$\lambda \dfrac{l}{d_e} \times \dfrac{u^2}{2}$，可得 $\dfrac{\sum h_{f,方管}}{\sum h_{f,圆管}} = \dfrac{d_{e,圆管}}{d_{e,方管}} = \sqrt{\dfrac{4}{\pi}} > 1$，所以圆管阻力小。

（2）周长不变时，圆管阻力小。圆管的直径 $d_e = d = \dfrac{\Pi}{\pi}$，方形管的

边长＝当量直径 $d_e = \dfrac{\Pi}{4}$。可知，圆管的直径＞方形管的当量直径。因

为相同周长时圆的面积比方形管的大，因此圆管内流速比方形管内流速

小。由于 $\dfrac{\sum h_{f方管}}{\sum h_{f圆管}} = \dfrac{d_{e圆管}}{d_{e方管}} \times \dfrac{u^2_{方管}}{u^2_{圆管}}$，所以圆管阻力小。

简答题2讲解
管内压力变化分析

2.（1）$p_A > p_B$。（2）p_A 增大；p_B 减小。

📋 **总结**

① 对于一段无外加机械能的等径直管而言，当其水平放置的时候，其截面间的压差由阻力造成，并且压强沿着流体流动的方向减小。

② 简单管路中局部阻力系数的变大，如阀门关小，将导致管内流量减小，阀门上游压力上升，下游压力下降。这个规律具有普遍性。

③ 阀后压力变化的分析，在截面选取时建议避开阀门这个变化的局部阻力，这样可以简化分析过程。

---

3. $R_1 = R_2 < R_4 < R_3$。

四、计算题

1. **解**：（1）在 1-1′截面与 2-2′截面列伯努利方程，以 2-2′截面为基准面，得

简答题3讲解
静力学方程和
伯努利方程的结合

$$g z_1 + \frac{u_1^2}{2} + \frac{p_1}{\rho} = g z_2 + \frac{u_2^2}{2} + \frac{p_2}{\rho} + \sum h_{f,1-2}$$

式中 $z_1 = H = 5\mathrm{m}$，$z_2 = 0$，$u_1 = u_2 = 0$，$p_1 = p_2 = 0$（表压）。化简得

$$gH = \sum h_{f,1-2} = \left(\lambda \frac{l}{d} + \zeta_弯 + \zeta_阀 + \zeta_i + \zeta_o \right) \frac{u^2}{2}$$

查出全开闸阀及弯头的局部阻力系数代入上式

$$9.81 \times 5 = \left(0.02 \times \frac{6}{0.01} + 0.75 + 6.4 + 0.5 + 1\right)\frac{u^2}{2}$$

求得 $u = 2.18\text{m/s}$。从而

$$V_s = 3600 \times \frac{\pi}{4}d^2 u = 3600 \times 0.785 \times 0.01^2 \times 2.18 = 0.62\text{m}^3/\text{h}$$

（2）在 1-1′ 截面与 2-2′ 截面列伯努利方程式，得

$$gz_1 + \frac{u_1^2}{2} + \frac{p_1}{\rho} = gz_2 + \frac{u_2^2}{2} + \frac{p_2}{\rho} + \sum h'_{f,1\text{-}2}$$

式中，$z_1 = H = 5\text{m}$，$z_2 = 0$，$u_1 = u_2 = 0$，$p_1 = p_2 = 0$（表压），化简得

$$gH = \sum h'_{f,1\text{-}2} = \left(\lambda \frac{l}{d} + \zeta_{弯} + \zeta'_{阀} + \zeta_i + \zeta_o\right)\frac{u'^2}{2}$$

所以

$$9.81 \times 5 = \left(0.02 \times \frac{6}{0.01} + 0.75 + \zeta'_{阀} + 0.5 + 1\right)\frac{u'^2}{2}$$

因为

$$u' = \frac{V'_s}{\frac{\pi}{4}d^2} = \frac{0.21}{3600 \times 0.785 \times 0.01^2} = 0.74\text{m/s}$$

求得 $\zeta'_{阀} = 164.9$。

总结

①截止阀具有调节流量的特点，安装方向是低进高出。②截止阀装反后局部阻力显著增大，导致流量明显下降；且反装截止阀容易造成截止阀的损坏（截止阀的安装方向是低进高出，如有杂质的话，会在进水端的凹槽里就卡住，防止过流后卡在阀锥上，磨损阀芯或导致关闭不严的现象）。

2. **解**：烟囱底部（1截面）与顶部（2截面）间列伯努利方程

$$gz_1 + \frac{p_1}{\rho_{烟}} + \frac{u_1^2}{2} = gz_2 + \frac{p_2}{\rho_{烟}} + \frac{u_2^2}{2} + \sum h_{f,1\text{-}2}$$

因为 $d_1 = d_2$，所以 $u_1 = u_2$。$z_1 = 0$，$z_2 = H$，$p_1 = p_a - p_{1真空}$，$p_2 = p_a - \rho_{air}gH$，$\sum h_{f,1\text{-}2} = \lambda \frac{H}{d} \times \frac{u^2}{2}$，则

$$u = \frac{V_s}{\frac{\pi}{4}d^2} = \frac{80000/3600}{0.785 \times 2^2} = 7.08\text{m/s}, \quad Re = \frac{du\rho}{\mu} = \frac{0.67 \times 7.08 \times 2}{0.026 \times 10^{-3}} = 3.65 \times 10^5$$

$\varepsilon/d = 0.0004$，查表得 $\lambda = 0.017$，故

$$\frac{-p_1(真空)}{\rho_{烟}} = \frac{-\rho_{air}gH}{\rho_{烟}} + gH + \lambda \frac{H}{d} \times \frac{u^2}{2}$$

整理数据得 $H = 43.8\text{m}$。

烟囱得以排气的必要条件是 $p_{1(绝压)} > p_{2(绝压)}$，烟囱进出口的静压能之差可以提供烟气上升所需的流动阻力和势能的提高，当烟囱内的烟气密度相对于空气而言越小、进口处压力越大，则所需的烟囱高度也可以越低。增高烟囱意味着减小了出口处的绝压，即对于相同的烟气排量，增大了烟囱进口处的真空度。

3. **解：**（1）在上下两个大液面之间列能量衡算式

$$gz_1 + \frac{p_1}{\rho} + \frac{u_1^2}{2} + W_e = gz_2 + \frac{p_2}{\rho} + \frac{u_2^2}{2} + \sum h_f$$

式中，$z_2 - z_1 = h = 10\text{m}$，$p_1 = p_2$，$u_1 = u_2 = 0$，所以

$$W_e = gh + \sum h_f$$

$$\sum h_f = \sum h_{f1} + \sum h_{f2} = \left(\lambda_1 \frac{l_1}{d_1} + \sum \zeta_1\right)\frac{u_1^2}{2} + \left(\lambda_2 \frac{l_2}{d_2} + \sum \zeta_2\right)\frac{u_2^2}{2}$$

$$= \left(\lambda_1 \frac{l_1}{d_1} + \zeta_A + \zeta_C\right)\frac{8}{\pi^2 d_1^4}V_s^2 + \left(\lambda_2 \frac{l_2}{d_2} + \zeta + 2\zeta_{弯头} + \zeta_E\right)\frac{8}{\pi^2 d_2^4}V_s^2$$

$$= \left(0.02 \times \frac{5}{0.08} + 0.5 + 0.75\right) \times \frac{8}{3.14^2 \times 0.08^4} \times 0.015^2 +$$

$$\left(0.03 \times \frac{14}{0.06} + 6.4 + 0.75 \times 2 + 1\right) \times \frac{8}{3.14^2 \times 0.06^4} \times 0.015^2$$

$$= 11.14 + 223.98 = 235.12\text{J/kg}$$

所以　　$W_e = 9.81 \times 10 + 235.12 = 333.22\text{J/kg}$，　　$w_s = 0.015 \times 1000 = 15\text{kg/s}$

$$N_e = W_e w_s = 333.22 \times 15 = 4998.3\text{W}，\quad N = \frac{N_e}{\eta} = \frac{4998.3}{0.65} = 7689.7\text{W}$$

（2）在下液面与泵的入口处 C 之间列能量衡算式

$$gz_1 + \frac{p_1}{\rho} + \frac{u_1^2}{2} = gz_C + \frac{p_C}{\rho} + \frac{u_C^2}{2} + \sum h_{f1}$$

$$\sum h_{f1} = \left(\lambda_1 \frac{l_1}{d_1} + \sum \zeta_1\right)\frac{u_1^2}{2} = \left(\lambda_1 \frac{l_1}{d_1} + \zeta_A + \zeta_C\right)\frac{8}{\pi^2 d_1^4}V_s^2 = 11.14\text{J/kg}$$

$$\frac{p_1}{\rho} + (z_1 - z_C)g - \sum h_{f1} - \frac{u_C^2}{2} = \frac{p_C}{\rho}$$

$$\frac{u_C^2}{2} = \frac{8}{\pi^2 d_1^4}V_s^2 = 4.46，\quad p_1 = p_a = 101330\text{Pa}$$

则 $p_C = 66110\text{Pa}$（绝压）。

同理在泵的出口与上液面之间列能量衡算可得 $p_D = 379122\text{Pa}$（绝压）。

（3）在 B 截面与水池液面列伯努利方程

$$gz_B = \sum h_f$$

$$\sum h_f = \left(\lambda \frac{l}{d} + \zeta_{弯头} + \zeta_E\right)\frac{u^2}{2} \qquad ①$$

$$V_s = 54/3600 = 0.015\text{m}^3/\text{s}$$

$$u = \frac{V_s}{\frac{\pi}{4}d^2} = \frac{0.015}{\frac{3.14}{4}d^2} = \frac{0.019}{d^2}$$

本题需采用试差法，假设溢流管的 $\lambda = 0.02$，代入解得 $d = 0.07\text{m}$。校正

$$Re = \frac{du\rho}{\mu} = \frac{0.07 \times 3.88 \times 1000}{1.005 \times 10^{-3}} = 2.7 \times 10^5$$

无缝钢管 $\varepsilon = 0.3\text{mm}$，$\varepsilon/d = 0.0043$，查图查得 $\lambda' = 0.028$。对比 λ、λ'，假设不正确，将 $\lambda' = 0.028$ 代入式①重新进行计算、验证，解得 $d' = 0.075\text{m}$。

✂ **总结** -

　　当管径未知时，摩擦系数 λ 也未知，因此，须用试差法。由于 λ 变化不大，通常以 λ 作为迭代变量，其初始值通常取阻力平方区内的数值。但当流体较黏，流动大概率属于层流时，可先直接用哈根-泊肃叶方程，得出答案后校核 Re 范围，计算过程相对来说较简单。

1.4.5　拓展提升题

一、简答题

　　1.（考点　层流时阻力）如图 1-42 所示，简要分析流体层流流动时产生阻力的主要原因，写出推导圆直管内层流阻力计算式，即哈根-泊肃叶方程的简要过程；推导该式时与管道安装的方位有无关系？

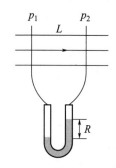

图 1-42　简答题 1 附图

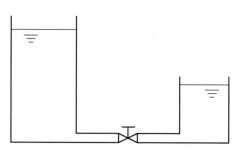

图 1-43　计算题 2 附图

　　2.（考点　量纲分析法）简要叙述量纲分析方法的 π 定理内容，针对流体在圆形直管内呈湍流流动过程，分析湍流阻力的影响因素，采用量纲分析方法确定与湍流阻力相关的特征数，并写出湍流阻力的范宁公式。

二、计算题

　　1.（考点　剪应力计算）以 $\phi 159\text{mm} \times 4.5\text{mm}$ 钢管输送石油，实测得 100m 长水平管段的压降为 $1.60 \times 10^4 \text{Pa}$，试计算石油流速，并计算紧邻管壁处流体的剪应力 τ_w。已知石油密度为 800kg/m^3，黏度为 120cP。若该管段的压降为原来的 1.5 倍，d、μ、ρ 不变，则石油的流速为多少？

　　2.（考点　非稳态）如图 1-43 所示，水平管全部管长 200m（包括进出口阻力的当量长度），内径 75mm，全开闸阀的局部阻力系数为 0.17，左侧贮槽直径为 7m，盛水深 7m，右侧贮槽直径为 5m，盛水深为 3m，若将闸阀全开，问大罐内水平降到 6m 时，需多长时间？设管道的流体摩擦系数 $\lambda = 0.02$。

【**参考答案与解析**】

一、简答题

　　1. ① 流体在流动的过程中，由于管壁的作用，管壁处的速度为零，该层流体对上层流体有阻滞作用，中心因为受到壁面作用最小而速度最大，速度大的层对速度小的层有带动作用，这样的相互作用形成阻力，发生在流体内部称为内摩擦力，这种内摩擦力就是产生阻力的主要原因。

② 公式推导过程　设管道长度为 L，内径为 d，半径为 R。取距管中心距离为 r 的流体柱进行受力分析，则流体柱的截面积 $A=\pi r^2$，流体柱周边面积 $A_r=2\pi rL$。

长度为 l 的管内流体柱两端压差为 $(p_1-p_2)A$，剪应力引起的内摩擦力为 $\tau_r A_r$，其中剪应力 $\tau_r=-\mu\dfrac{du_r}{dr}$，受力平衡

$$\Delta p_f=(p_1-p_2)A=\tau_r A_r$$

$r=R$，$u_r=0$，当 $r=0$ 时

$$u_r=u_{max}=\frac{p_1-p_2}{4\mu L}R^2$$

因此

$$p_1-p_2=\frac{4\mu L u_{max}}{R^2}$$

对于层流流体 $u=\dfrac{u_{max}}{2}$，故

$$p_1-p_2=\frac{4\mu L u_{max}}{R^2}=\frac{8\mu Lu}{R^2}=\frac{32\mu Lu}{d^2}$$

对于水平直管，两端压差由阻力形成，$\Delta p_f=p_1-p_2$，因此有

$$\Delta p_f=\frac{32\mu Lu}{d^2}$$

③ 应用该式时与管道安装的方位（水平管、倾斜管、竖直管）无关。

2. π 定理　任何量纲一致的物理方程都可以表示为一组量纲为 1 数群的零函数，即 $f(\pi_1,\pi_2,\cdots,\pi_i)=0$；量纲为 1 的数群 $\pi_1,\pi_2,\cdots,\pi_i$ 的数目 i 等于影响该现象的物理量数目 n 减去用以表示这些物理量的基本量纲的数目 m，即 $i=n-m$。

湍流阻力的影响因素与 λ、l、d、u 有关，而一般湍流 λ 与 Re、ε/d 有关，高度湍流 λ 与 ε/d 有关。$\dfrac{\Delta p_f}{\rho u^2}=K\left(\dfrac{l}{d}\right)^b\left(\dfrac{du\rho}{\mu}\right)^{-k}\left(\dfrac{\varepsilon}{d}\right)^q$；湍流阻力的范宁公式为 $h_f=\lambda\dfrac{l}{d}\times\dfrac{u^2}{2}$。

二、计算题

1. **解**：假设石油的流型为层流，哈根-泊肃叶公式适用，考虑到此管段为水平管，则

$$\Delta p_f=p_1-p_2=\frac{32\mu ul}{d^2}$$

代入数据

$$1.60\times10^4=\frac{32\times120\times10^{-3}\times100u}{0.15^2}$$

解得 $u=0.938\mathrm{m/s}$。核算

$$Re=\frac{du\rho}{\mu}=\frac{0.15\times0.938\times800}{120\times10^{-3}}=938<2000$$

原假设层流正确，$u=0.938\mathrm{m/s}$。

对于水平等径直管，层流时近管壁处流体剪应力 τ_W 的计算式推导如下。因为推动力

$$(p_1-p_2)\pi R^2=\tau_W 2\pi Rl，\quad p_1-p_2=\rho h_f=\Delta p_f$$

所以

$$\frac{\tau_W}{R}=\frac{\Delta p_f}{2l}，\quad \Delta p_f=\frac{8\mu ul}{R^2}$$

可得
$$\tau_{\mathrm{w}}=\frac{4\mu u}{R}=\frac{8\mu u}{d}=\frac{8\times0.938\times120\times10^{-3}}{0.15}=6.00\mathrm{N/m^2}$$

当压降为原来的 1.5 倍时，因为其他条件不变，可知流速 u 也变为原来的 1.5 倍

$$u'=1.5\times0.938=1.407\mathrm{m/s}$$

核算
$$Re'=\frac{du'\rho}{\mu}=\frac{0.15\times1.407\times800}{120\times10^{-3}}=1407<2000$$

还是属于层流，故 $u'=1.407\mathrm{m/s}$。

2. **解**：在任一时间 t 内，大罐水深降到 H，小罐水深升抬至 h

大罐截面积 $=\dfrac{1}{4}\pi\times7^2=38.465\mathrm{m^2}$，　　小罐截面积 $=\dfrac{1}{4}\pi\times5^2=19.625\mathrm{m^2}$

当大罐水面下降到 H 时所排出的体积为 $V_{\mathrm{t}}=(7-H)\times38.465$，这时小罐水面上升高度 x 为

$$x=38.465\times(7-H)/19.625=13.72-1.96H$$

而
$$h=x+3=16.72-1.96H$$

在大贮槽液面 1-1$'$ 与小贮槽液面 2-2$'$ 间列伯努利方程，并以底面为基准水平面，有

$$z_1+\frac{u_1^2}{2g}+\frac{p_1}{\rho g}=z_2+\frac{u_2^2}{2g}+\frac{p_2}{\rho g}+\sum H_{\mathrm{f},1\text{-}2}$$

其中，$u_1=u_2=0$，$p_1=p_2$，$z_1=H$，$z_2=16.72-1.96H$，则

$$\sum H_{\mathrm{f}}=\left(\lambda\frac{l}{d}+\zeta\right)\frac{u^2}{2g}=\left(0.02\times\frac{200}{0.075}+0.17\right)\frac{u^2}{2g}=2.727u^2$$

代入方程得　　　$2.96H-16.72=2.727u^2$，　　$u=\sqrt{\dfrac{2.96H-16.72}{2.727}}$

若在 $\mathrm{d}t$ 时间内水面下降 $\mathrm{d}H$，这时体积变化为 $-38.465\mathrm{d}H$，则

$$\frac{\pi}{4}\times0.075^2\sqrt{(2.96H-16.72)/2.727}\,\mathrm{d}t=-38.465\mathrm{d}H$$

故
$$\mathrm{d}t=\frac{-38.465\mathrm{d}H}{0.785\times0.075^2\sqrt{(2.96H-16.72)\times2.727}}=\frac{-8711.16\mathrm{d}H}{\sqrt{1.085H-6.131}}$$

$$t=-8711.16\int_7^6(1.085H-6.131)^{-0.5}\mathrm{d}H$$

$$=-8711.16\times\frac{1}{1.085}\times\frac{1}{1-0.5}\left[\sqrt{1.085H-6.131}\right]\Big|_7^6$$

$$=-8711.16\times\frac{2}{1.085}\times(\sqrt{0.379}-\sqrt{1.464})=9543.4\mathrm{s}$$

1.5　并联及分支管路计算

1.5.1　概念梳理

【主要知识点】

并联管路与分支管路中各支管的流量彼此影响，相互制约。它们的流动情况虽比简单管路复杂，但仍然遵循能量衡算与质量衡算的原则。

1. 对于并联管路

（1）总管流量等于并联各支管流量之和，对不可压缩均质流体 $V_s = V_{s1} + V_{s2} + V_{s3}$。

（2）并联的各支管摩擦损失相等 $\sum h_{f1} = \sum h_{f2} = \sum h_{f3} = \sum h_f$。

（3）并联各管段中，管子长、直径小的管段，流动阻力大，通过的流量小。

2. 对于分支管路

（1）沿着流线，机械能衡算方程仍然成立。

（2）总管流量等于各支管流量之和，对不可压缩均质流体 $V_s = V_{s1} + V_{s2} + V_{s3}$。

3. 阻力控制问题

阻力损失分两部分，一部分为总管阻力损失，另一部分为支管阻力损失。

（1）总管阻力为主时，u_0 基本确定，增加分支，$V_{s总}$ 几乎不变。支管的阀门调节，只能改变流量在各支管之间的分配，各支管之间相互干扰。

（2）支管阻力为主时，总管阻力可以忽略，增加分支，调节支管阀门，$V_{s分支}$ 互不干扰。

1.5.2 典型例题

【例】 如图 1-44 所示的并联管路中，支管 1 直径为 $\phi46mm \times 3mm$，其长度为 40m；支管 2 直径为 $\phi85mm \times 2.5mm$，其长度为 60m（各支管的长度均包括局部阻力的当量长度）。两支管的摩擦系数 λ 近似相等。总管路中水的流量为 $60m^3/h$，试求水在两支管中的流量。

图 1-44 例题附图

解： 在 A、B 两截面间列伯努利方程式，即

$$gz_A + \frac{u_A^2}{2} + \frac{p_A}{\rho} = gz_B + \frac{u_B^2}{2} + \frac{p_B}{\rho} + \sum h_{f,A-B}$$

对于支管 1，可写为

$$gz_A + \frac{u_A^2}{2} + \frac{p_A}{\rho} = gz_B + \frac{u_B^2}{2} + \frac{p_B}{\rho} + \sum h_{f,1}$$

对于支管 2，可写为

$$gz_A + \frac{u_A^2}{2} + \frac{p_A}{\rho} = gz_B + \frac{u_B^2}{2} + \frac{p_B}{\rho} + \sum h_{f,2}$$

比较以上三式，得

$$\sum h_{f,A-B} = \sum h_{f,1} = \sum h_{f,2} \qquad ①$$

另外

$$V_s = V_{s1} + V_{s2} = 60/3600 = 0.0167 m^3/s \qquad ②$$

对于支管 1

$$\sum h_{f1} = \lambda_1 \frac{l_1 + \sum l_{e,1}}{d_1} \frac{u_1^2}{2} = \lambda_1 \frac{l_1 + \sum l_{e,1}}{d_1} \frac{\left(\dfrac{V_{s,1}}{\frac{\pi}{4}d_1^2}\right)^2}{2}$$

对于支管 2

$$\sum h_{f2} = \lambda_2 \frac{l_2 + \sum l_{e,2}}{d_2} \frac{u_2^2}{2} = \lambda_2 \frac{l_2 + \sum l_{e,2}}{d_2} \frac{\left(\dfrac{V_{s,2}}{\frac{\pi}{4}d_2^2}\right)^2}{2}$$

将以上两式代入式①得

$$\lambda_1 \frac{l_1 + \sum l_{e,1}}{2d_1} \times \frac{V_{s,1}^2}{\left(\frac{\pi}{4}d_1^2\right)^2} = \lambda_2 \frac{l_2 + \sum l_{e,2}}{2d_2} \times \frac{V_{s,2}^2}{\left(\frac{\pi}{4}d_2^2\right)^2}$$

由于 $\lambda_1 = \lambda_2$，则上式简化为

$$\frac{l_1 + \sum l_{e,1}}{d_1^5} V_{s1}^2 = \frac{l_2 + \sum l_{e,2}}{d_2^5} V_{s2}^2$$

所以

$$V_{s1} = V_{s2}\sqrt{\frac{l_2 + \sum l_{e,2}}{l_1 + \sum l_{e,1}}\left(\frac{d_1}{d_2}\right)^5} = V_{s2} \times \sqrt{\frac{60}{40} \times \left(\frac{0.04}{0.08}\right)^5} = 0.22 V_{s,2}$$

上式与式②联立，解得 $V_{s1} = 0.0030\,\mathrm{m^3/s} = 10.8\,\mathrm{m^3/h}$，$V_{s2} = 0.0137\,\mathrm{m^3/s} = 49.32\,\mathrm{m^3/h}$。

总结 --

解决两条支管并联的问题，一般先从两支路流动阻力相等这一规律出发，再确定两条支管的流量比。各支管的流量比与其管径、管长有关。

1.5.3 夯实基础题

计算题

水由高位槽流至低位槽，如图 1-45 所示。两槽水面位差 $H = 20\,\mathrm{m}$。管子内径 $d_A = d_B = 0.050\,\mathrm{m}$，$d_C = 0.025\,\mathrm{m}$。$(l + l_e)_A = 100\,\mathrm{m}$，$(l + l_e)_B = 120\,\mathrm{m}$，$(l + l_e)_C = 95\,\mathrm{m}$（包括突然缩小及突然扩大阻力当量长度）。设 $\lambda_C = \lambda_A = \lambda_B = 0.03$，且过程稳态，分流点 1 处局部阻力不计。（1）求 A 管流量 V_A；（2）关闭 C 管，求 A 管流量。

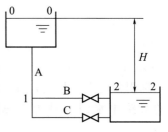

图 1-45　计算题附图

【参考答案与解析】

计算题

解：（1）B、C 两管为并联管路，所以

$$V_B/V_C = \sqrt{d_B^5/[\lambda_B(l+l_e)_B]}/\sqrt{d_C^5/[\lambda_C(l+l_e)_C]} = \sqrt{0.050^5/120}/\sqrt{0.025^5/95} = 5.03$$
$$V_B/V_A = V_B/(V_B + V_C) = 5.03/6.03 = 0.834$$

然后按 0-2 截面间列伯努利方程，在不计分叉点处的局部阻力条件下，可沿任一条路线由 0 截面至 2 截面计算阻力。现选 A、B 两管路进行阻力计算，以 2-2′ 所在截面为基准面，列伯努利方程得

$$gz_0 + \frac{p_0}{\rho} + \frac{u_0^2}{2} = gz_2 + \frac{p_2}{\rho} + \frac{u_2^2}{2} + \sum h_{f,0-2}$$

式中，$z_0 = H$，$z_2 = 0$，$p_0 = p_2$，$u_0 = u_2 = 0$。

$$gH = \sum h_{f,A} + \sum h_{f,B} = \lambda_A \frac{(l+l_e)_A}{d_A} \times \frac{u_A^2}{2} + \lambda_B \frac{(l+l_e)_B}{d_B} \times \frac{u_B^2}{2}$$

把 $u_A = \frac{4V_A}{\pi d_A^2}$，$u_B = \frac{4V_B}{\pi d_B^2}$ 代入上式可得

$$gH = 8\lambda(l+l_e)_A V_A^2/(\pi^2 d_A^5) + 8\lambda(l+l_e)_B V_B^2/(\pi^2 d_B^5)$$

$9.81 \times 20 = 8 \times 0.03 \times 100 V_A^2 / (\pi^2 \times 0.050^5) + 8 \times 0.03 \times 120 \times (0.83 V_A)^2 / (\pi^2 \times 0.050^5)$

所以 $V_A = 3.705 \times 10^{-3}\,\mathrm{m^3/s}$。

（2）关闭 C 管，$V_A = V_B$，因为 $d_A = d_B$，所以 $u_A = u_B$，由（1）可知

$$gH = \sum h_{f,A} + \sum h_{f,B} = \lambda_A \frac{(l + l_e)_A}{d_A} \frac{u_A^2}{2} + \lambda_B \frac{(l + l_e)_B}{d_B} \frac{u_B^2}{2}$$

求得 $u_A = u_B = 1.72\,\mathrm{m/s}$，所以 $V_A = \frac{\pi}{4} d_A^2 u_A = 3.3755 \times 10^{-3}\,\mathrm{m^3/s}$。

1.5.4　灵活应用题

一、填空题

1. 如图 1-46 所示供水管线。管长 L，流量 V_s，今因检修管子，用若干根直径为 $0.5d$、管长为 L 的管子并联代替原管，保证输水量 V_s 不变，设 λ 为常数，ε/d 相同，局部阻力均忽略，则并联管数至少需要_____根。

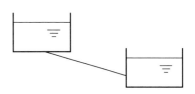

图 1-46　填空题 1 附图

2. 有一并联管路，两段管路的流量、流速、管径、管长及流动阻力损失分别为 V_{s1}、u_1、d_1、l_1、h_{f1} 及 V_{s2}、u_2、d_2、l_2、h_{f2}。若 $d_1 = 2d_2$，$l_1 = 2l_2$，则①$h_{f1} : h_{f2} = $____，②当两段管路中流体均作滞流流动时，$V_{s1} : V_{s2} = $____。

二、计算题

1. 如图 1-47 所示，用长度 $L = 50\,\mathrm{m}$，直径 $d_1 = 25\,\mathrm{mm}$ 的总管，从高度 $z = 12\,\mathrm{m}$ 的水塔向用户供水。在用水处水平安装 $d_2 = 10\,\mathrm{mm}$ 的支管 10 个，设总管的摩擦系数 $\lambda = 0.03$，总管的局部阻力系数 $\sum \zeta_i = 20$。支管很短，除阀门阻力外其他阻力可忽略，试求：（1）当所有阀门全开（$\zeta = 6.4$）时，总流量为多少（$\mathrm{m^3/s}$）？（2）再增设同样支路 10 个，各支路阻力同前，总流量有何变化？

2. 如图 1-48 所示，从自来水总管引一支路 AB 向居民楼供水，在端点 B 分成两路各通向一楼和二楼。已知管段 AB、BC 和 BD 的长度（包括管件的当量长度）各为 $100\,\mathrm{m}$、$10\,\mathrm{m}$ 和 $20\,\mathrm{m}$，管径皆为 $20\,\mathrm{mm}$，直管阻力系数皆为 0.02，两支路出口各安装一球心阀。假设总管压力为 $3.43 \times 10^5\,\mathrm{Pa}$（表压）试求：（1）当一楼阀门全开（$\zeta = 6.4$），高度为 $5\,\mathrm{m}$ 的二楼能否有水供应？此时管路 AB 内的流量为多少？（2）若将一楼阀门关小，使其流量减半，二楼最大流量为多少？

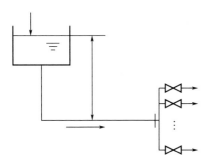

图 1-47　计算题 1 附图

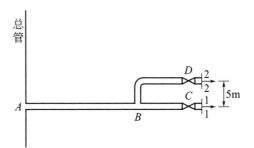

图 1-48　计算题 2 附图

【参考答案与解析】

一、填空题

1. 6。**解析**：由于两槽位差不变，由伯努利方程可知，流动的全程阻力不变，即并联后每支管路的阻力和原阻力相等。

$$\lambda \frac{L}{d} \times \frac{\left(\dfrac{V_s}{\dfrac{\pi}{4}d^2}\right)^2}{2} = \lambda \frac{L}{0.5d} \times \frac{\left[\dfrac{V_s}{n \times \dfrac{\pi}{4}(0.5d)^2}\right]^2}{2} \quad 解得 \ n = 5.7，所以至少需要 6 根。$$

2. $1:1$；$8:1$。**解析**：①并联管路阻力相等；②根据阻力相等化简列出 $\dfrac{u_1 l_1}{d_1^2} = \dfrac{u_2 l_2}{d_2^2}$，

因 $d_1 = 2d_2$，$l_1 = 2l_2$，可得 $u_1 = 2u_2$，因 $V_s = \dfrac{\pi}{4}d^2 u$，可得 $V_{s1}/V_{s2} = 8:1$。

二、计算题

1. **解**：（1）忽略分流点阻力，在水塔液面 1-1′ 与支管出口 2-2′ 间机械能衡算式得

$$zg = \left(\lambda \frac{l}{d_1} + \sum \zeta_i\right) \times \frac{u_1^2}{2} + \zeta \frac{u_2^2}{2} + \frac{u_2^2}{2} \qquad ①$$

由质量守恒式得

$$u_1 = \frac{10 d_2^2 u_2}{d_1^2} = 1.6 u_2 \qquad ②$$

将式②代入式①并整理得

$$u_2 = \sqrt{\frac{2gz}{\left(\lambda \dfrac{l}{d_1} + \sum \zeta_i\right) \times 1.6^2 + \zeta + 1}} = 1.05 \, \text{m/s} \qquad ③$$

$$V_s = 10 \times 0.785 \times (0.01)^2 \times 1.05 = 8.24 \times 10^{-4} \, \text{m}^3/\text{s}$$

（2）如增设 10 个支路则

$$u_1' = \frac{20 d_2^2 u_2'}{d_1^2} = 3.2 u_2', \quad u_2' = \sqrt{\frac{2gz}{\left(\lambda \dfrac{l}{d_1} + \sum \zeta_i\right) \times 3.2^2 + \zeta + 1}} = 0.53 \, \text{m/s}$$

$$V_s = 20 \times 0.785 \times (0.01)^2 \times 0.53 = 8.32 \times 10^{-4} \, \text{m}^3/\text{s}$$

支路数增加一倍，总流量只增加 $\dfrac{8.32 - 8.24}{8.24} = 1.0\%$。

总结

当总管阻力为主时，总管流量基本确定，增加分支，总管流量几乎不变。支管的阀门调节，只能改变流量在各支管之间的分配，各支管之间相互干扰。因此，向用户供水的管路应设计成以支管为主。

2. **解**：（1）二楼有水的必要条件是 B 断面的静压能不小于 5m 的势能。首先，可假设支路 BD 流量为零，并通过在断面 A 和 1-1 之间列机械能衡算式求出管内流速，之后再判断 B 断面的压力

$$\frac{p_A}{\rho}=\frac{u_1^2}{2}+\left(\lambda\frac{l_{AB}+l_{BC}}{d}+\zeta\right)\frac{u_1^2}{2}$$

$$u_1=\sqrt{\frac{2p_A/\rho}{\lambda\dfrac{l_{AB}+l_{BC}}{d}+\zeta+1}}=\sqrt{\frac{2\times3.43\times10^5/1000}{0.02\times\dfrac{100+10}{0.02}+6.4+1}}=2.42\text{m/s}$$

在断面 A 与 B 之间列机械能衡算式，得

$$\frac{p_B}{\rho g}=\frac{p_A}{\rho g}-\left(\lambda\frac{l_{AB}}{d}+1\right)\frac{u_1^2}{2g}=\frac{3.43\times10^5}{1000\times9.81}-\left(0.02\times\frac{100}{0.02}+1\right)\times\frac{2.42^2}{2\times9.81}=4.8\text{m}<5\text{m}$$

结果表明二楼无水供应，因此支路 BD 流量为零的假设成立。此时管路 AB 内的流量为 $V_s=\dfrac{\pi}{4}d^2u_1=0.785\times0.02^2\times2.42=7.6\times10^{-4}\text{ m}^3/\text{s}$。

（2）1-1 截面流速已知，总管流速与两支管流速间存在连续性方程的关系，因此通过在 A 断面和 2-2 间列伯努利方程可以求出唯一的未知数——二楼的流速。

根据连续性方程
$$u=\frac{4\left(V_{s2}+\dfrac{V_s}{2}\right)}{\pi d^2}=\frac{4V_{s2}}{\pi d^2}+\frac{u_1}{2}=3.184\times10^3V_{s2}+1.21$$

管段 BD 内的流速为
$$u_2=\frac{4V_{s2}}{\pi d^2}=\frac{4V_{s2}}{3.14\times0.02^2}=3.184\times10^3V_{s2}$$

在断面 A 与 2-2 之间列机械能衡算式

$$\frac{p_A}{\rho}=gz+\frac{u_2^2}{2}+\lambda\frac{l_{AB}}{d}\frac{u^2}{2}+\left(\lambda\frac{l_{BD}}{d}+\sum\zeta\right)\frac{u_2^2}{2}$$

代入数值得 $\dfrac{3.43\times10^5}{1000}=9.81\times5+0.02\times\dfrac{100}{0.02}\times\dfrac{(3.184\times10^3V_{s2}+1.21)^2}{2}+$

$$\left(0.02\times\frac{20}{0.02}+6.4+1\right)\frac{(3.184\times10^3)^2V_{s2}^2}{2}$$

解得 $6.46\times10^8V_{s2}^2+3.86\times10^5V_{s2}-220.745=0$

所以 $V_{s2}=\dfrac{-3.86\times10^5+\sqrt{(3.86\times10^5)^2+4\times6.46\times10^8\times220.745}}{2\times6.46\times10^8}=3.58\times10^{-4}\text{ m}^3/\text{s}$

总结

这是非常经典的分支管路练习题。对于通常的分支管路，改变支路的数目或阀门开度，对总流量及各支路间流量的分配皆有影响，但解决问题的基本方法还是连续性方程和伯努利方程。

1.5.5 拓展提升题

一、填空题

（考点 支路阀门开度变化）如图 1-49 所示管路系统，现将支路 1 上的阀门 k_1 关小，则下列流动参数将如何变化？（1）支管 1、2、3 的流量 V_{s1}＿＿＿＿、V_{s2}＿＿＿＿、V_{s3}＿＿；总管流量 V_s＿＿＿＿。（2）压力表读数 p_A＿＿＿＿＿、p_B＿＿＿＿＿。（变小，变大，不变，不确定）

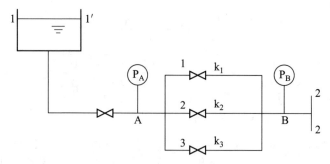

图 1-49 填空题附图

二、选择题

（考点 分支流速变化）如图 1-50 所示的输水系统中，阀 A、B 和 C 全开时，各管路的流速分别为 u_A、u_B 和 u_C，现将 B 阀部分关小，则各管路流速的变化应为（　　）。

A. u_A 不变，u_B 变小，u_C 变小

B. u_A 变大，u_B 变小，u_C 不变

C. u_A 变大，u_B 变小，u_C 变小

D. u_A 变小，u_B 变小，u_C 变小

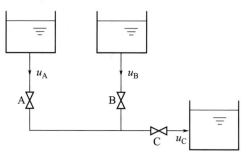

图 1-50 选择题附图

三、计算题

1.（考点 复杂管路的计算）如图 1-51 所示，某厂计划建一水塔，将 20℃ 水分别送至第一、第二车间的反应釜、换热器中。第一车间的反应釜为常压，第二车间的换热器内压力为 20kPa（表压）。总管为 $\phi57mm \times 3.5mm$ 的钢管，管长为 $(30+z_0)m$，通向反应釜、换热器的支管均为 $\phi25mm \times 2.5mm$ 的钢管，管长分别为 28m 和 16m（以上各管长均已包括所有局部阻力当量长度）。钢管的绝对粗糙度可取为 $\varepsilon=0.2mm$。现要求向第一车间的反应釜供应 1800kg/h 的水，向第二车间的换热器供应 2400kg/h 的水，试确定水塔离地面至少多高才行？已知 20℃ 水的黏度 $\mu=1\times10^{-3}Pa \cdot s$，$\lambda$ 可用下式计算 $\lambda=0.1\left(\dfrac{\varepsilon}{d}+\dfrac{68}{Re}\right)^{0.23}$。

2.（考点 并联特点）如图 1-52 所示，从高位水塔引水至车间，水塔的水位可视为不变，水塔水面与水管出口间的垂直距离为 H。水管内径为 d，管路总长为 l，现要求送水

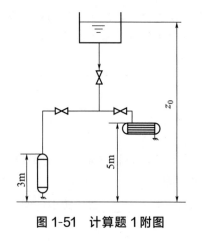

图 1-51 计算题 1 附图

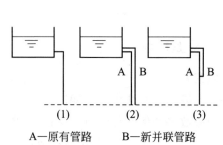

A—原有管路　　B—新并联管路

图 1-52 计算题 2 附图

量增加 50%，故需对管路进行改装。已知库存有直径为 $0.5d$、d、$1.25d$ 的三种管子，于是有人提出下面三种方案：（1）将原管换成内径为 $1.25d$ 的管子；（2）增设一根与原管平行的、长也为 l、内径为 $0.5d$ 的管子；（3）将管路并联一根长为 $\dfrac{l}{2}$、内径为 d 的管子。假设摩擦因数变化不大，局部阻力、水在管内的动能可忽略。

试分析这三种方案是否可行？若得到的流量过大了，怎么办？

【参考答案与解析】

一、填空题

（1）变小；变大；变大；变小。（2）变大；变小。

二、选择题

C。

填空题讲解
并联管路支路
阀门开度变化

三、计算题

1. **解**：这是分支管路设计型问题，可沿两分支管路分别计算所需的 z_0，从中选取较大者。

步骤1　计算各段管路的摩擦阻力系数

选择题讲解
分支管路阀门
开度变化

总管
$$u=\frac{w_{s1}+w_{s2}}{\frac{1}{4}\pi d^2\rho}=\frac{(1800+2400)/3600}{\frac{1}{4}\pi\times0.05^2\times1000}=0.59\text{m/s}$$

$$Re=\frac{du\rho}{\mu}=\frac{4(w_{s1}+w_{s2})}{\pi d\mu}=\frac{4\times(1800+2400)/3600}{\pi\times0.05\times1\times10^{-3}}=29724$$

$$\frac{\varepsilon}{d}=\frac{0.2}{50}=0.004，\text{所以}\ \lambda=0.1\times\left(0.004+\frac{68}{29724}\right)^{0.23}=0.031$$

计算题1讲解
复杂管路
设计型计算

通向反应釜的支路

$$u_1=\frac{w_{s1}}{\frac{1}{4}\pi d_1^2\rho}=\frac{1800/3600}{\frac{1}{4}\pi\times0.02^2\times1000}=1.59\text{m/s}$$

$$Re_1=\frac{4w_{s1}}{\pi d_1\mu}=\frac{4\times1800/3600}{\pi\times0.02\times1\times10^{-3}}=31847$$

$$\frac{\varepsilon}{d_1}=\frac{0.2}{20}=0.01，\text{所以}\ \lambda_1=0.1\times\left(0.01+\frac{68}{31847}\right)^{0.23}=0.036$$

通向换热器的支路

$$u_2=\frac{w_{s2}}{\frac{1}{4}\pi d_2^2\rho}=\frac{2400/3600}{\frac{1}{4}\pi\times0.02^2\times1000}=2.12\text{m/s}$$

$$Re_2=\frac{4w_{s2}}{\pi d_2\mu}=\frac{4\times2400/3600}{\pi\times0.02\times1\times10^{-3}}=42463$$

$$\frac{\varepsilon}{d_2}=\frac{0.2}{20}=0.01，\text{所以}\ \lambda_2=0.1\times\left(0.01+\frac{68}{42463}\right)^{0.23}=0.036$$

步骤2　计算两个支路各自需要的水塔高度

计算为满足反应釜的供水量，水塔应处的高度：在水塔液面 0-0 面和反应釜塔顶 1-1

面间列机械能衡算方程

$$gz_0 + \frac{u_0^2}{2} + \frac{p_0}{\rho} = gz_1 + \frac{u_1^2}{2} + \frac{p_1}{\rho} + \lambda \frac{\sum l}{d} \frac{u^2}{2} + \lambda_1 \frac{\sum l_1}{d_1} \frac{u_1^2}{2}$$

将有关数据代入得

$$gz_0 + 0 + 0 = 3g + \frac{1.59^2}{2} + 0 + 0.031 \times \frac{30 + z_0}{0.05} \times \frac{0.59^2}{2} + 0.036 \times \frac{28}{0.02} \times \frac{1.59^2}{2}$$

解得 $z_0 = 10.1\text{m}$。即向第一车间的反应釜供应 1800kg/h 的水时，水塔离地面至少 10.1m 才行。

计算为满足换热器的供水量，水塔应处的高度：在水塔液面 0-0 面和换热器上部 2-2 面间列机械能衡算方程

$$gz_0' + \frac{u_0^2}{2} + \frac{p_0}{\rho} = gz_2 + \frac{u_2^2}{2} + \frac{p_2}{\rho} + \lambda \frac{\sum l}{d} \frac{u^2}{2} + \lambda_2 \frac{\sum l_2}{d_2} \frac{u_2^2}{2}$$

将有关数据代入得

$$gz_0' + 0 + 0 = 5g + \frac{2.12^2}{2} + \frac{20 \times 1000}{1000} + 0.031 \times \frac{30 + z_0'}{0.05} \times \frac{0.59^2}{2} + 0.036 \times \frac{16}{0.02} \times \frac{2.12^2}{2}$$

解得 $z_0' = 21.4\text{m}$。即向第二车间的换热器供应 2400kg/h 的水时，水塔离地面至少 21.4m 才行。

步骤 3 选择水塔高度

为了同时满足第一、二车间的供水要求，应取 z_0、z_0' 中较大者，即水塔离地面至少 21.4m 才行。实际操作时，第一车间供水量可通过关小阀门来调节。

总结

①复杂管路计算原则应沿着流体流动方向来应用机械能衡算方程。②对于复杂管路的设计，应按所需机械能最大的那一条支路进行设计，如本例中，通向支路二所需的机械能大于通向支路一所需的机械能，故应以通向支路二来设计水塔高度。

2. **解**：(1) 以水管出口的中心为基准面，在水塔水面截面 1-1 与水管出口的外侧截面 2-2 列伯努利方程，得

$$z_1 + \frac{p_1}{\rho g} + \frac{u_1^2}{2g} = z_2 + \frac{p_2}{\rho g} + \frac{u_2^2}{2g} + \sum H_f$$

式中，$z_1 = H$，$z_2 = 0$，$p_1 = p_2 = 0$（表压），$u_1 = u_2 = 0$，化简得

$$H = \sum H_f = \lambda \frac{l}{d} \times \frac{u^2}{2g}, \quad u = \sqrt{\frac{2gHd}{\lambda l}}$$

所以

$$\frac{V_s'}{V_s} = \frac{(1.25d)^2}{d^2} \times \frac{\sqrt{\dfrac{2gH(1.25d)}{\lambda l}}}{\sqrt{\dfrac{2gHd}{\lambda l}}} = 1.75$$

则

$$\frac{V_s' - V_s}{V_s} = \frac{1.75 - 1}{1} = 0.75$$

(2) 并联 $V_s' = V_{s1} + V_{s2}$

$$V_{s1} = V_s = \frac{\pi}{4} d^2 u_1^2 = \frac{\pi}{4} d^2 \sqrt{\frac{2gHd}{\lambda l}}, \quad V_{s2} = \frac{\pi}{4} (0.5d)^2 \sqrt{\frac{2gH(0.5d)}{\lambda l}}$$

所以
$$\frac{V_s' - V_s}{V_s} = \frac{V_{s2}}{V_s} = \frac{(0.5d)^2 \sqrt{\dfrac{2gH(0.5d)}{\lambda l}}}{d^2 \sqrt{\dfrac{2gHd}{\lambda l}}} = 0.18$$

(3) $H = \sum h_f = \lambda \dfrac{l/2}{d} \times \dfrac{(u/2)^2}{2g} + \lambda \dfrac{l/2}{d} \times \dfrac{u^2}{2g} = \dfrac{5}{16} \lambda \dfrac{lu^2}{gd}$, $\quad u = \sqrt{\dfrac{16}{5} \times \dfrac{gHd}{\lambda l}}$

$$V_s' = \frac{\pi}{4} d^2 u = \pi \sqrt{\frac{gH}{5\lambda l}} d^2 \sqrt{d}, \quad V_s = \frac{\pi}{4} \sqrt{\frac{2gH}{\lambda l}} d^2 \sqrt{d}$$

$$\frac{V_s'}{V_s} = \frac{\pi \sqrt{\dfrac{gH}{5\lambda l}} d^2 \sqrt{d}}{\dfrac{\pi}{4} \sqrt{\dfrac{2gH}{\lambda l}} d^2 \sqrt{d}} = \frac{4}{\sqrt{10}} = 1.26$$

则
$$\frac{V_s' - V_s}{V_s} = \frac{1.26 - 1}{1} = 0.26$$

第二、第三种方案流量都无法满足增量要求；第一方案可行，但得到的流量过大，可采取安装阀门并关小阀门的手段来调节流量。

1.6 流量的测量

1.6.1 概念梳理

【主要知识点】

1. 皮托管（测速管） 用来测量管道中流体的点速度，$u = \sqrt{\dfrac{2gR(\rho_A - \rho)}{\rho}}$。式中，$\rho_A$ 为指示液密度；ρ 为被测流体的密度；R 为压差计读数。

冲压能 静压能与动能之和，即 $h_A = \dfrac{u_r^2}{2} + \dfrac{p}{\rho}$。

对于圆管，通常皮托管测定管中心的最大速度，再根据雷诺数 $Re_{max} = \dfrac{du_{max}\rho}{\mu}$。

查图 1-53 以获得平均速度，从而获得流量。

测速管的优点：对流体的阻力较小，适用于测量大直径管路中的气体流速。

测速管的缺点：测速管不能直接测出平均流速，且读数较小，常需配用微差压差计；当流体中含有固体杂质时，会将测压孔堵塞，故不宜采用测速管。

2. 孔板流量计 为定截面变压差流量计，用测量压差来测量管道中流体的流量

$$V_s = C_0 A_0 \sqrt{\frac{2gR(\rho_A - \rho)}{\rho}}$$

式中，V_s 为体积流量，m^3/h；C_0 为流量系数或孔流系数，量纲为 1；A_0 为孔板小孔的截面积，m^2。

C_0 具体取值如图 1-54 所示。

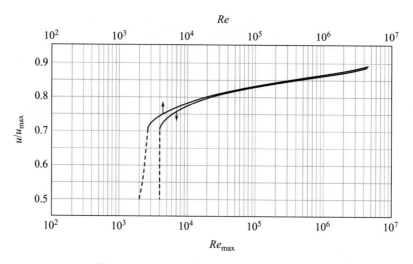

图 1-53 u/u_{max} 与 Re、Re_{max} 的关系

孔板流量计的优点：结构简单，容易制造，不占管长。当流量有较大变化时，调整测量条件，调换孔板也很方便。

孔板流量计的缺点：孔口边缘容易腐蚀和磨损，因此流量计应定期进行校正，流体流经孔板后能量损失较大

$$h_f' = \frac{\Delta p_f'}{\rho} = \frac{p_a - p_b}{\rho}\left(1 - 1.1\frac{A_0}{A_1}\right)$$

3. 文丘里流量计　文丘里流量计的流量计算式与孔板流量计相类似

$$V_s = C_v A_0 \sqrt{\frac{2(p_1 - p_0)}{\rho}}$$

式中，C_v 为流量系数，量纲为 1，其值可由实验测定或从仪表手册中查得；$p_1 - p_0$ 为两测压点间的压差，单位为 Pa，其值大小由压差计读数 R 来确定；A_0 为喉管的截面积，m^2。

文丘里流量计能量损失小，但各部分尺寸要求严格，需精细加工，所以造价也就较高。

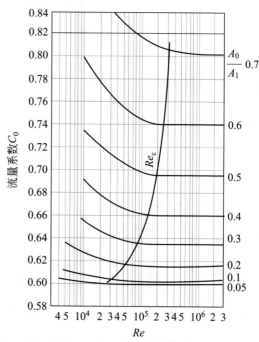

图 1-54   孔板流量计的 C_0 与 Re、$\dfrac{A_0}{A_1}$ 的关系曲线

4. 转子流量计　为定压差变截面流量计，又称为截面流量计。转子流量计的流量关系式

$$V_s = C_R A_0 \sqrt{\frac{2g(\rho_f - \rho)V_f}{\rho A_f}}$$

式中，C_R 为转子流量计的流量系数，量纲为 1，其值与 Re 及转子形状有关，由实验测定或从有关仪表手册中查得；A_0 为转子与锥形管环隙处截面积，m^2；ρ_f、ρ 分别为转子与

流体的密度，kg/m^3；A_f 为转子的投影面积，m^2；V_f 为转子体积，m^3。

转子流量计的刻度标注校正公式

$$\frac{V_{s2}}{V_{s1}} = \sqrt{\frac{\rho_1(\rho_f - \rho_2)}{\rho_2(\rho_f - \rho_1)}}$$

式中，下标1表示出厂标定时的所用的流体，液体转子流量计采用的是20℃水，气体转子流量计采用的是20℃、101325Pa的空气；下标2表示实际工作时的液体。

对用于气体的流量计可简化为

$$\frac{V_{s,g2}}{V_{s,g1}} = \sqrt{\frac{\rho_{g1}}{\rho_{g2}}}$$

转子流量计的优点：可直接读取数据，读取流量方便；能量损失很小；测量范围宽；能用于腐蚀性流体的测量。

转子流量计的缺点：因管壁大多为玻璃制品，故不能经受高温和高压，在安装使用过程中也容易破碎；要求安装时必须保持垂直。

5. 孔板流量计和文丘里流量计是定截面变压差流量计，节流口面积不变，压差随流量不同而变化。转子流量计是变截面恒压差流量计，压差保持恒定，而节流口的面积随流量改变而变化。

1.6.2 夯实基础题

一、填空题

1. 皮托管测量管路中的_____，孔板流量计测量管道中流体的_____。

2. 测速管的优点是_____ 。

3. 在测速管中，测压孔正对水流方向的测压管液位代表_____，流体流过测速管侧壁小孔的测压管液位代表_____。

4. 孔板流量计的孔流系数 C_0 与_____、_____、____有关。当 Re 增大时，其值_____。

二、选择题

1. 转子流量计的工作原理主要是靠流体（　　）。

A. 流动的速度　　B. 对转子的浮力　　C. 流动时在转子的上、下端产生了压差

2. 比较下述各种流量计：①孔板流量计（　　）；②文丘里流量计（　　）；③转子流量计（　　）。

A. 调换方便，但不耐高温高压，压头损失较大

B. 能耗小，加工方便，可耐高温高压

C. 能耗小，多用于低压气体的输送，但造价较高

D. 读取流量方便，测量精度高，但不耐高温高压

E. 制造简单，调换方便，但压头损失大

3. 当喉径与孔径相同时，文丘里流量计的孔流系数 C_v 比孔板流量计的孔流系数 C_0（　　），文丘里流量计的能量损失比孔板流量计的（　　）。

A. 大　　　　　　B. 小　　　　　　C. 相等　　　　　　D. 不确定

三、简答题

设计孔板流量计的中心问题是什么？

四、计算题

1. 有一内径为 $d = 60\text{mm}$ 的管子，用孔板流量计测量水的流量，孔板的孔流系数 $C_0 = 0.64$，孔板内孔直径 $d_0 = 20\text{mm}$，U 形压差计的指示液为汞。（1）U 形压差计读数 $R = 300\text{mm}$，问水的流量为多少？（2）U 形压差计的最大读数 $R_{max} = 900\text{mm}$，问能测量的最大水流量为多少？

2. 在内径为 200mm 的管道中，用测速管测量管内空气的流量。测量点处的温度为 20℃，真空度为 450Pa，大气压为 $98.66 \times 10^3 \text{Pa}$。测速管插入管道的中心线处。测压装置为微差压差计，指示液是油和水，其密度分别为 835kg/m^3 和 998kg/m^3，测得的读数为 100mm，试求空气的质量流量（kg/h）。

【参考答案与解析】

一、填空题

1. 点速度；平均速度。
2. 对流体的阻力较小，适用于测量大直径管路中的气体流速。
3. 冲压头；静压头。　4. Re，取压法，面积比 A_0/A_1；先减小后趋于不变。

二、选择题

1. C。　2. E；C；D。　3. A；B。

三、简答题

孔板流量计设计的中心问题是选择适当的面积比，以获得适宜的压差计读数大小和较小的阻力损失。

四、计算题

1. **解**：（1）$u_0 = C_0 \sqrt{\dfrac{2(\rho_A - \rho)gR}{\rho}} = 0.64 \times \sqrt{\dfrac{2 \times (13600 - 1000) \times 9.81 \times 0.3}{1000}} = 5.51\text{m/s}$

$$V_s = \frac{\pi}{4}d_0^2 u_0 = 0.785 \times 0.020^2 \times 5.51 = 1.73 \times 10^{-3}\text{m}^3/\text{s}$$

（2）$u_{max} = C_0 \sqrt{\dfrac{2(\rho_A - \rho)gR_{max}}{\rho}} = 0.64 \times \sqrt{\dfrac{2 \times (13600 - 1000) \times 9.81 \times 0.9}{1000}} = 9.55\text{m/s}$

$$V_{max} = \frac{\pi}{4}d_0^2 u_{max} = 0.785 \times 0.020^2 \times 9.55 = 2.999 \times 10^{-3}\text{m}^3/\text{s} = 10.80\text{m}^3/\text{h}$$

2. **解**：$\Delta p = (\rho_A - \rho_C)gR = (998 - 835) \times 9.8 \times 0.1 = 159.74\text{Pa}$

查附录得 20℃、101kPa 时空气密度为 1.203kg/m^3，黏度为 $1.81 \times 10^{-5}\text{Pa·s}$，则管中空气的密度为

$$\rho = 1.203 \times \frac{98.66 - 0.45}{101.3} = 1.166\text{kg/m}^3$$

$$u_{max} = \sqrt{\frac{2\Delta p}{\rho}} = \sqrt{\frac{2 \times 159.74}{1.166}} = 16.55\text{m/s}$$

$$Re_{max} = \frac{du_{max}\rho}{\mu} = \frac{0.2 \times 16.55 \times 1.166}{1.81 \times 10^{-5}} = 2.132 \times 10^5$$

查 $\dfrac{u}{u_{\max}}$ 与 Re、$Re_{\max}$ 的关系图可得 $u=0.82u_{\max}=0.82\times16.55=13.57\text{m/s}$，则

$$w_{\text{s}}=3600\times\frac{\pi}{4}d^2u\rho=3600\times13.57\times0.785\times0.2^2\times1.166=1788.59\text{kg/h}$$

1.6.3　灵活应用题

一、填空题

1. 流量 V_{s} 增加一倍，孔板流量计的阻力损失为原来的_____倍，转子流量计的阻力损失为原来的_____倍，孔板流量计的孔口速度为原来的_____倍，转子流量计的流速为原来的_____倍，孔板流量计的读数为原来的_____倍，转子流量计的环隙通道面积为原来的_____倍。

2. LZB-40 转子流量计转子为不锈钢（密度为 7920kg/m^3），刻度标值以水为基准，量程为 $0.25\sim2.5\text{m}^3/\text{h}$，若用此流量计测量酒精（密度为 800kg/m^3）则酒精的实际流量要比刻度值_____，校正系数为_____，测量酒精时，此流量计的最大流量值为____ m^3/h。若上述转子流量计改用形状完全相同的铅转子（密度为 10670kg/m^3）代替原不锈钢转子，测量的流体仍为水，则实际流量要比刻度值_____，校正系数为_____，测量实际量程范围为_____m^3/h。

3. 如图 1-55 所示常温水由高位槽流向低位槽，两液面位差稳定，管内流速 1.5m/s，管路中装有一个孔板流量计和一个截止阀，已知管道为 $\phi57\text{mm}\times3.5\text{mm}$ 的钢管，直管与除阀门外其他局部阻力的当量长度总和为 60m，管路摩擦系数 λ 为 0.03。若将阀门关小，使流速减为原来的 0.8 倍，设系统仍为稳定湍流，λ 近似不变，阀门的局部阻力系数增大了两倍，则孔板流量计的读数 R_1 变为原来的_____倍（流量系数不变）；R_2 变为原来的_____倍。

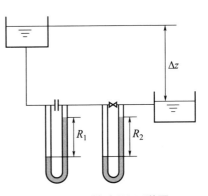

图 1-55　填空题 3 附图

二、计算题

（考点 孔板流量计的应用）如图 1-56 所示，是用来标定流量计的管路，高位水槽液面稳定，高 $H=5\text{m}$，管径为 $\phi55\text{mm}\times2.5\text{mm}$，管路全长 10m，孔板的孔径为 25mm。（1）若调节球心阀，读得孔板的水银压差计 R 为 110mm，而测得水流出的流量为 $5.7\text{m}^3/\text{h}$，试求此时孔板的孔流系数 C_0；（2）若除球心阀和孔板外，其余的管路阻力均可忽略不计，而球心阀在全开时的阻力系数为 6.4，当球心阀全开时水的流出量为 $12\text{m}^3/\text{h}$。试计算孔板的阻力为孔板前后测压点压差的百分之几？$[C_0$ 取（1）的计算值$]$

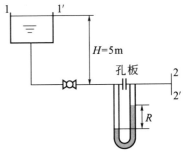

图 1-56　计算题附图

【参考答案与解析】

一、填空题

1. 4；1；2；1；4；2。**解析**：第 1 空孔板流量计的阻力损失为 $h_{\text{f}}'=\dfrac{\Delta p_{\text{f}}'}{\rho}=\dfrac{p_{\text{a}}-p_{\text{b}}}{\rho}\times$

$\left(1-1.1\dfrac{A_0}{A_1}\right)$，$V_s=C_0A_0\varepsilon_k\sqrt{\dfrac{2(p_a-p_b)}{\rho_m}}$，$\dfrac{V_s'}{V_s}=2$，则 $\dfrac{(p_a-p_b)'}{(p_a-p_b)}=4$，$\dfrac{\sum h_f'}{\sum h_f}=4$。

第 2、4、6 空转子流量计特点是恒压差，流量越大，转子升得越高、转子与锥形管间环隙面积就越大。因此不论流量大小，转子与锥形管环隙处的流速 u_0 都是不变的，阻力也不随流量变化；因为 $\dfrac{V_s'}{V_s}=2$，则转子流量计的环隙通道面积 $\dfrac{A_R'}{A_R}=2$。

第 3 空 $V_s=uA$，可得 $\dfrac{u_0'}{u_0}=2$。第 5 空孔板流量计的读数即孔板的压差，$\dfrac{V_s'}{V_s}=2$，则 $\dfrac{(p_a-p_b)'}{(p_a-p_b)}=4$。

2. 大；1.134；2.84；大；1.18；0.295～2.95。**解析**：根据公式 $V_s=C_RA_R\sqrt{\dfrac{2V_f(\rho_f-\rho)g}{A_f\rho}}$，因为酒精密度比水小，所以使得酒精的实际流量要比刻度值大；校正系数为 $\sqrt{\dfrac{7920-800}{800}\Big/\dfrac{7920-1000}{1000}}=1.134$；测酒精时的最大流量值为校正系数乘以测水时最大量程，即 $2.5\times1.134=2.84$；因为铅转子密度大于不锈钢，所以 ρ_f 变大，则实际流量要比刻度值大。校正系数为 $\sqrt{\dfrac{10670-1000}{1000}\Big/\dfrac{7920-1000}{1000}}=1.18$。校正后的量程为 $0.25\times1.18=0.295\mathrm{m^3/h}$，$2.5\times1.18=2.95\mathrm{m^3/h}$。所以测量实际量程范围为 $0.295\sim2.95\mathrm{m^3/h}$。

3. 0.64；1.92。**解析**：第 1 空当阀门关小，流速减为原来的 0.8 倍时，$u'=0.8u=1.2\mathrm{m/s}$。由孔板流量计所测流速 $V_s=C_0A_0\sqrt{\dfrac{2gR(\rho_i-\rho)}{\rho}}$ 可知 $V_s\propto\sqrt{R}$，所以 $R\propto V_s^2$，所以 R_1 变为原来的 $0.8^2=0.64$ 倍。

第 2 空对阀门前后 a、b 两点列伯努利方程 $gz_a+\dfrac{p_a}{\rho}+\dfrac{u_a^2}{2}=gz_b+\dfrac{p_b}{\rho}+\dfrac{u_b^2}{2}+\sum h_{f,a\text{-}b}$。因为 $z_a=z_b$，$u_a=u_b$，所以 $\dfrac{p_a}{\rho}=\dfrac{p_b}{\rho}+\sum h_{f,a\text{-}b}=\dfrac{p_b}{\rho}+\zeta\dfrac{u^2}{2}$。因此阀门前后的压力差为 $\Delta p=p_a-p_b=\rho\zeta\dfrac{u^2}{2}$，U 形压差计两端压力差为 $\Delta p=(\rho_i-\rho)gR_2$，故阀门压差计读数 R_2 变为原来的 1.92 倍。

二、计算题

解：（1）由孔板流量计计算流量的公式得

$$C_0=\dfrac{V_s}{A_0\sqrt{\dfrac{2gR(\rho_0-\rho)}{\rho}}}=\dfrac{5.7/3600}{\dfrac{\pi}{4}\times0.025^2\times\sqrt{\dfrac{2\times9.81\times0.11\times(13600-1000)}{1000}}}=0.62$$

（2）水槽液面为截面 1-1′，管路出口为截面 2-2′，并以 2-2′管中心所在水平面为基准面，在两截面之间列机械能衡算方程并化简得

$$H=5=\sum h_{f,1\text{-}2}$$

依题意

$$\sum h_{f,1\text{-}2} = 6.4 \times \frac{1}{2g} \times \left(\frac{V_s}{\frac{\pi}{4} \times 0.05^2} \right)^2 + x \frac{\Delta p}{\rho g}$$

由流量计计算式

$$\Delta p = \left(\frac{V_s}{C_0 A_0} \right)^2 \frac{\rho}{2}$$

$$5 = 6.4 \times \frac{1}{2 \times 9.81} \times \left(\frac{12}{3600 \times 0.785 \times 0.05^2} \right)^2 + x \frac{1}{2 \times 9.81} \times \left(\frac{12}{3600 \times 0.62 \times 0.785 \times 0.025^2} \right)^2$$

解得 $x = 66.3\%$。

1.7 拓展阅读 常用流量测量仪

《化工原理》教材中介绍的是利用流体流动规律制作的流量测量仪，实际化工生产中常用的还有速度式、容积式流量计以及质量流量计，下面介绍几种速度式流量计。

1. 涡轮流量计

涡轮流量计的仪表外形如图 1-57 所示，其工作原理是先将流速转换为涡轮的转速，再将转速转换成与流量成正比的电信号。这种流量计用于检测瞬时流量和总的积算流量。具有测量精度高、反应速度快、测量范围广、价格低廉、安装方便等优点，广泛用于气体或低黏度液体的流量测量。

2. 电磁流量计

电磁流量计的仪表外形如图 1-58 所示，由流量传感器和转换器两大部分组成，测量管中安装有一对电极，利用法拉第电磁感应定律测量导电液体产生的电动势，并计算体积流量，然后换算为统一的 $4 \sim 20 \text{mA}$ 的电流信号和脉冲信号进行输出。测量管中没有可移动部件或障碍物，无需维护。电磁流量计广泛用于测量水和化学品等具有导电性液体的流量，还可以用于腐蚀性流体，是工业流量计中精度最高的测量方式之一，但它不能用来测量气体、蒸气、含有大量气体的液体或电导率很低的液体。

图 1-57 涡轮流量计

图 1-58 电磁流量计

3. 涡街流量计

涡街流量计的仪表外形如图 1-59 所示，是在流体中安放一根旋涡发生体，旋涡的速度与流体的速度成一定比例，从而计算出体积流量。涡街流量计适用于测量液体、气体或饱和蒸气的流量。它没有移动部件，也没有污垢问题，但涡街流量计会产生噪声，而且要求流体具有较高的流速（不低于 5m/s），以产生旋涡。

4. 超声波流量计

超声波流量计由超声波换能器、电子线路及流量显示和累积系统三部分组成，工作原理是通过超声波发射换能器将电能转换为超声波能量，并将其发射到被测流体中，接收器接收到的超声波信号，经电子线路放大并转换为代表流量的电信号供给显示和积算仪表进行显示和积算，实现流量的检测和显示。超声流量计可作非接触测量，因此对流体不产生额外阻力损失，原则上不受管径限制，可测量非导电性液体，广泛用于工业生产、商业计量和水利检测等方面。图 1-60 是手持式超声波流量计的仪表外形。

图 1-59　涡街流量计　　　　图 1-60　手持式超声波流量计

本章符号说明

英文字母

A——截面积，m^2

C——系数

C_0、C_v——流量系数

d——管道直径，m

d_e——当量直径，m

d_0——孔径，m

E——1kg 流体所具有的总机械能，J/kg

g——重力加速度，m/s^2

G——质量流速，$kg/(m^2 \cdot s)$

h_f——1kg 流体流动时为克服流动阻力而损失的能量，简称能量损失，J/kg

h_f'——局部能量损失，J/kg

H_e——输送设备对 1N 流体提供的有效压头，m

H_f——压头损失，m

l——长度，m

l_e——当量长度，m

N——输送设备的轴功率，W

N_e——输送设备的有效功率，W

p——压力，Pa

Δp_f——因克服流动阻力而引起的压力降，Pa

P——总压力，N

r——半径，m

r_H——水力半径，m

R——气体常数，$J/(kmol \cdot K)$

R——液柱压差计读数，或管道半径，m

T——热力学温度，K

u——流速，m/s

$\bar{u}$——时均速度，m/s

u_{max}——流动截面上的最大速度，m/s

U——1kg 流体的内能，J/kg

V——体积，m^3

V_h——体积流量，m^3/h

V_s——体积流量，m^3/s

w_s——质量流量，kg/s

W_e——输送设备对 1kg 流体所做的有效功，J/kg

z——1kg 流体具有的位能，m

希腊字母

δ——流动边界层厚度，m

ε——绝对粗糙度，mm

ζ——阻力系数

η——效率

λ——摩擦系数

μ——黏度，$Pa \cdot s$ 或 cP

ν——运动黏度，m^2/s 或 cSt

Π——润湿周边，m

ρ——密度，kg/m^3

τ——内摩擦应力，Pa

第2章

流体输送机械

本章知识目标

❖ 掌握离心泵的工作原理及设备主要结构；

❖ 掌握离心泵的性能参数及其测量方法、影响因素；

❖ 掌握离心泵管路特性曲线、工作点以及工作点的调节原理；

❖ 掌握离心泵气缚现象、汽蚀现象及其避免手段，以及离心泵安装高度的计算；

❖ 了解其他类型泵和流体输送设备的结构、适用场所。

本章能力目标

❖ 能进行离心泵的开、停车操作；

❖ 能进行通过离心泵特性曲线及管路特性曲线解释工作点的确定，并计算阀门调节对能耗的影响；

❖ 能进行离心泵安装高度的计算；

❖ 能进行离心泵的选型设计。

本章素养目标

❖ 树立科学精神，能系统的分析离心泵操作中的科学问题及影响因素。

❖ 提升动手能力，能够熟练进行泵的开停车及流量调节操作。

❖ 培养家国情怀，能够在离心泵学习过程中培养学生的爱国主义精神。

　　流体输送设备根据输送对象可分为两大类：输送液体的设备——泵，输送气体的设备——风机、压缩机、真空泵。根据工作原理可分为离心式和正位移式等类型。本章重点在于离心泵。本章需要重点掌握的公式较少。

本章重点公式

1. 离心泵特性方程

$$H = A - BQ^2$$

2. 管路特性方程

$$H_e = A + BQ^2, \qquad H_e = \Delta z + \frac{\Delta p}{\rho g} + \frac{\Delta u^2}{2g} + \sum H_f$$

3. 允许安装高度

$$H_g = \frac{p_0 - p_v}{\rho g} - (NPSH)_r - \sum H_{f,0\text{-}1}, \qquad H_g = H_s - \frac{u_1^2}{2g} - \sum H_{f,0\text{-}1}$$

【离心泵学习思维导图】

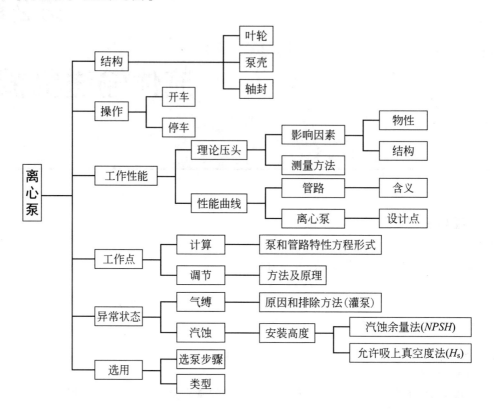

2.1　离心泵的工作原理及主要结构

2.1.1　概念梳理

1. 主要结构

（1）**叶轮**

作用：流体经旋转的叶轮得到更高的动能和静压能。

按其机械结构叶轮可分为闭式、半闭式、开式三种，闭式适用于输送清洁液体，开式和半闭式叶轮适用于含有固体颗粒的液体，但易产生液体倒流，效率较低。闭式或半闭式叶轮工作时，为了平衡液体漏入叶轮与泵壳之间的侧空腔中所引起的轴向推力，通常在叶轮后盖板上钻一些平衡孔。

按吸液不同叶轮可分为单吸式和双吸式两种，单吸式结构简单，液体只能从一侧吸入，双吸式叶轮可同时从叶轮两侧对称吸入，因此，双吸式叶轮不仅有较大吸液能力，且基本上消除轴向推力。

（2）**泵壳**

作用：流体经过泵壳逐步扩大的通道汇聚起来，并把动能转化为静压能，因此泵壳不仅是汇集装置，也是一个能量转换装置。

为了减少液体直接进入泵壳时因碰撞引起能量损失，在叶轮与泵壳之间可装有不动的导轮。

动画

离心泵的结构

（3）**轴封装置**

作用：泵体动静结合处的密封装置，分成机械密封装置和填料密封装置。

填料密封装置　它是一种填塞环隙的压紧式密封，公元 11 世纪初起源于中国，早期主要用于提水机械的密封，同等水平的密封技术在国外最早出现于 15 世纪，我国比国外早了 400 多年。一般为浸油或涂石墨的石棉绳，结构简单，但需经常维修，功率消耗大，不能完全避免泄漏，不宜输送易燃、易爆和有毒的液体。

机械密封装置　由动环和静环构成，动环一般采用硬质金属，静环采用酚醛塑料等非金属。部件的加工、安装要求高，特点是性能优良、使用寿命长、功率消耗较小，适用于输送酸、碱及易燃、易爆和有毒液体。

2. 离心泵的工作原理

泵轴带动叶轮的旋转，迫使叶片间的液体旋转，液体在惯性离心力的作用下自叶轮中心被甩向外周并获得了能量，流体经过离心泵，主要增加的为静压能。

3. 气缚现象

直观表现　泵进口处真空表读数较低，吸不上液。

产生原因　离心泵无自吸能力，在启动前，若泵内存在空气，由于空气密度很小，旋转后产生的离心力很小，因而叶轮中心区产生的低压不足以吸入液体。吸入管路发生泄漏、底阀未装或损坏、没有灌泵都可能导致气缚现象的产生。

措施　离心泵启动前灌泵，确保吸入管路充满被输送的流体。

4. 开、停车操作

（1）**开车**

开车程序　灌泵排气—关出口阀—启动马达—打开出口阀。

灌泵可防止气缚，启动前出口阀状态为关闭，可使启动电流最小，保护电机。

（2）**停车**

停车程序　关闭出口阀—关停马达。

先关出口阀再停马达，是为了防止高压液体回流对叶轮造成损伤（水锤现象）。

5. 理论压头及影响因素

压头　又名扬程，泵提供给单位重量液体的能量。用 H 表示，单位 m。

理论压头　指在理想条件下离心泵可能达到的最大压头。所谓理想情况是指：①叶轮具有无限多叶片，厚度无限薄，液体质点将完全沿叶片表面流动，不发生环流；②被输送的液体是理想液体，无黏性，无流动阻力。可采用数学模型法（半经验半理论方法）推导出离心泵的基本方程。

$$H_{T\infty}=\frac{u_2^2}{g}-\frac{u_2\cot\beta}{g\pi Db}Q_T,\quad Q_T=c_{r2}\pi Db,\quad u_2=\frac{\pi Dn}{60}$$

式中，$H_{T\infty}$ 为具有无限多叶片的离心泵对离心液体所提供的理论压头，m；D 为叶轮外径，m；b 为叶轮出口宽度，m；c_{r2} 为液体在叶轮出口处的绝对速度的径向分量，m/s；n 为叶轮转速，r/min；u_2 为叶片出口处的圆周速度，m/s；β 为流动角，(°)。

（1）**叶轮的转速和直径的影响**　当理论流量和叶片几何尺寸一定时，理论压头随转速、直径的增加而加大。

（2）**叶片几何形状的影响**　当叶轮直径、转速、叶片宽度和理论流量一定时，离心泵的理论压头随叶片的形状改变而变。

后弯叶片　$\beta_2 < 90°$，$\cot\beta_2 > 0$，$H_{T\infty} < \dfrac{u_2^2}{g}$

径向叶片　$\beta_2 = 90°$，$\cot\beta_2 = 0$，$H_{T\infty} = \dfrac{u_2^2}{g}$

前弯叶片　$\beta_2 > 90°$，$\cot\beta_2 < 0$，$H_{T\infty} > \dfrac{u_2^2}{g}$

由上可见，前弯叶片所产生理论压头最大，但其动压头所占比例高于静压头，为了获得较高的能量利用率，提高离心泵的经济指标，一般采用后弯叶片。

（3）**理论流量的影响**　后弯叶片随着理论流量的增大，理论压头减小。

（4）**液体密度的影响**　$H_{T\infty}$ 与密度、管路情况无关，但泵出口的压力与密度成正比。

2.1.2　夯实基础题

一、填空题

1. 离心泵均采用_____叶片，其泵壳侧为_____形，引水道设计成渐扩，是为了使_____。

2. 在输送过程中，泵的吸入管路发生破裂，导致空气进入则可能会发生_____现象。

3. 离心泵停车前，出口阀的阀门开度要调为_____，是为了_____。

二、选择题

1. 离心泵的蜗壳主要作用是（　　）。

A. 汇集液体及导出液体　　　　　　　B. 使液体的静压能变为动能

C. 使液体的部分动能变为静压强　　　D. 吸入液体

2. 离心泵停止工作时要（　　）。

A. 先关出口阀后停电　　　　　　　　B. 先停电后关出口阀

C. 先关出口阀或先停电均可　　　　　D. 单吸泵先停电，多吸泵先关出口阀

3. 在推导离心泵基本方程时，没有做以下哪些假设？（　　）

A. 泵叶轮无限多，厚度无限薄　　　　B. 叶轮转速保持不变

C. 输送液体为理想液体　　　　　　　D. 管路的流量保持不变

三、简答题

1. 请简述开、停离心泵的操作。

2. 什么情况下离心泵会发生气缚现象，应该如何排除？

【**参考答案与解析**】

一、填空题

1. 后弯；蜗壳；液体动能转化为静压能。　2. 气缚。

3. 关闭；防止发生水锤现象，对泵造成损伤。

二、选择题

1. A；C。　2. A。　3. B；D。

三、简答题

1. 开车前应先进行灌泵，关闭离心泵出口流量调节阀再启动；停车时应先关闭出口流量调节阀再停掉电源。

2. 离心泵在液面之上，腔壳内存在空气；开车前灌泵。

输送过程中，吸入管路出现破裂等情况，导致空气吸入；应及时排查管路，修复故障。

2.1.3　灵活应用题

一、填空题

1. 已知每千克水经过泵后机械能增加 200J，则泵的扬程等于_____。

2. 用于输送清水的泵叶轮机械结构为_____，抗洪排泄输送泥浆水的泵，宜选用叶轮机械结构为_____。

二、选择题

若输送某种有毒的均一溶液，只有以下四种配置的泵，应采用哪种？（　　　）

A. 半闭式叶轮，机械密封　　　　　B. 闭式叶轮，填料密封

C. 半闭式叶轮，填料密封　　　　　D. 开式叶轮，填料密封

三、计算题

每升苯（$\rho=879\text{kg/m}^3$）经由离心泵 A 获得 130J 能量；每升水（$\rho=998\text{kg/m}^3$）经由离心泵 B 获得 100J 能量；每升三氯甲烷（$\rho=1489\text{kg/m}^3$）经由离心泵 C 获得 140J 能量。试比较以上三种泵的扬程大小。

【参考答案与解析】

一、填空题

1. 20.39m。**解析**：扬程的定义为单位重量液体提供的能量，每千克水 9.81N，$H=\dfrac{W}{g}$。

2. 闭式；开式或半闭式。

二、选择题

A。**解析**：考虑泄漏问题，机械密封防泄漏能力强。

三、计算题

解：根据扬程的定义，为单位重量液体提高的能量

$$H_A=\frac{W_A}{\rho_A Vg}=\frac{130}{879\times0.001\times9.81}=15.08\text{m}, \quad H_B=\frac{W_B}{\rho_B Vg}=\frac{100}{998\times0.001\times9.81}=10.21\text{m},$$

$$H_C=\frac{W_C}{\rho_C Vg}=\frac{140}{1489\times0.001\times9.81}=9.58\text{m}$$

所以，三种泵扬程 $H_A>H_B>H_C$。

2.1.4　拓展提升题

离心泵为何采用后弯叶片？

【参考答案与解析】

从后弯叶片到径向叶片到前弯叶片，所产生的理论压头不断增大。但随着液体出口流

动角的增大，理论压头中，动压头所占比例越来越高，尽管在蜗壳和导轮中部分动压头转化为静压头，但因流速较大，导致液体在泵内产生的涡轮较剧烈，能力损失增大。因此为提高离心泵的经济指标，宜采用后弯叶片。

2.2 离心泵的主要性能参数及工作点

2.2.1 概念梳理

1. 离心泵的主要参数

（1）**流量** 指离心泵在单位时间内排送到管路系统的液体体积，常用 Q 表示，常用单位 L/s、m^3/s 或 m^3/h，实际流量由泵特性和管路特性共同确定。

（2）**扬程** 又称压头，对于一定的泵和转速，泵的实际压头与流量间的关系一般由实验确定。离心泵的扬程不同于升扬高度，升扬高度指低位面与高位面的垂直高度差，扬程是离心泵能将液体抬升的最大高度，显然正常工作离心泵扬程大于升扬高度。

（3）**效率** 在输送过程中，不可避免地会有能量损失，通常用效率 η 反映能量损失。离心泵的能量损失包括以下几项。

① **容积损失** 指泵液体泄漏所造成的损失，如密封环、平衡孔、密封盖等部位发生泄漏，用容积效率 η_v 来反映，一般闭式叶轮的容积效率为 $85\% \sim 95\%$。

② **机械损失** 泵轴与轴承之间、泵轴与填料函之间以及叶轮盖板外表面与液体之间产生摩擦而引起的能量损失，用机械效率 η_m 来反映，一般为 $96\% \sim 99\%$。

③ **水力损失** 黏性液体流经叶轮通道和蜗壳时产生的摩擦阻力，以及在泵局部处因流速和方向改变引起的环流和冲击而产生的局部阻力，统称为水力损失，用水力效率 η_h 来反映，一般为 $80\% \sim 90\%$。

容积损失和机械损失可近似为与流量无关，但水力损失则随流量变化而变化，摩擦阻力大致与流量的平方成正比，而局部阻力是在某一流量下最小，故离心泵效率在某一流量下最高。离心泵的效率反映上述 3 项能量损失的总和，称为总效率。

$$\eta = \eta_v \eta_m \eta_h$$

通常将最高效率下的流量称为额定流量。一般小型泵的效率为 $50\% \sim 70\%$，大型泵的效率可达 90%。

（4）**轴功率** 指泵轴所需的功率，由电机传给泵轴的功率，单位为 W 或 kW，由于存在损失，轴功率必大于有效功率，即

$$N = \frac{N_e}{\eta}, \quad N_e = HQ\rho g$$

若离心泵的轴功率用 kW 来计量，则

$$N = \frac{QH\rho}{102\eta}$$

2. 离心泵特性曲线

离心泵的特性曲线是针对特定型号的离心泵，在一定转速下，用 20℃清水在常压下由实验测得，离心泵的特性曲线都有如图 2-1 所示特点。其中，H-Q 曲线特性方程一般形式为 $H = A - BQ^2$。

　　轴功率在流量为零时最小，所以启动泵时关闭出口阀，以减小启动电流，保护电机。离心泵在一定转速下有一最高效率点，通常称为设计点。离心泵铭牌上标出的 Q、H、N 值为最高效率点对应的最佳工况参数，泵的高效率区为最高效率的 92% 范围内，选泵应尽可能使泵在此范围内工作。

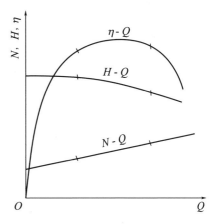

图 2-1　离心泵的特性曲线

3. 离心泵性能的影响因素和换算

　　在使用离心泵时，某些因素的改变会影响原有的离心泵特性曲线，根据实际工况，需要对泵的特性曲线进行换算。

　　（1）**液体密度的影响**　由离心泵基本方程可以看出，离心泵的 H、Q 与密度无关，由离心泵总效率的计算可以看出，η 与密度也无关，只有轴功率 N 随密度发生改变，可按 $N=\dfrac{QH\rho}{102\eta}$ 重新计算。

　　（2）**液体黏度的影响**　当被输送液体黏度比清水的黏度大时，泵内部的能量损失增大，泵的 H、Q 都减小，η 下降，轴功率 N 增大，泵的特性曲线发生改变。当运动黏度大于 $2\times10^{-5}\,\mathrm{m^2/s}$ 时，离心泵的性能需要进行换算；运动黏度小于 $2\times10^{-5}\,\mathrm{m^2/s}$ 时，影响很小可忽略。

　　（3）**离心泵转速的影响**　离心泵的特性曲线是在一定转速下测定的，转速改变必然影响泵性能。做以下假设：①转速改变前后，液体离开叶轮处的速度三角形相似；②不同转速下离心泵的效率相同。则根据离心泵基本方程式得到比例定律

$$\frac{Q'}{Q}=\frac{n'}{n},\quad \frac{H'}{H}=\left(\frac{n'}{n}\right)^2,\quad \frac{N'}{N}=\left(\frac{n'}{n}\right)^3$$

　　泵的转速变化小于 $\pm20\%$ 时，用上式进行泵的性能参数换算误差不大。对于循环管路系统，转速改变并不改变效率，可直接运用比例定律。

　　（4）**离心泵尺寸的影响**

　　假设：①叶轮直径改变后，液体离开叶轮时的出口速度三角形相似；②叶轮直径改变后，叶轮出口截面积基本不变；③叶轮直径改变后，离心泵的效率相同。则根据离心泵基本方程式得到切割定律

$$\frac{Q'}{Q}=\frac{D'}{D},\quad \frac{H'}{H}=\left(\frac{D'}{D}\right)^2,\quad \frac{N'}{N}=\left(\frac{D'}{D}\right)^3$$

　　该式只有在叶轮直径变化不大于 $5\% \, d$ 时才适用。

　　泵整体尺寸变化对性能参数的影响

$$\frac{Q'}{Q}=\left(\frac{d'}{d}\right)^3,\quad \frac{H'}{H}=\left(\frac{d'}{d}\right)^2,\quad \frac{N'}{N}=\left(\frac{d'}{d}\right)^5$$

4. 管路特性方程

$$H_e=A+BQ_e^2$$

该式为管路特性方程的主要形式，可以看出管路所需压头 H_e 随流量 Q_e 的平方而变，作 $H_e\text{-}Q_e$ 图得管路特性曲线如图 2-2 所示，此曲线的形状由管路布局与操作条件确定，与泵的性能无关。

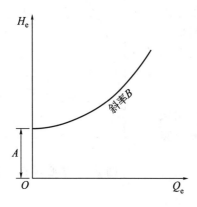

图 2-2　管路特性曲线　　　　**图 2-3　管路输送示意**

管路特性方程的推导过程要求在理解的基础上掌握。

在如图 2-3 所示的输送系统中，贮槽和受液槽液位保持恒定，在截面 1-1′、2-2′间列伯努利方程，求得该管路系统所需的压头

$$H_e = \Delta z + \frac{\Delta p}{\rho g} + \frac{\Delta u^2}{2g} + \sum H_f$$

通常对一固定管路，$\Delta z + \dfrac{\Delta p}{\rho g}$ 为定值，令

$$A = \Delta z + \frac{\Delta p}{\rho g}$$

若两槽面截面积很大，则该处的流速可忽略不计，$\dfrac{\Delta u^2}{2g} \approx 0$，可得

$$H_e = A + \sum H_f$$

管路压头损失可表示为

$$\sum H_f = \left(\lambda \frac{\sum l_i + \sum l_e}{d} + \sum \zeta_i\right)\frac{u^2}{2g} = \left(\lambda \frac{\sum l_i + \sum l_e}{d} + \sum \zeta_i\right)\frac{8}{g\pi^2 d^4}Q_e^2$$

若管中流动进入阻力平方区，λ 为常量，令

$$B = \left(\lambda \frac{\sum l_i + \sum l_e}{d} + \sum \zeta_i\right)\frac{8}{g\pi^2 d^4}$$

可得 $\sum H_f = BQ_e^2$，因此 $H_e = A + BQ_e^2$，即得管路特性方程。

5. 工作点及流量调节

离心泵的工作点，就是泵在实际输送管路中所提供的流量和压头，它由管路特性和泵特性共同确定。联立泵特性方程 $H = f(Q)$ 和管路特性方程 $H_e = A + BQ_e^2$，所解得流量和压头即为泵的工作点，由泵 $H\text{-}Q$ 曲线和管路 $H_e\text{-}Q_e$ 曲线的交点也可得泵的工作点。

流量调节即改变泵的工作点，可通过改变管路特性或泵特性来实现。

（1）**改变管路特性**　改变阀门开度，即可改变管路特性。阀门关小，局部阻力变大，管路特性方程中 B 值变大，曲线变陡，工作点流量减小、扬程增大。反之阀门开大，则

工作点流量增大、扬程减小。采用阀门调节流量操作简单，但当阀门关小时，额外消耗能量，经济性差。

（2）**改变泵特性** 改变泵的转速，使泵的特性曲线改变。流量和扬程都随泵转速减慢而减小、加快而增大，从能量消耗看比较合理，比较经济。减小叶轮直径也可以改变泵的特性曲线，从而使流量变小，一般可调节范围不大且不可逆，调节过度还会降低泵的效率，应用不多。

6. 离心泵的串联和并联操作

（1）**并联** 单台泵特性曲线Ⅰ和两台泵并联的合成特性曲线Ⅱ如图 2-4 所示。

$$H_{单}=A-BQ^2，\quad H_{并}=A-\frac{1}{4}BQ^2$$

由图可见两台泵并联操作的总流量必低于原单台泵流量的两倍。

（2）**串联** 单台泵特性曲线Ⅰ和两台泵串联的合成特性曲线Ⅱ如图 2-5 所示。由图可见，两台泵串联操作的总压头必低于单台泵压头的两倍。

$$H_{串}=2(A-BQ^2)$$

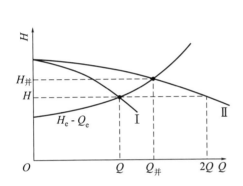

图 2-4　离心泵并联特性曲线

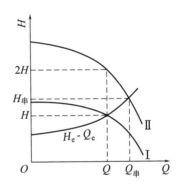

图 2-5　离心泵串联特性曲线

2.2.2　典型例题

【例 1】离心泵在一定的管路系统工作，若被输送液体的密度发生变化（其余性质不变）则（　　）。

A. 任何情况下扬程、流量都和 ρ 无关

B. 只有当 $(z_1-z_2)=0$ 时扬程、流量与 ρ 无关

C. 只有在 $u_1=u_2=0$ 时扬程、流量与 ρ 无关

D. 只有当 $(p_1-p_2)=0$ 时扬程、流量与 ρ 无关

典型例题 1 讲解
流体密度对
工作点的影响

解： 被输送液体的密度发生改变并不影响泵的特性曲线，而管路特性曲线

$$H_{e}=\Delta z+\frac{\Delta p}{\rho g}+\frac{\Delta u^2}{2g}+\sum H_{f}$$

密度的改变会影响 $\dfrac{\Delta p}{\rho g}$ 项，只有当 $(p_1-p_2)=0$ 时，这一项始终为零，管路特性曲线不变，工作点不变，才能说扬程、流量与 ρ 无关。故答案为 D。

【**例 2**】有一稳态的输水管路系统，任务是以 $90 \mathrm{m}^3/\mathrm{h}$ 的流量将水库的水送至远处的高位容器内。已知管路的内径为 140mm，当调节阀门全开时，管路总长（包括所有局部阻力的当量长度）为 1000m。系统稳态操作时，测出水库和容器液面的高度差为 50m，容器内压力为 50kPa（表压）。现有一台离心泵，其中 $0 \sim 150 \mathrm{m}^3/\mathrm{h}$ 流量范围内的特性曲线可用方程 $H = 125 - 0.004 Q^2$（Q 单位为 m^3/h，H 单位为 m）表示。水的密度为 $1000 \mathrm{kg}/\mathrm{m}^3$，管路摩擦系数 λ 恒为 0.02。请做以下计算：

（1）计算说明该泵是否合适。

（2）用阀门调节流量至 $90 \mathrm{m}^3/\mathrm{h}$，由阀门引起的阻力损失压头是多少米？

（3）若泵的效率为 80%，求所配的电机的输出功率至少是多大？

（4）若容器表压改为 0.2MPa，则当出口阀全开时，泵的实际流量和扬程多大？

解：（1）当管路流量为 $90 \mathrm{m}^3/\mathrm{h}$ 时，管内流速

$$u = \frac{Q}{A} = \frac{90/3600}{0.25\pi \times 0.14^2} = 1.624 \mathrm{m/s}$$

管路阻力损失为

典型例题 2 讲解
管路输送问题

$$\sum H_f = \lambda \frac{lu^2}{2dg} = 0.02 \times \frac{1000 \times 1.624^2}{0.14 \times 2 \times 9.81} = 19.2 \mathrm{m}$$

在水库和容器液面间列伯努利方程

$$z_1 + \frac{u_1^2}{2g} + \frac{p_1}{\rho g} + H_e = z_2 + \frac{u_2^2}{2g} + \frac{p_2}{\rho g} + \sum H_f$$

$z_1 = 0$，$z_2 = 50 \mathrm{m}$；$p_1 = 0$（表压），$p_2 = 5 \times 10^4 \mathrm{Pa}$（表压）；$u_1 = 0$，$u_2 = 0$，则

$$H_e = (z_2 - z_1) + \frac{u_2^2 - u_1^2}{2g} + \frac{p_2 - p_1}{\rho g} + \sum H_f = 50 + 0 + \frac{5 \times 10^4}{1000 \times 9.81} + 19.2 = 74.3 \mathrm{m}$$

由泵特性方程计算能提供的压头

$$H = 125 - 0.004 \times 90^2 = 92.6 \mathrm{m}$$

在要求的流量下，泵所提供的压头大于管路所需压头，故此泵可用。

（2）阀门作为阻力因素，用以改变管路阻力大小，调控工作点，当泵提供的压头大于管路所需时，多余的压头被阀门消耗，故

$$H_{f阀} = 92.6 - 74.3 = 18.3 \mathrm{m}$$

（3）电机的输出功率可视为等于泵的轴功率

$$N = \frac{HQ\rho g}{\eta} = \frac{92.6 \times 90 \times 1000 \times 9.81}{3600 \times 0.8} = 28.39 \mathrm{kW}$$

（4）由伯努利方程求得管路特性方程

$$H_e = \Delta z + \frac{\Delta p}{\rho g} + \frac{\Delta u^2}{2g} + \sum H_f$$

$$= 50 + \frac{0.2 \times 10^6}{1000 \times 9.81} + 0 + 0.02 \times \frac{1000}{0.14} \times \frac{8}{3600^2 \times 9.81 \times \pi^2 \times 0.14^4} Q_e^2$$

$$= 70.39 + 0.00237 Q_e^2$$

联立泵特性方程和管路特性方程

$$125 - 0.004 Q^2 = 70.39 + 0.00237 Q_e^2$$

$$Q = 92.6 \mathrm{m}^3/\mathrm{h}, \quad H = 90.7 \mathrm{m}$$

【例 3】用如图 2-6 所示装置，实验测定离心泵的性能。泵的吸入管内径为 100mm，排出管路内径为 80mm，泵的转速恒定为 2900r/min，两测压口间的垂直距离为 0.5m，当地重力加速度 $g = 9.81$N/kg，以 20℃清水（$\rho = 998$kg/m³）为介质测得以下数据，试求离心泵特性方程。

流量	15L/s	35L/s
泵入口处真空度	2.31×10^4 Pa	1.87×10^4 Pa
泵出口处表压	2.11×10^5 Pa	1.19×10^5 Pa

解： 在真空计（1-1′）和压力表（2-2′）所处截面间列伯努利方程，以 15L/s 的流量为例

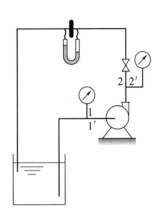

$$z_1 + \frac{u_1^2}{2g} + \frac{p_1}{\rho g} + H_e = z_2 + \frac{u_2^2}{2g} + \frac{p_2}{\rho g} + \sum H_{f,1-2}$$

$z_1 = 0$，$z_2 = 0.5$m；$p_1 = -2.31 \times 10^4$（表压），$p_2 = 2.11 \times 10^5$Pa（表压），且

$$u_1 = \frac{Q}{0.25\pi d_1^2} = \frac{15 \times 10^{-3}}{0.25\pi \times 0.1^2} = 1.91\text{m/s}$$

$$u_2 = \frac{15 \times 10^{-3}}{0.25\pi \times 0.08^2} = 2.98\text{m/s}$$

图 2-6　测定离心泵性能装置

忽略两测压口间的阻力损失，则泵的扬程为

$$H_1 = 0.5 + \frac{2.98^2 - 1.91^2}{2 \times 9.81} + \frac{2.11 \times 10^5 + 2.31 \times 10^4}{998 \times 9.81} = 24.68\text{m}$$

同理，$H_2 = 0.5 + \dfrac{6.96^2 - 4.46^2}{2 \times 9.81} + \dfrac{1.19 \times 10^5 + 1.87 \times 10^4}{998 \times 9.81} = 16.02\text{m}$

将两组流量、扬程代入 $H = A - BQ^2$ 解得

$$H = 26.63 - 0.00866Q^2 \qquad (H \text{ 单位为 m；} Q \text{ 单位为 L/s})$$

实际情况下，为了得到性能曲线，实验测得的数据不止两组，这里为了简化计算。请同学们在解题过程中注重理论联系实际。

2.2.3　夯实基础题

一、填空题

1. 离心泵的特性曲线主要有_____、_____和_____。

2. 离心泵用出口阀调节流量实质上是改变_____曲线，用改变转速来调节流量实质上是改变_____曲线。

3. 若被输送的流体的黏度增高，则离心泵所能提供的压头_____、流量_____、效率_____，轴功率_____。

4. 原采用清水测定离心泵特性曲线，现改为输送一种 $\rho = 1100$kg/m³、其他性质与水类似的溶液，则在泵的特性中，流量_____，扬程_____，有效功率_____。

二、选择题

1. 离心泵的性能曲线中的 H-Q 曲线是在（　　）情况下测定的。

A. 效率一定　　　　　B. 功率一定　　　　C. 转速一定　　　D. 管路（$l+l_e$）一定

2. 离心泵的轴功率（　　）。

A. 在流量 $Q=0$ 时最大　　　　　　　B. 在效率最高时最大

C. 在流量 $Q=0$ 时最小　　　　　　　D. 在设计点处最小

3. 离心泵没有下面哪些优点？（　　）

A. 结构简单　　　　　　　　　　　　B. 流量均匀且易于调节

C. 操作维修方便　　　　　　　　　　D. 压头受流量的影响很小

4. 离心泵轴功率 N、效率 η 和流量 Q 的关系为（　　）。

A. Q 增大，N、η 增大　　　　　　B. Q 增大，N 先增大后减小，η 增大

C. Q 增大，N 增大，η 先增大后减小　　D. Q 增大，N、η 先增大后减小

三、简答题

1. 说明离心泵启动前出口阀为什么要关闭。

2. 离心泵的流量调节方法有哪些，改变了什么特性？

四、计算题

1. 在离心泵性能测定实验中，以 20℃清水为工质，对某泵测得下列一套数据：泵出口处压强为 1.2atm（表压），泵吸入口处真空度为 220mmHg，以孔板流量计及 U 形压差计测流量，孔板的孔径为 35mm，采用汞为指示剂，压差计读数 $R=850$mm，孔流系数 $C_0=0.63$，测得轴功率为 1.92kW。已知泵的进出口测压点截面间的垂直高度差为 0.2m，吸入和排出管内径相同。求泵的效率 η。

2. 现用 IS100-80-125 型离心泵将 20℃的清水从水池输送到水洗塔内，途中先进换热器加热，流程如图 2-7 所示。塔的操作压力为 50kPa（表压），流经换热器压头损失近似为 $0.02Q^2$（Q 单位为 L/s），吸入、排出管路内径分别与离心泵进出口内径相同，吸入管路全长 10m（包括所有当量长度），排出管路全长（包括除换热器之外所有当量长度）为 130m，管内水完全湍流，摩擦系数 $\lambda=0.024$。离心泵特性方程为：$H=30-0.02Q^2$（H 单位为 m；Q 单位为 L/s），水的密度在系统温度范围内可取 $\rho=1000$kg/m^3，$g=10$N/kg，试求：（1）管路特性方程；（2）若要求输水量为 12L/s，该泵是否能满足需求。

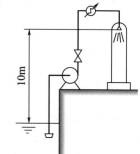

图 2-7　计算题 2 附图

【参考答案与解析】

一、填空题

1. H-Q；N-Q；η-Q。　2. 管路特性；离心泵特性。

3. 下降；下降；下降；增大。　4. 不变；不变；增加 10%。

二、选择题

1. C。　2. C。　3. D。　4. C。

三、简答题

1. 保护电机，延长使用寿命。流量最小，从离心泵特性曲线中看出轴功率最小，所

以电机的输出功率最小，瞬间增加的电流最小。

2. ①最常用的是用出口阀调节，改变了管路特性；②改变离心泵叶轮的转速，改变了泵特性；③改变离心泵叶轮直径，改变了泵特性。

四、计算题

1. **解**：忽略两测压点直接的阻力损失，吸入和排出管内径相同则速度相同，求泵扬程

$$z_1+\frac{u_1^2}{2g}+\frac{p_1}{\rho g}+H_e=z_2+\frac{u_2^2}{2g}+\frac{p_2}{\rho g}+\sum H_{f,1\text{-}2}$$

$$z_1=0,\ z_2=0.2\text{m},\ u_1=u_2$$

$$p_1=-\frac{220}{760}\times1.0133\times10^5=-29332.4\text{Pa（表压）},\quad p_2=1.2\times101330=121596\text{Pa（表压）}$$

则　　$$H=(z_2-z_1)+\frac{u_2^2-u_1^2}{2g}+\frac{p_2-p_1}{\rho g}+H_f=0.2+0+\frac{121586+29332.4}{998\times9.81}=15.61\text{m}$$

由孔板流量计算得泵的流量

$$Q=A_0C_0\sqrt{\frac{2(p_a-p_b)}{\rho_b}}=\frac{\pi}{4}\times0.035^2\times0.63\times\sqrt{\frac{2\times(13600-998)\times9.81\times0.85}{998}}$$

$$=8.8\times10^{-3}\text{m}^3/\text{s}$$

$$N_e=HQ\rho g=15.61\times8.8\times10^{-3}\times998\times9.81=1.345\text{kW}$$

$$\eta=\frac{N_e}{N}\times100\%=\frac{1.345}{1.92}\times100\%=70.05\%$$

2. **解**：（1）管路特性方程　在截面 1-1′ 和 2-2′ 之间列伯努利方程

$$z_1+\frac{u_1^2}{2g}+\frac{p_1}{\rho g}+H_e=z_2+\frac{u_2^2}{2g}+\frac{p_2}{\rho g}+\sum H_{f,1\text{-}2}$$

$z_1=0,\ z_2=10\text{m}$；$p_1=0$（表压），$p_2=5\times10^4\text{Pa}$（表压）；$u_1=u_2=0$。则

$$\sum H_{f1}=\lambda\frac{\sum lu^2}{2dg}=0.024\times\frac{10}{2\times0.1\times10}\times\left(\frac{Q}{1000\times0.25\pi\times0.1^2}\right)^2=0.002Q^2$$

$$\sum H_{f2}=\lambda\frac{\sum lu^2}{2dg}=0.024\times\frac{130}{2\times0.08\times10}\times\left(\frac{Q}{1000\times0.25\pi\times0.08^2}\right)^2=0.077Q^2$$

$$H_e=\Delta z+\frac{\Delta p}{\rho g}+\frac{\Delta u^2}{2g}+\sum H_{f1}+\sum H_{f2}+\sum H_{f3}=10+\frac{5\times10^4}{1000\times10}+0+0.079Q^2+0.02Q^2$$

$$=15+0.099Q^2（H\text{ 单位为 m}；Q\text{ 单位为 L/s}）$$

（2）该泵是否能满足需求

管路所需压头　　　　$$H_e=15+0.099\times12^2=29.26\text{m}$$

泵能提供的压头　　　　$$H=30-0.02\times12^2=27.12\text{m}$$

故在流量为 12L/s 的工况下，此泵不满足要求。

2.2.4　灵活应用题

一、填空题

1. 用离心泵将液体从低位贮槽输送至高位计量槽，若贮槽位置降低 1m，则流量_____，扬程_____。

2. 用离心泵将某储罐 A 内的液体送到一常压设备 B，若设备 B 变为高压设备，则泵的输液量_____，压头_____，轴功率_____。

二、选择题

1. 当管路性能曲线写为 $H_e = A + BQ_e^2$ 时，（　　）。

A. A 只包括单位重量流体需要增加的位能

B. A 包括单位重量流体需增加的位能与静压能之和

C. BQ_e^2 代表管路系统的局部阻力损失

D. BQ_e^2 代表单位重量流体增加的动能

2. 离心泵的性能曲线表明，扬程一般（　　）。

A. 与流量无关　　　　　　　　　　B. 与流量成直线关系

C. 可写为 $H = A + BQ^2$，且 $B > 0$　　D. $dH/dQ < 0$

3. 以下哪种输送情况发生改变，泵的压头会下降？（　　）

A. 流量不变，电机输出功率增加

B. 被输送液体的密度增加

C. 被输送液体的黏度变大

D. 操作气压差（$p_2 - p_1$）变大

三、计算题

在某一输送系统中的离心泵如图 2-8 所示，$p = 0.5\text{atm}$（表），在转速 $n = 2900\text{r/min}$ 下，泵的特性曲线 $H = 40 - 0.1Q^2$（H 单位为 m，Q 单位为 m^3/h），$\rho = 900\text{kg/m}^3$，$Q = 8\text{m}^3/\text{h}$，管内液体完全湍流，试求：（1）由于某种原因现泵的特性曲线变为 $H = 36.34 - 0.1Q^2$（不影响转速），求泵的有效功率；（2）承上题，现将泵的转速调节为 $n = 2700\text{r/min}$，则泵的有效功率为多少？（设流体均处于高度湍流区）

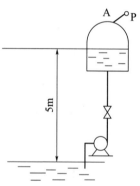

图 2-8　计算题附图

【参考答案与解析】

一、填空题

1. 减小；升高。**解析**：如附图所示，贮槽位置降低，位差升高，管路特性曲线整体上移，工作点变化。

2. 减小；升高；减小。

二、选择题

1. B。　2. D。　3. C。

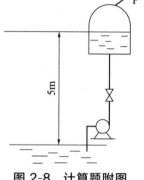

填空题 1 答案附图

三、计算题

解：（1）泵的有效功率　设管路特性曲线为

$$H_e = A + BQ_e^2$$

其中

$$A = \Delta z + \frac{\Delta p}{\rho g} = 5 + \frac{0.5 \times 101330}{900 \times 9.81} = 10.74\text{m}$$

由泵特性方程可得工作扬程 $H_e = H = 40 - 0.1 \times 8^2 = 33.6\text{m}$，因此 $B = (33.6 - 10.74)/8^2 = 0.36$。

$$H_e = 10.74 + 0.36 Q_e^2$$

重新联立泵和管路特性方程得

$$10.74 + 0.36 Q_e^2 = 36.34 - 0.1 Q^2$$

$$Q_e = 7.46 \text{m}^3/\text{h}, \quad H_e = 30.8 \text{m}$$

$$N_e = HQ\rho g = 30.8 \times 900 \times 9.81 \times 7.46/3600 = 563.5 \text{W}$$

（2）转速改变导致离心泵特性曲线改变

$$H'/H = (n'/n)^2 = (2700/2900)^2 \qquad Q'/Q = 2700/2900$$

新离心泵曲线变为 $\quad H' = 36.34 \times (2700/2900)^2 - 0.1 Q'^2$

化简得 $H = 31.5 - 0.1 Q^2 \quad 31.5 - 0.1 Q^2 = 10.74 + 0.36 Q_e^2$

解得 $Q = 6.72 \text{m}^3/\text{h}$，$H = 26.98 \text{m}$

$$N = HQ\rho g = 26.98 \times 6.72 \times 900 \times 9.81/3600 = 444.7 \text{W}$$

2.2.5 拓展提升题

一、填空题

1.（考点 阀门关小压头损失）离心泵在一管路系统中工作，管路要求流量为 Q_e，假如阀门全开管路所需压头为 H_e，而与 Q_e 相对应的泵所提供的压头为 H_m，则因阀门关小压头损失百分数为_____。

2.（考点 串、并联选择）原油输送管路属于高阻管路，一般采用泵的_____操作；而在抗洪排涝过程中一般采用泵的_____操作。（串联、并联）

二、选择题

1.（考点 管路特性曲线）以下哪种情况仅改变管路特性，且引起泵工作点左移？（　　）

A. 输送管路变短　　　　　　　B. 离心泵转速下降

C. 输送液体黏度变大　　　　　D. 出口阀关小

2.（考点 串、并联特性）当两个同规格的离心泵串联或并联使用时，只能说（　　）。

A. 泵并联操作为单台泵操作实际流量的两倍多

B. 泵并联操作的工作点处较单台泵的工作点处流量增大一倍

C. 当流量相同时，串联泵特性曲线上的扬程是单台泵特性曲线上的扬程的两倍

D. 在相同管路中操作的泵串联，流量与单台泵实际工作时相同，且扬程增大一倍

3.（考点 转速的影响）如图 2-9 所示液体循环系统，管内流体流动进入阻力平方区，若此时保持管路系统不变，只增加离心泵转速使循环流量提高 20%，则离心泵的轴功率提高（　　）。

A. 20%　　　　　　　　　　　B. 44%

C. 72.8%　　　　　　　　　　D. 107.4%

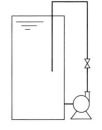

图 2-9　选择题 3 附图

三、计算题

1.（考点 操作点的确定及改变）由水库将水打入一敞口水池，水池水面比水库水面高 50m，要求的流量为 90 m^3/h，输水管内径为 156mm，在阀门全开时，管长和各种局部阻力的当量长度的总和为 1000m，所使用的泵在 $Q = 65 \sim 135 \text{m}^3/\text{h}$ 范围内属于高效区，在

高效区中，泵的性能曲线可以近似地用直线 $H=124.5-0.392Q$ 表示（H 单位为 m，Q 单位为 m^3/h），泵的转速为 2900r/min，管内水流动完全湍流，摩擦系数可取为 $\lambda=0.025$，水的密度 $\rho=1000kg/m^3$，$g=10N/kg$。（1）核算此泵是否满足要求。（2）若泵的效率在 $Q=90m^3/h$ 时可取为 68%，求泵的轴功率。用阀门进行调节，由于阀门关小而损失的功率为多少？此时泵进出口处压力如何变化？（3）若将泵的转速调为 2700r/min，并辅以阀门调节使流量达到要求的 $90m^3/h$，比第（2）问的情况节约多少能量？与第（2）问相比，泵进出口处压力又该如何变化？（4）用图表示出以上各变化过程的工作点，并简要说明。

2.（考点 串、并联的选择）原油输送管路一般很长，且原油黏度高，所以在原油输送过程中阻力降较大，现有一原油输送管路，其特性方程为：$H_e=20+8.2\times10^5Q_e^2$（$H_e$ 单位为 m，Q_e 单位为 m^3/s）。库房里有两规格相同的离心泵，泵的单台特性方程为：$H=40-4.4\times10^5Q^2$（H 单位为 m，Q 单位为 m^3/s）。试计算两台泵如何操作能获得较大的扬程。

【参考答案与解析】

一、填空题

1. $\dfrac{H_m-H_e}{H_m}\times100\%$。**解析**：阀门关小，管路阻力变大，流量变小，管路所需压头增大，一部分用于克服阀门的局部阻力。

2. 串联；并联。

二、选择题

1. D。 **解析**：A 是仅改变管路特性，但阻力变小，工作点右移；B 改变的是离心泵特性，整条离心泵 H-Q 特性曲线下移，工作点左移；C 工作点左移，但改变了离心泵和管路曲线。同学们在分析类似离心泵操作问题时，要注意采用系统的、全面的观点科学地进行分析，切不可墨守成规、生搬硬套。

2. C。 3. C。**解析**：循环管路系统，直接由比例定律算得 $N'=N\left(\dfrac{n'}{n}\right)^3=1.728N$。

三、计算题

1. **解**：（1）核算此泵是否满足要求 即核算在所需流量下，泵提供的压头是否足够，由题意可知

$$u=\frac{Q}{A}=\frac{90/3600}{0.25\pi\times0.156^2}=1.31m/s$$

管路所需压头为

$$H=\Delta z+\sum H_f=50+0.025\times\frac{1000\times1.31^2}{2\times0.156\times10}=63.75m$$

在所需流量下泵的扬程为

$$H=124.5-0.392\times90=89.22m>63.75m$$

故满足要求。

或计算所需压头下，离心泵能提供的流量 $Q=\dfrac{63.75-124.5}{-0.392}=154.97m^3/h>90m^3/h$

也满足。

（2）求轴功率及泵进出口处压力的变化　在 $Q=90\mathrm{m^3/h}$，泵所提供的扬程为 89.22m，则

$$N_e=HQ\rho g=89.22\times1000\times10\times90/3600=22.31\mathrm{kW}$$

$$N=\frac{N_e}{\eta}=\frac{22.31}{0.68}=32.81\mathrm{kW}$$

泵提供的压头大于直管输送所需，多余部分被阀门消耗

$$H_{f阀}=89.22-63.75=25.47\mathrm{m}$$

$$N_{f阀}=H_{f阀}Q\rho g=25.47\times1000\times10\times90/3600=6.37\mathrm{kW}$$

阀门关小，流量变小，泵出口压力增高，而进口真空度下降。

（3）调节转速后功率和泵进出口处压力的变化　由离心泵比例定律可得，转速变为 2700r/min 时提供的扬程为

$$H'=\left(\frac{n'}{n}\right)^2 H=77.34\mathrm{m}$$

此时阀门消耗的压头为

$$H'_{f阀}=77.34-63.75=13.59\mathrm{m}$$

节约的能量为

$$N_省=(25.47-13.59)\times1000\times10\times90/3600=2.97\mathrm{kW}$$

转速调低后，流量不变，出口压力下降，进口真空度不变。

（4）如图为工作点变化示意，Ⅰ 为 2900r/min 离心泵特性曲线，Ⅱ 为 2700r/min 离心泵特性曲线，① 为阀门全开管路特性曲线，② 为题（2）阀门开度管路特性曲线，③ 为题（3）阀门开度管路特性曲线。P_1 为阀门全开工作点，P_2 为题（2）工作点，P_3 为题（3）工作点。

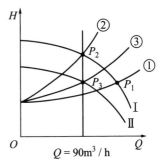

2. **解**：联立单台泵特性方程和管路特性方程可得单台泵的扬程为 $H_单=33.02\mathrm{m}$。

① 两台泵串联操作

$$H_串=2(A-BQ^2)=80-8.8\times10^5 Q^2$$

联立解得串联提供的扬程为 $H_串=48.94\mathrm{m}$。

② 两台泵并联操作

$$H_并=A-\frac{1}{4}BQ^2=40-1.1\times10^5 Q^2$$

联立解得并联提供的扬程为 $H_并=37.63\mathrm{m}$。

故在高阻管路中为了获得较高的压头，宜采用串联操作。

计算题 1 答案附图

2.3　离心泵的安装高度

2.3.1　概念梳理

1. 汽蚀现象

动画

直观表现：离心泵产生较大振动和噪声，泵的流量、压头和效率均降低，

汽蚀现象

泵壳和叶轮的材料遭受破坏。

产生原因：叶片入口附近液体静压力等于或低于输送温度下液体的饱和蒸气压，液体在该处部分汽化，产生气泡，含气泡的液体进入叶轮高压区后，气泡就急剧凝结或破裂产生真空区，周围液体以极高的流速占据真空区，产生极大的局部冲击力。

措施：根据泵的抗汽蚀性能，合理地确定泵的安装高度，降低吸入管的阻力。

2. 离心泵的允许安装高度

（1）汽蚀余量法　　$H_g = \dfrac{p_0 - p_v}{\rho g} - (NPSH)_r - \sum H_{f,0\text{-}1}$

式中，$(NPSH)_r$ 为离心泵的必需汽蚀余量，油泵也用 Δh_r 表示，m；p_0 为容器上方压力，Pa；p_v 为操作温度下液体饱和蒸气压，Pa；$\sum H_{f,0\text{-}1}$ 为吸入管阻力损失，m。

$(NPSH)_r$ 是由厂家实验测得临界汽蚀余量加上一定安全量所得，泵性能表给出的 $(NPSH)_r$ 值是按输送 20℃ 清水测得的，输送其他液体应乘以校正系数修正，但校正系数通常小于 1，故作为外加安全因素，不再校正。

$$(NPSH)_r = \frac{p_{1,\min} - p_v}{\rho g} + \frac{u_1^2}{2g} + 安全量$$

$(NPSH)_r$ 越小，泵的抗汽蚀性能越好，$(NPSH)_r$ 随着流量的增大而增大，所以流量越大越容易发生汽蚀。

（2）允许吸上真空度法

$$H_s' = \frac{p_a - p_1}{\rho g}, \quad H_g = H_s - \frac{u_1^2}{2g} - H_{f,0\text{-}1}$$

式中，p_a 为当地大气压，Pa；p_1 为泵入口处允许的最低压力，Pa；H_s 为操作条件下离心泵的允许吸上真空度，指在泵入口处允许达到的最高真空度，m；u_1 为离心泵入口处流速，m/s；$H_{f,0\text{-}1}$ 为吸入管的压头损失，m。

H_s' 随流量增大而减小，性能表上查得的允许吸上真空度通常由实验测定，是在大气压为 98.1kPa（$10\text{mH}_2\text{O}$），以 20℃ 清水为介质进行的。操作条件与实验条件不符合时，可按下式进行换算。

$$H_s = \left[H_s' + (H_a - 10) - \left(\frac{p_v}{9.81 \times 10^3} - 0.24 \right) \right] \frac{1000}{\rho}$$

式中，H_s' 为实验条件下的允许吸上真空度，可由性能表查得，m；H_a 为泵安装地区的大气压力，mH_2O；p_v 为操作温度下，输送液体的饱和蒸气压，Pa。

通常为安全起见，离心泵的实际安装高度应比允许安装高度低 0.5～1m。

2.3.2 典型例题

【例 1】 如图 2-10 所示用离心泵将水池中 20℃ 的清水输送至高位槽，水池上方大气压为 98.1kPa，最大输送流量为 $36\text{m}^3/\text{h}$。泵吸入管内径为 80mm，管长为 30m（包括所有局部阻力当量长度），摩擦系数可按 $\lambda = 0.0056 + 0.500/Re^{0.32}$ 计算，水的密度 $\rho = 1000\text{kg/m}^3$，$g = 10\text{N/kg}$，$\mu = 1\text{cP}$。试求：

（1）离心泵入口处的真空度。

（2）查得该流量下离心泵的允许吸上真空度为5m，安装高度是否合理？

（3）若此时由于气候炎热，水池上方大气压为96kPa，最高水温可达40℃（40℃水的饱和蒸气压为7.3766kPa，$\rho = 992.2 \text{kg/m}^3$，假设其他性质不变），液面下降0.5m，此泵还能否正常工作？

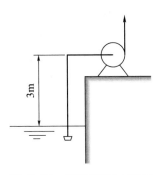

解：（1）离心泵入口处的真空度

在水池液面1-1′和离心泵入口2-2′之间列伯努利方程

图2-10　典型例题1附图

$$z_1 + \frac{u_1^2}{2g} + \frac{p_1}{\rho g} + H_e = z_2 + \frac{u_2^2}{2g} + \frac{p_2}{\rho g} + \sum H_{f,1-2}$$

$$z_1 = 0, \quad z_2 = 3\text{m}, \quad u_1 = 0, \quad u_2 = \frac{36/3600}{0.25\pi \times 0.08^2} = 2\text{m/s}$$

$$Re = \frac{\rho u d}{\mu} = \frac{1000 \times 2 \times 0.08}{1 \times 10^{-3}} = 1.6 \times 10^5$$

$$\lambda = 0.0056 + 0.500/Re^{0.32} = 0.0056 + 0.0108 = 0.0164$$

典型例题1讲解
离心泵安装高度

$$H_{f,1-2} = \lambda \frac{\sum l u^2}{2dg} = 0.0164 \times \frac{30 \times 2^2}{2 \times 0.08 \times 10} = 1.23\text{m}$$

$$p_2 = \left(z_1 - z_2 + \frac{u_1^2 - u_2^2}{2g} - \sum H_{f,1-2}\right)\rho g = (0 - 3 - 0.2 - 1.23) \times 1000 \times 10$$

$$= -4.43 \times 10^4 \text{Pa}$$

离心泵入口处真空度为4.43×10^4Pa。

（2）安装高度

$$H_g = H_s - \frac{u_2^2}{2g} - \sum H_{f,0-1} = 5 - 0.2 - 1.23 = 3.57\text{m}$$

图示安装高度比允许安装高度低0.57m，合理。

（3）核算泵能否正常工作

此时操作条件发生改变，应对水泵性能表上的H_s'进行换算

$$H_s = \left[H_s' + (H_a - 10) - \left(\frac{p_v}{9.81 \times 10^3} - 0.24\right)\right]\frac{1000}{\rho}$$

$$= \left[5 + (9.79 - 10) - \left(\frac{7.3766 \times 10^3}{9.81 \times 10^3} - 0.24\right)\right] \times \frac{1000}{992.2} = 4.31\text{m}$$

$$H_g = H_s - \frac{u_2^2}{2g} - \sum H_{f,0-1} = 4.31 - 0.2 - 1.23 = 2.88\text{m}$$

液面下降，相应的安装高度变为3.5m大于允许安装高度，此泵会发生汽蚀现象，不能继续正常工作。同学们要能够根据实际操作环境条件的变化及时调整操作工艺参数，避免出现安全隐患。

【例2】现要安装一台离心泵，用于将20℃清水输送至水洗塔内，计算得工作点下吸入口管压头损失为1.3m，动能为2J/kg，排出管阻力损失为4.8m。操作压力为$10\text{mH}_2\text{O}$，查得允许吸上真空度为3m，试求：

（1）离心泵的允许安装高度。

（2）若改输送密度 $\rho=1200\text{kg/m}^3$ 的某溶液，操作压力为 1atm，饱和蒸气压为 3.5kPa，其他性质和条件假设不变，求泵此时的允许安装高度。

解：（1）离心泵的允许安装高度

$$H_g = H_s - \frac{u_1^2}{2g} - H_{f,0\text{-}1} = 3 - \frac{2}{9.81} - 1.3 = 1.496\text{m}$$

允许安装高度为 1.496m，实际安装时应低 0.5～1m。

（2）流体密度改变后的允许安装高度

在本题（1）中，操作条件与测允许吸上真空度的条件相同，不用对 H_s' 进行换算，本题中条件发生改变，需进行换算

$$H_s = \left[H_s' + (H_a - 10) - \left(\frac{p_v}{9.81 \times 10^3} - 0.24 \right) \right] \frac{1000}{\rho}$$

$$= \left[3 + (10.33 - 10) - \left(\frac{3.5 \times 10^3}{9.81 \times 10^3} - 0.24 \right) \right] \times \frac{1000}{1200} = 2.68\text{m}$$

$$H_g = H_s - \frac{u_1^2}{2g} - H_{f,0\text{-}1} = 2.68 - \frac{2}{9.81} - 1.3 = 1.18\text{m}$$

2.3.3 夯实基础题

一、填空与选择题

1.$(NPSH)_r$ 随着流量增大而＿＿＿，H_g' 随流量增大而＿＿＿。（增大、减小、不变）

2. 离心泵的允许吸上真空度的数值＿＿＿于允许的安装高度的数值。（大、小、等）

3. 当发生汽蚀现象时，离心泵不会出现以下哪种情况？（　　　）

A. 剧烈振动，发出噪声　　　B. 流量下降　　　C. 出口压力增高　　　D. 效率下降

二、计算题

1. IS100-80-160 型离心泵在海拔 1500m 高原使用，当地大气压为 $8.6\text{mH}_2\text{O}$，以此泵将敞口池的水输入某设备，已知水温 10℃。由管路情况及泵的性能曲线可确定工作点的流量为 $20\text{m}^3/\text{h}$，查得允许汽蚀余量为 3.5m，已算得吸入管阻力为 $2.3\text{mH}_2\text{O}$。问：最大允许安装高度是多少？（10℃水：$\rho=999.7\text{kg/m}^3$，$p_v=1226.2\text{Pa}$，$g=9.8\text{N/kg}$）

2. 如图 2-11 所示，用离心泵以 $18\text{m}^3/\text{h}$ 流量将液体从精馏塔塔釜输至别处，塔釜内可近似为纯物质，操作温度下密度取 800kg/m^3，黏度为 1.5cP，泵的吸入管约为 6m 长（包括局部阻力），管子为 $\phi55\text{mm} \times 2.5\text{mm}$ 钢管。摩擦系数可按下式计算

$$\lambda = 0.01227 + 0.7543/Re^{0.38}$$

将泵安装在精馏塔釜中液位以下 3m 处，求最大 $(NPSH)_r$。

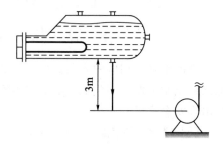

图 2-11　计算题 2 附图

【参考答案与解析】

一、填空与选择题

1. 增大；减小。　　2. 大。　　3. C。

二、计算题

1. **解：** $H_g = \dfrac{p_0 - p_v}{\rho g} - (NPSH)_r - H_{f,1\text{-}2} = 8.6 - \dfrac{1226.2}{999.7 \times 9.8} - 3.5 - 2.3 = 2.67\text{m}$

最大允许安装高度为 2.67m。

2. **解：** $u = \dfrac{Q}{A} = \dfrac{18/3600}{0.25\pi \times 0.05^2} = 2.55\text{m/s}$

$$Re = \frac{\rho u d}{\mu} = \frac{800 \times 2.55 \times 0.05}{1.5 \times 10^{-3}} = 6.8 \times 10^4$$

$$\lambda = 0.01227 + 0.7543/68000^{0.38} = 0.02326$$

$$H_{f,1\text{-}2} = \lambda\frac{l u^2}{2dg} = 0.02326 \times \frac{6 \times 2.55^2}{2 \times 9.81 \times 0.05} = 0.93\text{m}$$

精馏塔釜中的液体处于饱和状态，$p_0 = p_v$

$$H_g = \frac{p_0 - p_v}{\rho g} - (NPSH)_r - H_{f,1\text{-}2}$$

$$(NPSH)_r = \frac{p_0 - p_v}{\rho g} - H_{f,1\text{-}2} - H_g = 0 - 0.93 + 3 = 2.07\text{m}$$

故最大必需汽蚀余量为 2.07m。

2.3.4　灵活应用题

一、填空题

1. 离心泵长期正常操作，未改变工作条件，却发生汽蚀，其一般原因为_____。

2. 若离心泵入口真空表读数为 700mmHg，当地大气压为 101.33kPa，则输送上 42℃ 水时（饱和蒸气压为 8.2kPa）泵内____发生汽蚀现象。（会、不会）

3. 用离心泵将容器中 60℃ 某液体输送到别处，密度为 680kg/m³，操作温度下饱和蒸气压为 36.5kPa，已知泵的安装高度为 3m，吸入管阻力为 1m，查得必需汽蚀余量为 2m，则容器上方压力要高于_____。

二、选择题

1. 离心泵的汽蚀余量（NPSH）值越小，说明其抗汽蚀性能（　　）。

A. 越好　　　　B. 越差　　　　C. 不确定

2. 离心泵输送的流体温度升高时，离心泵可能发生_____，扬程会_____。
（　　）

A. 气缚现象，下降　　　　B. 汽蚀现象，下降

C. 气缚现象，升高　　　　D. 汽蚀现象，升高

三、简答题

某化工企业在生产过程中，操作工发现一原料储罐的原料泵输液量显著下降，在现场勘察发现泵震动剧烈、噪声很大。作为该企业工艺技术员，请快速判断故障原因，并排查各种引起故障的可能性以消除生产隐患。

四、计算题

有一 90℃热水储槽，常压，通过热水输送泵将热水输送至各用户进行换热后，热水再回至储槽，储槽通入蒸汽来保证温度维持在 90℃。储槽尺寸 $\phi 4000\text{mm} \times 6000\text{mm}$，热水液位维持在 5500mm 高，若热水输送泵流量是 $300\text{m}^3/\text{h}$，泵的进口管道长 3m，管道规格 $\phi 325\text{mm} \times 6\text{mm}$。计算所选用的泵的汽蚀余量不能大于多少？否则泵必将汽蚀。（查得 90℃水的饱和蒸气压为 70.136kPa）

【参考答案与解析】

一、填空题

1. 吸入管路因污垢沉积导致阻力损失增大，使泵入口压力过低。

2. 会。**解析：** 入口处的气压为 $\dfrac{60}{760} \times 101.33 = 8\text{kPa}$，小于操作温度下水的饱和蒸气压，所以会发生汽蚀。

3. 76.5kPa。**解析：** $\dfrac{p_0 - p_v}{\rho g} - (NPSH)_r - H_{f,0-1} = 3\text{m}$，$\dfrac{p_0 - 36500}{680 \times 9.81} - 2 - 1 = 3$，$p_0$ 最低为 76524.8Pa。

二、选择题

1. A。　　2. B。

三、简答题

引起震动大噪声响、流量下降的现象为汽蚀。引起该现象的可能原因有很多，主要可能有以下几点：储罐液位下降，间接增高了安装高度；进口管路结垢严重，发生堵塞，使进口管路阻力变大；进口段阀门没有全开，阻力大；介质本身易挥发，由于工况改变，导致温度升高，介质饱和蒸气压变大。

相应的解决方法为：使储罐液位升高后再输送；检查进口管路，清洗或更换进口管；检查进口段阀门开关情况，全开进口阀；调节介质温度，使介质温度降至合适范围。

四、计算题

解： 管径较大，管长短，忽略进口段的阻力损失。进口管道长 3m，则离心泵最低安装高度为 -3m。

$$H_g = \frac{p_0 - p_v}{\rho g} - (NPSH)_r - H_{f,1-2}$$
$$-3 = \frac{101.325 - 70.136}{9.81} - (NPSH)_r$$

解得 $(NPSH)_r$ 最大为 6.18m。

🐟 **总结**

离心泵安装高度的计算在化工生产中具有非常实际的指导作用，学生们请理解汽蚀现象，在此基础上掌握安装高度的计算，从职业责任感出发重视所学知识。

2.3.5　拓展提升题

一、填空题

（考点　阀门开度与压力的影响）如图 2-12 所示将水从敞开水池中用离心泵输送至远处高位槽，槽内压力可视为不变，其中流量调节阀为_____（V_1、V_2）；关小流量调节阀后，真空表 P_1 读数_____；开大流量调节阀后，P_2 压强表读数_____，P_3 压强表读数_____。（变大、变小、不变）

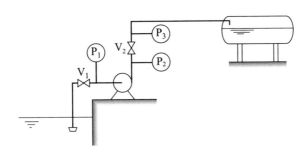

图 2-12　填空题附图

二、选择题

1.（考点　汽蚀余量）用同一离心泵在常压条件下输送处于不同温度的水，$T_1 = 20℃$，$T_2 = 60℃$，二者体积流量相等，Δh 为汽蚀余量，则（　　）。

A. $\Delta h_1 > \Delta h_2$，轴功率 $N_1 > N_2$　　　　B. $\Delta h_1 < \Delta h_2$，轴功率 $N_1 < N_2$

C. $\Delta h_1 > \Delta h_2$，轴功率 $N_1 < N_2$　　　　D. $\Delta h_1 < \Delta h_2$，轴功率 $N_1 > N_2$

2.（考点　汽蚀余量）在实验装置上测得离心泵的汽蚀余量 $NPSH$。现测得一组数据为：泵入口真空表读数为 60kPa，吸入管内流速为 1.3m/s，实验介质为 30℃清水（$\rho = 995.7kg/m^3$，$p_v = 4.2474kPa$），实验室大气压为 101kPa，则操作条件下泵的汽蚀余量 $NPSH$ 值为（　　）。

A. 9.99m　　　　B. 9.56m　　　　C. 3.85m　　　　D. 5.79m

3.（考点　安装高度）用离心泵将某减压精馏塔釜中的液体产品输送至贮槽。釜液密度 $\rho = 760kg/m^3$，$p_v = 27.8kPa$，泵的必需汽蚀余量 $(NPSH)_r = 2.5m$，吸入管路总阻力损失为 0.87m，则泵的允许安装高度为多少？（　　）

A. 3.37m　　　　B. −3.37m　　　　C. 6.45m　　　　D. 1.1m

【参考答案与解析】

一、填空题

V_2；变小；变小；变大。

二、选择题

1. A。**解析**：$\Delta h = \dfrac{p_1}{\rho g} + \dfrac{u_1^2}{2g} - \dfrac{p_2}{\rho g}$，温度越高，饱和蒸气压越高，当 Q 不变，p_1，u_1 不变，汽蚀余量就越小；温度升高，密度下降，所需轴功率也会下降。

填空题讲解
流量调节对管路
压力的影响

2. C。**解析**：汽蚀余量的定义为离心泵入口处的静压头、动压头之和大于操作温度下液体饱和蒸气压头的数值，$NPSH = \dfrac{p_1}{\rho g} + \dfrac{u_1^2}{2g} - \dfrac{p_v}{\rho g} = \dfrac{41000 - 4247.4}{995.7 \times 9.81} + \dfrac{1.3^2}{2 \times 9.81} = 3.85$。

3. B。**解析**：精馏塔中气体为液体的饱和蒸气压。

2.4　离心泵的选择及其他类型动力设备

2.4.1　概念梳理

1. 离心泵的类型

离心泵的型号一般由字母＋数字组成，以代表泵的类型、规格，比如：

IS 100-65-200

其中，IS 表示单级单吸离心清水泵；100 表示泵的吸入口直径，mm；65 表示泵的排出口直径，mm；200 表示泵的叶轮直径，mm。

FMB 50-32-125

其中，FMB 表示耐腐耐磨离心泵；50 表示泵的吸入口直径，mm；32 表示泵的排出口直径，mm；125 表示泵的叶轮直径，mm。

工业中常用的离心泵类型有：

① 清水泵 IS 型（单级单吸）、D 型（多级泵）、Sh 型（双吸泵），用于输送清水及理化性质类似于水的液体；

② 油泵（AY 型），用于输送石油产品，具有良好的密封性能；

③ 耐腐蚀泵（FM 型），用于输送酸、碱等腐蚀性液体，由耐腐蚀材料制造；

④ 杂质泵（P 型），用于输送悬浮液及稠厚的浆液，开式或半闭式叶轮；

⑤ 屏蔽泵（无密封泵），用于输送易燃、易爆、剧毒及放射性液体；

⑥ 磁力泵（C 型），用于输送易燃、易爆、放射性液体，高效节能。

2. 泵的选择的一般流程

（1）勘察实际工况，获得一部分计算所需数据，并对运行过程中可能出现的情况进行分析；

（2）确定输送系统的流量与压头（应以工作中可能出现的最大流量计算）；

（3）选择泵的类型（根据输送液体的性质和操作条件确定类型）；

（4）选择泵的型号（选泵的流量与扬程应比工艺要求略高，有一定的裕量，但裕量又不宜太大，工作点应处于高效率区），列出泵在设计点处的性能参数 H、Q、N_e、N、η；

（5）校核轴功率，当液体密度大于水的密度时，按 $N = \dfrac{QH\rho g}{\eta}$ 核算泵的轴功率。

3. 其他液体输送机械

正位移泵的特性　排液能力与管路情况无关，压头则受管路承受能力的限制，这是正位移式泵与叶轮式泵的主要区别之一；流量主要通过旁路调节，开启泵之前应将旁路阀打开。

（1）往复泵

工作原理：依靠活塞的往复运动并依次开启吸入阀和排出阀，从而吸入和排出液体

（具有自吸能力，对吸入高度也有一定限制）。

泵的特性：属于正位移泵，压头与泵的几何尺寸无关，只要泵的强度和功率允许，泵都能提供所需压头；泵的流量只与泵的几何尺寸和活塞的往复次数有关，而与泵的压头及管路情况无关。往复泵的特性曲线和工作点如图 2-13 所示。

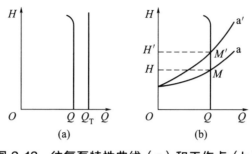

其他类型泵

图 2-13　往复泵特性曲线（a）和工作点（b）

特性曲线：Q_T＝常数，压头不太高的情况下，实际流量 Q 基本保持不变，与压头 H 无关。

流量调节：主要通过旁路调节，或改变活塞冲程和往复次数。

（2）**其他类型泵**

不同类型液体输送，往往需要不同的输送机械。了解各输送机械的特性和适用场合，有助于根据实际工况，更加合理、经济地选择适宜类型和型号的泵。化工中应用较广的液体输送机械设备性能对比见表 2-1。

表 2-1　液体输送机械设备性能对比表

<table>
<tr><td colspan="2" rowspan="2">泵的类型</td><td colspan="2">叶轮式（动力式）</td><td colspan="2">正位移式（容积式）</td></tr>
<tr><td>离心泵</td><td>旋涡泵</td><td>往复泵（计量泵，隔膜泵）</td><td>旋转泵（齿轮泵，螺杆泵）</td></tr>
<tr><td rowspan="3">流量</td><td>均匀性</td><td>均匀</td><td>均匀</td><td>脉动</td><td>较均匀</td></tr>
<tr><td>恒定性</td><td colspan="2">根据实际管路而变</td><td>恒定</td><td>恒定</td></tr>
<tr><td>范围</td><td>广，易达大流量</td><td>小流量</td><td>较小流量</td><td>小流量</td></tr>
<tr><td colspan="2">压头</td><td>不易达到高压头</td><td>较高</td><td>高</td><td>较高</td></tr>
<tr><td colspan="2">效率</td><td>稍低</td><td>低</td><td>高</td><td>较高</td></tr>
<tr><td rowspan="3">操作</td><td>流量调节</td><td>出口阀调节</td><td>旁路调节</td><td>旁路、冲程、往复次数调节</td><td>旁路调节</td></tr>
<tr><td>自吸作用</td><td>无</td><td>无（部分型号有）</td><td>有</td><td>有</td></tr>
<tr><td>启动</td><td>出口阀关闭</td><td>出口、旁路阀全开</td><td>出口、旁路阀全开</td><td>出口、旁路阀全开</td></tr>
</table>

续表

泵的类型	叶轮式（动力式）		正位移式（容积式）	
	离心泵	旋涡泵	往复泵（计量泵，隔膜泵）	旋转泵（齿轮泵，螺杆泵）
维修	简便	简便	麻烦	较简便
适用场合	流量和压头适用范围广，适宜大流量、中压头；不太适合高黏度液体	小流量、高压头、低黏度清洁液体	小流量、高压头、高黏度不含杂质液体；计量泵控量精准；隔膜泵可输送易燃、易爆、有毒和腐蚀性液体	小流量、较高压头、高黏度液体

2.4.2 典型例题

【例】 现有一道冷冻浓缩工艺，生产浓缩苹果汁 2000t/a，需要输送的原汁 12000t/a。为其配置合适的输送设备。

查得具体工况为：系统每年工作 300 天，一天离心泵的工作时长总和为 4h；管路材料用的是输送食品的安全材料，可按光滑管处理，规格为 $\phi56mm\times1mm$，输送工段总长为 80m（包括局部阻力当量长度），途经换热器压头损失为 5.67m，升扬高度为 5m；常压输送，操作温度范围内，苹果原汁 $\rho=1050kg/m^3$，$\mu=17.02mPa\cdot s$。

解： ① 首先需确定所需流量和压头

$Q_e=12000\times10^3/300/4/1050=9.52m^3/h$， $u=9.52/3600/(0.25\pi\times0.054^2)=1.15m/s$

$Re=\dfrac{1050\times1.15\times0.054}{17.02\times10^{-3}}=3831.1>3000$

按湍流处理，查得摩擦系数 $\lambda=0.044$

$H_f=0.044\times\dfrac{80\times1.15^2}{2\times0.054\times9.81}=4.39m$， $H_e=\Delta z+\dfrac{\Delta p}{\rho g}+\dfrac{\Delta u^2}{2g}+\sum H_f=5+0+0+$

$4.39+5.67=15.06m$

② 确定泵的类型　因苹果原汁中含有大量有机酸，对金属材质能造成较大腐蚀，降低使用寿命，所以应该选用耐腐的泵，可选耐腐蚀泵（FM 型）或隔膜泵，以选择耐腐蚀类型泵（FM 型）为例。

③ 确定泵的型号　所需流量为 9.52m³/h，扬程为 15.06m，需要留出一些余量故选用 FMB 50-32-125 的耐腐蚀泵：$n=2900r/min$，在设计点处 $Q=12.5m^3/h$，$H=20m$，$N=4kW$，$\eta=35\%$。

核算轴功率　　$N=\dfrac{15.06\times9.52\times1050\times9.81}{3600\times0.35}=1172.06W$

按设计点计算所需轴功率仅不到 1.2kW，即使工作点不在设计点，效率有所降低，此泵的轴功率也能符合要求。

若离心泵在实际工作中，安装在较高的位置，或液体在其饱和蒸气压下输送，则需考虑允许安装高度的问题。一般，为了避免振动产生的影响，离心泵都安装在一层。

2.4.3　夯实基础题

一、填空题

往复泵的流量调节方式通常有 _____ 。

二、选择题

1. 已知离心泵的型号为 IS80-65-125，可知离心泵进、出口直径分别为（　　）。

A. 65mm 和 80mm
B. 80mm 和 125mm
C. 65mm 和 125mm
D. 80mm 和 65mm

2. 购买离心泵的时候，铭牌上标识的流量和扬程数值是（　　）。

A. 设计点对应的数值
B. 操作点对应的数值
C. 最大流量下对应的数值
D. 最大轴功率下对应的数值

3. 根据工况，选择合适的输送机械完成输送任务：

(1) 从水厂将自来水打入城市水网，流量为 $960m^3/h$（　　）；

(2) 某精细化工厂向反应器中输送反应物（　　）；

(3) 将浓度为 30% 盐酸输送至成品贮槽（　　）；

(4) 黏度为 10.5mPa·s 且含有少量固体颗粒的液体，要求流量为 $1m^3/h$，$H=40m$（　　）。

A. 隔膜泵　　B. 双吸离心泵　　C. 往复泵　　D. 螺杆泵　　E. 计量泵

【参考答案与解析】

一、填空题

旁路调节、改变活塞冲程、改变往复次数。

二、选择题

1. D。　2. A。　3. (1) B；(2) E；(3) A；(4) D。

2.4.4　灵活应用题

一、填空题

1. 往复泵的压头发生改变时，输送流量将 _____ 。（变大、变小、不变）

2. 往复泵的正位移特性是指 _____ 。

3. 往复泵的排液流量是 _____ ，平均流量是 _____ （恒定的、变化的）。

4. 通过旁路调节，_____ 正位移泵输送的总流量（改变了、没有改变），因为 _____ 。

二、选择题

下列泵中，在启动之前不需要灌泵的是（　　）。

A. 旋涡泵　　B. 磁力泵　　C. 往复泵　　D. 齿轮泵　　E. 隔膜泵

三、案例实训

1. 工作任务

要求完成某流体的输送任务。项目采取开放性化工生产背景，输送方式要求为连续操作。输送介质、流量、输送温度、输送距离、流体在始发位置和输送目的地的压力等背景条件自拟。

2. 项目具体要求

（1）根据输送任务，合理选择输送设备（包括设备型号规格、材质、配套电动机规格）。

（2）根据输送任务，合理选择输送管材、管件（包括材质、规格、型号、数量）。

（3）根据输送任务，合理选择仪表（压力表、流量计、液位计），列出所选仪表的精度、测量范围，并设计合理的自动控制方法。

（4）编写操作规程（输送设备的开、停车及正常生产的维护，流量调节方法等）。

（5）编写造价表。

（6）编写设计计算书。设计计算书的内容包括以上的计算过程及计算结果，操作规程，造价表。

（7）绘出带控制点的工艺流程图。

【参考答案与解析】

一、填空题

1. 不变。　　2. 排液能力与活塞位移有关，但与压头等管路情况无关，压头则受管路承受能力的限制。

3. 变化的；恒定的。　　4. 没有改变；多余的液体会经旁路阀返回吸入管。

二、选择题

C、D、E。

三、案例实训（略）

2.4.5　拓展提升题

（考点　并联操作）离心泵、往复泵各一台并联操作输水。两泵"合成的"性能特性曲线方程为：$H = 72.5 - 0.002(Q - 25)^2$，$Q$ 指总流量。阀全开时管路特性曲线方程为 $H_e = 55 + KQ^2$，（两式中：H、H_e 单位为 mH_2O，Q 单位为 L/s），现停开往复泵，仅离心泵操作，阀全开时流量为 60L/s。试求管路特性曲线方程中的 K 值。

【参考答案与解析】

解：根据往复泵的正位移特性，以及从往复泵的特性曲线中可以看出，不论管路如何，只要加入往复泵，管路就能稳定的增加一部分固定流量，即从"合成的"曲线中 $(Q - 25)^2$ 这一项中的"25"就是往复泵所增加的流量，合成曲线右移，故仅离心泵操作时

$$H' = 72.5 - 0.002Q^2$$

$$72.5 - 0.002 \times 60^2 = 55 + K \times 60^2$$

$$K = 0.00286$$

拓展提升题讲解
离心泵和
往复泵并联

2.5　气体压送机械

2.5.1　概念梳理

1. 典型气体压送机械

化工生产中常用的气体压送机械设备的性能对比见表 2-2。

动画

常用气体输送机

⊡ **表 2-2　常用气体压送机械设备性能对比表**

机械类型		出口压力/kPa	操作特性	适用场所
离心式	通风机	低<0.981(表) 中 0.981~2.942(表) 高 2.942~14.7(表)	风量大(可达 186300m³/h),连续均匀,通过出口阀或风机并、串联调节流量	普通的需要通风场所
	鼓风机 (透平式)	≤294(表)	多级,温升不高,不设级间冷却装置	高炉送风
	压缩机 (透平式)	>294(表)	多级,级间设冷却装置	气体压缩
往复式	压缩机	低压<981 中压 981~9810 高压>9810	脉冲式供气,旁路调节流量,高压时要多级,级间设冷却装置	高压气体场所,如合成氨生产
旋转式	罗茨鼓风机	181	流量可达 120~30000m³/h,旁路调节流量	操作温度不大于 85℃
	液环压缩机 (纳氏泵)	490~588(表)	风量大,供气均匀	腐蚀性气体的输送
真空泵	水环真空泵	最高真空度 83.4	结构简单,操作平稳可靠	减压过滤等
	蒸汽喷射 真空泵	0.07~13.3(绝)	结构简单,无运动部件	高真空度

2. 注意事项

（1）**离心式通风机**　对于离心式通风机的气体输送管路系统所需能量，用以 $1m^3$ 气体为基准的伯努利方程计算，即

$$H_T = \Delta p + \frac{\Delta u^2}{2} \rho$$

式中，H_T、Δp、$\frac{\Delta u^2}{2}\rho$ 分别为全风压、静风压和动风压，Pa。离心通风机的风压由实验测定（20℃、$1.013 \times 10^5\,Pa$、$\rho = 1.2kg/m^3$）选择风机时，要将操作条件下的全风压 H'_T 换算为实验条件下风压 H_T，即

$$H_T = H'_T \left(\frac{1.2}{\rho'} \right)$$

式中，ρ' 为操作条件下气体的密度，kg/m^3。

离心式通风机功率必须在同一状态下的风压和风量计算，有关的特性曲线趋势见图 2-14。

（2）**往复式压缩机**　假设被压缩的气体为理想气体，气体流经吸气阀及排气阀的流动阻力不计，压缩机无泄漏，且理想压缩循环假设汽缸中的气体在排气终了被全部排净，则等温压缩消耗的功最少；而实际压缩循环，活塞与汽缸盖之间必须留出很小的空隙，称为余隙，故排气终了是不能完全排除。当压缩比大于 8 时，一般采用多级压缩。当每级的压缩比相等时，多级压缩所消耗的总理论功最小。

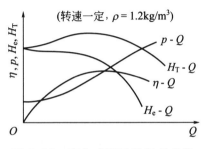

图 2-14　离心式通风机特性曲线

2.5.2　夯实基础题

一、填空题

1. 液体在离心泵中所获得的能量主要是机械能中的_____项，而气体在离心通风机中所获得的主要是机械能中的_____项。

2. 当要求气体的压缩比（p_2/p_1）≥8 时，适合采用_____压缩；当各级压缩比_____时，所消耗的理论功最小。

3. 由于压缩机存在_____，所以当压缩变高时，汽缸的容积利用率会下降。

二、选择题

1. 由一鼓风机经过管路向流化床输送 30℃（密度为 1.165kg/m³）的常压空气，管路系统所需的全风压为 1.18×10^4 Pa，风量为 16000m³/h，现有一台风机铭牌上标有风量为 17000m³/h，全风压为 1210mmH₂O，则此风机（　　）。

A. 合用　　　　　　B. 不合用　　　　　　C. 无法判断

2. 若需要产生很高的真空度可以选用（　　）；生活水输送至二十多层的楼房，中途加压可选用（　　）。

A. 水环真空泵　　　B. 喷射泵　　　　C. 往复泵　　　　D. 轴流泵

【参考答案与解析】

一、填空题

1. 压力能；动能。　2. 多级；相等。　3. 余隙。

二、选择题

1. B。**解析**：$H_T = H'_T \left(\dfrac{1.2}{\rho'} \right) = 1.18 \times 10^4 \times \dfrac{1.2}{1.165} = 12154.1$Pa，风机提供的全风压为 $\dfrac{1210}{10330} \times 101330 = 11869.2$Pa，小于所需，所以不合用。

2. B；D。**解析**：喷射泵能达到的真空度比水环真空泵高；轴流泵特点是流体轴向进，轴向出，可以直接安装到直管路中，占空间小，而且能提供很大的流量。

2.6　拓展阅读　新型油气混输转子泵

【技术简介】油气混输泵是一种自吸式容积泵，具有流量大、自吸力强、寿命长、泵效率高且管路易于精简改良等优点，是油气集输的关键设备[1,2]。新型油气混输转子泵作为新型、高效的气液混输泵，可减少油气分离和调节设备，降低运行成本，减少抽油泵的泄漏损失，提高油气采收率和经济效益。

【工作原理】它是一种自吸式容积泵（图 2-15），采用三腔结构，其流量、排出压力脉动与三缸双作用往复泵相似。其工作介质可以是油气、蒸气混合物或夹带微小颗粒的气液混合物。工作时泵对介质的吸排作用同时进行。由主轴、偏心机构、腔体隔离机构、陶瓷隔板等一起组成相对封闭的吸液、排液腔，通过主轴带动偏心机构旋转，改变吸液、排液腔体容积，达到输送介质的目的。

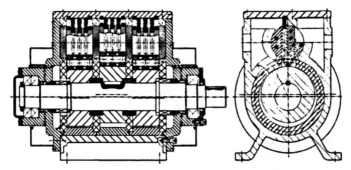

图 2-15　新型油气混输转子泵结构简图

【应用案例】油气混输转子泵主要作用是将井筒内的原油或天然气等介质抽出到地面，帮助油田实现高效生产及开采，在石油、化工生产领域有着广泛的应用。油田生产过程中，油气混输转子泵可使输送过程更加高效和稳定，有效保证了油田生产的正常进行[3]；同时，由于转子泵结构紧凑，占用空间小，在油田生产过程中占地面积也相对较小，这也增加了油田的开采空间和生产效率。

参考文献

[1]　李琴，王慧，黄志强.马亚超输油转子泵啮合间隙与转子叶数对泵性能影响规律研究［J］.过程工程学报，2022，22（12）：1666-1675.

[2]　李辉，韩伟涛，王唱，等.基于变速调节的转子泵流体脉动降低方法研究［J］.真空科学与技术学报，2022，42（7）：525-532.

[3]　杨琳.内压转子式油气混输泵特性分析与出口球阀的研究［D］.杭州：浙江工业大学，2013.

本章符号说明

英文字母

A——管道截面积，m^2

b——叶轮出口宽度，m

c_r——液体在叶轮出口处的绝对速度的径向分量，m/s

d——管径或离心泵整体尺寸，m

D——叶轮外径，m

H——扬程或压头，m

H_e——管路系统要求的压头，m

H_f——阻力损失压头，m

$H_{T\infty}$——离心泵的理论压头，m

H_T——离心通风机的风压，Pa

H_g——允许安装高度，m

l——长度，m

l_e——管路当量长度，m

n——叶轮转速，r/min

N——轴功率，W 或 kW

N_e——有效功率，W 或 kW

p——压力，Pa

p_a——大气压，Pa

p_v——液体的饱和蒸气压，Pa

Q——流量，L/s，m^3/s 或 m^3/h

Q_e——管路系统要求的流量，L/s，m^3/s 或 m^3/h

z——位压头，m

希腊字母

β——流动角，（°）

ρ——密度，kg/m^3

η——效率

η_v——容积效率

η_m——机械效率

η_h——水力效率

λ——摩擦系数

ζ——阻力系数

μ——黏度，Pa·s

第 3 章

非均相物系的分离和固体流态化

📖 本章知识目标

❖ 了解沉降槽、分级器和旋液分离器的原理，离心机的基本概念、原理和分类；

❖ 掌握重力沉降和离心沉降的原理，降尘室和旋风分离器的结构原理、选型和过程计算；

❖ 理解过滤基本方程式推导的思路，了解过滤操作的强化方法；

❖ 掌握恒压过滤和恒速过滤的计算，典型过滤设备的基本结构及操作计算。

💻 本章能力目标

❖ 能进行降尘室和旋风分离器的选型和过程计算；

❖ 能进行过滤机生产能力的计算，能够根据生产工艺要求，合理选择设备类型、强化措施；

❖ 能建立固体流态化的基本概念。

🏛 本章素养目标

❖ 培养环保意识，能理论联系实际分析非均相污染物的治理方法；

❖ 建立哲学思维，能将具体的科学推理结果延伸为普适的哲学规律，进而指导学习和生活。

🧪 本章重点公式

1. 斯托克斯沉降公式

$$u_t = \frac{d^2(\rho_s - \rho)g}{18\mu} \quad (10^{-4} < Re_t < 1)$$

2. 重力降尘室生产能力

单层降尘室　$V_s = blu_t$,　　多层降尘室　$V_s = (n+1)blu_t$

3. 离心分离因数

$$K_c = \frac{u_r}{u_t} = \frac{u_T^2}{gR} = \frac{\omega^2 R}{g}$$

4. 过滤速率基本方程

$$\frac{dV}{dt} = \frac{KA^2}{2(V+V_e)}, \quad 其中 \ K = 2k\Delta p^{1-s} = \frac{2\Delta p^{1-s}}{\mu r' \nu}$$

（1）恒压过滤　　$V^2 + 2VV_e = KA^2 t$　或　$q^2 + 2qq_e = Kt$

式中，$q=\dfrac{V}{A}$；$q_e=\dfrac{V_e}{A}$。

当过滤介质阻力可以忽略时　$V^2=KA^2t$，$V_e^2=KA^2t_e$　或　$q^2=Kt$，$q_e^2=Kt_e$

（2）恒速过滤　　　$V^2+VV_e=\dfrac{KA^2t}{2}$　或　$q^2+qq_e=\dfrac{Kt}{2}$

当过滤介质阻力可以忽略时　　$V^2=\dfrac{KA^2t}{2}$　或　$q^2=\dfrac{Kt}{2}$

5. 滤饼的洗涤
$$t_w=\dfrac{V_w}{\left(\dfrac{dV}{dt}\right)_w}$$

当洗涤推动力与过滤终了时的压差相同，洗水黏度与滤液黏度相等时

叶滤机（置换洗涤法）　　$\left(\dfrac{dV}{dt}\right)_w=\left(\dfrac{dV}{dt}\right)_E=\dfrac{KA^2}{2(V+V_e)}$

板框过滤机（横穿洗涤法）　　$\left(\dfrac{dV}{dt}\right)_w=\dfrac{1}{4}\left(\dfrac{dV}{dt}\right)_E=\dfrac{KA^2}{8(V+V_e)}$

当洗水黏度、洗水表压与滤液黏度、过滤压差有明显差异时
$$t'_w=t_w\left(\dfrac{\mu_w}{\mu}\right)\left(\dfrac{\Delta p}{\Delta p_w}\right)$$

6. 过滤机的生产能力

间歇过滤机的生产能力　　$Q=\dfrac{3600V}{T}=\dfrac{3600V}{t+t_w+t_D}$

连续过滤机的生产能力　　$Q=60nV=60(\sqrt{60KA^2\psi n+V_e^2n^2}-V_en)$

自然界的大多数物质为混合物，混合物分为均相混合物和非均相混合物两类。对于非均相混合物，工业上常用的分离方法有重力沉降、离心沉降及过滤等。

3.1　重力沉降

3.1.1　概念梳理

【主要知识点】

在外力场作用下，利用分散相和连续相之间的密度差，使之发生相对运动而实现非均相混合物分离的操作称为沉降分离。根据外力场的不同，沉降分离分为重力沉降和离心沉降；根据沉降过程中颗粒是否受到其他颗粒或器壁的影响而分为自由沉降和干扰沉降。

1. 沉降速度计算　$u_t=\sqrt{\dfrac{4gd(\rho_s-\rho)}{3\zeta\rho}}$，$Re_t=\dfrac{du_t\rho}{\mu}$，其中颗粒特性（$d$，$\rho_s$），流体特性（$\rho$，$\mu$）。

层流区（$10^{-4}<Re_t<2$）$\zeta=\dfrac{24}{Re_t}$，$u_t=\dfrac{d^2(\rho_s-\rho)g}{18\mu}$ （斯托克斯公式）

过渡区（$2\leqslant Re_t<500$）$\zeta=\dfrac{18.5}{Re_t^{0.6}}$，$u_t=0.27\sqrt{\dfrac{d(\rho_s-\rho)g}{\rho}Re_t^{0.6}}$ （艾伦公式）

湍流区（$500\leqslant Re_t<2\times10^5$）$\zeta=0.44$，$u_t=1.74\sqrt{\dfrac{d(\rho_s-\rho)g}{\rho}}$ （牛顿公式）

2. u_t 为沉降速度（相对速度），应掌握试差法和摩擦数群法算 u_t

摩擦数群法 把 ζ-Re_t 关系曲线图加以转化，使两个坐标轴之一变成不包含 u_t 的量纲为 1 的数群，进而便可求得 u_t。

（1）计算 u_t　由已知数据算出 ζRe_t^2 值→根据 ζRe_t^2-Re_t 曲线查得 Re_t 值→由 Re_t 值反算 u_t。

（2）计算 d　由已知数据算出 ζRe_t^{-1}→从图中查得 Re_t→根据沉降速度 u_t 计算 d。

（3）通过 K 来判别流型　$K=d\sqrt[3]{\dfrac{\rho(\rho_s-\rho)g}{\mu^2}}$。

当 $Re_t=1$ 时，$K=2.62$，为斯托克斯定律区的上限；$K=69.1$，为牛顿定律区的下限。即 $K<2.62$，沉降在层流区；$2.62<K<69.1$，沉降在过渡区；$K>69.1$，沉降在湍流区。已知流型后通过相应公式求 u_t。

3. 对非球形颗粒，令实际颗粒的体积等于当量球形颗粒的体积 $\left(V_p=\dfrac{\pi}{6}d_e^3\right)$，则体积当量直径定义为 $d_e=\sqrt[3]{\dfrac{6V_p}{\pi}}$。

球形度 ϕ_s 指颗粒形状与球形的差异程度

$$\phi_s=\frac{S}{S_p}$$

式中，S_p 为颗粒的实际表面积，m^2；S 为与颗粒体积相等的球体的表面积，m^2。

4. 重力沉降设备

（1）**降尘室**　单层降尘室的生产能力 $V_s\leqslant blu_t=A_0u_t$，多层沉降室的生产能力 $V_s\leqslant(n+1)A_0u_t$。理论上生产能力只与其沉降底面积 bl 及颗粒的沉降速度 u_t 有关，而与降尘室高度 H 无关。

沉降速度 u_t 应根据需要完全分离下来的最小颗粒尺寸计算。此外，气体在降尘室内的速度不应过高，一般应保证气体流动的雷诺数处于层流区，以免干扰颗粒的沉降或把已沉降下来的颗粒重新扬起。

（2）**沉降槽**　可提高悬浮液浓度并同时得到澄清液体，可间歇操作或连续操作。当沉降分离的目的主要是得到澄清液时，所用设备称为澄清器；若分离目的是得到含固体粒子的沉淀物时，所用设备为增稠器。沉降槽一般用于大流量、低浓度、较粗颗粒悬浮液的处理。

【重力沉降思维导图】

1. 气体在降尘室内的水平通过速度 $u = \dfrac{V_s}{Hb}$

   气体通过降尘室的时间 $t = \dfrac{l}{u}$
2. 气体在降尘室内的速度不应过高，一般保证气体流动的雷诺数处于层流区，以免干扰颗粒沉降
3. 降尘室的生产能力只与沉降面积和颗粒的沉降速度有关

$V_s \leqslant blu_t$(单层降尘室)和 $V_s \leqslant (n+1)blu_t$(多层降尘室)

1. 沉降速度应根据需要完全分离下来的最小颗粒尺寸计算
2. 降尘室最高点的颗粒沉降至室底需要的时间为 $\dfrac{H}{u_t}$
3. 为满足除尘要求，气体在降尘室内的停留时间至少需等于颗粒的沉降时间，即 $\dfrac{l}{u} \geqslant \dfrac{H}{u_t}$

降尘室结构简单，流动阻力小，但体积庞大，分离效率低，通常只适用于分离粒度大于 50μm 的粗颗粒，一般作为预除尘装置使用。其他重力沉降设备还有沉降槽和分级器

3.1.2　典型例题

【例】 现有一降尘室高 2m，宽 2m，长 5m，用其分离某高温含尘气体的尘粒，该气体的流量为 3m³/s，密度为 0.6kg/m³，黏度为 3.0×10⁻⁵Pa·s，尘粒的密度为 4000kg/m³，此条件下所能除去的最小尘粒直径为 12μm，若把上述降尘室的用隔板等分隔成 20 层（板厚不计），求：

（1）当需除去的尘粒直径不变，则处理量为多大？

（2）反之，当维持生产能力不变，则理论上可 100% 除去尘粒的最小颗粒直径多大？

解：（1）尘粒直径不变，假设颗粒沉降在层流区，则沉降速度为

$$u_t = \frac{d^2(\rho_s - \rho)g}{18\mu} = \frac{9.81 \times (12 \times 10^{-6})^2 \times (4000 - 0.6)}{18 \times 3.0 \times 10^{-5}} = 0.0105 \text{m/s}$$

核算流型　　$$Re_t = \frac{du_t\rho}{\mu} = \frac{12 \times 10^{-6} \times 0.0105 \times 0.6}{3.0 \times 10^{-5}} = 2.52 \times 10^{-3} < 2$$

所以假设成立，求得的沉降速度有效。

单层降尘室底面积 $2 \times 5 = 10\text{m}^2$，总处理量为 V_s

$$V_s = (n+1)Au_t = 20 \times 10 \times 0.0105 = 2.1 \text{m}^3/\text{s}$$

$$u = \frac{V_s}{Hb} = \frac{2.1}{2 \times 2} = 0.525 \text{m/s}, \quad d_e = \frac{4bh}{2(b+h)} = \frac{4 \times 2 \times \dfrac{2}{20}}{2 \times \left(2 + \dfrac{2}{20}\right)} = 0.190 \text{m}$$

核算流型　　　　$Re = \dfrac{d_e u \rho}{\mu} = \dfrac{0.190 \times 0.525 \times 0.6}{3.0 \times 10^{-5}} = 1995 < 2000$

所以气体在降尘室的流动为层流，不会导致隔板上气流卷起颗粒。

（2）原生产能力 $V_{s,0} = 20 A u'_t = 3 \mathrm{m}^3/\mathrm{s} \longrightarrow u'_t = 0.015 \mathrm{m/s}$，代入斯托克斯公式可得

$$0.015 = \dfrac{9.81 d_{\min}^2 \times (4000 - 0.6)}{18 \times 3 \times 10^{-5}}$$

$$d_{\min} = 1.44 \times 10^{-5} \mathrm{m} = 14.4 \mu m$$

讨论：①由斯托克斯公式可知，若尘粒直径不变即沉降速度不变。降尘室被隔开后底面积增加，处理量增加。②处理量不变，底面积增加，沉降速度减小，由斯托克斯公式可求出除去尘粒的最小颗粒直径减小。

3.1.3　夯实基础题

一、填空题

1. 在长为 L、高为 H 的降尘室中，颗粒沉降速度为 u_t，气体通过降尘室的水平速度为 u，则颗粒在降尘室内沉降分离的条件是_____，若该降尘室增加 5 层水平隔板，则生产能力为原来的_____倍。

2. 除去液体中混杂的固体颗粒一般可采用_____、_____和_____等方法。

3. 颗粒的自由沉降是指_____。

4. 沉降操作是指在某种力场中利用分散相和连续相之间的_____差异，使之发生相对运动而实现分离的操作过程。沉降过程有_____沉降和_____沉降两种方式。

5. 含尘气体中尘粒直径在 $75 \mu m$ 以上的，一般应选用_____除尘；若尘粒直径在 $5 \mu m$ 以上，可选用_____；尘粒直径在 $1 \mu m$ 以下，可选用_____。

6. 颗粒的加速段可忽略不计的条件是_____。

7. 某直径为 $50 \mu m$ 的小颗粒在 $20^{\circ}\mathrm{C}$ 常压空气内沉降，其沉降速度为 $0.12 \mathrm{m/s}$，若相同密度的颗粒直径减半，则沉降速度为_____。（$20^{\circ}\mathrm{C}$ 空气密度为 $1.2 \mathrm{kg/m}^3$，黏度为 $1.81 \times 10^{-5} \mathrm{Pa \cdot s}$）

二、选择题

1. 非球形颗粒的球形度（　　）。

A. 大于 1　　　　　　B. 等于 1　　　　　　C. 小于 1　　　　　D. 或大于 1 或小于 1

2. 颗粒的沉降速度不是指（　　）。

A. 等速运动段的颗粒降落的速度

B. 加速运动段任一时刻颗粒的降落速度

C. 加速运动段结束时颗粒的降落速度

D. 净重力（重力减去浮力）与流体阻力平衡时颗粒的降落速度

3. 在重力场中，微小颗粒的沉降速度与（　　）因素无关。

A. 粒子几何形状　　　　　　　　　B. 粒子几何尺寸

C. 流体与粒子的密度　　　　　　　D. 流体的流速

4. 降尘室没有（　　）的优点。

A. 分离效率高　　　B. 阻力小　　　C. 结构简单　　　D. 易于操作

5. 介质阻力系数 $\zeta = 24/Re_p$ 的适用范围是（　　）。

A. 圆柱形微粒层流区　　　　　　　B. 球形微粒层流区

C. 方形微粒湍流区　　　　　　　　D. 球形微粒湍流区

6. 在除去某粒径的颗粒时，若降尘室的高度增加一倍，则沉降时间（　　），气流速度（　　），生产能力（　　）。

A. 增加一倍　　　　B. 减少一半　　　　C. 不变　　　　D. 增加两倍

7. 立方体粒子 A、正四面体粒子 B、液滴 C 三者的密度与体积相同，在同一种气体中自由沉降。若其最终沉降速度分别以 u_A、u_B、u_C 表示，它们之间的相对大小为（　　）。

A. $u_A > u_B > u_C$　　　　　　　　B. $u_B > u_C > u_A$

C. $u_C > u_A > u_B$　　　　　　　　D. $u_A = u_B = u_C$

8. 颗粒在静止的流体中沉降时，在同一雷诺数 Re 值下，颗粒的球形度越大，阻力系数（　　）。

A. 越大　　　　B. 越小　　　　C. 不变　　　　D. 不确定

9. 边长为 a 的正方体固体颗粒，其等体积当量直径 d_e 和形状系数 ϕ_s 为（　　）。

A. $1.24a$，0.806　　　　　　　　B. $0.806a$，0.608

C. $1.24a$，0.608　　　　　　　　D. $0.806a$，0.806

三、计算题

1. 将含有球形染料微粒的水溶液于 20℃ 下静置于量筒中 1h，然后用吸液管在液面下 6cm 处吸取少量试样。已知染料密度为 3200kg/m³，问可能存在于试样中的最大颗粒为多少（μm）?

2. 矿石焙烧炉炉气中含有密度 4500kg/m³ 的球状颗粒污染物，拟用一个高 2m、宽 3m、长 6m 的降尘室将其除去。操作条件下气流流量为 20000m³/h，气体密度为 0.3kg/m³，黏度为 3×10^{-5}Pa·s，试求：（1）理论上能完全除去的矿尘颗粒最小直径是多少? （2）对于粒径为 50μm 的颗粒，能被除去的百分率为多少?

【参考答案与解析】

一、填空题

1. $\dfrac{H}{u_t} \leqslant \dfrac{L}{u}$；6。　2. 重力沉降；过滤；离心分离。

3. 颗粒间不发生碰撞或接触等相互影响的情况下的沉降过程。

4. 密度；重力；离心。　5. 降尘室；旋风分离器；袋滤器。

6. 颗粒直径很小，u_t 很小。

7. 0.03m/s。**解析：** 当 $d_1 = 50\mu m$ 时，$u_{t,1} = 0.12$m/s，$Re_t = \dfrac{d_1 u_{t,1} \rho}{\mu} =$

$\dfrac{50 \times 10^{-6} \times 0.12 \times 1.2}{1.81 \times 10^{-5}} = 0.398 < 1$，颗粒在层流区沉降。当 $d_2 = \dfrac{1}{2}d_1$，其沉降必在层流

区，故 $\dfrac{u_{t,2}}{u_{t,1}} = \left(\dfrac{d_2}{d_1}\right)^2 = \left(\dfrac{1}{2}\right)^2 = \dfrac{1}{4}$，$u_2 = \dfrac{1}{4}u_1 = \dfrac{1}{4} \times 0.12 = 0.03$m/s。

二、选择题

1. C。**解析**：$\phi_s = \dfrac{S}{S_p}$，S_p 为颗粒的真实表面积，$S = \pi d_e^2$（用体积当量直径表示）。

由于体积相同时球形颗粒的表面积最小，因此，任何非球形颗粒的形状系数皆小于 1。对于球形颗粒，$\phi_s = 1$。颗粒形状与球形差别越大，ϕ_s 值越低。

2. B。**解析**：颗粒的沉降速度是等速运动段的颗粒降落的速度，是加速运动段结束时颗粒的降落速度，也是净重力与流体阻力平衡时颗粒的降落速度。

3. D。**解析**：影响沉降速度的因素包括颗粒尺寸、形状及密度，介质密度和黏度，操作条件（温度、颗粒浓度）和设备结构及尺寸。沉降速度是颗粒与流体的相对速度，流体可以处于静止、向下或者向上的运动状态，因此与流体速度无关。

4. A。　　5. B。　　6. A；B；C。

7. C。**解析**：同一种固体物质，球形或近球形颗粒比同体积非球形颗粒的沉降要快一些。同一种物质，相同体积的情况下，球形度越大，沉降越快。颗粒形状与球形差别越大，球形度越低。

8. B。**解析**：由不同形状颗粒的 $\zeta\text{-}Re_t$ 关系曲线图可知，球形度越大，阻力系数越小。

9. A。**解析**：$d_e = \sqrt[3]{\dfrac{6V_p}{\pi}} = \sqrt[3]{\dfrac{6a^3}{\pi}} = 1.24a$，$\phi_s = \dfrac{S}{S_p} = \dfrac{\pi d_e^2}{6a^2} = \dfrac{\pi(1.24a)^2}{6a^2} = 0.806$。

三、计算题

1. **解**：查资料可知 20℃的水 $\rho = 998.2 \text{kg/m}^3$，$\mu = 1.005 \times 10^{-3} \text{Pa·s}$，假设颗粒沉降在层流区，则

$$u_t = \frac{d^2(\rho_s - \rho)g}{18\mu}$$

由题可知含有球形染料微粒的水溶液于 20℃下于量筒中静置 1h，然后用吸液管在液面下 6cm 试样，所以颗粒在这 6cm 的试样中的可能存在的最大沉降速度为

$$u_t = \frac{d_{max}^2(3200 - 998.2) \times 9.81}{18 \times 1.005 \times 10^{-3}} = \frac{0.06}{3600} \text{m/s}$$

$$d_{max} = 3.74 \times 10^{-6} = 3.74 \mu m$$

检验 Re_t 　　$Re_t = \dfrac{du_t\rho}{\mu} = \dfrac{3.74 \times 10^{-6} \times \dfrac{0.06}{3600} \times 998.2}{1.005 \times 10^{-3}} = 6.19 \times 10^{-5} < 2$

所以假设成立，所求的最大颗粒直径有效。

2. **解**：(1) $V_s = Au_t$，　　$20000 \div 3600 = 3 \times 6u_t$，　　$u_t = 0.31 \text{m/s}$

假设流体沉降符合斯托克斯公式

$$u_t = \frac{d_{min}^2(\rho_s - \rho)g}{18\mu}$$

$$0.31 = \frac{9.81d_p^2 \times (4500 - 0.3)}{18 \times 3 \times 10^{-5}}$$

$$d_{min} = 6.2 \times 10^{-5} \text{m} = 62\mu m$$

检验 Re_t　　　　$Re_t = \dfrac{du_t\rho}{\mu} = \dfrac{6.2\times10^{-5}\times0.31\times0.3}{3\times10^{-5}} = 0.19 < 2$

符合要求。

（2）回收率 $\varphi = \dfrac{h}{H} = \dfrac{d^2}{d_{min}^2} = \left(\dfrac{50}{62}\right)^2 = 0.65 = 65\%$

> **总结**
> ①本题主要考查了降尘室沉降原理和斯托克斯方程的应用。②假设颗粒在流体中的分布是均匀的，则在气体的停留时间内，颗粒的沉降高度与降尘室高度之比即为该尺寸颗粒被分离下来的回收率。由于各种尺寸颗粒在降尘室内的停留时间均相同，故颗粒的回收率也可用其沉降速度与最小颗粒直径的沉降速度之比来确定。

3.1.4　灵活应用题

一、填空题

1. 某化工厂在将一定质量流量的含尘气体送入高温反应器以前，需进行预热和降尘室除尘。采用先除尘后预热的方式可达到最佳除尘效果，其原因是：①_____；②_____。

2. 为分离两种粒径相同的细粉可用图 3-1 所示的设备，图中水自下而上流过设备。颗粒直径均为 $d=95\mu m$，两种颗粒的密度分别为 2650kg/m^3 及 2850kg/m^3，水的密度为 1000kg/m^3，黏度为 1cP。要求理论上能将两种颗粒完全分开，水在管中的流速应控制在_____范围内。

3. 密度为 2550kg/m^3，球形度 $\phi_s = 0.6$ 的非球形颗粒在 20℃空气中的沉降速度为 0.08m/s，颗粒的等体积当量直径

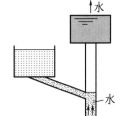

为_____。

图 3-1　填空题 2 附图

二、选择题

1. 颗粒做自由重力沉降时，Re_t 在（　　）区时，颗粒的形状系数对沉降速度 u_t 影响最大。

A. 斯托克斯定律　　　　B. 艾伦定律　　　　C. 牛顿定律

2. 球形颗粒自由沉降受到的流体阻力（　　）。

A. 恒与沉降速度的平方成反比　　　B. 与颗粒表面积的平方成反比

C. 与颗粒的直径成正比　　　　　　D. 在滞留区与沉降速度的一次方成正比

三、计算题

1. 某气流干燥器的升气管高 20m，要求球形颗粒停留 5s，粒径为 $50\mu m$，粒子密度为 1100kg/m^3。气体密度为 1.2kg/m^3，黏度为 0.0186mPa·s，气体流量为 150m^3/h。试求升气管直径。（设粒子加速段可忽略不计。）

2. 欲对某城市废弃的二层建筑进行定向爆破，产生的爆破尘埃的颗粒直径主要在 0.5～10μm 范围内，爆破后尘埃被扬起到 $H=7.5m$ 的高度，求：

（1）直径 $d_{min} = 5\mu m$ 的尘埃全部落定所需的时间。

（2）对于直径 $d_{\min}=2.2\mu m$ 的尘埃全部落定所需的时间。（颗粒的密度为 $\rho_s=3251kg/m^3$，空气的密度为 $1.2kg/m^3$，黏度为 $1.81\times10^{-5}Pa\cdot s$）

3. 有一球形颗粒，其直径为 $35\mu m$，密度为 $3650kg/m^3$，现测得该球形颗粒在 20℃ 水中的沉降速度是其在某液体中沉降速度的 3 倍；又知此颗粒在水中的质量是其在该液体中质量的 1.22 倍，试求该液体黏度。已知 20℃ 下水的黏度为 1cP，密度为 $1000kg/m^3$。

4. 在某矿石焙烧炉炉气中含有氧化铁粉尘（密度为 $4500kg/m^3$），可用降尘室除去，要求使净化后的气体中不含粒径大于 $45\mu m$ 的尘粒。操作条件下的气体体积流量为 $10080m^3/h$，密度为 $1.6kg/m^3$，黏度为 0.03cP。试求：（1）所需的降尘室面积至少为多少（m^2）？若降尘室底面宽 2m、长 4m，则降尘室需几层？（2）假设进入降尘室的气流中颗粒分布均匀，则直径 $20\mu m$ 的尘粒能除去百分之几？（3）若在原降尘室内增加隔板（不计厚度），使层数增加一倍，而 100% 除去的最小颗粒要求不变，则生产能力如何变化？

【参考答案与解析】

一、填空题

1. ①若先预热，气体温度升高，黏度上升，则沉降速度下降；②若先预热，气体温度升高，质量不变，则体积流量上升，导致停留时间减小。

2. 0.00812m/s$<u<$0.00910m/s　**解析**：要想使两种颗粒完全分开，管中水的速度应控制在两种颗粒带出速度之间，这样，带出速度较小的颗粒将被水带出，而带出速度较大的颗粒则沉降下来。

根据颗粒带出过程原理可知，粒度均匀的颗粒，其带出速度应大于或等于颗粒的沉降速度。故本题应先求出两种颗粒的沉降速度。

假设沉降过程属于斯托克斯区，则两种颗粒的沉降速度分别为

$$u_{t,1}=\frac{d^2(\rho_{s,1}-\rho)g}{18\mu}=\frac{(95\times10^{-6})^2\times(2650-1000)\times9.81}{18\times1\times10^{-3}}=0.00812m/s$$

$$u_{t,2}=\frac{d^2(\rho_{s,2}-\rho)g}{18\mu}=\frac{(95\times10^{-6})^2\times(2850-1000)\times9.81}{18\times1\times10^{-3}}=0.00910m/s$$

分别检验两种颗粒的 Re_t

$$Re_{t,1}=\frac{\rho u_{t,1}d_p}{\mu}=\frac{1000\times0.00812\times95\times10^{-6}}{1\times10^{-3}}=0.77<2$$

$$Re_{t,2}=\frac{\rho u_{t,2}d_p}{\mu}=\frac{1000\times0.00910\times95\times10^{-6}}{1\times10^{-3}}=0.86<2$$

可见，关于沉降过程处在斯托克斯区的假设是正确的，故以上计算有效。

3. $41.3\mu m$　**解析**：采用摩擦数群法

$$\zeta Re^{-1}=\frac{4\mu(\rho_s-\rho)g}{3\rho^2u_t^3}=\frac{4\times1.81\times10^{-5}\times(2550-1.205)\times9.81}{3\times1.205^2\times0.08^3}=811.67$$

由 $\phi_s=0.6$，$\zeta Re^{-1}=811.67$，查出 $Re_t=0.22$，所以

$$d_e=\frac{0.22\times1.81\times10^{-5}}{1.205\times0.08}=4.13\times10^{-5}m=41.3\mu m$$

二、选择题

1. C。**解析**：颗粒的形状系数越小，对应于同一 Re_t 值的阻力系数 ζ 越大，但 ϕ_s 值对 ζ 的影响在层流区内并不显著，随着 Re_t 的增大，这种影响逐渐变大。故正确答案为 C。

2. D。**解析**：阻力 $F=\zeta A\dfrac{\rho u^2}{2}$，$A=\dfrac{\pi}{4}d^2$　由此可见，A、B、C 的选项都不正确。

在层流区时，$\zeta=\dfrac{24}{Re_t}$，$u_t=\dfrac{d^2(\rho_s-\rho)g}{18\mu}$，因为加速段的时间很短，在整个沉降过程中可忽略，所以 $u=u_t$。则阻力 $F=\dfrac{24\mu}{du\rho}\times\dfrac{\pi}{4}d^2\times\dfrac{\rho u^2}{2}3\pi\mu du$，故正确答案为 D。

三、计算题

1. **解**：设沉降位于斯托克斯区，则

$$u_t=\frac{d^2(\rho_s-\rho)g}{18\mu}=\frac{(50\times10^{-6})^2\times(1100-1.2)\times9.81}{18\times0.0186\times10^{-3}}=0.0805\text{m/s}$$

检验 Re_t　　　　$Re_t=\dfrac{du_t\rho}{\mu}=\dfrac{50\times10^{-6}\times0.0805\times1.2}{0.0186\times10^{-3}}=0.260<2$

所以假设正确。

令气流上升速度为 $u_气$，停留时间为

$$\frac{H}{u_气-u_t}=\left(\frac{V_s}{\frac{\pi}{4}d^2}-u_t\right)^{-1}H=5$$

$$\left(\frac{150/3600}{\frac{\pi}{4}d^2}-0.0805\right)^{-1}\times20=5$$

解得 $d=0.114\text{m}=114\text{mm}$。

> **总结** --------
>
> 　　重力沉降速度是相对速度。当颗粒与流体逆向运动时，重力沉降速度（即颗粒与流体的相对运动速度）为颗粒的绝对速度加上流体的速度；当颗粒与流体同向运动时，重力沉降速度为颗粒的绝对速度减去流体的速度。

2. **解**：(1) 假设颗粒沉降在层流区，则颗粒的最小沉降速度为

$$u_{t,min}=\frac{d_{min}^2(\rho_s-\rho)g}{18\mu}=\frac{(5\times10^{-6})^2\times(3251-1.2)\times9.81}{18\times1.81\times10^{-5}}=2.45\times10^{-3}\text{m/s}$$

检验 Re_t　　$Re_t=\dfrac{du_t\rho}{\mu}=\dfrac{5\times10^{-6}\times2.45\times10^{-3}\times1.2}{1.81\times10^{-5}}=8.12\times10^{-4}<2$

所以假设成立，所求的沉降速度有效。

颗粒的最大沉降时间为　　　　$t_{max}=\dfrac{H}{u_{t,min}}=\dfrac{7.5}{2.45\times10^{-3}\times3600}=0.85\text{h}$

所以颗粒尘埃全部落定时间为 0.85h。

(2) 由上面计算可知，$5\mu\text{m}$ 的颗粒沉降在层流区，颗粒直径与沉降速度成正比，所

以 2.2μm 的颗粒也必在层流区沉降

$$u_{t,\min}=\frac{d_{\min}^2(\rho_s-\rho)g}{18\mu}=\frac{(2.2\times10^{-6})^2\times(3251-1.2)\times9.81}{18\times1.81\times10^{-5}}=4.74\times10^{-4}\,\text{m/s}$$

颗粒的最大沉降时间为

$$t_{\max}=\frac{H}{u_{t,\min}}=\frac{7.5}{4.74\times10^{-4}\times3600}=4.4\text{h}$$

所以颗粒尘埃全部落定时间为 4.4h。

总结

> 颗粒直径越小，沉降速度越小，沉降时间越长。
>
> 爆破拆除是经济快速的城市废弃建筑拆除方法，但在爆破和建筑物倒塌瞬间，空气中粉尘浓度高、突发性强，有可能成为城市主要的粉尘污染源之一，因此有必要实施综合性防尘降尘技术以控制空气污染。同学们可以通过本章的学习，结合工程实际，思考一下可以通过什么方法实现快速降尘。

3. **解**：本题为球形颗粒在流体中的自由沉降。假设沉降服从斯托克斯公式，即

$$u_t=\frac{d^2(\rho_s-\rho)g}{18\mu} \tag{①}$$

由题意可知

$$\frac{u_{t,w}}{u_{t,l}}=3 \tag{②}$$

式中，下标 w、l 分别代表水、某液体。

将式①代入式②

$$\frac{(\rho_s-\rho_w)/\mu_w}{(\rho_s-\rho_l)/\mu_l}=3 \tag{③}$$

又由题意可知

$$\frac{颗粒在水中的质量}{颗粒在液体中的质量}=1.22$$

即

$$\frac{颗粒的质量-颗粒在水中的浮力/g}{颗粒的质量-颗粒在液体中的浮力/g}=1.22$$

可得

$$\frac{(\rho_s-\rho_w)V_p}{(\rho_s-\rho_l)V_p}=\frac{\rho_s-\rho_w}{\rho_s-\rho_l}=1.22 \tag{④}$$

将式④代入式③得

$$\frac{\mu_l}{\mu_w}=\frac{3}{1.22}=2.46$$

故

$$\mu_l=2.46\mu_w=2.46\times1=2.46\text{cP}$$

分别检验水的 Re_t：将 $d=35\times10^{-6}\text{m}$，$\rho_s=3650\text{kg/m}^3$，$\rho_w=1000\text{kg/m}^3$，$\mu_w=1\times10^{-3}\text{Pa·s}$ 代入式①得

$$u_{t,w}=\frac{(35\times10^{-6})^2\times(3560-1000)\times9.81}{18\times1\times10^{-3}}=1.77\times10^{-3}\,\text{m/s}$$

$$Re_{t,w}=\frac{du_{t,w}\rho_w}{\mu_w}=\frac{1000\times1.77\times10^{-3}\times35\times10^{-6}}{1\times10^{-3}}=0.062<2$$

由式②得

$$u_{t,l}=\frac{u_{t,w}}{3}=\frac{1.77\times10^{-3}}{3}=0.59\times10^{-3}\,\text{m/s}$$

由式④得

$$\rho_l=\rho_s-\frac{\rho_s-\rho_w}{1.22}=3650-\frac{3650-1000}{1.22}=1477.9\text{kg/m}^3$$

于是　　　　　$Re_{t,1}=\dfrac{\rho_1 u_{t,1} d}{u_1}=\dfrac{1477.9\times0.59\times10^{-3}\times35\times10^{-6}}{2.46\times10^{-3}}=0.0124<2$

可见，关于沉降服从斯托克斯公式的假设是正确的，故以上计算有效。

> **总结** ---
>
> 因不同 Re_t 范围的沉降速度计算公式不同，故在沉降速度的计算中，通常需要先假设 Re_t 范围然后再校核，注意不可不经校核就使用斯托克斯公式。

4. **解：**（1）所需的降尘室面积为 $16.97\mathrm{m}^2$，需 3 层。

（2）直径 $20\mu\mathrm{m}$ 的尘粒能除去 19.8%。

（3）生产能力增加一倍，变化后的生产能力为 $20160\mathrm{m}^3/\mathrm{h}$。

计算题 4 讲解
重力沉降及降尘室
的应用

3.1.5　拓展提升题

1. （考点 加速沉降）直径 $d=50\mu\mathrm{m}$ 的石英颗粒在 20℃空气中做自由沉降。颗粒密度为 $2650\mathrm{kg/m}^3$，20℃时空气密度为 $1.205\mathrm{kg/m}^3$、黏度为 $1.81\times10^{-5}\mathrm{Pa\cdot s}$。试求颗粒由静止状态加速至沉降速度的 98% 所需的时间。

2. （考点 降尘室不同安装角度的沉降过程）拟采用一降尘室除去含尘气体中的尘粒，该降尘室长 10m、宽 3m、高 3m。含尘气体流速为 0.5m/s，黏度为 $3\times10^{-5}\mathrm{Pa\cdot s}$，密度为 $0.80\mathrm{kg/m}^3$，尘粒密度为 $3800\mathrm{kg/m}^3$。试求降尘室在以下几种安装情况下，能被 100% 除去的最小尘粒直径。（1）水平安装；（2）与水平方向呈 10°、23°、30°、60°角向上倾斜安装。

【参考答案与解析】

1. **解：**根据牛顿第二定律可知，颗粒所受的合外力 $\sum F$ 与速度变化率 $\dfrac{\mathrm{d}u}{\mathrm{d}t}$（即加速度 a）有如下关系

$$\sum F=ma=m\dfrac{\mathrm{d}u}{\mathrm{d}t} \qquad\qquad ①$$

其中，颗粒所受的合外力 $\sum F$ 等于颗粒的净重力（重力 $-$ 浮力 F_b）与曳力 F_D 之差，即
$$\sum F=(mg-F_b)-F_D$$

将 $mg=\dfrac{\pi}{6}d^3\rho_s g$，$F_b=\dfrac{\pi}{6}d^3\rho g$，$F_D=\zeta\dfrac{\pi}{4}d^2\dfrac{\rho}{2}u^2$ 代入上式得

$$\sum F=\dfrac{\pi}{6}d^3(\rho_s-\rho)g-\zeta\dfrac{\pi}{4}d^2\dfrac{\rho}{2}u^2 \qquad\qquad ②$$

假设沉降服从斯托克斯公式，则　　　　$\zeta=\dfrac{24}{Re}=\dfrac{24\mu}{\rho ud} \qquad\qquad ③$

将式③代入式②，得　　　　$\sum F=\dfrac{\pi}{6}d^3(\rho_s-\rho)g-3\pi\mu du \qquad\qquad ④$

将式④代入式①，得　　　　$\dfrac{\pi}{6}d^3(\rho_s-\rho)g-3\pi\mu du=\dfrac{\pi}{6}d^3\rho_s\dfrac{\mathrm{d}u}{\mathrm{d}t}$

化简得　　　　$(\rho_s-\rho)g-\dfrac{18\mu u}{d^2}=\rho_s\dfrac{\mathrm{d}u}{\mathrm{d}t}$

积分上式，得

$$t = \int_0^t \mathrm{d}t = \int_0^{0.98u_t} \frac{\rho_s}{(\rho_s - \rho)g - \frac{18\mu u}{d_p^2}} \mathrm{d}u \approx \int_0^{0.98u_t} \frac{\rho_s}{\rho_s g - \frac{18\mu u}{d^2}} \mathrm{d}u \quad (因为\ \rho_s \gg \rho) \qquad ⑤$$

因假设沉降服从斯托克斯公式，故式中

$$u_t = \frac{d^2(\rho_s - \rho)g}{18\mu} \approx \frac{d^2 \rho_s g}{18\mu} = \frac{(50 \times 10^{-6})^2 \times 2650 \times 9.81}{18 \times 1.81 \times 10^{-5}} = 0.20 \mathrm{m/s}$$

代入式⑤得

$$t = \int_0^{0.98 \times 0.20} \frac{\rho_s}{\rho_s g - \frac{18\mu u}{d^2}} \mathrm{d}u = \int_0^{0.196} \frac{2650}{2650 \times 9.81 - \frac{18 \times 1.81 \times 10^{-5} u}{(50 \times 10^{-6})^2}} \mathrm{d}u = 0.082 \mathrm{s}$$

检验 Re_t $$Re_t = \frac{\rho u_t d}{\mu} = \frac{1.205 \times 0.20 \times 50 \times 10^{-6}}{1.81 \times 10^{-5}} = 0.67 < 2$$

可见，关于沉降过程处在斯托克斯区的假设是正确的，故以上计算有效。

🎓 **总结** -

　　由本题计算结果可见，微小颗粒自由沉降时，在极短时间内，其速度便可接近沉降速度，故微小颗粒沉降过程中的加速段通常可以忽略。

　　2. **解**：(1) 降尘室水平安装时，由 $\frac{L}{u} = \frac{H}{u_t}$ 得

$$u_t = \frac{Hu}{L} \qquad ①$$

将 $H = 3\mathrm{m}$，$u = 0.5\mathrm{m/s}$，$L = 10\mathrm{m}$，代入上式得 $u_t = \frac{3 \times 0.5}{10} = 0.15\mathrm{m/s}$。

　　假设沉降处于斯托克斯区，则能被100%除去的最小尘粒直径

$$d_{min} = \sqrt{\frac{18\mu u_t}{(\rho_s - \rho)g}} = \sqrt{\frac{18 \times 3 \times 10^{-5} \times 0.15}{(3800 - 0.80) \times 9.81}} = 4.66 \times 10^{-5} \mathrm{m} = 46.6\mu\mathrm{m}$$

检验 Re_t $$Re_t = \frac{\rho u_t d_{min}}{\mu} = \frac{0.80 \times 0.15 \times 46.6 \times 10^{-6}}{3 \times 10^{-5}} = 0.19 < 1$$

可见，关于沉降处于斯托克斯区的假设是正确的，故以上计算有效。

　　(2) 如右附图所示，降尘室与水平方向呈10°、23°、30°、60°角向上倾斜安装时，尘粒的停留时间 $= \frac{L}{u - u_t' \sin\alpha}$，尘粒的沉降时间 $= \frac{H}{u_t' \cos\alpha}$。

　　而能被100%除去的最小尘粒直径满足停留时间等于沉降时间，故

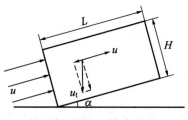

拓展提升题 2 答案附图

$$\frac{L}{u - u_t' \sin\alpha} = \frac{H}{u_t' \cos\alpha}$$

由此得

$$u_t' = \frac{Hu}{L\cos\alpha + H\sin\alpha} \qquad ②$$

对比式①、式②得　　　　　　$\dfrac{u_t'}{u_t}=\dfrac{L}{L\cos\alpha+H\sin\alpha}$　　　　　　　　　③

假设沉降过程处于斯托克斯区，则由式③可得

$$\frac{d_{min}'}{d_{min}}=\sqrt{\frac{u_t'}{u_t}}=\sqrt{\frac{L}{L\cos\alpha+H\sin\alpha}}$$

$L=10\text{m}$，$H=3\text{m}$，代入得　　　　$\dfrac{d_{min}'}{d_{min}}=\sqrt{\dfrac{10}{10\cos\alpha+3\sin\alpha}}$

$\alpha=10°$时　　　$d_{min}'=\sqrt{\dfrac{10}{10\cos\alpha+3\sin\alpha}}d_{min}=\sqrt{\dfrac{10}{10\cos\alpha+3\sin\alpha}}\times46.6=45.8\mu m$

同理，$\alpha=23°$时，$d_{min}'=45.7\mu m$；$\alpha=30°$时，$d_{min}'=46.2\mu m$；$\alpha=60°$时，$d_{min}'=53.5\mu m$。

检验 Re_t'　　　　　　$Re_t'=\dfrac{u_t'd_{min}'}{u_t d_{min}}Re_t=\left(\dfrac{d_{min}'}{d_{min}}\right)^3 Re_t$

$\alpha=10°$时，将有关数据代入得　　　　$Re_t'=\left(\dfrac{45.8}{46.6}\right)^3\times0.19=0.180<2$

同理，$\alpha=23°$时，$Re_t'=0.179<1$；$\alpha=30°$时，$Re_t'=0.185<1$；$\alpha=60°$时，$Re_t'=0.288<1$。可见，以上计算有效。

📄 总结

  由本题计算结果可见，当降尘室向上倾斜安装：①倾斜角 $\alpha<23°$ 时，能被 100% 除去的最小尘粒粒径略微变小；②倾斜角 $\alpha>23°$ 时，能被 100% 除去的最小尘粒粒径逐渐变大。

  这表明，在本题条件下降尘室安装时不必过分要求水平，但当倾斜角 $\alpha>23°$ 时倾斜角越大，对除尘越不利。

3.2　离心沉降

3.2.1　概念梳理

【主要知识点】

当非均相物系的分散相和连续相密度差较小，或颗粒比较细小，宜采用离心沉降分离。

1. 惯性离心力作用下的离心沉降速度公式　　$u_r=\sqrt{\dfrac{4d(\rho_s-\rho)u_T^2}{3\rho\zeta R}}$

层流区（$10^{-4}<Re_t<1$）　　　$\zeta=\dfrac{24}{Re_t}$，$u_r=\dfrac{d^2(\rho_s-\rho)}{18\mu}\times\dfrac{u_T^2}{R}$

颗粒的离心沉降速度和重力沉降速度的区别有：①离心沉降速度不是颗粒运动的绝对速度，而是绝对速度在径向上的分量，且方向沿半径向外；②离心沉降速度不是恒定值，随颗粒在离心力场中的位置（R）的变化而变化，而重力沉降速度则是恒定的。

2. 离心分离因素是离心分离设备的重要指标。同种颗粒在同种介质中沉降，离心沉降速度与重力沉降速度的比值即离心分离因数，$K_c=\dfrac{u_r}{u_t}=\dfrac{u_T^2}{gR}$

3. 离心沉降设备

（1）旋风分离器

结构简单，造价低廉，操作条件范围宽广，一般用来除去气流中直径在 5～75μm 的尘粒。一般旋风分离器是以圆筒直径 D 为参数，其他尺寸都与 D 成一定比例。

在相同生产能力下，旋风分离器的分离效果比重力降尘室好得多，分离效率较高。一般，重力沉降设备（能除去流体中较大的颗粒，如 $d \geqslant 75\mu$m 的颗粒）通常用作预分离设备，置于旋风分离器之前使用。

① 分离性能

Ⅰ. 临界颗粒直径　理论上能够完全被旋风分离器分离下来的最小颗粒直径 d_c，单位为 m。

$$d_c = \sqrt{\frac{9\mu B}{\pi N_e \rho_s u_i}}$$

Ⅱ. 分离效率

$$总效率\ \eta_0 = \frac{C_{进} - C_{出}}{C_{进}}, \quad 粒级效率\ \eta_i = \frac{C_{进i} - C_{出i}}{C_{进i}}$$

粒级效率为 50% 的颗粒直径称为分割直径。

Ⅲ. 压力降　$\Delta p = \zeta \dfrac{\rho u^2}{2}$ 操作速度 u 较大对离心沉降有利，但压降损失将大大增加。

② 旋风分离器的结构形式与选用

Ⅰ. 在结构设计中主要通过采用细而长的器身和减小涡流的影响，来提高分离效率或降低气流阻力；

Ⅱ. 选择旋风分离器计算的主要依据有含尘气体的体积流量，要求达到的分离效率，允许的压降。

（2）旋液分离器

结构与操作原理和旋风分离器类似，其结构特点是直径小而圆锥部分长，可用于悬浮液的增浓，不互溶液体的分离，气液分离以及传热、传质和雾化等操作中。

（3）离心机

表 3-1 中列出了一些常用离心机及其性能。

◻ **表 3-1　常用离心机性能一览表**

项目	三足式离心机	卧式刮刀卸料离心机	活塞推料离心机	管式高速离心机
优点	结构简单,制造方便,运转平稳,适应性强,所得滤饼中固体含量少,滤饼中固体颗粒不易受损伤	可连续运转,自动操作,生产能力大,劳动条件好	颗粒破碎程度小,控制系统较简单,功率消耗较均匀	转鼓直径小,转速高,分离因数大,分离强度高
缺点	卸料时劳动强度大,操作周期长,生产能力低	用刮刀卸料,使颗粒破碎严重	对悬浮液的浓度较敏感	生产能力小
适用介质	适用于间歇生产中小批量物料,盐类晶体的过滤和脱水	适用于硫铵、尿素、碳酸氢铵、聚氯乙烯、食盐、糖等物料的脱水	用于含固量<10%、$d>$0.15mm 并能很快脱水和失去流动性的悬浮液	适用于液-液分离和微粒较小的悬浮液的澄清

【离心沉降思维导图】

> 1. 离心沉降速度不是颗粒运动的绝对速度，而是绝对速度在径向上的分量，且方向不是向下而是沿半径向外
> 2. 离心沉降速度不是恒定值，随颗粒在离心力场中的位置 (R)的改变而变，而重力沉降速度则是恒定的
> 3. 离心沉降时，层流区 $u_r = \dfrac{d^2(\rho_s - \rho)u_T^2}{18\mu R}$，$\zeta = \dfrac{24}{Re_t}$
> 4. 粒子所在位置上的惯性力场强度与重力场强度之比，称为离心分离因数 $K_c = \dfrac{u_r}{u_t} = \dfrac{u_T^2}{gR}$

$$u_r = \sqrt{\frac{4d(\rho_s - \rho)u_T^2}{3\zeta\rho R}}$$

> 离心沉降设备有旋风分离器、旋液分离器和离心机等。
> 1. 旋风分离器是利用惯性离心力的设备，一般用来除去气流中直径在 5μm 以上的尘粒
> 2. 评价旋风分离器性能的主要指标：(1) 总效率 $\eta_0 = \dfrac{C_{进} - C_{出}}{C_{进}}$；粒级效率 $\eta_i = \dfrac{C_{进i} - C_{出i}}{C_{进i}}$
>   (2) 压力降 $\Delta p = \zeta\dfrac{\rho u^2}{2}$
> 3. 临界粒径随旋风分离器尺寸增大而加大，分离效率随分离器尺寸增大而降低。当气体处理量很大时，常将若干个小尺寸的旋风分离器并联使用，以维持较高的除尘效率
> 4. 提高旋风分离器分离效率的方法有：(1) 采用细而长的器身；(2) 减小涡流的影响

3.2.2　夯实基础题

一、填空题

1. 在讨论旋风分离器分离性能时，临界直径是指＿＿＿＿＿＿＿＿＿＿＿＿＿＿＿＿＿，其大小是判断旋风分离器＿＿＿＿＿＿＿＿＿＿的重要依据。临界直径随分离器尺寸增大而＿＿＿＿＿＿＿＿，分离效率随之＿＿＿＿＿＿。当处理的含尘气体量大时，为保持工业要求的分离效果，应采取＿＿＿＿＿＿＿＿＿＿＿＿＿＿的措施。

2. 化工设备中用到离心沉降原理的设备有＿＿＿＿＿、＿＿＿＿＿和＿＿＿＿＿等。

3. 离心分离因数是指＿＿＿＿＿＿＿＿。离心机的分离因数越大，表明它的分离能力＿＿＿＿＿＿＿。

4. 通常，＿＿＿＿＿非均相物系的离心沉降是在旋风分离器中进行，＿＿＿＿＿悬浮物系一般可在旋液分离器或沉降离心机中进行。

5. 选择或设计旋风分离器时要依据＿＿＿＿＿、＿＿＿＿＿和＿＿＿＿＿。

二、选择题

1. 旋风分离器的总的分离效率是指（　　　）。

A. 颗粒群中具有平均直径的粒子的分离效率

B. 颗粒群中最小粒子的分离效率

C. 不同粒级（直径范围）粒子分离效率之和

D. 全部颗粒中被分离下来的部分所占的质量数

2. 对于同一个非均相物系，下述说法中正确的是（　　）。

A. 离心沉降速度 u_r 和重力沉降速度 u_t 是恒定的

B. 离心沉降速度 u_r 和重力沉降速度 u_t 不是恒定的

C. 离心沉降速度 u_r 不是恒定值，而重力沉降速度 u_t 是恒定值

D. 离心沉降速度 u_r 是恒定值，而重力沉降速度 u_t 不是恒定值

3. 对标准旋风分离器系列，下述说法哪一个是正确的？（　　）

A. 尺寸大，则处理量大，但压降也大　　B. 尺寸大，则分离效率高，且压降小

C. 尺寸小，则处理量小，分离效率高　　D. 尺寸小，则分离效率差，且压降大

4. 下述说法中哪一个是错的？（　　）

A. 离心机可分离液液混合物

B. 离心机可分离液固混合物

C. 离心机可分离气固混合物

D. 离心机所分离的不均匀混合物中至少有一相是液相

5. 下述各项不属于气体净制设备的是（　　）。

A. 惯性分离器　　　　B. 袋滤器　　　　C. 静电除尘器　　　　D. 管式高速离心机

三、简答题

1. 评价旋风分离器性能的主要指标有哪两个？

2. 为什么旋风分离器的直径 D 不宜太大？当处理的含尘气体量大时，采用旋风分离器除尘，要达到工业要求的分离效果，应采取什么措施？

3. 气体中含有 $1\sim2\mu m$ 直径的固体颗粒，应选用哪一种气固分离方法？

4. 某含尘气体依次经过一个降尘室和一个旋风分离器进行除尘。试分析下述新工况下降尘室除尘效率和总除尘效率将如何变化？ （1）气体流量适当增加（其余不变）；（2）气体进口温度升高（其余不变）。

5. 为什么旋风分离器处于低气体负荷下操作是不适宜的？锥底为何须有良好的密封？

6. 为什么一般旋液分离器的直径比较小，圆锥部分比较长？

【参考答案与解析】

一、填空题

1. 理论上在旋风分离器中能被完全分离下来的最小颗粒直径；分离性能好坏；增大；降低；多台同直径的旋风分离器并联操作。

2. 旋风分离器；旋液分离器；各种离心机。

3. 物料在离心力场中所受的离心力与重力之比；越强。

4. 气固；液固。　 5. 气体处理量；容许的压力降；所要求的分离效果。

二、选择题

1. D。

2. C。**解析：**离心沉降速度 u_r 随颗粒在离心力场中的位置 R 的变化而变化，而重力沉降速度 u_t 与位置无关。因为决定 u_r 的是离心加速度 u_T^2/R，它是一个变量，与位置有关。而决定 u_t 的是加速度 g，它是一常量，故正确答案为 C。

3. C。　 4. C。　 5. D。

三、简答题

1. 分离效率，气体经过旋风分离器的压力降。

2. 旋风分离器的临界直径 $d_c = \sqrt{\dfrac{9\mu B}{\pi N_e u_i \rho_s}}$，可见 D 增加时，B 也增加（$B = D/4$），此时 d_c 增加，则分离效率 η_0 下降，为提高分离效率，不宜采用 D 太大的分离器。若气体处理量大时，可采用几台小直径的旋风分离器并联操作，这样则可达到要求的分离效果。

3. 对于此颗粒较小的情况，应选择袋滤器。**解析：** 降尘室一般分离大于 $50\mu m$ 的直径颗粒；旋风分离器一般分离 $5 \sim 75\mu m$ 的直径颗粒；袋滤器除尘效率高，能除去 $1\mu m$ 以下的微尘，常在旋风分离器后作为末级除尘设备；碟式分离机一般可进行液-液和液-固分离。

4. （1）对降尘室　$V_s = A u_t$，$u = \dfrac{V_s}{Hb}$，为满足除尘要求，则 $t_{停留} = \dfrac{l}{u} \geqslant t_{沉降} = \dfrac{H}{u_t}$。

层流时　　　　　　　$u_t = \dfrac{d_{min}^2(\rho_s - \rho)g}{18\mu}$，　$d_{min} = \sqrt{\dfrac{V_s}{A} \times \dfrac{18\mu}{(\rho_s - \rho)g}}$

气体流量增加（其余不变），气体通过降尘室的速度加快，允许用来停留的时间变短，沉降速度加快，最小颗粒直径增大，降尘室除尘效率下降。

对旋风分离器，由临界直径的公式可知，气体流量增加，u_i 增加，d_c 减少，总除尘效率增加。

（2）气体进口温度升高（其余不变），气体黏度增加。对降尘室而言，沉降速度不变，故可除去的颗粒最小直径变大；对旋风分离器而言，临界直径变大，故可除去的颗粒最小直径变大，因此降尘室和旋风分离器的除尘效率均下降。

5. 低负荷时，没有足够的离心力，u_i 太小，d_c 增大，分离效果差。锥底往往负压，若不密封会漏入气体且将颗粒带起，降低分离效果。

6. 固、液间的密度差比固、气间的密度差小，相对而言更难分离。在一定的切线进口速度下，小直径的圆筒有利于增大惯性离心力，下行至圆锥部分更加剧烈，因此圆锥部分比较长有利于提高分离效率。

3.2.3　灵活应用题

一、填空与选择题

1. 在旋风分离器中，某球形颗粒的旋转半径为 $0.5m$，切向速度为 $14m/s$。当颗粒与流体的相对运动属层流时，其分离因数为_____。某悬浮液在离心机内进行离心分离时，若微粒的离心加速度达到 $9807m/s^2$，则离心机的分离因数等于_____。

2. 拟采用旋风分离器除去黄铁矿燃烧炉出口炉气中的尘粒，炉气流量为 $20000m^3/h$，除尘效率为 95%，压力降为 $1200Pa$，因生产减产，炉气减为 $16000m^3/h$，但炉气含尘情况不变，此时由于_____，旋风分离器的分离效率_____（升高，降低），压力降为_____ Pa。

3. 为使离心机有较大的分离因数并保证转鼓有足够的机械强度，应采用（　　）的转鼓。

A. 高转速、大直径　　B. 高转速、小直径　　C. 低转速、大直径　　D. 低转速、小直径

二、计算题

用某标准旋风分离器除去气流中所含固体颗粒，已知固体密度为 $1450kg/m^3$，$d_c = 28.79\mu m$；气体的密度为 $3.2kg/m^3$，黏度为 $4.8 \times 10^{-5}Pa \cdot s$；允许压力降为 $1884Pa$。求旋风分离器的直径 D 为多少？

三、案例实训

参照工程实际生产，自拟一个项目背景，为满足生产中气固分离的需求而选用标准旋风分离器，并核算这个气固分离环节所消耗的机械能。

【参考答案与解析】

一、填空与选择题

1. 40；1000。**解析**：旋风分离器 $K_c = \dfrac{u_T^2}{gR} = \dfrac{14^2}{9.81 \times 0.5} = 40$；离心机 $a = \omega^2 R$，$K_c = \dfrac{\omega^2 R}{g} = \dfrac{9807}{9.81} = 1000$。

2. 进口速度减小，降低，768。**解析**：炉气含尘情况不变，流量减小，进口速度减小，临界粒径增大，所以旋风分离器的分离效率下降。压力降 $\Delta p = \zeta \dfrac{\rho u_i^2}{2}$ 与 u_i^2 成正比，u_i 与体积流量成正比，所以压力降与 V_s^2 成正比。$\dfrac{\Delta p'}{1200} = \left(\dfrac{16000}{20000}\right)^2$，因此 $\Delta p' = 768Pa$。

3. B。

二、计算题

解：已知标准旋风分离器的阻力系数 $\zeta = 8.0$，依式 $\Delta p = \zeta \dfrac{\rho u_i^2}{2}$ 可以得出

$$1884 = 8.0 \times 3.2 \times \left(\dfrac{u_i^2}{2}\right), \quad \text{因此 } u_i = 12.13m/s$$

对于标准旋风分离器 $A = D/2$，$B = D/4$，气体在器内旋转圈数 N 为 5，将题中已知数据代入 $d_c = \sqrt{\dfrac{9\mu B}{\pi N_e \rho_s u_i}}$ 中，得

$$d_c = \sqrt{\dfrac{9\mu B}{\pi N_e \rho_s u_i}} = \sqrt{\dfrac{9 \times 4.8 \times 10^{-5} \times \dfrac{D}{4}}{\pi \times 5 \times 1450 \times 12.13}} = 28.79 \times 10^{-6}m$$

解得 $D = 2.12m$。

总结
本题主要考查临界直径和压力降的计算关系。

三、案例实训（略）

3.2.4 拓展提升题

拓展提升题讲解
旋风分离器
串并联操作

（考点 旋风分离器串并联操作）拟采用旋风分离器除去气流中的固体颗粒。原来采用的是一个直径为 1.0m 的标准型旋风分离器，但除尘效果不佳。现欲在生产能力不变的情况下，将临界粒径减小一半以上，有人建议如下三个方案。

方案一：将两个直径 $D=0.8$m 的标准型旋风分离器串联使用。

方案二：将两个直径 $D=0.7$m 的标准型旋风分离器并联使用。

方案三：将两个直径 $D=0.4$m 的标准型旋风分离器并联使用。

试问，哪一个方案可行且合理？为什么？假设含尘气体的物性为常数，沉降过程属斯托克斯区。

【参考答案与解析】

解：方案一可将临界粒径减小为原来的 71.6%，方案二可将临界粒径减小为原来的 82.8%，方案三可将临界粒径减小为原来的 35.8%。为使临界粒径减小一半以上，可见方案三可行。方案一和方案二没有将临界粒径减小到一半以下，且方案一中第二个串联的旋风分离器不起除尘作用，故不合理。

3.3 恒压和恒速过滤

3.3.1 概念梳理

【主要知识点】

过滤是用来分离悬浮液的单元操作。工业上的过滤操作分为两大类，即饼层过滤和深床过滤。

饼层过滤时，固体物沉积于介质表面形成滤饼层。颗粒会在孔道中迅速发生"架桥"现象，使小于孔道直径的细小颗粒也能被拦截。起主要过滤作用的是滤饼层。饼层过滤适用于处理固体含量较高（固相体积分数约在 1% 以上）的悬浮液。

在深床过滤中，固体颗粒不形成滤饼，而是沉积于较厚的粒状过滤介质床层内部。悬浮液中的颗粒尺寸小于床层孔道直径，当颗粒在孔道中流过时，便附在过滤介质上。深床过滤适用于生产能力大而悬浮液中颗粒小、含量甚微（固相体积分数在 0.1% 以下）的场合。

1. 颗粒床层的特性 $\varepsilon = \dfrac{床层体积-颗粒体积}{床层体积}$, $a_b = (1-\varepsilon)a$

式中，a_b 为床层比表面积；a 为颗粒比表面积；ε 为床层空隙率。

2. 过滤基本方程

（1）滤液通过滤饼层的流动特点：①滤液通道细小曲折，形成不规则的网状结构；②过滤为非稳态操作；③滤液的流动大都在层流区。

（2）过滤速率 $u = \dfrac{dV}{dt}$, 过滤速度 $u = \dfrac{dV}{A\,dt}$

加快过滤速率的途径：①改变滤饼结构；②改变悬浮液中颗粒聚集状态；③动态过滤。

（3）滤饼的阻力

$$\frac{dV}{A dt}=\frac{\Delta p_c}{\mu r L}=\frac{\Delta p_c}{\mu R}, \quad r=\frac{5a^2(1-\varepsilon)^2}{\varepsilon^3}, \quad R=rL$$

上式中具有"速度＝推动力/阻力"的形式，式中，$\mu r L$ 及 μR 均为过滤阻力；r 为滤饼的比阻；R 为滤饼阻力。

比阻 r 是单位厚度滤饼的阻力，它在数值上等于黏度为 1Pa·s 的滤液以 1m/s 的平均流速通过厚度为 1m 的滤饼层时所产生的压力降。比阻反映了颗粒形状、尺寸及床层空隙率对滤液流动的影响。床层空隙率 ε 越小、颗粒比表面积 a 越大，则床层越致密，对流体流动的阻滞作用也越大。

$$r=r'\Delta p^s$$

压缩性指数 s 在 0～1 之间，对于不可压缩滤饼，$s=0$。

（4）过滤介质阻力　饼层过滤中，过滤介质的阻力一般都比较小，但有时却不能忽略，尤其在过滤初始滤饼尚薄的期间。过滤介质的阻力与其厚度及本身的致密程度有关。

$$\frac{dV}{A dt}=\frac{\Delta p_m}{\mu R_m}$$

式中，Δp_m 为过滤介质上、下游两侧的压差，Pa；R_m 为过滤介质阻力，1/m。

通常，滤饼与滤布的面积相同，所以两层中的过滤速度相等，则

$$\frac{dV}{A dt}=\frac{\Delta p_c+\Delta p_m}{\mu(R+R_m)}=\frac{\Delta p}{\mu(R+R_m)}$$

$$rL_e=R_m, \quad 所以\frac{dV}{A dt}=\frac{\Delta p}{\mu r(L+L_e)}$$

（5）过滤基本方程式　　$$\frac{dV}{dt}=\frac{A^2\Delta p^{1-s}}{\mu r'\nu(V+V_e)}$$

该式适用于任何一种过滤方式的任一瞬间。

3. 恒压过滤　由 $\dfrac{dV}{dt}=\dfrac{KA^2}{2(V+V_e)}$ 积分可得恒压过滤方程式

$$V^2+2VV_e=KA^2t$$

其中 $K=2k(\Delta p)^{1-s}$，而 $k=\dfrac{1}{\mu r'\nu}$。令 $q=\dfrac{V}{A}$，$q_e=\dfrac{V_e}{A}$，则

$$q^2+2qq_e=Kt \quad 或 \quad (q+q_e)^2=K(t+t_e)$$

其中 $V_e^2=KA^2t_e$，$q_e^2=Kt_e$。

当过滤介质阻力忽略时，$V^2=KA^2t$ 或 $q^2=Kt$。

恒压过滤方程式中的 K 是由物料特性及过滤压差所决定的常数，称为滤饼常数，其单位为 m^2/s；V_e 与 q_e 是反映过滤介质阻力大小的常数，均称为介质常数，单位分别为 m^3 及 m^3/m^2，三者总称为过滤常数。

4. 恒速过滤　因 $\dfrac{dV}{A dt}=\dfrac{V}{At}=u_R=$ 常数，则

（1）滤液量与时间的关系：由上式可得 $q=u_R t$ 或 $V=Au_R t$；

（2）压差与过滤时间的关系：$\dfrac{dq}{dt}=\dfrac{\Delta p}{\mu r\nu(q+q_e)}=u_R=$ 常数；

对于不可压缩滤饼，式中的 μ、r、ν、u_R 及 q_e 均视为常数，仅 Δp 及 q 随 t 而变化，于是得到 $\Delta p = at + b$。

（3）滤液量与过滤常数 K 的关系：$V^2 + VV_e = \dfrac{KA^2t}{2}$；当过滤介质阻力可忽略时，

$V^2 = \dfrac{KA^2t}{2}$ 或 $q^2 = \dfrac{Kt}{2}$。

5. 先恒速后恒压 恒压阶段的过滤方程

$$(V^2 - V_R^2) + 2V_e(V - V_R) = KA^2(t - t_R)$$

式中，$(V - V_R)$、$(t - t_R)$ 分别为转入恒压操作后所获得的滤液体积及所经历的过滤时间。

【过滤知识点思维导图】

> 1. 对于不可压缩滤饼 $\dfrac{K_1}{K_2} = \dfrac{\Delta p_1}{\Delta p_2}$，$\dfrac{dV}{dt} = \dfrac{A^2 \Delta p^{1-s}}{\mu r' \nu (V + V_e)}$
>
> 2. 过滤的阻力包括 (1) 滤饼的阻力；(2) 过滤介质的阻力
>
> 3. 恒压过滤方程式 $V^2 + 2VV_e = KA^2t$ 或 $q^2 + 2qq_e = Kt$
>   当过滤介质阻力可忽略时 $V^2 = KA^2t$ 或 $q^2 = Kt$
>
> 4. 恒压过滤时滤饼不断变厚，致使阻力逐渐增大，但推动力恒定，因而过滤速率逐渐变小
>
> 5. 过滤常数的测定 (1) 恒压下 K、V_e 的测定；(2) 压缩性指数 s 的测定

↑ 恒压过滤

$$\frac{dV}{dt} = \frac{A^2 \Delta p^{1-s}}{\mu r' \nu (V + V_e)}$$

⇓ 恒速过滤

> 1. 对于不可压缩滤饼 $\dfrac{dq}{dt} = \dfrac{\Delta p}{\mu r \nu (q + q_e)} = u_R = $ 常数
>
> 2. $\Delta p = \mu r \nu u_R^2 t + \mu r \nu u_R q_e$ 或 $\Delta p = at + b$
>
> 3. 恒速过滤方程式 $V^2 + VV_e = \dfrac{KA^2t}{2}$ 或 $q^2 + qq_e = \dfrac{Kt}{2}$
>
>   当过滤介质阻力可忽略时 $V^2 = \dfrac{KA^2t}{2}$ 或 $q^2 = \dfrac{Kt}{2}$
>
> 4. 恒压阶段的过滤方程(先恒速后恒压)$(V^2 - V_R^2) + 2V_e(V - V_R) = KA^2(t - t_R)$
>   或 $(q^2 - q_R^2) + 2q_e(q - q_R) = K(t - t_R)$
>
> 5. 对不可压缩滤饼进行恒速过滤时，其 Δp 随 t 呈直线上升，所以很少采用把恒速过滤进行到底的操作方法

3.3.2 典型例题

【例 1】 用一叶滤机恒压过滤某悬浮液，已知过滤时间 $t_1 = 7\text{min}$，单位过滤面积通过滤液量 $q_1 = 0.132\text{m}^3/\text{m}^2$，滤饼厚度 $L_1 = 2.0\text{mm}$，再过滤 7min，又得到了 $0.081\text{m}^3/\text{m}^2$ 滤液，试求过滤 30min 时的滤饼厚度 L_3。

解： 恒压过滤，通式为 $q^2 + 2qq_e = Kt$，代入 t_1、t_2 两时刻的值。在此过程中要注意

代入 V、t 的单位，它们的单位会影响到 K 的单位；V、t 是累计量，需要叠加计入。

$$(0.132)^2 + 2 \times 0.132 q_e = K \times 7, \quad (0.132 + 0.081)^2 + 2 \times 0.213 q_e = K \times 14$$

两式联立，解得 $K = 6.37 \times 10^{-3} \, \text{m}^2/\text{min}$，$q_e = 0.103 \, \text{m}^3/\text{m}^2$。

对于 t_3，$q_3^2 + 2 \times 0.103 q_3 = 6.37 \times 10^{-3} \times 30$，解得 $q_3 = 0.346 \, \text{m}^3/\text{m}^2$。

因为 $L = \dfrac{\nu V}{A} = \nu q$，即 $L \propto q$，所以 $L_3 = L_1 q_3 / q_1 = 2.0 \times 0.346 / 0.132 = 5.24 \, \text{mm}$。

【例 2】 若滤饼不可压缩，试绘图定性表示恒压、恒速过滤操作时的 $\Delta p\text{-}t$、$K\text{-}t$、$q\text{-}t$ 关系。

解： （1）恒压过滤时

Δp 为常数，故 $\Delta p\text{-}t$ 关系为一水平线，见图 3-2。根据 $K = \dfrac{2\Delta p^{1-s}}{\mu r' \nu}$ 可知，当滤饼不可压缩（$s=0$）、恒压过滤时，K 为常数，故 $K\text{-}t$ 关系为一水平线，见图 3-3。

由 K、q_e 为常数及恒压过滤方程 $q^2 + 2qq_e = Kt$ 可知，q 与 t 的关系为抛物线，见图 3-4。

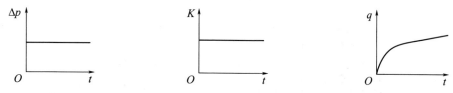

图 3-2 恒压时 $\Delta p\text{-}t$ 关系附图　图 3-3 恒压时 $K\text{-}t$ 关系附图　图 3-4 恒压时 $q\text{-}t$ 关系附图

（2）恒速过滤时

过滤速度 $u = \dfrac{\mathrm{d}q}{\mathrm{d}t} = \dfrac{K}{2(q+q_e)}$ 为常数，故

$$u = \frac{q}{t} = \frac{K}{2(q+q_e)} = 常数 \qquad ①$$

由式①可得，$q = ut$，q 与 t 关系为过原点的直线，见图 3-5。由式①又可得

$$K = 2(q+q_e)u \qquad ②$$

将 $q = ut$ 代入式②得 $\qquad K = 2(ut+q_e)u = 2u^2 t + 2q_e u \qquad ③$

由式③可见，$K\text{-}t$ 关系为一斜率 $2u^2$、截距 $2q_e u$ 的直线，见图 3-6。

将 $s=0$ 代入 K 的计算式中得 $\qquad K = \dfrac{2\Delta p}{\mu r' \nu}$

将式③代入得 $\qquad \Delta p = \dfrac{r'\mu\nu}{2}(2u^2 t + 2q_e u) = r'\mu\nu u^2 t + r'\mu\nu q_e u \qquad ④$

由式④可知，$\Delta p\text{-}t$ 关系为一直线，见图 3-7。

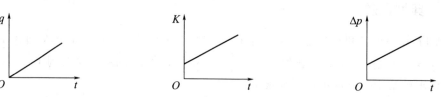

图 3-5 恒速时 $q\text{-}t$ 关系附图　图 3-6 恒速时 $K\text{-}t$ 关系附图　图 3-7 恒速时 $\Delta p\text{-}t$ 关系附图

总结

①在滤饼不可压缩时，恒压过滤的特点是 Δp、K 均为常数，随着滤饼越来越厚，过滤速度越来越小。所以，恒压过滤过程时应选择合适的过滤时间。②恒速过滤的特点是过滤速度为常数，在滤饼不可压缩时，Δp、K 和 q 均随 t 的增大而线性增加。③在相同条件下（相同过滤介质、初始压差、滤浆），由图 3-8 可见，除开始时刻以外，其他时刻均有恒速过滤时的 q 大于恒压过滤时的 q。

鉴于恒压过滤与恒速过滤的各自优缺点，工业上一般将二者结合起来操作，即先进行短时间的恒速过滤，逐渐增大操作压力直至达到额定操作压力，然后再进行恒压过滤。

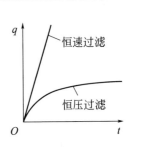

图 3-8　恒速、恒压过滤下滤液量与过滤时间的关系对比图

3.3.3　夯实基础题

一、填空题

1. 工业上常用的过滤介质类型主要有：① _____ ；② _____ ；③ _____ 。

2. 在一般饼层过滤操作中，由于 _____ 现象，实际上起到主要过滤作用的是 _____ ，而不是 _____ 。

3. 滤饼过滤属于 _____ 操作（稳态/非稳态），其原因是 _____ 。

二、选择题

1. 过滤操作中，滤液流动遇到的阻力是（　　　）。

A. 介质阻力 B. 空气阻力

C. 滤渣阻力 D. 介质和滤渣阻力之和

2. 助滤剂应具有以下性质。（　　　）

A. 颗粒均匀，柔软，可压缩 B. 颗粒均匀，坚硬，不可压缩

C. 粒度分布广，坚硬，不可压缩 D. 粒度均匀，可压缩，易变形

3. 助滤剂的作用是（　　　）。

A. 降低滤液黏度，减小流动阻力 B. 形成疏松饼层，使滤液得以畅流

C. 帮助介质拦截固体颗粒 D. 使得滤饼密实并有一定的刚性

4. 过滤常数 K 与（　　　）无关。

A. 滤液的黏度 B. 过滤面积 C. 滤浆的浓度 D. 滤饼的压缩性

5. 推导过滤基本方程式时一个最基本依据是（　　　）。

A. 固体颗粒的沉降速度 B. 滤饼的可压缩性

C. 流体的层流流动 D. 过滤介质的比阻

三、简答题

1. 过滤速度与哪些因素有关？

2. 过滤常数有哪三个？各与哪些因素有关？什么条件下才为常数？

四、计算题

拟在 $9.21 \times 10^3 Pa$ 的恒定压差下过滤某悬浮液，过滤介质阻力可忽略不计，若将物料加热，使其黏度降低 25%，则在同一时刻滤液增加的百分率为多少？

【参考答案与解析】

一、填空题

1. 织物介质；堆积介质；多孔固体介质。   2. 架桥；滤饼层；过滤介质。

3. 非稳态；随着过滤进行，滤饼厚度不断增加，流动阻力逐渐加大，过滤速率逐渐减小。

二、选择题

1. D。**解析**：由过滤基本方程的推导可知，过滤推动力是指滤饼两侧压差加上介质两侧压差，过滤阻力为滤饼阻力加上介质阻力，故正确答案为 D。

2. B。   3. B。   4. B。   5. C。

三、简答题

1. 过滤速度 u 与 Δp，r，ν，μ，q，q_e 均有关。

2. K、V_e、q_e；K 与压差，悬浮液浓度，滤饼比阻，滤液黏度有关；V_e 和 q_e 与过滤介质阻力有关；恒压下才为常数。

四、计算题

解：$V_e = 0$，则 $V^2 = KA^2 t$，其中 $K = \dfrac{2\Delta p^{1-s}}{r'\nu\mu} \propto 1/\mu$。$V'/V = \sqrt{K'/K} = \sqrt{1/0.75} = 1.155$，所以在同一时刻滤液增加的百分率为 15.5%。

3.3.4 灵活应用题

一、填空题

1. 对恒压过滤，如滤饼不可压缩，介质阻力可以忽略时：

(1) 过滤量增大一倍，则过滤速率为原来的_____倍；

(2) 当过滤面积增大一倍时，则过滤速率增大为原来的_____倍。

2. 某板框过滤机恒压操作过滤某悬浮液，滤布阻力不计，滤框充满滤饼所需过滤时间为 T，试推算下列情况下的过滤时间 t 为原来过滤时间 T 的倍数：

(1) $s = 0$，压差提高一倍，其他条件不变，$t =$ _____ T；

(2) $s = 0.5$，压差提高一倍，其他条件不变，$t =$ _____ T；

(3) $s = 1$，压差提高一倍，其他条件不变，$t =$ _____ T。

3. 用某板框过滤机对一悬浮液进行恒速过滤，过滤 10min 得到滤液 $0.02m^3$，继续过滤 20min，可再得滤液_____m^3。

二、选择题

1. 恒压过滤时，当过滤时间增加 1 倍，则过滤速率为原来的 （   ） 倍（设介质阻力可忽略，滤饼不可压缩）。

A. $\sqrt{2}$ B. $\sqrt{2}/2$ C. 2   D. 0.5

2. 在板框压滤机中，如滤饼的压缩性指数 $s = 0.4$，且过滤介质阻力可忽略不计，则当过滤的操作压强增加到原来的 3 倍后，过滤速率将为原来的 （   ） 倍。

A. 1.3   B. 1.9   C. 1.4   D. 1.2

3. 过滤介质阻力忽略不计，滤饼不可压缩，进行恒速过滤，如滤液量增大 1 倍，则（　　）。

A. 操作压差增大至原来的 3 倍　　　　B. 操作压差增大至原来的 4 倍

C. 操作压差增大至原来的 2 倍　　　　D. 操作压差保持不变

4. 今欲在过滤面积为 $0.3m^2$ 的板框压滤机内处理某料浆，已知过滤压差为 202kPa，滤饼不可压缩，过滤介质阻力可忽略不计，过滤开始 2h 得滤液 $42m^3$，问：（1）若其他条件不变，面积加倍可得（　　）滤液；（2）若其他条件不变，过滤压差加倍，可得（　　）滤液。

A. $59.4m^3$　　　　B. $63m^3$　　　　C. $77m^3$　　　　D. $84m^3$

三、判断题

1. 滤渣的比阻越大，说明越容易过滤。（　　）

2. 恒压过滤时过滤速率随过程的进行不断下降。（　　）

3. 用板框压滤机过滤某一悬浮液，滤布阻力不变，在相同的过滤时间内，要获得的滤液量加倍，可采用将过滤压差增至 4 倍的方法。（　　）

四、简答题

1. 对于恒压过滤操作，加快过滤速率的途径有哪些？

2. 简述数学模型实验研究方法的主要步骤，并列举一个单元操作具体说明。

五、计算题

1. 在实验室用一板框压滤机对硫酸钡颗粒在水中的悬浮液进行恒压过滤试验。该板框压滤机经 1h 过滤，得滤液 $2.1m^3$，过滤介质阻力可忽略。原操作条件下过滤共 3h 滤饼便充满滤框。试问：若在原条件下过滤 1.5h 后立即把过滤压差提高一倍，过滤到滤饼充满滤框为止，则过滤共需多长时间？（设滤饼不可压缩）

2. 某板框压滤机在过滤压差为 268.7kPa 的条件下对碳酸钙颗粒在水中的悬浮液进行过滤操作，该板框压滤机的滤框边长为 0.15m，浆料温度为 20℃。已知碳酸钙颗粒为球形，密度为 $2930kg/m^3$，悬浮液中固体质量分数为 0.0693。滤饼不可压缩，$1m^3$ 滤饼烘干后的质量为 1620kg，实验中测得得到 1L 滤液需要 16.2s，得到 2L 滤液需要 47.4s。试求过滤常数 K 和 V_e，滤饼的比阻 r 及滤饼颗粒的比表面积 a。

【参考答案与解析】

一、填空题

1. （1）1/2；（2）4。

2. （1）0.5；（2）0.707；（3）1。**解析**：在压差改变，其他条件不变的情况下，$t \propto K^{-1} \propto \dfrac{1}{\Delta p^{1-s}}$，可得上述结果。

3. 0.04。**解析**：对恒速操作，$\dfrac{\mathrm{d}V}{\mathrm{d}t} = \dfrac{0.02}{10} = 0.002m^3/min$，故 $V = 0.002 \times 20 = 0.04m^3$。

二、选择题

1. B。

2. B。**解析**：$V_e = 0$，则 $V^2 = KA^2t$，其中 $K = \dfrac{2\Delta p^{1-s}}{r'\nu\mu} = \dfrac{2\Delta p^{0.6}}{r'\nu\mu} \propto \Delta p^{0.6}$

$$\frac{\mathrm{d}V}{\mathrm{d}t}=\frac{A^2\Delta p^{1-s}}{\mu r'\nu(V+V_e)}\propto\Delta p^{0.6}\qquad \frac{\left(\frac{\mathrm{d}V}{\mathrm{d}\theta}\right)'}{\mathrm{d}V/\mathrm{d}\theta}=\frac{3^{0.6}}{1^{0.6}}\approx1.9$$

3. C。**解析：** 恒速过滤 $\dfrac{\mathrm{d}q}{\mathrm{d}t}=\dfrac{K}{2(q+q_e)}$＝常数。由题意有 $V_2=2V_1$，$t_2=2t$。因恒速过滤方程 $q^2+qq_e=\dfrac{Kt}{2}=k\Delta p^{1-s}t$，且 $q_e=0$，$s=0$，所以 $q^2=kt\Delta p$ 或 $V^2=kA^2t\Delta p$，故

$$\left(\frac{V_2}{V_1}\right)^2=\frac{t_2}{t_1}\frac{\Delta p_2}{\Delta p_1},\qquad \frac{\Delta p_2}{\Delta p_1}=\frac{4}{2}=2$$

4. D；A。**解析：**（1）过滤介质阻力忽略不计，则恒压过滤方程可变为 $V^2=KA^2t$，于是 $\dfrac{V'}{V}=\dfrac{A'}{A}=2$，所以 $V'=2V=2\times42=84\mathrm{m}^3$。

（2）由于滤饼不可压缩，压缩性指数 $s=0$，因此压强增加滤饼比阻不变。由过滤常数的定义 $K=\dfrac{2\Delta p}{r'\nu\mu}$ 可知，$\dfrac{K'}{K}=\dfrac{\Delta p'}{\Delta p}=2$，于是 $\dfrac{V'}{V}=\sqrt{\dfrac{K'}{K}}=\sqrt{2}$，所以 $V'=\sqrt{2}\,V=\sqrt{2}\times42=59.4\mathrm{m}^3$。

三、判断题

1. ×。　2. √。

3. ×。**解析：** 操作压差与恒压过滤常数的关系为 $\dfrac{K_1}{K_2}=\left(\dfrac{\Delta p_1}{\Delta p_2}\right)^{1-s}$。因 R_m＝常数＝$rL_e=r'\Delta p^sL_e$，可得 $\dfrac{L_{e1}}{L_{e2}}=\left(\dfrac{\Delta p_2}{\Delta p_1}\right)^s$。所以本题只有滤饼不可压缩、滤布阻力不计的条件下才成立。

四、简答题

1.①改变滤饼结构如空隙率、可压缩性，常用方法是添加助滤剂使滤饼较为疏松且不可压缩。②改变悬浮液中的颗粒聚集状态，过滤先将悬浮液做处理，将分散的细小颗粒聚集成较大颗粒。如加入聚合电解质使固体颗粒之间发生桥接，形成多个颗粒组成的絮团；悬浮液入无机电解质使颗粒表面的双电层压缩，颗粒间借范德华力凝聚一起。③动态过滤，采用多种方法，如机械的、水力的或电场的人为干扰限制滤饼增长的过滤方法。④减小滤液黏度，如升温。

2.①简化物理模型；②建立数学模型；③模型检验，实验确定模型参数。如：流体通过固定床的压降。首先，建立床层的简化物理模型；其次，建立流体压降的数学模型；最后，进行模型的检验和模型参数的估值。

五、计算题

1.**解：**（1）原操作条件下

因为 $V^2=KA^2t$，即 $2.1^2=KA^2\times1$，所以 $KA^2=4.41\mathrm{m}^6/\mathrm{h}$。

令过滤1.5h得到的滤液量为 V_1，则 $V_1^2=KA^2\times1.5=4.41\times1.5$，所以 $V_1=2.57\mathrm{m}^3$。

令过滤3h得到的滤液量为 V_2，则 $V_2^2=KA^2\times3=4.41\times3$，所以 $V_2=3.64\mathrm{m}^3$。

（2）压差提高一倍，且 $s=0$

$K'/K=\Delta p'/\Delta p=2$，所以 $K'A^2=2KA^2=8.82\mathrm{m}^6/\mathrm{h}$。对于恒压过滤，有过滤速率关系式 $\dfrac{\mathrm{d}V}{\mathrm{d}t}=\dfrac{KA^2}{2V}$

积分可得：$\int_{2.57}^{3.64} 2V \mathrm{d}V = K'A^2 \int_{1.5}^{t'} \mathrm{d}t$ $3.64^2 - 2.57^2 = K'A^2(t'-1.5)$

过滤总时间 $t' = (3.64^2 - 2.57^2)/(K'A^2) + 1.5 = 2.25\mathrm{h}$

（3）$57\mathrm{m}^3$ 滤液加压过滤所需时间 $t_1 = \dfrac{V_1^2}{K'A^2} = \dfrac{2.57^2}{8.82} = 0.75\mathrm{h}$，过

滤总时间 $t = t_2 - t_1 + 1.5 = 1.5 - 0.75 + 1.5 = 2.25\mathrm{h}$。

2. **解：** $K = 6.58 \times 10^{-5}\,\mathrm{m}^2/\mathrm{s}$，$V_\mathrm{e} = 5.8 \times 10^{-4}\,\mathrm{m}^3$，$r = 1.741 \times 10^{14}\,\mathrm{m}^{-2}$，$a = 3.191 \times 10^6\,\mathrm{m}^2/\mathrm{m}^3$。

计算题 2 讲解
颗粒特性参数
和比阻的计算

3.3.5 拓展提升题

一、选择题

（考点 床层结构）床层的平均空隙率与床层的平均自由截面积在（   ）条件下相等。

A. 颗粒粒度均匀   B. 沿整个横截面上自由截面均匀

C. 沿整个床层高度各截面的自由截面均匀   D. 颗粒的比表面积均匀

二、计算题

1.（考点 恒速＋恒压过滤）对滤渣不可压缩的滤浆进行先恒速后恒压的过滤。

（1）恒速过滤时，已知过滤时间为 100s 时，过滤压差为 $2 \times 10^4\,\mathrm{Pa}$；过滤时间为 500s 时，过滤压差为 $8 \times 10^4\,\mathrm{Pa}$。求过滤时间为 300s 时的过滤压差。

（2）若恒速过滤 300s 后改为恒压过滤，且已知恒速过滤结束时所得滤液体积为 $0.72\mathrm{m}^3$，过滤面积为 $1\mathrm{m}^2$，恒压过滤常数为 $K = 5 \times 10^{-3}\,\mathrm{m}^2/\mathrm{s}$，$q_\mathrm{e} = 0$（过滤介质的阻力可以忽略）。再恒压过滤 300s 后，又得滤液体积为多少？

2.（考点 先恒速后恒压过滤）在 $0.04\mathrm{m}^2$ 的过滤面积上以 $1 \times 10^{-4}\,\mathrm{m}^3/\mathrm{s}$ 的速率进行恒速过滤试验，测得过滤 100s 时，过滤压差为 $3 \times 10^4\,\mathrm{Pa}$；过滤 600s 时，过滤压差为 $9 \times 10^4\,\mathrm{Pa}$。滤饼不可压缩。今欲用某一板框过滤机处理同一料浆，该板框过滤机的框内尺寸为 $625\mathrm{mm} \times 625\mathrm{mm} \times 60\mathrm{mm}$，所用滤布与试验时的相同。过滤开始时，以与试验相同的滤液流速进行恒速过滤，在过滤压差达到 $6 \times 10^4\,\mathrm{Pa}$ 时改为恒压操作，每获得 $1\mathrm{m}^3$ 滤液所生成的滤饼体积为 $0.03\mathrm{m}^3$。试求框内充满滤饼所需的时间。

【参考答案与解析】

一、选择题

C。

二、计算题

1. **解：**（1）$\Delta p = 5 \times 10^4\,\mathrm{Pa}$；（2）$V_{恒压} = 0.7007\mathrm{m}^3$。

2. **解：** 由 $\Delta p = at + b$，得 $3 \times 10^4 = 100a + b$，$9 \times 10^4 = 600a + b$。两式相减得 $6 \times 10^4 = 500a$，所以 $a = 120$，$b = 3 \times 10^4 - 100 \times 120 = 18000$，可得 $\Delta p = 120t + 18000$。

当 $\Delta p = 6 \times 10^4\,\mathrm{Pa}$ 时，$t = (6 \times 10^4 - 18000)/120 = 350\mathrm{s}$，恒速阶段过滤速度与实验相同

$$u_\mathrm{R} = \frac{V}{At} = \frac{1 \times 10^{-4}}{0.04} = 2.5 \times 10^{-3}\,\mathrm{m/s}, \quad q_\mathrm{R} = u_\mathrm{R} t_\mathrm{R} = 2.5 \times 10^{-3} \times 350 = 0.875\,\mathrm{m}^3/\mathrm{m}^2$$

板框过滤机处理同一料浆，所用滤布与试验时的相同

计算题 1 讲解
先恒速后恒压
的计算

$$a=\mu\nu r u_R^2=\frac{u_R^2}{k}=120, \quad b=\mu\nu r u_R q_e=\frac{u_R q_e}{k}=18000T_R$$

解得 $k=5.208\times10^{-8}\,\mathrm{m^2/(Pa\cdot s)}$，$q_e=0.375\mathrm{m^3/m^2}$。

恒压操作阶段过滤压差为 $6\times10^4\mathrm{Pa}$，所以

$$K=2k\Delta p=2\times5.208\times10^{-8}\times6\times10^4=6.250\times10^{-3}\,\mathrm{m^2/s}$$

板框过滤机的过滤面积 $\quad A=2\times0.625^2=0.7813\mathrm{m^2}$

$$V_{滤饼}=0.625^2\times0.06=0.023\mathrm{m^3}, \quad V_{滤液}=\frac{V_{滤饼}}{\nu}=\frac{0.023}{0.03}=0.77\mathrm{m^3}$$

$$q=\frac{V_{滤液}}{A}=\frac{0.77}{0.7813}=1.0\mathrm{m^3/m^2}$$

应用先恒速后恒压过滤方程 $(q^2-q_R^2)+2q_e(q-q_R)=K(t-t_R)$，将 K、q_e、q_R、q 的数值代入上式，得：

$$(1.0^2-0.875^2)+2\times0.375\times(1.0-0.875)=6.250\times10^{-3}\times(t-350)$$

解得 $t=402.5\mathrm{s}$。

总结 --

　　本题的关键在于：①掌握压差与时间的线性关系；②掌握此关系式中 a、b 系数与过滤常数之间的关系。

3.4　过滤设备、滤饼的洗涤和过滤机的生产能力

动画
- 板框压滤机
- 加压叶滤机
- 转筒真空过滤机

3.4.1　概念梳理

【主要知识点】

1. 过滤设备　按照操作方法可分为间歇过滤机与连续过滤机；按照采用的压差可分为压滤、吸滤和离心过滤机。板框过滤机和加压过滤机为间歇压滤型过滤机，转筒真空过滤机则为吸滤型连续过滤机。

（1）**板框压滤机**　它的过滤板 1、板框 2、洗涤板 3 的排列顺序 1-2-3-2-1-2-3…滤板的排出方式有明流与暗流之分，若滤液经由每块滤板底部侧管排出，则称为明流；若滤液不宜暴露于空气中，则需将各板流出的滤液汇集于总管后送走，称为暗流。

　　我国编制的压滤机系列标准及规定代号，如 BMY50/810-25，其中 B 表示板框压滤机，M 表示明流式（若为 A，则表示暗流式），Y 表示油压压紧（若为 S，则表示手动压紧），50 表示过滤面积为 $50\mathrm{m^2}$，810 表示框内每边长 810mm，25 表示滤框厚度为 25mm。

　　板框压滤机结构简单，制造方便，占地面积较小而过滤面积较大，操作压力高，适应能力强。它的主要缺点是间歇操作，生产效率低，劳动强度大，滤布损耗也较快。

（2）**加压叶滤机**　它的优点是密闭操作，改善了操作条件；过滤速度大，洗涤效果好。缺点是造价较高，更换滤布（尤其对于圆形滤叶）比较麻烦。

（3）**转筒真空过滤机**　在转动盘旋转一周的过程中，转筒表面的不同位置上，依次进行过滤、吸干、洗涤、吹松、卸饼等操作。如此连续运转，整个转筒表面便构成了连续的过滤操作。

转筒真空过滤机的优点是能连续自动操作，节省人力，生产能力大，特别适宜于处理量大而容易过滤的料浆，对难以过滤的胶体物系或细微颗粒的悬浮物，可采用预涂助滤剂的措施。缺点是该过滤机附属设备较多，投资费用高，过滤面积不大，由于它是真空操作，因而过滤推动力有限，不能过滤温度较高的滤浆，滤饼洗涤也不充分。

2. 滤饼的洗涤

（1）对于连续式过滤机及叶滤机采用的是置换洗涤法

$$\left(\frac{dV}{dt}\right)_W = \left(\frac{dV}{dt}\right)_E = \frac{KA^2}{2(V+V_e)}$$

式中，V 为过滤终了时滤液的体积，m^2；下标 E 表示过滤终了时刻。

（2）板框压滤机采用的是横穿洗涤法，洗水穿过整个厚度的滤饼、流径长度为过滤终了时滤液流动路径的两倍，洗水横穿两层滤布，而滤液只需穿过一层滤布，洗水流通面积为过滤面积的一半，即

$$\left(\frac{dV}{dt}\right)_W = \frac{1}{4}\left(\frac{dV}{dt}\right)_E = \frac{KA^2}{8(V+V_e)}$$

3. 过滤机的生产能力

（1）间歇过滤机的生产能力　$Q = \dfrac{3600V}{T} = \dfrac{3600V}{t+t_W+t_D}$　（m^3/h）

当介质阻力可忽略不计，$t+t_W=t_D$ 时，操作周期最佳，生产能力达到最大。

（2）连续过滤机的生产能力

$$Q = 60nV = 60\left(\sqrt{60KA^2\Psi n + V_e^2 n^2} - V_e n\right)$$

当 $\theta_e=0$、$V_e=0$ 时，$Q = 60n\sqrt{KA^2\dfrac{\Psi}{n}} = 465A\sqrt{Kn\Psi}$（$m^3/h$）。

【过滤设备、滤饼的洗涤和过滤机的生产能力思维导图】

转筒真空过滤机、叶滤机采用的是置换洗涤法，洗水与过滤终了时的滤液流过的路径基本相同，洗涤面积与过滤面积相同，故

$$\left(\frac{dV}{dt}\right)_W = \left(\frac{dV}{dt}\right)_E = \frac{KA^2}{2(V+V_e)}$$

$\Delta p_W = \Delta p, \mu_W = \mu$ ⇧ 加压叶滤机

$$t_W = \frac{V_W}{\left(\dfrac{dV}{dt}\right)_W}$$

$\Delta p_W = \Delta p, \mu_W = \mu$ ⇩ 板框压滤机

板框压滤机采用横穿洗涤法，洗水横穿两层滤布及整个厚度的滤饼，流径长度约为过滤终了时滤液流动路径的两倍，而供洗水流通的面积为过滤面积的一半，故 $\left(\dfrac{dV}{dt}\right)_W = \dfrac{1}{4}\left(\dfrac{dV}{dt}\right)_E = \dfrac{KA^2}{8(V+V_e)}$

当洗水黏度、洗水表压与滤液黏度、过滤压力差有明显差异时

$$t_W = t_W\left(\frac{\mu_W}{\mu}\right)\left(\frac{\Delta p}{\Delta p_W}\right)$$

> 1. 间歇过滤机的特点是在整个过滤机上依次进行过滤、洗涤、卸渣、清理、装合等步骤的循环操作
> 2. 操作周期为 $T = t + t_W + t_D$
> 3. 生产能力的计算式为 $Q = \dfrac{3600V}{T} = \dfrac{3600V}{t + t_W + t_D}$

间歇过滤机

过滤机的生产能力

连续过滤机

> 1. 连续过滤机的特点是过滤、洗涤、卸饼等操作在转筒表面的不同区域内同时进行
> 2. 由恒压过滤方程可知，转筒每转一周所得的滤液体积为
> $$V = \sqrt{KA^2 t + V_e^2} - V_e = \sqrt{KA^2 \frac{60\psi}{n} + V_e^2} - V_e$$
> 3. 每小时所得的滤液体积即生产能力为 $Q = 60nV = 60\left(\sqrt{60KA^2 \psi n + V_e^2 n^2} - V_e n\right)$
>
> 当滤布阻力可忽略时 $Q = 60n\sqrt{KA^2 \dfrac{60\psi}{n}} = 465A\sqrt{Kn\psi}$
> 4. 连续过滤机的转速越高，生产能力越大

3.4.2 典型例题

【例】 在 250kPa 恒压下用某板框压滤机过滤含钛白的水悬浮液，板框压滤机共有 26 个板框，板框尺寸为 635mm×635mm×25mm，过滤常数 $K = 2.5 \times 10^{-4}$ m²/s，$q_e = 0.01$ m³/m²，测得滤液体积与滤饼体积之比为 1:0.07，操作压力及所用滤布均与实验条件相同，试计算：

(1) 当滤框内全部充满滤渣时所需的过滤时间；

(2) 过滤用相当于滤液量 10% 的清水清洗滤渣，求洗涤时间；

(3) 卸渣及重新组装等辅助时间共需 20min，求该过滤机的生产能力。

解： 过滤面积 $A = (0.635)^2 \times 2 \times 26 = 21$ m²，滤框总容积为 $(0.635)^2 \times 0.025 \times 26 = 0.262$ m²。滤框总容积 0.262 m³ 即为滤饼体积，根据滤液体积与滤饼体积之比为 1:0.07，则获得的滤液量为

$$V = \frac{1}{0.07} \times 0.262 = 3.74 \text{m}^3, \quad q = \frac{V}{A} = \frac{3.74}{21} = 0.18 \text{m}^3/\text{m}^2$$

(1) 根据恒压过滤方程式

$$q^2 + 2qq_e = Kt$$

代入数值

$$0.18^2 + 2 \times 0.18 \times 0.01 = 2.5 \times 10^{-4} t$$

可求出 $t = 144$s。

(2) 洗涤液体积为 $V_W = 0.1 \times 3.74 = 0.374$ m³

$$t_W = \frac{8(q + q_e)V_W}{KA} = \frac{8 \times (0.18 + 0.01) \times 0.374}{2.5 \times 10^{-4} \times 21} = 108.3 \text{s}$$

(3) 由生产能力定义可知

$$Q = \frac{V}{t + t_W + t_D} = \frac{3.74}{144 + 108.3 + 20 \times 60} = 2.58 \times 10^{-3} \text{m}^3/\text{s}$$

📎 **总结** --------------------------------

本题主要考查恒压过滤方程的应用，洗涤时间和生产能力的计算。

3.4.3 夯实基础题

一、填空题

1. 板框压滤机过滤结束后进行洗涤，洗涤液所遇阻力约为过滤终了时滤液所遇阻力的_____倍，洗涤液所通过的面积为过滤面积的_____倍；若洗涤时所用压力与过滤终了时所用压力相同，洗涤液黏度与过滤液黏度相同，则洗涤速率约为最终过滤速率的_____倍，此即_____洗涤法。

2. 指出 BAS65/780-30 中的 A 表示_____，S 表示_____，65 表示_____，30 表示_____。

3. 采用转筒真空过滤机过滤某悬浮液，若其最终过滤速率为 $0.02 m^3/s$，则洗涤速率等于_____（洗涤压差与最终过滤压差相同）。

4. 当介质阻力忽略不计，滤饼不可压缩时转筒真空过滤机的生产能力与转速的_____次方成正比，与真空度的_____次方成正比。

5. 用叶滤机过滤某固体悬浮液，过滤始终在恒压下进行，每一过滤周期内辅助时间和洗涤时间一定，若每一周期内过滤时间过长，过滤机的生产能力_____。

6. 叶滤机过滤时，固体颗粒留在滤叶的外部，而滤液穿过滤布由滤叶内部抽出，洗涤面积 A_W 和过滤面积 A 的定量关系为_____，洗水走过的距离 L_W 和滤液在过滤终了时走过的距离 L 的定量关系为_____，洗涤速率 $(dV/dt)_W$ 和终了时的过滤速率 $(dV/dt)_E$ 的定量关系为_____，此即_____洗涤法。

二、选择题

1. 对滤饼进行洗涤，其目的是：①回收滤饼中的残留滤液；②除去滤饼中的可溶性杂质。下面哪一个回答是正确的？（   ）

A. 第一种说法对而第二种说法不对　　B. 第二种说法对而第一种说法不对

C. 两种说法都对　　D. 两种说法都不对

2. 下面哪一个是转筒真空过滤机的特点？（   ）

A. 面积大，处理量大　　B. 面积小，处理量大

C. 压差小，处理量小　　D. 压差大，面积小

3. 板框压滤机中（   ）。

A. 框有两种不同的构造　　B. 板有两种不同的构造

C. 框和板都有两种不同的构造　　D. 板和框都只有一种构造

4. 与板框压滤机比较，叶滤机的特点是（   ）。

A. 连续操作，机械化程度较高　　B. 间歇操作，过滤面积小

C. 推动力大，过滤面积小　　D. 既可加压过滤，也可真空过滤

5. 在转筒真空过滤机中是（   ）部件使过滤室在不同部位时，能自动地进行相应的不同操作。

A. 转鼓本身　　B. 随转鼓转动的转动盘

C. 与转动盘紧密接触的固定盘　　D. 分配头

三、简答题

试写出转筒真空过滤机单位面积滤液量 q 与转速 n、浸入面积分率 Ψ 以及过滤常数的关系式，并说明过滤面积为什么用转鼓面积 A 而不用 $A\Psi$。

四、计算题

1. 分别变更下列操作条件，试分析转筒真空过滤机的生产能力、滤饼厚度将如何变化？

（1）转筒浸没分数增大；

（2）转速增大；

（3）操作真空度增大（设滤饼不可压缩）。

2. 今有一板框过滤机，其滤框尺寸为 $1000\text{mm} \times 1000\text{mm} \times 300\text{mm}$，在恒压下过滤某一悬浮液，要求经过 4h 能获得 5m^3 滤液。过滤常数 $K = 1.48 \times 10^{-3}\text{m}^2/\text{h}$，滤布阻力可以忽略不计，试求：（1）所需的滤框和滤板数。（2）过滤终了用水进行洗涤，洗涤水黏度与清水相同，洗涤压力与过滤压力相同，若洗涤量为 0.5m^3，求洗涤时间。（3）若辅助时间 1h，试求该压滤机的生产能力。

【参考答案与解析】

一、填空题

1. 2；0.5；0.25；横穿。 2. 暗流式；手动压紧；过滤面积为 65m^2；滤框厚度为 30mm。

3. $0.02\text{m}^3/\text{s}$。 4. 0.5；0.5。

5. 下降。**解析**：根据生产能力 $Q = \dfrac{V}{t + t_{\text{W}} + t_{\text{D}}}$，$t_{\text{D}}$ 和 t_{W} 一定，过滤时间 t 越长，滤液量 V 越多，但滤液量增大幅度不及过滤时间。故过滤时间 t 越长，生产能力 Q 越小，即生产能力存在最大值。

6. $A_{\text{W}} = A$；$L_{\text{W}} = L$；$(\text{d}V/\text{d}t)_{\text{E}} = (\text{d}V/\text{d}t)_{\text{W}}$；置换。

二、选择题

1. C。 2. B。 3. B。 4. D。 5. D。

三、简答题

$$q = \sqrt{q_{\text{e}}^2 + K\dfrac{\Psi}{n}} - q_{\text{e}}$$

转筒真空过滤机虽然连续地进行着过滤操作，但计算时将转筒真空过滤机每转一周的过滤时间记为 $t = \dfrac{\Psi}{n}$，这样就把转筒真空过滤机的连续过滤转换为全部转鼓表面的间歇过滤。

四、计算题

1. **解**：转筒真空过滤机的生产能力 $Q = V/T = n\left(\sqrt{V_{\text{e}}^2 + \left(\dfrac{\Psi}{n}\right)KA^2} - V_{\text{e}}\right)$，滤饼厚度 $L = q\nu = \nu\left(\sqrt{q_{\text{e}}^2 + \left(\dfrac{\Psi}{n}\right)K} - q_{\text{e}}\right)$。

（1）转筒浸没分数增大，q_{e}、K、ν、A 不变，生产能力、滤饼厚度均增加。

（2）转速增大，q_e、Ψ、ν、A、K 不变，生产能力增加，滤饼厚度越薄。

（3）操作真空度增大，K 增大，q_e、Ψ、n、ν、A 不变，生产能力、滤饼厚度均增加。

2. **解**：（1）过滤介质可以忽略不计，则 $V^2 = KA^2 t$，代入数值为

$$5^2 = 1.48 \times 10^{-3} A^2 \times 4, \quad A = 64.98 \mathrm{m}^2$$

可以求出板框个数为 $\dfrac{64.98}{1^2 \times 2} = 32.5$，取整数为 33 个，因此滤板的个数为 $33 + 1 = 34$ 个。

（2）洗涤时间可表示为

$$t_W = \frac{8VV_W}{KA^2} = \frac{8 \times 5 \times 0.5}{1.48 \times 10^{-3} \times 64.98^2} = 3.2 \mathrm{h}$$

（3）生产能力可表示为

$$Q = \frac{V}{t + t_W + t_D} = \frac{5}{4 + 3.2 + 1} = 0.610 \mathrm{m}^3 / \mathrm{h}$$

总结

本题主要考查恒压过滤方程的应用，板框压滤机的结构和生产能力的求解。

3.4.4　灵活应用题

一、填空题

1. 某板框压滤机在恒压下操作，过滤 1h 得滤液 $10\mathrm{m}^3$，停止过滤用 $3\mathrm{m}^3$ 清水横穿洗涤（清水的黏度与滤液的黏度相同），为得到最大生产能力，辅助时间应控制在_____ h（过滤介质阻力忽略不计）。

2. 对某悬浮液用转筒真空过滤机进行过滤，介质阻力可忽略不计。若因故滤浆的浓度下降，致使滤饼与所获滤液的体积之比变为原来的 75％（设滤饼比阻不变）现若保持其余操作条件不变，则过滤机的生产能力（以每小时的滤液计）为原来的_____倍，滤饼厚度为原来的_____倍。

3. 在一定压差下用板框过滤机处理某物料，当滤渣完全充满滤框时的滤液量为 $10\mathrm{m}^3$，过滤时间为 1h。随后在相同的压力下，用 10％滤液量的清水（物性可视为和滤液相同）洗涤，每次拆卸需时间 10min，且已知在这操作中 $V_e = 1.4\mathrm{m}^3$。

（1）则该机的生产能力为_____ m^3（滤液）/h。

（2）若该机的每一个滤框厚度减半、长宽不变，而框数加倍，仍用同种滤布，洗涤水用量不变，但拆卸时间增为 18min。试问在同样操作条件下进行上述过滤，则生产能力将变为_____ m^3（滤液）/h。

二、选择题

1. 某叶滤机恒压操作，过滤终了时 $V = 0.5\mathrm{m}^3$，$t = 1\mathrm{h}$，$V_e = 0$，滤液黏度是水的 4 倍。现在同一压强下再用清水洗涤，$V_W = 0.2\mathrm{m}^3$，则洗涤时间为（　　）h。

A. 0.2　　　　　B. 0.4　　　　　C. 0.5　　　　　D. 0.7

2. 恒压下用一小型板框压滤机进行某悬浮液的过滤实验，测得过滤常数 $K = 0.2 m^2/h$，$q_e = 0.2 m^3/m^2$，过滤 1.5h 后滤框全充满。滤饼不洗涤，卸渣、清理、重装等辅助时间为 30min。现为降低过滤阻力，在滤布上预涂一层助滤剂，其厚度为框厚的 4%，预涂助滤剂所用时间为 5min。涂了助滤剂后，过滤介质与助滤剂层阻力之和比原过滤介质阻力减少了 35%，板框过滤机在预涂助滤剂前后的生产能力之比为（　　　）（按框充满计）。

A. 0.9 　　　　　 B. 1.1 　　　　　 C. 1.5 　　　　　 D. 2.2

三、计算题

1. 在操作真空度为 80kPa 的条件下用过滤面积为 $5m^2$ 的转筒真空过滤机过滤某水悬浮液，生产能力为 $7m^3$（滤液）/h，转鼓沉浸角为 120°，转速为 0.6r/min，过滤介质阻力忽略不计，现拟用一板框压滤机代替上述转筒真空过滤机处理此悬浮液，已知滤框长与宽均为 1000mm，两设备采用相同一种滤布，过滤压力为 198kPa（表压），要求板框压滤机在一个操作周期里可获得 $10m^3$ 滤液量，过滤时间 0.5h，设滤饼不可压缩。试求：（1）需要滤框和滤板各多少？（2）板框过滤机过滤终了后在压力仍为 198kPa（表压）下用相当于滤液量 1/5 的水洗涤，洗涤时间为多少小时？若卸渣、重装等辅助时间为 0.3h，则生产能力为多少 $[m^3$（滤液）/h$]$？（转筒真空过滤机生产能力 $V_h = 3600A\sqrt{Kn\Psi}$）（3）可通过哪些措施来提高生产能力？

2. 某悬浮液的混合密度为 $1116 kg/m^3$，固相密度为 $1500 kg/m^3$，液相为水。在 400mmHg 的过滤压差下用某板框过滤机过滤此悬浮液，测得过滤常数 $K = 5.5 \times 10^{-6} m^2/s$；每送出 $1m^3$ 滤液所得滤渣中含固相 585kg。现用一直径 1.75m、长 0.95m 的转筒真空过滤机进行生产，转筒内真空度维持在 400mmHg，转筒转速为 1.2r/min，浸没角度 125.5°。若滤布阻力可以忽略，滤渣不可压缩。求：（1）过滤机的生产能力 Q。（2）转筒表面的滤渣厚度 L。（3）若转筒转速为 0.5r/min，其他条件不变，Q 与 L 将如何变？

3. 在实验室中用一个过滤面积为 $10m^2$ 的小型板框压滤机对 $CaCO_3$ 颗粒在水中的悬浮液进行过滤试验。已知操作压力为 250kPa（表压），料浆温度为 20℃。过滤 15min 后，共得滤液 $3.52m^3$（滤饼不可压缩，介质阻力忽略不计）。求：（1）若在操作最佳周期内共用去卸渣等辅助时间共 33min，求该过滤机的生产能力。（2）若过滤时间、洗涤时间、辅助时间与滤液量均不变，而操作压力降至 125kPa（表压），需增加多少过滤面积才能维持生产能力不变？（3）如改用转筒真空过滤机，若其在一操作周期内共得滤液量为 $0.04m^3$，该机的转速为多少方能维持生产能力不变？

【参考答案与解析】

一、填空题

1. 3.4。**解析：** 当忽略介质阻力时，为得到最大生产能力，最佳的操作时间为 $t + t_W = t_D$。

将 $V = 10m^3$，$t = 1h$ 代入 $V^2 = KA^2t$ 得 $10^2 = KA^2$。

$$t_W = \frac{8VV_W}{KA^2} = \frac{8 \times 10 \times 3}{10^2} = 2.4h, \quad t_D = t + t_W = 1 + 2.4 = 3.4h$$

2. 1.155；0.87。**解析：**当介质阻力可忽略时

$$Q=465A\sqrt{Kn\Psi}，\quad K=\frac{2\Delta p^{1-s}}{\mu r'\nu}，因此\ Q\propto\sqrt{\frac{1}{\nu}}，\quad \frac{Q'}{Q}=\sqrt{\frac{1}{0.75}}=1.155$$

$$b_{滤饼}=\frac{\nu V_{滤液}}{A}=\frac{\nu A\sqrt{K\dfrac{\Psi}{n}}}{A}=\nu\sqrt{\frac{2\Delta p^{1-s}\Psi}{\mu r'\nu n}}=\sqrt{\frac{2\Delta p^{1-s}\Psi\nu}{\mu r'n}}\Longrightarrow b_{滤饼}\propto\sqrt{\nu}$$

所以 $b_{滤饼}=\sqrt{0.75}=0.87$。

3. 5.32；13.74。**解析：**（1）对于恒压过滤 $V^2+2VV_e=KA^2t$，则 $10^2+2\times10\times$
$1.4=1KA^2$，$KA^2=128\text{m}^6/\text{h}$，洗涤时间为

$$t_{\text{w}}=\frac{8(V+V_e)V_{\text{w}}}{KA^2}=\frac{8\times(10+1.4)\times0.1\times10}{128}=0.713\text{h}$$

过滤生产能力为

$$Q=\frac{V}{t+t_{\text{w}}+t_{\text{D}}}=\frac{10}{1+0.713+10/60}=5.32\text{m}^3（滤液）/\text{h}$$

（2）改进后，滤框总体积不变，框的个数加倍，面积加倍。则 $KA^2=512\text{m}^6/\text{h}$。由
于 $V^2+2VV_e=KA^2t$，可得

$$10^2+2\times10\times1.4=512t$$

所以 $t=0.25\text{h}$。

洗涤时间变为
$$t_{\text{w}}=\frac{8(V+V_e)V_{\text{w}}}{KA^2}=\frac{8\times(10+1.4)\times0.1\times10}{512}=0.178\text{h}$$

则生产能力表示为　$Q=\dfrac{V}{t+t_{\text{w}}+t_{\text{D}}}=\dfrac{10}{0.25+0.178+18/60}=13.74\text{m}^3（滤液）/\text{h}$

总结

处理量不变的条件下，滤框厚度减薄，可使过滤时间显著减小、生产能力显著增大，但会增加板和滤布的投资费用。本题主要考查了过滤基本方程的应用、生产能力的求解和板框压滤机的结构。

二、选择题

1. A。**解析：**$\dfrac{\mathrm{d}V}{\mathrm{d}t}=\dfrac{KA^2}{2(V+V_e)}=\dfrac{\Delta p^{1-s}A^2}{r'\nu\mu(V+V_e)}$，$\left(\dfrac{\mathrm{d}V}{\mathrm{d}t}\right)_{\text{w}}=\dfrac{\Delta p^{1-s}A_{\text{w}}^2}{r'\nu\mu_{\text{w}}(V_{终}+V_e)}$。因为

$\mu_{\text{w}}=\dfrac{1}{4}\mu$，$\Delta p_{\text{w}}=\Delta p$，$A_{\text{w}}=A$，所以 $\left(\dfrac{\mathrm{d}V}{\mathrm{d}t}\right)_{\text{w}}=4\left(\dfrac{\mathrm{d}V}{\mathrm{d}t}\right)_{终}$。由 $V_e=0$，$V^2=KA^2t$，得

$KA^2=\dfrac{V^2}{t}=\dfrac{0.5^2}{1}=0.25$。$\left(\dfrac{\mathrm{d}V}{\mathrm{d}t}\right)_{终}=\dfrac{KA^2}{2V}=\dfrac{0.25}{2\times0.5}=0.25\text{m}^3/\text{h}$，所以 $\dfrac{V_{\text{w}}}{\left(\dfrac{\mathrm{d}V}{\mathrm{d}t}\right)_{\text{w}}}=\dfrac{0.2}{4\times0.25}=0.2\text{h}$。

2. B。**解析：**涂助滤剂前

$$q^2+2qq_e=Kt\qquad\qquad①$$

将 $K=0.2\text{m}^2/\text{h}$，$q_e=0.2\text{m}^3/\text{m}^2$，$t=1.5\text{h}$ 代入

$$q^2+2q\times0.2=0.2\times1.5$$

解得 $\qquad\qquad\qquad\qquad\qquad q=0.38\mathrm{m}^3/\mathrm{m}^2$

涂助滤剂后 $\qquad q_{\mathrm{e}}'=q_{\mathrm{e}}\times(1-35\%)=0.2\times0.65=0.13\mathrm{m}^3/\mathrm{m}^2$

对板框过滤机，$q\propto$ 滤饼厚度，故 $\dfrac{q'}{q}=\dfrac{1-4\%\times2}{1}$，即 $q'=0.92q=0.35\mathrm{m}^3/\mathrm{m}^2$。代入

式①得 $\qquad\qquad\qquad 0.35^2+2\times0.35\times0.13=0.2t'$

解得 $\qquad\qquad\qquad\qquad\qquad t'=1.07\mathrm{h}$

预涂助滤剂前后的生产能力之比

$$\frac{Q'}{Q}=\frac{(q'A)/(t'+t'_{\mathrm{D}})}{(qA)/(t+t_{\mathrm{D}})}=\frac{0.35/(1.07\times60+30+5)}{0.38/(1.5\times60+30)}=1.11$$

总结

助滤剂常用于滤饼可压缩情形，以改善滤饼结构，增加滤饼刚性。由本题计算结果可见，预涂一层助滤剂后，由于总过滤阻力减小，则过滤速度增大，过滤时间缩短，生产能力提高。

三、计算题

1. **解**：（1）滤框为 12 个，滤板为 13 个。

（2）洗涤时间为 0.8h，生产能力为 6.25m³（滤液）/h。

（3）增加板框数量、提高操作压力、减少洗水用量、提高过滤操作温度等。

计算题 1 讲解
板框过滤机
代替转筒真空
过滤机

2. **解**：（1）$Q=465A\sqrt{Kn\varPsi}$

$$=465\times\pi\times1.75\times0.95\times\sqrt{5.5\times10^{-6}\times1.2\times\frac{125.5}{360}}$$

$$=3.68\mathrm{m}^3/\mathrm{h}$$

（2）以 1m³ 滤液为基准，滤渣固相体积

$$V=\frac{m}{\rho}=\frac{585}{1500}=0.39\mathrm{m}^3$$

对于混合液而言 $\qquad \rho=\dfrac{m}{V}=\dfrac{585+1000\,(1+\text{滤渣中液相体积})}{0.39+1+\text{滤渣中液相体积}}=1116$

解得滤渣中液相体积为 0.29m³。所以滤饼体积为 $0.39+0.29=0.68\mathrm{m}^3$。

$\nu=0.68\mathrm{m}^3/\mathrm{m}^3$，$\nu V_{滤液}=AL$，$V_{滤液}=Q/n$，则

$$L=\frac{\nu Q}{An}=\frac{0.68\times3.68/60}{\pi\times1.75\times0.95\times1.2}=6.65\times10^{-3}\mathrm{m}$$

（3）若转筒转速为 0.5r/min，其他条件不变：由 $Q=A\sqrt{Kn\varPsi}$ 可得

$$Q'=\sqrt{\frac{n'}{n}}Q=\sqrt{\frac{0.5}{1.2}}Q=0.645Q$$

由 $L=\dfrac{\nu Q}{An}=\nu\sqrt{Kn\varPsi}\times\dfrac{1}{n}$ 可得

$$L'=\sqrt{\frac{n}{n'}}L=\sqrt{\frac{1.2}{0.5}}L=1.549L$$

3. **解：**（1）对于操作最佳周期，$t+t_W+t_D$，因此 $t_W=t_D-t=33-15=18$min。代入数值

$$Q=\frac{V}{t+t_W+t_D}=\frac{3.52}{(15+18+33)/60}=3.2\text{m}^3/\text{h}$$

（2）由题意可知，减压后一个周期所得滤液量、过滤时间均不变，即 $K_1A_1^2=K_2A_2^2$。因 K 正比于压差，$K_2=1/2K_1$，故

$$A_2=\sqrt{2}A_1=10\times\sqrt{2}=14.14\text{m}^2$$

（3）转筒过滤机的生产能力可表示为

$$Q=V/T=Vn$$

式中，V 为每转所得滤液量，m^3；n 为转速，r/h。

代入数值为 $3.2=0.04n$，求出 $n=80$r/h。

总结 --

　　本题主要考查了对最佳生产周期、生产能力的理解。若忽略介质阻力，则过滤时间和洗涤时间之和等于辅助时间，生产能力最大。

3.4.5　拓展提升题

1.（考点　过滤介质阻力不可忽略时的最大生产能力）在恒压条件下用叶滤机对某悬浮液进行过滤实验。测得过滤开始后 20min 和 30min，获得累积滤液量分别为 $0.47\text{m}^3/\text{m}^2$ 和 $0.61\text{m}^3/\text{m}^2$。过滤后，用相当于滤液体积 1/10 的清水在相同压差下洗涤滤饼，洗涤水黏度为滤液黏度的 1/2。若洗涤后的卸渣、清理、重装等辅助时间为 30min，问每周期的过滤时间为多长时才能使叶滤机达到最大的生产能力？最大生产能力（以单位面积计）又为多少？

2.（考点　过滤机设计原则）用板框压滤机在 0.1MPa、20℃ 下过滤某水悬浮液，滤框尺寸为 650mm×650mm×650mm，要求过滤 1h 至少得滤液 12m^3，悬浮液中含固相 4%（质量分数），固相密度为 2930kg/m^3，1m^3 滤饼中含固相 1503kg。通过小型实验测得，过滤常数 $K=0.6\text{m}^3/\text{h}$，过滤介质阻力可忽略不计。过滤终了用 20℃ 清水洗涤，洗涤水量为滤液量为 10%。卸渣、整理、重装等辅助时间为 30min。试求至少要配多少个框才能完成指定的生产任务？框厚度为多少毫米？

3.（考点　过滤机设计原则）对某悬浮液用有 20 个框的 BMS20/450-25 板框过滤机进行过滤。已知滤饼体积与滤液体积之比 $\nu=0.044\text{m}^3/\text{m}^2$。滤饼不可压缩，滤布阻力视为不变。经试验测得，该板框压滤机在恒定压差 60.5kPa 下过滤时的过滤方程为 $q^2+0.04q=5.16\times10^{-5}t$，式中，$q$ 和 t 的单位分别为 m^3/m^2 和 s。求：（1）在压差 60.5kPa 下过滤时，求框全充满所需时间。（2）若将过滤过程改为恒速操作，且知初始时刻压差为 60.5kPa，求框全充满所需时间及过滤终了时的压差。（3）若操作压差由 60.5kPa 开始，先恒速操作至压差 181.5kPa，然后再恒压操作，求框全充满所需时间。（4）若在 181.5kPa 下恒压过滤，但由于初始压差过大，造成比阻 r 增大 20%，试求框全充满所需时间。

【参考答案与解析】

1. **解：**本题中过滤介质阻力不可忽略，且洗涤水黏度不等于滤液黏度，故最大生产能力满足的条件不再是 $t+t_W=t_D$，而需另行推导，具体推导如下。

生产能力

$$Q=\frac{V}{t+t_{\mathrm{W}}+t_{\mathrm{D}}} \qquad ①$$

其中

$$t=\frac{V^2+2VV_{\mathrm{e}}}{KA^2}=\frac{q^2+2qq_{\mathrm{e}}}{K} \qquad ②$$

$$t_{\mathrm{W}}=\frac{V_{\mathrm{W}}}{\left(\dfrac{\mathrm{d}V}{\mathrm{d}t}\right)_{\mathrm{W}}}=\frac{V_{\mathrm{W}}}{\left(\dfrac{\mathrm{d}V}{\mathrm{d}t}\right)_{\mathrm{E}}\times\dfrac{\mu LA_{\mathrm{W}}}{\mu_{\mathrm{W}}L_{\mathrm{W}}A}} \qquad ③$$

设 $\mu_{\mathrm{W}}=a\mu$，$V_{\mathrm{W}}=bV$，对叶滤机，$L_{\mathrm{W}}=L$，$A_{\mathrm{W}}=A$，于是，式③变为

$$t_{\mathrm{W}}=\frac{bV}{\left(\dfrac{\mathrm{d}V}{\mathrm{d}t}\right)_{\mathrm{E}}\times\dfrac{1}{a}}=\frac{abV}{\dfrac{KA^2}{2(V+V_{\mathrm{e}})}}=\frac{2ab(V^2+VV_{\mathrm{e}})}{KA^2}=\frac{2ab(q^2+qq_{\mathrm{e}})}{K} \qquad ④$$

将式②、式④代入式①得

$$Q=\frac{V}{\dfrac{V^2+2VV_{\mathrm{e}}}{KA^2}+\dfrac{2ab(V^2+2VV_{\mathrm{e}})}{KA^2}+t_{\mathrm{D}}}=\frac{V}{\dfrac{(2ab+1)V^2+2(ab+1)VV_{\mathrm{e}}}{KA^2}+t_{\mathrm{D}}}$$

要想求出 $Q_{\max}$，需满足 $\dfrac{\mathrm{d}Q}{\mathrm{d}V}=0$，由此可得

$$t_{\mathrm{D}}=\frac{(2ab+1)V^2}{KA^2}=\frac{(2ab+1)q^2}{K}=t+t_{\mathrm{W}}-\frac{2(ab+1)qq_{\mathrm{e}}}{K}$$

将 $a=\dfrac{1}{2}$，$b=\dfrac{1}{10}$ 代入上式得

$$t_{\mathrm{D}}=t+t_{\mathrm{W}}-\frac{21qq_{\mathrm{e}}}{10K} \qquad ⑤$$

这就是本题条件下的最大生产能力所满足的条件。

过滤常数 K、q_{e} 的获得：将 $t_1=20\mathrm{min}$，$t_2=30\mathrm{min}$，$q_1=0.47\mathrm{m}^3/\mathrm{m}^2$，$q_2=0.61\mathrm{m}^3/\mathrm{m}^2$ 代入恒压过滤方程

$$q^2+2qq_{\mathrm{e}}=Kt \qquad ⑥$$

得

$$\begin{cases} 0.47^2+2\times0.47q_{\mathrm{e}}=20K \\ 0.61^2+2\times0.61q_{\mathrm{e}}=30K \end{cases} \longrightarrow \begin{cases} q_{\mathrm{e}}=0.214\mathrm{m}^3/\mathrm{m}^2 \\ K=0.0211\mathrm{m}^2/\mathrm{min} \end{cases}$$

将 q_{e}、K、$t_{\mathrm{D}}=30\mathrm{min}$ 代入式⑤得

$$t+t_{\mathrm{W}}=30+21.30q \qquad ⑦$$

将 q_{e}、K、$a=\dfrac{1}{2}$、$b=\dfrac{1}{10}$ 代入式②、式④得

$$t=\frac{q^2+0.428q}{0.0211}, \quad t_{\mathrm{W}}=\frac{q^2+0.214q}{0.211} \qquad ⑧$$

代入式⑦，解得 $q=0.759\mathrm{m}^3/\mathrm{m}^2$。将 $q=0.759\mathrm{m}^3/\mathrm{m}^2$ 代入式⑧得

$$t=\frac{0.759^2+0.428\times0.759}{0.0211}=42.7\mathrm{min}, \quad t_{\mathrm{W}}=\frac{0.759^2+0.214\times0.759}{0.211}=3.5\mathrm{min}$$

将 q、t、t_{W}、t_{D} 代入式①，得最大生产能力（以单位面积计）

$$\frac{Q_{\max}}{A} = \frac{0.759}{42.7 + 3.5 + 30} = 9.96 \times 10^{-3} \, \text{m}^3/\text{min} = 0.60 \, \text{m}^3/\text{h}$$

> 📎 **总结**
>
> ① 计算洗涤速率时需注意，下式为洗涤速率与过滤终了时的速率关系的一般表达
> 式 $\dfrac{(\mathrm{d}V/\mathrm{d}t)_{\mathrm{W}}}{(\mathrm{d}V/\mathrm{d}t)_{\mathrm{E}}} = \dfrac{\mu L A_{\mathrm{W}}}{\mu_{\mathrm{W}} L_{\mathrm{W}} A}$。对板框过滤机 $L = L_{\mathrm{W}}/2$，$A = 2A_{\mathrm{W}}$；对叶滤机 $L = L_{\mathrm{W}}$，$A = A_{\mathrm{W}}$；对转筒真空过滤机 $L = L_{\mathrm{W}}$，$A = A_{\mathrm{W}}$。
>
> ② 过滤机的设计应遵循按最大生产能力进行设计、选型的原则，对于板框过滤机，要按滤渣完全充满滤框予以设计。

2. **解**：第一步，先求滤饼体积与滤液体积之比 ν，根据

$$\text{悬浮液中固体质量分数} = \frac{\text{固相质量}}{\text{固相质量} + \text{液相质量}} = \frac{\text{固相质量}}{\text{固相质量} + \text{滤饼中液相质量} + \text{滤液质量}}$$

取 1m^3 滤液体积为计算基准，则由题意可知

$$\frac{\nu \times 1503}{1 \times 1000 + \nu \times 1503 + \left(\nu - \dfrac{\nu \times 1503}{2930}\right) \times 1000} = 4\%$$

解得 $\nu = 0.028 \, \text{m}^3$（滤饼）/$\text{m}^3$（滤液）。

第二步，求框的个数。这是板框过滤机的设计性问题，应根据最大生产能力进行设计。当 $q_{\mathrm{e}} = 0$，$\mu_{\mathrm{W}} = a\mu$，$V_{\mathrm{W}} = bV$ 时，$Q = Q_{\max}$ 满足的条件为

$$t_{\mathrm{D}} = t + t_{\mathrm{W}}$$

式中，$t = \dfrac{q^2}{K}$，$t_{\mathrm{W}} = \dfrac{2abq^2}{K}$（公式来源见上题）。将 $a = \mu_{\mathrm{W}}/\mu = 1$，$b = \dfrac{V_{\mathrm{W}}}{V} = 0.1$，$K = \dfrac{0.6}{60} = 0.01 \, \text{m}^3/\text{min}$，$t_{\mathrm{D}} = 30 \, \text{min}$ 代入得

$$q = 0.5 \, \text{m}^3/\text{m}^2$$

要求 1h 至少得滤液 12m^3，即 $Q_{\min} = 12 \, \text{m}^3/\text{h}$。因 $Q_{\max} = \dfrac{V}{2t_{\mathrm{D}}} \geqslant \dfrac{12}{60}$，将 t_{D} 代入上式计算得 $V \geqslant 12 \, \text{m}^3$。

设框数为 n 个，则 $V = qA_0 \times 2n = 0.5 \times 0.65 \times 0.65 \times 2n \geqslant 12$，解得 $n \geqslant 28.4$。

圆整，取 $n = 29$ 个，即至少要配 29 个框才能完成指定的生产任务。

第三步，求框的厚度

$$\text{框厚} = \frac{2qA_0\nu}{A_0} = 2q\nu = 2 \times 0.5 \times 0.028 = 0.028 \, \text{m} = 28 \, \text{mm}$$

> 📎 **总结**
>
> 过滤机设计原则，应按最大生产能力进行设计、选型，对板框过滤机，还应当全充满。

3. 解：（1）在压差 60.5kPa 下恒压过滤，以 1 个框为基准计算。框全充满时

$$滤饼体积 = 0.45 \times 0.45 \times 0.025 = 0.00506 m^3$$

$$滤液体积\ V = 0.00506/\nu = 0.00506/0.044 = 0.115 m^3$$

$$过滤面积\ A = 2 \times 0.45 \times 0.45 = 0.405 m^2, \qquad q = \frac{V}{A} = \frac{0.115}{0.405} = 0.284 m^3/m^2$$

将 q 代入过滤方程 $q^2 + 0.04q = 5.16 \times 10^{-5}t$ 中，得 $0.284^2 + 0.04 \times 0.284 = 5.16 \times 10^{-5}t$，解得框全充满所需时间 $t = 1783.3s = 29.7min$。

（2）从初始压差 60.5kPa 开始恒速过滤

$$过滤速度 \qquad u = \frac{\mathrm{d}q}{\mathrm{d}t} = \frac{q}{t} = \frac{K}{2(q+q_e)} = 常数 \qquad\qquad ①$$

由过滤方程 $q^2 + 0.04q = 5.16 \times 10^{-5}t$ 可知，在初始压差 $\Delta p = 60.5kPa$ 下

$$K = 5.16 \times 10^{-5} m^2/s, \quad q = 0, \quad q_e = 0.02 m^3/m^2$$

代入式①得过滤速度 $\qquad u = \frac{5.16 \times 10^{-5}}{2 \times (0+0.02)} = 1.29 \times 10^{-3} m/s$

由问题（1）的计算已经知道，当框全充满时，$q = 0.284 m^3/m^2$。将 q、u 代入式①得框全充满所需时间

$$t' = \frac{q}{u} = \frac{0.284}{1.29 \times 10^{-3}} = 220.2s = 3.7min$$

$R_m = rL_e = r'\Delta p^s$，$q_e = 常数$，$s = 0$，故 q_e 不随操作压力而变。

将 $q = 0.284 m^3/m^2$，$q_e = 0.02 m^3/m^2$，$u = 1.29 \times 10^{-3} m/s$ 代入式①得框全充满时，过滤常数

$$K' = 2u(q+q_e) = 2 \times 1.29 \times 10^{-3} \times (0.284+0.02) = 7.84 \times 10^{-4} m^2/s$$

对不可压缩滤饼，$K \propto \Delta p$，于是，过滤终了时的压差

$$\Delta p' = \frac{K'}{K}\Delta p = \frac{7.84 \times 10^{-4}}{5.16 \times 10^{-5}} \times 60.5 = 919.2kPa$$

（3）由 60.5kPa 开始至 181.5kPa 的恒速过滤 压差 $\Delta p' = 181.5kPa$ 下的过滤常数

$$K' = \frac{\Delta p'}{\Delta p}K = \frac{181.5}{60.5} \times 5.16 \times 10^{-5} = 1.548 \times 10^{-4} m^2/s$$

将 $u = 1.29 \times 10^{-3} m/s$，$K = 1.548 \times 10^{-4} m^2/s$，$q_e = 0.02 m^3/m^2$ 代入式①得恒速段获得的滤液量

$$q_R = \frac{K'}{2u} - q_e = \frac{1.548 \times 10^{-4}}{2 \times 1.29 \times 10^{-3}} - 0.02 = 0.04 m^3/m^2$$

恒速段所需时间 $\qquad t_R = \frac{q_R}{u} = \frac{0.04}{1.29 \times 10^{-3}} = 31.0s$

在压差 181.5kPa 下的恒压过滤阶段 将过滤微分方程 $\dfrac{\mathrm{d}q}{\mathrm{d}t} = \dfrac{K'}{2(q+q_e)}$ 在 $t \in [t_R, t]$，$q \in [q_R, q]$ 范围内积分 $\displaystyle\int_{t_R}^{t} \mathrm{d}t = \int_{q_R}^{q} \frac{2(q+q_e)}{K'} \mathrm{d}q$，化简得

$$t = t_R + \frac{1}{K'}\left[(q+q_e)^2 - (q_R+q_e)^2\right]$$

将 $t_R = 31.0s$，$K' = 1.548 \times 10^{-4} m^2/s$，$q = 0.284 m^3/m^2$，$q_e = 0.02 m^3/m^2$，$q_R = 0.04 m^3/m^2$ 代入上式得框全充满所需时间

$$t = 31.0 + \frac{1}{1.548 \times 10^{-4}} \times [(0.284 + 0.02)^2 - (0.04 + 0.02)^2] = 604.7s = 10.1min$$

（4）在 181.5kPa 下的恒压过滤　先求过滤常数 K'。对不可压缩滤饼，有 $K \propto \frac{\Delta p}{r}$，于是

$$K' = \frac{\Delta p'}{\Delta p} \frac{r}{r'} K$$

将 $\Delta p = 60.5kPa$，$\Delta p' = 181.5kPa$，$K = 5.16 \times 10^{-5} m^2/s$，$r' = 1.2r$ 代入上式得

$$K' = \frac{181.5}{60.5} \times \frac{r}{1.2r} \times 5.16 \times 10^{-5} = 1.29 \times 10^{-4} m^2/s$$

将 $q = 0.284 m^3/m^2$，$K' = 1.29 \times 10^{-4} m^2/s$，$q_e = 0.02 m^3/m^2$ 代入恒压过滤方程 $q^2 + 2qq_e = K't$ 中得

$$0.284^2 + 2 \times 0.284 \times 0.02 = 1.29 \times 10^{-4} t$$

解得 $t = 713.3s = 11.9min$。

总结

①由本题计算结果可见，完成同样的生产任务（框全充满），恒速过滤操作所用的时间最少，其次是先恒速后恒压操作，再次是较高压差下的恒压过滤操作，用时最多的是较低压差下的恒压操作。②先恒速、后恒压操作比单纯的恒压操作效果要好。③恒速过滤积分式中的 K 是变量，计算时应取某瞬时值。④先恒速、后恒压过程计算中，不可直接使用恒压过滤方程 $q^2 + 2qq_e = Kt$，应从过滤微分方程式开始重新积分，即 $(q^2 - q_R^2) + 2q_e(q - q_R) = K(t - t_R)$。

3.5　固体流态化

3.5.1　概念梳理

【主要知识点】

1. 流态化的基本概念

（1）**流态化现象**

① **固定床阶段**　床层空隙中流体的实际流速 u 小于颗粒的沉降速度 u_t。

② **流化床阶段**　每一个空塔速度对应一个相应的床层空隙率，流体的流速增加，空隙率也增大，但流体的实际流速总是保持颗粒的沉降速度 u_t 不变，颗粒被吹起而不会飞走，原则上流化床有一个明显的上界面。

③ **颗粒输送阶段**　当流体在床层中的实际流速超过颗粒的沉降速度 u_t 时，流化床的上界面消失，颗粒将悬浮在流体中并被带出器外。气力输送可根据气流中的固相浓度（常用混合比或称固气比表示）分为两种输送方式：稀相输送、密相输送。

（2）实际流化床的两种流化现象

①散式流化，常见于液固系统；②聚式流化，常见于气固系统。聚式流化会出现空穴（气泡相），这是两种流化现象的区别。

2. 流化床的主要特征

（1）恒定的压力降。

（2）液体样特性　颗粒会流动，会喷射出来。

（3）固体混合均匀　温度均匀，传质速率大。

（4）气固接触的不均匀性　空穴（气泡相）中气速快，乳化相中气速慢。可导致两种不正常现象：①腾涌，空穴占领整个床截面；②沟流，气流短路。

3. 流化床的操作范围

流化床的操作范围为空塔速度的上下极限，可用比值 u_t/u_{mf} 的大小来衡量。u_t/u_{mf} 称为流化数。对于细颗粒，$u_t/u_{mf}=91.6$；大颗粒，$u_t/u_{mf}=8.61$。

4. 提高流化质量的措施

① 破空穴：加内部构件、挡板等。

② 采用小粒径、宽分布的颗粒。

③ 抑制沟流：增加分布板阻力，影响范围 0.5m 区域。

【固体流化态思维导图】

> 1.流化态现象：(1) 固定床阶段，操作流速 $u \leqslant u_{mf}$，颗粒静止不动；(2) 流化床阶段 $u_{mf} < u < u_t$；(3) 颗粒输送阶段 $u \geqslant u_t$
> 2.实际流化床存在两种流化现象：(1) 散式流化，常见于液固系统；(2) 聚式流化，常见于气固系统。两者区别在于是否会出现空穴(气泡相)

固体流态化

> 1.流化床的主要特征：(1) 液体样特性；(2) 固体混合均匀；(3) 恒定的压降 $\Delta p = L(1-\varepsilon)(\rho_p - \rho)g$；(4) 气固接触的不均匀性，可导致两种不正常现象腾涌、沟流
> 2.(1) 流化床的操作范围可用流化数 u_t/u_{mf} 表示。对于大颗粒 $u_t/u_{mf}=8.61$，小颗粒 $u_t/u_{mf}=91.6$；(2) 操作压降 $\Delta p = \dfrac{颗粒重力-浮力}{床截面} = \dfrac{mg}{A}\left(1 - \dfrac{\rho}{\rho_p}\right)$，操作压降与流速 u 无关
> 3.提高流化质量的措施：(1) 破空穴，如加内部构件、挡板等；(2) 采用细颗粒、宽分布的颗粒；(3) 抑制沟流

3.5.2　夯实基础题

一、填空题

1. 气体通过颗粒床层时，随流速从小到大可能出现的三种状况是 ＿＿＿＿、＿＿＿＿、＿＿＿＿。

2. 某规则充填的均匀球形颗粒的固定床内，颗粒越细，流体通过单位高度的床层压降越大，其原因是_____。

3. 流化床在正常操作范围内，随着操作气速的增加，流体在颗粒缝隙间的流速_____，床层空隙率_____，床层压降_____，颗粒沉降速度_____。（增加，减小，不变）

4. 流化床操作中，流体在床层中真实速率为 u_1，颗粒沉降速度为 u_t，流体通过床层的表观速度为 u，三者数值大小关系为_____。

5. 流体通过流化床的压降随气体流量增加而_____。流化床主要优点是_____，其主要不正常现象有_____和_____。流化床实际流化现象分_____和_____，分别发生在_____和_____系统中。

6. 当流体以较低流速通过颗粒层（固定床、滤饼层等）时，①其他条件一定，空隙率增加，则每米层高的压降_____；②其他条件一定，流体黏度增加，则每米层高的压降_____；③其他条件一定，流体流速增加，则每米层高的压降_____。（增加、减少、不变）

二、简答题

1. 临界流化速度的影响因素是什么？

2. 何谓流化床层的内生不稳定性？如何抑制（提高流化质量的常用措施）？

3. 在考虑流体通过固定床流动的压降时，颗粒群的平均直径是按什么原则定义的？为什么？

4. 气力输送有哪些主要优点？

三、计算题

1. 已知床层直径 $D=1\text{m}$，颗粒质量 $m=3.54\text{t}$，颗粒密度 $\rho_s=1100\text{kg/m}^3$，固定床高度 $L_{固}=5\text{m}$，流化床高度 $L_{流}=10\text{m}$。求：（1）固定床床层空隙率 $\varepsilon_{固}$；（2）流化床床层空隙率 $\varepsilon_{流}$；（3）Δp。

2. 已知在 20℃ 下，某种固体颗粒密度 $\rho_s=1300\text{kg/m}^3$，某气体的 $\rho=1.54\text{kg/m}^3$，$\mu=0.0137\text{mPa·s}$，现有流化床层直径 $D=2\text{m}$，操作流速 $u=0.15\text{m/s}$，求：（1）颗粒被带出的最小粒径；（2）若实际颗粒直径为 $50\mu\text{m}$，为使颗粒不被带出，求能达到此要求的最小床层直径 D'。

【参考答案与解析】

一、填空题

1. 固定床阶段；流化床阶段；颗粒输送阶段。　2. 细颗粒的比表面积大。

3. 不变；增大；不变；不变。

4. $u<u_1=u_t$。**解析**：沉降速度是流体与颗粒的综合特性，$u_t=\dfrac{d^2(\rho_s-\rho)g}{18\mu}$，流化时 $u_1=\dfrac{V}{\varepsilon}=u_t$，$V$ 与 ε 对应，V 越大，孔隙率 ε 越大，但 u_1 即 u_t 不变。

5. 不变；床层温度、流体浓度分布均匀；沟流；腾涌；散式流化；聚式流化；液-固；气-固。**解析**：流体通过流化床的压降为：$\Delta p=\dfrac{m}{A\rho_s}(\rho_s-\rho)g$，即单位截面床层内固体的表观重量。压降与床层颗粒的总质量、空床界面积、颗粒与流体的密度有关，与气速无关而始终保持定值。

6. 减少；增加；增加。

二、简答题

1. ①床料颗粒的宽筛分粒度分布。粗大颗粒越多则流化风速越高，而细颗粒越多则流化风速越低。②颗粒静态堆积密度。料层颗粒群静态堆积密度较大者所需要的流化速度越高，较轻的颗粒所需的流化速度越低。③布风均匀性较差的流化床达到完全流化所需的流化速度较高。④较高温度下，空气黏度增大，临界流化速度降低。⑤流化风介质的物理特性。黏度较高、密度较大、压力较高的介质所需要的临界流化速度较低。

2. 设有一正常操作的流化床，由于某种干扰在床内某局部区域出现一个空穴，该处床层密度即流动阻力必然减小，附近的气体便优先取道此空穴而通过。空穴处气体流量地急剧增加，可将空穴顶部更多颗粒推开，从而空穴变大。空穴变大又使该处阻力进一步减小，气体流量进一步增加，从而产生恶性循环。称这种空穴的恶性循环为流化床层的内生不稳定性。

为抑制流化床的这一不利因素，通常采取以下措施：设计适当开孔率和压降的分布板来增加分布板的阻力；设置水平挡板或垂直构件的内部构件；用小直径、宽分布颗粒；采用细颗粒、高气速操作。

3. 颗粒群的平均直径以比表面积相等作为准则。因为颗粒层内流体为爬流流动，流动阻力主要由颗粒层内固体表面积的大小决定，而颗粒的形状并不重要。

4. 系统可密闭；输送管线设置比铺设道路更方便；设备紧凑，易连续化，自动化；同时可进行其他单元操作。

三、计算题

1. **解：**（1）颗粒所占体积

$$V_p = \frac{m}{\rho_s} = \frac{3.54 \times 10^3}{1100} = 3.22 \text{m}^3$$

床层

$$V = \frac{\pi}{4} D^2 L_{固} = 0.785 \times 1^2 \times 5 = 3.93 \text{m}^3$$

所以

$$\varepsilon_{固} = 1 - \frac{V_p}{V} = 1 - \frac{3.22}{3.93} = 0.18$$

（2）流化床

$$V = \frac{\pi}{4} D^2 L_{流} = 0.785 \times 1^2 \times 10 = 7.85 \text{m}^3$$

所以

$$\varepsilon_{流} = 1 - \frac{V_p}{V} = 1 - \frac{3.22}{7.85} = 0.59$$

（3）$\Delta p = \frac{m}{A\rho_s}(\rho_s - \rho)g$，由于 $\rho_s \gg \rho$，可近似认为 $\rho_s - \rho = \rho_s$，因此

$$\Delta p = \frac{m}{A} g = \frac{3.54 \times 10^3}{\frac{\pi}{4} \times 1^2} \times 9.81 = 4.42 \times 10^4 \text{N/m}^2$$

2. **解：**（1）当 $u \geqslant u_t$ 时，颗粒被带出。假设颗粒沉降在层流区，则

$$u_{min} = u_t = \frac{d_{min}^2 (\rho_s - \rho)g}{18\mu} = \frac{d_{min}^2 \times (1300 - 1.54) \times 9.81}{18 \times 0.0137 \times 10^{-3}} = 0.15$$

所以 $\qquad d_{\min}=5.39\times10^{-5}=53.9\mu m$

检验 Re_t $\qquad Re_t=\dfrac{du_t\rho}{\mu}=\dfrac{1.54\times0.15\times53.9\times10^{-6}}{0.0137\times10^{-3}}=0.91<1$

所以假设正确，所求最小颗粒直径有效。

（2）由（1）可知，$53.9\mu m$ 的颗粒沉降在层流区，在原床层直径下，$50\mu m$ 的颗粒会被带出，所以需要增大床层直径，使其不被带出。

颗粒直径越小，沉降速度越慢，则 $50\mu m$ 的颗粒沉降必在层流区

$$u_t=\frac{d^2(\rho_s-\rho)g}{18\mu}=\frac{(50\times10^{-6})^2\times(1300-1.54)\times9.81}{18\times0.0137\times10^{-3}}=0.129m/s$$

当 $u'\leqslant u_t$ 时，颗粒才不带走。

因为通过流化床的体积流量一定，所以

$$u'_{\max}\times\frac{\pi}{4}D'^2=u\times\frac{\pi}{4}D^2,\quad D'=D\sqrt{\frac{u}{u_t}}=2\times\sqrt{\frac{0.15}{0.129}}=2.17m$$

3.5.3　拓展提升题

一、选择题

处理流体通过固定床层的流动，建立一维简化模型时，要在"本质"上近似，模型床层和实际床层的参数应该相等的有（　　　）。

A. 床层的空隙率　　B. 模型床层的单通道的直径和实际床层空隙的当量直径

C. 床层压降　　　　D. 床层空速

二、简答题

广义流态化和狭义流态化的各自含义是什么？

三、计算题

1.（考点　动量守恒定律＋流化床的压降公式）已知颗粒质量为 m，颗粒密度为 ρ_s，流体密度为 ρ，求证流化床压降 $\Delta p=\dfrac{m}{A\rho_s}(\rho_s-\rho)g$（用动量守恒定律）。

2.（考点　欧根方程）已知欧根方程，小颗粒惯性项可忽略，且 $\dfrac{1-\varepsilon_{mf}}{\phi_s^2\varepsilon_{mf}^3}=11$；大颗粒粒性项可忽略，且 $\dfrac{1}{\phi_s\varepsilon_{mf}^3}=14$。求证 $\dfrac{u_t}{u_{mf}}$ 小颗粒为 91.7，大颗粒为 8.62。

【参考答案与解析】

一、选择题

A、B、C。

二、简答题

狭义流态化指操作气速 u 等于 u_t 的流化床，广义流化床则包括流化床、载流床和气力输送。

三、计算题

1. 证明：颗粒重力 $F_2=-mg$，流体受重力

$$G = -\left[A(z_2 - z_1) - \frac{m}{\rho_s}\right]\rho g$$

两截面压差 $F_1 = A(p_1 - p_2)$，所以动量守恒

$$\sum F = m(u_2 - u_1) = 0$$

$$A(p_1 - p_2) - \left[A(z_2 - z_1) - \frac{m}{\rho_s}\right]\rho g - mg = 0$$

$$p_1 - p_2 = (z_2 - z_1)\rho g + \frac{m}{A\rho_s}(\rho_s - \rho)g$$

$$\Delta p = \frac{m}{A\rho_s}(\rho_s - \rho)g$$

2. 由欧根公式 $\dfrac{\Delta p}{L} = 150\dfrac{(1-\varepsilon)^2}{\varepsilon^3} \times \dfrac{\mu u}{(\phi_s d)^2} + 1.75 \times \dfrac{1-\varepsilon}{\varepsilon^3} \times \dfrac{\rho u^2}{\phi_s d}$

小颗粒，以黏性项为主，得

$$\frac{\Delta p}{L_{mf}} = 150\frac{(1-\varepsilon_m)^2}{\varepsilon_m^3 \phi_s^2} \times \frac{\mu u_{mf}}{d^2} = 1650(1-\varepsilon_m)\frac{\mu u_{mf}}{d^2}$$

$$\frac{\Delta p}{L_{mf}} = \frac{m}{AL_{mf}\rho_s}(\rho_s - \rho)g = (1-\varepsilon_m)(\rho_s - \rho)g$$

得

$$u_{mf} = \frac{d^2(\rho_s - \rho)g}{1650\mu}, \quad u_t = \frac{d^2(\rho_s - \rho)g}{18\mu}$$

所以

$$\frac{u_t}{u_{mf}} = \frac{1650}{18} = 91.7$$

大颗粒，以惯性项为主，得

$$\frac{\Delta p}{L_{mf}} = 1.75\frac{1-\varepsilon_m}{\varepsilon_m^3 \phi_s} \times \frac{\rho u_{mf}^2}{d} = 24.5(1-\varepsilon_m)\frac{\rho u_{mf}^2}{d}$$

$$\frac{\Delta p}{L_{mf}} = (1-\varepsilon_m)(\rho_s - \rho)g$$

所以

$$u_{mf} = \sqrt{\frac{d(\rho_s - \rho)g}{24.5\rho}}$$

由 $\zeta = 0.44$ 可得

$$u_t = \sqrt{\frac{4d(\rho_s - \rho)g}{3\rho\zeta}} = \sqrt{\frac{4d(\rho_s - \rho)g}{3 \times 0.44\rho}}$$

因此

$$\frac{u_t}{u_{mf}} = \sqrt{\frac{24.5}{0.75 \times 0.44}} = 8.62$$

3.6 拓展阅读 烛式过滤器

【技术简介】烛式过滤器是一款新型自动化压力式过滤装置[1]，主要由筒体、滤芯、滤布、助滤剂、电脑控制系统及配件等构成。具有自动化程度较高、安全可靠、密闭、高精、高效节能等特点。

【工作原理】烛式过滤器（图3-9）的筒体内一般配有一至多根滤芯，在滤芯上套有根据原料液特性而定的专用滤布，当液体经过时，留在滤布上的固体物质逐渐累积成一定

厚度滤饼层。当滤饼层厚度过厚而影响过滤效率时，系统会根据压力传感器提供的信号启动反吹脱饼操作，并打开排渣口，旧滤饼层清除后，再重启新一轮的过滤周期[2]。密闭且牢固的筒体保证了生产过程无泄漏；精密自动化全程控制，实现了企业生产的持续性，在提高生产效率和节省人工的同时，也大大减少了风险事故的发生。

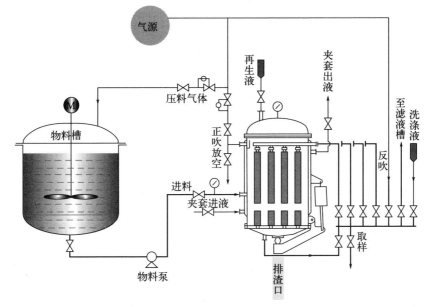

图 3-9　烛式过滤器流程简图

　　【工程应用】目前烛式过滤器已广泛应用于石油、食品、塑料、制糖等行业，尤其是在化工生产过程中得到了重用。例如医药生产中，可将原料药母液通过烛式过滤器进行净化，还可以在活性炭脱色工序中利用烛式过滤器分离出活性炭。

　　【发展趋势】为进一步地提升该工艺的产能性，滤饼层厚度的控制、滤渣清扫、新滤饼层的重构及滤液质量的监控是这项技术的关键要点[3]，也是学者们正在攻克的技术难点。

参考文献

[1]　丁圣启，王唯一 . 新型实用过滤技术 ［M］. 北京：冶金工业出版社，2017.
[2]　罗远方 . 烛式过滤机在离子型稀土矿山的应用试验 ［J］. 中国新技术新产品，2023（12）：43-45.
[3]　姚凤灵，刘国荣，赵琳，等 . 烛式过滤器加载超声波技术应用探究 ［J］. 过滤与分离，2015，25（03）：25-28.

本章符号说明

英文字母

a——颗粒的比表面积，m^2/m^3；加速度，m/s^2；常数

A——截面积，m^2

b——降尘室宽度，m；常数

B——旋风分离器的进口宽度，m

d——颗粒直径，m

d_c——旋风分离器的临界直径，m

d_{50}——旋风分离器的分割直径，m

d_e——当量直径，m

D——设备直径，m

F——作用力，N

g——重力加速度，m/s^2

h——旋风分离器的进口高度，m

H——设备高度，m

k——滤浆的特性常数，$m^4/(N\cdot s)$

K——量纲为 1 数群；过滤常数，m^2/s

K_c——分离因数

l——降尘室长度，m

L——滤饼厚度或床层高度，m

n——转速，r/min

N_o——旋风分离器内气体的有效回转圈数

Δp——压力降或过滤推动力，Pa

Δp_W——洗涤推动力，Pa

q——单位过滤面积获得的滤液体积，m^3/m^2

q_e——单位过滤面积上的当量滤液体积，m^3/m^2

Q——过滤机的生产能力，m^3/h

r——滤饼的比阻，$1/m^2$

r'——单位压差下滤饼的比阻，$1/m^2$

R——滤饼阻力，$1/m$；固气比，kg 固/kg 气

R_m——过滤介质阻力

s——滤饼的压缩性指数

S——表面积，m^2

t——通过时间或过滤时间，s

t_D——辅助操作时间，s

t_e——过滤介质的当量过滤时间，s

t_W——洗涤时间，s

T——操作周期或回转周期，s

u——流速或过滤速度，m/s

u_i——旋风分离器的进口气速，m/s

u_r——离心沉降速度或径向速度，m/s

u_R——恒速阶段的过滤速度，m/s

u_t——沉降速度或带出速度，m/s

u_T——切向速度，m/s

V——滤液体积或每个周期所得滤液体积，m^3；球形颗粒的体积，m^3

V_e——过滤介质的当量滤液体积，m^3

V_p——颗粒体积，m^3

V_s——体积流量，m^3/s

w——悬浮液系中分散相的质量流量，kg/s

W——重力，N；单位体积床层的颗粒质量，kg/m^3

x——悬浮物系中分散相的质量分数

希腊字母

α——转筒过滤机的浸没角度

ε——床层空隙率

ζ——阻力系数

η——分离效率

μ——流体黏度或滤液黏度，$Pa\cdot s$

μ_W——洗水黏度，$Pa\cdot s$

ν——滤饼体积与滤液体积之比

ρ——流体密度，kg/m^3

ρ_s——固相或分散相密度，kg/m^3

ϕ_s——形状系数或颗粒球形度

Ψ——转筒过滤机的浸没度

φ——百分率

第 4 章

传热及蒸发

📑 本章知识目标

❖ 掌握热传导、热对流以及热辐射的基本概念；

❖ 掌握平壁及圆筒壁稳定热传导的计算；

❖ 了解对流传热系数的影响因素；

❖ 掌握圆形直管内流体无相变湍流条件下对流传热系数的计算，间壁传热计算；

❖ 了解各类换热器、蒸发器的结构特点及适用场合。

⚙️ 本章能力目标

❖ 能进行间壁换热的能量衡算、载热剂用量计算；

❖ 能对传热过程的强化途径进行分析；

❖ 能运用单元传热数法进行传热过程分析；

❖ 能进行管壳式换热器的选型设计；

❖ 能根据生产任务要求选择合适的换热或蒸发设备。

📖 本章素养目标

❖ 树立节能意识，能应用理论分析节能途径；

❖ 形成辩证思维，能用发展的眼光看待事物；

❖ 建立科学方法，能基于科学理论解决问题。

🧮 本章重点公式

1. 平壁稳定热传导公式

$$Q = \frac{t_1 - t_{n+1}}{\sum_{i=1}^{n} \frac{b_i}{\lambda_i S}}$$

2. 圆筒壁稳定热传导公式

$$Q = \frac{t_1 - t_{n+1}}{\sum_{i=1}^{n} \frac{b_i}{\lambda_i 2\pi L r_{mi}}} = \frac{t_1 - t_{n+1}}{\sum_{i=1}^{n} \frac{1}{2\pi L \lambda_i} \ln \frac{r_{i+1}}{r_i}}$$

3. 圆管内无相变湍流时对流传热系数公式

$$\alpha = 0.023 \frac{\lambda}{d_i} \left(\frac{d_i u \rho}{\mu} \right)^{0.8} \left(\frac{c_p \mu}{\lambda} \right)^{n}$$

适用条件　低黏度流体在管内作强制对流；$Re>10^4$，$0.7<Pr<120$；管长与管径之比 $L/d_i>60$。

流体被加热时，$n=0.4$；被冷却时，$n=0.3$。

4. 热量衡算式

$$Q=W_h c_{ph}(T_1-T_2)=W_c c_{pc}(t_2-t_1)$$

5. 总传热速率方程

$$Q=K\Delta t_m S$$

6. 总传热系数

$$\frac{1}{K_o}=\frac{d_o}{\alpha_i d_i}+R_{si}\frac{d_o}{d_i}+\frac{bd_o}{\lambda d_m}+R_{so}+\frac{1}{\alpha_o}$$

7. 并、逆流条件下的平均温差

$$\Delta t_m=\frac{\Delta t_2-\Delta t_1}{\ln\dfrac{\Delta t_2}{\Delta t_1}}$$

4.1 概述

1. 热传递有三种基本方式　热传导、热对流、热辐射。

2. 热交换有三种方式　直接接触式换热、蓄热式换热、间壁式换热。三种换热方式及其优缺点见表 4-1。

▫ **表 4-1　换热方式及其优缺点**

交换方式	设备	优点	缺点
直接接触式换热	混合式换热器	传热效果好；设备结构简单	冷热介质直接混合
蓄热式换热	蓄热器	结构简单且可耐高温	设备体积庞大且不能完全避免两种流体的混合
间壁式换热	间壁式换热器	冷、热流体被固体壁面隔开，不相混合	金属耗量大；结构复杂；造价高

3. 稳态传热及非稳态传热

（1）**稳态传热**（连续生产过程）　在传热系统（例如换热器）中不积累能量（即输入的能量等于输出的能量）的传热过程。特点是传热系统中温度分布不随时间而变，且传热速率在任何时间都为常数。

（2）**非稳态传热**（间歇操作过程和连续生产时的开停工阶段）　传热系统中温度分布随时间的变化而变化。

4. 载热体

（1）**载热体的定义**　流体供给或取走热量，起加热作用的载热体为加热剂，见表 4-2；起冷却作用的载热体为冷却剂，见表 4-3。

▫ 表 4-2　常用加热剂及其适用范围

加热剂	饱和蒸汽	热水	矿物油
适用温度/℃	100～180℃	40～100℃	180～250℃

▫ 表 4-3　常用冷却剂及其适用范围

冷却剂	水	冷冻盐水	空气
适用温度/℃	20～80℃	−15～0℃	＞30℃

（2）**载热体的选择**　①载热体的温度易调节控制；②载热体的饱和蒸气压较低，加热时不易分解；③载热体的毒性小，不易燃、不易爆，不易腐蚀设备；④价格便宜，来源容易。

5. 温度场

（1）**非稳态温度场**　温度场内各点的温度随时间的变化而变化，该温度场对应于非稳态的导热状态。

（2）**稳态温度场**　温度场内各点的温度不随时间的变化而变化。

$$t = f(x, y, z), \qquad \frac{\partial t}{\partial \theta} = 0$$

（3）**稳态的一维温度场**　物体内的温度仅沿一个坐标方向发生变化，即

$$t = f(x), \qquad \frac{\partial t}{\partial \theta} = 0, \qquad \frac{\partial t}{\partial y} = \frac{\partial t}{\partial z} = 0$$

6. 等温面及温度梯度

（1）**等温面**　温度场中同一时刻下相同温度各点所组成的面，由于某瞬间内空间任一点上不可能同时有不同的温度，故温度不同的等温面彼此不能相交。温度随距离的变化程度以沿与等温面垂直的方向为最大。

（2）**温度梯度**　温度为（$t + \Delta t$）与 t 两相邻等温面之间的温度差 Δt，与两面间的垂直距离 Δn 之比值。

$$\mathrm{grad}\, t = \lim_{\Delta n \to \infty} \frac{\Delta t}{\Delta n} = \frac{\overrightarrow{\partial t}}{\partial n}$$

温度梯度 $\dfrac{\overrightarrow{\partial t}}{\partial n}$ 为向量，正方向是温度增加的方向。

4.2　热传导

4.2.1　概念梳理

【主要知识点】

1. 傅里叶定律

$$\mathrm{d}Q = -\lambda\, \mathrm{d}S\, \frac{\partial t}{\partial n}$$

$$q = \frac{dQ}{dS} \text{（计算时应标明选择的基准面积）}$$

$$传热效率 = \frac{传热推动力（温度差）}{热阻}$$

$$Q = \frac{\Delta t}{R} \quad 或 \quad q = \frac{\Delta t}{R'}$$

式中，Q 为传热速率，单位时间内通过传热面的热量，W；S 为传热面积，m^2；λ 为导热系数，$W/(m \cdot ℃)$；q 为热通量，单位传热面积的传热速率，W/m^2；负号表示热流方向总是与温度梯度的方向相反。

热传导的必要条件：物体或系统内的各点间的温度差。

2. 导热系数

（1）导热系数的定义

$$\lambda = \frac{-dQ}{dS \frac{\partial t}{\partial n}}$$

导热系数在数值上等于单位温度梯度下的热通量，它表征物质导热能力的大小，是物质的物理性质之一。导热系数的数值与物质的组成、结构、密度、温度及压强有关。各种物质的导热系数通常用实验方法测定。

导电物质的 $\lambda >$ 非导电物质的 λ，固体的 $\lambda >$ 液体的 $\lambda >$ 气体的 λ。

（2）固体的导热系数　纯金属的导热系数一般随温度升高而减小，金属的导热系数大多随其纯度的增高而增大，因此，合金的导热系数一般比纯金属要小。

非金属的建筑材料或绝热材料的导热系数与温度、组成及结构的紧密程度有关，通常随密度增大而增大，随温度升高而增大。

$$\lambda = \lambda_0 (1 + \alpha' t)$$

大多数金属材料，α' 为负值；大多数非金属材料，α' 为正值。

（3）液体的导热系数　液态金属的导热系数比一般液体的要大，在液态金属中，纯钠具有较大的导热系数。大多数液态金属的导热系数随温度升高而减小。

非金属液体中，水的导热系数最大。除水和甘油外，液体的导热系数随温度升高略有减小。一般来说，纯液体的导热系数比其溶液要大。

（4）气体的导热系数　气体的导热系数随温度的升高而增大。在相当大的压力范围内，气体的导热系数随压力的变化可以忽略不计，只有在过高或过低的压力（高于 $2 \times 10^5 kPa$ 或低于 $3kPa$）下，气体的导热系数随压力的增高而增大。

气体的导热系数很小，对导热不利，但是有利于保温、绝热。

计算混合物的导热系数见相关教材或文献。

3. 平壁稳定热传导

（1）单层平壁稳定热传导

$$Q = \frac{\lambda}{b} S(t_1 - t_2) = \frac{(t_1 - t_2)}{\frac{b}{\lambda S}} = \frac{\Delta t}{R} = \frac{传热推动力（温度差）}{热阻}$$

该式适用于 λ 为常数的稳态热传导过程。在工程计算中，对于各处温度不同的固体，其导热系数可以取固体两侧面温度下 λ 值的算术平均值，或取两侧面温度之算术平均值下的 λ 值。

传热速率与导热推动力成正比，与热阻成反比。导热距离 b 越大、传热面积和导热系数越小，则热阻越大。

（2）**多层平壁稳定热传导**

$$Q = \frac{t_1 - t_{n+1}}{\sum_{i=1}^{n} \frac{b_i}{\lambda_i S}} = \frac{\sum \Delta t}{\sum R}$$

一定 Q 下，λ 越小，温降陡度越大。

4. 圆筒壁稳定热传导

（1）**单层圆筒壁稳定热传导**

$$Q = \frac{2\pi L \lambda (t_1 - t_2)}{\ln \frac{r_2}{r_1}}$$

取对数平均值

$$r_m = \frac{r_2 - r_1}{\ln \frac{r_2}{r_1}}$$

则

$$Q = \frac{S_m \lambda (t_1 - t_2)}{b} = \frac{2\pi r_m L \lambda (t_1 - t_2)}{b} = \frac{\Delta t}{R}$$

算术平均值

$$r'_m = \frac{r_1 + r_2}{2}$$

当 $r_2/r_1 \leqslant 2$ 时，用算术平均值代替对数平均值，计算误差小于或等于 4%，这是工程计算允许的，此时常用算术平均值代替对数平均值进行计算。

（2）**多层圆筒壁稳定热传导**

$$Q = \frac{t_1 - t_{n+1}}{\sum_{i=1}^{n} \frac{1}{2\pi L \lambda_i} \ln \frac{r_{i+1}}{r_i}}$$

对圆筒壁的稳定热传导，通过各层的热传导速率 Q 都是相同的，但是热通量 q 随着半径 r 增大而减小不相等。

导热系数小的保温材料放内层，保温效果好。

5. 保温层的临界直径

$$d_c = 2\lambda / \alpha$$

式中，d_c 为保温层的临界直径；α 为对流传热系数。

若保温层的外径小于 d_c，则增加保温层的厚度反而使热损失增大。只有在 $d_c > 2\lambda/\alpha$ 下，增加保温层的厚度才使热损失减少。由此可知，对管径较小的管路包扎 λ 较大的保温材料时，需要核算 d_o 是否小于 d_c。

【热传导思维导图】

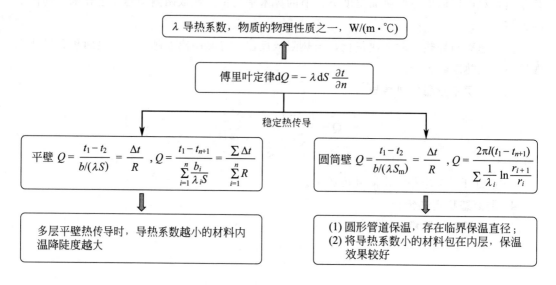

λ 导热系数，物质的物理性质之一，W/(m·℃)

傅里叶定律 $dQ = -\lambda dS \dfrac{\partial t}{\partial n}$

稳定热传导

平壁 $Q = \dfrac{t_1 - t_2}{b/(\lambda S)} = \dfrac{\Delta t}{R}$ ， $Q = \dfrac{t_1 - t_{n+1}}{\sum\limits_{i=1}^{n} \dfrac{b_i}{\lambda_i S}} = \dfrac{\sum \Delta t}{\sum\limits_{i=1}^{n} R}$

圆筒壁 $Q = \dfrac{t_1 - t_2}{b/(\lambda S_m)} = \dfrac{\Delta t}{R}$ ， $Q = \dfrac{2\pi l(t_1 - t_{n+1})}{\sum \dfrac{1}{\lambda_i} \ln \dfrac{r_{i+1}}{r_i}}$

多层平壁热传导时，导热系数越小的材料内温降陡度越大

(1) 圆形管道保温，存在临界保温直径；
(2) 将导热系数小的材料包在内层，保温效果较好

4.2.2 典型例题

【例】 双碳背景下，节能作为重要手段应贯穿在经济社会发展的全过程。在工业生产中，任何蒸气管道都需要保温，以实现节能的目的。在温度为 25℃ 的环境中有一外径为 150mm 的蒸气管道，管道外面包有两层保温材料，内层厚 40mm，导热系数为 0.01W/(m·℃)；外层厚 30mm，导热系数为 0.5W/(m·℃)。输送管与环境间的对流传热系数为 2W/(m²·℃) （$Q = \alpha S \Delta t$），与环境接触的表面温度为 50℃，试求：

(1) 管道单位长度散热量；

(2) 保温层的单位长度总热阻；

(3) 各层材料交界面的温度；

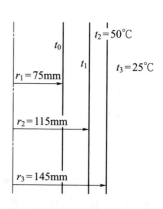

图 4-1 例题附图

(4) 若内外两层保温材料的包扎厚度不变，但将材质对调一下位置，比较其保温效果。假设传热推动力保持不变。

解：（1）管道单位长度散热量　设管由内到外的半径分别为 r_1、r_2、r_3 温度为 t_0、t_1、t_2、t_3，内外材料的导热系数为 λ_1、λ_2，如图 4-1 所示

$$\frac{Q}{L} = \frac{\pi d_2 (t_2 - t_3)}{1/\alpha} = \frac{3.14 \times 0.29 \times (50 - 25)}{\dfrac{1}{2}} W/m = 45.55 W/m$$

（2）保温层的单位长度总热阻　由题可知

$$R = \frac{1}{2\pi\lambda_1} \ln\left(\frac{r_2}{r_1}\right) + \frac{1}{2\pi\lambda_2} \ln\left(\frac{r_3}{r_2}\right) + \frac{1}{\pi d_3 \alpha_0}$$

$$= \frac{1}{2\pi \times 0.01} \times \ln\left(\frac{115}{75}\right) + \frac{1}{2\pi \times 0.5} \times \ln\left(\frac{145}{115}\right) + \frac{1}{\pi \times 0.29 \times 2} = 7.43℃ \cdot m/W$$

（3）各层材料交界面的温度　由于多层圆筒壁热传导时，单位管长的传热效率保持不变

$$\frac{Q}{L}=\frac{\pi d_2(t_2-t_3)}{1/\alpha}=\frac{t_1-t_2}{\dfrac{1}{2\pi\lambda_2}\ln\left(\dfrac{r_2}{r_1}\right)}=\frac{t_0-t_1}{\dfrac{1}{2\pi\lambda_1}\ln\left(\dfrac{r_1}{r_0}\right)}$$

$$t_1=\frac{Q}{L}\cdot\frac{1}{2\pi\lambda_2}\cdot\ln\left(\frac{r_2}{r_1}\right)+t_2=45.55\times\frac{1}{2\pi\times0.5}\times\ln\left(\frac{145}{115}\right)+50=53.36℃$$

$$t_0=\frac{Q}{L}\cdot\frac{1}{2\pi\lambda_1}\cdot\ln\left(\frac{r_1}{r_0}\right)+t_1=45.55\times\frac{1}{2\pi\times0.01}\times\ln\left(\frac{115}{75}\right)+53.36=363.24℃$$

（4）两种材料互换后每米管长的热损失

$$\frac{Q'}{L}=\frac{(t_0-t_2)2\pi}{\dfrac{1}{\lambda_2}\ln\dfrac{r_1}{r_0}+\dfrac{1}{\lambda_1}\ln\dfrac{r_2}{r_1}}=\frac{(363.24-50)\times2\pi}{\dfrac{1}{0.5}\times\ln\dfrac{115}{75}+\dfrac{1}{0.01}\times\ln\dfrac{145}{115}}=81.89\,\text{W/m}$$

因为　　　　　　更换前$\dfrac{Q}{L}=45.55\,\text{W/m}<\dfrac{Q'}{L}=81.89\,\text{W/m}$（更换后）

所以导热系数小的材料包扎在内层能够获得较好的保温效果。可见凡事不可随意猜测，应学习应用理论分析解决实际问题的思路和方法，以获得更高的效率和更准确有效的结论。

4.2.3　夯实基础题

一、选择题

1. 在房间中利用火炉进行取暖，其传热方式为（　　）。

A. 传导和对流　　　B. 传导和辐射　　　C. 对流和辐射

2. 随着温度增加，导热系数变化趋势是：空气（　　）、纯铜（　　）、水银（　　）、橡胶（　　）。

A. 变大　　　　　B. 变小　　　　　C. 不变　　　　　D. 不确定

3. 在蒸汽管外包覆厚度为 b 的保温层（导热系数为 λ），保温层外壁的对流传热系数为 α。若保温层外径 $D<2\lambda/\alpha$，则对单位管长而言（　　）。

A. b 越大，热损失越小　　　　　　B. 当 b 越大，热损失不变

C. b 越大，热损失越大　　　　　　D. 包上保温层后热损失总比不包保温层时小

二、填空题

1. 在包有两层厚度相等的保温材料的圆形管道上，应将导热系数小的材料包在_____（内层、外层），主要是为了_____。

2. 水的导热系数随温度的增大_____；若存在最大值，则该温度区域为_____。

三、简答题

1. 为什么棉被晒太阳后会变得更加保暖？

2. 某学校食堂里给洗碗用热水管缠绕了一圈稻草绳子，目的是什么？结果在使用的时候大量的水溅到稻草绳上，会有什么影响吗？为什么？

3. 现在有两款衬衫，材质、款型完全相同，薄款的厚度是厚款的一半。请问，穿一件厚款的和穿两件薄款的保温效果一样吗？为什么？

四、计算题

如图 4-2 所示，平壁炉的炉壁是由两种导热系数未知的材料砌成的，其中内层为 140mm 厚的某种耐火材料，外层为 240mm 厚的某种建筑材料。已测得炉内壁温度为 600℃，外侧壁面温度为 100℃。而为了减少热损失，在建筑材料外面又包扎了一层厚度为 60mm、导热系数为 0.5W/(m·℃) 的石棉。

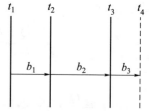

图 4-2 计算题附图

包扎后炉内壁温度为 600℃，耐火材料与建筑材料交界面的温度为 550℃，建筑材料与石棉交界面的温度为 400℃，石棉外侧温度为 75℃。试求：(1) 包扎石棉后热损失比原来减少的百分数；(2) 原来两种材料的导热系数；计算时忽略温度改变对材料导热系数的影响。

【参考答案与解析】

一、选择题

1. C。 2. A；B；B；A。 3. C。

二、填空题

1. 内层；减少热损失，降低壁面温度。 2. 先增大后减小；120～130℃。

三、简答题

1. 因为晒了太阳后棉花变蓬松，纤维卷曲程度增加，能够锁住更多空气，棉被的导热系数变小，有利于保温。

2. 保温；会使保温效果下降；因为水的导热系数比空气大，稻草绳湿了以后导热系数变大，不利于保温。

3. 不一样，两件薄款比一件厚的暖和，因为两件薄的中间还隔了一层空气，等于多了一个热阻项，故在相同温差下传热速率下降，有利于保温。

四、计算题

解： 整理已知条件，如下表。

☐ **计算题附表** 单位：℃

项目	t_1	t_2	t_3	t_4
包扎前	600	—	100	—
包扎后	600	550	400	75

令 Q/S 为包扎石棉前热损失，Q'/S 为包扎石棉后的热损失。t_1 或 t_1' 为炉内壁温度，t_3 为包扎石棉前炉外壁温度，t_2' 为耐火材料与建筑材料交界面的温度，t_3' 为包扎石棉后炉外壁温度；λ_1 及 λ_2 分别为耐火材料与建筑材料的导热系数。

(1) 包扎石棉后热损失比原来减少的百分数

包扎石棉前热损失

$$\frac{Q}{S} = \frac{t_1 - t_3}{\dfrac{b_1}{\lambda_1} + \dfrac{b_2}{\lambda_2}}$$

包扎石棉后热损失

$$\frac{Q'}{S} = \frac{t_1 - t_3'}{\dfrac{b_1}{\lambda_1} + \dfrac{b_2}{\lambda_2}}$$

包扎石棉后热损失比原来减少的百分数

$$\frac{\dfrac{Q}{S}-\dfrac{Q'}{S}}{\dfrac{Q}{S}}=\frac{\dfrac{t_1-t_3}{\dfrac{b_1}{\lambda_1}+\dfrac{b_2}{\lambda_2}}-\dfrac{t_1-t_3'}{\dfrac{b_1}{\lambda_1}+\dfrac{b_2}{\lambda_2}}}{\dfrac{t_1-t_3}{\dfrac{b_1}{\lambda_1}+\dfrac{b_2}{\lambda_2}}}\times100\%=\frac{t_3'-t_3}{t_1-t_3}\times100\%=\frac{400-100}{600-100}\times100\%=60\%$$

（2）耐火材料及建筑材料的导热系数 λ_1 及 λ_2　令石棉外壁面温度为 t_4，则

$$\frac{Q'}{S}=\frac{\lambda_3(t_3'-t_4)}{b_3}=\frac{0.5\times(400-75)}{0.06}=2708.33\,\mathrm{W/m^2}$$

又因 $\dfrac{Q'}{S}=\dfrac{\lambda_2(t_2'-t_3')}{b_2}$，则

$$\lambda_2=\frac{Q'b_2}{S(t_2'-t_3')}=\frac{2708.33\times0.24}{550-400}=4.33\,\mathrm{W/(m\cdot ℃)}$$

同理

$$\lambda_1=\frac{Q'b_1}{S(t_1'-t_2')}=\frac{2708.33\times0.14}{600-550}=7.58\,\mathrm{W/(m\cdot ℃)}$$

总结

遇到这一题型，可先将各个壁面的温度和各参数标示在简图上，若数据过多且伴随变化，可列一个表使得思路更为清晰。可见筛选整理有效信息，是确保思路清晰的有效方法。

4.2.4　灵活应用题

一、选择与填空题

1. 在圆筒稳定导热中，通过圆筒的热通量（即热流密度）（　　）。

A. 内侧比外侧大　　　　　　　　　B. 内侧与外侧相等

C. 外侧比内侧大　　　　　　　　　D. 内、外侧不能确定是否相等

2. 对于穿过三层平壁的稳定热传导过程

（1）若已知 $R_1>(R_2+R_3)$，试比较第一层平壁的温差与第二、三层平壁的温差大小（　　）。

A. $\Delta t_{R_1}>\Delta t_{(R_2+R_3)}$　　　　B. $\Delta t_{R_1}<\Delta t_{(R_2+R_3)}$

C. $\Delta t_{R_1}=\Delta t_{(R_2+R_3)}$　　　　D. 无法比较

（2）对于图 4-3 所示的传热温度分布图，试比较 λ_1、λ_2、λ_3 的大小（　　）。

A. $\lambda_1>\lambda_2>\lambda_3$　　　　　B. $\lambda_1<\lambda_2<\lambda_3$

C. $\lambda_2>\lambda_3>\lambda_1$　　　　　D. $\lambda_1>\lambda_3>\lambda_2$

（3）如图 4-3 所示的三种材料中，保温性能最好的是第_____种。

（4）材料的导热系数越小，温降陡度越大，因此热阻越大。这个说法_____。（正确、错误）

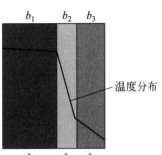

图 4-3　选择与填空题 2（2）附图

3. 多层圆筒壁稳定导热中，若某层的热阻最大，则该层两侧的温差＿＿＿＿＿＿＿＿；若某层的平均导热面积最大，通过该层的热流密度＿＿＿＿＿＿＿＿。

二、简答题

1. 为什么热水瓶的软木塞可以起到保温的作用？

2. 冬天，我们在户外接触铁器、木材和棉织品，触感的冷暖一样吗？为什么？

3. 往热水瓶里灌开水的时候，是完全灌满塞软木塞好呢，还是稍微浅一点、留一点空隙比较好？为什么？

三、计算题

有一外径为50mm的蒸气管道，在管道外包扎一层厚度为 b 的保温层，保温层材料的导热系数为 $\lambda=0.3W/(m\cdot℃)$。若蒸气管道的外表面温度为180℃，保温层的外表面温度为40℃，若要求每米管长的热损失 $Q/L\leqslant260W/m$，试求保温层的厚度及保温层中的温度分布关系。

【参考答案与解析】

一、选择与填空题

1. A。　2.（1）A；（2）D；（3）二；（4）错误。　3. 最大；最小。

二、简答题

1. 因为软木塞里有空气，使得软木塞的导热系数比较小，隔绝了对流传热的路径，所以能保温。

2. 感觉木材会比铁温度高些；因为铁导热系数比木材的大，手碰到铁后，同样温差下热量被铁带走得更快，相对的手触碰木材时的传热速率较小。

3. 稍微浅一点、留一点空隙比较好；因为这样可以避免水与瓶塞的接触式传导，空气的导热系数比水小，导热性比水差，因此散热慢，有利于保温。

三、计算题

解：① 保温层的厚度

设管由内到外的半径分别为 r_1、r_2，温度为 t_1、t_2，材料的导热系数为 λ。

$$\ln\left(\frac{r_2}{r_1}\right)=\frac{2\pi\lambda_m(t_2-t_1)}{\frac{Q}{L}}=\frac{2\pi\times0.3\times(180-40)}{260}$$

$$\ln r_2=\frac{2\pi\lambda_m(t_2-t_1)}{\frac{Q}{L}}+\ln r_1=\frac{2\pi\times0.3\times(180-40)}{260}+\ln0.025=-2.6744$$

$$r_2=69mm$$

所以　　　　$b=r_2-r_1=69mm-25mm=44mm$

② 设半径 r 处温度为 t

则有　　　　$$\frac{2\pi\times0.3\times(180-t)}{\ln(r/25)}=260$$

所以　　　　$339.29-1.885t=260\ln(r/25)$

即　　　　$t=180-137.93\ln(r/25)$　（r 的单位为 mm）

4.2.5　拓展提升题

有一内表面温度 t_1 为 1850℃，外表面温度 t_2 为 500℃ 和厚度为 0.40m 的平壁，它的导热系数 $\lambda = 0.145 + 0.0014t$ [t 的单位为℃，λ 的单位为 W/(m·℃)]，若将导数系数分别按常量（取平均导热系数）和变量计算时，试求平壁的温度分布关系式。

【参考答案与解析】

解：（1）导热系数按常量计算

$$\lambda_m = 0.145 + 0.0014 \times \left(\frac{1850 + 500}{2}\right) = 1.79 \, \text{W/(m·℃)}$$

$$q = \frac{\lambda}{b}(t_1 - t_2) = \frac{1.79}{0.4} \times (1850 - 500) = 6041.25 \, \text{W/m}^2$$

设壁厚 x 处的温度为 t，则 $q = \dfrac{\lambda}{x}(t_1 - t_2)$，故

$$t = t_1 - \frac{qx}{\lambda} = 1850 - \frac{6041.25}{1.79}x = 1850 - 3375x$$

上式为平壁的温度分布关系式，表示平壁距离 x（m）和等温表面的温度呈直线关系。

（2）导热系数按变量计算

$$q = -\lambda\frac{dt}{dx} = -(0.145 + 0.0014t)\frac{dt}{dx}$$

或

$$-q\,dx = (0.145 + 0.0014t)\,dt$$

对上式积分

$$-q\int_0^b dx = \int_{t_1}^{t_2}(0.145 + 0.0014t)\,dt$$

得

$$-qb = 0.145(t_2 - t_1) + \frac{0.0014}{2}(t_2^2 - t_1^2) \qquad ①$$

所以

$$q = \frac{0.145}{0.40} \times (1850 - 500) + \frac{0.0014}{2 \times 0.40} \times (1850^2 - 500^2) = 6041.25 \, \text{W/m}^2$$

将 $b = x$，$t_2 = t$，代入式①，可得

$$-6041.25x = 0.145(t - 1850) + \frac{0.0014}{2}(t^2 - 1850^2)$$

整理得

$$t^2 + 207.14t + 8.6 \times 10^6 x - 3.8 \times 10^6 = 0$$

解得

$$t = -103.57 + \sqrt{3.8 \times 10^6 - 8.6 \times 10^6 x}$$

上式为当 λ 随 t 呈线性变化是单层平壁的温度分布关系式，此时温度分布为曲线。

4.3　热对流及间壁传热计算

4.3.1　概念梳理

【主要知识点】

1. 牛顿冷却定律

（1）局部对流传热系数　$dQ = \dfrac{T - T_w}{1/(\alpha dS)} = \alpha(T - T_w)dS$

（2）平均对流传热系数　　　　　$dQ = \alpha S \Delta t = \dfrac{\Delta t}{1/(\alpha S)}$

式中，Δt 是流体与壁面之间温差的平均值。

（3）对于流体与圆筒壁间发生的对流

$$dQ = \alpha_i (T - T_w) dS_i, \quad dQ = \alpha_o (t_w - t) dS_o$$

2. 对流传热系数

（1）对流传热系数的定义

$$\alpha = \frac{Q}{S \Delta t}$$

由此可见，对流传热系数在数值上等于单位温差下、单位传热面积的对流传热速率，其单位为 $W/(m^2 \cdot \text{℃})$。它反映了对流传热热阻的大小和对流传热的快慢，相同温差和传热面积下，α 越大表示对流传热越快。

强制对流时的 $\alpha >$ 自然对流时的 α，有相变时的 $\alpha >$ 无相变时的 α，液体的 $\alpha >$ 气体的 α。

（2）对流传热系数影响因素的分析

① 对流传热系数 α 不是流体的物理性质，而是受诸多因素影响的一个参数，例如流体种类和相变化的情况；流体的特性（λ、μ、ρ、β、c_p）；流体的温度；流体的流动状态；流体流动的原因；传热面的形状、位置和大小。

② 层流内层对对流传热系数的影响　由于流体的导热系数较低，使层流内层的导热热阻很大，因此该层中温度差（即温度梯度）较大。对流传热是集热对流和热传导于一体的综合现象。对流传热的热阻主要集中在层流内层，因此，减薄层流内层的厚度是强化对流传热的主要途径。

（3）量纲分析法　流体无相变时的对流传热过程量纲分析：①首先列出影响该过程的物理量。②其次确定量纲为 1 的数群 π 的数目。③最后按下述方法确定特征数的形式：a. 列出物理量的量纲；b. 选择共同物理量；c. 量纲分析。特征数的符号及意义见表 4-4。

⊡ **表 4-4　特征数的符号及意义**

特征数名称	符号	特征数式	意义
努塞尔数	Nu	$\dfrac{\alpha l}{\lambda}$	表示对流传热系数的特征数
雷诺数	Re	$\dfrac{lu\rho}{\mu}$	确定流动状态的特征数
普朗特数	Pr	$\dfrac{c_p \mu}{\lambda}$	表示物性影响的特征数
格拉晓夫数	Gr	$\dfrac{\beta g \Delta t l^3 \rho^2}{\mu^2}$	表示自然对流影响的特征数

表 4-5 为流体在不同流动状态下对应的关联式及其适用条件。

3. 热量衡算式

（1）若换热器中两流体无相变化　$Q = W_h c_{ph}(T_1 - T_2) = W_c c_{pc}(t_2 - t_1)$

（2）若换热器中的热流体有相变化　$Q = W_h r = W_c c_{pc}(t_2 - t_1)$

（3）若换热器中的热流体有相变化，且冷凝液的温度低于饱和温度时

$$Q = W_h [r + c_{ph}(T_s - T_2)] = W_c c_{pc}(t_2 - t_1)$$

⊡ **表 4-5 流体在不同动状态下对应的关联式及其适用条件**

流动状态		关联式	适用条件/备注
管内强制对流	圆形直管湍流	$$\alpha = 0.023\frac{\lambda}{d_i}\left(\frac{d_i u\rho}{\mu}\right)^{0.8}\left(\frac{c_p\mu}{\lambda}\right)^n$$	低黏度流体； 被加热时 $n=0.4$，被冷却时 $n=0.3$； $Re>10^4$，$0.7<Pr<120$，$L/d_i>60$； 当 $L/d_i<60$ 时， $$\alpha'=\alpha\left[1+\left(\frac{d_i}{L}\right)^{0.7}\right]$$
		$$\alpha=0.027\frac{\lambda}{d_i}\left(\frac{d_i u\rho}{\mu}\right)^{0.8}\left(\frac{c_p\mu}{\lambda}\right)^{\frac{1}{3}}\left(\frac{\mu}{\mu_w}\right)^{0.14}$$ $$\varphi_\mu=\left(\frac{\mu}{\mu_w}\right)^{0.14}$$	高黏度流体； $Re>10^4$，$0.7<Pr<16700$，$L/d_i>60$； 液体被加热时，$\varphi_\mu\approx1.05$； 液体被冷却时，$\varphi_\mu\approx0.95$，气体 $\varphi_\mu\approx1.0$
	圆形直管层流	$$\alpha=1.86\frac{\lambda}{d_i}\left(\frac{d_i u\rho}{\mu}\right)^{\frac{1}{3}}\left(\frac{c_p\mu}{\lambda}\right)^{\frac{1}{3}}\left(\frac{d_i}{L}\right)^{\frac{1}{3}}\left(\frac{\mu}{\mu_w}\right)^{0.14}$$	$Re<2300$，$0.6<Pr<6700$，$RePrd_i/L>100$
	圆形直管过渡流	$$\alpha=0.023\frac{\lambda}{d_i}\left(\frac{d_i u\rho}{\mu}\right)^{0.8}\left(\frac{c_p\mu}{\lambda}\right)^n\left(1-\frac{6\times10^5}{Re^{1.8}}\right)$$	$2300<Re<10000$
	弯管	$$\alpha'=\alpha\left(1+1.77\frac{d_i}{r'}\right)$$	α' 为弯管中的对流传热系数； α 为直管中的对流传热系数
	非圆直管	$$\alpha=0.02\frac{\lambda}{d_e}\left(\frac{d_1}{d_2}\right)^{0.53}\left(\frac{d_i u\rho}{\mu}\right)^{0.8}\left(\frac{c_p\mu}{\lambda}\right)^{1/3}$$	$12000<Re<220000$，$1.65<\dfrac{d_1}{d_2}<17$
管外强制对流	横流过管束	$$\alpha=0.26\frac{\lambda}{d_e}\left(\frac{d_i u\rho}{\mu}\right)^{0.6}\left(\frac{c_p\mu}{\lambda}\right)^{0.33}$$	$Re>3000$
	管间流动	$$\alpha=0.36\frac{\lambda}{d_e}\left(\frac{d_e u_o\rho}{\mu}\right)^{0.55}\left(\frac{c_p\mu}{\lambda}\right)^{\frac{1}{3}}\left(\frac{\mu}{\mu_w}\right)^{0.14}$$	$2\times10^3<Re<1\times10^6$
自然对流		$$\alpha=\frac{\lambda}{l}c\left(\frac{\beta g\,\Delta t l^3\rho^2}{\mu^2}\frac{c_p\mu}{\lambda}\right)^n$$	—
蒸气冷凝	垂直管或板外	$$\alpha=1.13\left(\frac{r\rho^2 g\lambda^3}{\mu L\Delta t}\right)^{1/4}$$	膜状冷凝时液膜层往往成为冷凝的主要热阻；滴状冷凝的对流传热系数比膜状冷凝大；工程中大多是膜状冷凝。 α 影响因素：冷凝液膜两侧的温度差、流体物性、蒸气的流速和流向、蒸气中不凝气体含量的影响、冷凝壁面的影响
	水平管外	$$\alpha=0.725\left(\frac{r\rho^2 g\lambda^3}{\mu d_o\Delta t}\right)^{1/4}$$	
液体沸腾		$$\alpha=1.05Z^{0.3}q^{0.7}$$	液体沸腾的必要条件：a. 过热度；b. 汽化核心。工业生产中一般总是设法控制在泡核沸腾下操作。 α 影响因素：液体的性质，温度差 Δt，操作压力，加热壁面

4. 总传热速率方程

总传热系数 K 在一定范围内为常数

$$Q = K \Delta t_m S$$

式中，Q 为传热速率，W；K 为总传热系数，W/(m^2·℃)；Δt_m 为平均温差，℃；S 为传热面积，m^2。

总传热系数必须和所选择的传热面积相对应，选择的传热面积不同，总传热系数的数值也不同。在传热计算中，选择何种面积作为计算基准，结果完全相同，但工程上大多以外表面积作为基准。

5. 总传热系数

总传热系数的倒数 $1/K$ 代表间壁两侧流体传热的总热阻。

K 的数值与流体的物性、传热过程的操作条件及换热器的类型等诸多因素有关，因此 K 值的变动范围较大。K 值的来源有：①K 值的计算；②实验查定；③经验数据。

（1）K 值的计算

$$\frac{1}{K_o} = \frac{d_o}{\alpha_i d_i} + R_{si} \frac{d_o}{d_i} + \frac{b d_o}{\lambda d_m} + R_{so} + \frac{1}{\alpha_o}$$

污垢热阻将随换热器操作时间延长而增大，因此换热器应根据实际操作情况定期清洗。污垢热阻又称污垢系数，其单位为 m^2·℃/W。

（2）提高 K 值的途径

若 $\alpha_i \gg \alpha_o$，管壁热阻和污垢热阻均可忽略，则

$$\frac{1}{K_o} \approx \frac{1}{\alpha_o}$$

即总热阻是由热阻特别大的那一侧的对流传热所控制，如空气与蒸汽的换热体系，总热阻就由热阻大的空气侧的对流传热控制，因此当两侧对流传热系数相差较大时，欲提高 K 值，关键在于提高对流传热系数较小一侧的 α。若两侧的 α 相差不大时，则必须同时提高两侧的 α，才能提高 K 值。若污垢热阻为控制因素，则必须设法减慢污垢形成速率或及时清除污垢。管壁温度则接近于热阻小（即 α 大）的那一侧流体的温度。

6. 换热面积 S

对于列管式换热器，若流体在管束内来回流过多次，称为多程（例如四程、六程）换热器。$S = n \pi d l$，n 为管子数，管程数的增加不会影响面积，但会增大管内流体流速。

对于套管式换热器 $S = N \pi d l$，N 为管段数。

管径 d 可以用管内径 d_i、管外径 d_o 或平均直径 d_m 表示，则对应的传热面积分别为 S_i、S_o、S_m，对应的总传热系数分别为 K_i、K_o、K_m。工程中习惯采用 S_o。

7. 平均温差

假定：①传热为稳态操作过程；②两流体的比热容均为常量（可取为换热器进、出口下的平均值）；③总传热系数 K 为常量，即 K 值不随换热器的管长而变化；④换热器的热损失可以忽略。

（1）恒温传热时的平均温差　　　$\Delta t = T - t$

（2）变温传热时的平均温差　　　$\Delta t_m = \dfrac{\Delta t_2 - \Delta t_1}{\ln \dfrac{\Delta t_2}{\Delta t_1}}$

并逆流的比较

①当两流体均为变温传热，且两流体进、出口温度各自相同，逆流时的平均温度差比并流时的平均温度差大；②当换热器的传热量 Q 及总传热系数 K 相同，采用逆流操作所需的换热器面积小；③当换热器的传热量 Q 相同，逆流可节省加热介质或冷却介质的用量。

因此，换热器应尽可能采用逆流操作，但在某些生产工艺要求下，如对流体的出口温度有所限制，则宜采用并流操作。

（3）**复杂折流时的平均温差** 采用折流或其他流动形式的原因除了为满足换热器的结构要求外，就是为了提高总传热系数，但是平均温度差较逆流时的低。

$$\Delta t_m = \varphi_{\Delta t} \Delta t'_m$$

$\varphi_{\Delta t}$ 为温度差校正系数，与冷、热流体的温度变化有关，是 P 和 R 两因素的函数，即

$$\varphi_{\Delta t} = f(P, R)$$

$$P = \frac{t_2 - t_1}{T_1 - t_1} = \frac{冷流体的温升}{两流体的最初温度差}, \quad R = \frac{T_1 - T_2}{t_2 - t_1} = \frac{热流体的温降}{冷流体的温升}$$

$\varphi_{\Delta t}$ 值恒小于 1，这是由于各种复杂流动中同时存在逆流和并流，因此它们的 Δt_m 比纯逆流的小。通常在换热器的设计中规定 $\varphi_{\Delta t}$ 值不应小于 0.8，一般应使 $\varphi_{\Delta t} > 0.9$，若低于此值，则应考虑增加壳方程数，或将多台换热器串联使用，使传热过程更接近于逆流。

温度差校正系数可由计算得出或查取温度差校正系数图。

当换热器中某一侧流体有相变而温度保持不变时，不论何种流动形式，只要流体的进、出口温度各自相同，其平均温度差均相同。

8. 传热效率-传热单元数法

（1）**传热效率**

$$\varepsilon = \frac{实际的传热量 Q}{最大可能的传热量 Q_{max}}, \quad Q_{max} = (Wc_p)_{min}(T_1 - t_1)$$

若热流体为最小值流体 $\quad \varepsilon_h = \frac{W_h c_{ph}(T_1 - T_2)}{W_h c_{ph}(T_1 - t_1)} = \frac{T_1 - T_2}{T_1 - t_1}$

若冷流体为最小值流体 $\quad \varepsilon_c = \frac{W_c c_{pc}(t_2 - t_1)}{W_c c_{pc}(T_1 - t_1)} = \frac{t_2 - t_1}{T_1 - t_1}$

（2）**传热单元数**（以冷流体为例）

传热单元数 $\quad (NTU)_c = \int_{t_1}^{t_2} \frac{dt}{T - t} = \int_0^S \frac{K \, dS}{W_c c_{pc}}$

传热单元长度 $\quad L = H_c (NTU)_c, \quad H_c = \frac{W_c c_{pc}}{n \pi d K}$

$(NTU)_c$ 项的量纲为 1，反映了传热推动力和传热所要求的温度变化间的关系。若传热推动力越大，所要求的温度变化越小，则所需要的传热单元数越小。

H_c 是长度量纲，是传热的热阻和流体流动状况的函数。若总传热系数越大，即热阻越小，则传热单元长度越短，所需传热面积越小。

（3）**传热效率和传热单元数的关系**

$$(NTU)_{\min} = \frac{KS}{C_{\min}}$$

单程并流时

$$\varepsilon = \frac{1 - \exp\left[-(NTU)_{\min}\left(1 + \dfrac{C_{\min}}{C_{\max}}\right)\right]}{1 + \dfrac{C_{\min}}{C_{\max}}}$$

单程逆流时

$$\varepsilon = \frac{1 - \exp\left[-(NTU)_{\min}\left(1 - \dfrac{C_{\min}}{C_{\max}}\right)\right]}{1 - \dfrac{C_{\min}}{C_{\max}}\exp\left[-(NTU)_{\min}\left(1 - \dfrac{C_{\min}}{C_{\max}}\right)\right]}$$

当两流体之一有相变化时

$$\varepsilon = 1 - \exp[-(NTU)_{\min}]$$

当两流体的 Wc_p 相等时

$$并流 \quad \varepsilon = \frac{1 - \exp[-2(NTU)]}{2}, \quad 逆流 \quad \varepsilon = \frac{NTU}{1 + NTU}$$

逆流与并流换热器的 ε-NTU 关系，分别如图 4-4 和图 4-5 所示。

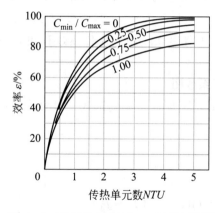

图 4-4 逆流换热器的 ε-NTU 关系

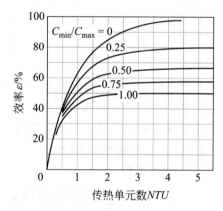

图 4-5 并流换热器的 ε-NTU 关系

在四个进出口温度中有两个为未知量的情况下，采用传热效率-传热单元数法解决问题较为便利，且容易判断变量的变化趋势。

9. 总传热系数 K 为变数

① 若 K 随温度呈线性变化时

$$Q = S\frac{K_1\Delta t_2 - K_2\Delta t_1}{\ln\dfrac{K_1\Delta t_2}{K_2\Delta t_1}}$$

② 若 K 随温度不呈线性变化时

$$S = \sum_{j=1}^{n}\frac{\Delta Q_j}{K_j(\Delta t_{\mathrm{m}})_j}$$

③ 若 K 随温度变化较大时

$$S = \int_0^S \mathrm{d}S = \int_{T_1}^{T_2}\frac{-W_{\mathrm{h}}c_{p\mathrm{h}}\mathrm{d}T}{K(T-t)} \quad 或 \quad S = \int_0^S \mathrm{d}S = \int_{t_1}^{t_2}\frac{W_{\mathrm{c}}c_{p\mathrm{c}}\mathrm{d}t}{K(T-t)}$$

【间壁传热计算思维导图】

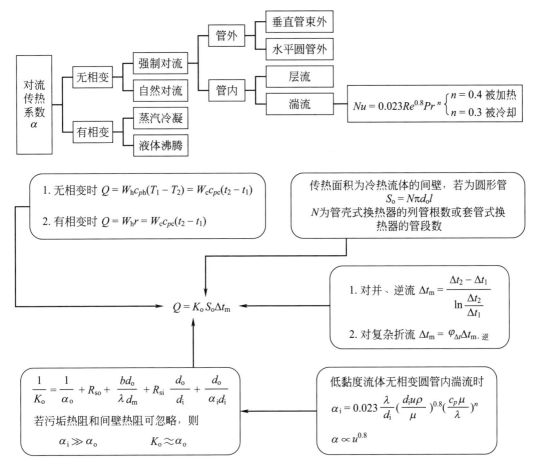

4.3.2　典型例题

【例 1】列管式换热器是工业生产中广泛应用的换热器之一，是一种高效节能的换热器，但换热过程会因结垢、杂质吸附、漏液、冷却水温变化等原因造成传热效果下降，从而增加能耗。现有一单壳程单管程的列管换热器，由多根 $\phi25\text{mm}\times2.5\text{mm}$ 的钢管组成。$20℃$下，流量 212kg/h 的常压空气进入换热器的内管，被加热到 $80℃$，管内空气流速为 9m/s。壳程为 $130℃$ 的饱和蒸汽冷凝，已知蒸汽冷凝的对流传热系数为 $10000\text{W/}$$(\text{m}^2\cdot℃)$。钢管的导热系数为 $45\text{W/(m}\cdot℃)$，两侧污垢热阻均可忽略。试求：（1）管子根数；（2）总传热系数；（3）管长；（4）在空气进口温度不变的情况下，可以采取何种措施来提高该换热器的传热速率？

解：（1）管子根数　定性温度 $50℃$ 下可查表得常压空气物性参数：$\mu=1.96\times10^{-5}\text{Pa}\cdot\text{s}$，$\lambda=2.826\times10^{-2}\text{W/(m}\cdot℃)$，$c_p=1.005\text{kJ/(kg}\cdot℃)$，$\rho=1.093\text{kg/m}^3$。

$$V=W/\rho=212/(3600\times1.093)=0.0539\text{m}^3/\text{s}$$

$$S=\frac{V}{u}=\frac{0.0539}{9}=5.989\times10^{-3}\text{m}^2$$

$$n=\frac{4S}{\pi d^2}=4\times\frac{5.989\times10^{-3}}{\pi\times0.02^2}\approx19\text{ 根}$$

（2）总传热系数

$$Pr = \frac{c_p \mu}{\lambda} = 0.698$$

$$Re = \frac{d_i u \rho}{\mu} = \frac{0.02 \times 9 \times 1.093}{1.96 \times 10^{-5}} = 10037.76 > 10000$$

$$\alpha_i = 0.023 \frac{\lambda}{d_i} Re^{0.8} Pr^{0.4} = 44.74 \text{W}/(\text{m}^2 \cdot ℃)$$

以外表面为基准的传热系数

$$\frac{1}{K_o} = \frac{d_o}{\alpha_i d_i} + \frac{1}{\alpha_o} + R_{si} \frac{d_o}{d_i} + \frac{b d_o}{\lambda d_m} + R_{so}$$

忽略污垢热阻，则

$$\frac{1}{K_o} = \frac{d_o}{\alpha_i d_i} + \frac{1}{\alpha_o} + \frac{b d_o}{\lambda d_m} = \frac{25}{44.74 \times 20} + \frac{1}{10000} + \frac{0.0025 \times 25}{45 \times 22.5}$$

所以 $K_o = 35.58 \text{W}/(\text{m}^2 \cdot ℃)$。

（3）管长

$$Q = W_c c_{pc}(t_2 - t_1) = 212 \times 1.005 \times 10^3 \times (80 - 20)/3600 = 3551 \text{W}$$

$$\Delta t_m = \frac{(130 - 20) - (130 - 80)}{\ln \frac{130 - 20}{130 - 80}} = 76.10 ℃$$

$$S_o = \frac{Q}{K_o \Delta t_m} = \frac{3551}{35.58 \times 76.10} = 1.311 \text{m}^2$$

$$l = \frac{S_o}{n \pi d_o} = \frac{1.311}{19 \times \pi \times 0.025} = 0.88 \text{m}$$

所以管长取 1m。

（4）强化传热措施　因为管程流体是无相变的空气，所以空气侧的 $\alpha \ll$ 饱和水蒸气侧的 α，总热阻主要受空气侧阻力影响，即总传热系数主要由空气侧 α 决定，故强化管程 α 可大幅度提高 K，具体措施可以是改单管程为双管程，在列管内侧加翅片等。解决问题要抓住事物的主要矛盾或决定性因素，以便获得事半功倍的成效。

【例 2】 在一传热面积为 20m² 的逆流套管换热器中，用有机溶液加热冷却水。有机溶液的流量为 3kg/s，进口温度为 120℃；水的流量为 0.97kg/s，进口温度为 20℃。有机溶液和水的平均比热容分别为 1.8kJ/(kg·℃) 及 4.186kJ/(kg·℃)。换热器的总传热系数为 350W/(m²·℃)。试求：

（1）水的出口温度及传热量？

（2）当把逆流换成并流时，水的出口温度及传热量又是多少？

解：（1）4 个进出口温度变量中若有两个是未知的，用传热效率-传热单元数法解决比较简单

$$W_h c_{ph} = 3 \times 1800 = 5.4 \times 10^3 \text{W}/℃, \quad W_c c_{pc} = 0.97 \times 4186 = 4.06 \times 10^3 \text{W}/℃$$

故冷却水（冷流体）为最小值流体。

$$\frac{C_{min}}{C_{max}} = \frac{4060}{5400} = 0.752, \quad (NTU)_{min} = \frac{KS}{C_{min}} = \frac{350 \times 20}{4060} = 1.72$$

由逆流换热器的 ε-NTU 关系图或者通过相应计算公式可得 $\varepsilon = 0.67$。

因冷流体为最小值流体，故由传热效率定义式得

$$\varepsilon = \frac{W_c c_{pc}(t_2 - t_1)}{W_c c_{pc}(T_1 - t_1)} = \frac{t_2 - t_1}{T_1 - t_1} = 0.67$$

解得水的出口温度 $\quad t_2 = 0.67 \times (120 - 20) + 20 = 87℃$

换热器的传热量 $\quad Q = W_c c_{pc}(t_2 - t_1) = 0.97 \times 4186 \times (87 - 20) = 2.72 \times 10^5 \, \text{W}$

（2）因为冷热流体的流率、总传热系数和传热面积都没有改变，因此 $C_{\min}/C_{\max}$、$(NTU)_{\min}$ 均未变

$$\frac{C_{\min}}{C_{\max}} = 0.752, \quad (NTU)_{\min} = 1.72$$

由并流换热器的 ε-NTU 关系图或者通过相应计算公式可得 $\varepsilon = 0.55$。

因冷流体为最小值流体，故由传热效率定义式得

$$\varepsilon = \frac{t_2' - t_1}{T_1 - t_1} = 0.55$$

解得水的出口温度 $\quad t_2' = 0.55 \times (120 - 20) + 20 = 75℃$

换热器的传热量 $\quad Q = W_c c_{pc}(t_2' - t_1) = 0.97 \times 4186 \times (75 - 20) = 2.23 \times 10^5 \, \text{W}$

> **总结**
>
> ①利用传热单元数法计算时，ε、$(NTU)_{\min}$ 和 $C_{\min}/C_{\max}$ 中只要知道其中两个数据，就可以查图得出第三个，从而算出相关数据；②当其他条件不发生改变时，逆流能比并流得到更好的传热效果。

4.3.3 夯实基础题

一、填空与选择题

1. 无相变强制对流 α 的特征数关联式来自（　　）。

A. 纯经验方法　　　　　　　　　　B. 纯理论方法

C. 量纲分析与实验结合（半理论、半经验方法）

D. 数学模型法　　　　　　　　　　E. 量纲分析法

2. 在多管程列管换热器中，无相变两流体的平均传热温差（　　）纯逆流时的平均传热温差。

A. 小于　　　　　　B. 大于　　　　　　C. 等于　　　　　　D. 不确定

3. 在某列管换热器里用饱和水蒸气加热某工艺介质，使用一段时间后加热效果下降，可能的原因是由于（　　）。

A. 壳体内不凝气或冷凝液增多　　　B. 壳体介质流动过快

C. 管束与折流板的结构不合理　　　D. 壳体和管束温差过大

4. 下列哪个是强化冷凝给热过程（垂直壁面）的措施？（　　）

A. 开纵向沟槽　　　　　　　　　　B. 增大与壁面间的温差 Δt

C. 去掉缠绕的金属丝　　　　　　　D. 蒸气与冷凝液逆向流动

5. 一定流量的液体在列管换热器 $\phi23mm\times2.5mm$ 的直管内作湍流流动，其对流传热系数 $\alpha=2000W/(m^2\cdot℃)$。如流量与物性、内管根数都不变，改用 $\phi18mm\times2mm$ 的直管，则其 α 值将变为（　　　）$W/(m^2\cdot℃)$。

A. 1125　　　　　　B. 3844　　　　　　C. 3144　　　　　　D. 2990

6. 在一列管式加热器中，壳程用饱和水蒸气加热管程中的空气。若需要通过开大蒸汽进口阀以便提高加热蒸汽压力的措施，来保证空气出口温度不变，试判断这是因为生产过程中（　　　）。

A. 壳程加了折流挡板，增大了壳程 α 值

B. 将原先的逆流改为了并流流动，降低了 Δt_m

C. 增大水蒸气供给量，增大了总传热系数 K

D. 被加热的空气进口流量增大了

7. 某水平放置的列管换热器，管间为饱和蒸汽冷凝，冷凝液层流流动。若饱和蒸汽温度与壁温之差增加一倍时，传热速率将增加为原来的（　　　）。

A. $2^{-1/4}$ 倍　　　　B. $2^{3/4}$ 倍

C. $2^{1/4}$ 倍　　　　D. $2^{1/3}$ 倍

8. 当 $Re<2300$ 时，流体在管内的流动状态为_____，与雷诺数的_____成正比；当 $2300<Re<10000$ 时，流体在管内的流动状态为_____。

9. 实际工程中，冷凝往往是_____冷凝方式。

10. 牛顿冷却定律适用于_____。

11. 导热系数的单位为_____，对流传热系数的单位为_____，总传热系数的单位为_____。

12. 列管换热器的管程设计成多程是为了_____，在壳程设置折流挡板是为了_____。

13. 比较下列不同对流传热系数值的大小，空气自然对流 α_1，空气强制对流 α_2，水强制对流 α_3，蒸汽冷凝 α_4：_____。

14. 在无相变的对流传热过程中，热阻主要集中在_____，减少热阻最有效措施是_____。

15. Re、Nu、Pr 等特征数用不同单位制进行计算所算得的各特征数数值_____。大空间反映自然对流影响力的量纲为 1 数群是_____。

16. 在大容积沸腾时液体沸腾曲线包括_____、_____、_____三个阶段，实际操作应控制在_____。在这一阶段内传热系数随着温度差的增加而_____。

17. 在传热实验中用饱和水蒸气加热空气，总传热系数 K 接近于_____侧的对流传热系数，而壁温值接近于_____侧流体的温度。

18. 已知某型号换热器并流操作时，冷流体进出口温度分别为30℃和55℃，热流体进出口温度分别为155℃和85℃。若在两种流体流量和进、出口温度均不变的条件下，将并流操作改为逆流操作，假设流体物性和传热系数均为常量，则传热平均温度差分别并流时的_____倍。

19. 若套管换热器内两流体逆流传热，进出口温度分别为：$t_1=20℃$，$t_2=70℃$，$T_1=100℃$，$T_2=50℃$，则 $\Delta t_m=$_____℃。

二、简答题

1. 液体在管束外冷凝，换热器是横放的传热效果好还是竖直放的传热效果好，为什么？

2. 在某一列管式换热器内，要求热流体从 160℃降温到 70℃，冷流体从 50℃升温至 100℃，则应采用哪种形式进行换热？为什么？

三、计算题

1. 有一管内通 100℃的热流体，膜系数 α_i 为 1000W/(m²·℃)，管外有某种液体沸腾，沸点为 60℃，膜系数 α_o 为 5000W/(m²·℃) 的换热器。试求以下两种情况下的壁温：(1) 管壁清洁无垢；(2) 外侧有污垢产生，污垢热阻为管内侧膜系数的 0.0008%。

2. 温度为 20℃、比热容为 2.1kJ/(kg·℃) 的溶剂以 5000kg/h 的流率流过套管换热器内管，被加热至 64℃，环隙内为 170℃饱和蒸汽冷凝。换热器内管直径 ϕ108mm×10mm，总长 12m。求：(1) 传热量；(2) 传热的平均推动力；(3) 总传热系数和管内对流传热系数。污垢和壁的热阻可忽略，管外饱和蒸汽冷凝给热系数为 $\alpha_o = 10^4$ W/(m²·℃)

3. 热气体在套管换热器中用冷水冷却。内管为 ϕ25mm×2.5mm 钢管，导热系数为 45W/(m·℃)。冷水在管内湍流流动，对流传热系数 $\alpha_i = 2000$ W/(m²·℃)。热气在环隙中湍流流动，$K_o = 118.34$W/(m²·℃)。不计污垢热阻，试求：(1) 管壁热阻占总热阻的百分数；(2) 热气体侧对流传热系数 α_o；(3) 欲完成相同生产任务，若将单管程改为双管程，而管子的总数不变，总传热系数有何变化？

【参考答案与解析】

一、填空与选择题

1. C。　2. A。

3. A。**解析**：B 中相当于提高了流体的流速，从而增大了总传热系数，传热效果会变好；C 中结构不合理不会在使用一段时间后才影响传热效果；D 中是通过增大了平均温差，结果传热效果也会变好。只有 A，由于不凝气增多，相当于增加了一层热阻，使总传热系数下降，传热效果变差。

4. A。**解析**：$\alpha = 0.725\left(\dfrac{r\rho^2 g\lambda^3}{n^{2/3}\mu d_o \Delta t}\right)^{1/4}$。由上述公式可知当增大与壁面间的温差 Δt 时，传热系数 α 反而是降低的；当增加缠绕的金属丝时，冷凝液在表面张力的作用下，向金属丝附近集中并沿丝流下，从而使金属丝之间壁面上液膜大为减薄，α 会成倍地增加；当蒸气与冷凝液同向流动时，蒸气将加速冷凝液的流动，使膜厚减小，结果会使 α 增大。反之当蒸气与冷凝液逆向流动时，膜厚增厚，α 减小；而当开了若干纵向沟槽时，冷凝液会沿沟槽流下，可减薄其余壁面上的液膜厚度，从而使 α 增大，综上选 A。

5. C。**解析**：$\alpha = 0.023\dfrac{\lambda}{d_i}\left(\dfrac{d_i u\rho}{\mu}\right)^{0.8}\left(\dfrac{c_p\mu}{\lambda}\right)^n$，$\dfrac{u_2}{u_1} = \left(\dfrac{d_1}{d_2}\right)^2$

$$\frac{\alpha_2}{\alpha_1} = \frac{d_1}{d_2}\left(\frac{d_2}{d_1}\right)^{0.8}\left(\frac{u_2}{u_1}\right)^{0.8} = \frac{d_1}{d_2}\left(\frac{d_2}{d_1}\right)^{-0.8}\left(\frac{d_1}{d_2}\right)^{1.6} = \left(\frac{d_1}{d_2}\right)^{1.8} = \left(\frac{18}{14}\right)^{1.8} = 1.572$$

则 $\alpha_2 = 3144$W/(m²·℃)。

6. D。**解析**：采取开大蒸汽进口阀以便提高加热蒸汽压力的措施提高了传热量，但又因为空气进出口温度不变，根据热量衡算式可知，空气进口流量增大了，所以 D 是正确的。A 选项是增大管外无相变的强制对流传热系数的措施，在此不适用；蒸汽冷凝成饱和液体的过程温度不变，因此操作不存在并逆流之别，B 选项不对；对本操作而言 $\alpha_{空气}$ 才是影响 K 的主要因素，C 选项不对。

7. B。**解析**：由题意可得

$$\alpha=0.725\left(\frac{r\rho^2 g\lambda^3}{n^{2/3}\mu d_o \Delta t}\right)^{1/4}, \quad \frac{\alpha'}{\alpha}=\left(\frac{\Delta t'}{\Delta t}\right)^{-1/4}=2^{-1/4}$$

$$Q=\alpha_i S_i(T-T_w)=\alpha_i S_i \Delta t, \quad \frac{Q'}{Q}=\frac{\alpha'}{\alpha}\cdot\frac{\Delta t'}{\Delta t}=2^{-1/4}\times 2=2^{3/4}$$

选择题 7 讲解
冷凝传热系数

8. 层流；1/3；过渡流。 9. 膜状。 10. 对流传热。

11. W/(m·℃)；W/(m²·℃)；W/(m²·℃)。

12. 提高管程 α_i；提高壳程 α_o。

13. $\alpha_4>\alpha_3>\alpha_2>\alpha_1$。 14. 层流内层；减薄层流内层的厚度。

15. 相同；$Gr=\dfrac{\beta g \Delta t l^3 \rho^2}{\mu^2}$。

16. 自然对流、泡核（泡状）沸腾、膜状沸腾；泡核沸腾；增加。

17. 空气；饱和水蒸气。 18. 1.13。 19. 30。

二、简答题

1. 换热器是横放的传热效果好。因为

$$\alpha_{水平}=0.725\left(\frac{\lambda^3\rho^2 gr}{n^{2/3}d_o\mu\Delta t}\right)^{1/4}, \quad \alpha_{垂直}=1.13\left(\frac{\lambda^3\rho^2 gr}{L\mu\Delta t}\right)^{1/4}$$

所以

$$\frac{\alpha_{水平}}{\alpha_{垂直}}=0.64\left(\frac{L}{n^{2/3}d_o}\right)^{1/4}>1, \quad \alpha_{水平}>\alpha_{垂直}$$

即横放的传热效果比竖直放的传热效果好，但若把横放的管子的排列旋转一定的角度，可使冷凝液沿下一根管子的切向流动，以减小液膜厚度，让对流传热系数增大。

2. 应采用逆流进行换热。因为采用并流时，冷流体至多能被加热到热流体的出口温度，达不到超过 70℃ 的温度，所以采用逆流。

三、计算题

1. **解**：本题没有告知内管尺寸，且金属壁厚一般不厚，故可简化处理，假设壁温为 T_w。

（1）管壁清洁无垢时，根据壁两侧的对流传热方程式可得

$$\frac{T-T_w}{\dfrac{1}{\alpha_i}}=\frac{T_w-t}{\dfrac{1}{\alpha_o}}, \quad \frac{100-T_w}{\dfrac{1}{1000}}=\frac{T_w-60}{\dfrac{1}{5000}}$$

解得 $T_w=66.67℃$。

（2）外侧有污垢产生时

$$R_o=1000\times0.0008\%=0.008\text{m}^2\cdot℃/\text{W}$$

由 $\dfrac{T-T_w}{\dfrac{1}{\alpha_i}}=\dfrac{T_w-t}{\dfrac{1}{\alpha_o}+R_o}$ 可得 $\dfrac{100-T_w}{\dfrac{1}{1000}}=\dfrac{T_w-60}{\dfrac{1}{5000}+0.008}$

求得 $T_w=95.65℃$。

📋 **总结** ---

对第一种情况，管外侧热阻小，壁温接近于管外侧液体；对第二种情况，管外侧热阻大，壁温接近于管内侧液体。

2. **解**：（1）传热量

$$Q = W_c c_{pc}(t_2 - t_1) = \frac{5000}{3600} \times 2.1 \times 10^3 \times (64 - 20) = 1.28 \times 10^5 \text{W}$$

（2）传热的平均推动力

$$\Delta t_m = \frac{\Delta t_2 - \Delta t_1}{\ln \dfrac{\Delta t_2}{\Delta t_1}} = \frac{(170-20)-(170-64)}{\ln \dfrac{170-20}{170-64}} = 126.7 ℃$$

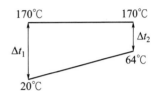

计算题 2（2）答案附图

（3）总传热系数和管内对流传热系数

$$S_o = \pi l d_o = 3.14 \times 12 \times 0.108 = 4.07 \text{m}^2$$

$$K_o = \frac{Q}{S_o \Delta t_m} = \frac{128 \times 10^3}{4.07 \times 126.7} = 248.2 \text{W/(m}^2 \cdot ℃)$$

污垢和壁的热阻可忽略，则 $\dfrac{1}{K_o} = \dfrac{d_o}{\alpha_i d_i} + R_{si}\dfrac{d_o}{d_i} + \dfrac{b d_o}{\lambda d_m} + R_{so} + \dfrac{1}{\alpha_o}$ 简化为

$$\frac{1}{K_o} = \frac{1}{\alpha_o} + \frac{1}{\alpha_i}\frac{d_o}{d_i}$$

$$\frac{1}{248.2} = \frac{1}{10^4} + \frac{1}{\alpha_i} \times \frac{108}{88}$$

$$\alpha_i = 312.5 \text{W/(m}^2 \cdot ℃)$$

3. **解**：（1）管壁热阻占总热阻的百分数

$$\frac{b d_o / (\lambda d_m)}{1/K} \times 100\% = \frac{0.0025 \times 25/(45 \times 22.5)}{1/118.34} \times 100\% = 0.73\%$$

（2）热气体侧对流传热系数

$$\frac{1}{K_o} = \frac{d_o}{\alpha_i d_i} + \frac{1}{\alpha_o} + R_{si}\frac{d_o}{d_i} + \frac{b d_o}{\lambda d_m} + R_{so}$$

由题意可得　$\dfrac{1}{K_o} = \dfrac{d_o}{\alpha_i d_i} + \dfrac{1}{\alpha_o} + \dfrac{b d_o}{\lambda d_m} = \dfrac{25}{2000 \times 20} + \dfrac{1}{\alpha_o} + \dfrac{0.0025 \times 25}{45 \times 22.5} = \dfrac{1}{118.34} \text{m}^2 \cdot \text{K/W}$

即 $\alpha_o = 128.81 \text{W/(m}^2 \cdot ℃)$。

（3）总传热系数

$$\alpha_i = 0.023 \frac{\lambda}{d_i}\left(\frac{d_i u \rho}{\mu}\right)^{0.8}\left(\frac{c_p \mu}{\lambda}\right)^n$$

所以 $\dfrac{\alpha_i'}{\alpha_i} = 2^{0.8}$，即

$$\alpha_i' = 2^{0.8} \alpha_i = 3482.20 \text{W/(m}^2 \cdot \text{K)}$$

$$\frac{1}{K_o'} = \frac{d_o}{\alpha_i' d_i} + \frac{1}{\alpha_o} + \frac{b d_o}{\lambda d_m} = \frac{25}{3482.20 \times 20} + \frac{1}{128.81} + \frac{0.0025 \times 25}{45 \times 22.5}$$

解得 $K_o' = 122.19 \text{W/(m}^2 \cdot ℃)$。

通过计算可以得出，总传热系数变大了。但是由于减小的是原本就较小的热阻项，因此总传热系数增大的幅度并不是很明显，所以若想要大幅度增大总传热系数，应该提高空气侧（主要热阻项）的对流传热系数 α_o。

4.3.4 灵活应用题

一、填空与选择题

1．在反应器的单根冷却蛇管内通冷却水，其进出口温度分别为 t_1、t_2，蛇管外有热流体稳定流过，借搅拌器作用，使热流体保持均匀保温 T（T 为热流体出口温度），若需在冷却水供应量不变的条件下增大移热量，则冷却蛇管长度应（   ），出口水温（   ）。

    A. 增加   B. 减小   C. 不变   D. 不一定

2．在冷凝器的设计和操作中，为消除不凝性气体的影响，都必须设置不凝性气体的排放口，这是因为当蒸汽中含 1% 的空气时，蒸汽冷凝给热系数将降低（   ）左右，从而导致传热效率下降。

    A. 20%   B. 40%   C. 60%   D. 80%

3．利用水在逆流操作的套管换热器中冷却某物料，要求热流体温度 T_1、T_2 及流量不变。今因冷却水进口温度增高，操作工开大了冷却水阀门，以保证完成生产任务，以下判断正确的是（   ）。

    A. K 增大，Δt_m 不变   B. Q 增大，Δt_m 下降

    C. Q 不变，Δt_m 下降，K 增大   D. Q 不变，K 增大，Δt_m 不确定

4．对于液体沸腾给热，其给热系数一般情况下，随液体密度增大而_____，随液体表面张力增大而_____。（增大、减少、不变）

5．在列管换热器中，蒸汽一般通过_____；压力高的物料则走_____；易结垢的流体走_____；有腐蚀性的流体走_____；黏度大或流量小的流体走_____。（壳程、管程）滴状冷凝的传热系数_____膜状冷凝传热系数。（大于、小于、等于）

6．水在管内作湍流流动中，若使流速提高至原来的 4 倍，则其对流传热系数约为原来的_____倍。若管径改为原来的 1/4 而流量相同，则其对流传热系数约为原来的_____倍。

7．对于复杂折流的传热过程，若发现温差校正系数 $\varphi_{\Delta t_m} < 0.8$，为了满足一定的进出口温度要求，达到稳定生产的目的，应（   ）壳程数，工程中常常采取多台换热器_____（串联、并联）的方法来处理。

    A. 增加   B. 减小   C. 不变   D. 不一定

8．在换热器中用饱和水蒸气加热某种介质，使之从 35℃ 升温到 100℃，应该选择（   ）。

    A. 逆流   B. 并流   C. 逆流、并流都一样

二、简答题

1．在一换热器中，用饱和蒸汽加热冷却水，可使水的温度由 30℃ 升高至 70℃，现发现水的出口温度降低了，经检查证实水的进口温与流量均未发生变化，引起该问题可能的原因是什么？

2. 温度为 30℃、比热容为 1.80kJ/（kg·℃）的溶剂以 4000kg/h 的流速流过套管换热器内管，被加热至 65℃、环隙内为 150℃ 的饱和蒸汽冷凝，请问应选择哪种流向？为什么？

3. 无相变的冷、热流体在列管式换热器中进行换热，今若将流速提高为原来的两倍，而其他操作参数不变，试定性分析 K、Q、t_2、T_2、Δt_m 的变化趋势。

三、计算题

1. 有一列管式换热器，装有 $\phi 25mm \times 2.5mm$ 钢管 300 根，管长为 2m。要求将质量流量为 8000kg/h 的常压空气于管程由 20℃ 加热到 85℃，选用 108℃ 饱和蒸汽于壳程冷凝加热。若水蒸气的冷凝传热系数为 $1 \times 10^4 W/(m^2 \cdot K)$，管壁及两侧污垢的热阻均忽略不计，而且不计热损失。已知空气在平均温度下的物性常数为 $c_p = 1kJ/(kg \cdot K)$，$\lambda = 2.85 \times 10^{-2} W/(m \cdot K)$，$\mu = 1.98 \times 10^{-5} Pa \cdot s$，$Pr = 0.7$。试求：（1）空气在管内的对流传热系数；（2）求换热器的总传热系数（以管子外表面为基准）；（3）通过计算说明该换热器能否满足需要。

2. 在一套管换热器中，用饱和蒸汽加热某原料液，温度为 160℃ 的饱和蒸汽在壳程冷凝（排出时为饱和液体），原料液在管程流动，由 20℃ 加热至 106℃，换热器尺寸为内管 $\phi 38mm \times 2.5mm$，外管 $\phi 57mm \times 3.5mm$，管长 6m，共 4 程，原料液量 2463.3kg/h，料液侧污垢系数为 $2 \times 10^{-4} m^2 \cdot ℃/W$，管壁热阻及蒸汽侧垢层热阻均不计。试求：（1）热负荷 Q，平均温差 Δt_m，蒸汽用量 W_h；（2）总传热系数 K_o；（3）内管两侧的对流传热系数；（4）若原料液流量增大一倍，其物性及除出口温度外的其他条件均不变，求 K_o'。[已知定性温度下，原料液的物性为 $c_{pc} = 2.5kJ/(kg \cdot ℃)$，$\lambda = 0.2W/(m^2 \cdot ℃)$，$\mu = 1.2cP$，$\rho = 800kg/m^3$，160℃ 的饱和蒸汽的汽化潜热 $r = 2087kJ/kg$。]

3. 现利用压力为 0.2MPa 的饱和蒸汽使流量为 3450kg/h 的空气从 25℃ 加热到 70℃，饱和蒸汽走列管换热器壳程，假设气体湍流流动，蒸汽侧 $\alpha \gg$ 空气侧 α，空气的比热容为 1kJ/（kg·℃），试求：（1）蒸汽用量；（2）当空气的流量增大到原来的 3.4 倍，当蒸汽压力不变时，空气的出口温度；（3）当空气的流量增大到原来的 3.4 倍，若要保证空气的进出口温度不变，则工程中一般采取什么措施？

4. 在逆流操作的单程管壳式换热器中，热空气将 3kg/s 的水从 30℃ 加热到 65℃，热空气温度由 150℃ 降到 78℃，水在管外流动。已知换热器的总传热系数为 200W/（m²·℃），水和空气的比热容分别为 4.186kJ/（kg·℃）和 1kJ/（kg·℃）。（假设流体物性不变，热损失可忽略不计，水侧 $\alpha \gg$ 空气侧 α。）试求：（1）若空气的流量减小了一半，水的流量和两流体进口温度均不变，此时的空气和水的出口温度？（2）若空气的流量增大了 1.1 和 1.5 倍，水流量和两流体进口温度均不变，此时的空气和水的出口温度？

5. 在一传热面积为 10m² 的间壁式换热器中，用水逆流冷却某有机油，油的流量 W_h 为 1960kg/h，进口温度 $T_1 = 100℃$，出口温度 $T_2 = 50℃$；冷却水进口温度 $t_1 = 20℃$，出口温度 $t_2 = 60℃$。油的比热容 $c_{ph} = 2.70kJ/(kg \cdot ℃)$，水的比热容 $c_{pc} = 4.186kJ/(kg \cdot ℃)$，在温度变化范围内物性参数可视为常数，热油侧 $\alpha \ll$ 水侧 α。试求：（1）若两流体流量 W_h、W_c 和油进口温度 T_1 均不变，但气候条件变化，冷却水进口温度变为 $t_1' = 25℃$ 时，油的出口温度 T_2' 为多少？（2）若 $t_1' = 25℃$ 时，按工艺规定要求仍需将流量为 1960kg/h 的油，从进口温度 $T_1 = 100℃$ 冷却到出口温度 $T_2 = 50℃$，工程中应采取什么措施？请给出定量计算。

6. 在一单壳程、单管程列管换热器中用热空气的余热逆流加热某有机溶剂，空气走管外，有机溶液走管内。空气的对流传热系数 $\alpha_o = 67\text{W}/(\text{m}^2 \cdot \text{℃})$，$\alpha_{\text{有机溶液}} \gg \alpha_{\text{空气}}$，传热面可视为薄管壁。有机溶剂的进口温度为 30℃，出口温度为 55℃，热空气进口温度为100℃，出口温度为 50℃。而由于使用的时间过长，换热器渐渐积存了污垢，导致该有机溶液在流量和进口温度不变的情况下，出口温度降至 40℃。试求：（1）空气出口温度为多少？（2）污垢热阻占现在的总热阻的百分比？（3）积存污垢后，若使有机溶液流量加大一倍，空气流量及流体进口温度不变，冷热流体的出口温度各为多少？（4）有机溶液流量加大后换热器的传热速率有何变化？变为多少？

7. 现有两台型号规格完全相同的列管式单壳程单管程换热器，基于管内径的传热面积均为 15m^2 的，壳程均为 160℃ 的饱和蒸汽冷凝为饱和水（冷凝潜热 $r = 2087.1\text{kJ/kg}$），空气入口温度 $t_1 = 20℃$，流量为 2.0kg/s，空气的对流给热系数为 $30\text{W}/(\text{m}^2 \cdot ℃)$，$c_{pc} = 1\text{kJ}/(\text{kg} \cdot ℃)$，空气以湍流方式通过。

（1）当使用一台换热器时，求此时空气的出口温度 t_2 及水蒸气的总冷凝量 W_h 为多少？

（2）若两台换热器并联使用，通过每台换热器的空气流量均等，求空气的出口温度 t_2 及水蒸气的总冷凝量 W_h 为多少？

（3）若两台换热器改为串联使用，问此时空气的出口温度 t_2' 及水蒸气的总冷凝量 W_h' 为多少？

（4）若用其中一台换热器，改用某有机溶液加热空气，有机溶剂进口温度为 160℃，出口温度为 90℃，空气的进出口温度分别为 20℃、76℃。现将两台换热器串联组合，两进口温度不变，且每个换热器皆为逆流流动，如图 4-6 所示，

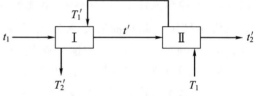

求 t'、t_2' 和 T_2'。假定加热条件范围内空气的物性可视为常量，忽略热损失。

图 4-6　计算题 7（4）附图

【参考答案与解析】

一、填空与选择题

1. A；A。　2. C。　3. C。　4. 增大、减少。

5. 壳程；管程；管程；管程；壳程；大于。

6. 3.03；12.13。**解析**：若使流速提高至原来的 4 倍

选择题 3 讲解
传热速率方程
的应用

$$\alpha = 0.023\frac{\lambda}{d_i}\left(\frac{d_i u \rho}{\mu}\right)^{0.8}\left(\frac{c_p \mu}{\lambda}\right)^n, \quad \frac{\alpha_2}{\alpha_1} = \frac{u_2}{u_1} = 4^{0.8} = 3.03$$

若管径改为原来的 1/4 而流量相同

$$\left(\frac{d_1}{d_2}\right)^2 = \frac{u_2}{u_1}, \quad \frac{\alpha_2}{\alpha_1} = \left(\frac{d_1}{d_2}\right)\left(\frac{d_2}{d_1}\right)^{0.8}\left(\frac{u_2}{u_1}\right)^{0.8} = \left(\frac{d_2}{d_1}\right)^{-1.8} = 4^{1.8} = 12.13$$

7. A；串联。**解析**：在相同的计算参数 P、R 下，壳程数增加，$\varphi_{\Delta t_m}$ 可显著增加。

对于复杂折流的传热，载热剂出口温度应合理选择，例如，当冷却水出口温度选得偏高，虽然可以节省冷却水用量，但使用单壳程换热器可能会导致 $\varphi_{\Delta t_m}$ 偏小，这就使生产不容易稳定，为此就需要增设一台换热器（即增加壳程数），结果导致设备投资费的增加。

8. C。

二、简答题

1. 因为传热速率下降了。根据 $Q = KS\Delta t_m$ 分析，可能有几种情况：①蒸汽压力下降，Δt_m 减小；②蒸汽侧有不凝气，使冷凝传热系数 α_o 大幅度地下降，K 减小；③水侧污垢积累，污垢热阻增大，K 减小；④冷凝水排除器不通畅，有积水现象，使 K 减小。

2. 并、逆流都一样，因为环隙是饱和水蒸气，进出口温度是相等的，所以选择逆流还是并流平均温差没有区别。

3. T_2 减小；t_2 增加；Δt_m 减小；Q 增加；K 增加。**解析**：利用 $\varepsilon\text{-}NTU$ 法，假设热流体为最小值流体

热容量流率之比
$$R = \frac{W_h c_{ph}}{W_c c_{pc}}$$

传热效率
$$\varepsilon = \frac{T_1 - T_2}{T_1 - t_1}$$

传热单元数
$$NTU = \frac{K_o S_o}{W_h c_{ph}}$$

由题意得，两流体的流速均提高，K 增加；NTU 增加，R 不变，所以 ε 增加，可得 T_2 减小，通过能量衡算可知 t_2 增加，Δt_m 减小，由 $Q = K_o S_o \Delta t_m$ 可知 Q 增加。假设冷流体为最小值流体可得相同结论。

三、计算题

1. **解**：（1）
$$Re = \frac{d_i u \rho}{\mu} = \frac{0.02 \times [8000/(3600 \times 0.785 \times 0.02^2 \times 300)]}{1.98 \times 10^{-5}} = 23828$$

$$\alpha_i = 0.023 \frac{\lambda}{d_i} Re^{0.8} Pr^n = 0.023 \times \frac{2.85 \times 10^{-2}}{0.02} \times (23838)^{0.8} \times 0.7^{0.4} = 90.2 \text{W/(m}^2 \cdot \text{℃)}$$

（2）$\dfrac{1}{K_o} = \dfrac{d_o}{\alpha_i d_i} + R_{si} \dfrac{d_o}{d_i} + \dfrac{b d_o}{\lambda d_m} + R_{so} + \dfrac{1}{\alpha_o} = \dfrac{1}{\alpha_o} + \dfrac{1}{\alpha_i} \dfrac{d_o}{d_i} = \dfrac{1}{10^4} + \dfrac{1}{90.2} \dfrac{25}{20} = 0.01396$

$$K_o = 71.64 \text{W/(m}^2 \cdot \text{℃)}$$

（3）
$$\Delta t_m = \frac{(T - t_2) - (T - t_1)}{\ln \dfrac{T - t_2}{T - t_1}} = \frac{(108 - 85) - (108 - 20)}{\ln \dfrac{108 - 85}{108 - 20}} = 48.4 \text{℃}$$

$$S_o = n \pi l d_o = 300 \times 3.14 \times 2 \times 0.025 = 47.1 \text{m}^2$$

$$Q_{换热器} = K_o S_o \Delta t_m = 71.64 \times 47.1 \times 48.4 = 1.63 \times 10^5 \text{W}$$

$$Q_{工艺要求} = W_c c_{pc}(t_2 - t_1) = \frac{8000}{3600} \times 1 \times 10^3 \times (85 - 20) = 1.44 \times 10^5 \text{W}$$

$$Q_{换热器} > Q_{工艺要求}$$

所以该换热器可以满足要求。

总结

判断换热器能否满足需要，比较方便的途径是判断换热器的传热速率 Q 或者传热面积 S 是否能满足完成热负荷的要求。做任何事情都要讲方法、找途径、避免走弯路。

2. 解： （1）热负荷 Q，平均温差 Δt_m，蒸汽用量 W_h

$$Q = W_c c_{pc}(t_2 - t_1) = 2463.3 \times 2.5 \times (106 - 20) = 5.3 \times 10^5 \text{kJ/h}$$

$$\Delta t_m = \frac{(T - t_2) - (T - t_1)}{\ln \dfrac{T - t_2}{T - t_1}} = \frac{(160 - 106) - (160 - 20)}{\ln \dfrac{160 - 106}{160 - 20}} = 90.3℃$$

$$Q = W_h r = W_c c_{pc}(t_2 - t_1) = 5.3 \times 10^5 \text{kJ/h}, \quad W_h = 253.95 \text{kg/h}$$

（2）总传热系数 K_o

$$S_o = N \pi l d_o = 4 \times 3.14 \times 6 \times 0.038 = 2.86 \text{m}^2$$

$$Q = K_o S_o \Delta t_m = 1.47 \times 10^5 \text{W}$$

$$K_o = \frac{Q}{S_o \Delta t_m} = \frac{1.47 \times 10^5}{2.86 \times 90.3} = 569.20 \text{W/(m}^2 \cdot ℃)$$

（3）内管两侧的对流传热系数

$$Re = \frac{d_i u \rho}{\mu} = \frac{0.033 \times [2463.3 / (3600 \times 0.785 \times 0.033^2)]}{1.2 \times 10^{-3}} = 22012$$

$$Pr = \frac{c_{pc} \mu}{\lambda} = \frac{2500 \times 0.0012}{0.2} = 15$$

$$\alpha_i = 0.023 \frac{\lambda}{d_i} Re^{0.8} \left(\frac{c_{pc} \mu}{\lambda}\right)^n = 0.023 \times \frac{0.2}{0.033} \times (22012)^{0.8} \times (15)^{0.4} = 1226.9 \text{W/(m}^2 \cdot ℃)$$

$$\frac{1}{K_o} = \frac{d_o}{\alpha_i d_i} + \frac{1}{\alpha_o} + R_{si} \frac{d_o}{d_i} + \frac{b d_o}{\lambda d_m} + R_{so} = \frac{d_o}{\alpha_i d_i} + \frac{1}{\alpha_o} + R_{si} \frac{d_o}{d_i}$$

$$\frac{1}{569.20} = \frac{38}{1226.9 \times 33} + \frac{1}{\alpha_o} + \frac{2 \times 10^{-4} \times 38}{33}$$

$$\alpha_o = 1700.70 \text{W/(m}^2 \cdot ℃)$$

（4）求 K_o'　　　　$\alpha_i = 0.023 \dfrac{\lambda}{d_i} \left(\dfrac{d_i u \rho}{\mu}\right)^{0.8} \left(\dfrac{c_{pc} \mu}{\lambda}\right)^n$

$$\frac{\alpha_i'}{\alpha_i} = \left(\frac{u'}{u}\right)^{0.8} = 2^{0.8} = 1.74, \quad \alpha_i' = 1.74 \alpha_i = 2134.8 \text{W/(m}^2 \cdot ℃)$$

$$\frac{1}{K_o'} = \frac{d_o}{\alpha_i' d_i} + \frac{1}{\alpha_o} + R_{si} \frac{d_o}{d_i} = \frac{38}{2134.8 \times 33} + \frac{1}{1700.70} + \frac{2 \times 10^{-4} \times 38}{33}$$

因此 $K_o' = 736.54 \text{W/(m}^2 \cdot ℃)$。

3. 解： （1）蒸汽用量　查表得 0.2MPa 的饱和蒸汽，温度为 120℃，汽化热为 2201.7kJ/kg

$$Q = W_h r = W_c c_{pc}(t_2 - t_1) = 3450 \times 1 \times (70 - 25) = 1.56 \times 10^5 \text{kJ/h}$$

$$W_h = 70.5 \text{kg/h}$$

（2）当蒸汽压力不变时，空气的出口温度

$$\alpha_i = 0.023 \frac{\lambda}{d_i} \left(\frac{d_i u \rho}{\mu} \right)^{0.8} \left(\frac{c_{pc} \mu}{\lambda} \right)^n$$

$$\frac{\alpha_i'}{\alpha_i} = \left(\frac{u'}{u} \right)^{0.8} = (3.4)^{0.8} = 2.66$$

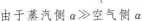

计算题 3 讲解
蒸气压力的调节

由于蒸汽侧 $\alpha \gg$ 空气侧 α

$$\frac{1}{K_i} = \frac{d_i}{\alpha_o d_o} + \frac{1}{\alpha_i} + R_{so} \frac{d_i}{d_o} + \frac{b d_i}{\lambda d_m} + R_{si}$$

$$K_i \approx \alpha_i, \quad K_i' = \alpha_i' = 2.66 \alpha_i = 2.66 K_i$$

$$Q = W_c c_{pc} (t_2 - t_1) = K_i S_i \Delta t_m = K_i S_i \frac{(T - t_1) - (T - t_2)}{\ln \dfrac{T - t_1}{T - t_2}}$$

$$W_c' c_{pc} = K_i' S_i \frac{1}{\ln \dfrac{T - t_1}{T - t_2'}} \qquad ① \qquad \qquad W_c c_{pc} = K_i S_i \frac{1}{\ln \dfrac{T - t_1}{T - t_2}} \qquad ②$$

式①与式②等号两端相除得

$$\frac{W_c'}{W_c} = 2.66 \times \frac{\ln \dfrac{T - t_1}{T - t_2}}{\ln \dfrac{T - t_1}{T - t_2'}}, \qquad \frac{\ln \dfrac{T - t_1}{T - t_2}}{\ln \dfrac{T - t_1}{T - t_2'}} = \frac{3.4}{2.66} = 1.2782$$

解得 $t_2' = 62.5℃$。

（3）为保证空气的进出口温度不变，工程常用措施。由题（2）得 $K_i' = 2.66 K_i$，$W_c' = 3.4 W_c = 11730 \text{kg/h}$，则

$$Q' = W_c' c_{pc} (t_2 - t_1) = 11730 \times 1 \times (70 - 25) = 5.28 \times 10^5 \text{kJ/h}$$

$$Q = K_i S_i \Delta t_m$$

$$\frac{Q'}{Q} = \frac{K_i'}{K_i} \times \frac{\Delta t_m'}{\Delta t_m}, \qquad 故 \frac{\Delta t_m'}{\Delta t_m} \times 2.66 = 3.4$$

$$\Delta t_m = \frac{(T - t_2) - (T - t_1)}{\ln \dfrac{T - t_2}{T - t_1}} = \frac{(120 - 70) - (120 - 25)}{\ln \dfrac{120 - 70}{120 - 25}} = 70.11℃$$

$$\Delta t_m' = 1.2782 \Delta t_m = 1.2782 \times 70.11 = 89.61℃$$

$$\Delta t_m' = \frac{(T' - t_2) - (T' - t_1)}{\ln \dfrac{T' - t_2}{T' - t_1}} = 89.61℃$$

解得 $T' = 140.4℃$。

查表得 $140.4℃$ 的饱和蒸汽，压力为 0.37MPa，汽化热为 2140.8kJ/kg。

$$Q' = W_h' r, \quad W_h' = \frac{Q'}{r'} = \frac{5.28 \times 10^5}{2140.8} = 246.64 \text{kg/h}$$

工程中当发生物料进口条件波动的情况，一般通过调节蒸汽进口阀门，来调节蒸汽的压力，以维持物料的出口温度不变。对饱和蒸汽而言，压力越大则能提供越高的传热温差，但汽化潜热越小，所以在温差足够的前提下不主张用过高压力的蒸汽，也就是说作为加热剂的蒸汽应选择合适的压力。

4. 解：（1）空气流量减小了一半后流体出口温度，对于原工况

$$W_h c_{ph}(T_1-T_2)=W_c c_{pc}(t_2-t_1)$$

所以

$$\frac{t_2-t_1}{T_1-T_2}=\frac{W_h c_{ph}}{W_c c_{pc}}=\frac{35}{72}=0.48=\frac{C_{min}}{C_{max}}$$

所以热流体即空气是最小热容量流率的流体，且效率为

$$\varepsilon=\frac{T_1-T_2}{T_1-t_1}=\frac{150-78}{150-30}=0.6$$

由逆流换热器的 ε-NTU 关系图可以查得 $(NTU)_{min}=1.1$

$$C_{min}=W_h c_{ph}=\frac{W_c c_{pc}(t_2-t_1)}{T_1-T_2}=\frac{439.53\times10^3}{150-78}=6104.58$$

$$(NTU)_{min}=\frac{K_o S_o}{C_{min}}=\frac{K_o S_o}{6104.58}=1.1,\quad K_o S_o=6715$$

现减小一半的热空气流量，则热空气还是最小值流体。

$$\left(\frac{C_{min}}{C_{max}}\right)'=\frac{1}{2}\frac{C_{min}}{C_{max}}=0.24$$

$$\alpha_i=0.023\frac{\lambda}{d_i}\left(\frac{d_i u\rho}{\mu}\right)^{0.8}\left(\frac{c_{pc}\mu}{\lambda}\right)^n$$

$$\frac{\alpha_i'}{\alpha_i}=\left(\frac{u'}{u}\right)^{0.8}=\left(\frac{1}{2}\right)^{0.8}=0.57$$

由于水侧 $\alpha\gg$空气侧 α

$$\frac{1}{K_o}=\frac{d_o}{\alpha_i d_i}+\frac{1}{\alpha_o}+R_{si}\frac{d_o}{d_i}+\frac{bd_o}{\lambda d_m}+R_{so}$$

$$K_o\approx\frac{d_i}{d_o}\alpha_i,\quad 因此K_o'=0.57K_o$$

$$(NTU)_{min}'=\frac{K_o' S_o}{C_{min}'}=\frac{0.57}{0.5}\frac{K_o S_o}{C_{min}}=\frac{0.57}{0.5}(NTU)_{min}=\frac{0.57}{0.5}\times1.1=1.25$$

由逆流换热器的 ε-NTU 关系图可以查得 $\varepsilon'=0.68$。

因热流体为最小值流体，故由传热效率定义式得

$$\varepsilon'=\frac{T_1-T_2'}{T_1-t_1}=0.68$$

解得气体的出口温度为 $T_2'=150-0.68\times(150-30)=68.4℃$

由 $W_h' c_{ph}(T_1-T_2')=W_c c_{pc}(t_2'-t_1)$，得 $t_2'=49.8℃$。

（2）① 空气的流量增大了 1.1 倍后流体出口温度

$$W_h' c_{ph}=6104.58\times2.1=12819.62,\quad W_c c_{pc}=3\times4186=12558$$

故冷流体水为最小值流体。

$$\frac{C_{min}}{C_{max}}=\frac{12558}{12819.62}=0.98$$

$$\alpha_i=0.023\frac{\lambda}{d_i}\left(\frac{d_i u\rho}{\mu}\right)^{0.8}\left(\frac{c_{pc}\mu}{\lambda}\right)^n,\quad \frac{\alpha_i'}{\alpha_i}=\left(\frac{u'}{u}\right)^{0.8}=(2.1)^{0.8}=1.81$$

$$K'_o = 1.81K_o = 362$$

$$(NTU)_{min} = \frac{K'_o S}{C_{min}} = \frac{1.81 K_o S}{C_{min}} = \frac{1.81 \times 6715}{12558} = 0.97$$

由逆流换热器的 ε-NTU 关系图可以查得 $\varepsilon' = 0.51$，因冷流体为最小值流体，故由传热效率定义式得

$$\varepsilon' = \frac{t'_2 - t_1}{T_1 - t_1} = 0.51$$

解得水的出口温度为　　　$t''_2 = 0.51 \times (150 - 30) + 30 = 91.2\text{℃}$

由 $W'_h c_{ph}(T_1 - T'_2) = W_c c_{pc}(t'_2 - t_1)$，得 $T'_2 = 90.05\text{℃}$。

② 空气的流量增大了 1.5 倍后流体出口温度　热空气流量继续增大，那么冷流体水必为最小值流体。

$$W''_h c_{ph} = 6104.58 \times 2.5 = 15261.45, \quad W_c c_{pc} = 3 \times 4186 = 12558$$

$$\frac{C_{min}}{C_{max}} = \frac{12558}{15261.45} = 0.82$$

$$\alpha_i = 0.023 \frac{\lambda}{d_i}\left(\frac{d_i u \rho}{\mu}\right)^{0.8}\left(\frac{c_{pc}\mu}{\lambda}\right)^n, \quad \frac{\alpha'_i}{\alpha_i} = \left(\frac{u'}{u}\right)^{0.8} = (2.5)^{0.8} = 2.08$$

$$K'_o = 2.08K_o$$

$$(NTU)_{min} = \frac{K'_o S}{C_{min}} = \frac{2.08 K_o S}{12558} = 1.11$$

由逆流换热器的 ε-NTU 关系图可以查得 $\varepsilon'' = 0.53$，因冷流体为最小值流体，故由传热效率定义式得

$$\varepsilon'' = \frac{t''_2 - t_1}{T_1 - t_1} = 0.53$$

解得水的出口温度为　　　$t''_2 = 0.53 \times (150 - 30) + 30 = 93.6\text{℃}$

由 $W''_h c_{ph}(T_1 - T''_2) = W_c c_{pc}(t''_2 - t_1)$，得 $T''_2 = 97.67\text{℃}$。

> **总结**
>
> ①因为总传热系数约等于空气侧的对流传热系数，所以当改变空气的流量时，总传热系数可以发生明显的变化。热空气的流量越大，传热效果越好，水的出口温度明显上升，而空气的出口温度下降量也明显减小。②ε-NTU 法具有四个元素，在明确流体流径（并流还是逆流）后，$\frac{C_{min}}{C_{max}}$、ε 和（NTU）$_{min}$，这三个参数中已知其中的两个，就可以求出第三个参数。③本题解题关键在于判断哪种流体是最小值流体。我们应在不断学习和实践中建立辩证思维，从事物的相互关系出发，分析矛盾，抓住关键，找准难点，解决问题。

5. **解：**（1）求油的出口温度 T'_2

$$W_h c_{ph}(T_1 - T_2) = W_c c_{pc}(t_2 - t_1)$$

$$\frac{t_2 - t_1}{T_1 - T_2} = \frac{W_h c_{ph}}{W_c c_{pc}} = \frac{40}{50} = 0.8 = \frac{C_{min}}{C_{max}}$$

故热流体（有机油）为最小值流体。

由于两流体的流体均不变，即（NTU）$_{min} = \dfrac{KS}{C_{min}}$ 不变，所以 $\varepsilon' = \varepsilon$。由

$$\frac{T_1-T_2'}{T_1-t_1'}=\frac{T_1-T_2}{T_1-t_1}=\frac{100-50}{100-20}=0.625$$

解得 $T_2'=53.13℃$。

因为

$$\frac{t_2'-t_1'}{T_1-T_2'}=\frac{W_h c_{ph}}{W_c c_{pc}}=\frac{40}{50}=0.8$$

解得 $t_2'=62.5℃$。

（2）工程中一般采取开大冷却水阀门，即增加冷却水流量的措施来保障传热效果。由原生产条件得

$$\frac{C_{\min}}{C_{\max}}=0.8, \quad \varepsilon=\frac{T_1-T_2}{T_1-t_1}=\frac{100-50}{100-20}=0.625$$

由逆流换热器的 $\varepsilon\text{-}NTU$ 关系图可以查得 $(NTU)_{\min}=1.5$。

因油是最小值流体，而其流量始终未变，因此 $(NTU)_{\min}'=\dfrac{KS}{C_{\min}}=1.5$ 不变

$$\varepsilon'=\frac{T_1-T_2}{T_1-t_1'}=\frac{100-50}{100-25}=0.67$$

由逆流换热器的 $\varepsilon\text{-}NTU$ 关系图可以查得 $\left(\dfrac{C_{\min}}{C_{\max}}\right)'=\dfrac{W_h c_{ph}}{W_c' c_{pc}}=0.7$，解得 $W_c'=1806.02\text{kg/h}$

6.**解**：（1）空气出口温度 T_2'　由题意可得

使用初期　$Q=W_c c_{pc}(t_2-t_1)=W_h c_{ph}(T_1-T_2)$　①

使用一年后 $Q'=W_c c_{pc}(t_2'-t_1)=W_h c_{ph}(T_1-T_2')$　②

式②除以式①得

$$(100-T_2')/(100-50)=(40-30)/(55-30)$$

求得 $T_2'=80℃$。

计算题6讲解
对流传热综合运用

（2）污垢热阻占现在的总热阻的百分比

使用初期　　　　　　　　　　$Q=K_o S_o \Delta t_m$　③

使用一年后　　　　　　　　　$Q'=K_o' S_o \Delta t_m'$　④

$$\Delta t_m=\frac{T_1-t_2-(T_2-t_1)}{\ln\dfrac{T_1-t_2}{T_2-t_1}}=\frac{45-20}{\ln\dfrac{45}{20}}=30.83℃$$

$$\Delta t_m'=\frac{100-40-(80-30)}{\ln\dfrac{100-40}{80-30}}=\frac{60-50}{\ln\dfrac{60}{50}}=54.85℃$$

式④除以式③得

$$\frac{40-30}{55-30}=\frac{K_o'}{K_o}\frac{54.85}{30.83}, \quad \frac{K_o'}{K_o}=22.48\%$$

由题意可得：$K_o\approx\alpha_o=67\text{W/(m}^2\cdot℃)$

$$K_o'=\frac{1}{\dfrac{1}{\alpha_o}+R_s}=0.2248K_o, \quad R_s=0.0515\text{m}^2\cdot℃/\text{W}$$

$$\frac{R_s}{1/K_o'}\times100\%=77.57\%$$

📑 **总结**

从以上计算可见，对易结垢的物系而言，随着换热器的使用时间延长，污垢热阻逐渐成为主要热阻，这种情况下就有必要定期清洗换热器。任何事物都是不断发展变化的，且可能是复杂而多样的过程，应该学会用发展的眼光看待问题，不可一成不变。

（3）有机溶液流量加大一倍，冷热流体的出口温度 t_2'' 及 T_2''

污垢积存，但有机溶液流量没有增大时

$$Q'=W_h c_{ph}(T_1-T_2')=W_c c_{pc}(t_2'-t_1)$$

$$\frac{W_h c_{ph}}{W_c c_{pc}}=\frac{t_2'-t_1}{T_1-T_2'}=\frac{40-30}{100-80}=0.5$$

故热流体（空气）为最小值流体。

$$\frac{C_{min}}{C_{max}}=\frac{W_h c_{ph}}{W_c c_{pc}}=0.5$$

$$\varepsilon=\frac{T_1-T_2'}{T_1-t_1}=\frac{100-80}{100-30}=\frac{2}{7}=0.286$$

$$\varepsilon=\frac{1-\exp\left[-(NTU)_{min}\left(1-\frac{C_{min}}{C_{max}}\right)\right]}{1-\frac{C_{min}}{C_{max}}\exp\left[-(NTU)_{min}\left(1-\frac{C_{min}}{C_{max}}\right)\right]}=\frac{1-\exp[-(NTU)_{min}(1-0.5)]}{1-0.5\exp[-(NTU)_{min}(1-0.5)]}=\frac{2}{7}$$

解得 $(NTU)_{min}=0.365$。

也可以直接从逆流换热器的 ε-NTU 关系图读出 $(NTU)_{min}$，计算更简便，当然就存在读数误差。

有机溶液流量加大一倍后由于增大的是冷流体的流量，热流体仍然为最小值流体

$$(NTU)_{min}=\frac{KS}{W_h c_{ph}}$$

所以 $(NTU)_{min}$ 不变。

$$\frac{C_{min}}{C_{max}'}=\frac{C_{min}}{2C_{max}}=\frac{W_h c_{ph}}{2W_c c_{pc}}=0.25$$

$$\varepsilon'=\frac{1-\exp\left[-(NTU)_{min}\left(1-\frac{C_{min}}{C_{max}'}\right)\right]}{1-\frac{C_{min}}{C_{max}'}\exp\left[-(NTU)_{min}\left(1-\frac{C_{min}}{C_{max}'}\right)\right]}=\frac{1-\exp[-0.365\times(1-0.25)]}{1-0.25\times\exp[-0.365\times(1-0.25)]}=0.296$$

$$\varepsilon'=\frac{T_1-T_2''}{T_1-t_1}=0.3,\quad T_2''=79.30$$

由 $Q''=W_h c_{ph}(T_1-T_2'')=2W_c c_{pc}(t_2''-t_1)$，得 $t_2''=35.17℃$。

（4）有机溶液流量加大后，换热器的传热速率变大，变为原来的 1.03 倍。

$$\Delta t''_m = \frac{100-35.17-(79.30-30)}{\ln \dfrac{100-35.17}{79.30-30}} = \frac{64.83-49.3}{\ln \dfrac{64.83}{49.3}} = 56.71℃$$

则

$$\frac{Q''}{Q'} \approx \frac{\Delta t''_m}{\Delta t'_m} = \frac{56.71}{54.85} \approx 1.03$$

> **总结**
>
> ①上述两种方法都可以求得两流体的出口温度，但可以明显看出对于无相变传热过程，若四个进出口温度中有两个未知，那么 ε-NTU 法解题思路更简单，且该方法可用公式计算或者查图，查图更简便，不同的方法得到的计算结果略有差异，在工程中这种程度的差异完全可以接受。②该题通过提高流速来增大对流传热系数，进而增大总传热系数。但减小的是有机溶液侧的热阻，因为有机溶剂侧热阻远远小于空气侧的热阻和污垢热阻，所以总传热系数 K 增大的效果很不明显，传热速率也几乎没有得到提高，使有机溶剂的出口温度进一步下降。若想得到更好的效果，应设法减小空气侧热阻和污垢热阻。

7. **解**：（1）当使用一台换热器

$$Q = KS\Delta t_m = W_c c_{pc}(t_2-t_1)$$

因为 $\alpha_o \gg \alpha_i$，$K_i \approx \alpha_i = 30\text{W}/(\text{m}^2 \cdot ℃)$

计算题 7 讲解
串并联的运用

$$\Delta t_m = \frac{t_2-20}{\ln\left(\dfrac{140}{160-t_2}\right)}$$

$$30 \times 15 \times \frac{t_2-20}{\ln\left(\dfrac{140}{160-t_2}\right)} = 2.0 \times 1 \times 1000(t_2-20)$$

$$t_2 = 48.21℃$$

$$W_h = \frac{Q}{r} = \frac{2 \times 1 \times (48.21-20)}{2087.1} = 0.027\text{kg/s} = 97.32\text{kg/h}$$

（2）换热器并联

$$Q = KS\Delta t_m = W_c c_{pc}(t_2-t_1)$$

$$\frac{K'}{K} = \frac{\alpha'_i}{\alpha_i} = \left(\frac{W'_c}{W_c}\right)^{0.8} = 0.5^{0.8} = 0.57435$$

$$\Delta t_m = \frac{t_2-20}{\ln\left(\dfrac{140}{160-t_2}\right)}$$

按一台换热器计算

$$30 \times 0.57435 \times 15 \times \frac{t_2-20}{\ln\left(\dfrac{140}{160-t_2}\right)} = 1.0 \times 1 \times 1000(t_2-20)$$

$$\ln\left(\frac{140}{160-t_2}\right) = 0.2584575, \quad t_2 = 51.886℃$$

$$Q = W_c c_{pc}(t_2-t_1) = 1 \times 1000 \times (51.886-20) = 3.2 \times 10^4\text{W}$$

$$W_h = \frac{Q}{r} = \frac{3.2 \times 10^4}{2087.1 \times 1000} = 0.0153 \text{kg/s} = 55.20 \text{kg/h}$$

蒸汽总冷凝量 $\qquad W'_h = 2W_h = 110.40 \text{kg/h}$

（3）换热器串联

对第一台换热器进行计算因每台的空气流量与单台流量一样，故总传热系数不变

$$K'S\Delta t'_m = W_c c_{pc}(t' - t_1)$$

$$30 \times 15 \times \frac{t' - t_1}{\ln \frac{140}{160 - t'}} = 2.0 \times 1000(t' - 20)$$

$$t' = 48.21℃$$

$$Q = W_c c_{pc}(t' - t_1) = W_{h1} r$$

$$W_{h1} = \frac{Q}{r} = \frac{2 \times 1 \times (48.21 - 20)}{2087.1} = 97.32 \text{kg/h}$$

对第二台换热器进行计算

$$K'S\Delta t'_m = W_c c_{pc}(t'_2 - t')$$

$$30 \times 15 \times \frac{t'_2 - 48.21}{\ln \frac{160 - 48.21}{160 - t'_2}} = 2.0 \times 1000(t'_2 - 48.21)$$

$$t'_2 = 70.73℃$$

$$Q = W_c c_{pc}(t'_2 - t') = W_{h2} r$$

$$W_{h2} = \frac{Q}{r} = \frac{2 \times 1 \times (70.73 - 48.21)}{2087.1} = 77.688 \text{kg/h}$$

$$W'_h = W_{h1} + W_{h2} = 97.32 + 77.688 = 175 \text{kg/h}$$

（4）改用某有机溶液加热空气

本题用 ε-NTU 法较为简便。当采用单台换热器时

$$\frac{W_h c_{ph}}{W_c c_{pc}} = \frac{t_2 - t_1}{T_1 - T_2} = 0.8$$

$$(NTU)_{min} = \frac{KS}{W_h c_{ph}} = \frac{T_1 - T_2}{\Delta t_m} = \frac{160 - 90}{76.79} = 0.912$$

因为串联前后冷热流体的流量不发生改变，面积变为原来的 2 倍，所以热流体还是为最小值流体，即

$$\frac{C'_{min}}{C'_{max}} = \frac{C_{min}}{C_{max}} = \frac{W_h c_{ph}}{W_c c_{pc}} = 0.8$$

$$(NTU)'_{min} = \frac{KS'}{W_h c_{ph}} = \frac{2KS}{W_h c_{ph}} = 2(NTU)_{min} = 1.824$$

$$\varepsilon' = \frac{1 - \exp\left[-(NTU)'_{min}\left(1 - \frac{C'_{min}}{C'_{max}}\right)\right]}{1 - \frac{C'_{min}}{C'_{max}}\exp\left[-(NTU)'_{min}\left(1 - \frac{C'_{min}}{C'_{max}}\right)\right]} = \frac{1 - \exp[-1.824 \times (1 - 0.8)]}{1 - 0.8 \times \exp[-1.824 \times (1 - 0.8)]} = 0.69$$

$$\varepsilon' = \frac{T_1 - T'_2}{T_1 - t_1} = \frac{160 - T'_2}{160 - 20} = 0.69, \quad T'_2 = 63.4℃$$

$$\frac{W_h c_{ph}}{W_c c_{pc}} = \frac{t_2' - t_1}{T_1 - T_2'} = 0.8, \quad t_2' = 97.28℃$$

对其中单台换热器，热流体仍为最小值流体

$$\frac{C_{min}}{C_{max}} = 0.8, \quad (NTU)_{min} = 0.912$$

$$\varepsilon = \frac{1 - \exp\left[-(NTU)_{min}\left(1 - \frac{C_{min}}{C_{max}}\right)\right]}{1 - \frac{C_{min}}{C_{max}}\exp\left[-(NTU)_{min}\left(1 - \frac{C_{min}}{C_{max}}\right)\right]} = \frac{1 - \exp[-0.912 \times (1 - 0.8)]}{1 - 0.8 \times \exp[-0.912 \times (1 - 0.8)]} = 0.5$$

$$\varepsilon = \frac{T_1' - T_2'}{T_1' - t_1} = \frac{T_1' - 63.4}{T_1' - 20} = 0.5, \quad T_1' = 106.8℃$$

$$\frac{W_h c_{ph}}{W_c c_{pc}} = \frac{t' - t_1}{T_1' - T_2'} = 0.8, \quad t' = 54.72℃$$

4.3.5 拓展提升题

1.（考点 对数平均温差的公式推导）已知冷热流体在间壁换热器中进行逆流变温传热，假设：①换热器在稳态情况下传热，冷热流体质量流量 W_h、W_c 沿换热面为常量；②冷热流体的比热容 c_{pc}、c_{ph} 均为常量（可取为换热器进、出口下的平均值）；③总传热系数 K 为常量，即 K 值不随换热器的管长而变化；④换热器的热损失可以忽略。简要写出换热器的平均温度差 Δt_m 的推导过程。

2.（考点 非稳态传热）一反应器内盛有 1000kg 定压比热容为 3.8kJ/(kg·℃) 的反应物，器内有蛇管加热，其传热面积为 $1m^2$，用温度为 390K 的饱和蒸汽加热，器内设有机械搅拌，因此器内反应物的温度均一，若传热系数为 600W/(m^2·℃)，反应器的外表面积为 $10m^2$，在外界温度为 290K 时，器壁向周围的对流传热系数为 8.5W/(m^2·℃)，可把壁温视为器内的温度。

（1）试比较在忽略和考虑热损失的情况下将物料从 290K 加热到 360K 所需要的时间；

（2）有哪些措施可改善加热过程？

3.（考点 非稳态传热）某容器内盛有温度为 100℃ 的苯 1500kg，于其中装有外表面积为 $3.2m^2$ 的蛇管换热器，蛇管内通入 15℃ 的空气冷却苯。以外表面积为基准的总传热系数为 300W/(m^2·℃)。经过若干时间后测得苯温度冷却到 30℃，而相应的空气出口温度为 20℃。操作过程中，苯和空气的比热容分别为 1.704kJ/(kg·℃) 和 1.005kJ/(kg·℃)，且保持不变，不考虑热损失，容器内苯温度均匀。试计算：（1）空气的流量 W_c 为多少？传热量为多少？（2）冷却苯所需要的时间为多少？

4.（考点 非稳态传热）在一带有搅拌器的夹套式反应器中，某有机混合物需要从 90℃ 冷却至 30℃，有机混合物的质量为 1000kg，平均比热容为 1.8kJ/(kg·℃)。已知夹套式换热器的总传热系数 $K = 150$W/(m^2·℃)，传热面积为 $5m^2$，冷却水流量为 0.3kJ/s，入口温度为 25℃，忽略热损失，搅拌器内液体主体温度均一。试求：（1）完成该项冷却任务所需要的时间；（2）完成时，冷却水的出口温度。

【参考答案与解析】

1. **解**：换热器某位置 dS 处的冷热流体温差为 $(T - t)$，传热量 dQ 存在如下热量衡

算关系 $dQ=-W_hc_{ph}dT=W_cc_{pc}dt$，即

$$\frac{dQ}{dT}=-W_hc_{ph}=常量，\quad \frac{dQ}{dt}=W_cc_{pc}=常量$$

将 Q 对 T 及 t 作图，得 $T=mQ+k$，$t=m'Q+k'$，因此

$$T-t=\Delta t=(m-m')Q+(k-k')$$

由此可知冷热流体温差 Δt 随 Q 的变化也为直线关系。直线斜率可写成

$$\frac{d(\Delta t)}{dQ}=\frac{\Delta t_2-\Delta t_1}{Q}，\quad d(\Delta t)=\frac{\Delta t_2-\Delta t_1}{Q}dQ$$

因为 $dQ=K\Delta t dS$，结合上式可得

$$\frac{d(\Delta t)}{K\Delta t dS}=\frac{\Delta t_2-\Delta t_1}{Q}$$

由于 K 为常量，即

$$\int_{\Delta t_1}^{\Delta t_2}\frac{d(\Delta t)}{\Delta t}=K\frac{\Delta t_2-\Delta t_1}{Q}\int_0^S dS$$

$$\ln\frac{\Delta t_2}{\Delta t_1}=K\frac{\Delta t_2-\Delta t_1}{Q}S，\quad Q=KS\frac{\Delta t_2-\Delta t_1}{\ln\frac{\Delta t_2}{\Delta t_1}}=KS\Delta t_m$$

即

$$\Delta t_m=\frac{\Delta t_2-\Delta t_1}{\ln\frac{\Delta t_2}{\Delta t_1}}$$

2. **解**：（1）忽略热损失　设经过 τ 时间后，物料温度为 t，在微分段时间 $d\tau$ 内，温度升高 dt 内，则

$$dQ=W_cc_p dt=KS(T-t)d\tau$$

$$\int_0^\tau d\tau=\frac{W_cc_p}{KS}\int_{290}^{360}\frac{dt}{390-t}$$

$$\tau=6333\times\ln\frac{390-290}{390-360}=2.12h$$

拓展提升题 2 讲解
非稳态的运用

考虑热损失：热损失速率 $Q=8.5\times10(t-290)=85t-24650$

$$KS(T-t)=\frac{W_cc_p dt}{d\tau}+85t-24650$$

$$\frac{dt}{d\tau}=\frac{3.8\times10^6}{258650-685t}$$

$$\tau=\int_0^\tau d\tau=\int_{290}^{360}\frac{3.8\times10^6 dt}{258650-685t}=\frac{3.8\times10^6}{685}\times\ln\frac{258650-685\times290}{258650-685\times360}=2.47h$$

（2）改善加热过程的方法　在反应器外包保温层，减少向外散热；提高加热蒸汽温度；增加蛇管面积；用提高转速等措施改善机械搅拌效果，提高 K。有可能引起局部过热，需要改变设备结构。

3. **解**：（1）空气的流量 W_c 及传热量　已知，当空气通入温度 15℃、出口为 20℃，此时苯温度为 30℃，对于这一瞬间，热负荷和换热器的传热速率之间有如下等式关系

$$Q=W_cc_{pc}(t_2-t_1)=K_oS_o\Delta t_m$$

$$\Delta t_m=\frac{(T_2-t_1)-(T_2-t_2)}{\ln\frac{T_2-t_1}{T_2-t_2}}$$

$$W_c c_{pc}(t_2-t_1)=K_o S_o \frac{(T_2-t_1)-(T_2-t_2)}{\ln\dfrac{T_2-t_1}{T_2-t_2}}$$

$$W_c=\frac{K_o S_o \dfrac{(T_2-t_1)-(T_2-t_2)}{\ln\dfrac{T_2-t_1}{T_2-t_2}}}{c_{pc}(t_2-t_1)}=\frac{K_o S_o \dfrac{t_2-t_1}{\ln\dfrac{T_2-t_1}{T_2-t_2}}}{c_{pc}(t_2-t_1)}=\frac{K_o S_o}{c_{pc}\ln\dfrac{T_2-t_1}{T_2-t_2}}=\frac{300\times3.2}{1.005\times10^3\times\ln\dfrac{30-15}{30-20}}=2.36\text{kg/s}$$

由于冷却剂在操作中流量稳定，故整个传热过程空气的流量 $W_c=2.36\text{kg/s}$。对于这一瞬间

$$Q=W_c c_{pc}(t_2-t_1)=2.36\times1.005\times10^3\times(30-15)=3.56\times10^4\text{W}$$

直到苯降温到 30℃，整个传热过程的热负荷为

$$Q=W_h c_{ph}(T_2-T_1)=1500\times1.704\times10^3\times(100-30)=1.79\times10^8\text{W}$$

（2）冷却苯所需要的时间　热损失可忽略，对于传热过程的任一瞬间，设 τ 时刻内槽内苯主体温度 T，空气通入温度 15℃、出口为 t，则

$$W_c c_{pc}(t-t_1)=K_o S_o \Delta t_m=K_o S_o \frac{(T-t_1)-(T-t)}{\ln\dfrac{T-t_1}{T-t}}=K_o S_o \frac{t-t_1}{\ln\dfrac{T-t_1}{T-t}}$$

即

$$\ln\frac{T-t_1}{T-t}=\frac{K_o S_o}{W_c c_{pc}}=\frac{300\times3.2}{2.36\times1.005\times10^3}=0.405$$

整理得

$$t=0.33T+10 \tag{①}$$

取微元时间 $d\tau$ 对槽内液体作热量衡算

$$W_c c_{pc}(t-t_1)d\tau=-W_h c_{ph}dT$$

$$d\tau=\frac{-W_h c_{ph}}{W_c c_{pc}}\frac{dT}{t-t_1}=\frac{-1500\times1.704\times10^3}{2.36\times1.005\times10^3}\frac{dT}{t-15}=-1077.66\frac{dT}{t-15} \tag{②}$$

把式①代入式②并两边积分得

$$\tau=\int_0^\tau d\tau=-1077.66\int_{100}^{30}\frac{dT}{0.33T+10-15}=5615.9\text{s}=1.56\text{h}$$

4.**解**：（1）完成该项冷却任务所需要的时间　对某一瞬间，有机物温度为 T，冷却水进口温度 t_1 为 25℃，出口温度为 t_2，则热负荷和换热器的传热速率之间有如下等式关系

$$Q=W_c c_{pc}(t_2-t_1)=KS\Delta t_m=KS\frac{(T-t_1)-(T-t_2)}{\ln\dfrac{T-t_1}{T-t_2}}=KS\frac{t_2-t_1}{\ln\dfrac{T-t_1}{T-t_2}}$$

整理得

$$\ln\frac{T-t_1}{T-t_2}=\frac{KS}{W_c c_{pc}}$$

令 $x=e^{\frac{KA}{W_c c_{pc}}}$，整理得

$$t_2=\frac{x-1}{x}T+\frac{t_1}{x} \tag{①}$$

式①两端同时减去 t_1，整理得

$$t_2 - t_1 = \frac{x-1}{x}T + \frac{t_1}{x} - t_1 = \frac{xT - T - xt_1 + t_1}{x} = \frac{x(T-t_1) - (T-t_1)}{x} = \frac{(T-t_1)(x-1)}{x}$$

对 $\mathrm{d}\tau$ 瞬间做能量衡算

$$W_c c_{pc}(t_2 - t_1)\mathrm{d}\tau = W_c c_{pc}\left(\frac{x-1}{x}\right)(T-t_1)\mathrm{d}\tau = -W_h c_{ph}\mathrm{d}T$$

分离变量得

$$\frac{W_c c_{pc}}{W_h c_{ph}}\left(\frac{x-1}{x}\right)\mathrm{d}\tau = -\frac{\mathrm{d}T}{T-t_1}$$

对上式积分得

$$\frac{W_c c_{pc}}{W_h c_{ph}}\left(\frac{x-1}{x}\right)\int_0^\tau \mathrm{d}\tau = -\int_{T_1}^{T_2}\frac{\mathrm{d}T}{T-t_1}$$

$$\frac{W_c c_{pc}}{W_h c_{ph}}\left(\frac{x-1}{x}\right)\tau = \ln\frac{T_1-t_1}{T_2-t_1} \qquad ②$$

根据题给条件将 x 值求出

$$x = \mathrm{e}^{\frac{KS}{W_c c_{pc}}} = \mathrm{e}^{\frac{150\times 5}{0.3\times 4190}} = 1.186$$

将求得的 x 代入式②，得

$$\frac{0.3\times 4190}{1000\times 1.8\times 10^3}\times\left(\frac{1.186-1}{1.186}\right)\tau = \ln\frac{90-25}{30-25}$$

解得 $\tau = 23420\mathrm{s} = 6.51\mathrm{h}$。

（2）完成时，冷却水的出口温度　根据式①，当釜内有机物降温至 30℃ 时

$$t_2 = \frac{1.186-1}{1.186}\times 30 + \frac{25}{1.186} = 25.78℃$$

⚙**总结** --

对于非稳态换热，解题依据还是热量衡算方程和传热速率方程式，关键是需要利用微分方程找到变化的温度和时间 τ 的关系。

4.4　热辐射

4.4.1　概念梳理

【主要知识点】

1. 热辐射定义

热辐射　物体因热的原因以电磁波形式传递能量的过程。

热辐射发生条件：在热力学温度 0K 以上。

辐射传热的净结果：高温物体向低温物体传递了能量。

热辐射和光辐射的本质完全相同，不同的仅仅是波长的范围，理论上热辐射的电磁波波长从零到无穷大，但是具有实际意义的波长范围为 $0.4\sim 20\mu\mathrm{m}$，其中可见光线的波长范围为 $0.4\sim 0.8\mu\mathrm{m}$，红外光线的波长范围为 $0.8\sim 20\mu\mathrm{m}$。

可见光线和红外光线统称为热射线。热射线能在均一介质中作直线传播。在真空和大多数气体（惰性气体和对称的双原子气体）中，热射线可完全透过，但对大多数的固体和液体，热射线则不能透过。因此只有能够互相照见的物体间才能进行辐射传热。

2. 吸收率、反射率及透过率

$$A+R+D=1$$

物体的吸收率 A、反射率 R、透过率 D 的大小取决于物体的性质、表面状况、温度及辐射线的波长等。

吸收率 $A=1$ 的物体，称为黑体或绝对黑体。无光泽的煤可近似看成黑体。

反射率 $R=1$ 的物体，称为镜体或绝对白体。镜子或光亮的金属表面可近似看成镜体。

透过率 $D=1$ 的物体，称为透热体。单原子气体和对称的双原子气体可近似看成透热体。

3. 灰体

灰体　能以相同的吸收率部分地吸收由 $0\sim\infty$ 所有波长范围的辐射能。

特点：①灰体的吸收率 A 不随辐射线的波长而变；②灰体是不透热体，即 $A+R=1$。

黑体和镜体、灰体都是理想物体，实际上并不存在。

4. 辐射能力及黑度

（1）**辐射能力**　物体在一定的温度下，单位表面积、单位时间内所发射的全部波长的总能量，单位 W/m^2，它表征物体发射辐射能的本领。

单色辐射能　在相同条件下，物体发射特定波长的能力。

斯蒂芬-玻尔兹曼定律　　　$$E_b = \sigma_0 T^4 = C_0 \left(\frac{T}{100}\right)^4$$

式中　E_b——黑体的辐射能力，W/m^3；

　　　C_0——黑体的辐射系数，其值为 $5.67 W/(m^2 \cdot K^4)$。

它表明黑体的辐射能力仅与热力学温度的四次方成正比。

灰体的辐射能力　　　　　　$$E = C\left(\frac{T}{100}\right)^4$$

（2）**黑度**（又称发射率）　灰体的辐射能力与同温度下黑体辐射能力之比。

$$\varepsilon = E/E_b = \frac{C}{C_0}$$

黑度 ε 值取决于物体的性质、表面状况（如表面粗糙度和氧化程度），一般由实验测定，其值在 $0\sim1$ 范围内变化。

克希霍夫定律　　　$$\frac{E_1}{A_1} = \frac{E_2}{A_2} = \cdots = \frac{E}{A} = E_b = f(t)$$

该式表明任何物体的辐射能力和吸收率的比值恒等于同温度下黑体的辐射能力，即仅和物体的绝对温度有关。

5. 两物间的辐射传热

$$Q_{1\text{-}2} = C_{1\text{-}2}\varphi S\left[\left(\frac{T_1}{100}\right)^4 - \left(\frac{T_2}{100}\right)^4\right]$$

$$C_{1\text{-}2}=\frac{C_0}{\dfrac{1}{\varepsilon_1}+\dfrac{1}{\varepsilon_2}-1}=\frac{1}{\dfrac{1}{C_1}+\dfrac{1}{C_2}-\dfrac{1}{C_0}}$$

设置隔热挡板是减少辐射散热的有效方法，而且挡板材料的黑度越低，挡板的层数越多，热损失越少。

6. 对流和辐射的联合传热

$$Q=\alpha_T S_w(t_w-t)$$

4.4.2　夯实基础题

一、选择与填空题

1. （　　）等于 1 的物体称为黑体。

A. 吸收率　　　　　B. 反射率　　　　　C. 透过率　　　　　D. 折射率

2. 在两灰体间进行辐射传热，两灰体的温度差为 50℃，现因某种原因，两者的温度各升高 100℃，则此时的辐射传热量与原来的辐射传热量相比应该（　　）。

A. 减小　　　　　B. 增大　　　　　C. 不变　　　　　D. 不确定

3. 物体从一个温度升至另一个温度，两者温度之比为 2∶1，问此时的辐射能力与原来的相比应该（　　）。

A. 减小　　　　　B. 增大　　　　　C. 不变　　　　　D. 不确定

4. 为减少室外设备的热损失，拟在保温层外再包一层金属皮，则选择金属皮时应优先考虑的因素是选用（　　）的材料。

A. 表面光滑、颜色较浅　　　　　B. 表面粗糙、颜色较深

C. 表面粗糙、颜色较浅　　　　　D. 表面光滑、颜色较深

5. 揭示了物体辐射能力与吸收率之间关系的是（　　）。

A. 斯蒂芬-玻尔兹曼定律　　　　　B. 克希霍夫定律

C. 折射定律　　　　　D. 普朗克定律

6. 红砖的黑度 ε 为 0.93，当其表面温度均为 150℃时，红砖的发射能力为（　　）。

A. 1690.61W/m² 　　B. 916.7W/m² 　　C. 7132.4W/m² 　　D. 504.7W/m²

7. _____都是理想化的物体，在自然界中并不存在。

二、简答题

什么是灰体？

三、计算题

有两块板，它们平行放置且相距很近，黑度皆为 0.9，为了减少热损失，在两板之间插入一块遮热板，遮热板的黑度开始时为 0.3，后因放在空气中导致其变为 0.9。试求：（1）遮热板黑度变化前、后的热通量与无遮热板时的热通量之比各为多少？（2）若同时插入两块黑度皆为 0.8 的遮热板，与无遮热板时相比，它们热通量之比为多大？（3）由此你可得出什么结论？

【参考答案与解析】

一、选择与填空题

1. A。　2. B。　3. B。　4. A。　5. B。　6. A。　7. 黑体、镜体和灰体。

二、简答题

能以相同的吸收率部分地吸收由 $0\sim\infty$ 所有波长范围的辐射能的物体。

三、计算题

解： （1）无遮热板时

$$q=\frac{C_0\left[\left(\frac{T_1}{100}\right)^4-\left(\frac{T_2}{100}\right)^4\right]}{\frac{1}{\varepsilon_1}+\frac{1}{\varepsilon_2}-1}$$

有遮热板时

$$q'=\frac{C_0\left[\left(\frac{T_1}{100}\right)^4-\left(\frac{T_3}{100}\right)^4\right]}{\frac{1}{\varepsilon_1}+\frac{1}{\varepsilon_3}-1}=\frac{C_0\left[\left(\frac{T_3}{100}\right)^4-\left(\frac{T_2}{100}\right)^4\right]}{\frac{1}{\varepsilon_3}+\frac{1}{\varepsilon_2}-1}=\frac{C_0\left[\left(\frac{T_1}{100}\right)^4-\left(\frac{T_2}{100}\right)^4\right]}{\frac{1}{\varepsilon_1}+\frac{1}{\varepsilon_2}+\frac{2}{\varepsilon_3}-2}$$

当 $\varepsilon_3=0.3$ 时，则

$$\frac{q}{q'}=\frac{\frac{1}{\varepsilon_1}+\frac{1}{\varepsilon_2}+\frac{2}{\varepsilon_3}-2}{\frac{1}{\varepsilon_1}+\frac{1}{\varepsilon_2}-1}=\frac{\frac{1}{0.9}+\frac{1}{0.9}+\frac{2}{0.3}-2}{\frac{1}{0.9}+\frac{1}{0.9}-1}=5.64$$

当 $\varepsilon_3=0.9$ 时，则

$$\frac{q}{q'}=\frac{\frac{1}{\varepsilon_1}+\frac{1}{\varepsilon_2}+\frac{2}{\varepsilon_3}-2}{\frac{1}{\varepsilon_1}+\frac{1}{\varepsilon_2}-1}=\frac{\frac{1}{0.9}+\frac{1}{0.9}+\frac{2}{0.9}-2}{\frac{1}{0.9}+\frac{1}{0.9}-1}=2.0$$

（2）当插入两块遮热板时

$$q'=\frac{C_0\left[\left(\frac{T_1}{100}\right)^4-\left(\frac{T_3}{100}\right)^4\right]}{\frac{1}{\varepsilon_1}+\frac{1}{\varepsilon_3}-1}=\frac{C_0\left[\left(\frac{T_3}{100}\right)^4-\left(\frac{T_4}{100}\right)^4\right]}{\frac{1}{\varepsilon_4}+\frac{1}{\varepsilon_3}-1}=\frac{C_0\left[\left(\frac{T_4}{100}\right)^4-\left(\frac{T_2}{100}\right)^4\right]}{\frac{1}{\varepsilon_4}+\frac{1}{\varepsilon_2}-1}=\frac{C_0\left[\left(\frac{T_1}{100}\right)^4-\left(\frac{T_2}{100}\right)^4\right]}{\frac{1}{\varepsilon_1}+\frac{2}{\varepsilon_3}+\frac{2}{\varepsilon_4}+\frac{1}{\varepsilon_2}-3}$$

因为 $\varepsilon_3=\varepsilon_4=0.9$，所以

$$\frac{q}{q'}=\frac{\frac{1}{\varepsilon_1}+\frac{2}{\varepsilon_3}+\frac{2}{\varepsilon_4}+\frac{1}{\varepsilon_2}-3}{\frac{1}{\varepsilon_1}+\frac{1}{\varepsilon_2}-1}=\frac{\frac{1}{0.9}+\frac{2}{0.9}+\frac{2}{0.9}+\frac{1}{0.9}-3}{\frac{1}{0.9}+\frac{1}{0.9}-1}=3.0$$

（3）当遮热板的黑度越大时，有遮热板与无遮热板时的热通量之比越小；当遮热板的黑度相同时，遮热板的数量越多，有遮热板与无遮热板时的热通量之比越小。

4.4.3 灵活应用题

一、选择与填空题

1. $A+R=1$ 的物体称为（　　）。

A. 黑体　　　　　B. 灰体　　　　　C. 镜体　　　　　D. 透热体

2. 已知在温度 T 时耐火砖的发射能力（辐射能力）大于铜的发射能力，则以下选项中可能的选择是：铜的黑度为（　　），耐火砖的黑度为（　　）。

A. 0.6　　　　　B. 0.9　　　　　C. 1　　　　　D. 1.2

3. 热辐射的电磁波波长范围是（　　），具有实际意义的热射线范围是（　　）。

A. $0\sim\infty$　　　B. $0.4\sim0.8\mu m$　　　C. $0.4\sim20\mu m$　　　D. $0.8\sim20\mu m$

4. 物体的温度高于（　　），物质就会向外发射各种波长的电磁波。

A. 0℃　　　　　　　B. 0K　　　　　　　C. 100K　　　　　　　D. 100℃

5. 下面的说法中正确的是（　　）。

A. 在一定温度下，辐射能力越小的物体，其黑度越大

B. 同温下，物体的吸收率 A 与黑度 ε 是完全相等的

C. 黑体是反射率为 1 的物体

D. 黑度反映了实际物体接近黑体的程度

6. 辐射传热与传导传热和对流传热的主要差别在于＿＿＿＿＿＿＿＿。

7. 黑体的辐射能力与绝对温度的＿＿＿＿＿＿＿＿成正比。

二、计算题

1. 黑体的表面温度从 150℃ 升至 475℃，其辐射能力增大到原来的多少倍？其灰体的吸收率为 $A=0.85$，则其黑度为多少？

2. 有一个通过 120℃ 的水蒸气、外径为 30mm 的蒸汽管，大气温度为 40℃，管子的黑度为 0.8，分别计算由于管道表面辐射和对流所引起的热损失。

【参考答案与解析】

一、选择与填空题

1. B。　2. A；B。　3. A；C。　4. B。　5. D。

6. 辐射传热可以在真空中传播。　7. 四次方。

二、计算题

1. **解：** 由斯蒂芬-玻尔兹曼定律表明，黑体的辐射能力 $E_b \propto T^4$，即

$$\frac{E_b'}{E_b}=\left(\frac{475+273.15}{150+273.15}\right)^4=9.77$$

由克希霍夫定律表明，同一灰体的黑度与其吸收率在数值上必相等，即 $\varepsilon=A=0.85$。

2. **解：** ① 蒸汽管壁较薄，且管内强制对流和部分蒸汽冷凝的传热系数均较大，因此管外壁温度可近似为 120℃。由于管道表面辐射引起的热损失为

$$Q_R=S_w C_{1\text{-}2}\left[\left(\frac{T_w}{100}\right)^4-\left(\frac{T}{100}\right)^4\right]$$

因为 $C_{1\text{-}2}=\varepsilon_1 C_0=0.8\times5.67=4.536\text{W/(m}^2\cdot\text{K}^4)$，$t_w\approx120℃$，则每米管道热损失为

$$\frac{Q_R}{L_t}=\pi\times0.03\times4.536\times\left[\left(\frac{120+273.15}{100}\right)^4-\left(\frac{40+273.15}{100}\right)^4\right]=61.0\text{W/m}$$

② 计算对流引起的热损失　定性温度 $=\frac{1}{2}\times(120+40)=80℃$，此时空气的物性参数为 $\rho=1.000\text{kg/m}^3$，$\lambda=3.047\times10^{-2}\text{W/(m}\cdot℃)$，$Pr=0.692$，$\mu=2.11\times10^{-5}\text{Pa}\cdot\text{s}$，则有

$$\beta=\frac{1}{t+273.5}=\frac{1}{80+273.15}=2.83\times10^{-3}℃^{-1}$$

$$Gr=\frac{\beta g\Delta t L^3\rho^2}{\mu^2}=\frac{2.83\times10^{-3}\times9.81\times80\times0.03^3\times1.000^2}{(2.11\times10^{-5})^2}=1.34\times10^5$$

$$GrPr = 9.32 \times 10^4, \quad C = 0.53 \text{W}/(\text{m}^2 \cdot \text{K}^4), \quad n = \frac{1}{4}, \quad L = d_0 = 0.03\text{m}$$

所以

$$\alpha = C\frac{\lambda}{L}(GrPr)^n = 0.53 \times \frac{3.047 \times 10^{-2}}{0.03} \times (1.34 \times 10^5 \times 0.692)^{\frac{1}{4}} = 9.41 \text{W}/(\text{m}^2 \cdot \text{℃})$$

$$\frac{Q}{L_t} = 9.41 \times \pi \times 0.03 \times (120 - 40) = 71.0 \text{W/m}$$

总结------------------------------

　　由计算可见，120℃的固体表面的辐射传热占比已超46%，温度越高，辐射传热占比就越高。

4.5　间壁传热换热器

4.5.1　概念梳理

【主要知识点】

1. 常用间壁式换热器类型

表4-6为换热器的比较。

动画

常用换热器

▣ **表4-6　换热器的比较**

换热器类型		优点	缺点	适用场合
蛇管式	沉浸式	结构简单；价格低廉；便于防腐蚀；能承受高压	容器的体积较蛇管的体积大得多；管外流体的α较小；总传热系数K也较小	反应釜、精馏塔釜等
	喷淋式	便于检修和清洗；传热效果较好	喷淋不易均匀；壳体和管束之间壁温差较大或壳程介质易结垢	壳程介质清洁，不易结垢等场合
管式换热器 套管式		构造简单；能耐高压；传热面积和管内、外径可灵活选择；两流体做严格的逆流	管间接头较多，易发生泄漏；单位长度传热面积较小	传热面积需要不太大且要求压强较高或传热效果较好的场合
管壳式	固定管板式	结构简单；造价低廉	壳程不易检修和清洗	壳程介质清洁不易结垢、介质温差较小场合
	U形管式	结构简单；质量轻	管内清洗比较困难；管板的效率低	高温、高压场合
	浮头式	便于清洗和检修	结构较复杂；金属耗量多；造价也较高	管壳温差较大，介质不清洁，需经常清洗场合

续表

换热器类型		优点	缺点	适用场合
板式换热器	夹套式	构造简单	传热系数较低;传热面受容器的限制	传热量不太大的场合
	板式	结构紧凑;单位体积设备所提供的传热面积大;总传热系数高;可根据需要增减板数以调节传热面积;检修和清洗较方便	处理量不太大;操作压力较低;操作温度不能过高	运行压力较低,有压力损失,处理量不大,操作温度较低场合
	螺旋板式	总传热系数高;不易堵塞;能利用低温热源;实现精密控制温度;结构紧凑	操作压力和温度不宜太高;不易检修	操作温度较低,运行压力较低的场合
翅片式换热器	翅片管式	可扩大传热面积;增加流体的湍动;提高传热效果	换热系数太小	高翅片:管内、外对流传热系数相差较大的场所;低翅片:两流体对流传热系数相差不太大的场合
	板翅式	总传热系数高,传热效果好;结构紧凑;轻巧牢固;适应性强,操作范围广	易堵塞;增大了压力降;检修和清洗困难;要求介质不对铝发生腐蚀	气-气、气-液、液-液,无腐蚀换热等场合
热管换热器		结构简单;使用寿命长;工作可靠;应用范围广	换热设备投资成本相对高	低温差传热场合

2. 管壳式换热器的型号与系列标准

（1）管壳式换热器的基本参数和型号

① 基本参数，如 a. 公称换热面积 S_N；b. 公称直径 D_N；c. 公称压力 p_N；d. 换热器管长度 L；e. 换热管规格和排列；f. 管程数 N_P。

② 型号表示方法，例如 G800Ⅱ-1.0-110 的管壳式换热器，代表 D_N 800mm、p_N 1.0MPa、两管程、换热面积为 110m² 的固定管板式换热器。

（2）管壳式换热器的系列标准

例如固定管板式中的换热管为 ϕ19mm 和 ϕ25mm 换热器；浮头式中的内导流浮头式换热器和外导流浮头式换热器；立式热虹吸式重沸器中的换热管为 ϕ38mm 和 ϕ25mm，具体标准见相关教材的附录。

3. 管壳式换热器设计时应考虑的问题

①流体流径的选择；②流体流速的选择；③流体两端温度的确定；④管子的规格和排列方法；⑤管程和壳程数的确定；⑥折流挡板；⑦外壳直径的确定；⑧主要附件：封头，缓冲挡板，导流筒，放气孔，排液孔，接管；⑨材料选用；⑩流体流动阻力（压降）的计算：管程流动阻力、壳程流动阻力。

4. 管壳式换热器的选用和设计计算步骤

①试算并初选设备规格；②计算管程、壳程压力降；③核算总传热系数。

5. 传热的强化途径

（1）增大平均温差　四个进、出口温度均不相同的情况下尽量采用逆流操作。

（2）增大传热面积 S　尽量采用结构紧凑型换热器，且可根据需要采取以下方法：①翅化面（肋化面）；②异形表面；③多孔物质结构；④采用小直径传热管。

（3）增大总传热系数 K　①提高流体的流速；②增强流体的扰动；③在流体中加固体颗粒；④采用短管换热器；⑤防止垢层形成和及时清除垢层。

4.5.2　案例实训

一、工作任务

开放式项目，以化工实际生产为背景自拟项目任务。基本要求为：在项目中体现传热单元操作的应用和动力装置的应用，要求连续操作。希望在设计中能体现能量综合利用、节能的理念。

二、项目具体要求

1. 根据输送任务，合理选择输送管材、管件（包括材质、规格、型号、数量）。

2. 根据输送任务，合理选择输送设备（包括设备型号规格、材质、配套电动机规格）。

3. 根据输送任务，合理选择仪表（压力表、温度计、流量计等），列出所选仪表的精度、测量范围，并设计合理的自动控制方法。

4. 根据加热要求，合理选择换热方式、载热剂，并进行换热器选型设计。

5. 编写设计计算书。

6. 编写操作规程（输送设备的开、停车及正常生产的维护；流量、温度的调节方法；传热设备的开、停车）。

7. 编写造价表。

8. 用 CAD 软件绘出带控制点的工艺流程图。

【参考答案与解析】

略

4.6　蒸发

4.6.1　概念梳理

【主要知识点】

1. 蒸发操作的分类

（1）单效蒸发与多效蒸发；（2）加压蒸发、常压蒸发和减压蒸发；（3）间歇蒸发和连续蒸发。

2. 蒸发器的结构

表 4-7 所示为不同蒸发器的比较。

□ 表 4-7　蒸发器的比较

蒸发器类型		优点	缺点	适用场合
循环型蒸发器	中央循环管式	传热效率高;结构紧凑;制造方便;操作可靠	溶液黏度大;沸点高;不易清洗	结垢不严重、腐蚀性较小的溶液
	悬筐式	循环速度、传热速率较前者高;便于清洗更换	设备耗材量、占地面积较前者大;加热管内溶液滞留量大	蒸发有晶体析出的溶液
	外热式	蒸发能力大	循环速度不高;传热效果欠佳,溶液温度较高	热敏性物料
	强制循环	传热系数大	循环速度较低;传热效果欠佳;动力消耗大	黏度大、易结垢或易结晶的溶液
单程型蒸发器	升膜式	传热系数大;温度差损失较小;溶液停留时间短	设计或操作不当时不易成膜;热通量明显下降	蒸发量较大的稀溶液;热敏性或易生泡的溶液
	降膜式	设备内滞留液少;压降小;传热系数大	液膜在管内分布不易均匀	热敏性物料
	升-降膜式	减少对厂房高度的要求	设计或操作不当时不易成膜;热通量明显下降;液膜在管内,分布不易均匀	浓缩过程中黏度变化大的溶液
	刮板搅拌薄膜式	对物料的适应性很强	结构复杂;动力耗费大;传热面积小;处理能力不大	高黏度、易结垢、易结晶或热敏性溶液
直接加热型蒸发器		结构简单;热利用率高;不需要固定传热面	二次蒸汽利用受限制	易结垢、易结晶或有腐蚀性溶液

3. 温度差损失

（1）因溶液蒸气压下降而引起的温度差损失 Δ'

$$\Delta' = f\Delta_a'$$

式中　Δ_a'——常压下由于溶液蒸气压下降而引起的沸点升高（即温度差损失），℃；

　　　Δ'——操作压力下由于溶液蒸气压下降而引起的沸点升高，℃；

　　　f——校正系数，量纲为 1。

$$f = \frac{0.0162(T'+273)^2}{r'}$$

式中　T'——操作压力下二次蒸汽的温度，℃；

　　　r'——操作压力下二次蒸汽的汽化热，kJ/kg。

（2）因加热管内液柱静压力而引起的温度差损失 Δ''

$$p_m = p' + \frac{\rho g l}{2}$$

式中　p_m——液层中部的平均压力。

$$\Delta'' = t_{pm} - t_p'$$

式中　t_{pm}——与平均压力 p_m 相对应的纯水的沸点，℃；

　　　t_p'——与二次蒸汽压力 p' 相对应的水的沸点，即二次蒸汽的温度，℃。

（3）由于管路流动阻力而引起的温度差损失 Δ'''

一般取效间二次蒸汽温度下降 1℃，末效或单效蒸发器至冷凝器间下降 1~1.5℃。

4. 单效蒸发的计算

（1）蒸发量 W

$$Fx_0 = (F-W)x_1 \quad \text{或} \quad W = F\left(1 - \frac{x_0}{x_1}\right)$$

式中，F 为原料液的流量，kg/h；W 为单位时间内蒸发的水分量，即蒸发量，kg/h；x_0 为原料液的质量分数，%；x_1 为完成液的质量分数，%。

（2）加热蒸汽消耗量 D

$$DH + Fh_0 = WH' + (F-W)h_1 + Dh_w + Q_L$$

$$D = \frac{WH' + (F-W)h_1 - Fh_0 + Q_L}{H - h_w}$$

图 4-7 所示为单效蒸发示意图。

（3）蒸发器的生产能力 W

溶液稀释热不可忽略时

$$W = \frac{Q - (F-W)h_1 + Fh_0 - Q_L}{H'}$$

溶液稀释热可忽略时

$$W = \frac{Q - Fc_{p0}(t_1 - t_2) - Q_L}{r'}$$

（4）蒸发器的生产强度 U

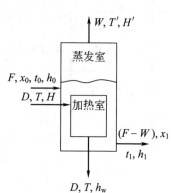

图 4-7 单效蒸发

$$U = \frac{W}{S_0}$$

5. 多效蒸发

（1）目的 减少加热蒸汽耗量，随着效数增加，节能指标下降。

（2）常见多效蒸发的流程 常见的多效蒸发流程及比较见表 4-8。

▫ **表 4-8 常见的多效蒸发流程及比较**

操作流程	优点	缺点	适用场合
并流加料法	操作简便；工艺条件稳定；输送不需要泵	蒸发器的传热系数下降	工业上最常见的加料模式。适合随浓度的增加其黏度变化不是很大的料液
逆流加料法	各效溶液的黏度较为接近；各效的传热系数也大致相同	能量消耗大；产生的二次蒸汽量较少	适合黏度随温度和浓度变化较大的溶液，但不适合处理热敏性物料
平流加料法	完成液总量比较大；生产相对比较独立	只经过一效蒸发器；被加热时间短	适合处理蒸发过程中有结晶析出的溶液

4.6.2 夯实基础题

一、选择与填空题

1. 中央循环管式蒸发器属于（　　）蒸发器。

A. 自然循环　　　　B. 强制循环　　　　C. 膜式

2. 蒸发热敏性而不易于结晶的溶液时，宜采用（　　）蒸发器。

A. 循环式　　　　B. 膜式　　　　C. 外加热式　　　D. 标准式

3. （　　）加料的多效蒸发流程的缺点是料液黏度沿流动方向逐效增大，致使后效的传热系数降低。

A. 并流　　　　　　B. 逆流　　　　　　C. 平流

4. 对热敏性及易生泡沫的稀溶液的蒸发，宜采用（　　）蒸发器。

A. 中央循环管式　　B. 悬框式　　　　　C. 升膜式

5. 若溶液不宜大幅度浓缩，只经一台蒸发器操作即可完成任务，为了充分利用二次蒸汽潜热，应采取（　　）蒸发

A. 单效蒸发　　　　B. 并流加料法　　　C. 逆流加料法　　D. 平流加料法

6. 多效蒸发的目的是_____。

7. 常见的多效蒸发有_____、_____、_____。

二、简答题

1. 采取真空蒸发有哪些原因？

2. 真空蒸发存在哪些的问题？

3. 温度差损失对蒸发会产生什么影响？

【参考答案与解析】

一、选择与填空题

1. A。　2. B。　3. A。　4. C。　5. D。

6. 利用二次蒸汽的能量，减少加热蒸汽耗量，随着效数增加，节能指标下降。

7. 并流加料法；逆流加料法；平流加料法。

二、简答题

1. 因为减压下溶液的沸点会下降，有利于处理热敏性物料，且可利用低压的蒸汽或废蒸汽作为热源；因为溶液的沸点随所处的压力减小而降低，故对相同压力的加热蒸汽而言，当溶液处于减压时可以提高传热总温度差。

2. 由于溶液沸点降低，溶液的黏度加大，使总传热系数下降，传热速率降低；由于真空蒸发系统要求有造成减压的装置，使系统的投资费和操作费提高。

3. 蒸发是使含有不挥发溶质的溶液沸腾汽化并移出蒸气，从而使溶液中溶质含量提高的单元操作，而温度差损失的存在会减小传热推动力，影响传热速率。

4.7　拓展阅读　热管技术

【技术简介】热管技术是 20 世纪 60 年代发明的一种新型传热技术，具有高导热率、高稳定性和长寿命等优点。

【工作原理】热管一般由管壳、吸液芯和端盖组成，热管内部被抽成负压后充入沸点低、易挥发的液体；管壁的吸液芯由毛细多孔材料构成。当热管一端（蒸发端）受热时，毛细管中的液体迅速汽化，蒸气在热扩散的动力下流向另外一端（冷端），并冷凝释放出热量，液体再沿多孔材料靠毛细作用流回蒸发端，如此循环直到热管两端温度相等（图 4-8）。因热管是利用热传导原理以及相变介质在热端汽化和冷端冷凝的两次相变过程，因此总传热系数特别大，其导热能力超过任何已知金属，且可以充分利用冷热端微小温差进行传热。目前，热管技术已广泛应用于化工、宇航、军工等行业以及民用建筑、公路工程、铁路工程、机场跑道、水库大坝等诸多工程。

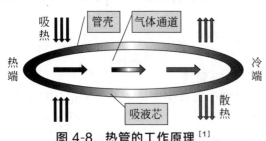
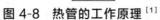

图 4-8　热管的工作原理[1]

图 4-9　青藏高原上的热管

【应用案例】 2006 年，我国青藏铁路全段正式开通，成了世界上海拔最高、路线最长的高原铁路。在青藏铁路的两旁，插着一根根高达 2 米的 1.5 万根"铁棒"，它们就是热管（图 4-9），由吸热段、绝热段和散热段三部分组成，吸热段藏在冻土中，当温度上升时，管道内的工作液被汽化；气流通过绝热段抵达露在外面的散热段，由冷风迅速将管道中的热量带走，然后这些气体被冷凝为液体后又在重力作用下重新回到底部，如此循环使路基持续保持一个较低的温度。

当气温等于或低于 0℃ 的时候，土壤里的水分就会凝结成冰，顺便将土壤也冻结起来，形成了高原冻土层。高原冻土层对温度的变化非常敏感，在寒冷的季节，铁路路基十分坚硬；当暖季来临，地基变软，引起局部地面的下沉，导致地基塌陷。冻土问题一直是一个全球性的难题，许多国家都在研究如何避免冻土层随温度变化发生改变的问题。而全长 1956 公里的青藏铁路，途中穿越的多年冻土层地段就长达 550 公里，我国科技工作者通过对青藏铁路多年冻土技术的研究实践，确立了主动降温、冷却地基、保护冻土的设计思想，提升了高原冻土铁路设计水平。同学们若有机会踏上青藏高原，在欣赏青藏铁路沿途壮美风光时，也别忘记致敬那些为高原铁路努力奋斗的科学家、工程师们，用实际行动坚持科技创新，为国家建设贡献力量。

【发展趋势】 随着各行各业对散热需求的提高，热管向着产品类型多样化、应用领域广泛化以及散热性能不断优化的方向发展[1]。例如，在 5G 通信技术及消费电子行业快速发展的背景下，电子产品不断朝着高性能化与轻薄化的方向发展，传统热管已难以应用于紧凑、轻薄型的电子设备散热，体积更小、质量更轻、厚度更薄、散热速度更快、抗腐蚀能力更强的超薄微热管等新型热管已成为重要发展方向和研究热点[2]。广大科研工作者应不断优化材料与结构，改进加工工艺、升级加工方法、解决制备问题、开发散热潜力、协同发展多种散热技术，以面对今后越来越复杂的应用环境。

参考文献

[1] 李洋，王松伟，刘劲松，等．铜基薄壁热管应用现状及发展趋势 [J]．铜业工程，2022，174（2）：1-7.

[2] 汤勇，唐恒，万珍平，等．超薄微热管的研究现状及发展趋势 [J]．机械工程学报，2017，53（20）：131-144.

本章符号说明

英文字母

A——流通面积，m^2；辐射吸收率

b——润湿周边，m；厚度，m

c——常数

C——热容量流率；辐射系数，$W/(m^2 \cdot K^4)$

c_p——定压比热容，$kJ/(kg \cdot ℃)$

d——管径，m

D——换热器壳径，m；透过率；直径，m；加热蒸汽消耗量，kg/h

e——单位蒸汽消耗量，kg/kg

E——辐射能力，W/m^2

F——系数；进料量，kg/h

f——摩擦因数；校正系数，量纲为 1

g——重力加速度，m/s^2

h——挡板间距，m；液体的焓，kJ/kg

H——蒸气的焓，kJ/kg；高度，m

I——流体的焓，kJ/kg

k——杜林线的斜率，量纲为 1

K——总传热系数，W/(m^2·℃)

l——长度，m；液面高度，m

L——长度，m

M——单位管子周边上的质量流量，kg/(m·s)；冷凝负荷，kg/(m·s)；组分的摩尔质量，kg/kmol

m——指数

N——程数

n——指数；效数；管数

p——压力，Pa；因数

q——热通量，W/m^2

Q——传热速率或热负荷，W

R——热容量流率之比；反射率

r——汽化热或冷凝热，kJ/kg

R——热阻，m^2·℃/W；对比压力

S——传热面积

t——冷流体温度，℃；管心距，m；溶液的沸点，℃

T——热流体或蒸气温度，℃；蒸气的温度，℃

u——流速，m/s

U——蒸发强度，kg/(m^2·h)

V——体积流量，m^3/s

W——质量流量，kg/s；蒸发量，kg/h

x、y、z——空间坐标

Z——参数

希腊符号

α——混合物中组分的质量分数；对流传热系数，W/(m^2·℃)

α'——温度系数，1/℃

β——体积膨胀系数，1/℃

δ——边界层厚度，m

Δ——有限差值；温度差损失，℃

ε——系数；黑度；传热效率；相对误差或相对偏差

ρ——密度，kg/m^3

σ——表面张力，N/m

Λ——波长，μm

φ——系数

λ——导热系数，W/(m·℃)

σ——斯蒂芬-玻尔兹曼常数，W/(m^2·K^4)

φ——角系数

ψ——校正系数

η——热损失系数

υ——运动黏度，m^2/s

Σ——总和

ϕ——数群

ϕ_s——沸腾管材质的校正系数

下标

a——常压

A——仅考虑溶液蒸气压降低

b——黑体；气泡

B——溶质

c——冷流体；临界

e——当量

h——热流体

i——管内

L——溶液；热损失

o——管外

s——污垢；秒；饱和

t——传热

Δt——温度差

T——理论

v——蒸气

w——水；壁面

min——最小

max——最大

1、2、3——效数的序号

0——进料

上标

′——二次蒸汽；因溶液蒸气压下降而引起

″——因液柱静压力而引起

‴——因流体阻力而引起

第 5 章

蒸馏

📖 本章知识目标

❖ 理解并掌握两组分气-液平衡的相图及精馏的原理；

❖ 理解并掌握恒摩尔流假设及其意义；

❖ 理解并掌握通过物料衡算和操作线方程；

❖ 理解并掌握回流比、进料热状况对理论板层数的影响及选择；

❖ 理解并掌握影响塔高、塔径的因素。

📖 本章能力目标

❖ 能根据特定的分离要求确定理论板层数及最佳进料位置；

❖ 能够进行最小回流比和全回流的分析和计算；

❖ 能根据操作条件的变化分析其对精馏过程的影响；

❖ 能进行塔径、塔高的计算和精馏塔设备的设计选型。

📖 本章素养目标

❖ 强化节能意识，能够在精馏塔设计和操作过程中培养节能意识；

❖ 培养辩证思维，能够利用对立统一的辩证观点解决蒸馏中的设计和操作问题；

❖ 树立敬业精神，能够在学习中认识到蒸馏（精馏）操作的重要性，努力提高专业技能。

📖 本章重点公式

1. 相平衡关系

泡点方程　　$x_A = \dfrac{p - p_B^\circ}{p_A^\circ - p_B^\circ}$

露点方程　　$y_A = \dfrac{p_A}{p} = \dfrac{p_A^\circ}{p} \times \dfrac{p - p_B^\circ}{p_A^\circ - p_B^\circ}$

相平衡方程　　$y = \dfrac{\alpha x}{1 + (\alpha - 1)x}$

2. 物料衡算关系

物料衡算　　$F x_F = D x_D + W x_W$，　　$F = D + W$

轻组分回收率　　$\eta = \dfrac{D x_D}{F x_F}$

塔内物系流率 $\quad L'=L+qF=RD+qF$
$$V'=V+(q-1)F=(R+1)D+(q-1)F$$

3. 操作线及 q 线

精馏段操作线方程 $\quad y_{n+1}=\dfrac{R}{R+1}x_n+\dfrac{x_D}{R+1}$

提馏段操作线方程 $\quad y_{n+1}=\dfrac{L'}{V'}x_n-\dfrac{W}{V'}x_W$

q 线方程 $\quad y=\dfrac{q}{q-1}x-\dfrac{1}{q-1}x_F$

4. 最小回流比、最小理论板层数

最小回流比 $\quad R_{min}=\dfrac{x_D-y_q}{y_q-x_q}$ （x_q、y_q 为 q 线方程和相平衡线方程的交点）

芬斯克方程 $\quad N_{min}=\dfrac{\lg\left[\left(\dfrac{x_D}{1-x_D}\right)\bigg/\left(\dfrac{x_W}{1-x_W}\right)\right]}{\lg\alpha}-1$（不含再沸器）

默弗里板效率 $\quad E_{MV,n}=\dfrac{y_n-y_{n+1}}{y_n^*-y_{n+1}}, \quad E_{ML,n}=\dfrac{x_{n-1}-x_n}{x_{n-1}-x_n^*}$

全塔效率 $\quad E_T=\dfrac{N_T(\text{不含再沸器})}{N_P}$

5.1 两组分物系的气-液相平衡关系

5.1.1 概念梳理

【主要知识点】

1. 蒸馏的定义 蒸馏是分离液体混合物的单元操作，它通过加热使混合物形成气、液两相体系，利用体系中各组分挥发度不同的特性达到分离的目的。

2. 各组分定义
易挥发组分（轻组分） 沸点低的组分，一般用字母 A 表示。
难挥发组分（重组分） 沸点高的组分，一般用字母 B 表示。

3. 理想物系
（1）液相为理想溶液，遵循拉乌尔定律。对于性质极相近、分子结构相似的组分所组成的溶液，可视为理想溶液。
（2）气相为理想气体，遵循道尔顿分压定律。当总压不太高（一般不高于 $10^4\,kPa$）时，气相可视为理想气体。

4. 泡点方程 $x_A=\dfrac{p-p_B^\circ}{p_A^\circ-p_B^\circ}$，表示气-液平衡下液相组成与平衡温度间的关系。

露点方程 $y_A=\dfrac{p_A^\circ}{p}\times\dfrac{p-p_B^\circ}{p_A^\circ-p_B^\circ}$，表示气-液平衡时气相组成与平衡温度的关系。

式中，x 表示液相中易挥发组分的摩尔分数；y 表示气相中易挥发组分的摩尔分数。

5. 挥发度 ν 溶液中组分的挥发度为其在蒸气中的分压和与之平衡的液相的摩尔分数之比。纯液体挥发度是指该液体在一定温度下的饱和蒸气压。

$$\nu_A = \frac{p_A}{x_A}, \quad \nu_B = \frac{p_B}{x_B}$$

对于理想溶液，$\nu_A = p_A^\circ$，$\nu_B = p_B^\circ$。

6. 相对挥发度 α 溶液中易挥发组分的挥发度与难挥发组分的挥发度之比。

即 $\alpha = \frac{py_A/x_A}{py_B/x_B} = \frac{y_A x_B}{y_B x_A}$，对于理想溶液，$\alpha = \frac{p_A^\circ}{p_B^\circ}$。$\alpha$ 越大，挥发度差异越大，分离越易。

7. 气-液平衡方程 $y = \frac{\alpha x}{1+(\alpha-1)x}$。

8. 两组分理想溶液的气-液平衡相图 图 5-1 为总压 101.33kPa 下，苯-甲苯混合液的 t-x-y 图。

图中上曲线为露点线（饱和蒸气线），下曲线为泡点线（饱和液体线）。泡点线以下区域称为液相区，露点线上方称为过热蒸气区，两条曲线包围的区域称为气-液共存区。

如图 5-1 所示，A 为混合物的状态点，垂直往上与泡点线的交点 J 为泡点，其对应的温度 t_2 为泡点温度。同样的，B 为混合物的状态点，垂直往下与露点线的交点 H 为露点，t_3 为露点温度。两条曲线在左右两侧纵坐标上的两个端点分别为纯组分的沸点。

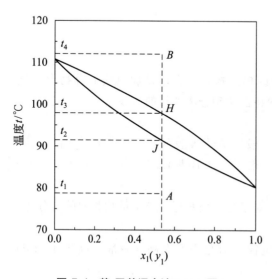

图 5-1 苯-甲苯混合液 t-x-y 图

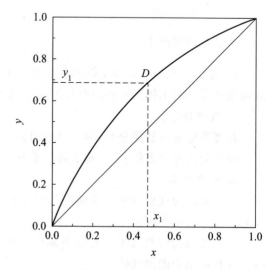

图 5-2 苯-甲苯混合液的 x-y 图

图 5-2 为总压 101.33kPa 下，苯-甲苯混合液的 x-y 图。横、纵坐标以易挥发组分浓度表示。由于平衡时，易挥发组分 y 总是大于 x，故平衡线位于对角线之上，且平衡线偏离对角线越远，表示该溶液越易分离。x-y 曲线上，各点对应的温度是不同的。

9. 非理想物系 分几种情况：①液相为非理想溶液，气相为理想气体；②液相为理想溶液，气相为非理想气体；③液相为非理想溶液，气相为非理想气体。

其中非理想溶液，表现为溶液中各组分的平衡分压与拉乌尔定律发生偏差。非理想气体，是指蒸馏操作在高压或低温下进行时，平衡气相不遵循道尔顿分压定律。

① 正偏差溶液 溶液中各组分的平衡分压与拉乌尔定律发生正偏差，如乙醇-水、正丙醇-水等物系。乙醇-水溶液具有最低恒沸点（恒沸点相对挥发度 $\alpha=1$）。

② 负偏差溶液 溶液中各组分的平衡分压与拉乌尔定律发生负偏差，如硝酸-水、氯仿-丙酮等物系。硝酸-水溶液具有最高恒沸点。

【两组分物系相平衡思维导图】

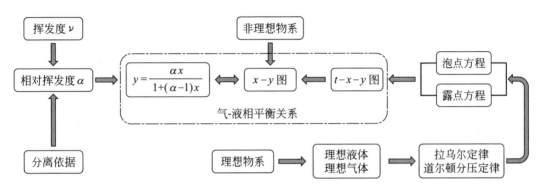

5.1.2 典型例题

【例】 在连续精馏塔中分离乙苯（A）和苯乙烯（B）两组分理想溶液。塔顶操作绝压为 7.835kPa，温度计读数为 63.2℃。塔釜真空表读数为 80.344kPa，温度计读数为 93.1℃，塔釜残液以每小时 2000kg 的质量馏出。两纯组分的饱和蒸气压可用安托尼方程计算，即

乙苯（A） $\qquad \lg p_A^* = 6.0824 - \dfrac{1424.225}{t+213.206}$ ①

苯乙烯（B） $\qquad \lg p_B^* = 6.08232 - \dfrac{1445.58}{t+209.43}$ ②

试求： （1）塔顶和塔釜的气、液相组成；（2）全塔的平均相对挥发度；（3）塔釜馏出液的摩尔流量。

解： （1）将 $t=63.2℃$ 代入式①与式②求得 $p_A^*=8.506$kPa 及 $p_B^*=6.025$kPa。则塔顶气、液相组成为

$$x_A = \frac{p_总 - p_B^*}{p_A^* - p_B^*} = \frac{7.835-6.025}{8.506-6.025} = 0.7295$$

$$y_A = \frac{p_A^*}{p_总} x_A = \frac{8.506}{7.835} \times 0.7295 = 0.7920$$

将 $t=93.1℃$ 代入式①与式②求得 $p_A^*=27.084$kPa 及 $p_B^*=20.138$kPa。塔釜真空表压力为 80.344kPa，因此绝压为 $p_总=101.3-80.344=20.956$kPa，则塔釜气、液相组成为

$$x_A = \frac{p_总 - p_B^*}{p_A^* - p_B^*} = \frac{20.956 - 20.138}{27.084 - 20.138} = 0.1178$$

$$y_A = \frac{p_A^*}{p_总} x_A = \frac{27.084}{20.956} \times 0.1178 = 0.1522$$

（2）两组分为理想物系

$$\alpha_顶 = \frac{p_A^*}{p_B^*} = \frac{8.506}{6.025} = 1.412, \quad \alpha_釜 = \frac{p_A^*}{p_B^*} = \frac{27.084}{20.138} = 1.345$$

相对挥发度从塔顶向塔釜有变小的趋势，工程上常取塔顶、塔釜的几何平均值作为全塔的平均值，即

$$\sqrt{\alpha_顶 \alpha_釜} = \sqrt{1.412 \times 1.345} = 1.378$$

（3）塔釜液相组成 $x_A = 0.1178$

$$M_{m釜} = 106 \times 0.1178 + 104 \times (1 - 0.1178) = 104.2356 \text{kg/kmol}$$

$$W = \frac{2000}{104.2356} = 19.187 \text{kmol/h}$$

5.1.3　夯实基础题

一、填空题

1. 在 $t\text{-}x\text{-}y$ 图中的气-液共存区内，相平衡的气-液两相温度_____（相等、大于、小于），但气相组成_____液相组成（相等、大于、小于），而两相的量可根据_____来确定。

2. 当两组分由图 5-1 表示 A 点即组成为 x_A 进料，当温度升高至泡点温度时，其液相组成是_____，若继续升温至露点，其气相组成是_____。混合液两组分的相对挥发度越小，则表明用蒸馏方法分离该混合液越_____。

3. 对于甲醇-水两组分的气液相平衡体系，组分数为_____，相数为_____，自由度为_____。

二、选择题

1. 当两组分液体混合物的相对挥发度为（　　）时，不能用普通精馏方法分离。

A. 1.0　　　　　　B. 2.0　　　　　　C. 3.0　　　　　　D. 4.0

2. 某二元混合物，其中 A 为易挥发组分，对于组成相等的饱和蒸气和饱和液体，其温度分别为 t_b，t_d。试比较两个温度的大小。（　　）

A. $t_b = t_d$　　　　B. $t_b < t_d$　　　　C. $t_b > t_d$　　　　D. 不能判断

3. 对于非理想组分来说，两组分的相对挥发度的表达式为（　　）。

A. $\alpha = \dfrac{y_A x_A}{y_B x_B}$　　　　B. $\alpha = \dfrac{y_A x_B}{x_A y_B}$　　　　C. $\alpha = \dfrac{p_A^\circ}{p_B^\circ}$　　　　D. $\alpha = \dfrac{p_B^\circ}{p_A^\circ}$

三、简答题

1. 蒸馏的目的是什么？蒸馏操作的基本依据是什么？

2. 精馏的原理是什么？实现精馏的必要条件是什么？

3. 在苯-甲苯气-液相平衡的 $t\text{-}x\text{-}y$ 图中，试说明图中各个点、线、面的名称或意义。

【参考答案与解析】

一、填空题

1. 相等；大于；杠杆规则。   2. x_A；x_A；困难。   3. 2；2；2。

二、选择题

1. A。   2. C。   3. B。

三、简答题

1. 将液体混合物加以分离，达到提纯或回收有用组分的目的。基本依据是借混合液中各组分挥发度的差异而达到分离目的。

2. 精馏的原理是同时多次进行部分汽化和部分冷凝操作。实现精馏操作的必要条件是塔顶液相回流和塔釜蒸气上升。

3. 110.6℃纯组分点为甲苯的沸点，80.1℃纯组分点为苯的沸点；上曲线为露点线，线上各点为饱和蒸气；下曲线为泡点线，线上各点为饱和液体；上曲线上方为过热蒸气，下曲线下方为过冷液体；两曲线包围区域为气-液共存区。

5.1.4 灵活应用题

1. 某理想物系两组分混合物在气-液平衡时的气相组成 $y_A = 0.875$，液相组成 $x_A = 0.775$，则 $\alpha = $ _____ 。

2. 在总压 101.3kPa、75℃下，苯和甲苯饱和蒸气压分别为 156.8kPa 和 63.4kPa，则物系的相对挥发度 $\alpha = $ _____ ，平衡时 $x_A = $ _____ ，$y_A = $ _____ 。

3. 若已知某浓度的苯-甲苯溶液的泡点温度为 t_1，与其平衡的气相温度为 t_2。经过升温至露点温度 t_3，与其平衡的液相温度为 t_4。试比较四个温度的大小（按从大到小排列） _____ 。

4. 对于一定组成的二元体系，精馏操作压力增大，对气-液平衡有何影响？对露点方程和泡点方程的形状有何影响？塔操作温度会如何变化？对精馏操作有何影响？

5. 对于苯-甲苯混合液，想要知道某相平衡状态下苯的气、液相浓度，则需要确定的参数有几个？分别是什么？

6. 已知在 25℃甲醇-水混合体系中，甲醇的饱和蒸气压为 16.84kPa，水的饱和蒸气压为 3.17kPa，已知甲醇的气相平衡组成 $y_A = 0.6$，液相平衡组成为 $x_A = 0.45$，此时甲醇气相分压 $p_A = 4$kPa，水的气相分压 $p_B = 2.67$kPa，问甲醇和水的相对挥发度 α 为多少？

【参考答案与解析】

1. 2.03。   2. 2.47；0.406；0.628。   3. $t_4 = t_3 > t_2 = t_1$。

4. 从 t-x-y 图上看，两纯组分的沸点都升高了，泡点线上移，露点线也上移，但露点线上移幅度小于泡点线上移幅度，使得两条曲线更加贴近，因此气-液相平衡区域变窄了，相对挥发度减小；对精馏塔而言，相同浓度的位置上塔内温度均上升；由于两组分相对来说变得不容易分离，因此不利于精馏操作。

5. 2 个；温度和压力。**解析：**（1）对于苯-甲苯组分的气-液平衡，其中独立组分数为

2，相数为 2，故由相律 $F=C-P+2$ 可知该平衡物系的自由度为 2。则需要知道的参数为 2 个，分别是温度和压力。（2）苯-甲苯混合液的 t-x-y 图如图 5-1 所示，需要知道该图的总压和该状态的温度，就能知道这个状态下的苯的气、液相平衡组成。

6. $\nu_A=\dfrac{p_A}{x_A}=\dfrac{4000}{0.45}=8888.89\text{Pa}$，$\nu_B=\dfrac{p_B}{x_B}=\dfrac{p_B}{1-x_A}=\dfrac{2670}{0.55}=4854.55\text{Pa}$，$\alpha=\dfrac{\nu_A}{\nu_B}=$ $\dfrac{8888.89}{4854.55}=1.83$。

[或由 $y=\dfrac{\alpha x}{1+(\alpha-1)x}$，$x_A=0.45$，$y_A=0.6$，解得 $\alpha=1.83$。]

> **注意**：甲醇-水是非理想溶液，相对挥发度不能通过题干中给出甲醇组分的饱和蒸气压与水的饱和蒸气压之比求得。

5.1.5 拓展提升题

1. （考点 非理想物系的相平衡）如图 5-3 的 t-x-y 图所示为常压下硝酸-水混合液的 t-x-y 相图，试问：（1）各组分的沸点；（2）画出对应的 x-y 相图示意图，并在图中标出对应的 H、I 区域及区域内轻组分名称及 N 点的含义；（3）图 5-3 的横坐标代表的是哪种组分的气、液相摩尔分数？

2. （考点 共沸体系）如图 5-4 所示为乙醇-水混合液的 t-x-y 相图，想要通过一次精馏得到摩尔分数为 0.99 的高浓度乙醇，能够实现吗？需要什么条件？

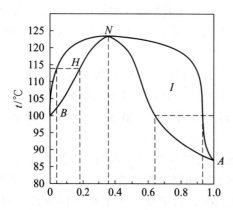

图 5-3 常压下硝酸-水混合液 t-x-y 相图

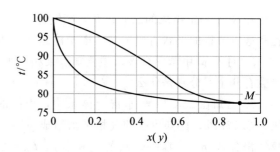

图 5-4 常压下乙醇-水混合液的 t-x-y 相图

【参考答案与解析】

1. （1）从 t-x-y 图可知常压下水的沸点为 100℃，硝酸沸点为 87℃。（2）本题附图即为所求 x-y 图，图中 H 区域轻组分为水，对硝酸而言，相平衡时 $y<x$；I 区域轻组分为硝酸，相平衡时 $y>x$。N 点为恒沸点，此时两组分相对挥发度为 1，无法通过普通蒸馏分离。（3）代表的是轻组分（硝酸）的气、液相摩尔分数。

2. 可以分析：在 M 点 $x_A=0.9$ 时，乙醇-水体系已经达到了共沸状态，此时相对挥发度为 1，气、液两相组成相同，无法通过普通常压精馏操作改变气、液相组成。即无法通过一次普通常压精馏操作得到跨越 M 点的气、液相组成。但是可以通过减压的方式改变 M 点的位置，实现这一目的。例如，当压力降为 13.33Pa 时，乙醇-水恒沸点为 34.2℃，此时乙醇的摩尔分数为 0.992，若在此压力条件下进行减压精馏，理论上是可以实现乙醇 0.99 的纯度的，但是实际操作时，也应考虑经济性和操作的可能性。另外，通过恒沸精馏的办法，亦可以制备高浓度的乙醇。

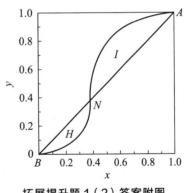

拓展提升题 1（2）答案附图

5.2　两组分精馏计算

5.2.1　概念梳理

【主要知识点】

1. 精馏的原理　把液体混合物进行多次部分汽化，同时又把产生的蒸气多次部分冷凝，使混合物分离为所要求组分，这就是精馏过程的基本原理。精馏最终在塔顶气相中获得较纯的易挥发组分，在塔底液相中获得较纯的难挥发组分。

2. 精馏过程连续进行的必要条件　为保证能够在气-液间进行传质，每块塔板上需要有下降液体和上升蒸气。常规精馏塔由冷凝器提供塔顶液体回流、再沸器提供塔底上升蒸气流。

3. 理论板　所谓理论板，是指在其上气、液两相充分混合，各自组成均匀，且传热及传质过程阻力均为零的理想化塔板。即离开理论板时，气、液两相温度相等，组成互成平衡。

4. 恒摩尔流假定

（1）**恒摩尔气流**　精馏操作时，在精馏塔的精馏段内，每层板的上升蒸气摩尔流量都是相等的，在提馏段内也是如此，但两段的上升蒸气摩尔流量不一定相等，即 $V_1 = V_2 = \cdots = V_n = V$，$V_1' = V_2' = \cdots = V_m' = V'$。

（2）**恒摩尔液流**　精馏操作时，在塔的精馏段内，每层下降液体的摩尔流量都是相等的，在提馏段内也是如此，但两段的下降液体摩尔流量不一定相等，即 $L_1 = L_2 = \cdots = L_n = L$，$L_1' = L_2' = \cdots = L_m' = L'$。

恒摩尔流假定成立的条件：①各组分的摩尔汽化热相等；②气-液接触时因温度不同而交换的显热可以忽略；③塔设备保温良好，热损失可以忽略。

恒摩尔流假定是精馏过程塔内物料衡算的简化，是推导直线操作线方程的基础，极大程度简化了精馏过程的计算。

5. 物料衡算　对图 5-5 进行全塔物料衡算，可得总

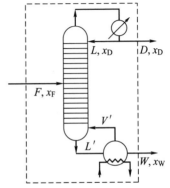

图 5-5　精馏塔的物料衡算图

物料衡算式为

$$F = D + W$$

易挥发组分物料衡算式 $\quad Fx_F = Dx_D + Wx_W$

塔顶易挥发组分的回收率 $\quad \eta_1 = \dfrac{Dx_D}{Fx_F} \times 100\%$

塔底难挥发组分的回收率 $\quad \eta_2 = \dfrac{W(1 - x_W)}{F(1 - x_F)} \times 100\%$

6. 操作线方程

（1）**精馏段操作线方程** 通过按图 5-6 虚线范围（包括精馏段的第 $n+1$ 层板以上塔段及冷凝器）作物料衡算而得，以单位时间为基准。

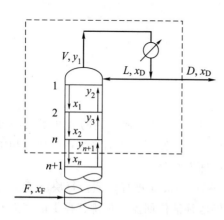

图 5-6 精馏段操作线方程的推导

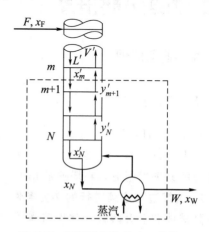

图 5-7 提馏段操作线方程的推导

精馏段操作线方程 $\quad y_{n+1} = \dfrac{R}{R+1} x_n + \dfrac{1}{R+1} x_D$

式中，R 为回流比，$R = L/D$。

（2）**提馏段操作线方程** 按图 5-7 虚线范围作物料衡算，以单位时间为基准。提馏段操作线方程为

$$y'_{m+1} = \frac{L'}{L' - W} x'_m - \frac{W}{L' - W} x_W$$

图 5-8 为精馏段操作线、提馏段操作线、q 线、相平衡线在 $x\text{-}y$ 图中的表示。

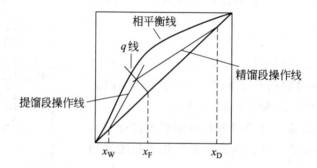

图 5-8 操作线、相平衡线、q 线在 x-y 图中的表示

7. 进料热状况

（1）进料热状况参数

$$q = \frac{I_V - I_F}{I_V - I_L} \approx \frac{\text{将 1kmol 进料变为饱和蒸气所需的热量}}{\text{原料液的千摩尔汽化热}}$$

精馏塔原料存在以下 5 种进料热状况。

① 冷料进料（温度低于泡点的液体）$q > 1$，$q = \dfrac{c_p \Delta t + r_m}{r_m} > 1$，其中，$r_m$ 为原料泡点下汽化潜热，单位 kJ/kmol；c_p 为原料液在进料和泡点温度的范围内的平均比热容，单位 kJ/(kmol·℃)；

② 泡点进料（饱和液体）$q = 1$；

③ 气-液混合进料（温度介于泡点和露点之间的气-液混合物）$q = $ 液化率，$0 < q < 1$；

④ 饱和蒸气进料（饱和蒸气）$q = 0$；

⑤ 过热蒸气进料（温度高于露点的过热蒸气）$q < 0$。

（2）精馏塔气、液相流量及进料热状况参数之间的基本关系

$$L' = L + qF, \quad V' = V + (q-1)F$$

（3）q 线方程（进料方程）$y = \dfrac{q}{q-1} x - \dfrac{x_F}{q-1}$，代表两操作线交点的轨迹的方程。

（4）q 线方程的意义　作图法求理论板的时候方便得到提馏段，逐板计算的时候帮助判断加料板位置，同时，q 线方程与相平衡线的交点 q 点，是求最小回流比的重要依据。

8. 全回流　塔顶上升蒸气经冷凝后全部回流至塔内的方式称为全回流。

特点：①$F = D = W = 0$。②三线合一，即 x-y 图中，精馏段操作线方程、提馏段操作线方程和对角线相重合，均为 $y = x$。③达到给定分离程度所需的理论板层数最少，以 N_{min} 表示，即操作线与平衡线的距离最远。

由芬斯克方程式可求全回流下采用全凝器时的最少理论板层数

$$N_{min} + 1 = \frac{\lg\left[\left(\dfrac{x_A}{x_B}\right)_D \left(\dfrac{x_B}{x_A}\right)_W\right]}{\lg \alpha_m}, \quad N_{min} + 1 = \frac{\lg\left[\left(\dfrac{x_D}{1-x_D}\right) \middle/ \left(\dfrac{x_W}{1-x_W}\right)\right]}{\lg \alpha_m}$$

全回流对正常生产无实际意义，但在精馏塔的开工阶段或实验研究时，采用全回流，以便于过程的稳定和控制。

9. 最小回流比　如图 5-9 所示，最小回流比最本质的原理是：当操作线与相平衡出现交点，此回流比下传质推动力趋于无限小、理论板层数趋于无穷多，此时对应的回流比称为最小回流比。

（1）**作图法**　当平衡曲线如图 5-9 所示时，由精馏段操作线斜率可知

$$\frac{R_{min}}{R_{min} + 1} = \frac{x_D - y_q}{x_D - x_q}, \quad 即 \quad R_{min} = \frac{x_D - y_q}{y_q - x_q}$$

对于不正常的平衡曲线，如图 5-10 所示。

因操作线应该在相平衡线的下方，不能在上方，故其 R_{min} 的求法是由点 a 或 c 向平衡线做切线，再由切线的斜率或截距求 R_{min}。

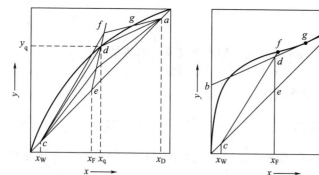
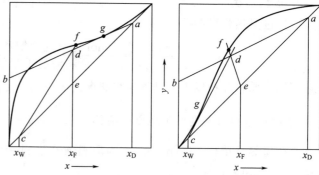

图 5-9　最小回流比的确定　　　　　图 5-10　不正常平衡曲线 R_{min} 的确定

（2）**解析法**　对于相对挥发度为常量（或取平均值）的理想溶液

$$R_{min} = \frac{1}{\alpha - 1}\left[\frac{x_D}{x_q} - \frac{\alpha(1-x_D)}{1-x_q}\right]$$

饱和液体进料时，$x_q = x_F$，即　　　　$R_{min} = \frac{1}{\alpha - 1}\left[\frac{x_D}{x_F} - \frac{\alpha(1-x_D)}{1-x_F}\right]$

适宜的回流比　通过经济衡算决定，即操作费用和设备折旧费之和为最低时的回流比，是适宜的回流比。通常，操作回流比取 $R = (1.1 \sim 2)R_{min}$。

10. 理论板层数的计算

（1）**逐板计算法**　如图 5-11 所示，假设塔顶采用全凝器，泡点回流；塔釜间接蒸气加热。计算过程如下

$$y_1 = x_D \xrightarrow{\text{相平衡方程}} x_1 = \frac{y_1}{y_1 + \alpha(1-y_1)} \xrightarrow{\text{操作线方程}} y_2 = \frac{R}{R+1}x_1 + \frac{x_D}{R+1} \xrightarrow{\text{相平衡方程}} x_2$$

$$= \frac{y_2}{y_2 + \alpha(1-y_2)} \xrightarrow{\text{操作线方程}} y_3 = \frac{R}{R+1}x_2 + \frac{x_D}{R+1} \cdots\cdots x_n$$

当 $x_n \leqslant x_d$（x_d 由 q 线方程和操作线方程联立求得）即第 n 块板为进料板，精馏段所需理论板层数为 $n-1$。加料板为第 n 块（即提馏段第一块板）。同理通过相平衡操作线和提馏段操作线方程的交替运算直到 $x_m \leqslant x_W$ 得到提馏段所需理论板层数为 $m-1$（不包括再沸器）。

全塔所需理论塔板数为（$n+m-2$）（不包括再沸器）。

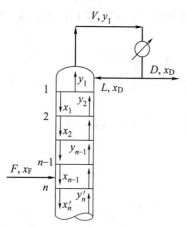
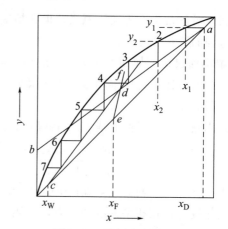

图 5-11　逐板计算法示意　　　　　图 5-12　图解法示意

（2）**图解法**（麦克布-蒂利法）　基本原理与逐板计算法相同。如图 5-12 所示，分别在 x-y 图上画出精馏段操作线方程 ab，提馏段操作线方程 cd，q 线方程 ef。

由点 a 开始在平衡线和精馏段操作线之间画阶梯，当梯级跨过点 d 时，就改在平衡线和提馏段操作线之间画阶梯，直至梯级跨过点 c 为止。所画的总阶梯数就是全塔所需的理论塔板数（包含再沸器），跨过点 d 的那块板就是加料板，其上的阶梯数为精馏段的理论塔板数。

（3）**简捷法**　吉利兰图。变量 R_{min}、R、N_{min}、N 的关联图，如图 5-13 所示。其中 N_{min}、N 为不包括再沸器的最少理论板层数及理论板层数。

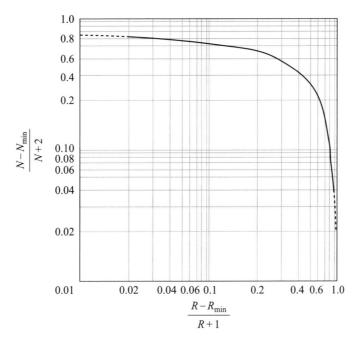

图 5-13　吉利兰图

由图 5-13 可知　当 $R \rightarrow R_{min}$，$N \rightarrow \infty$；当 $R \rightarrow \infty$，$N = N_{min}$。

吉利兰关联式：$Y = 0.545827 - 0.591422X + 0.002743/X$

其中 $X = \dfrac{R - R_{min}}{R + 1}$，$Y = \dfrac{N - N_{min}}{N + 2}$，适用条件 $0.01 < X < 0.9$。

11. 塔板效率　反映实际塔板的气-液两相传质的完善程度。

总板效率 E_T（全塔效率）指达到指定分离效果所需的理论板层数与实际板层数的比值。即 $E_T = \dfrac{N_T}{N_P} \times 100\%$。注：$E_T$ 值恒小于 100%。

$$\text{单板效率（默弗里效率）}\begin{cases} E_{MV} = \dfrac{y_n - y_{n+1}}{y_n^* - y_{n+1}} \\[2mm] E_{ML} = \dfrac{x_{n-1} - x_n}{x_{n-1} - x_n^*} \end{cases}$$

点效率 E_O 指塔板上各点的局部效率。

影响塔板效率的因素　①流动状况：气、液相的流速；②物系性质：主要为气-液两相的物性如密度、黏度、表面张力、相对挥发度、扩散系数等；③塔板结构：主要为塔板的结构如塔板型式、板间距、板上开孔和排列情况等；④操作条件：温度、压力等。

12. 板式塔有效高度及塔径

有效高度 $Z=(N_P-1)H_T$，H_T 为板间距，单位 m。由此式计算得的塔高为安装塔板部分的高度，不包括塔底和塔顶空间等高度。

$$塔径\ D=\sqrt{\frac{4V_s}{\pi u}}$$

13. 精馏塔热量衡算

冷凝器热负荷　$Q_C=D(R+1)(I_{VD}-I_{LD})$

冷却介质消耗量　$W_c=\dfrac{Q_C}{c_{pc}(t_2-t_1)}$

再沸器热负荷　$Q_B=V'(I_{VW}-I_{LW})+Q_L$

饱和蒸气加热，且冷凝液在饱和温度下排出，则加热蒸气消耗量为 $W_h=\dfrac{Q_B}{r}$

精馏过程节能措施　①选择经济合理的回流比（首要因素）；②回收精馏装置的余热；③对精馏过程进行优化控制，减小操作裕度。

14. 保持精馏稳态操作的条件　①塔压稳定；②进、出塔系统的物料量平衡和稳定；③进料组成和热状况稳定；④回流比恒定；⑤再沸器和冷凝器的传热条件稳定；⑥塔系统与环境间散热稳定。

【精馏计算思维导图】

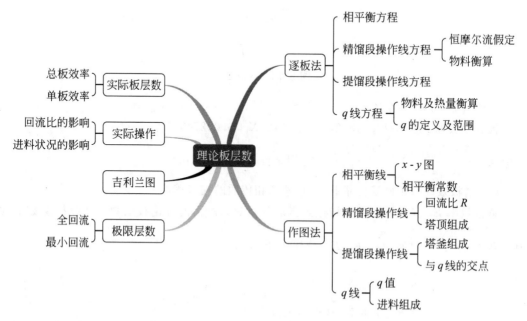

5.2.2　典型例题

【例】 在一常压连续精馏塔中分离某 A-B 两组分混合液。已知原料液流量为 200kmol/h，$x_F=0.40$（摩尔分数，下同）；馏出液 $x_D=0.95$，塔顶轻组分 A 的回收率为 90%，塔顶冷凝器为全凝器。原料 40℃进料，回流比为最小回流比的 2.0 倍，物系的平均相对挥发度为 2.8。A 组分的摩尔质量为 78g/mol，B 组分的摩尔质量为 92g/mol。计算时取料液平均比热容 1.84kJ/(kg·℃)，泡点下 A、B 的汽化潜热分别为 390kJ/kg、360kJ/kg，料液泡点为 93℃，试求：

（1）塔顶、塔底产品产量；

（2）q 线方程、最小回流比和实际回流比；

（3）精馏段操作线方程、提馏段操作线方程；

（4）分别运用逐板法、作图法和简捷法求理论板层数。

【解题思路】

（1）塔顶及塔底的产量需采用物料衡算求解，衡算有两种方式，分别为全塔物料衡算和组分物料衡算。

（2）在掌握 q 线方程表达式的基础上，通过查阅已知条件或计算的方式获得 q 值；最小回流比的计算方程中涉及 q 线和相平衡线的交点，需联立两方程求解。

（3）在掌握精馏段和提馏段操作线方程表达式的基础上，从已知条件中查找 R 值和 x_D 值可直接写出精馏段操作线方程；在已知进料状况情况下，通过提馏段与精馏段物料平衡关系可求提馏段操作线方程。

解：（1）全塔物料衡算 $F=D+W$，轻组分物料衡算 $Fx_F=Dx_D+Wx_W$，塔顶回收率 $\eta=90\%$，$200=D+W$，代入数据得

$$200\times0.40=D\times0.95+Wx_W$$

$$\eta=\frac{D\times0.95}{200\times0.40}=90\%$$

解得 $\qquad D=75.79\text{kmol/h}, \quad W=124.21\text{kmol/h}, \quad x_W=0.0645$

（2）40℃进料的进料热状况 q

$$r_m=x_F r_A M_A+(1-x_F)r_B M_B=0.40\times390\times78+0.60\times360\times92=32040\text{kJ/kmol}$$

$$c_p=c_m x_F M_A+(1-x_F)c_m M_B=1.84\times0.40\times78+0.60\times1.84\times92=159\text{kJ/(kmol·℃)}$$

$$q=1+\frac{c_p(t_b-t_F)}{r_m}=1+\frac{159\times(93-40)}{32040}=1.26$$

q 线方程为 $\qquad y=\frac{q}{q-1}x-\frac{1}{q-1}x_F=4.8x-1.54$

相平衡线方程为 $\qquad y=\frac{\alpha x}{1+(\alpha-1)x}=\frac{2.8x}{1+1.8x}$

联立两式，解得 $x_q=0.4642$，$y_q=0.7082$。于是

$$R_{min}=\frac{x_D-y_q}{y_q-x_q}=\frac{0.95-0.7082}{0.7082-0.4642}=0.991$$

$$R=2R_{min}=1.982$$

（3）精馏段操作线方程

$$y=\frac{R}{R+1}x+\frac{x_D}{R+1}=0.665x+0.319$$

因为 $\qquad L'=L+qF=RD+qF=150.22+252=402.22\text{kmol/h}$

$$V'=V+(q-1)F=(R+1)D+(q-1)F=226+52=278\text{kmol/h}$$

故得到提馏段操作线方程为

$$y=\frac{L'}{V'}x-\frac{W}{V'}x_W=\frac{402.22}{278}x-\frac{124.21\times0.0645}{278}=1.447x-0.0288$$

（4）① 逐板法求理论板层数　对于 $q\neq0$ 或 1 的进料热状况情况，精馏段和提馏段操作线的分界点不可以通过进料组成 x_F 直接确定，应该用两条操作线或者一条操作线方程和 q 线方程联立得到。

因此联立精馏段操作线和 q 线方程得交点 (x_d, y_d) 为 $(0.445, 0.615)$。塔顶为全凝器，则 $y_1=x_D$

$$x_1=\frac{x_D}{x_D+\alpha(1-x_D)}=0.872,\quad y_2=0.665\times0.872+0.319=0.899$$

$$x_2=\frac{y_2}{y_2+\alpha(1-y_2)}=0.760,\quad y_3=0.665\times0.760+0.319=0.824$$

$$x_3=\frac{y_3}{y_3+\alpha(1-y_3)}=0.626,\quad y_4=0.665\times0.626+0.319=0.735$$

$$x_4=\frac{y_4}{y_4+\alpha(1-y_4)}=0.498,\quad y_5=0.665\times0.498+0.319=0.65$$

$$x_5=\frac{y_5}{y_5+\alpha(1-y_5)}=0.399,\quad x_5\leqslant x_d$$

因此精馏段为 4 块板，第 5 块板为进料板（也是提馏段的第 1 块板）。

$$y_6=1.447\times0.399-0.0288=0.548,\quad x_6=\frac{y_6}{y_6+\alpha(1-y_6)}=0.302$$

$$y_7=1.447\times0.302-0.0288=0.409,\quad x_7=\frac{y_7}{y_7+\alpha(1-y_7)}=0.198$$

$$y_8=1.447\times0.198-0.0288=0.258,\quad x_8=\frac{y_8}{y_8+\alpha(1-y_8)}=0.110$$

$$y_9=1.447\times0.110-0.0288=0.130,\quad x_9=\frac{y_8}{y_8+\alpha(1-y_8)}=0.051$$

$$x_9<x_W$$

所以有 9 块理论板（包括再沸器）。

② 作图法求理论板层数　由附图得：理论板层数为 9 块（包括再沸器）。

③ 简捷法求理论板层数　应用芬斯克方程式求最少理论板数

$$N_{min}=\frac{\lg\left[\left(\dfrac{x_D}{1-x_D}\right)\Big/\left(\dfrac{x_W}{1-x_W}\right)\right]}{\lg\alpha}-1$$

$$=\frac{\lg\left(\dfrac{0.95}{1-0.95}\times\dfrac{1-0.0645}{0.0645}\right)}{\lg2.8}-1=4.457$$

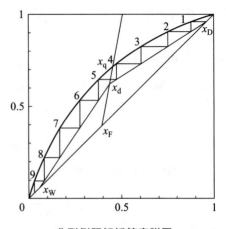

典型例题解析答案附图

$$X = \frac{R - R_{min}}{R + 1} = \frac{1.982 - 0.991}{1.982 + 1} = 0.3323$$

$0.01 < X < 0.9$，所以适用吉利兰关联式

$$Y = \frac{N - N_{min}}{N + 2}, \quad Y = 0.545827 - 0.591422X + 0.002743/X$$

解得 $Y = 0.3575$，即 $N = 8.05$（不包括再沸器）。

另：$Y = 0.75(1 - X^{0.5688})$（用于方便计算），解得 $Y = 0.3492$，即 $N = 7.92$（不包括再沸器）。

5.2.3 夯实基础题

一、填空题

1. 满足恒摩尔流假定的条件是（1）_____；
（2）_____；
（3）_____。

2. 进行全回流操作时，精馏塔的操作线斜率各为_____。

3. 全回流操作的特点是_____。
一般在_____和_____需要全回流。

4. 最小回流比是指_____，适宜回流比通常取为_____倍最小回流比。

5. 某理想物系采用连续精馏分离，泡点进料，进料组成 $x_F = 0.5$，系统的平均相对挥发度 $\alpha = 2.16$，当 $x_D = 0.93$ 时，达到此分离要求的最小回流比_____。

6. 所谓灵敏板是指_____，该板常常在_____板附近，工程中常通过灵敏板温度的变化来_____。

二、选择题

1. （　　）是保证精馏过程连续稳定操作的必不可少的条件之一。

A. 液相回流　　　　B. 进料　　　　　　C. 侧线抽出　　　　D. 产品提纯

2. 精馏的操作线为直线，主要是基于（　　）。

A. 塔顶泡点回流　　B. 恒摩尔流假定　　C. 理想物系　　　　D. 理论板假定

3. 精馏操作进料的热状况不同，q 值就不同，泡点进料时，q 值为（　　）；冷液进料时，q 值（　　）。

A. 0　　　　　　　　B. <0　　　　　　　C. 1　　　　　　　　D. >1

4. 某精馏塔的馏出液量 $D = 50$kmol/h，回流比 $R = 2.5$，则精馏段的回流液量 L 为（　　）。

A. 50kmol/h　　　　B. 20kmol/h　　　　C. 125kmol/h　　　D. 无法确定

5. 某精馏塔的理论板数为 19 块（包括塔釜），全塔效率为 0.5，则实际塔板数为（　　）。

A. 34　　　　　　　B. 36　　　　　　　C. 38　　　　　　　D. 40

6. q 线方程一定通过 x-y 直角坐标上的点（　　）。

A. (x_W, x_W)　　　B. (x_F, x_F)　　　C. (x_D, x_D)　　　D. $[0, x_D/(R+1)]$

7. 恒摩尔流假设是指（　　）。

A. 在精馏段每层塔板上升蒸气的摩尔流量相等

B. 在精馏段每层塔板上升蒸气的质量流量相等

C. 在精馏段每层塔板上升蒸气的体积流量相等

D. 在精馏段每层塔板上升蒸气和下降液体的摩尔流量相等

三、简答题

1. 试说明理论板的概念及其存在的意义。

2. 精馏操作中其他条件不变，只将进料方式从泡点进料改为冷料进料。试比较两种进料所需理论板层数的大小，并说明原因。

四、计算题

1. 在常压连续精馏塔中分离某均相二元混合液，已知原料为含易挥发组分 0.35（摩尔分数，下同）的饱和液体，进料量为 150kmol/h，要求塔顶馏出液中含易挥发组分 0.96，釜液中不超过 0.06，操作回流比 3.5，计算该塔顶和塔底产品流量、精馏段液相流量及塔顶易挥发组分回收率。

2. 某精馏塔在常压下分离甲醇-水溶液，其精馏段和提馏段的操作线方程分别为：$y = 0.642x + 0.342$，$y = 1.805x - 0.00966$，试求：（1）此塔的操作回流比 R；（2）原料液量为 $F = 100$kmol/h，组成 $x_F = 0.35$ 时，塔顶馏出液量 D；（3）承上问，求 q 值。

3. 用板式精馏塔在常压下分离苯-甲苯混合液，塔顶为全凝器，塔釜用间接蒸气加热，平均相对挥发度为 2.47，进料为 150kmol/h，组成为 0.4（摩尔分数）的饱和蒸气，回流比为 4，塔顶馏出液中苯的回收率为 0.97，塔釜采出液中甲苯的回收率为 0.95，求：（1）塔顶馏出液及塔釜采出液的组成；（2）精馏段及提馏段操作线方程；（3）回流比和最小回流比的比值；（4）第 2 块板上升的气相组成。

【参考答案与解析】

一、填空题

1. 各组分的摩尔汽化潜热相等；气-液接触时因温度不同而交换的显热可以忽略；塔设备保温良好，热损失可以忽略。

2. 1。

3. 没有进料，没有出料，操作线方程和对角线重合达到所需分离程度所需理论板层数最少；精馏开车初期阶段；塔板性能的实验研究阶段。

4. 达到一定的分离程度所需理论塔板数为无限时的回流比；1.1~2.0。

5. 1.34。

6. 对于外界因素的干扰反应最为灵敏的塔板；加料；快速判断组成浓度的波动情况，以便及时通过改变操作条件来保证产品的质量。

二、选择题

1. A。 2. B。 3. C；D。 4. C。 5. B。 6. B。 7. A。

三、简答题

1. （1）无论进入理论板的气、液两相组成如何，离开该板时气、液两相组成互为平衡且温度相等；（2）精馏操作所需的理论板的数量，又叫理论板层数，是理论上实现一个精馏操作所需的板层数，是理想化的存在，实际板层比理论板层数多，可通过理论板层数的效率校核而得，这种处理方式可使精馏操作计算得以简化。

2. 冷料进料所需塔板数小于泡点进料的塔板数。原因如下：精馏过程是一个传质的过程，同上册的传热过程类似，也存在着推动力和阻力。在 x-y 图上，相平衡曲线和操作线之间的距离就代表了精馏的传质推动力。已知冷料进料时 q 线方程斜率大于1，而泡点进料 q 线方程斜率等于1。在相同的回流比条件下，冷料进料时的操作线方程更靠近对角线、远离相平衡线方程，相当于传质推动力更大。对于相同的传质任务，传质推动力越大，传质速率越大，所需理论板层数也就越少了。

四、计算题

1. 解： 通过全塔物料衡算得方程组

$$\begin{cases} F=D+W \\ Fx_F=Dx_D+Wx_W \end{cases} \Longrightarrow D=\frac{x_F-x_W}{x_D-x_W}F=\frac{0.35-0.06}{0.96-0.06}\times150=48.33\text{kmol/h}$$

$$W=F-D=150-48.33=101.67\text{kmol/h}$$

$$L=RD=3.5\times48.33=169.2\text{kmol/h}$$

塔顶回收率　　　　$\eta=\dfrac{Dx_D}{Fx_F}=\dfrac{48.33\times0.96}{150\times0.35}\times100\%=88.37\%$

2. 解： （1）由精馏段操作线方程 $y_{n+1}=\dfrac{R}{R+1}x_n+\dfrac{1}{R+1}x_D$，

计算题2讲解精馏段、提馏段操作线和 q 线方程的运用

$\dfrac{R}{R+1}=0.642$，得 $R=1.79$；$\dfrac{1}{R+1}x_D=0.342$，得 $x_D=0.955$

（2）将两操作线方程联立　　由 $\begin{cases} y=0.642x+0.342 \\ y=1.805x-0.00966 \end{cases}$，解得 $x_d=$

0.302，$y_d=0.536$。

提馏段操作线斜率可由 (x_W,x_W)，　 (x_d,y_d) 两点得到，即

$\dfrac{y_d-x_W}{x_d-x_W}=1.805$，解得 $x_W=0.011$。

由 $\begin{cases} Fx_F=Dx_D+Wx_W \\ F=D+W \end{cases}$，解得 $D=35.91\text{kmol/h}$。

（3）q 线方程 $y=\dfrac{q}{q-1}x-\dfrac{1}{q-1}x_F$，其斜率可由 (x_d,y_d)，(x_F,x_F) 两点得到，即

$\dfrac{q}{q-1}=\dfrac{y_d-x_F}{x_d-x_F}$，解得 $q=0.795$。

3. 解： （1）塔顶馏出液及塔釜采出液的组成

全塔物料衡算　　　　　　　$F=D+W=150$

轻组分物料衡算　　　　　　$Fx_F=Dx_D+Wx_W=150\times0.4$

塔顶轻组分回收率　　　　　　　$\eta_1=\dfrac{Dx_D}{Fx_F}=0.97$

塔釜重组分回收率　　　　　　　$\eta=\dfrac{W(1-x_W)}{F(1-x_F)}=0.95$

解得 $x_D=0.928$，$x_W=0.0206$，$W=87.3\text{kmol/h}$，$D=62.7\text{kmol/h}$。

（2）$R=4$，精馏段操作线方程

$$y_{n+1}=\frac{R}{R+1}x_n+\frac{1}{R+1}x_D=0.8x+0.1856$$

提馏段操作线方程

$$y_{n+1} = \frac{L'}{V'}x_n - \frac{W}{V'}x_W = \frac{RD}{(R+1)D-F}x_n - \frac{W}{(R+1)D-F}x_W = 1.534x - 0.011$$

（3）饱和蒸气进料 $q=0$，q 线方程 $y_q = x_F = 0.4$，相平衡方程

$$y = \frac{\alpha x}{1+(\alpha-1)x} = \frac{2.47x}{1+1.47x}$$

两方程联立得 $x_q = 0.2125$

$$R_{min} = \frac{x_D - y_q}{y_q - x_q} = \frac{0.928-0.4}{0.4-0.2125} = 2.816, \quad \text{则} \frac{R}{R_{min}} = \frac{4}{2.816} = 1.42$$

（4）因为塔顶使用全凝器，所以 $y_1 = x_D = 0.928$

$$x_1 = \frac{y_1}{y_1 + \alpha(1-y_1)} = \frac{0.928}{0.928+2.47\times(1-0.928)} = 0.839$$

$$y_2 = 0.8x_1 + 0.1856 = 0.8\times0.839 + 0.1856 = 0.8568$$

5.2.4 灵活应用题

一、选择题

1. 若某两组分理想物系的精馏操作中，在最小回流比下精馏段操作线与相平衡线方程相交于 (x_q, x_F)，则进料热状态参数 q 为（　　）。

A. 0　　　　　　　　B. -1　　　　　　　C. 1　　　　　　　D. 依据 x_q 而定

2. 精馏塔结构不变，操作时若保持进料的组成、流率、热状况及塔顶采出流率一定，只减少塔釜的热负荷，则塔顶 x_D（　　），塔底 x_W（　　），精馏段操作线斜率（　　），提馏段操作线斜率（　　）。

A. 增大　　　　　　B. 减小　　　　　　C. 不变　　　　　　D. 不确定

3. 板式精馏塔设计中，精馏物系的 x-y 图如图 5-14 所示。若仅仅将原料液组成 x_{F1} 降到 x_{F2}，回流比等其他条件不变，则原料液的相对挥发度 α 将（　　），最小回流比 R_{min} 将（　　），最小理论塔板数 N_{min} 将（　　），理论塔板数 N_T 将（　　）。

A. 增大　　　　　　B. 减小
C. 不变　　　　　　D. 不确定

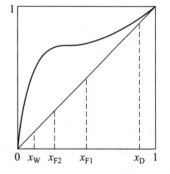

图 5-14　选择题 3 附图

4. 精馏操作中，保持 F、q、x_F、V 不变，加大釜残液采出量 W，则 x_D（　　）、x_W 将（　　）、轻组分收率将（　　）。

A. 增大　　　　　　B. 减小
C. 不变　　　　　　D. 不确定

5. 精馏分离某二元组分混合物，其中原料进料为 F，要求塔顶出料组成为 x_D，塔釜出料组成为 x_W。设计时若选定 R 不变，进料热状况 q 变大，则所需的理论板层数 N_T（　　），精馏段上升蒸气量（　　），精馏段下降液体量 L（　　），提馏段上升蒸气 V'（　　），提馏段下降液体量 L'（　　）。

A. 增大　　　　　　B. 减小　　　　　　C. 不变　　　　　　D. 不确定

6. 流率为 100kmol/h、组成为 0.4 的二元理想溶液精馏分离，要求塔顶产品组成达到 0.9，塔底残液组成不超过 0.1，泡点进料，回流比为 2.5。要使塔顶采出量达到 50kmol/h，可以采取（   ）措施。

A. 增加塔板数 B. 改变进料热状况参数

C. 增加进料量 D. 加大回流比

二、填空题

1. 某连续精馏塔中，若精馏段操作线方程截距等于零，则回流比等于_____；馏出液量等于_____；操作线斜率等于_____。（以上均用数字表示）

2. 已知一精馏塔塔顶馏出液组成为 $x_D = 0.98$，塔顶设有一个分凝器和一个全凝器，分凝器中的液相作为塔顶回流液，回流比 $R = 3$；气相作为产品在全凝器中冷凝，两物系的相对挥发度 $\alpha = 2.8$，则塔顶第一块理论板气相组成 $y_1 =$_____。

3. 在进行连续精馏操作过程中，随着进料过程中轻组分组成减小，塔顶温度_____（逐渐升高、逐渐降低），塔底釜残液中轻组分组成_____（变大、变小）。

4. 已知一精馏塔塔顶馏出液组成为 $x_D = 0.8$，回流比 $R = 3$，两物系的相对挥发度为 3，若所需最小理论板层数为 2，则 $x_W =$_____。

5. 精馏分离某二元组分混合物（F、x_F、q），要求塔顶 x_D、轻组分回收率 η 不变。设计时，若增大回流比 R，则精馏段液气比_____，所需理论板数 N_T_____，塔顶产品量 D_____，塔顶冷凝量 Q_C_____，塔釜加热量 Q_R_____。

6. 精馏塔操作中，若 F、x_F、q、D、加料板位置、V 不变，而使操作压力增大，则 x_D_____，x_W_____。

7. 精馏塔操作中，已知进料组成为 0.5（摩尔比，下同），塔顶流出液组成为 90%，操作回流比为 2，两组分相对挥发度为 2，若要满足上述操作条件，所需塔高无穷高，试求该操作条件下的进料热状况为_____进料。

三、简答题

1. 精馏塔产品纯度的高低，一般可以用什么方法直观地进行判断？如果塔顶产品纯度不符合要求，一般应调节什么？

2. 在连续精馏操作中，如果发现塔顶温度升高，则塔顶产品质量会受什么影响？此时应采取什么措施？

3. 在常压连续精馏塔中分离两组分理想溶液，如果提高加料板位置（原加料板位置为最佳位置），其他条件不变，则此时塔顶、塔底产品纯度如何变化？为什么？

4. 精馏塔在一定条件下操作，回流液由饱和液体改为冷液，塔顶产品组成有何变化？为什么？

5. 在常压连续精馏塔中分离两组分理想溶液。每个塔顶第一块板上升气相组成 y_1 和回流比均相同，换热器出口液体均为该浓度下的饱和液体，如图 5-15 所示，试比较：（1）t_1、t_2、t_3 的大小；（2）x_{L1}、x_{L2}、x_{L3} 的大小；（3）x_{D1}、x_{D2}、x_{D3} 的大小。

四、计算题

1. 在连续精馏塔内分离某二元理想溶液，已知进料组成为 0.5（易挥发组分摩尔分数，下同），原料进料汽化率为 0.2，进料量为 100kmol/h。塔顶采用分凝器和全凝器，塔顶上升蒸气经分凝器部分冷凝后，液相作为塔顶回流液，其组成为 0.9，气相再经全凝

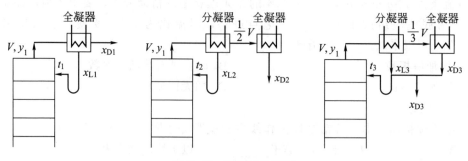

图 5-15 简答题 5 附图

器冷凝，作为塔顶产品，其组成为 0.95。易挥发组分在塔顶的回收率为 98%；离开塔顶第一层理论板的液相组成为 0.84。试求：（1）精馏段操作线方程；（2）操作回流比与最小回流比的比值 $R/R_{\min}$；（3）塔釜液组成 x_{W}。

2. 用精馏操作分离某两组分混合物，轻组分进料浓度 $x_{\mathrm{F}}=0.4$（摩尔分数），泡点进料，塔顶采出率 $D/F=0.45$，轻组分回收率 $\eta=0.98$。已知物系 $\alpha=3$，试求：（1）塔顶、塔底产物的浓度；（2）最小回流比；（3）若回流比取 $R=1.4$，采出率不变，则塔顶产物理论上可达到的最高浓度为多少？

3. 组成为含轻组分 0.4（摩尔分数，下同）的两组分混合物在露点下直接进入精馏塔最下一层塔板的下方进行连续精馏分离。要求馏出液组成为 0.96，塔底产品组成不高于 0.2，物系的平均相对挥发度为 3.5。试求：（1）操作线方程；（2）操作回流比和最小回流比的比值；（3）利用逐板法计算所需理论板层数。

【参考答案与解析】

一、选择题

1. A。　2. B；A；B；A。

3. A；C；C；A。　4. A；A；B。　5. B；C；C；A；A。

选择题 2 讲解
操作条件改变
对精馏过程的
影响

6. C。**解析**：由 $\dfrac{D}{F}=\dfrac{x_{\mathrm{F}}-x_{\mathrm{W}}}{x_{\mathrm{D}}-x_{\mathrm{W}}} \Longrightarrow D=\dfrac{x_{\mathrm{F}}-x_{\mathrm{W}}}{x_{\mathrm{D}}-x_{\mathrm{W}}}F=100\times$

$\dfrac{0.4-0.1}{0.9-0.1}=37.5$。可知当 x_{F}、x_{D}、x_{W} 确定后，馏出液量 D 只和进

料量 F 有关，而其他条件只能改变组分分离程度，所以选 C。

二、填空题

1. ∞；0；1。

2. 0.955。**解析**：分凝器相当于一块理论板，在此编号为第 0 块塔板；对于塔顶全凝器，有 $y_0=x_{\mathrm{D}}=0.98$，对于第 0 块理论板

$$x_0=\frac{y_0}{y_0+\alpha(1-y_0)}=\frac{0.98}{0.98+2.8\times(1-0.98)}=0.946$$

塔顶第 1 块理论板上升气相组成与分凝器下降液相 x_0 呈精馏段操作线关系，因此

$$y_1=\frac{R}{R+1}x_0+\frac{1}{R+1}x_{\mathrm{D}}=\frac{3}{4}\times0.946+\frac{1}{4}\times0.98=0.955$$

3. 逐渐升高；变小。

4. 0.32。**解析：** 全回流操作线为对角线，$y_1 = x_D = 0.8$。经相平衡方程得 $x_1 = 0.58$，经操作线 $y_2 = 0.58$，经相平衡方程得 $x_2 = 0.32$，$x_2 = x_W$。

5. 增大；减小；不变；增大；增大。**解析：** 操作线与相平衡线方程的垂直距离即为传质的推动力。当回流比增大时，精馏段操作线斜率增大，操作线向对角线靠拢，操作线与相平衡线间距离变大，即传质推动力变大了，传质速率会增大，达到分离程度所需理论塔板数就减少了。

6. 减小；增大。**解析：** $V = (R+1)D$，V、D 不变，则 R 不变，即精馏段操作线斜率不变；$F = D + W$，F 不变，所以 W 不变，q 不变，所以 V' 不变，所以提馏段操作线斜率不变。此时操作压力增大，相对挥发度减小，导致相平衡线向对角线靠近，精馏效果变差，因此 x_D 减小；通过理论板层数和物料衡算分析 x_W 增大。

7. 气液混合。**解析：** 精馏段操作线方程为

$$y = \frac{2}{3}x + 0.3 \quad \text{①}$$

相平衡方程为
$$y = \frac{2x}{1+x} \quad \text{②}$$

联立式①、式②得 $x_q = 0.4$，$y_q = 0.57$。

又因为 $\dfrac{q}{q-1} = \dfrac{y_q - y_F}{x_q - x_F} = \dfrac{0.57 - 0.5}{0.4 - 0.5} = -0.7$，得 $q = 0.41$，因此进料状态为气-液混合进料。

三、简答题

1. 通过观察灵敏板温度情况判断；调节回流比。

2. 塔顶温度升高，说明塔顶重组分含量增加，x_D 减小，塔顶产品质量下降；可采取的措施有增大回流比或减小塔顶产品采出量等方法进行调节。

3. x_D 减小、x_W 增大。分析原因：如本题答案附图所示，实线阶梯为加料板位置改变前的理论板层数，虚线阶梯（有部分与实线阶梯重合）为加料板位置提高后的理论板层数，可以看出加料板位置提高后，将会导致精馏塔理论板层数的增加，但对于本题来说塔高不变，也就是总理论板层数不变，那么加料板位置提高后，要维持总理论板层数不增加，必须使传质推动力增大，即两操作线靠近对角线（至少要有一条线靠近对角线）。由于 F、W、D、R、q 均不变，那么精馏段操作线、提馏段操作线斜率均保持不变，因此操作线以平行移动的方式靠近对角线，从图中虚线所示，x_D 减小、x_W 增大。又：若 x_D

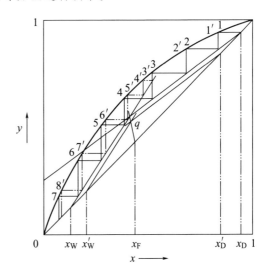

简答题 3 答案附图

减小，根据物料衡算 $F x_F = D x_D + W x_W$，x_W 也必然增大。这类题，同学们在做的过程中要能够仔细分析操作条件与产品性质之间的逻辑关系和因果联系，分析问题的时候要抓主要矛盾，从而得出正确结论。

4. x_D 增大。原因如下：冷液回流，导致塔内实际回流液增多，使得精馏段操作线斜率变大，而 D、W 不变的前提下，提馏段操作线方程斜率变小。操作线远离相平衡线方程，则理论板层数减少，但操作条件下理论板层数不变，所以 x_D 增大。

5. 需要用 t-x-y 图和杠杆规则确定得到 （1）$t_2 > t_3 > t_1$；（2）$x_{L3} > x_{L2}$；（3）$x_{D2} > x_{D3} > x_{D1}$。

简答题 5 讲解
气液相平衡、
杠杆规则运用

四、计算题

1. **解：**如本题答案附图所示分析塔顶组分情况

（1）精馏段操作线方程　分凝器的气、液相组成符合平衡关系，即 $x_D = 0.95 = y_0$，与 $x_0 = 0.9$ 成相平衡

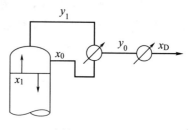

计算题 1 答案附图

相平衡方程　$$0.95 = \frac{0.9\alpha}{1 + (\alpha - 1) \times 0.9}$$

解得　$\alpha = 2.11$，$y = \dfrac{\alpha x}{1 + (\alpha - 1)x} = \dfrac{2.11x}{1 + 1.11x}$

与 $x_1 = 0.84$ 成相平衡的气相组成 y_1 为

$$y_1 = \frac{\alpha x_1}{1 + (\alpha - 1)x_1} = \frac{2.11 \times 0.84}{1 + 1.11 \times 0.84} = 0.9172$$

由于 y_1 与 x_0 为操作关系，即

$$y_1 = \frac{R}{R+1}x_0 + \frac{x_D}{R+1}$$

将 y_1 与 x_0 及 x_D 数据代入上式，解得

$$R = 1.907$$
$$y = 0.656x + 0.327$$

（2）操作回流比与最小回流比的比值　进料汽化率为 0.2，故 $q = 1 - 0.2 = 0.8$，q 线方程

$$y = \frac{q}{q-1}x - \frac{1}{q-1}x_F = -4x + 2.5$$

联立 q 线与相平衡线方程得到

$$x_q = 0.4635, \quad y_q = \frac{2.11 \times 0.4635}{1 + 1.11 \times 0.4635} = 0.6458$$

最小回流比为　$$R_{min} = \frac{x_D - y_q}{y_q - x_q} = \frac{0.95 - 0.6458}{0.6458 - 0.4635} = 1.669$$

则　$$\frac{R}{R_{min}} = \frac{1.907}{1.669} = 1.143$$

（3）塔釜液组成由全塔的物料衡算求得　由 $\dfrac{Dx_D}{Fx_F} = 0.98$ 及 $x_D = 0.95$，解得

$$D = \frac{0.98Fx_F}{x_D} = \frac{0.98 \times 100 \times 0.5}{0.95} = 51.58 \text{kmol/h}$$

则
$$x_W = \frac{Fx_F - Dx_D}{F - D} = \frac{100 \times 0.5 - 51.58 \times 0.95}{100 - 51.58} = 0.0206$$

2. 解：（1）$\eta = \dfrac{Dx_D}{Fx_F}$，$x_D = \eta \dfrac{F}{D} x_F = \dfrac{0.98}{0.45} \times 0.4 = 0.871$

$$x_W = \frac{Fx_F - Dx_D}{F - D} = \frac{0.4 - 0.45 \times 0.871}{1 - 0.45} = 0.0146$$

计算题 2 讲解
夹点位置的
判断

（2）$q = 1$，$x_q = x_F = 0.4$

$$y_q = \frac{\alpha x_q}{1 + (\alpha - 1) x_q} = \frac{3 \times 0.4}{1 + 2 \times 0.4} = 0.667$$

$$R_{min} = \frac{x_D - y_q}{y_q - x_q} = \frac{0.871 - 0.667}{0.667 - 0.4} = 0.764$$

（3）此时，可取 $N = \infty$，以求算 x_{Dmax}，若按加料处出现夹点求算，则

$$x_{Dmax} = R(y_q - x_q) + y_q = 1.4 \times (0.667 - 0.4) + 0.667 = 1.0408 > 1$$

显然不存在。所以应根据物料衡算求取，按 $x_W = 0$ 计算，即 $\eta = 1$，$x_{Dmax} = \dfrac{Fx_F}{D} = \dfrac{0.4}{0.45} = 0.889$。

3. 解：塔底进料，且为饱和蒸气进料，因此不需要再沸器，全塔只有精馏段；塔顶为全凝器。

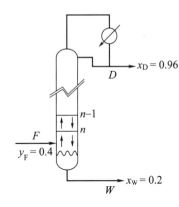
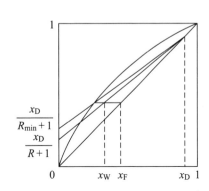

计算题 3 答案附图

（1）如图本题附图 $q = 0$，$y_{n+1} = y_F = 0.4$，$x_n = x_W = 0.2$

$$y_{n+1} = \frac{R}{R+1} x_n + \frac{1}{R+1} x_D，\quad 即\ 0.4 = \frac{R}{R+1} \times 0.2 + \frac{1}{R+1} \times 0.96$$

解得
$$R = 2.8$$

则精馏段操作线方程　$y_{n+1} = \dfrac{2.8}{2.8+1} x_n + \dfrac{1}{2.8+1} \times 0.96 = 0.7368 x_n + 0.2526$

（2）饱和蒸气进料，$y_q = 0.4$

$$x_q = \frac{y_q}{y_q + \alpha(1 - y_q)} = \frac{0.4}{0.4 + 3.5 \times (1 - 0.4)} = 0.16$$

$$R_{min} = \frac{x_D - y_q}{y_q - x_q} = \frac{0.96 - 0.4}{0.4 - 0.16} = 2.33$$

$$\frac{R}{R_{\min}} = \frac{2.8}{2.33} = 1.2$$

（3）运用逐板法求解理论板层数　对于塔顶全凝器，$y_1 = x_D$，由平衡方程得

$$x_1 = \frac{x_D}{x_D + \alpha(1-x_D)} = \frac{0.96}{0.96 + 3.5 \times (1-0.96)} = 0.8727$$

由操作线方程求得 y_2，即

$$y_2 = 0.7368 \times 0.8727 + 0.2526 = 0.8956$$

交替使用平衡方程和操作线方程，计算结果如下表所示。

n	1	2	3	4	5	6
$x_n = \dfrac{y_n}{y_n + \alpha(1-y_n)}$	0.8727	0.7102	0.4973	0.3170	0.2128	0.1653
$y_{n+1} = 0.7368x_n + 0.2526$	0.8956	0.7759	0.6190	0.4862	0.4094	0.3743

显然，所需理论板层数为 6 块。

5.2.5　拓展提升题

一、选择题

1.（考点　塔顶产量增加对产品纯度影响）精馏操作时，若在 F、x_F、q、R 不变的条件下，将塔顶产品量 D 增加，其结果是（　　）。

A. x_D 下降，x_W 下降 　　　　　　　B. x_D 下降，x_W 不变

C. x_D 下降，x_W 上升 　　　　　　　D. 无法判断

2.（考点　进料热状况改变对产品纯度影响）连续精馏操作，原工况为泡点进料，现由于某种原因原料温度降低，使 $q>1$，进料量 F、进料浓度 x_F、塔顶采出率 D/F 及进料位置均保持不变。试判断：

（1）塔釜蒸气量 V' 保持不变，则塔釜加热量 Q_R（　　），塔顶冷凝量 Q_C（　　），x_D（　　），x_W（　　）。

（2）保持回流比 R 不变，则塔釜加热量 Q_R（　　），塔顶冷凝量 Q_C（　　），x_D（　　），x_W（　　）。

A. 变大 　　　　　B. 变小 　　　　　C. 不变 　　　　　D. 不确定

二、简答题

1.（考点　原料液浓度对产品纯度影响）对一定的分离任务而言，若精馏塔加料浓度减小而加料板位置和其他操作不变，请分析会产生什么样的结果？为保持塔顶相同产品质量，应该采取什么措施？

2.（考点　默弗里板效率的理解）默弗里板效率有可能大于 1 吗？为什么？

三、计算题

1.（考点　气相默弗里板效率求解）在只有一块实际板的精馏塔中，原料经预热至泡点后由塔顶加入，原料组成 $x_F = 0.4$（摩尔分数，下同），塔顶易挥发组分回收率为 65% 且 $x_D = 0.6$，系统的平均相对挥发度为 3，求这一块板的气相默弗里单板效率（塔釜相当于一块理论板）。

2.（考点　单板效率、提馏塔的计算）用一提馏塔分离某水溶液（两组分体系，水为重组分），原料液量为 100kmol/h，塔顶泡点进料，进料组成为 40%，塔顶蒸气全部冷凝成液体产品而不回流，其组成为 70%（以上组成均为轻组分的摩尔分数）。轻组分回收率为 98%，塔釜直接用水蒸气加热。操作条件下两组分的平均相对挥发度为 4.5，每层塔板用气相表示的单板效率均为 70%，求釜液组成及从塔顶第一层实际板下降的液相浓度。

3.（考点　回流比、理论板层数、默弗里板效率计算）用精馏塔分离含苯 0.3（摩尔分数，下同）、流率为 100kmol/h 的苯-甲苯混合液，泡点进料，塔顶全凝器，塔顶产品浓度不小于 90%。塔底产品含苯不高于 0.1，塔釜间接蒸气加热。已知精馏段操作线方程为 $y=0.67x+0.3$，操作条件下的 t-x-y 图如图 5-1 所示。试求：（1）塔顶与塔底产品流率；（2）塔的理论板层数及加料板位置；（3）操作条件下回流比与最小回流比的比值；（4）测得塔釜上方那块塔板的实际上升蒸气组成为 $y_m=0.25$，求该塔板的气相默弗里板效率；（5）若进料中含量变为 0.28，其他条件不变，定性说明流出液和釜液组成如何变化？操作上可采取什么措施维持原有流出液组成？

4.（考点　物料衡算、多侧线进料、精馏塔操作的极限情况）如图 5-16 所示，用精馏分离两组分溶液，加料为两股摩尔流量相等的原料液泡点进料，两股料液分别在不同的位置加入，上面一股浓度为 0.6（易挥发组分摩尔分数，下同），下面一股在塔中加料，浓度为 0.3。塔顶设全凝器，釜间加热。操作回流比为 2，两组分相对挥发度为 $\alpha=2$，塔顶产品浓度为 0.8，且塔顶、塔底产品摩尔流量相等。试：（1）求塔底产品浓度；（2）分别求由塔顶至第一股进料位置（Ⅰ段）、两股进料位置之间（Ⅱ段）、第二股进料位置与塔底之间（Ⅲ段）的操作线方程；（3）用作图法确定所需的理论板层数和最佳的进料位置；（4）若 F_1 改在塔顶进料，若要保持塔顶浓度恒为 0.8，则满足条件的最小进料 x_{F1} 为多少？（5）塔顶进料，若塔板无限增加，求塔顶产品极限浓度。

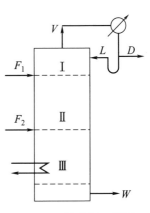

图 5-16　计算题 4 附图

【参考答案与解析】

一、选择题

1. A。

2. C；B；B；A；A；C；A；B。

解析：（1）塔釜的蒸气量保持不变，即 V'、Q_R 不变；由 $V'=(R+1)D+(q-1)F$ 可知，因 F、D 不变，q 增大，故 R 下降，为维持相同板层数，产品的分离纯度就得降低，因此 x_D 变小，x_W 变大；由 $V=(R+1)D$ 可知 V 下降，即 Q_C 减少。

选择题 1 讲解
操作条件变化
对精馏的影响

（2）仍然通过 $V'=(R+1)D+(q-1)F$ 可知，为保持 F、R、D 都不变，q 增大后必须加大塔釜加热量 Q_R；由于 R 不变，故塔顶冷量 Q_C 不变；由于冷液进料，操作线下移，精馏操作的推动力加大，相同板层数下产品的分离精度变大，x_D 变大，x_W 变小。

二、简答题

1. 这时相当于未在最适宜的位置进料，理论上说板层数需要增加，因此在现有板层数条件下，塔顶出料组成 x_D 下降，塔釜出料组成 x_W 上升。措施：加大回流比，并加大上升蒸气量；降低进料板位置；冷料回流。

2. 有可能，因为实际塔板上液体并不是完全混合（返混）的，而理论板以板上液体完全混合（返混）为假定。

三、计算题

1. **解**：如附图所示，$\eta = \dfrac{Dx_D}{Fx_F} = 0.65$，$x_F = 0.4$，

$x_D = 0.6$，解得

$$\frac{D}{F} = \frac{\eta x_F}{x_D} = \frac{0.65 \times 0.4}{0.6} = 0.433$$

$\begin{cases} F = D + W \\ Fx_F = Dx_D + Wx_W \end{cases}$，解得 $x_W = \dfrac{0.4 - 0.433 \times 0.6}{1 - 0.433} = 0.247$。

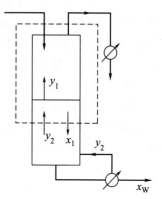

因塔釜相当于一块理论板，$x_W = x_2$，则

$$y_2 = \frac{\alpha x_W}{1 + (\alpha - 1)x_W} = \frac{3 \times 0.247}{1 + 2 \times 0.247} = 0.496$$

再如附图所示做物料衡算 $Fx_F + V'y_2 = Dx_D + L'x_1$，$F = L'$，$D = V'$，所以

$$x_1 = \frac{D}{F}(y_2 - x_D) + x_F = 0.433 \times (0.496 - 0.6) + 0.4$$
$$= 0.355$$

$$y_1^* = \frac{\alpha x_1}{1 + (\alpha - 1)x_1} = \frac{3 \times 0.355}{1 + 2 \times 0.355} = 0.623, \quad E_{MV,1} = \frac{y_1 - y_2}{y_1^* - y_2} = \frac{0.6 - 0.496}{0.623 - 0.496} = 0.819$$

计算题 1 答案附图

解析：此塔没有精馏段，其实就是一个提馏塔。

2. **解**：
$$D = \frac{\eta x_F}{x_D}F = \frac{0.98 \times 0.4}{0.7} \times 100 = 56 \text{kmol/h}$$

直接蒸气加热物料衡算 $\qquad F + S = D + W$

蒸气全部冷凝而不回流，则 $\qquad S = V' = D = 56 \text{kmol/h}$，$F = W = L' = 100 \text{kmol/h}$

通过轻组分物料衡算 $\qquad Fx_F = Dx_D + Wx_W \Rightarrow x_W = 0.008$

所以得到操作线方程 $\qquad y = \dfrac{L'}{V'}x - \dfrac{W}{V'}x_W = 1.7857x - 0.1429$

相平衡线方程 $\qquad y = \dfrac{\alpha x}{1 + (\alpha - 1)x} = \dfrac{4.5x}{1 + 3.5x}$

气相默弗里单板效率 $\qquad E_{MV,1} = \dfrac{y_1 - y_2}{y_1^* - y_2}$

塔顶用全凝器所以 $y_1 = x_D = 0.7$，$y_2 = 1.7857x_1 - 0.1429$，且 $y_1^* = \dfrac{4.5x_1}{1 + 3.5x_1}$，代

入 $E_{MV,1} = \dfrac{y_1 - y_2}{y_1^* - y_2} = 0.7$，解得 $x_1 = 0.3773$。

📖 **总结**

精馏塔的塔板上存在气-液接触才能有传质的可能，因此塔内有上升蒸气与下降液体是精馏操作的必要条件，本题的上升蒸气由直接蒸气提供，下降液体由原料提供，虽然没有回流液和再沸器，一样可以达到气-液传质的目的。

3. **解：** 已知：$x_F = 0.3$，$F = 100 \text{kmol/h}$，$x_D = 0.9$，$x_W = 0.1$。由 t-x-y 图做出 x-y 图，如图 5-2 所示。

（1）塔顶与塔底产品流率 因为 $F = D + W$，$F x_F = D x_D + W x_W$，所以，$D = 25 \text{kmol/h}$；$W = 75 \text{kmol/h}$。

（2）塔的理论板层数及加料板位置 由精馏段操作线方程 $y = 0.67x + 0.3$ 得 $\dfrac{R}{R+1} = 0.67$，所以 $R = 2$。

根据精馏段操作线、q 线做出提馏段操作线，在操作线和平衡线之间做阶梯，如本题答案附图（a）所示，所需理论板层数为 8（包括再沸器），其中第 5 块板为加料板。

（3）操作条件下回流比与最小回流比的比值 由 $x_q = 0.3$ 向上与相平衡线交点，求得

$$y_q = 0.54, \quad R_{min} = \frac{x_D - y_q}{y_q - x_q} = \frac{0.9 - 0.54}{0.54 - 0.3} = 1.5$$

因此

$$R / R_{min} = \frac{2}{1.5} = 1.33$$

（4）气相默弗里板效率 如本题答案附图（b）所示，由于 y_W 与 x_W 成平衡关系，所以 $y_W = 0.2$，x_m 与 y_W 呈操作线关系，可在提馏段操作线图上读出 $x_m = 0.17$，$y_m^* = 0.32$。因此

$$E_{MV} = \frac{y_m - y_W}{y_m^* - y_W} = \frac{0.25 - 0.2}{0.32 - 0.2} = 41.7\%$$

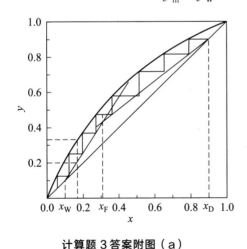

计算题 3 答案附图（a）

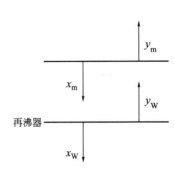

计算题 3 答案附图（b）

（5）已知：x_F 减小，其他不变，则 x_D 减小、x_W 减小。

为维持原有流出液组成可采取的措施有：增大回流比；减少采出率；降低进料位置等方法。

> **总结**
> 本题考查了学生对于 t-x-y 图的灵活运用，通过 t-x-y 图能够进行 x-y 图的绘制是本章的基本要求。

4. 解：（1）塔底产品浓度

$$F_1+F_2=D+W \longrightarrow F_1=F_2=D=W$$

$$F_1 x_{F1}+F_2 x_{F2}=D x_D+W x_W$$

由上面两式得 $x_W=0.1$。

（2）操作线方程　在塔顶和第一股加料位置之间位置（Ⅰ段）列物料衡算得

$$D x_D+L x_n=V y_{n+1}, \quad V=(R+1)D, \quad L=2D$$

$$y_{n+1}=\frac{2}{3}x_n+\frac{0.8}{3}$$

在两股加料之间（Ⅱ段）列物料衡算得

$$F_1 x_{F1}+V' y_{n+1}=D x_D+L' x_n$$

$$y_{n+1}=\frac{L'}{V'}x_n+\frac{D x_D-F_1 x_{F1}}{V'}=\frac{F_1+RD}{(R+1)D}x_n+\frac{D x_D-F_1 x_{F1}}{(R+1)D}$$

$$y_{n+1}=x_n+0.067$$

第二股进料与塔底间（Ⅲ段）进行物料衡算

$$y_{n+1}=\frac{L''}{V''}x_n+\frac{D x_D-F_1 x_{F1}-F_2 x_{F2}}{V''}$$

$$L''=RD+F_1+F_2, \quad V''=(R+1)D$$

$$y_{n+1}=\frac{4}{3}x_n-\frac{0.1}{3}$$

（3）理论板层数和最佳的进料位置　将上问中三段操作线在 x-y 图中进行作图，并画出理论板，结果如本题附图所示。

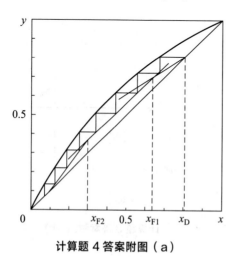

计算题 4 答案附图（a）

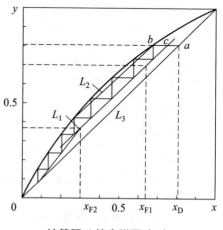

计算题 4 答案附图（b）

由上图可以看出，共需理论板层数为 8 块（包括再沸器），其中 F_1 最佳加料位置为第 2 块板，F_2 最佳进料位置为第 5 块板。

（4）若 F_1 从塔顶进料，则没有了第 I 段操作线，其操作线如本题附图所示，其进料后与回流液直接混合，设混合后的浓度为 x_{F0}，则若要保证塔顶浓度为 0.8，则 x_{F0}（即 c 点横坐标）需处于 a-b 之间即 0.667～0.8 之间的范围，如本题附图所示（若在 b 的左边，第 II 段操作线提前与平衡线相交，则即使塔板无限高，也不能使塔顶气相组成达到 0.8）。

当 $y=0.8$ 时，代入相平衡方程 $y=\dfrac{\alpha x}{1+(\alpha-1)x}$ 得 $x_{F0min}=\dfrac{2}{3}$，此时

$$x_{F0}=\frac{Fx_{F1}+Lx_D}{F+L}=\frac{Fx_{F1}+2Fx_D}{3F}=\frac{x_{F1}+1.6}{3}$$

求得 $x_{F1min}=0.4$。

提示： 当 x_{F1} 变化时，第二段操作线方程变为 $y_{n+1}=x_n+m$，即一系列与 $y=x$ 平行的直线，要想满足塔顶浓度为 0.8，需要该 II 段操作线位于 L_2（操作线经过 b 点）与 L_3（操作线为 $y=x$）之间。

（5）**首选确定夹点位置** 通常夹点位置一般出现在 q 线与平衡线交点处、$x_W=0$ 或 $x_D=1$ 处这些位置，此时理论板数为无穷大。通常这几个位置不会同时达到，这就需要判断这些位置中哪一个位置能够首先达到夹点，这个位置即为实际夹点位置。

① 若第一个进料口 q 线与平衡线相交位置，则有

$$y_q=\frac{\alpha x_q}{1+(\alpha-1)x_q}=\frac{2\times0.6}{1+0.6}=0.75$$

$$R_{min}=\frac{x_D-0.75}{0.75-0.6}=2 \longrightarrow x_D=1.05>1$$

显然夹点不能在 x_{F1} 处。

② 若夹点出现在第二个进料口 q 线与平衡线相交位置，即 x_{F2} 上方，此时 $x_q=0.30$，则 $y_q=0.462$。此时提馏段操作线方程为

$$y_{n+1}=\frac{4}{3}x_n-\frac{x_W}{3} \longrightarrow x_W=-0.186<0$$

显然夹点不能在 x_{F2} 处。

③ 若夹点发生在 $x_D=1$ 处，根据全塔物料衡算

$$F_1x_{F1}+F_2x_{F2}=Dx_D+Wx_W$$

即 $x_W=-0.1$，显然也不可能。

④ 所以夹点只发生在 $x_W=0$ 处，此时当 $x_W=0$ 时，$x_D=0.9$，此浓度即为塔顶产品极限浓度 $x_{D,max}$。

总结

本题难度较大，在遇到多段进料这类题时要认真分析题目中的等量关系，通过分段物料衡算进行操作线方程的求解，在此基础上做出理论板层数。题目最后两问又对该题进一步进行了拔高，以考察对于精馏极限情况的分析能力。做题过程中要学会运用数形结合的思想，从 x-y 图中找出解决问题的关键点。

5.3 其他类型的蒸馏

5.3.1 概念梳理

1. 平衡蒸馏 又称闪蒸，是一种单级蒸馏操作。此操作既可以间歇又可以连续方式进行。其装置如图 5-17 所示。

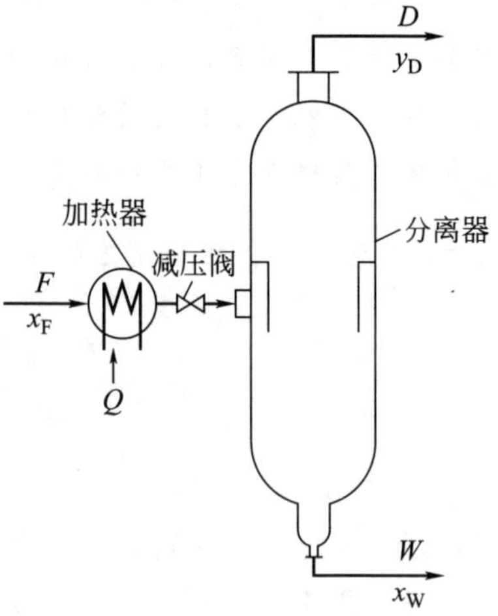

混合液经加热器加热，使其温度高于分离器压力下液体的沸点，再通过减压阀降压后进入分离器中进行分离。混合物在分离器中部分汽化。平衡蒸馏为稳态过程。物料衡算如下

总物料 $\qquad F = D + W$

挥发组分 $\qquad Fx_F = Dy_D + Wx_W$

联立两式得到 $\qquad y = \left(1 - \dfrac{F}{D}\right)x + \dfrac{F}{D}x_F$

若令 $\dfrac{W}{F} = q$（液化分率），则 $\dfrac{D}{F} = 1 - q$，代入上式可得

$$y = \frac{q}{q-1}x - \frac{1}{q-1}x_F$$

该式可以表示平衡蒸馏中气-液相平衡组成的关系。因平衡蒸馏中 q 为定值，所以在 x-y 上表示方法和前文提到的 q 线画法相同。

图 5-17 平衡蒸馏装置

2. 简单蒸馏 又称微分蒸馏，是一种单级蒸馏操作，多为间歇操作。简单蒸馏装置如图 5-18 所示。

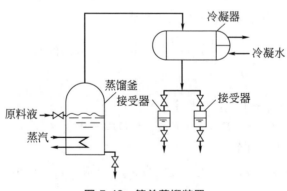

图 5-18 简单蒸馏装置

随着过程的进行，液相组成不断下降，与之平衡的气相组成（馏出液组成）也随之下降，釜内液体的泡点逐渐升高。当馏出液平均组成或釜残液组成降至某规定值后，即停止蒸馏操作。

简单蒸馏多用于混合液的初步分离，且为非稳态过程。若汽化率相同，简单蒸馏较平衡蒸馏可获得更好的分离效果，即馏出液组成更高。若要求蒸馏保持相同的分离程度，则简单蒸馏的汽化率较平衡蒸馏时的大。

3. 间歇精馏　又称分批精馏。

（1）特点

①间歇精馏为非稳态过程；②只有精馏段；③塔内存液量对精馏过程、产品的质量和产量都有较大的影响。

（2）应用场合

①精馏的原料液是由分批间歇生产得到；②在实验室或科研室的精馏操作，处理量较少，且原料的品种、组成及分离程度经常变化；③多组分混合液的初步分离，要求获得不同馏分（组成范围）的产品。

（3）基本操作方式

① 恒馏出液组成　因 x_W 随着精馏操作不断下降，为保持 x_D 不变，必须不断增大 R。

② 恒回流比　在精馏过程中，R 恒定，x_D 和 x_W 不断下降。

实际生产中，往往采用联合操作方式。

4. 直接蒸气加热　若待分离的物系为水溶液，且水为难挥发组分，则可采用直接水蒸气加热。与间接蒸气加热相比，直接蒸气加热用结构简单的塔釜鼓泡器代替造价昂贵的再沸器，且需要的加热蒸气压力较低；需要的理论板数略有增多、塔釜排出更多的废液。

5. 恒沸精馏　若在两组分恒沸液中加入第三组分（夹带剂），该组分能与原料液中的一个或两个组分形成新的恒沸液，从而使原料液能用普通精馏方法予以分离，这种精馏操作称为恒沸精馏。恒沸精馏可分离具有最低恒沸点的溶液、具有最高恒沸点的溶液以及挥发度相近的物系。

对夹带剂要求　①夹带剂应能与被分离组分形成新的恒沸液，其恒沸点要比纯组分的沸点低，一般两者沸点差不小于 $10℃$；②新恒沸液所含夹带剂的量越少越好，以便减少夹带剂用量及汽化、回收时所需的能量；③新恒沸液最好为非均相混合物，便于用分层法分离；④无毒性、无腐蚀性，热稳定性好；⑤来源容易，价格低廉。

6. 萃取精馏　向原料液中加入第三组分（萃取剂或溶剂），以改变原有组分间的相对挥发度而达到分离要求。常用于分离组分沸点（挥发度）差别较小的溶液。

萃取剂选择　①萃取剂应使原组分间相对挥发度发生显著的变化；②萃取剂的挥发性应低些，且不与原组分形成恒沸液；③无毒性、无腐蚀性，热稳定性好；④来源方便，价格低廉。

5.3.2　夯实基础题

一、选择题

1. 在原料量和组成相同的条件下，用简单蒸馏所得气相组成为 x_{D1}，用平衡蒸馏得气相组成为 x_{D2}，若两种蒸馏方法所得气相量相同，则（　　）。

　A. $x_{D1} > x_{D2}$　　　　B. $x_{D1} = x_{D2}$　　　　C. $x_{D1} < x_{D2}$　　　　D. 不能确定

2. 直接水蒸气加热的精馏塔适用于分离轻组分水溶液的情况，直接水蒸气加热与间接水蒸气加热相比较，当 x_D、x_W、R、q、α、回收率相同时，其所需理论板数要（　　）。

　A. 多　　　　　　B. 少　　　　　　C. 相等　　　　　　D. 无法判断

3. 在常压下苯的沸点为 80.1℃，环己烷的沸点为 80.73℃，为使这两组分的混合液能得到分离，请从经济角度分析，可采用（　　　）分离方法。

A. 恒沸精馏　　　B. 水蒸气直接加热精馏　　　C. 萃取精馏　　　D. 普通精馏

二、填空题

1. 简单蒸馏的主要特征是_____和_____。

2. 恒沸精馏和萃取精馏主要针对_____和_____物系，这两种特殊精馏均采取加入第三组分的办法以改变原物系的_____。

3. 间歇精馏和平衡蒸馏的主要区别在于_____；间歇精馏操作中，若保持回流比不变，则馏出液组成_____；若保持馏出液组成不变，回流比需不断_____。

4. 两组分混合物进行闪蒸时，须将混合物的温度升至_____；再通过减压阀减压，这样做的目的是_____。

三、简答题

简述恒沸精馏和萃取精馏的主要异同点。

四、计算题

1. 对某两组分理想溶液进行简单蒸馏，$x_F=0.5$，若汽化率为 70%，试求釜残液组成和馏出液平均组成。（已知常压下该混合物的平均相对挥发度为 2.47）

2. 常压下将 $x_F=0.5$ 的混合液进行平衡蒸馏。物系的相对挥发度为 2.16，设汽化率为 2/3，试求闪蒸后平衡的气、液相组成。

3. 用饱和水蒸气直接加热的方法，精馏分离易挥发组分和水的混合物，如图 5-19 所示，塔顶采用全凝器。已知 $F=100kmol/h$，$x_F=0.5$，气-液混合进料，气-液摩尔质量比值为 1:2；$D=50kmol/h$，$x_D=0.90$。操作回流比为 1，操作条件下满足恒摩尔流假定，试求：（1）塔底产品组成 x_W；（2）若其他条件不变，仅增大饱和水蒸气用量，则 x_W、x_D 如何变化，为什么？

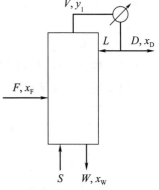

图 5-19　计算题 3 附图

【参考答案与解析】

一、选择题

1. A。　2. A。　3. C。

二、填空题

1. 不稳定操作或过程不连续；无回流。

2. 沸点差很小；具有恒沸物；相对挥发度。

3. 前者是不稳态过程，后者为稳态过程；不断下降；增大。

4. 泡点以上；总压下降，各纯组分沸点下降，使得 $t\text{-}x\text{-}y$ 相图向下移动，在该操作温度下混合物呈现气-液混合状态，来进行闪蒸操作。

三、简答题

相同点：其处理的都是两组分挥发度非常接近，或者具有恒沸点的溶液；其基本原理都是在原溶液中加入第三组分，以提高各组分间相对挥发度的差别将各个组分分开。

不同点：恒沸精馏是在两组分恒沸液中加入第三组分，该组分能与原料液中的一个或两个组分形成新的恒沸液，从而使原料液能用普通精馏的方法予以分离。萃取精馏是向原料液加入第三种组分后，引起原料液各组分间的相对挥发度增加，并要求该组分的沸点较原料液中各组分的沸点高得多，且不与组分形成恒沸液。

四、计算题

1. **解：** 设原料液量为 100kmol，则 $D=100\times0.7=70$kmol，$W=F-D=100-70=30$kmol。因该混合物平均相对挥发度 $\alpha=2.47$，则

$$\ln\frac{F}{W}=\frac{1}{\alpha-1}\left(\ln\frac{x_{\mathrm{F}}}{x_{\mathrm{W}}}+\alpha\ln\frac{1-x_{\mathrm{W}}}{1-x_{\mathrm{F}}}\right)$$

即

$$\ln\frac{100}{30}=\frac{1}{2.47-1}\times\left(\ln\frac{0.5}{x_{\mathrm{W}}}+2.47\times\ln\frac{1-x_{\mathrm{W}}}{0.5}\right)$$

通过试差法解得 $x_{\mathrm{W}}\approx0.24$。

馏出液平均组成即为 $70\overline{x_{\mathrm{D}}}=100\times0.5-30\times0.24$，所以 $\overline{x_{\mathrm{D}}}=0.611$。

2. **解：** $1-q=\dfrac{2}{3}$，所以 $q=\dfrac{1}{3}$。$\dfrac{q}{q-1}=-\dfrac{1/3}{2/3}=-0.5$，则

$$y=\frac{q}{q-1}x-\frac{1}{q-1}x_{\mathrm{F}}=-0.5x+0.75$$

$$y=\frac{\alpha x}{1+(\alpha-1)x}=\frac{2.16x}{1+1.16x}$$

联立得到 $x=0.3737$，$y=0.5632$。

3. **解：**（1）塔底产品组成 x_{W}　$q=\dfrac{2}{3}$，则

$$S=V'=V+(q-1)F=L+D-\frac{1}{3}F=2D-\frac{1}{3}F=100-33.3=66.7\text{kmol/h}$$

由物料衡算

$$F+S=D+W \tag{①}$$
$$Fx_{\mathrm{F}}=Dx_{\mathrm{D}}+Wx_{\mathrm{W}} \tag{②}$$

联立式①、式②得 $x_{\mathrm{W}}=0.043$。

（2）S 增大时，$S=V'$ 增大，V 增大，由于 R 不变，所以 D 和 L 同比例增大，$L'=W$ 增大。

假设 x_{D} 增大或不变，则 x_{W} 减小，作图可知理论板层数增大，而实际不变，出现矛盾，所以 x_{D} 只能变小。

总结

饱和水蒸气直接加热，提供了提馏段上升蒸气，塔釜不需要再沸器提供热量和蒸气。做题时要会灵活运用物料衡算，建立等量关系，进而求出未知量。

5.4　拓展阅读　分子蒸馏技术

【技术简介】分子蒸馏技术是一种在高真空下操作的新型蒸馏方法，利用料液中各组分自由程的差异，对液体混合物进行分离，特点是操作温度低、真空度高、受热时间短、分离程度及产品收率高[1-2]。

【工作原理】如图 5-20 所示，当液体混合物沿加热板流动并被加热时，轻、重分子会逸出液面而进入气相，由于轻、重分子的自由程不同，即从液面逸出后移动距离不同，若能在恰当位置设置一块冷凝板，轻蒸气分子的平均自由程大于蒸发表面与冷凝表面之间的距离，则轻分子达到冷凝板被冷凝排出，而重分子达不到冷凝板沿混合液排出，由此可达到物质分离的目的。

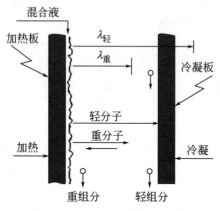

图 5-20　分子蒸馏的原理图

【工程应用】分子蒸馏技术的操作温度远低于物质常压下沸点温度，且料液被加热时间非常短，不会对物质本身造成破坏，是在高真空条件下对高沸点、热敏性物料液液分离的有效方法。工业化的分子蒸馏装置可以分为三种：自由降膜式、旋转刮膜式、离心分离式，在进行精馏装置的选择时要进行综合考虑。对于热敏性要求一般、投入成本低的可以考虑用自由降膜式精馏装置；对于黏度大、热敏反应强，可以考虑用旋转刮膜式精馏装置；对于黏度小、要求操作弹性大，可以考虑采用离心分离式精馏装置[3]。

参考文献

[1]　王磊，沈银，杰程潮 . 分子蒸馏技术及其在香料领域的进展研究 [J] . 广东化工，2023，50（11）：94-95.

[2]　颉东妹，代云云，郭亚菲，等 . 分子蒸馏技术及其在多领域中的应用 [J] . 中兽医医药杂志，2021，40（5）：92-96.

[3]　孙积钊，丁镇臣，王文学 . 浅谈分子精馏技术 [J] . 中国石油和化工标准与质量，2012，33（11）：30.

本章符号说明

英文字母

q——进料热状况参数

b——操作线截距

Q——传热速率或热负荷，kJ/h 或 kW

c——比热容，kJ/(kmol·℃) 或 kJ/(kg·℃)

r——加热蒸气冷凝热，kJ/kg

C——独立组分数

R——回流比

D——塔顶产品（馏出液）流量，kmol/h

D——塔径，m

t——温度，℃

T——热力学温度，K

u——气相空塔速度，m/s

E——塔效率，%

f——组分的逸度，Pa

V——上升蒸气的流量，kmol/h

F——自由度数

W——塔底产品（釜残液）流量，kmol/h；瞬间釜液量，kmol

HETP——理论板当量高度，m

I——物质的焓，kJ/kg

x——液相中易挥发组分的摩尔分数

K——相平衡常数

y——气相中易挥发组分的摩尔分数

L——塔内下降的液体流量，kmol/h

Z——塔高，m

m——平衡线斜率；提馏段理论板层数

M——摩尔流量，kg/kmol

N——理论板层数

n——精馏段理论板层数

p_i——组分的分压，kPa

p——压力，kPa

希腊字母

α——相对挥发度

γ——活度系数

Φ——相数

μ——黏度，Pa·s

ν——组分的挥发度，Pa

ρ——密度，kg/m^3

τ——时间，h 或 s

下标

m——提馏段塔板序号

B——难挥发组分；再沸器

c——冷却或冷凝

C——冷凝器

D——馏出液

e——最终

min——最小或最少

n——精馏段塔板序号

o——直接蒸气；标准状况

P——实际的

q——q 线与平衡线的交点

F——原料液

h——加热；重关键组分

i——组分序号

j——基准组分

l——轻关键组分

L——液相

m——平均

s——塔板序号

T——理论的

V——气相

W——釜残液

上标

°——纯态

*——平衡状态

第 6 章

吸收

📋 本章知识目标

❖ 理解并掌握气体在液体中溶解度的表示方法和亨利定律的三种表达式及相互关系；

❖ 掌握扩散基本原理及吸收速率表达式：分子扩散与费克定律，等分子相互扩散与单向扩散计算；双膜模型；传质速率方程表达式，气膜控制与液膜控制；

❖ 掌握吸收塔物料衡算和操作线方程：最小液气比概念与吸收剂用量确定；操作线方程及物理意义；

❖ 掌握填料层高度计算：传质单元高度与传质单元数的定义及物理意义，传质单元数计算（平均推动力法、吸收因数法、图解法）；

❖ 熟练运用数形结合的方式，分析各参数变化对吸收操作或设计的影响。

🖥 本章能力目标

❖ 能分析扩散过程的影响因素；

❖ 能应用双膜理论开展吸收过程分析；

❖ 能比较非等温吸收、化学吸收、多组分吸收的特点，选择合适的吸收操作；

❖ 能完成吸收剂用量计算及吸收塔的设计选型。

🏛 本章素养目标

❖ 树立环保理念，能应用吸收理论实现气态污染物的净化治理；

❖ 强化责任意识，能充分认识生态文明建设的青年使命；

❖ 建立哲学思维，能应用马克思主义哲学原理和方法解决复杂工程问题。

🎛 本章重点公式

1. 亨利定律

$$p_i^* = E x_i, \quad p_i^* = \frac{c_i}{H}, \quad y_i^* = m x_i, \quad Y_i^* = m X_i, \quad H = \frac{\rho}{E M_S}, \quad m = \frac{E}{p}$$

2. 扩散机理

① 菲克定律

$$J_A = -D_{AB} \frac{d c_A}{dz}$$

② 等分子反向扩散

$$N_A = J_A = \frac{D_{AB}}{RTz}(p_{A1} - p_{A2})$$

③ 一组分通过另一停滞组分的扩散

$$N_A = \frac{D}{RTz} \frac{p}{p_{Bm}} (p_{A1} - p_{A2}), \quad N'_A = \frac{D'c}{zc_{Sm}} (c_{A1} - c_{A2})$$

3. 吸收速率方程式

$$N_A = k_G (p_A - p_{Ai}) = k_L (c_{Ai} - c_A) = K_Y (Y_A - Y_A^*) = K_X (X_A^* - X_A)$$

4. 吸收塔物料衡算

$$V(Y_1 - Y_2) = L(X_1 - X_2)$$

$$回收率 \varphi_A = \frac{Y_1 - Y_2}{Y_1} \times 100\%$$

5. 逆流吸收的操作线方程

$$Y = \frac{L}{V} X + \left(Y_1 - \frac{L}{V} X_1 \right), \quad Y = \frac{L}{V} X + \left(Y_2 - \frac{L}{V} X_2 \right)$$

6. 最小液气比

$$\left(\frac{L}{V} \right)_{min} = \frac{Y_1 - Y_2}{X_1^* - X_2}$$

7. 吸收塔有效高度的计算

$$Z = H_{OG} N_{OG} \quad 或 \quad Z = H_{OL} N_{OL}, \quad Z = N_T \times HETP$$

（1）**传质单元高度**
$$H_{OG} = \frac{V}{K_Y a \Omega}, \quad H_{OL} = \frac{L}{K_X a \Omega}$$

（2）**传质单元数**
$$N_{OG} = \int_{Y_2}^{Y_1} \frac{dY}{Y - Y^*}, \quad N_{OL} = \int_{X_2}^{X_1} \frac{dX}{X^* - X}$$

脱吸因数法
$$N_{OG} = \frac{1}{1-S} \ln \left[(1-S) \frac{Y_1 - Y_2^*}{Y_2 - Y_2^*} + S \right]$$

$$N_{OL} = \frac{1}{1-A} \ln \left[(1-A) \frac{Y_1 - Y_2^*}{Y_1 - Y_1^*} + A \right]$$

对数平均推动力法
$$N_{OG} = \frac{Y_1 - Y_2}{\Delta Y_m}, \quad N_{OL} = \frac{X_1 - X_2}{\Delta X_m}$$

6.1 气体吸收的相平衡关系

6.1.1 概念梳理

【主要知识点】

1. 概述

（1）吸收定义　利用混合气体各组分在液体溶剂中的溶解度不同而分离气体混合物的操作。如图 6-1 所示，在气体混合物中，能够溶解的组分称为吸收物质或溶质，以 A 表示，不被溶解的组分称为惰性组分或载体，以 B 表示。在吸收操作中所使用的溶剂称为吸收剂，以 S 表示，在选择吸收剂时，要考虑到溶解度、选择性、挥发度、黏性、毒性、腐蚀性等问题。

（2）气体吸收的分类

① 吸收过程按溶质与吸收剂之间是否存在化学反应可分为物理吸收和化学吸收。

② 吸收过程按被吸收组分数目的不同，可分为单组分吸收和多组分吸收。

③ 吸收过程按溶质组成的不同，可分为低组成吸收和高组成吸收。若溶质在气、液两相中的摩尔分数均较低（通常不超过 0.1），则称为低组成吸收。

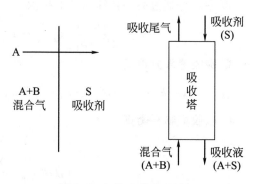

图 6-1　气体吸收原理过程

④ 根据吸收操作中混合气体与吸收剂流动方向分为并流吸收、逆流吸收。

2. 溶解度定义　气-液达到相平衡时，气体在液体中的饱和组成即溶解度，对应的气相中的溶质分压称为平衡分压或饱和分压。

（1）总压不很高时，可以认为气体的溶解度只与其分压有关，与总压无关。分压越大，溶解度越大。

（2）气体在液体中的溶解度一般均随温度升高而下降。

（3）对于相同浓度的液体，易溶气体在溶液上方的平衡分压小，难溶气体在溶液上方的平衡分压大。

综上所述，加压和降温对吸收操作有利，升温和减压有利于脱吸。

3. 亨利定律　在总压不高（一般不超过 $5 \times 10^5 \mathrm{Pa}$），温度不变，稀溶液（或理想溶液）上方的气体溶质平衡分压与该溶质在液相中的组成之间的关系。气、液相组成表示方法不同，亨利定律的不同表达式见表 6-1。

▫ 表 6-1　亨利定律的不同表达式

表达式	系数	备注
$p_i^* = E x_i$	亨利系数 $E(\mathrm{kPa})$	E 值随温度升高而增大，与总压无关。E 越大，越难溶
$p_i^* = \dfrac{c_i}{H}$	溶解度系数 $H[\mathrm{kmol/(m^3 \cdot kPa)}]$ 对于稀溶液 $H = \dfrac{\rho}{E M_s}$	H 随温度升高而减小，与总压无关；H 越小，越难溶
$y_i^* = m x_i$ $Y_i^* = \dfrac{m X_i}{1 + (1-m) X_i}$ 稀溶液 $Y_i^* = m X_i$	相平衡常数 m（无量纲），$m = \dfrac{E}{p}$	m 随温度升高而增大，与总压成反比。m 越大，越难溶 $Y_i = \dfrac{y_i}{1 - y_i}$，$X_i = \dfrac{x_i}{1 - x_i}$

注：带 * 的数据表示与真实的气相（或液相）浓度成相平衡的液相（或气相）浓度，为与真实相浓度呈平衡状态的虚拟值。

4. 相平衡关系的应用 相平衡关系是描述气、液两相接触传质的极限状态。根据实际两相组成与相应条件下平衡组成的比较，可以判断传质方向、确定传质推动力大小、传质过程所能达到的极限。

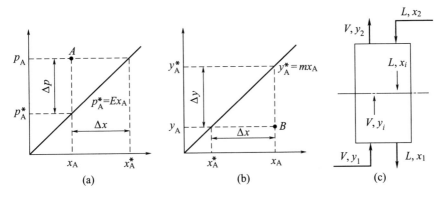

(a) (b) (c)

图 6-2 吸收推动力示意

如图 6-2(a) A 点所示，$p_A > p_A^*$（或 $x_A < x_A^*$），说明气相溶质过多，而液相溶质未饱和，传质方向由气相到液相，发生吸收过程。以气相分压差表示的推动力 $\Delta p = p_A - p_A^*$，以液相组成差表示的推动力 $\Delta x = x_A^* - x_A$。

对于图 6-2(b) B 点，$y_A < y_A^*$（或 x_A 大于 x_A^*），说明气相溶质不足，而液相溶质过饱和，传质方向由液相到气相，发生解吸过程。以气相组成差表示的推动力 $\Delta y = y_A^* - y_A$，以液相组成差表示的推动力 $\Delta x = x_A - x_A^*$。

图 6-2(c) 表示某逆流吸收操作，则 $p_i \geqslant p_i^* = Ex_i$，在塔顶处 $p_2 \geqslant p_2^* = Ex_2$，吸收剂进口浓度限制了吸收尾气中溶质的含量。或者 $x_i \leqslant x_i^* = \dfrac{p_i}{E}$，在塔底处 $x_1 \leqslant x_1^* = \dfrac{p_1}{E}$，混合气进口浓度限制了吸收液浓度。

【气-液相平衡思维导图】

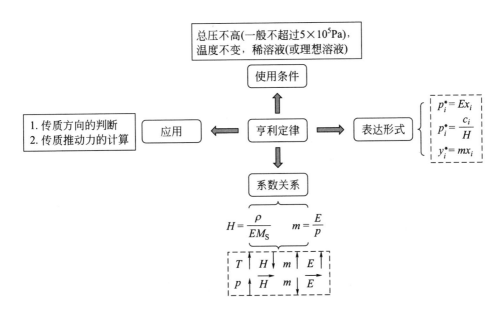

6.1.2 典型例题

【例1】 几个世纪以来，空气中二氧化碳（CO_2）含量由 0.03%（体积分数）增长到了 0.0405%，一定程度上影响全球气候变化，CO_2 减排任重道远，弄清 CO_2 的吸收特征是双碳目标实现的基础。请问，在 $20℃$ 时，空气中 CO_2 含量增加，与空气充分接触的每立方米水中，能多溶解几克 CO_2？温度升高到 $30℃$ 时，水中二氧化碳浓度是多少？已知 $20℃$ 时，二氧化碳水溶液的亨利系数 $E_1 = 1.44 \times 10^5 kPa$，$30℃$，$E_2 = 1.88 \times 10^5 kPa$。

解： 由分压定律可知，空气中二氧化碳分压 $p_1 = 101.33 \times 0.0003 = 0.0304 kPa$，由 $x_i^* = \dfrac{p_i}{E}$ 可知

$$x_1 = \frac{p}{E_1} = \frac{0.0304}{1.44 \times 10^5} = 2.11 \times 10^{-7}, \quad x_1 = \frac{\dfrac{m_1}{44}}{\dfrac{m_1}{44} + \dfrac{1000}{18}}$$

由于水中溶解二氧化碳很少，可按纯水简化计算

$$m_1 = 2.11 \times 10^{-7} \times \frac{1000}{18} \times 44 \times 1000 = 0.516 g$$

同理算得 $x_2 = 2.85 \times 10^{-7}$，$m_2 = 0.697 g$

$$\Delta m = 0.697 - 0.516 = 0.181 g$$

由 $c_i^* = H p_i$，$H = \dfrac{\rho}{E M_S}$ 可知 $30℃$ 水中二氧化碳浓度为

$$c = \frac{\rho}{E M_S} p_2 = \frac{1000}{1.88 \times 10^5 \times 18} \times 101.33 \times 0.000405 = 1.213 \times 10^{-5} kmol/m^3$$

【例2】 二氧化硫（SO_2）是形成酸雨的主要原因，随着大气污染防治攻坚战不断取得成效，大气环境中的 SO_2 浓度已呈明显下降趋势，但典型行业、重点区域的 SO_2 污染治理仍不可忽视，采用吸收法可脱除 SO_2 等酸性气体的排放。某化工厂常压下，排放出经冷却的烟道气中含有 0.087（摩尔分数，下同）的 SO_2，温度为 $35℃$，准备用含 SO_2 为 0.001 的水溶液接触吸收，试判断是否可行。若可行，试求出总推动力 Δx 和 Δy。已知 $35℃$ 时，SO_2 的亨利系数 $E = 5.67 \times 10^3 kPa$。

解：
$$m = \frac{E}{p} = \frac{5670}{101.33} = 55.96$$

与气相组成成平衡的液相组成

$$x^* = \frac{y}{m} = \frac{0.087}{55.96} = 0.00155 > x = 0.001$$

说明传质方向由气相到液相，可以用该水溶液进行吸收。

$$\Delta x = x^* - x = 0.00155 - 0.001 = 0.00055$$

与液相组成平衡的气相组成为

$$y^* = mx = 55.96 \times 0.001 = 0.05596, \quad \Delta y = y - y^* = 0.087 - 0.05596 = 0.03104$$

6.1.3 夯实基础题

一、填空题

1. 气体吸收是根据_____进行的分离操作。

2. 含溶解度系数 H 的亨利定律表达式为_____，对于稀溶液来说，$H=$_____。

3. 当温度上升时，亨利系数 E _____，溶解度系数 H _____，相平衡常数 m _____。

二、选择题

1. 已知 SO_2 水溶液在三种温度 t_1、t_2、t_3 下的亨利系数分别为 $E_1=5.1\times10^3kPa$，$E_2=1.94\times10^3kPa$，$E_3=8.71\times10^3kPa$，则（　　）。

A. $t_1>t_2>t_3$　　　B. $t_3>t_1>t_2$　　　C. $t_2>t_1>t_3$　　　D. $t_3>t_2>t_1$

2. 若某气体在水中的溶解度系数 H 非常小，则该气体为（　　）。

A. 易溶气体　　　　　　　　B. 中等溶解度气体

C. 难溶气体　　　　　　　　D. 无法确定

3. 如图 6-3 所示为在同一温度下三种不同的气体 A、B、C 在水中的溶解度曲线，由图可知，它们的溶解度大小关系为（　　）。

A. A>B>C　　　　　　B. C>B>A

C. B>A>C　　　　　　D. A>C>B

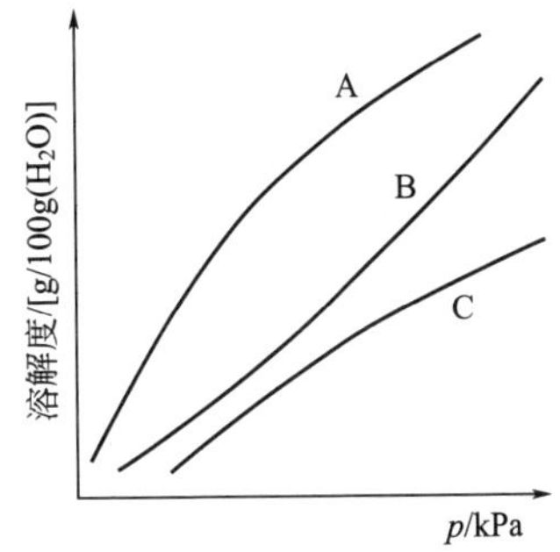

三、简答题

亨利定律为何具有不同的表达形式？

【参考答案与解析】

图 6-3　选择题 3 附图

一、填空题

1. 气体中各组分溶解度不同。　2. $p_i^*=\dfrac{c_i}{H}$ 或 $c_i^*=p_iH$；$\dfrac{\rho}{EM_S}$。

3. 变大；变小；变大。

二、选择题

1. B。　2. C。　3. A。

三、简答题

因气、液两相组成的表达方法不同，故亨利定律具有不同的表达式。

6.1.4　灵活应用题

一、填空题

1. 某工厂用清水吸收 H_2S 气体，若此时温度下降，那么吸收效果会_____。（变好、不变、变差）

2. 已知常压下某水溶液中含溶质 $0.02kmol/m^3$，液面上方该溶质分压为 $6kPa$，亨利系数 $E=8.5\times10^3kPa$，则其传质方向由_____相到_____相。

3. 在吸收操作中，一般_____压力、_____温度均可增加传质推动力，从而提高吸收效率。（降低、升高）

二、选择题

1. 对于下列气体-水体系，能应用亨利定律描述相平衡关系的是（　　）。

A. Cl_2 气体　　　B. SO_3 气体　　　C. HCl 气体　　　D. C_2H_4 气体

2. 如图 6-4 为同一种气体在不同温度下的溶解度曲线，由图可知（　　）。

A. $t_3 > t_2 > t_1$　　　B. $t_3 < t_2 < t_1$

C. $t_2 > t_3 > t_1$　　　D. $t_2 < t_3 < t_1$

3. 有一氨气吸收塔，在操作条件范围内气-液平衡关系服从亨利定律，且相平衡常数为 0.79，若从塔某处液相取样测得氨的摩尔分数为 0.067，则此处的气相氨的摩尔分数为（　　）。

A. 0.079　　　　B. 0.0848

C. 0.0529　　　　D. 无法确定

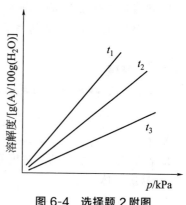

图 6-4　选择题 2 附图

三、简答题

在亨利定律中认为总压对吸收没有影响。但是在 $y_i = m x_i$ 中，$m = \dfrac{E}{p}$，为什么总压看起来对吸收产生了影响？且认为加压对吸收操作有利？

四、计算题

在总压为 0.5MPa、温度为 15℃ 的空气中含有 0.04（摩尔分数）的 SO_2 气体，与之接触的水溶液中 SO_2 的浓度为 0.54kmol/m^3。试判断此时气-液两相是否达到平衡？若未平衡，判断传质方向，并计算出以气相摩尔分数表示的总推动力 Δy。已知此时的亨利系数 $E = 2.94 \times 10^3 \text{kPa}$。

【参考答案与解析】

一、填空题

1. 变好。　2. 气；液。　3. 升高；降低。

二、选择题

1. D。　2. A。　3. D。

三、简答题

（1）从表达式 $p_i = E x_i$ 可以看出，当温度 t、液相溶解度 x_i 确定时，溶质分压 p_i 不变，与总压无关。而在 $y_i = m x_i$ 中，若总压增大，影响的是相平衡常数 m，在同温、同液相溶解度 x_i 下，气体摩尔分数 y_i 虽减小，但 $p_i = p y_i$，分压其实并没有改变。（2）在实际操作中，是通过对气相整体加压来增加溶质的分压。也就是说，加压的目的不是增加总压，而是为了增加其中溶质的分压，总压的变化确实对吸收没有影响。

四、计算题

解： 由 $c_i^* = H p_i$，$H = \dfrac{\rho}{E M_S}$ 可知与气相成平衡的液相浓度为

$$c_i^* = \frac{\rho}{E M_S} p_i = \frac{1000}{2.94 \times 10^3 \times 18} \times 0.5 \times 10^3 \times 0.04 = 0.378 \text{kmol/m}^3 < 0.54 \text{kmol/m}^3$$

故气-液两相未达到平衡，传质方向由液相到气相

$$m = \frac{E}{p} = \frac{2.94 \times 10^3}{0.5 \times 10^3} = 5.88$$

$$x_i = \frac{0.54}{0.54 + \frac{1000}{18}} = 0.00963, \quad y_i^* = mx_i = 0.0566$$

$$\Delta y = y_i^* - y_i = 0.0566 - 0.04 = 0.0166$$

6.2 传质机理及吸收速率方程式

6.2.1 概念梳理

在学习本节内容之前，需要清楚摩尔分数和摩尔比的区别。摩尔分数指混合物中的一种物质与混合物中其他组分的总物质的量之比，而摩尔比指一种物质与其他组分的总物质的量之比。例如 A、B 二元气体混合物，A 的摩尔分数为 $y_A = \dfrac{n_A}{n_A + n_B}$，摩尔比为 $Y_A = \dfrac{n_A}{n_B}$，之间的关系为 $y_A = \dfrac{Y_A}{Y_A + 1}$ 或 $Y_A = \dfrac{y_A}{1 - y_A}$。

1. 扩散机理部分

$\begin{cases} 扩散通量 \quad 单位面积上单位时间内某种物质因分子扩散而传递的物质的量，J_A，kmol/(m^2 \cdot s)。 \\ 传质速率 \quad 单位面积上单位时间内物质转移的量，N_A，kmol/(m^2 \cdot s)。 \end{cases}$

若物质转移完全因扩散引起，则 $N_A = J_A$，如等分子反向扩散；若造成物质转移的因素不仅仅是扩散，则 $N_A > J_A$，如一组分通过另一停滞组分的扩散。

（1）**菲克定律** 菲克定律是对物质分子扩散现象基本规律的描述。当物质 A 在介质 B 中发生扩散时，任一点处物质 A 的扩散通量与该位置上 A 的浓度梯度成正比，即

$$J_A = -D_{AB} \frac{dc_A}{dz}$$

式中，J_A 为物质 A 在 z 方向上的分子扩散通量，$kmol/(m^2 \cdot s)$；D_{AB} 为物质 A 在介质 B 中的分子扩散系数，m^2/s；式中负号表示扩散方向由物质 A 高浓度往低浓度进行。

分子扩散系数是物质的特性常数之一，一般由实验测定。对于气体，扩散系数与总压力 p、温度 T、物质的分子体积和物质的摩尔质量有关；对于液体，扩散系数与温度 T、液体的黏度 μ 和分子体积有关。

物质在一相中的传递靠扩散作用完成，流体中的扩散存在分子扩散与涡流扩散两种形式。

（2）**分子扩散** 当一相内部存在组成差异时，凭借分子无规则热运动而进行的物质传递。

① 气相中的稳态分子扩散

a. 等分子反向扩散

$$N_A = J_A = \frac{D_{AB}}{RTz}(p_{A1} - p_{A2})$$

适用于描述理想的精馏过程中的传质速率关系。

b. 一组分通过另一停滞组分的扩散

$$N_A = \frac{D}{RTz}\frac{p}{p_{Bm}}(p_{A1}-p_{A2})$$

适用于描述吸收及解吸中的传质速率关系。式中，p_{Bm} 为两截面上物质 B 分压的对数平

均值，$p_{Bm}=\dfrac{p_{B2}-p_{B1}}{\ln(p_{B2}/p_{B1})}$，kPa；$\dfrac{p}{p_{Bm}}$ 为漂流因子，反映总体流动对传质速率的影响。

因总压力 p 始终大于物质 B 的对数平均分压 p_{Bm}，故 $\dfrac{p}{p_{Bm}}>1$。表明有总体流动的传质速

率较单纯的分子扩散速率大一些。

② 液相中的稳态分子扩散　由于对液体的分子运动规律了解不够充分，因此只能仿

写气相中的扩散速率关系式。

$$N'_A = \frac{D'c}{zc_{Sm}}(c_{A1}-c_{A2})$$

式中，N'_A 为溶质 A 在液相中的传质速率，$kmol/(m^2 \cdot s)$；D' 为溶质 A 在溶剂 S 中的扩

散系数，m^2/s。

（3）涡流扩散　凭借流体质点的湍动和旋涡来传递物质

$$J_A = -(D+D_E)\frac{dc_A}{dz}$$

式中，D_E 为涡流扩散系数，m^2/s。

2. 吸收过程传质模型——双膜理论

（1）双膜模型的要点

①气、液间存在一稳定的相界面，在相
界面处，气、液两相达到平衡；②相界面两
侧各有一层很薄的停滞膜，膜内传质方式为
分子扩散；③在两个停滞膜以外的气、液主
体中，由于流体的充分湍动，物质组成均匀。

（2）双膜模型示意见图 6-5。

（3）双膜模型意义　把复杂的气-液吸收
过程假设为经由两个气-液停滞膜层的分子扩
散过程，简化了复杂的传质过程，是吸收速

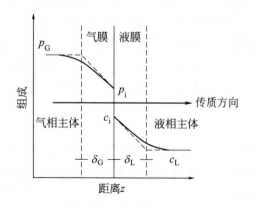

图 6-5　双膜模型示意

率方程式的成立基础，也是后续填料层有效高度计算的基础，并且也为分析强化吸收过程
的方向和措施提供了理论依据。

3. 吸收速率方程式　吸收速率表示单位相际传质面积上单位时间内吸收的溶质量。

吸收速率方程式可有 "速率 $=\dfrac{推动力}{阻力}$"，或者 "速率 $=$ 传质系数 $\times$ 推动力" 的形式，不同

表达式见表 6-2。即便吸收速率方程有不同的表达式，但对于同一个系统，计算所得的吸

收速率 N_A 应相等。

在应用吸收速率方程式应注意：

① 吸收系数的单位都是 $kmol/(m^2 \cdot s \cdot 单位推动力)$，当推动力以摩尔分数表示，吸

收系数的单位简化为 $kmol/(m^2 \cdot s)$，与吸收速率一致。

② 吸收系数的倒数即吸收阻力，系数的表达形式必须与推动力的表达形式相对应，膜推动力对应膜吸收系数，总推动力对应总吸收系数。

③ 总推动力是气-液两侧推动力之和，总阻力是气-液两侧阻力之和，但数据不能简单相加，需先换算成同一侧的表达形式。

④ 界面浓度存在相平衡，带"＊"的浓度是和气相（或液相）真实浓度成相平衡的虚拟值。

⑤ 两种重要的特殊情况：气膜控制和液膜控制。

▫ **表 6-2　吸收速率方程的不同表达式**

项目	吸收速率方程表达式	吸收系数
膜吸收速率方程 （对应膜推动力及膜系数）	$N_A = k_G(p_A - p_{Ai})$	$k_G = \dfrac{Dp}{RTz_G p_{Bm}}$
	$N_A = k_y(y_A - y_{Ai})$	$k_y = pk_G$
	$N_A = k_L(c_{Ai} - c_A)$	$k_L = \dfrac{D'c}{z_L c_{Sm}}$
	$N_A = k_x(x_{Ai} - x_A)$	$k_x = ck_L$
总吸收速率方程 （对应总推动力及总系数）	$N_A = K_G(p_A - p_A^*)$	$\dfrac{1}{K_G} = \dfrac{1}{k_G} + \dfrac{1}{Hk_L}$
	$N_A = K_y(y_A - y_A^*)$	$\dfrac{1}{K_y} = \dfrac{1}{k_y} + \dfrac{m}{k_x}$
	$N_A = K_Y(Y_A - Y_A^*)$	$K_Y = pK_G$
	$N_A = K_L(c_A^* - c_A)$	$\dfrac{1}{K_L} = \dfrac{1}{k_L} + \dfrac{H}{k_G}$
	$N_A = K_x(x_A^* - x_A)$	$\dfrac{1}{K_x} = \dfrac{1}{k_x} + \dfrac{1}{mk_y}$
	$N_A = K_X(X_A^* - X_A)$	$K_X = cK_L$

6.2.2　典型例题

【例 1】有一填料塔在 101.33kPa、20℃下，用清水吸收混合空气中的甲醇蒸气。若在操作条件下平衡关系符合亨利定律，甲醇在水中的亨利系数为 27.8kPa。测得塔内某截面处甲醇的气相分压为 6.5kPa，液相组成为 2.615kmol/m³，气膜吸收系数 $k_G = 1.52 \times 10^{-5}$ kmol/(m²·s·kPa)，液相总吸收系数 $K_L = 5.55 \times 10^{-6}$ m/s。试求该截面处：

知识点讲解
吸收速率方程式
的数形结合

（1）膜吸收系数 k_L、k_x 和 k_y；

（2）总吸收系数 K_G、K_x、K_y、K_X 和 K_Y；

（3）吸收速率。

解：（1）因吸收液溶质组成低，总组成以纯水计算，在 20℃水的密度为 998.2kg/m³。

$$H = \frac{\rho}{EM_S} = \frac{998.2}{27.8 \times 18} = 1.995 \text{kmol}/(\text{m}^3 \cdot \text{kPa})$$

$$\frac{1}{k_L} = \frac{1}{K_L} - \frac{H}{k_G} = \frac{1}{5.55 \times 10^{-6}} - \frac{1.995}{1.52 \times 10^{-5}} = 4.893 \times 10^4 \text{s/m}$$

$$k_L = \frac{1}{4.893 \times 10^4} = 2.044 \times 10^{-5} \text{m/s}$$

$$k_x = ck_L = \frac{998.2}{18} \times 2.044 \times 10^{-5} = 1.134 \times 10^{-3} \text{kmol}/(\text{m}^2 \cdot \text{s})$$

$$k_y = pk_G = 101.33 \times 1.52 \times 10^{-5} = 1.540 \times 10^{-3} \text{kmol}/(\text{m}^2 \cdot \text{s})$$

（2）运用表 6-2 中不同系数之间的转换关系，即可求出

$$\frac{1}{K_G} = \frac{1}{k_G} + \frac{1}{Hk_L} = \frac{1}{1.52 \times 10^{-5}} + \frac{1}{1.995 \times 2.044 \times 10^{-5}} = 9.031 \times 10^4 \text{m}^2 \cdot \text{s} \cdot \text{kPa/kmol}$$

$$K_G = \frac{1}{9.031 \times 10^4} = 1.107 \times 10^{-5} \text{kmol}/(\text{m}^2 \cdot \text{s} \cdot \text{kPa})$$

或　　　　$$K_G = HK_L = 1.995 \times 5.55 \times 10^{-6} = 1.107 \times 10^{-5} \text{kmol}/(\text{m}^2 \cdot \text{s} \cdot \text{kPa})$$

$$K_X = cK_L = \frac{998.2}{18} \times 5.55 \times 10^{-6} = 3.078 \times 10^{-4} \text{kmol}/(\text{m}^2 \cdot \text{s})$$

$$K_Y = pK_G = 101.33 \times 1.107 \times 10^{-5} = 1.121 \times 10^{-3} \text{kmol}/(\text{m}^2 \cdot \text{s})$$

$$m = \frac{E}{p} = \frac{27.8}{101.33} = 0.2744$$

$$\frac{1}{K_x} = \frac{1}{k_x} + \frac{1}{mk_y} = \frac{1}{1.134 \times 10^{-3}} + \frac{1}{0.2744 \times 1.540 \times 10^{-3}} = 3.248 \times 10^3 \text{m}^2 \cdot \text{s/kmol}$$

$$K_x = \frac{1}{3.248 \times 10^3} = 3.079 \times 10^{-4} \text{kmol}/(\text{m}^2 \cdot \text{s})$$

$$\frac{1}{K_y} = \frac{1}{k_y} + \frac{m}{k_x} = \frac{1}{1.540 \times 10^{-3}} + \frac{0.2744}{1.134 \times 10^{-3}} = 891.3 \text{m}^2 \cdot \text{s/kmol}$$

$$K_y = \frac{1}{891.3} = 1.122 \times 10^{-3} \text{kmol}/(\text{m}^2 \cdot \text{s})$$

或　　　　$$K_y = \frac{K_x}{m} = \frac{3.079 \times 10^{-4}}{0.2744} = 1.122 \times 10^{-3} \text{kmol}/(\text{m}^2 \cdot \text{s})$$

（3）以液相总浓度差为推动力计算

$$c_A^* = Hp = 1.995 \times 6.5 = 12.97 \text{kmol/m}^3$$

$$N_A = K_L(c_A^* - c_A) = 5.55 \times 10^{-6} \times (12.97 - 2.615) = 5.747 \times 10^{-5} \text{kmol}/(\text{m}^2 \cdot \text{s})$$

以气相总浓度差为推动力计算

$$Y = \frac{y}{1-y} = \frac{6.5}{101.33 - 6.5} = 0.0685$$

1m³ 溶剂所具有的物质的量

$$n_S = \frac{\text{水的密度}}{\text{水的摩尔质量}} = \frac{998.2}{18} = 55.46 \text{kmol}$$

$$x = \frac{n_A}{n_A + n_S} = \frac{2.615}{2.615 + 55.46} = 0.045, \quad X = \frac{x}{1-x} = \frac{0.045}{1 - 0.045} = 0.0471$$

$$Y^* = mX = 0.2744 \times 0.0471 = 0.0129$$

$$N_A = K_Y(Y - Y^*) = 1.121 \times 10^{-3} \times (0.0685 - 0.0129) = 6.233 \times 10^{-5} \, \text{kmol/(m}^2 \cdot \text{s)}$$

总结

对于低浓度吸收，总吸收系数以摩尔分数 $x(y)$ 为下标或以摩尔比 $X(Y)$ 为下标，计算结果近似相同，由此计算的吸收速率 N_A 也近似相等。但在表达吸收速率方程式时需注意系数下标和推动力的对应关系。应正确把握事物的对应关系，以严谨细致的态度对待学习和工作。

【例 2】 某一稳态吸收塔中，以清水为吸收剂，操作总压为 101.33 kPa，温度为 20℃，气膜吸收系数 $k_G = 4.3 \times 10^{-6} \, \text{kmol/(m}^2 \cdot \text{s} \cdot \text{kPa)}$，液膜吸收系数 $k_L = 1.9 \times 10^{-4} \, \text{m/s}$。测得塔某一截面处两相组成为 $y = 0.055$（摩尔分数，下同），$x = 0.031$，相平衡常数 $m = 1.6$。试求：

(1) 相界面处的气-液组成 x_i、y_i；

(2) 判断该过程为气膜控制还是液膜控制。

解： (1) 吸收速率方程表达式有多个，但计算所得的吸收速率应该是相等的

$$N_A = k_x(x_i - x) = k_y(y - y_i) \qquad ①$$

$$k_x = ck_L = \frac{998.2}{18} \times 1.9 \times 10^{-4} = 0.01054 \, \text{kmol/(m}^2 \cdot \text{s)}$$

$$k_y = pk_G = 101.33 \times 4.3 \times 10^{-6} = 4.36 \times 10^{-4} \, \text{kmol/(m}^2 \cdot \text{s)}$$

在相界面处，气-液两相处于相平衡状态，故有

$$y_i = mx_i = 1.6x_i$$

则

$$0.01054(x_i - 0.031) = 4.36 \times 10^{-4}(0.055 - 1.6x_i)$$

解得 $x_i = 0.0312$，$y_i = 1.6 \times 0.0312 = 0.0499$。

(2) 当以 $y - y^*$ 表示推动力时，气相传质总阻力

$$\frac{1}{K_y} = \frac{1}{k_y} + \frac{m}{k_x} = \frac{1}{4.36 \times 10^{-4}} + \frac{1.6}{0.01054} = 2445.38 \, \text{m}^2 \cdot \text{s/kmol}$$

气膜阻力为

$$\frac{1}{k_y} = \frac{1}{4.36 \times 10^{-4}} = 2293.58 \, \text{m}^2 \cdot \text{s/kmol}$$

液膜阻力为

$$\frac{m}{k_x} = \frac{1.6}{0.01054} = 151.80 \, \text{m}^2 \cdot \text{s/kmol}$$

液膜阻力远小于气膜阻力，所以该过程为气膜控制。

本题因相平衡常数接近于 1，也可简单地通过气膜和液膜系数明显存在的数量级差距进行判断：因气膜系数远小于液膜系数，因此气膜阻力远大于液膜阻力，是气膜控制。

讨论： (1) 本题第 1 小题，通过式①可以变形为相界面两侧气-液相浓度与界面浓度之间的关系式

$$y = -\frac{k_x}{k_y}x + \frac{k_x}{k_y}x_i + y_i \qquad ②$$

该式可在图形中表达如图 6-6，其中界面浓度就是式②与相平衡线的交点。同学们要习惯于数形结合的方式去理解和分析问题。

（2）严格来说，判断吸收过程是否为气膜（液膜）控制，不能单凭溶解度系数，也不能单看膜吸收系数，而是要通过总阻力的两个膜阻力的大小对比进行判断。但在后续应用中，有时会出现以"某难溶气体"为条件的分析题，在没有提供另外的其他判断条件时，我们可以近似认为两侧膜吸收系数在同一数量级，从而得出该吸收过程为液膜控制的结论。

（3）吸收总阻力包含气膜阻力和液膜阻力，两者存在相对大小的矛盾，解决问题的关键是要抓住事物的主要矛盾。例如，当液膜阻力远远小于气膜

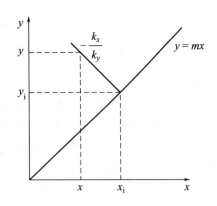

图 6-6　界面组成示意

阻力时，气膜阻力是主要矛盾。是影响整个吸收过程速率的关键。此时，吸收过程总阻力可简化为仅用气膜阻力来表示。通过抓主要矛盾的方法可将复杂问题简单化，从而解决工业生产中的复杂问题。

6.2.3　夯实基础题

一、填空题

1. 菲克定律的表达式为_____。

2. 一般来说，等分子反向扩散体现在_____单元操作中，而一组分通过另一停滞组分的扩散体现在_____单元操作中。

3. 吸收速率方程有不同的表达式，K_G 是以_____为推动力的_____吸收系数，其单位是_____；_____是以 $x_i - x$ 为推动力的_____吸收系数，其单位是_____。

4. 对于稀溶液，K_X 与 K_L 的关系为_____；k_y 与 k_G 的关系为_____。

二、选择题

1. 若推动力表示为 $x^* - x$，则对应的吸收系数为（　　　）。
A. k_x　　　　　　B. K_X　　　　　　C. K_x　　　　　　D. K_L

2. 若液膜阻力远大于气膜阻力，则该过程为（　　　）。
A. 气膜控制　　　　B. 液膜控制　　　　C. 双膜控制　　　　D. 判据不足

3. 描述分子扩散的定律是（　　　）。
A. 牛顿黏性定律　　B. 傅里叶定律　　　C. 亨利定律　　　　D. 菲克定律

三、简答题

双膜理论的主要论点是什么？有什么作用？

【参考答案与解析】

一、填空题

1. $J_A = -D_{AB} \dfrac{dc_A}{dz}$。　　2. 精馏；吸收。

3. $p - p^*$；气相总；$kmol/(m^2 \cdot s \cdot kPa)$；$k_x$；液膜；$kmol/(m^2 \cdot s)$。

4. $K_X = cK_L$；$k_y = pk_G$。

二、选择题

1. C。　2. B。　3. D。

三、简答题

(1) 相互接触的气-液两相流体间存在稳定的相界面，相界面两侧各有一个稳定停滞膜，膜内传质为分子扩散；

(2) 在相界面处，气-液两相达到平衡，即没有传质阻力；

(3) 在两个停滞膜以外的两相主体中，由于流体的充分湍动，物质组成均匀。

双膜理论简化了复杂的相际传质计算。

6.2.4　灵活应用题

一、填空题

1. 相平衡常数 $m = 0.8$，气膜吸收系数 $k_y = 1 \times 10^{-4} \text{kmol}/(\text{m}^2 \cdot \text{s})$，液膜吸收系数 $k_x = 0.01 \text{kmol}/(\text{m}^2 \cdot \text{s})$，则这一吸收过程为 _____ 膜控制，该气体为 _____ 溶气体；以 $y - y^*$ 为推动力时的液膜阻力为 _____，气膜阻力为 _____。

2. 若一系统无主体流动，则该系统漂流因子数值为 _____。

3. 液相总阻力可表示为 $\dfrac{1}{K_G} = \dfrac{1}{k_G} + \dfrac{1}{Hk_L}$，其中气膜阻力为 _____，若有一判断"当溶剂的系数 H _____，$\dfrac{1}{Hk_L}$ 可忽略，该过程为气膜控制过程"，那么该判断应具有的前提条件是 _____。

二、选择题

1. 在下列吸收过程中，属于气膜控制的过程是（　　）。

A. 水吸收氨　　　B. 水吸收氢　　　C. 水吸收氮气　　　D. 水吸收氧

2. 一般对于具有低溶解度的气体吸收过程，若要提高吸收效果，应减小（　　）的阻力。

A. 气膜　　　B. 气膜和液膜　　　C. 液膜　　　D. 相界面上

3. 某吸收过程的气膜吸收系数 $k_y = 4.8 \times 10^{-5} \text{kmol}/(\text{m}^2 \cdot \text{s})$，液膜吸收系数 $k_x = 2.2 \times 10^{-6} \text{kmol}/(\text{m}^2 \cdot \text{s})$，则该过程为（　　）控制。

A. 气膜　　　B. 液膜　　　C. 双膜　　　D. 判据不足

4. 下列说法中正确的是（　　）。

A. 常压下用水吸收二氧化碳属于难溶气体的吸收，为气膜控制过程

B. 用水吸收氧气属于易溶气体的吸收，为气膜控制过程

C. 用水吸收氨气属于易溶气体的吸收，为液膜控制过程

D. 用水吸收二氧化硫属于中等溶解度气体的吸收，为双膜控制过程

三、简答题

1. 什么是气膜控制过程？什么是液膜控制过程？它们的特点各是什么？如何提高不同控制过程的吸收速率？

2. 试推导 K_x 与 K_y、K_L 与 K_G、K_X 与 K_L 的关系。

四、计算题

在 101.33kPa、25℃下用水吸收混合空气中的甲醇蒸气，气-液平衡关系在操作范围

内服从亨利定律。已知溶解度系数 $H=1.96\text{kmol}/(\text{m}^3\cdot\text{kPa})$，气膜吸收系数 $k_G=1.55\times10^{-5}\text{kmol}/(\text{m}^2\cdot\text{s}\cdot\text{kPa})$，液膜吸收系数 $k_L=2.08\times10^{-5}\text{m/s}$。并测得在吸收塔某截面气相甲醇分压为 5.5kPa，液相中甲醇浓度为 $2.12\text{kmol}/\text{m}^3$。试求：（1）液膜阻力占总阻力的百分比；（2）该截面的吸收速率。

【参考答案与解析】

一、填空题

1. 气；易；$80\text{m}^2\cdot\text{s}/\text{kmol}$；$10^4\text{m}^2\cdot\text{s}/\text{kmol}$。

2. 1。 3. $\dfrac{1}{k_G}$；很大时；两侧的膜系数值处于同一数量级。

二、选择题

1. A。 2. C。 3. D。 4. D。

三、简答题

1. 对于气膜控制过程，传质阻力主要集中在气膜中，吸收总推动力主要用于克服气膜阻力，其气相组成差接近于气膜组成差，即本题答案附图（a）所示 $p_A-p_A^*\approx p_A-p_{Ai}$，$K_G\approx k_G$；若要提高该过程的吸收速率，应该主要减小气膜阻力，如提高气体湍流程度，使层流内层的厚度减小等。

对于液膜控制过程，传质阻力主要集中在液膜中，吸收推动力主要用于克服液膜阻力，其液相组成差接近于液膜组成差，即本题答案附图（b）所示 $c_A^*-c_A\approx c_{Ai}-c_A$，$K_L\approx k_L$；若要提高该过程的吸收速率，应该主要减小液膜阻力，同样的可以提高液相流速等。

必须明确的是，造成气膜（液面）控制的因素有两类：溶解度及两侧的膜系数，从图上看就是两条线的斜率。

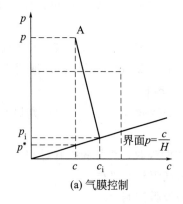 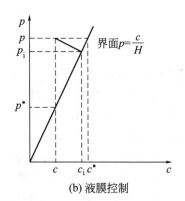

（a）气膜控制　　　　　　　　　　（b）液膜控制

简答题 1 答案附图

2. 根据 $\dfrac{1}{K_x}=\dfrac{1}{k_x}+\dfrac{1}{mk_y}$，$\dfrac{1}{K_y}=\dfrac{1}{k_y}+\dfrac{m}{k_x}$ 比较可知，在 $\dfrac{1}{K_x}=\dfrac{1}{k_x}+\dfrac{1}{mk_y}$ 左右两边各乘 m 可得

$$\frac{m}{K_x}=\frac{1}{K_y}, \quad \text{即} \ K_x=mK_y$$

根据 $\dfrac{1}{K_L}=\dfrac{1}{k_L}+\dfrac{H}{k_G}$，$\dfrac{1}{K_G}=\dfrac{1}{k_G}+\dfrac{1}{Hk_L}$，同理，可在 $\dfrac{1}{K_G}=\dfrac{1}{k_G}+\dfrac{1}{Hk_L}$ 左右两边各乘 H 可得

$$\frac{H}{K_G}=\frac{1}{K_L}, \quad 即 \ K_G=HK_L$$

根据 $N_A=K_L(c_A^*-c_A)$，$c_A=cx_A$，将 $c_A=c\dfrac{X_A}{1+X_A}$，$c_A^*=c\dfrac{X_A^*}{1+X_A^*}$ 代入可得

$$N_A=K_L\left(c\frac{X_A^*}{1+X_A^*}-c\frac{X_A}{1+X_A}\right), \quad 即 \ N_A=\frac{cK_L}{(1+X_A^*)(1+X_A)}(X_A^*-X_A)$$

$$\frac{cK_L}{(1+X_A^*)(1+X_A)}=K_X$$

对于稀溶液，A 组分含量很小，左端分母近似为 1，那么

$$cK_L\approx K_X$$

或者，对于稀溶液，可近似以 c 表示液相中溶剂的浓度，则 $c_A=cX_A$，那么

$$cK_L=K_X$$

四、计算题

解： (1)

$$\frac{1}{K_G}=\frac{1}{k_G}+\frac{1}{Hk_L}=\frac{1}{1.55\times10^{-5}}+\frac{1}{1.96\times2.08\times10^{-5}}=8.9\times10^4 \, \mathrm{m^2 \cdot s \cdot kPa/kmol}$$

其中液膜阻力为

$$\frac{1}{Hk_L}=\frac{1}{1.96\times2.08\times10^{-5}}=2.45\times10^4 \, \mathrm{m^2 \cdot s \cdot kPa/kmol}$$

占比为 27.5%。

(2) 通过气相总推动力 $(p-p^*)$ 计算

$$N_A=K_G(p-p^*)=K_G\left(p-\frac{c}{H}\right)=\frac{1}{8.9\times10^4}\times\left(5.5-\frac{2.12}{1.96}\right)=4.964\times10^{-5} \, \mathrm{kmol/(m^2 \cdot s)}$$

若通过液相总推动力 (c^*-c) 计算

$$K_L=\frac{K_G}{H}=\frac{1}{1.96\times8.9\times10^4}=5.733\times10^{-6} \, \mathrm{m/s}$$

$$\begin{aligned}N_A&=K_L(c^*-c)=K_L(pH-c)=5.733\times10^{-6}\times(5.5\times1.96-2.12)\\&=4.965\times10^{-5} \, \mathrm{kmol/(m^2 \cdot s)}\end{aligned}$$

6.2.5　拓展提升题

一、填空题

1. （考点 漂流因子）吸收塔用水吸收易溶气体，某截面总压为 $100\mathrm{kPa}$，溶质分压为 $4.6\mathrm{kPa}$，液相溶质浓度为 $0.62\mathrm{kmol/m^3}$，相平衡常数 $m=2$，则漂流因子约为＿＿＿＿。

2. （考点 扩散通量与传递速率的大小关系）对于某一截面，有 A、B 两组分物流，当发生等分子反向扩散时，J_A＿＿＿N_A＿＿＿N＿＿＿0；发生 A 单向扩散，B 为停滞组分时，N_A＿＿＿N＿＿＿J_A＿＿＿0。（>、<、=）

二、选择题

1. （考点　A、B组分的扩散通量与传递速率）两组分气体（A、B）进行稳态分子扩散，当系统的漂流因子大于1时，$|J_A|$（　　　）$|J_B|$，$|N_A|$（　　　）$|N_B|$。

A. 大于　　　　　　　　B. 小于　　　　　　　　C. 等于　　　　　　　　D. 无法确定

2. （考点　界面浓度的计算）在吸收塔某处，气相主体组成 $y=0.025$，液相主体组成 $x=0.01$，气膜吸收系数 $k_y=2\text{kmol}/(\text{m}^2 \cdot \text{h})$，气相总传质系数 $K_y=1.5\text{kmol}/(\text{m}^2 \cdot \text{h})$，气-液平衡关系为 $y=0.5x$，则该处相界面上的气相组成 $y_i=$（　　　）。

A. 0.02　　　　　　　　B. 0.005　　　　　　　　C. 0.015　　　　　　　　D. 0.01

三、计算题

（考点　扩散的应用计算）在实验室中有一烧杯，放假前曾盛有 100mm 厚的水层，经过一个暑假，发现烧杯中的水已被完全蒸干。试求水在空气中的平均扩散系数大约为多大？假定扩散始终是通过一层厚度为 8mm 的静止空气膜层，膜层以外实验室空气为大环境，平均温度为 30℃，大气压力为 100kPa，平均湿度为 80%，暑假为期 60 天。

【参考答案与解析】

一、填空题

1. 1.0354（对于易溶气体来说，溶质界面分压接近于溶质液相主体浓度的平衡分压，即 $p_{Ai} \approx p_A^*$，由此可得 A 组分的界面分压为 2.232kPa）。

2. $=$；$>$；$=$；$=$；$>$；$>$。

二、选择题

1. C；A。　2. D。

三、计算题

解：由题意可知，可在相界面到空气列传质速率方程 $N_A = k_G(p_{Ai} - p_A)$，其中 $k_G = \dfrac{Dp}{RTz_G p_{Bm}}$。在相界面处，纯水的平衡分压为该温度下的饱和蒸气压，查得 30℃ 时 $p_A^S = 4.2474\text{kPa}$，则

$$p_{Ai} = 4.2474\text{kPa}, \quad p_A = \varphi p_A^S = 0.8 \times 4.2474 = 3.39792\text{kPa}$$

$$p_{Bm} = \frac{p_B - p_{Bi}}{\ln \dfrac{p_B}{p_{Bi}}} = \frac{(100 - 3.39792) - (100 - 4.2474)}{\ln \dfrac{100 - 3.39792}{100 - 4.2474}} = 96.18\text{kPa}$$

时间按 60 天计算，那么平均传质速率为

$$N_A = \frac{0.1 \times 1 \times 995.7}{18 \times 60 \times 24 \times 3600} = 1.0671 \times 10^{-6} \text{kmol}/(\text{m}^2 \cdot \text{s})$$

又因 $N_A = \dfrac{Dp}{RTz_G p_{Bm}}(p_{Ai} - p_A)$，则水在空气中的扩散系数约为

$$D = \frac{1.0671 \times 10^{-6} \times 8.314 \times 303.15 \times 0.008 \times 96.18}{100 \times (4.2474 - 3.39792)} = 2.436 \times 10^{-5} \text{m}^2/\text{s}$$

从《化工原理》附录可查得空气-水系统在 30℃ 时扩散系数实测参考值为 $2.685 \times 10^{-5}\text{m}^2/\text{s}$。

6.3　低浓度物理吸收过程的计算

6.3.1　概念梳理

【主要知识点】

1. 吸收塔物料衡算及操作线方程　在恒温低浓度单组分物理逆流吸收中，假定吸收剂不挥发，惰性组分不溶于吸收剂，塔内各截面处吸收剂 S 的流量和惰性气体 B 的流量是不变的，所以采用摩尔比来表示气-液相组成，以方便计算。

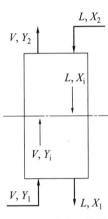

图 6-7　逆流吸收塔
物料衡算

（1）**全塔物料衡算**　如图 6-7 所示为处于稳态逆流吸收的填料塔，塔底浓端以下标"1"表示，塔顶稀端以下标"2"表示。对全塔范围内进行物料衡算，则

$$V(Y_1 - Y_2) = L(X_1 - X_2)$$

式中，V 为单位时间内通过吸收塔的惰性气体的量，kmol(B)/s；L 为单位时间内通过吸收塔的吸收剂的量，kmol(S)/s；Y_1、Y_2 为出塔、进塔气体中溶质组分的摩尔比，kmol(A)/kmol(B)；X_1、X_2 为出塔、进塔液体中溶质组分的摩尔比，kmol(A)/kmol(S)。

定义溶质的吸收率为

$$\varphi_A = \frac{Y_1 - Y_2}{Y_1} \times 100\%$$

（2）**操作线方程与操作线**　描述吸收塔内任一截面气、液组成 X、Y 之间的操作关系方程称为操作线方程。通过物料衡算得

以塔底为基准面，逆流吸收塔的操作线方程为

$$Y = \frac{L}{V}X + \left(Y_1 - \frac{L}{V}X_1\right)$$

以塔顶为基准面，逆流吸收塔的操作线方程为

$$Y = \frac{L}{V}X + \left(Y_2 - \frac{L}{V}X_2\right)$$

如图 6-8 所示，操作线直线的斜率 $\frac{L}{V}$ 称为液气比。塔顶稀端为 $T(X_2, Y_2)$ 点，塔底浓端为 $B(X_1, Y_1)$ 点。OE 为实际操作中的相平衡曲线，操作线与相平衡线直接的距离（$Y - Y^*$）可直观反映推动力的大小。当进行吸收操作时，操作线总是在平衡线上方，如果操作线在平衡线下方，则进行解吸。在同一吸收塔中，操作线不会出现跨越平衡线的情况。

2. 吸收剂的用量

（1）**最小液气比**　通常对于一个吸收任务，进塔气体组成 Y_1、进塔吸收剂组成 X_2 是已知的，而吸收尾气组成 Y_2 又是任务所规定的，那么操作线的塔顶稀端 T 已固定，塔底浓端 B 则由液气比 $\frac{L}{V}$ 决定。如图 6-9 所示，增大液气比点 B 往左移，全塔平均传质推

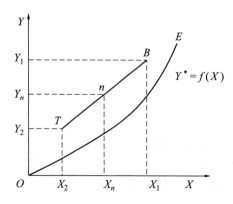

图 6-8　逆流吸收塔的操作线

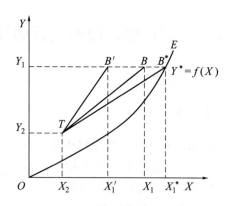

图 6-9　逆流吸收塔的最小液气比

动力增加，减小液气比，点 B 往右移，全塔平均推动力减小。当液气比减小到使点 B 落在气-液平衡线上时，塔底流出液组成与入塔气组成达到平衡状态，这是理论上吸收液能达到的最高组成。但越接近平衡线，推动力越小，因此在 B^* 处的传质推动力为 0，需要无限大的相际接触面积，即无限高的填料层。在工程上是不可能实现的，是一种极限情况。在这种极限情况下所对应的液气比为最小液气比

$$\left(\frac{L}{V}\right)_{\min}=\frac{Y_1-Y_2}{X_1^*-X_2}$$

相应的吸收剂用量最少。

若气-液平衡关系符合亨利定律，并用 $Y^*=mX$ 表示，则最小液气比为

$$\left(\frac{L}{V}\right)_{\min}=\frac{Y_1-Y_2}{\dfrac{Y_1}{m}-X_2}$$

当用纯溶剂吸收时，$X_2=0$，则有

$$\left(\frac{L}{V}\right)_{\min}=m\varphi_A$$

并非所有吸收操作线 B 点落在平衡线上时有最小液气比，如图 6-10(a) 所呈现的气-液平衡曲线形状，应过点 T 作平衡线的切线，找到该切线与水平线 $Y=Y_1$ 的交点，读得 X_1'，此时的最小液气比为

$$\left(\frac{L}{V}\right)_{\min}=\frac{Y_1-Y_2}{X_1'-X_2}$$

（2）**适宜的液气比**　在吸收任务一定的情况下，增大吸收剂的用量，使传质推动力增加，所需填料层高度及塔高降低，设备费用减少，但溶剂的消耗、运输和回收等费用增加。因此，吸收剂的用量大小需要综合考虑，根据经验，适宜的液气比范围为

$$\frac{L}{V}=(1.1\sim2.0)\left(\frac{L}{V}\right)_{\min}$$

3. 吸收塔有效高度的计算　计算所需吸收塔的有效高度（填料层高度）是本章学习的核心，有效高度的计算通常采用传质单元数法和等板高度法。

（1）**传质单元数法**　就整个填料层而言，气、液组成在塔各截面处不同，吸收速率也不相同，所以不能将吸收速率方程直接应用于全塔。通过对微元填料层进行物料衡算，并

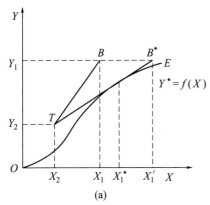 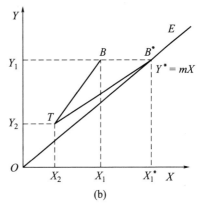

图 6-10　其他情况下的最小液气比

在全塔范围内积分，可得传质单元法基本计算公式

$$Z=\frac{V}{K_Y a\Omega}\int_{Y_2}^{Y_1}\frac{dY}{Y-Y^*}\quad \text{或}\quad Z=\frac{L}{K_X a\Omega}\int_{X_2}^{X_1}\frac{dX}{X^*-X}$$

式中，a 为填料的有效比表面积，m^2/m^3，a 的数值难以直接测定，常与吸收系数的乘积视为一体，称为"体积吸收系数"；Ω 为塔截面积，m^2；$K_Y a$、$K_X a$ 为气相总体积吸收系数、液相总体积吸收系数，$kmol/(m^3\cdot s)$。其物理意义是在单位推动力下，单位时间、单位体积填料层内吸收的溶质量。

填料层高度的基本计算公式可改写成以下形式

$$Z=H_{OG}N_{OG}\quad \text{或}\quad Z=H_{OL}N_{OL}$$

① 传质单元高度

气相总传质单元高度，单位 m
$$H_{OG}=\frac{V}{K_Y a\Omega}$$

液相总传质单元高度，单位 m
$$H_{OL}=\frac{L}{K_X a\Omega}$$

传质单元高度的影响因素有流动状况、物系、填料特性、设备结构和操作条件，其值的大小反映了吸收设备性能的优劣。可通过改善填料润湿状况（即增大 a）、更换成优质填料（即增大 K、a）等有利于提高总体积吸收系数的措施降低传质单元高度。

② 传质单元数

气相总传质单元数
$$N_{OG}=\int_{Y_2}^{Y_1}\frac{dY}{Y-Y^*}$$

液相总传质单元数
$$N_{OL}=\int_{X_2}^{X_1}\frac{dX}{X^*-X}$$

传质单元数的影响因素是吸收分离的要求高低、传质推动力的大小。它反映吸收过程进行的难易程度。可通过增大吸收剂用量（即提高液气比）、降温增压或改用吸收效果更好的吸收剂（即减小相平衡常数 m）的措施降低传质单元数。

③ 传质单元数的求法　传质单元数的求取有解析法、数值积分法和梯级图解法等，不同求法各有其特点及适用场合。对于低组成气体吸收操作，只要在过程所涉及的组成范围内相平衡关系为直线，便可用解析法求传质单元数；当平衡线弯曲程度不大时，可用梯级图解法简捷估计总传质单元数的近似值；当平衡线为曲线时，宜采用数值积分法，它不仅适用于低组成气体吸收的计算，而且适用于高组成气体吸收及非等温等复杂情况下的求算。

重点介绍解析法，解析法包括脱吸因数式和对数平均推动力法。

a. 脱吸因数法

$$N_{OG} = \frac{1}{1-S} \ln \left[(1-S) \frac{Y_1 - Y_2^*}{Y_2 - Y_2^*} + S \right]$$

$$N_{OL} = \frac{1}{1-A} \ln \left[(1-A) \frac{Y_1 - Y_2^*}{Y_1 - Y_1^*} + A \right]$$

式中，S 为脱吸因数，是平衡线斜率与操作线斜率的比值，即 $S = \dfrac{mV}{L}$，反映吸收推动力的大小。S 越小，推动力和吸收率越大，N_{OG} 越小，但溶剂费用增多，工程上兼顾吸收费用和溶剂费用，通常认为取 $S = 0.7 \sim 0.8$ 是经济适宜的；A 为吸收因数，是操作线斜率与平衡线斜率的比值，即 $A = \dfrac{L}{mV} = \dfrac{1}{S}$。

b. 对数平均推动力法

$$N_{OG} = \frac{Y_1 - Y_2}{\Delta Y_m}, \quad N_{OL} = \frac{X_1 - X_2}{\Delta X_m}$$

其中

$$\Delta Y_m = \frac{\Delta Y_1 - \Delta Y_2}{\ln \dfrac{\Delta Y_1}{\Delta Y_2}} = \frac{(Y_1 - Y_1^*) - (Y_2 - Y_2^*)}{\ln \dfrac{Y_1 - Y_1^*}{Y_2 - Y_2^*}}$$

$$\Delta X_m = \frac{\Delta X_1 - \Delta X_2}{\ln \dfrac{\Delta X_1}{\Delta X_2}} = \frac{(X_1^* - X_1) - (X_2^* - X_2)}{\ln \dfrac{X_1^* - X_1}{X_2^* - X_2}}$$

ΔY_m、ΔX_m 称为对数平均推动力，分别以气相、液相组成表示的塔顶与塔底两截面上吸收推动力的对数平均值。

在解吸系统中，若仍以下标"1"表示塔底，上标"2"表示塔顶，上述计算公式仍然可用。

（2）**等板高度法**

$$Z = N_T \times \text{HETP}$$

式中，N_T 为理论板层数；HETP 为等板高度，又称理论板当量高度。

等板高度 HETP（Height Equivalent to a Theoretical Plate）是指分离效果与一个理论级作用相当的填料层高度。填料的传质效率越高，则等板高度越小，等板高度的求算目前一般通过实验测定，实际应用可通过查取相关手册。

理论板层数的求算方法主要有梯级图解法和平均吸收因子法，下面简要介绍两种方法。

① 梯级图解法 吸收的梯级图解法求 N_T，类似于精馏中的梯级图解法求 N_T，都是在相平衡曲线和操作线之间做阶梯，如图 6-11 所示。

具体步骤为：

a. 在直角坐标中绘出操作线及平衡线，图 6-11 所示的 BT 为操作线，OE 为平衡线；

b. 从塔顶 T 点开始，在操作线与平衡线之间作阶梯，直至与塔底的组成相等或超过为止；

c. 由图得出所绘的阶梯数，即为吸收塔所需的理论级数，图 6-11 所示的理论级数为 5。

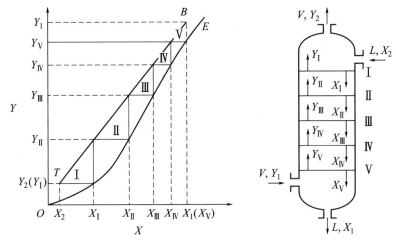

图 6-11　吸收塔梯级图解法求理论级数

梯级图解法求理论板层数的优点是不受任何限制，气、液组成可采用任一表示方法，且此法既可用于低组成的吸收，也可用于高组成的吸收或解吸过程。

② 平均吸收因子法　对于低组成气体吸收操作，若在吸收过程所涉及的组成范围内平衡关系为直线（$Y^* = mX + b$），可采用克列姆赛尔（Kremser）方程求理论级数，即

$$\frac{Y_1 - Y_2}{Y_1 - Y_2^*} = \frac{A^{N_T+1} - A}{A^{N_T+1} - 1} \quad 或 \quad N_T = \frac{\ln \dfrac{A - \varphi}{1 - \varphi}}{\ln A} - 1$$

$$N_T = \frac{1}{\ln A} \ln \left[\left(1 - \frac{1}{A} \right) \frac{Y_1 - Y_2^*}{Y_2 - Y_2^*} + \frac{1}{A} \right]$$

式中，φ 为溶质的相对吸收率，$\varphi = \dfrac{\varphi_A}{\varphi_{A,max}} = \dfrac{Y_1 - Y_2}{Y_1 - Y_2^*}$。

克雷姆赛尔方程为采用全塔平均的吸收因子代替各级吸收因子，对吸收因子法的基本方程——哈顿-富兰克林（Horton-Franklin）方程进行简化所得。故该方程不仅可用于单组分吸收，而且可用于多组分吸收。

将吸收塔中常见计算数据之间的转换关系及特殊条件下公式的简化整理于表 6-3。

▫ 表 6-3　吸收塔简便计算关系表

特殊条件	简化公式	参数	关系
吸收剂不含溶质 即 $X_2 = 0$ 时	$\left(\dfrac{L}{V} \right)_{min} = m\varphi_A$	S 和 A N_{OG} 和 N_{OL}	$S = \dfrac{1}{A}$ $N_{OG} = AN_{OL}$
操作线与平衡线平行 即 $m = \dfrac{L}{V}$ 时	$N_{OG} = \dfrac{Y_1 - Y_2}{Y_2 - mX_2} = \dfrac{Y_1 - Y_2}{Y_1 - mX_1}$	H_{OG} 和 H_{OL} N_{OG} 和 N_T	$H_{OG} = SH_{OL}$ $\dfrac{N_{OG}}{N_T} = \dfrac{\ln A}{1 - \dfrac{1}{A}} = \dfrac{\ln S}{S - 1}$

【吸收计算思维导图】

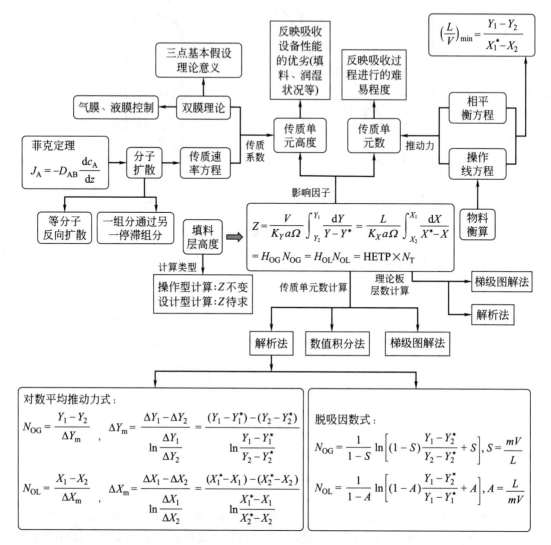

6.3.2　典型例题

【例1】 吸收剂用量直接影响吸收操作费用，为平衡设备费和操作费，应选择最佳吸收剂用量以节约成本。在101.3kPa、15℃下，用清水在填料塔中逆流吸收某混合气中的氯气。已知混合气进塔含6%（体积分数，下同）的氯气，要求出塔尾气组成不高于0.1%。操作条件下的系统平衡关系为 $p^* = 4.61 \times 10^4 x\,(\mathrm{kPa})$，要求操作时吸收剂用量为最小用量的1.55倍。

（1）计算吸收率和出塔液相组成；

（2）若维持气体进、出填料塔的组成不变，操作压力提高到1013kPa，求出塔液相组成。

解：（1）在吸收塔的计算当中，要先把摩尔组成换算成摩尔比

$$Y_1 = \frac{y_1}{1-y_1} = \frac{0.06}{1-0.06} = 0.0638, \quad Y_2 = \frac{y_2}{1-y_2} = \frac{0.001}{1-0.001} = 0.001$$

吸收率为
$$\varphi_A = \frac{Y_1 - Y_2}{Y_1} = \frac{0.0638 - 0.001}{0.0638} = 0.984$$

相平衡常数为
$$m = \frac{E}{p} = \frac{4.61 \times 10^4}{101.3} = 455.08$$

吸收剂为清水，不含溶质，$X_2 = 0$，最小液气比为
$$\left(\frac{L}{V}\right)_{min} = \frac{Y_1 - Y_2}{X_1^* - X_2} = \frac{0.0638 - 0.001}{\dfrac{0.0638}{455.08} - 0} = 447.95$$

或
$$\left(\frac{L}{V}\right)_{min} = m\varphi_A = 455.08 \times 0.984 = 447.80$$

则操作时的液气比为
$$\left(\frac{L}{V}\right) = 1.55\left(\frac{L}{V}\right)_{min} = 1.55 \times 447.95 = 694.32$$

对全塔进行物料衡算，可得液相出塔组成
$$Y_1 - Y_2 = \frac{L}{V}(X_1 - X_2)$$

$$X_1 = \frac{V}{L}(Y_1 - Y_2) + X_2 = \frac{1}{694.32} \times (0.0638 - 0.001) + 0 = 9.04 \times 10^{-5}$$

（2）操作压力提高后，相平衡常数发生改变
$$m' = \frac{E}{p'} = \frac{4.61 \times 10^4}{1013} = 45.51$$

最小液气比为
$$\left(\frac{L}{V}\right)'_{min} = \frac{0.0638 - 0.001}{\dfrac{0.0638}{45.51} - 0} = 44.80$$

操作液气比为
$$\left(\frac{L}{V}\right)' = 1.55\left(\frac{L}{V}\right)'_{min} = 1.55 \times 44.80 = 69.44$$

出塔液相组成为 $\quad X_1' = \frac{V}{L}(Y_1 - Y_2) + X_2 = \frac{1}{69.44} \times (0.0638 - 0.001) + 0 = 9.04 \times 10^{-4}$

可以看出，当分离要求不变时，提高操作压力，相平衡常数 m 减小，将有利于吸收过程的进行，操作液气比减小，但吸收液的组成会提高。

【例 2】现打算新建一套填料塔，用于吸收废气中的 H_2S 气体。已知操作条件为 2.5MPa、20℃，以水作为吸收剂。混合气流量为 $1500m^3/(m^2 \cdot h)$（标准状态），混合气中 H_2S 的摩尔分数为 7.9%，要求吸收率为 99%。已知操作条件下的气-液平衡关系为 $Y = 19.56X$，气相总体积吸收系数为 $0.12kmol/(m^3 \cdot h \cdot kPa)$，操作液气比为最小液气比的 1.2 倍。试求：

（1）吸收剂的用量 $[kmol/(m^2 \cdot h)]$；

（2）填料塔的有效高度。

解：（1）吸收剂的用量　本题可通过全塔的物料衡算得出
$$Y_1 = \frac{y_1}{1 - y_1} = \frac{0.079}{1 - 0.079} = 0.0858$$
$$Y_2 = Y_1(1 - \varphi_A) = 0.0858 \times (1 - 0.99) = 0.000858$$

最小液气比为

$$\left(\frac{L}{V}\right)_{min}=\frac{Y_1-Y_2}{X_1^*-X_2}=\frac{0.0858-0.000858}{\dfrac{0.0858}{19.56}-0}=19.364$$

或
$$\left(\frac{L}{V}\right)_{min}=m\varphi_A=19.56\times0.99=19.364$$

操作时的液气比为
$$\left(\frac{L}{V}\right)=1.2\left(\frac{L}{V}\right)_{min}=1.2\times19.36=23.24$$

从单位可以看出，气相流量是单位塔截面积的体积流量，则惰性气体的摩尔流量为

$$\frac{V}{\Omega}=\frac{V'}{\Omega}(1-y_1)=\frac{1500}{22.4}\times(1-0.079)=61.67\text{kmol}/(\text{m}^2\cdot\text{h})$$

则吸收剂的用量为

$$\frac{L}{\Omega}=\frac{V}{\Omega}\frac{L}{V}=61.67\times23.24=1433.21\text{kmol}/(\text{m}^2\cdot\text{h})$$

（2）填料层高度　本题可用脱吸因数法和对数平均推动力法求得，先求得传质单元高度为

$$H_{OG}=\frac{V}{K_Ya\Omega}=\frac{V}{pK_Ga\Omega}=\frac{61.67}{2500\times0.12}=0.206\text{m}$$

脱吸因数法求 N_{OG}
$$S=\frac{m}{L/V}=\frac{19.56}{23.24}=0.842$$

$$N_{OG}=\frac{1}{1-S}\ln\left[(1-S)\frac{Y_1-Y_2^*}{Y_2-Y_2^*}+S\right]=\frac{1}{1-0.842}\times\ln\left[(1-0.842)\times\frac{0.0858-0}{0.000858-0}+0.842\right]=17.80$$

$$Z=H_{OG}N_{OG}=0.206\times17.80=3.667\text{m}$$

对数平均推动力法求 N_{OG}

$$X_1=\frac{V}{L}(Y_1-Y_2)+X_2=\frac{1}{23.24}\times(0.0858-0.000858)+0=0.003655$$

$$\Delta Y_1=Y_1-Y_1^*=0.0858-19.56\times0.003655=0.0143$$

$$\Delta Y_2=Y_2-Y_2^*=0.000858-0=0.000858$$

$$\Delta Y_m=\frac{\Delta Y_1-\Delta Y_2}{\ln\dfrac{\Delta Y_1}{\Delta Y_2}}=\frac{0.0143-0.000858}{\ln\dfrac{0.0143}{0.000858}}=0.00478$$

$$N_{OG}=\frac{Y_1-Y_2}{\Delta Y_m}=\frac{0.0858-0.000858}{0.00478}=17.77$$

$$Z=H_{OG}N_{OG}=0.206\times17.77=3.661\text{m}$$

讨论：本例属于设计型计算，在计算填料层高度时要注意题目所给数据的单位，气相流量应是惰性气体的摩尔流量，液相流量应是吸收剂的摩尔流量；还应注意总体积系数的表达式，通过单位可以判断总体积系数吸收属于何种表达式，再换算为所需的表达形式。

【例3】某厂用一有效高度5m、塔径为2m的填料塔逆流吸收混合气体中的丙酮，塔压为0.1MPa（表压），温度为10℃。吸收剂脱吸后循环使用，入塔时含丙酮0.005（摩尔分数，下同）。入塔混合气含丙酮0.08，体积流量为2500m³/h。要求出塔丙酮含量为0.0037。已知操作条件下气-液平衡关系为 $Y=0.45X$，且吸收为气膜控制过程，液气比为0.6。问：

（1）吸收率和气相总体积吸收系数 [$kmol/(m^3 \cdot s)$]；

（2）若由于吸收系统温度有所上升，平衡关系变为 $Y=0.48X$，混合气体的摩尔流率等其他条件均不改变，吸收率能否确保达到 95% 以上？

解：（1）吸收率和气相总体积吸收系数

$$Y_1 = \frac{y_1}{1-y_1} = \frac{0.08}{1-0.08} = 0.087, \quad Y_2 = \frac{y_2}{1-y_2} = \frac{0.0037}{1-0.0037} = 0.00371$$

吸收率为
$$\varphi_A = \frac{Y_1-Y_2}{Y_1} = \frac{0.087-0.00371}{0.087} = 0.957$$

$Z = H_{OG} N_{OG}$，已知填料层高度为 5m，算得 N_{OG} 即可求得传质单元高度

$$S = \frac{m}{L/V} = \frac{0.45}{0.6} = 0.75$$

$$X_2 = \frac{x_2}{1-x_2} = \frac{0.005}{1-0.005} = 0.00502$$

$$N_{OG} = \frac{1}{1-S}\ln\left[(1-S)\frac{Y_1-Y_2^*}{Y_2-Y_2^*}+S\right]$$

$$= \frac{1}{1-0.75} \times \ln\left[(1-0.75) \times \frac{0.087-0.45\times0.00502}{0.00371-0.45\times0.00502}+0.75\right] = 10.92$$

$$H_{OG} = \frac{Z}{N_{OG}} = \frac{5}{10.92} = 0.458m$$

气相中惰性气体的摩尔流量为

$$V = \frac{2500}{22.4\times3600} \times \frac{201.33}{101.33} \times \frac{273.15}{273.15+10} \times (1-0.08) = 0.05467 kmol/s$$

则气相总体积系数为
$$H_{OG} = \frac{V}{K_Y a\Omega} = 0.458$$

$$K_Y a = \frac{0.05467}{0.458\times0.25\pi\times2^2} = 0.038 kmol/(m^3 \cdot s)$$

（2）温度上升后求吸收率 对于气膜控制过程

$$\frac{1}{K_Y} = \frac{1}{k_Y} + \frac{m}{k_X} \approx \frac{1}{k_Y}$$

因温度的变化对 K_Y 的影响不大，故

$$H_{OG} = \frac{V}{K_Y a\Omega}$$

可近似认为 H_{OG} 保持不变。

对于操作中的吸收塔，只要 H_{OG} 不变，N_{OG} 也不会改变，因为总高没有改变，所以

$$N_{OG} = N'_{OG} = \frac{1}{1-S'}\ln\left[(1-S')\frac{Y_1-Y_2^*}{Y_2'-Y_2^*}+S'\right] = 10.92$$

$$S' = \frac{m'}{L/V} = \frac{0.48}{0.6} = 0.8$$

$$\frac{1}{1-0.8} \times \ln\left[(1-0.8) \times \frac{0.087-0.48\times0.00502}{Y_2'-0.48\times0.00502}+0.8\right] = 10.92$$

解得 $Y_2' = 0.0045$。

$$\varphi'_A = \frac{0.087-0.0045}{0.087} = 0.948 < 0.95$$

说明由于操作温度的上升不利于吸收，使吸收效果不能达到要求。

总结

当填料层高度固定，其他条件不变，温度上升时，吸收效果必然改变，此时仅已知 Y_1、X_2 和液气比，无法通过物料衡算求得吸收尾气的组成，继而算得吸收率。对于此类问题，脱吸因数法是很好的解决手段。当遇到障碍或困难时，应学着解放思想、拓宽思路，尝试用不同的方法解决同一个问题。

6.3.3　夯实基础题

一、填空题

1. 脱吸因数的定义式为 _____，它表示 _____ 之比，与吸收因数 A 的关系为 _____。

2. 在做吸收过程的物料衡算时，基本的假定是：_____、_____；基本方程式为 _____。

3. 计算填料层有效高度的基本关系式为 $Z = \dfrac{V}{K_Y a\Omega}\displaystyle\int_{Y_2}^{Y_1}\dfrac{dY}{Y-Y^*}$，式中，$\dfrac{V}{K_Y a\Omega}$ 称为 _____，V 代表 _____；$\displaystyle\int_{Y_2}^{Y_1}\dfrac{dY}{Y-Y^*}$ 称为 _____，对于相平衡关系为直线的吸收过程，常用的求法有 _____ 和 _____。

二、选择题

1. 在填料吸收塔中用纯溶剂吸收某混合气体中的溶质组分。已知进塔混合气中溶质的组成为 8%（体积分数，下同），吸收尾气中溶质的组成为 1.2%，则溶质的吸收率为（　　）。
A. 86.03%　　　B. 85.0%　　　C. 19.03%　　　D. 113.97%

2. 在吸收剂用量一定时，增大气体处理量，则吸收推动力（　　）。
A. 增大　　　B. 不变　　　C. 减小　　　D. 不确定

3. 在填料吸收塔中用清水吸收氨-空气混合物中的氨。混合气的进塔组成为 0.04（摩尔比，下同），出塔组成为 0.002，操作条件范围内气-液平衡关系为 $Y=0.9X$，则出塔溶液中 A 的最大摩尔分数为（　　）。
A. 0.0444　　　B. 0.0426　　　C. 0.00222　　　D. 0.0018

4. 传质单元数对于填料塔具有重要的物理意义，影响其值大小的因素有（　　）。
A. 分离要求　　　B. 操作液气比　　　C. 流动条件
D. 内部填料结构　　　E. 气-液平衡关系

三、简答题

1. 传质单元数高度和传质单元数作为填料塔计算填料层高度的重要参数，具有重要的物理意义，请写出它们的物理意义及其影响因素。

2. 试写出吸收塔并流吸收过程的操作线方程，并画出操作线和气-液平衡线在图上的相对位置。

四、计算题

1. 在常压逆流操作的填料吸收塔中，用清水吸收空气中某溶质 A，进塔气体中溶质 A 的含量为 7.5%（体积分数），吸收率为 99%，操作条件下的平衡关系为 $Y=2.5X$，取吸收剂用量为最小用量的 1.2 倍，试求：(1) 水溶液的出塔组成；(2) 若气相总传质单元高度为 0.5m，现有一填料层高度为 9m 的吸收塔，问该塔是否适用？

2. 在常压逆流操作的吸收塔中，用清水吸收混合气中的氨，其体积分数为 12%，要求吸收率为 95%。已知操作温度为 35℃，惰性组分的体积流量为 $0.6 \text{m}^3/\text{s}$，空塔气速为 1.2m/s，吸收剂用量为理论最小用量的 1.1 倍，塔内气相总体积吸收系数为 $0.1112 \text{kmol}/(\text{m}^3 \cdot \text{s})$，操作条件范围内气-液平衡关系为 $Y=2.6X$，试求所需塔径和填料层高度。

【参考答案与解析】

一、填空题

1. $S=mV/L$；平衡线斜率与操作线斜率；$S=1/A$。

2. 气相中惰性气体不溶于液相；吸收剂不挥发；$V(Y_1-Y_2)=L(X_1-X_2)$。

3. 传质单元高度；气相中惰性气体的摩尔流量；传质单元数；脱吸因数法；对数平均推动力法。

二、选择题

1. A。　2. C。　3. B。　4. A、B、E。

三、简答题

1. 传质单元高度其值的大小反映了传质阻力的大小、吸收设备性能的优劣以及润湿情况的好坏；影响因素有流动状况、物系、填料特性、设备结构和操作条件。

传质单元数其值的大小反映了吸收过程进行的难易程度；影响因素是吸收分离的要求高低、传质的推动力的大小。

2. 若以下标"1"表示塔底，下标"2"表示塔顶，并以塔底为基准面，则有

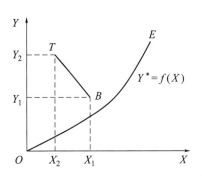

简答题 2 答案附图

$$V(Y-Y_1)=L(X_1-X), \quad Y=\frac{L}{V}(X_1-X)+Y_1$$

吸收塔并流操作时的操作线如本题答案附图所示。

四、计算题

1. **解**：(1) 水溶液的出塔组成：需先求出操作时的液气比，再通过物料衡算求得 X_2

$$Y_1=\frac{0.075}{1-0.075}=0.081, \quad Y_2=Y_1(1-\varphi_A)=0.00081$$

最小液气比为
$$\left(\frac{L}{V}\right)_{\min}=\frac{Y_1-Y_2}{X_1^*-X_2}=\frac{0.081-0.00081}{\dfrac{0.081}{2.5}-0}=2.475$$

或
$$\left(\frac{L}{V}\right)_{\min}=m\varphi_A=2.5\times0.99=2.475$$

$$\left(\frac{L}{V}\right)=1.2\left(\frac{L}{V}\right)_{min}=1.2\times2.475=2.97$$

则水溶液出塔浓度组成为

$$X_1=\frac{V}{L}(Y_1-Y_2)+X_2=\frac{1}{2.97}\times(0.081-0.00081)+0=0.027$$

（2）校核该塔是否适用：比较计算所需填料层高度与现有高度即可。

脱吸因数法

$$S=\frac{mV}{L}=\frac{2.5}{2.97}=0.842$$

$$N_{OG}=\frac{1}{1-S}\ln\left[(1-S)\frac{Y_1-Y_2^*}{Y_2-Y_2^*}+S\right]=\frac{1}{1-0.842}\times\ln\left[(1-0.842)\times\frac{0.081}{0.00081}+0.842\right]=17.8$$

$$Z=H_{OG}N_{OG}=0.5\times17.8=8.9\text{m}<9\text{m}$$

所需填料层高度低于实际，即该塔适用，满足分离要求。

对数平均推动力法

$$\Delta Y_1=Y_1-Y_1^*=0.081-2.5\times0.027=0.0135$$

$$\Delta Y_2=Y_2-Y_2^*=0.00081-0=0.00081$$

$$\Delta Y_m=\frac{\Delta Y_1-\Delta Y_2}{\ln\dfrac{\Delta Y_1}{\Delta Y_2}}=\frac{0.0135-0.00081}{\ln\dfrac{0.0135}{0.00081}}=0.00451$$

$$N_{OG}=\frac{Y_1-Y_2}{\Delta Y_m}=\frac{0.081-0.00081}{0.00451}=17.78$$

$$Z=H_{OG}N_{OG}=0.5\times17.78=8.89\text{m}<9\text{m}$$

也可说明适用，两种方法所得答案基本相同。

2. **解**：已知空塔气速和体积流量，即可求出塔截面积和塔径。混合气体的体积流量为

$$V_S=0.6/(1-0.12)=0.6818\text{m}^3/\text{s}$$

塔径为

$$D=\sqrt{\frac{4V_S}{\pi u}}=\sqrt{\frac{4\times0.6818}{3.14\times1.2}}=0.85\text{m}$$

塔截面积为

$$\Omega=\frac{0.6818}{1.2}=0.568\text{m}^2$$

气相摩尔流量为

$$V=\frac{0.6}{22.4}\times\frac{273.15}{273.15+35}=0.02374\text{kmol/s}$$

$$H_{OG}=\frac{V}{K_Ya\Omega}=\frac{0.02374}{0.1112\times0.568}=0.376\text{m}$$

$$\frac{L}{V}=1.1\left(\frac{L}{V}\right)_{min}=1.1m\varphi_A=1.1\times2.6\times0.95=2.717$$

$$S=\frac{mV}{L}=\frac{2.6}{2.717}=0.957$$

清水吸收，$X_2=0$ 则

$$N_{\mathrm{OG}}=\frac{1}{1-S}\ln\left[(1-S)\frac{Y_1-Y_2^*}{Y_2-Y_2^*}+S\right]=\frac{1}{1-S}\ln\left[(1-S)\frac{Y_1}{Y_2}+S\right]$$

$$\frac{Y_1}{Y_2}=\frac{1}{1-\varphi_{\mathrm{A}}}$$

$$N_{\mathrm{OG}}=\frac{1}{1-0.957}\times\ln\left[(1-0.957)\times\frac{1}{1-0.95}+0.957\right]=13.89$$

$$Z=H_{\mathrm{OG}}N_{\mathrm{OG}}=0.376\times13.89=5.22\mathrm{m}$$

6.3.4 灵活应用题

一、填空题

1. 在原有的填料塔分离基础上，仅增加填料层的高度，H_{OG} _____，N_{OG} _____，出塔液相组成 X_1 _____。（变大，变小，不变）

2. 在逆流吸收操作的填料塔中，吸收因数 $A=$ _____；当 $A<1$ 时，若填料层有足够的高度，则气-液两相将在 _____ 达到相平衡。（塔顶，塔中部某处，塔底）

3. 操作中的填料吸收塔，若此时塔温降低，吸收率将 _____，出塔液相组成 X_1 将 _____，达到要求的分离任务所需填料层高度将 _____。（增大，减小，不变）

4. 清水吸收某气体，要求吸收率达到 95%，气-液平衡关系为 $Y=2.4X$，则最小液气比为 _____。

二、选择题

1. 低浓度逆流吸收操作中，当吸收剂温度升高，其他条件不变时，试判断下列参数的变化，相平衡参数 m（ ），K_{Y}（ ），ΔY_{m}（ ），吸收率 φ_{A}（ ），气相出塔组成 Y_2（ ），液相出塔组成 X_1（ ）。

A. 增大 B. 减小 C. 不变 D. 无法确定

2. 正常操作的逆流吸收塔，现增大入塔混合气的流量，使液气比小于原定的最小液气比，将会发生（ ）。

A. 出塔液 X_1 增大，但吸收率 φ_{A} 不变 B. 出塔气 Y_2 增大，但出塔液 X_1 不变

C. 出塔气 Y_2 增大，出塔液 X_1 增大 D. 在塔下部出现解吸现象

3. 操作中的吸收塔，当其他操作条件不变，仅降低吸收剂入塔组成，则吸收率将（ ）；若用清水吸收时，其他条件不变，仅降低入塔气体组成，则吸收率将（ ）。

A. 增大 B. 减小 C. 不变 D. 无法确定

4. 设计吸收填料塔时，若填料性质及处理量一定时，仅增大液气比，则传质推动力将（ ），气相总传质单元数 N_{OG} 将（ ），所需填料层高度将（ ）。

A. 增大 B. 基本不变 C. 减小 D. 无法确定

5. 吸收塔操作时，若因某种原因使得脱吸因数 S 增加，而气-液相进口组成不变，则溶质的吸收率 φ_{A} 将（ ），出塔吸收液组成 X_1 将（ ）。

A. 增大 B. 减小 C. 不变 D. 无法确定

三、简答题

1. 吸收设计时，吸收剂进塔有哪几个重要参数？操作中调节这几个参数，分别对吸收结果有何影响，为什么？

2. 根据本题附图 6-12 所列的 5 种双塔吸收流程布置方案，在 X-Y 图上绘出与各流程相应的平衡线和操作线，并用图中表示各进、出口组成的符号，标明各操作线的端点坐标。假设两塔液气比相同。

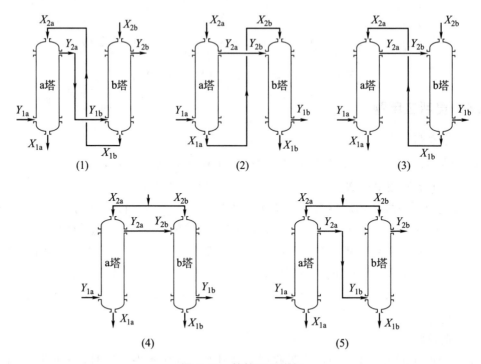

图 6-12 简答题 2 附图

四、计算题

1. 某厂计划用填料塔以清水逆流吸收氨，混合气体流量为 $2240\text{m}^3/\text{h}$（标准态），含氨体积分数为 6%。当液气比为最小液气比的 1.3 倍时，吸收率可达 98%。已知塔径为 1.4m，塔填料层高度为 5m，操作压强为 101.33kPa，温度为 20℃，平衡关系为 $Y = 0.75X$。试求：（1）出塔液相浓度；（2）气相总体积吸收系数 $K_Y a [\text{kmol}/(\text{m}^3 \cdot \text{h})]$；（3）若将吸收剂改为含氨 0.15%（摩尔比）的水溶液，而要求气相流量、进出塔组成和液相出塔组成均不变，$K_Y a$ 在一定的气液流量变化范围内可视为常数，填料层高度应该怎样变化？

2. 某工厂用填料塔逆流吸收混合气体中的苯，操作压力为 200kPa、温度为 20℃。已知入塔混合气中含苯 7%（体积分数），苯的回收率为 96%，入塔吸收剂含苯 0.0008（摩尔分数，下同），测得出塔吸收液组成为 0.0187。已知塔径为 1.1m，塔内填料层高度为 8m，操作条件下气-液平衡关系为 $Y = 3.1X$，气相总吸收系数为 $140\text{kmol}/(\text{m}^3 \cdot \text{h})$。求：（1）操作液气比是最小液气比的多少倍；（2）该吸收塔的处理能力（m^3 混合气/a），一年按 7200h 工作时间计算。

3. 在以逆流操作的填料吸收塔中，用纯溶剂吸收混合物中溶质。已知进塔气体组成为 0.08（摩尔比），吸收剂用量为最小用量的 1.3 倍，操作条件下气-液平衡关系为 $Y = 1.2X$，溶质的回收率为 98%。现因工艺要求，要求溶质的回收率提高到 99.5%，试求溶剂用量应为原来的多少倍。设该吸收过程为气膜控制。

4. 在填料塔中，逆流吸收混合气体中的丙酮。吸收剂经解吸后循环使用，入塔时含丙酮 0.005（摩尔分数，下同）。入塔气体中丙酮含量为 0.08，操作时的液气比为 0.6，操作条件下气-液平衡关系为 $Y = 0.45X$。试分别计算逆流和并流操作时的最大吸收率和吸收液的组成。

5. 某厂用填料塔以清水逆流吸收某混合气体中的有害组分 A。已知填料层高度为 8m，操作中测得进塔混合气含 A0.06（摩尔分数，下同），出塔尾气含 A0.008，出塔水溶液含 A0.02。操作条件下的平衡关系为 $Y = 2.5X$。试求：（1）该塔的气相总传质单元高度；（2）该厂为降低最终的尾气排放浓度，准备另加一个与原塔结构相同的填料塔，也用清水吸收。若两塔串联操作，采取相同气液比，要求最终的尾气排放浓度降至 0.005，求新加塔的填料层高度。

【参考答案与解析】

一、填空题

1. 不变；变大；变大。**解析：**N_{OG} 变大，操作线靠近相平衡曲线，如本题答案附图所示。

2. $L/(mV)$；塔底。**解析：**$A<1$ 即操作线斜率＜相平衡斜率；填料层有足够的高度，即塔可视为无限高，推动力趋于无限小，操作线与相平衡线出现交点如本题答案附图所示。

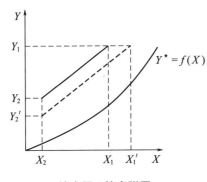

填空题 1 答案附图

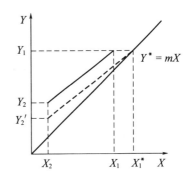

填空题 2 答案附图

3. 增大；增大；减小。　　4. 2.28。

二、选择题

1. A；A；B；B；A；B。

2. C。**解析：**如本题答案附图所示，不可能出现（a）的情形，因为在同一个塔内操作线不能穿越相平衡线；也不可能在（b）位置，因为塔高有限，并非无限高；不可能在（d）线及其以上的位置，因为虽然增大入塔混合气的流量的同时 Y_2 增大，但总体上由于传质变得剧烈会导致吸收量增大，即 $\Delta n_A = V(Y_1 - Y_2)$ 增大，因此 $L(X_1 - X_2)$ 增大，导致 X_1 增大，即操作线为（c）状态。

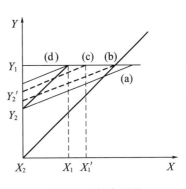

选择题 2 答案附图

3. A；C。　　4. A；C；C。　　5. B；D。

选择题 3 讲解
吸收操作
动态分析

选择题 5 讲解
脱吸因素对吸收
操作的影响

三、简答题

1. 吸收剂进塔主要参数有流量 L、温度 t_2、组成 x_2。

增大流量 L 即增大吸收剂用量，操作线斜率增大，吸收平均推动力增大，有利于吸收，可使填料层高度下降。

降低吸收剂入塔温度 t_2，气体溶解度增大，相平衡常数 m 减小，平衡线斜率减小，远离操作线，吸收平均推动力增大，可使填料层高度下降。

降低吸收剂入塔组成 x_2，操作线远离相平衡线，全塔平均推动力增大，可使填料层高度下降。

2. 各流程示意图见本题答案附图。

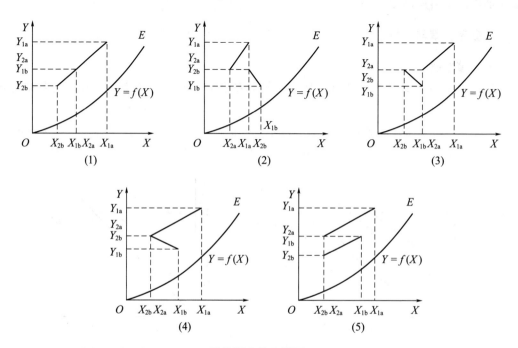

简答题 2 答案附图

四、计算题

1. **解**：(1) 出塔液相浓度

$$Y_1 = \frac{0.06}{1-0.06} = 0.0638, \quad Y_2 = 0.0638 \times (1-0.98) = 0.00128$$

$$\frac{L}{V} = 1.3 \left(\frac{L}{V}\right)_{min} = 1.3 m\varphi_A = 1.3 \times 0.75 \times 0.98 = 0.9555$$

$$X_1 = \frac{V}{L}(Y_1 - Y_2) + X_2 = \frac{1}{0.9555} \times (0.0638 - 0.00128) + 0 = 0.0654$$

(2) 气相总体积吸收系数 $K_Y a$　标准体积流量不需要进行温度、压力矫正

$$V = \frac{2240}{22.4} \times (1-0.06) = 94\text{kmol/h}, \quad S = \frac{mV}{L} = \frac{0.75}{0.9555} = 0.785$$

$$N_{OG} = \frac{1}{1-0.785} \times \ln\left[(1-0.785) \times \frac{1}{1-0.98} + 0.785\right] = 11.37$$

$$H_{OG}=\frac{Z}{N_{OG}}=\frac{5}{11.37}=0.44m$$

$$K_Y a=\frac{V}{H_{OG}\Omega}=\frac{94}{0.44\times0.25\pi\times1.4^2}=138.85kmol/(m^3\cdot h)$$

（3）吸收剂含氨，需要填料层的高度　已知两相进、出塔组成，即可求出改变吸收剂后的液气比

$$\left(\frac{L}{V}\right)'=\frac{0.0638-0.00128}{0.0654-0.0015}=0.9784$$

$$S'=\frac{0.75}{0.9784}=0.766$$

$$N_{OG}=\frac{1}{1-0.766}\times\ln\left[(1-0.766)\times\frac{0.0638-0.75\times0.0015}{0.00128-0.75\times0.0015}+0.766\right]=19.48$$

$$Z'=0.44\times19.48=8.57m$$

总结

在吸收要求不变的前提下，吸收剂进塔浓度提高会使所需填料层高度增大，N_{OG} 的变化趋势可以通过相图中相平衡曲线和操作线之间的关系变化进行判断。

2. **解：**（1）　$Y_1=\frac{0.07}{1-0.07}=0.0753$，　$Y_2=0.0753\times(1-0.96)=0.003$

$$X_1=\frac{0.0187}{1-0.0187}=0.0191,\quad X_2=\frac{0.0008}{1-0.0008}\approx0.0008$$

$$\left(\frac{L}{V}\right)_{min}=\frac{Y_1-Y_2}{X_1^*-X_2}=\frac{Y_1-Y_2}{\frac{Y_1}{m}-X_2}=\frac{0.0753-0.003}{\frac{0.0753}{3.1}-0.0008}=3.078$$

$$\frac{L}{V}=\frac{Y_1-Y_2}{X_1-X_2}=\frac{0.0753-0.003}{0.0191-0.0008}=3.95$$

$$\frac{L}{V}\bigg/\left(\frac{L}{V}\right)_{min}=\frac{3.95}{3.078}=1.28$$

（2）已知填料层高度、分离任务，即可求出传质单元高度，进而根据塔尺寸求出设备的处理能力

$$S=\frac{mV}{L}=\frac{3.1}{3.95}=0.785$$

$$N_{OG}=\frac{1}{1-0.785}\times\ln\left[(1-0.785)\times\frac{0.0753-3.1\times0.0008}{0.003-3.1\times0.0008}+0.785\right]=15.96$$

$$H_{OG}=\frac{Z}{N_{OG}}=\frac{8}{15.96}=0.501m$$

$$V=H_{OG}K_Y a\Omega=0.501\times140\times0.25\pi\times1.1^2=66.66kmol/h$$

$$V_S=\frac{66.66}{1-0.07}\times\frac{273.15+20}{273.15}\times\frac{101.33}{200}\times22.4\times7200=6.29\times10^6 m^3/a$$

3. **解：**
$$S=\frac{mV}{L}=\frac{1.2}{1.3\times1.2\times0.98}=0.785$$

$$N_{OG}=\frac{1}{1-S}\ln\left[(1-S)\frac{Y_1-Y_2^*}{Y_2-Y_2^*}+S\right]=\frac{1}{1-S}\ln\left[(1-S)\frac{1}{1-\varphi}+S\right]$$

$$=\frac{1}{1-0.785}\times\ln\left[(1-0.785)\times\frac{1}{1-0.98}+0.785\right]=11.37$$

因该过程为气膜控制过程，溶剂用量的改变，H_{OG} 可近似不变，对于操作中的填料塔，N_{OG} 也不变，即可求出新工况的液气比

$$N'_{OG}=\frac{1}{1-S'}\ln\left[(1-S')\times\frac{1}{1-0.995}+S'\right]=11.37$$

$$S'=0.618$$

平衡常数、气体处理量不变，可得

$$\frac{S'}{S}=\frac{mV/L'}{mV/L}=\frac{L}{L'}=\frac{0.618}{0.785}=0.787$$

则
$$L'=1.27L$$

4. **解：**
$$Y_1=\frac{0.08}{1-0.08}=0.087,\quad X_2=\frac{0.005}{1-0.005}=0.005025$$

（1）逆流时，操作线斜率（液气比）0.6＞平衡线斜率 0.45，故操作线与平衡线的交点在塔顶，如本题答案附图(a) 所示，由气-液平衡关系得

$$Y_2^*=0.45X_2=0.45\times0.005025=0.00226$$

最大吸收率为

$$\varphi_{A,max}=\frac{Y_1-Y_2^*}{Y_1}=\frac{0.087-0.00226}{0.087}=0.974$$

吸收液组成为

$$X_1=\frac{1}{0.6}\times(0.087-0.00226)+0.005025=0.146$$

（2）并流时，塔顶进塔两相组成确定，操作线与平衡线的交点在塔底，如本题答案附图(b) 所示，操作线方程为

$$Y_1=Y_2-\frac{L}{V}(X_1-X_2)=0.087-0.6(X_1-0.00502)$$

联立平衡线方程可解得

$$X_1=0.0857,\quad Y_1=mX_1=0.0386$$

此时最大吸收率为

$$\varphi'_{A,max}=\frac{0.087-0.0386}{0.087}=0.556$$

从图中也可以看出，在相同的操作条件下，逆流操作较并流操作可获得较高的吸收率，故工业中生产大多采用逆流操作。

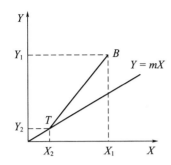

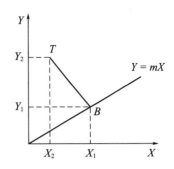

计算题 4 答案附图（a）　　　　计算题 4 答案附图（b）

5. **解**：（1）$Y_1 = \dfrac{0.06}{1-0.06} = 0.0638$，$Y_2 = \dfrac{0.008}{1-0.008} = 0.00806$

$$X_1 = \frac{0.02}{1-0.02} = 0.0204，X_2 = 0$$

$$\Delta Y_1 = Y_1 - mX_1 = 0.0638 - 2.5 \times 0.0204 = 0.0128$$

$$\Delta Y_2 = Y_2 - mX_2 = 0.00806 - 2.5 \times 0 = 0.00806$$

$$\Delta Y_m = \frac{\Delta Y_1 - \Delta Y_2}{\ln \dfrac{\Delta Y_1}{\Delta Y_2}} = \frac{0.0128 - 0.00806}{\ln \dfrac{0.0128}{0.00806}} = 0.0102$$

$$N_{OG} = \frac{Y_1 - Y_2}{\Delta Y_m} = \frac{0.0638 - 0.00806}{0.0102} = 5.46$$

$$H_{OG} = \frac{Z}{N_{OG}} = \frac{8}{5.46} = 1.46\,\text{m}$$

（2）由题意可知吸收流程示意图如本题答案附图所示，两座塔操作条件和结构相同，则

$$H_{OG} = H'_{OG} = 1.46\,\text{m}$$

且两塔的脱吸因数也相等，可由塔 1 求得

$$\frac{L}{V} = \frac{Y_1 - Y_2}{X_1 - X_2} = \frac{0.0638 - 0.00806}{0.0204 - 0} = 2.732$$

$$S = \frac{mV}{L} = \frac{2.5}{2.732} = 0.915$$

计算题 5 答案附图

塔 1 出口尾气为塔 2 入口混合气

$$Y_3 = \frac{0.005}{1-0.005} = 0.00503$$

$$N'_{OG} = \frac{1}{1-0.915} \times \ln\left[(1-0.915) \times \frac{0.00806 - 0}{0.00503 - 0} + 0.915\right] = 0.587$$

$$Z' = 1.46 \times 0.587 = 0.86\,\text{m}$$

6.3.5 拓展提升题

一、填空题

1.（考点 等板高度）填料塔的等板高度 HETP 是指_____。

2.（考点 等板高度-理论板层数）在逆流操作的填料塔中，完成一分离任务所需的填料层高度为 7m，所用填料的等板高度 HETP 为 0.5m，若改用板式塔，则完成这一分离任务所需的理论塔板数（包括塔釜）为_____块。

3.（考点 N_{OG} 与 N_T 的关系）当操作线斜率大于平衡线斜率时，N_{OG} 与 N_T 的关系为_____。

4.（考点 物料衡算）已知某填料塔入口混合气组成为 0.048（摩尔比，下同），出口气组成为 0.0032，出口液相组成为 0.023，操作液气比为 2，气-液平衡关系为 $Y=1.4X$，则相对吸收率为_____。

5.（考点 N_{OL} 与 N_{OG}）逆流操作的吸收塔，用纯溶剂吸收，已知吸收剂用量为最小用量的 1.4 倍，吸收率为 98%，气-液平衡关系为 $y=mx$，则液相总传质单元数 N_{OL} 为_____。

二、选择题

1.（考点 推动力为 0）对于逆流操作的填料吸收塔，在操作范围内气-液平衡关系为直线，则在何种情况下，气-液两相将在塔顶达到平衡？（   ）。

A. 填料层有足够高度，操作液气比为最小液气比时

B. 填料层有足够高度，$S>1$ 时

C. 填料层有足够高度，$A>1$ 时

D. 只要填料层有足够高度即可

2.（考点 N_{OG} 与 N_T 的关系）对逆流吸收系统，若脱吸因数 $S=1$，则气相总传质单元数 N_{OG} 将（   ）理论板层数 N_T；若脱吸因数 $S>1$，则 N_{OG} 将（   ）N_T。

A. 大于   B. 等于   C. 小于   D. 无法确定

3.（考点 推动力为 0）对于某低浓度气体体系进行逆流吸收操作，气、液量分别为 V、L，气体进、出口组成分别为 y_1、y_2，液体进、出口浓度分别为 x_2、x_1，气-液平衡关系为 $y=mx$。若塔高增加趋向无穷大，随着吸收剂量 L 减小，则塔底液相出口的 x_1 的极限为（   ）。

A. $x_{1,max}=y_2/m$ B. $x_{1,max}=y_1/m$

C. $x_{1,max}=my_1$ D. $x_{1,max}=my_2$

4.（考点 推动力为 0）某逆流吸收塔采用纯溶剂吸收混合气中的溶质组分，假设设备内填料层高度无穷大，入塔气相组成 $Y_1=0.09$，相平衡关系为 $Y=3X$，当操作液气比为 4 时，吸收率为（   ），液气比为 2.25 时，吸收率为（   ）。

A. 50%   B. 56.25%   C. 75%   D. 100%

三、简答题

1.（考点 公式推导）试证明在吸收过程所涉及的组成区间内，当平衡关系为直线时，N_{OG} 和 N_T 存在以下关系

$$N_{OG} = \frac{1}{1-S} \ln \frac{\Delta Y_1}{\Delta Y_2}, \quad N_T = \frac{1}{\ln S} \ln \frac{\Delta Y_2}{\Delta Y_1}$$

2. (考点 公式推导) 试通过函数分析的方法，证明分别在何种情况下吸收过程存在如下关系

$$N_{OG} < N_T; \quad N_{OG} = N_T; \quad N_{OG} > N_T$$

3. (考点 公式推导) 试证明当 $S=1$ 时，气-液平衡关系符合亨利定律 $Y=mX$，气相总传质单元数可表示为

$$N_{OG} = \frac{Y_1 - Y_2}{Y_2 - mX_2}$$

四、计算题

1. (考点 吸收剂部分循环) 现拟用一填料塔逆流吸收混合气体中的氨。混合气体中惰性气体的摩尔流量为 $0.036\text{kmol}/(\text{m}^2 \cdot \text{s})$，含氨 0.02（摩尔比，下同），吸收剂为含氨 0.0003 的水溶液，操作液气比为 1.55，要求氨的回收率不小于 90%。已知操作条件范围内气-液平衡关系为 $Y=1.2X$，气相总体积吸收系数 $K_Y a = 0.0483\text{kmol}/(\text{m}^3 \cdot \text{s})$。问：(1) 所需填料层高度；(2) 若采用吸收剂部分循环，循环量 L'：新鲜吸收剂量 $L = 1:10$，要求吸收率不变，所需填料层高度变为多少（假设 $K_Y a$ 不变）。

2. (考点 增加一吸收塔) 某化工厂现有一直径为 1m、填料层高度为 3m 的吸收塔，用纯溶剂逆流吸收某混合气中的有害组成。现场测得操作条件为：$V=1120\text{m}^3/\text{h}$（标准状态），$Y_1=0.01$，$Y_2=0.002$，$X_1=0.004$。操作条件范围内的相平衡关系为 $Y=1.5X$。现工艺改进，要求出塔尾气组成 Y_2' 低于 0.001（摩尔比），试计算下列两种改造方案所需填料层高度：(1) 保持液气比不变，将原有的填料层加高；(2) 保持液气比不变，新建一座填料塔（构造和原塔相同）与原塔串联（新塔仍采用纯溶剂吸收）。

3. (考点 填料塔改为板式塔) 在一逆流吸收的填料塔中，用纯溶剂吸收某气体混合物中的溶质组分。已知进塔气体组成为 0.041（摩尔比），溶质的吸收率为 98%，惰性气体的流量为 50kmol/h，吸收剂用量为最小用量的 1.28 倍，气相总传质单元高度 $H_{OG} = 0.762\text{m}$，操作条件范围内相平衡关系为 $Y=0.28X$。现将该填料塔改为板式塔，要求分离效果不变，试求所需的理论板层数和原有填料的等板高度 HTEP。

4. (考点 实验类) 现有一逆流操作的填料吸收塔，塔径为 1.2m，用清水脱除原料气中的甲醇。已知原料气的处理量为 $2000\text{m}^3/\text{h}$（标准状态下），原料气中含甲醇的体积分数为 8.5%。现在塔 A、B 两截面分别采出气、液两相的样品进行分析得：A 截面 $X_A=0.0216$，$Y_A=0.0521$；B 截面 $X_B=0.0104$，$Y_B=0.0249$。

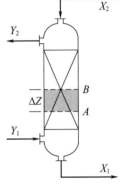

取样截面 A、B 间填料层高度 $\Delta Z = 1.15\text{m}$，如图 6-13 所示，并已知高度 ΔZ 填料层相当于一块理论板，若全塔性能近似相同，试求：(1) 操作液气比及清水用量（kg/h）；(2) 塔内气、液间总体积传质吸收 $K_Y a[\text{kmol}/(\text{m}^3 \cdot \text{h})]$；(3) 若在现有操作条件下，使甲醇的脱除率达 98%，该塔内的填料层高度至少应有多高？

图 6-13 计算题 4 附图

5.（考点 吸收剂多股进料）在一填料塔中，采用循环吸收剂逆流吸收混合空气中的 CCl_4，吸收剂分两股加入塔内，第一股吸收剂组成 $X_3 = 0.002$（摩尔比，下同），从塔顶加入，第二股吸收剂组成 $X_2 = 0.012$，从塔中部某处加入，如图 6-14 所示。两股吸收剂的流量均为 50kmol/h。进塔气体组成为 0.07，要求 CCl_4 的吸收率不低于 90%，惰性气体的流量为 100kmol/h。该塔的气相总传质单元数 $H_{OG} = 0.6m$，操作条件范围内相平衡关系为 $Y = 0.5X$。问：（1）出塔吸收液组成 X_1；（2）填料层高度和第二股吸收剂进料位置。

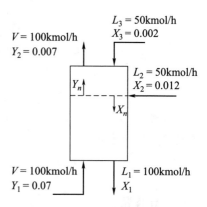

图 6-14　计算题 5 附图

【参考答案与解析】

一、填空题

1. 分离效果与一个理论级作用相当的填料层高度。　2. 14。

3. $N_{OG} > N_T$。　4. 95%。

填空题 3 讲解
利用数形结合
进行趋势判断

5. 7.15。**解析：**对于纯溶剂吸收有

$$\left(\frac{L}{V}\right)_{\min} = \frac{Y_1 - Y_2}{X_1^* - X_2} = \frac{Y_1 - Y_2}{\dfrac{Y_1}{m} - X_2} = m\varphi_A$$

$$\frac{L}{V} = 1.4\left(\frac{L}{V}\right)_{\min} = 1.4m\varphi_A, \quad S = \frac{m}{L/V} = \frac{1}{1.4\varphi_A} = \frac{1}{1.4 \times 0.98} = 0.729$$

$$N_{OG} = \frac{1}{1-S}\ln\left[(1-S)\frac{Y_1 - Y_2^*}{Y_2 - Y_2^*} + S\right] = \frac{1}{1-S}\ln\left[(1-S)\frac{Y_1 - 0}{Y_2 - 0} + S\right]$$

$$= \frac{1}{1-S}\ln\left[(1-S)\frac{1}{1-\varphi_A} + S\right] = \frac{1}{1-0.729} \times \ln\left[(1-0.729) \times \frac{1}{1-0.98} + 0.729\right] = 9.811$$

$$N_{OL} = SN_{OG} = 0.729 \times 9.811 = 7.15$$

二、选择题

1. C。　2. B；C。　3. B。　4. D；C。

三、简答题

1.
$$S = m\bigg/\left(\frac{L}{V}\right) = \frac{Y_1^* - Y_2^*}{X_1 - X_2}\left(\frac{X_1 - X_2}{Y_1 - Y_2}\right) = \frac{Y_1^* - Y_2^*}{Y_1 - Y_2}$$

$$1 - S = \frac{(Y_1 - Y_2) - (Y_1^* - Y_2^*)}{Y_1 - Y_2}$$

将两式代入解析式
$$N_{OG} = \frac{1}{1-S}\ln\left[(1-S)\frac{Y_1 - Y_2^*}{Y_2 - Y_2^*} + S\right]$$

得
$$N_{OG} = \frac{1}{1-S}\ln\left[\frac{(Y_1 - Y_2) - (Y_1^* - Y_2^*)}{Y_1 - Y_2}\frac{Y_1 - Y_2^*}{Y_2 - Y_2^*} + \frac{Y_1^* - Y_2^*}{Y_1 - Y_2}\right]$$

对真数进行化简
$$\frac{(Y_1 - Y_2) - (Y_1^* - Y_2^*)}{Y_1 - Y_2}\frac{Y_1 - Y_2^*}{Y_2 - Y_2^*} + \frac{Y_1^* - Y_2^*}{Y_1 - Y_2}$$

$$=\frac{(Y_1-Y_2)(Y_1-Y_2^*)-(Y_1^*-Y_2^*)(Y_1-Y_2^*)+(Y_1^*-Y_2^*)(Y_2-Y_2^*)}{(Y_1-Y_2)(Y_2-Y_2^*)}$$

$$=\frac{(Y_1-Y_2)(Y_1-Y_2^*)+(Y_1^*-Y_2^*)[(Y_2-Y_2^*)-(Y_1-Y_2^*)]}{(Y_1-Y_2)(Y_2-Y_2^*)}$$

$$=\frac{(Y_1-Y_2)(Y_1-Y_2^*)+(Y_1^*-Y_2^*)(Y_2-Y_1)}{(Y_1-Y_2)(Y_2-Y_2^*)}=\frac{(Y_1-Y_2)[(Y_1-Y_2^*)-(Y_1^*-Y_2^*)]}{(Y_1-Y_2)(Y_2-Y_2^*)}$$

$$=\frac{(Y_1-Y_2)(Y_1-Y_1^*)}{(Y_1-Y_2)(Y_2-Y_2^*)}=\frac{Y_1-Y_1^*}{Y_2-Y_2^*}$$

即

$$N_{OG}=\frac{1}{1-S}\ln\left(\frac{Y_1-Y_1^*}{Y_2-Y_2^*}\right)=\frac{1}{1-S}\ln\frac{\Delta Y_1}{\Delta Y_2}$$

同理，对于

$$N_T=\frac{1}{\ln A}\ln\left[\left(1-\frac{1}{A}\right)\frac{Y_1-Y_2^*}{Y_2-Y_2^*}+\frac{1}{A}\right]$$

整理可得

$$N_T=\frac{1}{\ln A}\ln\frac{\Delta Y_1}{\Delta Y_2}=\frac{1}{\ln S}\ln\frac{\Delta Y_2}{\Delta Y_1}$$

2. 对比计算 N_{OG} 和 N_T 的解析式可得

$$\frac{N_{OG}}{N_T}=\frac{\ln A}{1-\frac{1}{A}}$$

通过对 N_{OG}/N_T 求导，判断其单调性

$$\left(\frac{N_{OG}}{N_T}\right)'=\left(\frac{A\ln A}{A-1}\right)'=\frac{A-1-\ln A}{(A-1)^2}$$

当 $A>1$ 时，$\left(\frac{N_{OG}}{N_T}\right)'>0$，$\frac{N_{OG}}{N_T}$ 单调增；当 $A<1$ 时，$\left(\frac{N_{OG}}{N_T}\right)'>0$，$\frac{N_{OG}}{N_T}$ 亦单调增；故函数 $\frac{N_{OG}}{N_T}$ 在整个定义域内为增函数。

使用洛必达法则对 $A\to1$ 时函数的极限

$$\lim_{A\to1}\frac{N_{OG}}{N_T}=\lim_{A\to1}\frac{A\ln A}{A-1}=\lim_{A\to1}\frac{(A\ln A)'}{(A-1)'}=\lim_{A\to1}\frac{\ln A+1}{1}=1$$

即当 $A=1$ 时，$N_{OG}=N_T$；因函数 $\frac{N_{OG}}{N_T}$ 在整个定义域内为增函数，故当 $A>1$ 时，$\frac{N_{OG}}{N_T}>1$，即 $N_{OG}>N_T$；当 $A<1$ 时，$\frac{N_{OG}}{N_T}<1$，即 $N_{OG}<N_T$。

3. 将逆流吸收的操作线方程 $X=X_2+\frac{V}{L}Y-\frac{V}{L}Y_2$ 代入 N_{OG} 的定义式可得

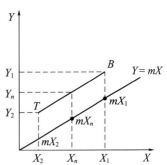

简答题3答案附图

$$N_{OG} = \int_{Y_2}^{Y_1} \frac{dY}{Y-Y^*} = \int_{Y_2}^{Y_1} \frac{dY}{Y-mX} = \int_{Y_2}^{Y_1} \frac{dY}{Y-m\left(X_2 + \frac{V}{L}Y - \frac{V}{L}Y_2\right)}$$

$$= \int_{Y_2}^{Y_1} \frac{dY}{Y - mX_2 - \frac{mV}{L}Y + \frac{mV}{L}Y_2}$$

因 $S = \dfrac{mV}{L} = 1$，故有

$$N_{OG} = \int_{Y_2}^{Y_1} \frac{dY}{Y - mX_2 - \frac{mV}{L}Y + \frac{mV}{L}Y_2} = \int_{Y_2}^{Y_1} \frac{dY}{Y_2 - mX_2} = \frac{1}{Y_2 - mX_2}\int_{Y_2}^{Y_1}dY = \frac{Y_1 - Y_2}{Y_2 - mX_2}$$

若将逆流吸收的操作线方程 $X = X_1 + \dfrac{V}{L}Y - \dfrac{V}{L}Y_1$ 代入 N_{OG} 的定义式可得

$$N_{OG} = \frac{Y_1 - Y_2}{Y_1 - mX_1}$$

两式是等价的，从 $S=1$ 也可看出

$$S = \frac{mV}{L} = m\frac{X_1 - X_2}{Y_1 - Y_2} = 1$$

$$Y_1 - mX_1 = Y_2 - mX_2$$

　　本题用数形结合法能够直观解答。如本题答案附图所示，当气-液平衡关系为直线，且操作线斜率 L/V 等于平衡线斜率 m 时，全塔传质推动力均相等，可用塔顶传质推动力 $(Y_2 - mX_2)$ 或塔底传质推动力 $(Y_1 - mX_1)$ 表示。因此由传质单元数的定义式 $N_{OG} = \int_{Y_2}^{Y_1} \dfrac{dY}{Y-Y^*}$ 可知，分母传质推动力即 $(Y_2 - mX_2)$，分子即积分区间 $(Y_1 - Y_2)$。

四、计算题

1. **解**：（1）

$$S = \frac{mV}{L} = \frac{1.2}{1.55} = 0.774$$

$$H_{OG} = \frac{V}{K_Y a\Omega} = \frac{0.036}{0.0483} = 0.745\text{m}$$

$$N_{OG} = \frac{1}{1-0.774}\times\ln\left[(1-0.774)\times\frac{0.02 - 1.2\times0.0003}{0.002 - 1.2\times0.0003} + 0.774\right] = 5.518$$

$$Z = H_{OG}N_{OG} = 0.745\times5.518 = 4.11\text{m}$$

　　（2）因加入循环，需要先根据物料衡算算出液相进、出塔的组成，以 X_2' 表示混合吸收剂组成，则

$$X_2' = \frac{X_2 L + X_1 L'}{L + L'} = \frac{0.0003 + 0.1X_1}{1.1}$$

$$\left(\frac{L}{V}\right)' = \frac{L + L'}{V} = \frac{1.1L}{V} = 1.1\times1.55 = 1.705$$

$$\left(\frac{L}{V}\right)'(X_1 - X_2') = (Y_1 - Y_2)$$

$$1.705\times\left(X_1 - \frac{0.0003 + 0.1X_1}{1.1}\right) = (0.02 - 0.002)$$

解得 $X_1 = 0.0119$，$X_2' = 0.00136$。

$$S=\frac{mV}{L}=\frac{1.2}{1.705}=0.704$$

$$N_{OG}=\frac{1}{1-0.704}\times\ln\left[(1-0.704)\times\frac{0.02-1.2\times0.00136}{0.002-1.2\times0.00136}+0.704\right]=9.255$$

$$Z=H_{OG}N_{OG}=0.745\times9.255=6.89m$$

从本题计算结果可以看出，吸收剂循环会使吸收剂入口含量提高，平均传质推动力减小，如果 K_Ya 不变，则所需的填料层高度增加。

2. **解**：(1) 改造前后操作条件不变，故 H_{OG} 不变，S 不变

$$S=\frac{mV}{L}=m\frac{X_1-X_2}{Y_1-Y_2}=\frac{1.5}{2}=0.75$$

改造前 $Z=H_{OG}N_{OG}$，改造后 $Z'=H_{OG}N'_{OG}$，比较可得

$$\frac{Z'}{Z}=\frac{N'_{OG}}{N_{OG}}=\frac{\ln\left[(1-S)\frac{Y_1}{Y_2'}+S\right]}{\ln\left[(1-S)\frac{Y_1}{Y_2}+S\right]}=\frac{\ln\left[(1-0.75)\times\frac{0.01}{0.001}+0.75\right]}{\ln\left[(1-0.75)\times\frac{0.01}{0.002}+0.75\right]}=1.7$$

$$Z'=1.7Z=1.7\times3=5.1m,\quad\Delta Z=Z'-Z=5.1-3=2.1m$$

即填料层需加高 2.1m。

(2) 原塔出塔气体 Y_2 作为新塔入口气体 Y_1'，则

$$\frac{Z'}{Z}=\frac{N'_{OG}}{N_{OG}}=\frac{\ln\left[(1-S)\frac{Y_2}{Y_2'}+S\right]}{\ln\left[(1-S)\frac{Y_1}{Y_2}+S\right]}=\frac{\ln\left[(1-0.75)\times\frac{0.002}{0.001}+0.75\right]}{\ln\left[(1-0.75)\times\frac{0.01}{0.002}+0.75\right]}=0.322$$

$$Z'=0.322Z=0.322\times3=0.966m$$

即新塔填料层高度为 0.966m。

3. **解**：原工况下

$$Y_2=Y_1(1-\varphi_A)=0.041\times(1-0.98)=0.00082$$

$$\frac{L}{V}=\left(\frac{L}{V}\right)_{min}=m\varphi_A=1.28\times0.28\times0.98=0.351232$$

$$S=\frac{mV}{L}=\frac{0.28}{0.351232}=0.797$$

$$N_{OG}=\frac{1}{1-0.797}\times\ln\left[(1-0.797)\times\frac{0.041}{0.00082}+0.797\right]=11.79$$

$$Z=H_{OG}N_{OG}=0.762\times11.79=8.984m$$

用克列姆赛尔方程求理论级数

$$N_T=\frac{1}{\ln A}\ln\left[\left(1-\frac{1}{A}\right)\frac{Y_1-Y_2^*}{Y_2-Y_2^*}+\frac{1}{A}\right]$$

$$N_T=\frac{1}{\ln\frac{1}{0.797}}\times\ln\left[(1-0.797)\times\frac{0.041}{0.00082}+0.797\right]=10.55$$

或

$$N_T = \frac{\ln \dfrac{A-\varphi}{1-\varphi}}{\ln A} - 1$$

对于纯溶剂吸收，相对吸收率 $\varphi = \varphi_A = 0.98$，则理论级数为

$$N_T = \frac{\ln \dfrac{\dfrac{1}{0.797} - 0.98}{1 - 0.98}}{\ln \dfrac{1}{0.797}} - 1 = 10.55$$

原塔的填料层高度为 $\quad \mathrm{HETP} = \dfrac{Z}{N_T} = \dfrac{8.984}{10.55} = 0.852\mathrm{m}$

4. **解：**（1）在 A、B 两截面间作物料衡算可得

$$\frac{L}{V} = \frac{Y_A - Y_B}{X_A - X_B} = \frac{0.0521 - 0.0249}{0.0216 - 0.0104} = 2.4286$$

$$L = V \times \frac{L}{V} = \frac{2000 \times (1 - 0.085)}{22.4} \times 2.4286 = 198.4079\mathrm{kmol/h}$$

$$W = ML = 18 \times 198.4079 = 3571.34\mathrm{kg/h}$$

（2）利用 ΔZ 段填料层数据可求

$$\Delta Z = H_{OG} N_{OG}, \quad H_{OG} = \frac{V}{K_Y a \Omega} = \frac{\Delta Z}{N_{OG}}$$

已知高度 ΔZ 填料层相当于一块理论板，离开理论板气、液两相呈平衡状态，即

$$Y_B = mX_A, \quad m = \frac{Y_B}{X_A} = \frac{0.0249}{0.0216} = 1.153$$

$$\Delta Y_A = Y_A - mX_A = 0.0521 - 1.153 \times 0.0216 = 0.0272$$

$$\Delta Y_B = Y_B - mX_B = 0.0249 - 1.153 \times 0.0104 = 0.0129$$

$$\Delta Y_m = \frac{\Delta Y_A - \Delta Y_B}{\ln \dfrac{\Delta Y_A}{\Delta Y_B}} = \frac{0.0272 - 0.0129}{\ln \dfrac{0.0272}{0.0129}} = 0.0192$$

$$N_{OG} = \frac{Y_A - Y_B}{\Delta Y_m} = \frac{0.0521 - 0.0249}{0.0192} = 1.417, \quad H_{OG} = \frac{\Delta Z}{N_{OG}} = \frac{1.15}{1.417} = 0.812\mathrm{m}$$

$$K_Y a = \frac{V}{H_{OG}\Omega} = \frac{\dfrac{2000 \times (1 - 0.085)}{22.4}}{0.812 \times 0.25 \times \pi \times 1.2^2} = 89\mathrm{kmol/(m^3 \cdot h)}$$

用脱吸因数式同样可算得。

（3）对于清水吸收有

$$S = \frac{mV}{L} = \frac{1.153}{2.4286} = 0.475$$

$$N'_{OG} = \frac{1}{1-S}\ln\left[(1-S)\frac{1}{1-\varphi} + S\right] = \frac{1}{1-0.475} \times \ln\left[(1-0.475) \times \frac{1}{1-0.98} + 0.475\right] = 6.26$$

$$Z = N'_{OG} H_{OG} = 6.26 \times 0.812 = 5.08\mathrm{m}$$

5. **解：**（1）对全塔进行物料衡算

$$V(Y_1 - Y_2) = L_1 X_1 - L_2 X_2 - L_3 X_3$$

$$100 \times (0.07 - 0.007) = 100X_1 - 50 \times 0.012 - 50 \times 0.002$$

解得 $X_1 = 0.07$。

（2）为了避免返混所引起的推动力下降，故第二股加料适宜位置应在塔内液相组成与 X_2 相同处，即 $X_n = X_2$，对于塔上部

$$L(X_2 - X_3) = V(Y_n - Y_2)$$

$$50 \times (0.012 - 0.002) = 100(Y_n - 0.007)$$

解得 $Y_n = 0.012$。

$$S_1 = \frac{mV}{L_3} = \frac{0.5 \times 100}{50} = 1$$

$$N_{OG1} = \frac{Y_n - Y_2}{Y_2 - mX_3} = \frac{Y_n - Y_2}{Y_n - mX_n} = \frac{0.012 - 0.007}{0.012 - 0.5 \times 0.012} = 0.833$$

$$Z_1 = H_{OG}N_{OG1} = 0.6 \times 0.833 = 0.5\text{m}$$

对于塔下部

$$S_2 = \frac{mV}{L_3 + L_2} = \frac{0.5 \times 100}{50 + 50} = 0.5$$

$$N_{OG2} = \frac{1}{1 - 0.5} \times \ln\left[(1 - 0.5) \times \frac{0.07 - 0.5 \times 0.012}{0.012 - 0.5 \times 0.012} + 0.5\right] = 3.527$$

$$Z_2 = H_{OG}N_{OG2} = 0.6 \times 3.527 = 2.116\text{m}$$

$$Z = Z_1 + Z_2 = 0.5 + 2.116 = 2.616\text{m}$$

即填料层总高为 2.616m，第二股吸收剂从填料层顶部往下 0.5m 处加入。

6.4 吸收系数及其他吸收

6.4.1 概念梳理

1. 吸收系数 吸收速率方程式中的吸收系数与传热速率方程式中的传热系数地位相当，表 6-4 给出了两者的类比。

▫ **表 6-4 吸收系数与传热系数的类比**

项目	吸收	传热
膜速率方程	$N_A = k_G(p_A - p_{Ai}) = k_L(c_{Ai} - c_A)$	$q = \alpha_1(T - T_w) = \alpha_2(t_w - t)$
总速率方程	$N_A = K_G(p_A - p_A^*) = K_L(c_A^* - c_A)$	$q = K(T - t)$
膜系数	k_G, k_L	α_1, α_2
总系数	K_G, K_L	K

由此可见，吸收系数如传热系数一样，对于实际计算具有重要意义。可靠的吸收系数数据，是通过计算解决吸收问题的前提，但由于影响传质过程的因素十分复杂，尚不能通过纯理论推导得出吸收系数的计算公式。目前，在进行吸收设备的设计时，获取吸收系数的途径主要有三种。

（1）**实验测定** 当过程所涉及的组成区间内平衡关系为直线时，填料层高度的计算式为

$$Z = \frac{V}{K_A a \Omega} \frac{Y_1 - Y_2}{\Delta Y_m}$$

故气相总体积吸收系数为
$$K_Y a = \frac{V}{Z\Omega} \frac{Y_1 - Y_2}{\Delta Y_m}$$

在稳态操作状况下测得进出口气、液流量及组成后，根据物料衡算及气-液平衡算出 ΔY_m，再获得吸收设备的相关参数，可依据上式计算总体积吸收系数。

测定工作可针对全塔进行，也可针对任一塔段进行，测定值代表所测范围内总系数的平均值。

（2）**经验公式**　经验公式是根据特定系统及特定条件下的实验数据得出的，适用范围较窄，但在应用范围内准确性不低。例如，用水吸收氨，计算气膜体积吸收系数的经验公式为

$$k_G a = 6.07 \times 10^{-4} V^{0.9} W^{0.39}$$

式中，$k_G a$ 为气膜体积吸收系数，$kmol/(m^3 \cdot h \cdot kPa)$；$V$ 为气相空塔质量速度，$kg/(m^2 \cdot h)$；W 为液相空塔质量速度，$kg/(m^2 \cdot h)$。该式适用于下述条件：①在填料塔中用水吸收氨；②直径为 12.5mm 的陶瓷环形填料。

其他有关经验公式可自行查阅资料，但要特别注意其适用条件。

（3）**特征数关联式**　类似对流传热系数的特征数关联式，根据理论分析和实验结果，也可以得到关于气膜及液膜吸收系数的特征数关联式。但由于影响吸收过程的因素非常复杂，现有关的关联式难以满足设计所需，且相关考题几乎没有，故在此不再赘述。

2. 其他条件下的吸收　本章主要讨论了低组成单组分的等温物理吸收的原理和计算，除此之外，还有高组成气体吸收、非等温吸收、多组分吸收、伴有化学反应的吸收过程的特点在此做简要介绍。

（1）**高组成气体吸收**　高组成气体（摩尔分数超过 10%）在吸收塔内上升时，随着溶质向液相转移，气、液两相的摩尔流量沿塔高变化较大，且吸收系数也与浓度有关，此外过程常伴有显著的热效应，使得系统温度沿塔高发生较大变化，影响系统的相平衡关系和物性。因此进行高浓度气体吸收计算比低浓度物理吸收的计算复杂很多，常采用气相或液相传质速率方程进行填料层高度的计算。

（2）**多组分吸收**　在吸收过程中，气体混合物中有两个以上组成被吸收剂吸收的过程称为多组分吸收过程。多组分吸收具有与组分数相等的相平衡方程数和操作线数。同多组分精馏，在计算之前也要确定关键组分，按关键组分吸收要求确定最小液气比、操作液气比和溶剂用量，再确定所需的填料层高度或理论塔板数。其他组分的吸收率和出塔组成则利用填料层高度或理论塔板数进行操作型计算。

（3）**非等温吸收**　实际上，气体吸收过程往往伴随着热量的放出，来源于气体的溶解热或是化学反应，这些热效应不利于吸收过程。只有当气相中溶质组成很低或溶解度很小、吸收剂用量相对很大，热效应不足以引起显著温度变化时，或吸收设备散热良好时，才可按等温吸收处理。

非等温吸收的一种近似处理方法是，假定所有放出的热量都被液体吸收，即忽略气相的温度变化及其他热损失。据此可以推算出液体组成与温度的对应关系，从而得到变温情况下的平衡曲线。当然，这样的假设会导致对液体温升的估值偏高，因而算出的塔高数值也稍大些。

若吸收过程的热效应很大，必须设法排除热量，以控制吸收过程的温度。

（4）**化学吸收**　化学吸收是指伴有显著化学反应的吸收过程。例如用 NaOH、Na₂CO₃ 或 NH₄OH 等水溶液吸收 CO₂、H₂S 或 SO₂ 以及硫酸稀释氨等。

溶质在液相内传递过程中与液相中活性组分发生化学反应，因此，溶质在液相中的浓度分布不仅与自身的扩散速率有关，而且与液相中活性组分的反向扩散速率、化学反应速率以及反应产物的扩散速率等因素有关。化学反应的存在降低了液相中以物理溶解态存在的溶质的浓度，因而可以显著降低其气相平衡分压，增大了吸收过程的推动力。同时，在液相侧，溶质向液相主体扩散过程中与液相中活性组分发生化学反应而降低了传质阻力。因此，化学吸收具有较快的吸收速率。

3. 解吸　解吸过程是吸收过程的逆过程，与吸收过程遵循相同的原理和规律，吸收过程中所用的分析和计算方法对于解吸过程同样是适用的，适用于吸收的操作设备同样适用于解吸操作。常用的解吸操作方法有气提解吸法、减压解吸法以及升温解吸法。其中，最具有代表性的是气提解吸法。常用的气提载气有空气、氮气和二氧化碳等惰性气体，此外还常用水蒸气或吸收剂蒸气作载气。

逆流解吸过程如图 6-15（a）所示，仍用下标 1、2 分别表示塔底及塔顶界面，但须注意，对于解吸过程，塔底为稀端，塔顶为浓端。解吸过程传质推动力与吸收过程相反，操作线位于平衡线下方，如图 6-15（b）所示，其操作线方程表达式与吸收过程相同。

解吸过程的最小气液比为

$$\left(\frac{V}{L}\right)_{\min}=\frac{X_2-X_1}{Y_2^*-Y_1}=\frac{X_2-X_1}{mX_2-Y_1}$$

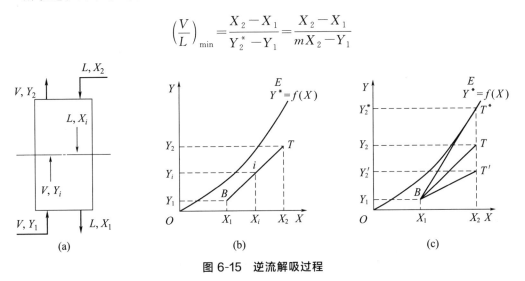

图 6-15　逆流解吸过程

解吸过程计算的一般性问题是已知经吸收后溶剂（富液）处理量、浓度和解吸后溶剂（贫液）浓度要求，计算所需载气量及所需填料层高度，填料层高度的计算与吸收过程计算方法相同。

6.4.2　典型例题

【**例 1**】实验室内有一填料层高度为 2.5m 的吸收塔，现要测定一定条件下该吸收塔的传质单元高度。已知溶质为 $Y_e=0.25X$ 的易溶气体，气相流率 $V=100\text{kmol}/(\text{m}^2\cdot\text{h})$，

液相流率 $L=100\text{kmol}/(\text{m}^2\cdot\text{h})$，该条件下，测得进、出口气相浓度为 $Y_1=0.072$，$Y_2=0.006$，纯溶剂吸收，求传质单元高度为多少？若实验条件发生以下改变，填料层高度应为多少？

(1) 气相流率增加 50%，Y_1、Y_2 保持不变；

(2) 液相流率增加 50%，Y_1、Y_2 保持不变。

（假设气、液相流率发生改变，吸收塔能正常操作，且 $K_Ya\propto V^{0.7}L^{0.3}$）

解： 先根据实验数据，求出传质单元高度。

因为 $Y_1=0.072$，$Y_2=0.006$，$X_2=0$，$m=0.25$，$V=L=100\text{kmol}/(\text{m}^2\cdot\text{h})$，得

$$S=\frac{mV}{L}=\frac{0.25\times100}{100}=0.25$$

$$N_{OG}=\frac{1}{1-S}\ln\left[(1-S)\frac{Y_1-Y_2^*}{Y_2-Y_2^*}+S\right]=\frac{1}{1-0.25}\times\ln\left[(1-0.25)\times\frac{0.072}{0.006}+0.25\right]=2.97$$

所以

$$H_{OG}=\frac{Z}{N_{OG}}=\frac{2.5}{2.97}=0.84\text{m}$$

(1) 气相流率增大 50%　因为 $K_Ya\propto V^{0.7}L^{0.3}$，所以

$$\frac{K_Ya'}{K_Ya}=\left(\frac{V'}{V}\right)^{0.7}\left(\frac{L'}{L}\right)^{0.3}=1.5^{0.7}\times1^{0.3}=1.328,\quad K_Ya'=1.328K_Ya$$

$$H'_{OG}=\frac{V'}{K_Ya'}=\frac{1.5V}{1.328K_Ya}=1.13H_{OG}=1.13\times0.84=0.95\text{m}$$

因为 Y_1、Y_2 保持不变，所以

$$S'=\frac{mV'}{L'}=\frac{0.25\times150}{100}=0.375$$

$$N'_{OG}=\frac{1}{1-S'}\ln\left[(1-S')\frac{Y_1-Y_2^*}{Y_2-Y_2^*}+S'\right]=\frac{1}{1-0.375}\times\ln\left[(1-0.375)\times\frac{0.072}{0.006}+0.375\right]=3.30$$

$$Z'=N'_{OG}H'_{OG}=3.30\times0.95=3.135\text{m}$$

所以气相流率增大 50% 时，填料层所需高度为 3.135m。

(2) 液相流量增大 50%　因为 $K_Ya\propto V^{0.7}L^{0.3}$，所以

$$\frac{K_Ya''}{K_Ya}=\left(\frac{V''}{V}\right)^{0.7}\left(\frac{L''}{L}\right)^{0.3}=1^{0.7}\times1.5^{0.3}=1.129$$

$$K_Ya''=1.129K_Ya$$

$$H''_{OG}=\frac{V''}{K_Ya''}=\frac{V}{1.129K_Ya}=0.886H_{OG}=0.886\times0.84=0.744\text{m}$$

因为 Y_1、Y_2 保持不变，所以

$$S''=\frac{mV''}{L''}=\frac{0.25\times100}{150}=0.167$$

$$N''_{OG}=\frac{1}{1-0.167}\times\ln\left[(1-0.167)\times\frac{0.072}{0.006}+0.167\right]=2.78$$

$$Z''=N''_{OG}H''_{OG}=2.78\times0.744=2.068\text{m}$$

所以液相流率增大 50% 时，填料层所需高度为 2.068m。

> ⚙️ **总结** -
>
> 　　对于双膜理论，气、液相流量的改变，一般会改变气膜或液膜的厚度，从而影响总传质系数而改变传质单元高度，气、液相流量改变也会影响操作线斜率而改变传质单元数。在计算时，要格外注意条件改变会引起什么发生变化。

　　【例 2】 面对全球能源结构调整及资源紧缺现状，以实现双碳目标为重点，势必要加强工业生产中二氧化碳回收利用技术的开发与实践，其中合成气碳酸丙烯酯脱碳技术就是典型的 CO_2 回收利用技术。在 30℃、1215.9kPa（绝压）条件下，用碳酸丙烯酯吸收变换气中的 CO_2，所得富液中含 CO_2 2.65%（摩尔分数），现需将富液经减压解吸至常压（101.3kPa）。已知常压下平衡关系为 $p^* = 10500 x_i$（kPa）。若减压解吸释放气中含 CO_2 为 90%（体积分数），其余为 N_2、H_2 等惰性气体。

　　（1）求解吸液含 CO_2 最低浓度，CO_2 的最大回收率；

　　（2）如图 6-16 流程简图所示，若将（1）中解吸液送至填料塔中，在 30℃ 下以空气（含 CO_2 摩尔比为 0.0004）为载气逆流解吸，要求解吸液浓度达到 $X_1 \leqslant 0.0028$，操作气液比为最小气液比的 1.6 倍。试求：①气液比 V/L 为多少？出塔载气中 CO_2 浓度为多少？②若取 H_{OL} 为 1.2m，所需填料层高度为多少？

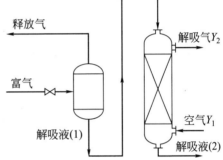

图 6-16　典型例题 2 附图

　　解：（1）释放气中 CO_2 分压 $p_2 = 101.3 \times 0.9 = 91.17$kPa，假设释放充分，气-液达到相平衡，则解吸液中 CO_2 浓度为

$$x_2^* = \frac{p_2}{E} = \frac{91.17}{10500} = 0.00868$$

已知富液 $x_1 = 0.0265$，因此 CO_2 的最大回收率为

$$\varphi = \frac{x_1 - x_2}{x_1} = \frac{0.0265 - 0.00868}{0.0265} = 0.672$$

（2）①

$$m = \frac{E}{p} = \frac{10500}{101.3} = 103.65$$

$$X_2 \approx x_2^* = 0.00868, \quad Y_2^* = m X_2 = 103.65 \times 0.00868 = 0.8997$$

$$\left(\frac{V}{L}\right)_{\min} = \frac{X_2 - X_1}{Y_2^* - Y_1} = \frac{0.00868 - 0.0028}{0.8997 - 0.0004} = 0.00654$$

$$\left(\frac{V}{L}\right) = 1.6 \left(\frac{V}{L}\right)_{\min} = 1.6 \times 0.00654 = 0.0105$$

$$Y_2 = \frac{L}{V}(X_2 - X_1) + Y_1 = \frac{1}{0.0105} \times (0.00868 - 0.0028) + 0.0004 = 0.5604$$

　　② 已知液相传质单元高度，求出液相传质单元数即可计算填料层高度

$$A = \frac{L}{mV} = \frac{1}{103.65 \times 0.0105} = 0.919$$

$$N_{OL} = \frac{1}{1-A} \ln \left[(1-A) \frac{Y_1 - Y_2^*}{Y_1 - Y_1^*} + A \right]$$

$$= \frac{1}{1-0.919} \times \ln \left[(1-0.919) \times \frac{0.0004 - 0.8997}{0.0004 - 103.65 \times 0.0028} + 0.919 \right] = 1.94$$

所以 $Z = N_{OL} H_{OL} = 1.94 \times 1.2 = 2.328\text{m}$。

6.4.3 夯实基础题

1. 总的来说，由于化学反应消耗了进入液相中的溶质，使溶质的有效溶解度_____，而平衡分压_____，使吸收过程的推动力_____。若溶质组分进入液相后立即反应被消耗掉，则界面上的溶质分压为_____，吸收过程可按_____膜控制的物理吸收计算。

2. 解吸操作的传质推动力方向为_____相到_____相，当气液比逐渐减小，传质推动力将_____。

3. 压力_____，温度_____，将有利于解吸的进行。工业上常用水-空气系统进行氧解吸，该系统属于易解吸系统，传质阻力主要在_____一侧。

4. 采用化学吸收可使原来的物理吸收系统的液膜阻力_____，气膜阻力_____。

【参考答案与解析】

1. 增大；降低；增大；零；气。　2. 液；气；减小。

3. 降低；升高；气膜。　4. 减小；不变。

6.4.4 灵活应用题

选择题

1. 逆流解吸塔操作中，如气量与液量同比减小，而气、液进口浓度不变，则液相出口组成（　　），塔内平均推动力（　　）。

A. 一起下降

B. 一起增加

C. 前者下降、后者增加

D. 前者增加、后者下降

2. 如图 6-17 所示，吸收-解吸联合操作，若吸收塔的气体处理量增大，循环溶剂量及解吸载气入塔浓度不变，则

（1）吸收塔的出塔气体浓度 Y_2（　　）；

（2）解吸塔的出塔气体浓度 Y_2'（　　）。

A. 增大　　　　　B. 减小

C. 不变　　　　　D. 其变化趋势不确定

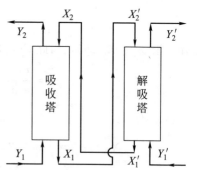

图 6-17　选择题 2 附图

3. 低浓度难溶气体的逆流吸收过程，若其他操作条件不变，仅入塔气量 V 有所上升，则液相总传质单元数 N_{OL} 将（　　）；液相总传质单元高度 H_{OL} 将（　　）；气相总传质单元数 N_{OG} 将（　　）；气相总传质单元高度 H_{OG} 将（　　）；操作线斜率将（　　）。

选择题 3 讲解入塔气液量对吸收操作的影响

A. 增大　　　　　　B. 基本不变　　　　　C. 减小　　　　　　D. 无法确定

【参考答案与解析】

1. A；A。　2. A；A。　3. B；B；C；A；C。

6.4.5　拓展提升题

计算题

1.（考点　操作条件的改变对填料层高度的影响）有一吸收塔填料层高 3m，在 20℃、101.3kPa 下用清水逆流吸收混于空气中的氨，混合气体的摩尔流率为 21.2kmol/(m² · h)，含氨摩尔比为 0.06，吸收率为 99%；水的摩尔流率为 40kmol/(m² · h)。操作条件下平衡关系为 $Y^* = 0.9X$，$K_G \propto V^{0.7}$。当操作条件分别作如下改变时，计算填料层高度应如何改变才能保持原来的吸收率（塔径不变，且能保持正常吸收）：

（1）操作压力增加 1 倍；（2）液相流率增加 1 倍；（3）气相流率增加 1 倍。

2.（考点　吸收-解吸计算）如图 6-18 所示为低浓度气体逆流吸收-解吸系统。已知吸收塔气相传质单元高度 $H_{OG} = 0.4$m，解吸塔的气相传质单元高度 $H'_{OG} = 0.8$m。吸收塔中惰性气体的流量 $V = 1000$kmol/h，入塔组成 $Y_1 = 0.015$（摩尔比，下同），吸收剂循环量 $L = 150$kmol/h，$X_2 = 0.005$，解吸气的流量 $V' = 300$kmol/h，进塔组成 $Y'_1 = 0$，出塔组成 $Y'_2 = 0.045$。在操作条件下，吸收塔内相平衡关系为 $Y = 0.15X$，解吸塔内相平衡关系为 $Y' = 0.6X'$。试求：

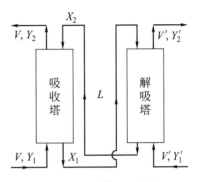

图 6-18　计算题 2 附图

（1）吸收塔的气相出塔组成 Y_2 及液相出塔组成 X_1；（2）在 X-Y 图上绘出该系统的操作线方程示意图；（3）吸收塔的填料层高度 Z 及解吸塔的填料层高度 Z'；（4）实际操作中时，若解吸气体流量改为 $V' = 250$kmol/h，则吸收塔气相出塔组成 Y_2 又为多少？（假设 L、V、Y_1、Y'_1、H_{OG}、H'_{OL}、Z、Z' 均不变）

3.（考点　实验＋推动力单位的改变）现有一实验方案，用以测定填料塔中氧气的液相传质系数 k_L（m/h）：使纯氧气和水在一个填料塔中并流接触，塔截面积 0.005m²，填料高度 1.2m，填料的比表面积为 1000m⁻¹。氧气的入口压强为 100kPa（绝压），流量为 6m³/h；水流量为 1.2m³/h，测得入口水中氧浓度 c_1 为 0.09mol/m³，出口水中氧浓度 c_2 为 0.59mol/m³。操作温度维持在 25℃，氧气流过塔的压降可忽略。水密度取 1000kg/m³，氧气和空气均可按理想气体处理，忽略水向气体中的蒸发。

（1）推导氧气的液相传质系数 k_L 的表达式，计算 k_L 的数值，可做合理简化；

（2）另一同学想改用空气与纯水接触进行实验，请分析这样可否较准确地测出氧气的液相传质系数 k_L。

25℃时不同氧分压下，氧气在水中的溶解度如表 6-5 所示。

▫ **表 6-5　氧溶解度表**

压强 p/kPa	20	50	70	90	100	110	120
溶解度 c^*/(mol/m³ 水)	0.22	0.55	0.78	1.00	1.09	1.18	1.30

【参考答案与解析】

1. **解**：对于清水吸收

$$S=\frac{mV}{L}=\frac{0.9\times21.2\times\dfrac{1}{1+0.06}}{40}=0.45$$

$$N_{OG}=\frac{1}{1-S}\ln\left[(1-S)\frac{1}{1-\varphi}+S\right]=\frac{1}{1-0.45}\times\ln\left[(1-0.45)\times\frac{1}{1-0.99}+0.45\right]=7.3$$

$$H_{OG}=\frac{H}{N_{OG}}=\frac{3}{7.3}=0.411\text{m}$$

（1）当压力增加 1 倍时

$$p_1=2p_0,\quad \frac{m_1}{m}=\frac{p_0}{p_1}$$

$$m_1=\frac{mp_0}{p_1}=0.9\times\frac{1}{2}=0.45,\quad S_1=\frac{m_1V}{L}=\frac{0.45\times21.2\times\dfrac{1}{1+0.06}}{40}=0.225$$

$$N_{OG1}=\frac{1}{1-S_1}\ln\left[(1-S_1)\frac{1}{1-\varphi}+S_1\right]=\frac{1}{1-0.225}\times\ln\left[(1-0.225)\times\frac{1}{1-0.99}+0.225\right]$$
$$=5.617$$

$$H_{OG}=\frac{V}{K_Ya\Omega}=\frac{V}{K_Ga\Omega p},\quad H_{OG1}=H_{OG}\frac{p_0}{p_1}=0.411\times\frac{1}{2}=0.2055\text{m}$$

所以 $$Z_1=H_{OG1}N_{OG1}=0.2055\times5.617=1.15\text{m}$$

（2）当液相流率增加 1 倍时

$$S_2=\frac{mV}{L_2}=\frac{0.9\times21.2\times\dfrac{1}{1+0.06}}{80}=0.225,\quad N_{OG2}=5.617$$

因为 L 的增加对 K_Ya 无显著影响，所以

$$H_{OG2}=0.411\text{m},\quad Z_2=H_{OG2}N_{OG2}=0.411\times5.617=2.31\text{m}$$

（3）当气相流率增加 1 倍时

$$S_3=\frac{mV_3}{L}=S\times2=0.9$$

$$N_{OG3}=\frac{1}{1-0.9}\times\ln\left[(1-0.9)\times\frac{1}{1-0.99}+0.9\right]=23.89$$

因为 $K_G\propto V^{0.7}$，所以

$$H_{OG3}=H_{OG}\frac{V_3}{V}\frac{K_G}{K_{G3}}=0.411\times2\times\frac{1}{2^{0.7}}=0.506\text{m}$$

$$Z_3=H_{OG3}N_{OG3}=0.506\times23.89=12.09\text{m}$$

2. **解**：（1）对解吸塔进行物料衡算

$$L(X_1-X_2)=V'(Y_2'-Y_1')$$

$$150 \times (X_1 - 0.005) = 300 \times (0.045 - 0)$$

解得 $X_1 = 0.095$。

对吸收塔进行物料衡算

$$L(X_1 - X_2) = V(Y_1 - Y_2)$$

$$150 \times (0.095 - 0.005) = 1000 \times (0.015 - Y_2)$$

解得 $Y_2 = 0.0015$。

或者做系统总物料衡算

$$V(Y_1 - Y_2) = V'(Y_2' - Y_1')$$

$$1000 \times (0.015 - Y_2) = 300 \times (0.045 - 0)$$

同样可解得 $Y_2 = 0.0015$。

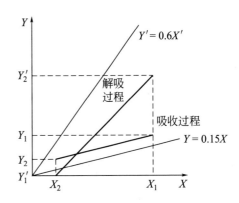

计算题 2 答案附图

（2）示意图如本题答案附图所示。

（3）吸收塔

$$S = \frac{mV}{L} = \frac{0.15 \times 1000}{150} = 1$$

则

$$N_{OG} = \frac{Y_1 - Y_2}{Y_1 - mX_1} = \frac{Y_1 - Y_2}{Y_2 - mX_2} = \frac{0.015 - 0.0015}{0.0015 - 0.15 \times 0.005} = 18$$

$$Z = H_{OG} N_{OG} = 0.4 \times 18 = 7.2 \text{m}$$

解吸塔

$$\Delta Y_2' = m'X_1 - Y_2' = 0.6 \times 0.095 - 0.045 = 0.012$$

$$\Delta Y_1' = m'X_2 - Y_1' = 0.6 \times 0.005 - 0 = 0.003$$

$$\Delta Y_m' = \frac{\Delta Y_2' - \Delta Y_1'}{\ln \dfrac{\Delta Y_2'}{\Delta Y_1'}} = \frac{0.012 - 0.003}{\ln \dfrac{0.012}{0.003}} = 0.006492$$

$$N_{OG}' = \frac{Y_2' - Y_1'}{\Delta Y_m'} = \frac{0.045}{0.006492} = 6.932$$

$$Z' = H_{OG}' N_{OG}' = 0.8 \times 6.932 = 5.55 \text{m}$$

或

$$S' = \frac{m'V'}{L} = \frac{0.6 \times 300}{150} = 1.2$$

$$N_{OG}' = \frac{1}{1 - 1.2} \times \ln \left[(1 - 1.2) \times \frac{0 - 0.6 \times 0.095}{0.045 - 0.6 \times 0.095} + 1.2 \right] = 6.931$$

$$Z' = H_{OG}' N_{OG}' = 0.8 \times 6.931 = 5.54 \text{m}$$

（4）脱吸塔液气比的大小，影响了脱吸推动力的大小，从而影响循环溶剂脱吸效果的好坏，即溶剂出塔组成 X_2 的大小。X_2 的大小又会影响吸收塔吸收推动力的大小，从而影响吸收效果的好坏，即富气出塔组成 Y_2 的大小。

在 Z'、H_{OL}' 不变的情况下，解吸塔 N_{OL}' 保持不变，此时

$$A_4' = \frac{m'V'}{L} = \frac{0.6 \times 250}{150} = 1$$

由于 $N_{OG} = AN_{OL}$，故

$$\frac{N_{OG4}'}{N_{OG}'} = \frac{A_4'}{A'}, \quad N_{OG4}' = 1 \times 1.2 \times 6.931 = 8.3172$$

又
$$N'_{OG4} = \frac{Y'_2 - Y'_1}{m'X_2 - Y'_1} = \frac{Y'_2}{0.6X_2} = 8.3172$$

因此
$$Y'_2 = 4.99032X_2 \qquad ①$$

对解吸塔进行物料衡算
$$L(X_1 - X_2) = V'(Y'_2 - Y'_1)$$
$$150(X_1 - X_2) = 250(Y'_2 - 0)$$

即
$$Y'_2 = 0.6(X_1 - X_2) \qquad ②$$

在 Z、H_{OG} 不变的情况下，吸收塔 $N_{OG} = 18$ 保持不变，此时
$$N_{OG} = \frac{Y_1 - Y_2}{Y_1 - mX_1} = \frac{0.015 - Y_2}{0.015 - 0.15X_1} = 18$$

即
$$Y_2 = 2.7X_1 - 0.255 \qquad ③$$

对吸收塔进行物料衡算
$$L(X_1 - X_2) = V(Y_1 - Y_2)$$
$$150(X_1 - X_2) = 1000(0.015 - Y_2)$$

即
$$Y_2 = 0.015 - 0.15(X_1 - X_2) \qquad ④$$

联立式①～式④可解得
$$X_1 = 0.09527, \quad X_2 = 0.01022, \quad Y'_2 = 0.05103, \quad Y_2 = 0.00224$$

3. **解**：（1）如本题答案附图所示，取填料塔中一段高 dZ 的填料为微元，写出水流过该微元后吸收的氧气的量与氧的传质速率间的物料衡算方程
$$L\,dc = k_L(c^* - c)\Omega a\,dH$$

氧气的吸收量为
$$(0.59 - 0.09) \times 1.2 = 0.6\,\text{mol/h}$$

氧气的流量约为
$$V = 6000/22.4 = 267.9\,\text{mol/h}$$

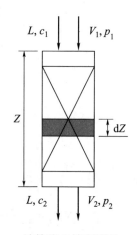

氧气的吸收量很小，可假设氧气的压力不变，因此进、出塔的水中氧平衡浓度可视为不变。于是
$$dZ = \frac{L}{k_L\Omega a}\frac{dc}{c^* - c}$$

计算题 3 答案附图

$$Z = \frac{L}{k_L\Omega a}\int_{c_1}^{c_2}\frac{dc}{c^* - c} = \frac{L}{k_L\Omega a}\ln\frac{c^* - c_1}{c^* - c_2}$$

$$k_L = \frac{L}{Z\Omega a}\ln\frac{c^* - c_1}{c^* - c_2} = \frac{1.2}{1.2 \times 0.005 \times 1000} \times \ln\frac{1.09 - 0.09}{1.09 - 0.59} = 0.139\,\text{m/h}$$

（2）
$$\frac{1}{K_L} = \frac{1}{k_L} + \frac{H}{k_G}$$

氧气在水中溶解度很小，即 H 很小，吸收属于液膜控制，气膜阻力占比非常小，K_L 约等于 k_L，因此可较准确地测出氧气的液相传质系数。

6.5 拓展阅读 新型 CO_2 吸收技术

【**技术简介**】吸收法是利用 CO_2 气体在特定液相中的溶解或反应实现 CO_2 分离与富集的方法，是目前常用的 CO_2 气体分离技术，广泛应用于化工、石油、火电等行业。

【**工作原理**】从烟道排放的含有 CO_2 的燃烧废气在吸收塔内与特定的液体溶剂充分混合，在气-液界面处，CO_2 与溶剂发生化学反应而被吸收；富含 CO_2 的溶液被送到高温解吸塔中，CO_2 被加热释放；解吸后的贫液经换热后再次送入吸收塔循环使用。见图 6-19。

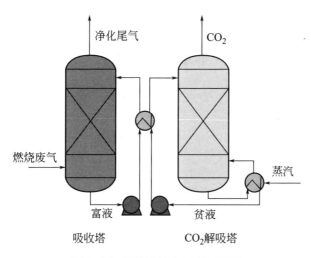

图 6-19 吸收法工作原理示意图

【**应用现状**】胺洗涤技术（以有机胺作为溶剂）是最早被开发应用的一种吸收 CO_2 的技术。从吸收剂类型来看，早期主要采用的是乙醇胺（MEA）溶液，但是 MEA 腐蚀性强，再生能耗高，在商业大规模推广应用中存在明显的限制，因此，广大科技工作者从提高 CO_2 吸收容量、降低解吸反应热等角度开发了混合胺（MEA-MDEA、MEA-AMP、MEA-PZ、MEA-烯胺等复合溶液）等第二代吸收剂；2010 年以后，相变吸收剂（N-甲基己胺、DMCA 等）、纳米流体、离子液体等第三代吸收剂不断被开发，以进一步降低吸收和解吸反应能耗[1-2]。从工艺角度看，CO_2 吸收主要从吸收端和解吸端两个角度加以改进优化，降低碳捕集工艺综合能耗问题。从设备角度看，最常见的吸收设备主要有釜式设备、塔式设备、膜反应器及超重力反应器等。釜式设备适用于对操作温度要求较高的反应；塔式设备具有更高的吸收效率，填料塔和喷淋塔适用于生产规模大、需要控制液气比的过程；鼓泡反应塔适用于小型反应；膜反应器内的吸收剂不与 CO_2 直接接触，不会产生鼓泡、溢流等现象；超重力反应器占地面积小，易于灵活操作[3]。

【**发展趋势**】面对日益严重的全球气候变化问题，我国政府已积极提出推动 CO_2 减排的碳达峰碳中和目标，未来，CO_2 捕集技术将会得到更广泛的应用和发展。据国际能源署预测，未来几十年，化学吸收和物理吸附法仍然是 CO_2 捕集的主流技术。高效节能、经济环保的新型吸收剂的开发是研究的重点，除此，提高 CO_2 捕获技术的稳定性、持久性，降低设备制造、运营和维护成本也是需要解决的难题。二十大报告指出，要"积极稳妥推进碳达峰碳中和""推动经济社会发展绿色化、低碳化是实现高质量发展的关键环节"。因此，广大科技工作者应加强国际交流与合作，推动绿色低碳技术创新和应用，以科技创新助推"双碳"目标实现，从而为解决全球气候变化问题贡献力量。

参考文献

[1] 叶凯.基于有机胺吸收法的碳捕集工艺研究进展 [J].中国资源综合利用，2021，39（9）：117-119.

[2] 杨菲，王风，陆诗建，等.MEA 二元复合胺溶液对 CO_2 吸收的研究进展 [J].低碳化学与化工，2023，48（1）：156-163.

[3] 杨静怡，高姣丽，曹丽琼，等.CO_2 液相吸收设备的应用现状与进展 [J].应用化工，2021，50（11）：3095-3097.

本章符号说明

英文字母

a——填料层的比表面积，m^2/m^3

A——吸收因数

c_i——i 组分浓度，$kmol/m^3$

c——总浓度，$kmol/m^3$

d——直径，m

D——在气相中的分子扩散系数，m^2/s；塔径，m

D'——在液相中的分子扩散系数，m^2/s

D_E——涡流扩散系数，m^2/s

H——溶解度系数，$kmol/(m^3 \cdot kPa)$

H_{OG}——气相总传质单元高度，m

H_{OL}——液相总传质单元高度，m

J——扩散通量，$kmol/(m^2 \cdot s)$

k_G——气膜吸收系数，$kmol/(m^2 \cdot s \cdot kPa)$

k_L——液膜吸收系数，$kmol/(m^2 \cdot s \cdot kmol/m^3)$ 或 m/s

k_x——液膜吸收系数，$kmol/(m^2 \cdot s)$

k_y——气膜吸收系数，$kmol/(m^2 \cdot s)$

K_G——气相总吸收系数，$kmol/(m^2 \cdot s \cdot kPa)$

K_L——液相总吸收系数，$kmol/(m^2 \cdot s \cdot kmol/m^3)$ 或 m/s

K_X——液相总吸收系数，$kmol/(m^2 \cdot s)$

K_Y——气相总吸收系数，$kmol/(m^2 \cdot s)$

L——吸收剂用量，kmol/s

m——相平衡常数

N——总体流动通量，$kmol/(m^2 \cdot s)$

N_A——组分 A 的传质通量，$kmol/(m^2 \cdot s)$

N_{OG}——气相总传质单元数

N_{OL}——液相总传质单元数

N_T——理论板层数

p_i——i 组分分压，kPa

p——总压，kPa

R——通用气体常数，$kJ/(kmol \cdot K)$

T——热力学温度，K

u——气体的空塔气速，m/s

V——惰性气体的摩尔流量，kmol/s

V_s——混合气体的体积流量，m^3/s

W——液相空塔质量流速，$kg/(m^2 \cdot s)$

x——组分在液相中的摩尔分数

X——组分在液相中的摩尔比

y——组分在气相中的摩尔分数

Y——组分在气相中的摩尔比

z——扩散距离，m

Z——填料层高度

B——组分 B

希腊字母

δ_G——气膜厚度，m

δ_L——液膜厚度，m

μ——黏度，$Pa \cdot s$

ρ——密度，kg/m^3

φ——相对吸收率

φ_A——吸收率或回收率

蒸馏和吸收塔设备

📑 **本章知识目标**

❖ 掌握板式塔的结构、塔板类型；
❖ 掌握板式塔的流体力学性能与操作特性；
❖ 掌握填料塔的结构、填料类型；
❖ 掌握填料塔的流体力学性能与操作特性。

🖥 **本章能力目标**

❖ 能对板式塔的水力学性能进行分析；
❖ 能进行板式塔的结构设计；
❖ 能进行填料塔的结构设计。

⚙ **本章素养目标**

❖ 培养节能意识，能通过各种塔设备工作原理分析传质能耗的影响因素；
❖ 建立工程概念，能将具体塔设备结构与实际工程应用有机结合。

🧪 **本章思维导图**

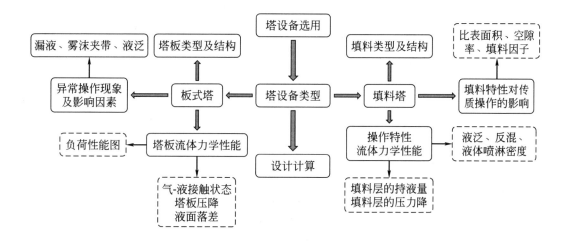

7.1 概述

1. 塔设备的基本功能和性能指标

（1）塔设备的基本原则　①使气、液两相充分接触，适当湍动，以提供尽可能大的传质面积和传质系数，接触后两相又能及时完善分离；②在塔内使气、液两相最大限度地接近逆流，以提供最大的传质推动力。

（2）塔设备的性能指标　①通量：单位塔截面的生产能力；②分离效率：单位压降塔的分离效果，对板式塔以效率表示，对填料塔以等板高度表示；③适应能力：操作弹性；④其他：流动阻力低、结构简单、造价低、易于操作控制、金属消耗少等要求。

2. 塔设备的类型　见表 7-1。

⊡ **表 7-1　塔设备类型分类表**

塔设备	连续相	分散相	操作方式
板式塔	液相	气相	逐级接触逆流操作
填料塔	气相	液相	微分接触逆流操作

7.2 板式塔

7.2.1 概念梳理

⌨ 动画
- 板式塔结构
- 有降液管塔板和无降液管塔板
- 泡罩塔板、浮阀塔浮动舌形塔板

1. 塔板类型

错流塔板（有降液管），常用，如图 7-1 所示。
逆流塔板（无降液管），少用，如图 7-2 所示。

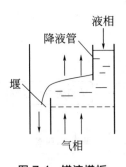

图 7-1　错流塔板

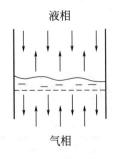

图 7-2　逆流塔板

2. 错流塔板主要类型及性能对比　见表 7-2。

⊡ **表 7-2　错流塔板主要类型及性能对比**

塔板类型	相对生产能力	相对塔板效率	操作弹性	压力降	结构	成本
泡罩塔板	1.0	1.0	中	高	复杂	1.0
筛孔塔板	1.2～1.4	1.1	低	低	简单	0.4～0.5

续表

塔板类型	相对生产能力	相对塔板效率	操作弹性	压力降	结构	成本
浮阀塔板	1.2~1.3	1.1~1.2	大	中	一般	0.4~0.5
舌形塔板	1.3~1.5	1.1	小	低	简单	0.4~0.5
斜孔塔板	1.5~1.8	1.1	中	低	简单	0.4~0.5

3. 板式塔的结构以及流动状态

（1）**板式塔的结构**　板式塔的主要构件是塔板，以浮阀塔板为例，塔板上的结构主要包括如下部分。

① 塔板上的气体通道——阀孔　为了保证气、液两相在塔板上能够充分接触并在总体上实现两相逆流，塔板上均匀地开有一定数量的供气体自下而上流动的通道。

② 溢流堰　溢流堰设置在塔板上液体出口处，为保证塔板上有一定高度的液层并使液流在板上能均匀流动，塔板上必须贮有一定量的液体。塔板上的液层高度在很大程度上由堰高决定。通常溢流堰的高度以 h_w 表示，长度以 l_w 表示。

③ 降液管　作为液体自上层塔板流至下层塔板的通道，每块塔板通常附有一个降液管，其也是使溢流液中所夹带气体得到分离的场所。

｜弓形降液管　适用于较大直径的塔，如图 7-3。
｜圆形降液管　适用于小直径的塔，如图 7-4。

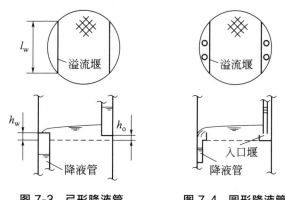

图 7-3　弓形降液管　　**图 7-4　圆形降液管**

降液管的下端必须保证液封，使液体能从降液管底部流出而气体不能窜入降液管。为此，降液管底隙高度 h_o 必须小于堰高 h_w。

（2）**板式塔的流动情况**

① 塔板上的理想流动状况　液体横向均匀流过塔板，气体从气体通道上升，均匀穿过液层。气-液两相接触传质，达到相平衡，分离后，继续流动。

② 非理想流动状况

a. 反向流动　返混现象，分为雾沫夹带、气泡夹带。其后果是使已分离的两相又混合，板效率降低，能耗增加；这两种反向流动严重时，会导致液泛。

b. 不均匀流动

｜液面落差（水力坡度）：引起塔板上气速不均。
｜塔壁作用（阻力）：引起塔板上液速不均。

后果：使塔板上气-液接触不充分，板效率降低。

4. 板式塔的流体力学性能

动画
塔板气-液接触状态

（1）塔板上气-液两相的接触状态

① 鼓泡状态　气速较低时，气体以鼓泡形式通过液层，两相接触面积为气泡表面，由于气泡数量不多，因此气-液两相接触的表面积不大，传质效率低。如图 7-5（a）所示。

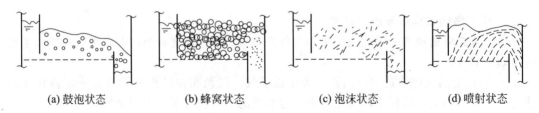

（a）鼓泡状态　　　（b）蜂窝状态　　　（c）泡沫状态　　　（d）喷射状态

图 7-5　塔板上气-液两相的接触状态图

② 蜂窝状态　随着气速增加，气泡数量不断增加，当气泡的形成速度大于气泡的浮升速度时，气泡在液层中累积。气泡之间互相碰撞，形成各种多面体的大气泡，板上是以气体为主的气-液混合物。气泡不易破裂，表面得不到更新，状态不利于传质和传热。如图 7-5（b）所示。

③ 泡沫状态　当气速继续增加，气泡数量急剧增加，气泡不断发生碰撞和破裂，此时板上液体大部分以液膜的形式存在于气泡之间，形成一些直径小、扰动十分剧烈的动态泡沫，由于泡沫接触表面积大，并不断更新，为两相传热与传质提供了良好的条件，是一种较好的接触状态。如图 7-5（c）所示。

④ 喷射状态　当气速继续增加，把板上液体向上喷成大小不等的液滴，直径较大的液滴受重力作用落回到塔板上，直径较小的液滴被气体带走，形成液沫夹带。液滴回到塔板上又被分散，这种液滴的反复形成和聚集，使传质面积增加，表面不断更新，有利于传质与传热进行，是一种较好的接触状态。如图 7-5（d）所示。

（2）塔板压降

塔板总压降＝干板阻力＋板上充气液层的静压力＋液体的表面张力

在较高板效率前提下，力求减小塔板压力降。

（3）液面落差　当液体横向流过板面时，为克服板面的摩擦阻力的板上部件的局部阻力，需要一定液位差，则在板面上形成液面落差，以 Δ（图 7-6）表示。液层厚度的不均匀将引起气、液的不均匀分布，从而造成漏液，使塔板效率严重降低。

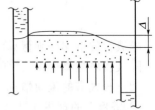

图 7-6　液面分布图

5. 板式塔的操作特性

（1）塔板上的异常操作现象及影响因素

动画
• 漏液
• 雾沫夹带
• 液泛

① 漏液　漏液导致的不良后果是降低效率，严重时使板上不能积液。漏液量达 10% 的气速为漏液速度，是塔操作的下限气速。

影响因素：气速太小或液面落差引起气流分布不均，将会引起漏液。

主要应对措施：减小塔板开孔率。

② 雾沫夹带　上升气流将板上液体带入上层塔板，称为雾沫夹带。其导致的结果是液体返混，降低板效率；严重时造成液泛。因此规定雾沫夹带量 $e_V \leqslant 0.1 kg$ 液/kg 气。

影响因素：空塔气速增加，塔板间距减小，都会使雾沫夹带量增加。

主要应对措施：增加塔板间距；增加开孔率。

③ 液泛　液泛是塔板上的液体不能正常流下，产生积液，也称为淹塔。其导致的结果是塔板压降升高，不能正常操作。

a. 夹带液泛　气相在液层中鼓泡，气泡破裂，将雾沫弹溅至上一层塔板；气相运动是喷射状，将液体分散并可携带一部分液沫流动。

b. 降液管液泛　当塔内气、液两相流量较大，导致降液管内阻力及塔板阻力增大时，均会引起降液管液层升高，当降液管内液层高度难以维持塔板上液相流通时，降液管内液层迅速上升，以至达到上一层塔板，逐渐充满塔板空间，即发生液泛。并称为降液管内液泛。

开始发生液泛时的气速称为液泛气速，两种液泛互相影响和关联，其最终现象相同。

影响因素：当气体或液体流量过大，气速过高，塔板间距过小，都会引起液泛。

主要应对措施：增加塔板间距；增加降液管面积。

（2）**塔板的负荷性能图**　见图 7-7。图中线 1：雾沫夹带线（气相负荷上限线），雾沫夹带量 $e_V \leqslant 0.1$kg 液/kg 气；

线 2：降液管液泛线，$H_d \leqslant \Phi(H_T + h_w)$，式中，$H_d$ 表示降液管中清液层高度；Φ 值对于一般物系取 $0.3 \sim 0.4$；对于不易发泡物系，取 $0.6 \sim 0.7$；H_T 表示塔板间距；h_w 表示堰高；

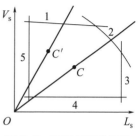

图 7-7　塔板负荷性能图

线 3：液相负荷上限线（气泡夹带线），液体在降液管停留时间 $\dfrac{3600 A_f H_T}{L_h} \geqslant 3 \sim 5$s，式中，$A_f$ 表示降液管截面积；L_h 表示塔内液体流量；

线 4：漏液线（气相负荷下限线），漏液量 $\leqslant 10\%$ 液体流量；

线 5：液相负荷下限线，堰上液层高度 $\geqslant 0.006$m。

（3）**板式塔的操作分析**　在塔板负荷性能图中五条曲线所包围的区域是塔板的适宜操作区。操作时的气相流量 V_s 与液相流量 L_s 在负荷性能图上的坐标点 C 称为操作点，OC 线称为操作线。操作弹性为两极限气量之比。

根据操作点在负荷性能图中的位置，适当调整板式塔的结构参数，以改进负荷性能图，例如增加板间距，液泛线与雾沫夹带线上移，液相负荷上限线右移；增加降液管面积，使液相负荷上限线右移，漏液线与雾沫夹带线下移；增加开孔率，使漏液线与雾沫夹带线上移。

6. 板式塔的工艺设计

（1）**浮阀塔工艺尺寸的计算**

① 塔高

$$塔高 = 有效段高度 + 底部空间高度 + 顶部空间高度 + 裙底高度$$

塔的有效段高度为
$$Z = \left(\dfrac{N_T}{E_T} - 1\right) H_T$$

② 塔径

$$D = \sqrt{\frac{4V_s}{\pi u}}$$

式中，u 表示空塔气速。

计算塔径的关键在于确定适宜的空塔气速 u

$$u = (0.6 - 0.8)u_{max}$$

最大允许速度为

$$u_{max} = C \sqrt{\frac{\rho_L - \rho_V}{\rho_V}}$$

式中，$C = C_{20}\left(\dfrac{\sigma}{20}\right)^{0.2}$，$C_{20}$ 可在按液体表面张力 $\sigma = 20\text{mN/m}$ 的物系绘制的史密斯关联图中查得。

③ 溢流装置的设计　以弓形降液管为例，介绍溢流装置的设计。

a. 出口堰（溢流堰）

堰长 l_w　单溢流 $l_w = (0.6 \sim 0.8)D$；双溢流 $l_w = (0.5 \sim 0.6)D$。D 为塔径。

堰高 h_w　板上液层高度为堰高与堰上液层高度之和，即

$$h_L = h_w + h_{ow}$$

平直堰上液层高度

$$h_{ow} = \frac{2.84}{1000}E\left(\frac{L_h}{l_w}\right)^{2/3}$$

齿形堰上液层高度

$$h_{ow} = 0.0442\left(\frac{L_h h_n}{l_w}\right)^{2/5}$$

当液层高度超过齿顶时

$$L_h = 2646\left(\frac{l_w}{h_n}\right)\left[h_{ow}^{5/2} - (h_{ow} - h_n)^{5/2}\right]$$

b. 弓形降液管的宽度和截面积　弓形降液管的宽度 W_d 与截面积 A_f 可根据堰长与塔径之比 $\dfrac{l_w}{D}$ 查图求得。降液管截面积应保证液体在降液管中足够的停留时间，即停留时间

$$\theta = \frac{3600A_f H_T}{L_h} \geqslant 3 \sim 5\text{s}$$

c. 降液管底隙高度　底隙高度 h_o 确定原因：保证液体流经此处的阻力不能太大；要有良好的液封。

$$h_o = h_w - 0.006$$

d. 进口堰与受液盘

进口堰　降液管液封，保证液体分布均匀；进口堰占较多塔面，还易使沉淀物淤积于此处造成堵塞，因此多数不采用进口堰。

受液盘　平受液盘与凹形受液盘两种类型。

e. 塔板布置　塔板分整块式与分块式两种，主要取决于塔径大小。

塔板面积分区如下。

鼓泡区　气-液传质有效区。

溢流区　降液管与受液盘所占区域。

破沫区　安定区，避免液体大量夹带泡沫进入降液管。

$$D < 1.5\text{m}, \quad W_s = 60 \sim 75\text{mm}; \quad D > 1.5\text{m}, \quad W_s = 80 \sim 100\text{mm}$$

无效区 边缘区，供支撑塔板的边梁之用。

小塔 $W_c = 30 \sim 50\text{mm}$

大塔 $W_c = 50 \sim 75\text{mm}$

f. 浮阀的数目与排列

阀孔数目 阀孔气速与每层板上的阀孔数 N 的关系为

$$N = \frac{V_s}{\frac{\pi}{4} d_o^2 u_o}$$

其中阀孔直径 $d_o = 0.039\text{m}$。

阀孔排列 即同一排阀孔中心距。

等边三角形排列
$$t = d_o \sqrt{\frac{0.907 A_a}{A_o}}$$

等腰三角形排列
$$t = \frac{A_a}{N t'}$$

开孔区面积，对于单溢流塔板

$$A_a = 2\left(x\sqrt{R^2 - x^2} + \frac{\pi}{180} R^2 \arcsin \frac{x}{R}\right)$$

式中，$x = \frac{D}{2} - (W_d + W_s)$，m；$R = \frac{D}{2} - W_c$，m。

（2）浮阀塔板的流体力学验算

① 气体通过一层浮阀塔板的压力降

$$\Delta p_p = \Delta p_c + \Delta p_1 + \Delta p_\sigma$$

即压降由干板阻力（Δp_c）、板上充气液层阻力（Δp_1）、液体表面张力造成的阻力（Δp_σ）三部分构成。每部分阻力可通过相应公式进行计算。

若塔板阻力过大，可通过增加开孔率或降低堰高进行调节。

每块塔板阻力的经验值范围：常压、加压塔为 $265 \sim 530\text{Pa}$，减压塔为 200Pa。

② 液泛 $H_d = h_p + h_L + h_d$

塔板上不设进口堰
$$h_d = 0.153\left(\frac{L_s}{l_w h_o}\right)^2 = 0.153 u_o'^2$$

塔板上设有进口堰
$$h_d = 0.2\left(\frac{L_s}{l_w h_o}\right)^2 = 0.2 u_o'^2$$

为了防止液泛，应保证降液管中泡沫液体总高度不超过上层塔板的出口堰，即

$$H_d \leqslant \phi(H_T + h_w)$$

③ 雾沫夹带 泛点率是操作时空塔气速与发生液泛时的空塔气速的比值，是用来估算雾沫夹带量的指标。

在下列泛点率范围内，一般可保证 $e_V < 0.1\text{kg}$ 液/kg 气。

$$\text{泛点率} = \frac{V_s\sqrt{\frac{\rho_V}{\rho_L - \rho_V}} + 1.36 L_s}{K C_F A_b} \times 100\% \quad \text{或} \quad \text{泛点率} = \frac{V_s\sqrt{\frac{\rho_V}{\rho_L - \rho_V}}}{0.78 K C_F A_T} \times 100\%$$

如若超过允许值，可调整塔板间距或塔径。

④ 漏液　取阀孔动能因数 $F_0 = 5 \sim 6$ 作为控制漏液量的操作下限，此时漏液量接近 10%。如漏液量较大，可减小开孔率或降低堰高。

7.2.2　夯实基础题

一、填空题

1. 板式塔从总体上看气-液两相呈_____接触，在板上气-液两相呈_____接触。板式塔不正常操作现象通常有_____，_____和_____。

2. 从塔板水力学性能的角度来看，引起塔板效率不高的原因，可能是_____、_____和_____等现象（至少列举三条）。

3. 为了保证塔板上有一定的液层高度，一般塔设备中塔板上会设置_____。

4. 在板式塔内，气相通量的上限受_____和_____限制；液相通量受_____限制。

5. 气液传质的塔板上，液面落差过大将造成_____和_____。板式塔中液面落差 Δ 表示_____。为了减少液面落差，设计时可采用的措施是_____。

6. 塔板上液体流量越大，则板上的液面落差越_____，堰上的液层高度越_____，液体在降液管中的停留时间越_____。

7. 塔板负荷性能图中有_____条线，分别是_____、_____、_____、_____、_____。

8. 评价塔设备性能的主要指标有_____、_____和_____等。

9. 筛板塔的操作方式为_____，正常操作时，液相为_____相，气相为_____相。

10. 气体通过塔板的阻力视为_____阻力与_____阻力之和。

11. 筛板塔设计中，板间距 H_T 设计偏大的优点是_____；缺点是_____。

12. 评价塔板性能的标准是_____、_____、_____、_____、_____。

13. 在板式塔设计中，减小降液管面积，负荷性能图中有关曲线的变化趋势是：液相上限线_____，雾沫夹带线_____，漏液线_____。

二、选择题

1. 在下面三种塔板中，操作弹性最大的是（　　），单板压降最小的是（　　），综合性能最好的是（　　），造价最低的是（　　）。
A. 浮阀塔　　　　　B. 筛板塔　　　　　C. 泡罩塔

2. 下列叙述中是浮阀塔的优点的是（　　）。
A. 生产能力大　　　　B. 操作弹性大　　　　C. 塔板效率较高
D. 塔板结构及安装较泡罩简单，重量较轻
E. 设备结构比筛板塔简单
F. 阀片在操作中很稳固，没有脱落的隐患

3. 板式塔塔板的漏液主要与（　　）有关，雾沫夹带主要与（　　）有关，液泛主要与（　　）有关。
A. 空塔气速　　　B. 液体流量　　　C. 板上液面落差　　　D. 塔板间距

4. 降液管内液体表观停留时间不得少于 3～5s 的限制，是为了（　　）。

A. 气-液有足够时间分离　　　　　　B. 气-液有足够时间传质

C. 气体流动阻力不够大　　　　　　D. 流体流动时间不够大

5. 塔板上设置入口安定区的目的是（　　），设置出口安定区的目的是（　　）。

A. 防止气体进入降液管　　　　　　B. 避免严重的雾沫夹带

C. 防止越堰液体的气体夹带量过大　　D. 避免板上液流不均匀

6. 下列情况（　　）不是诱发降液管液泛的原因。

A. 液、气负荷过大　　　　　　　　B. 过量雾沫夹带

C. 塔板间距过小　　　　　　　　　D. 过量漏液

7. 板式塔的种类繁多，按照液体流动形式，可分为（　　）和单溢流型两类。

A. 逆流型　　　　B. 三溢流型　　　　C. 多溢流型　　　　D. 双溢流型

8. 指出下列哪些属于筛板精馏塔的设计参数？（　　）

A. t/d（孔间距/孔距）　　B. n（孔数）　　C. h（板上清液层高度）

D. A（降液管面积）　　E. u（孔速）　　F. h_0（底隙高）

G. W_s（破沫区宽）　　　H. d_0（孔径）　　I. W_c（边缘区宽）

9. 在平直溢流堰高 h_w 与底隙高度 h_0 的选择中哪种正确？（　　）

A. $h_w > h_0$　　　　　　　B. $h_0 > h_w$　　　　　C. $h_0 = h_w$

D. $h_w - h_0$ 不小于 6mm　　E. h_0 一般不小于 20～25mm

10. 气、液传质设备中，泛点气速应随液相量的增加而（　　）。

A. 下降　　　　　B. 不变　　　　　　C. 增加　　　　　D. 不确定

11. 浮阀塔板的结构特点是在塔板上开有若干个（　　）。

A. 阀腿　　　　　B. 阀孔　　　　　　C. 阀片　　　　　D. 阀眼

12. 浮阀塔板是对泡罩塔板的改进，取消了（　　），在塔板开孔上方设置了浮阀，浮阀可根据气体的流量自行调节开度。

A. 升气管　　　　B. 进气管　　　　　C. 阀孔　　　　　D. 筛孔

13. 以下说法正确的是（　　）。

A. 浮阀塔低气速时塔板效率有所下降　　B. 浮阀塔阀片有卡死和吹脱的可能

C. 浮阀塔比筛板塔的操作弹性小　　　　D. 浮阀塔比泡罩塔的塔板压力降小

14. 以下各因素中不会诱发降液管液泛的原因是（　　）。

A. 液、气负荷过大　　B. 过量雾沫夹带　　C. 塔板间距过小　　D. 塔径过大

15. 在浮阀塔设计中，哪些因素考虑不周时，则塔易发生降液管液泛？（　　）

A. 开孔率过小或气速过大　　　　　　B. 浮阀的排列方式

C. 降液管截面积太小　　　　　　　　D. 板间距过小

三、简答题

1. 什么叫漏液？漏液有何危害？

2. 什么叫淹塔？影响淹塔的因素有哪些？

3. 简述什么是气-液传质板式塔操作中的转相点？

4. 筛板塔的气-液接触状态有哪三种？各有什么特点？

5. 板式塔的设计意图是什么？对传质过程有利的理想流动条件是什么？

6. 夹带液泛和溢流液泛有何区别？

7. 为什么实际塔板的默弗里板效率会大于1？

8. 湿板效率与默弗里板效率的实际意义有何不同？

9. 为什么即使塔内各板效率相等，全塔效率在数值上也不等于板效率？

10. 板式塔内有哪些主要的非理想流动？

【参考答案与解析】

一、填空题

1. 逆流；错流；过量液沫（雾沫）夹带；溢流液泛（或液泛）；严重漏液。

2. 过量雾沫夹带；严重漏液；气流或液流分布不均。

3. 溢流堰。 4. 过量雾沫夹带；溢流液泛；液体在降液管内停留时间。

5. 漏液；气速不均；塔板进、出口侧的清液高度差；采用双流型或多流型塔板结构。

6. 大；高；短。

7. 5；液相负荷上限线；液相负荷下限线；漏液线；雾沫夹带线；液泛线。

8. 通量；分离效率；适应能力。 9. 逐级接触逆流操作；连续；分散。

10. 气体通过干板；气体通过液层。

11. 液沫夹带少，不易造成降液管液泛，允许气速大，所需塔径小；增加全塔高度。

12. 通过能力大；塔板效率高；塔板压降低；操作弹性大；结构简单制造成本低。

13. 左移；上移；上移。

二、选择题

1. A；B；A；B。 2. A、B、C、D。 3. A、C；A、D；A、B、D。 4. A。

5. A；C。 6. D。 7. D。 8. A、B、D、F、G、H、I。 9. A、D、E。

10. A。 11. B。 12. A。 13. A、B、D。 14. D。 15. A、C、D

三、简答题

1. 对于板面上具有气孔的塔板，如浮阀板和筛板，当气流速度降低，气体通过小孔的动压头可能不足以阻止板上液体经孔道下流，这样便会出现漏液现象。发生漏液时，将影响塔板上气-液相间的充分接触，使塔板效率降低。严重的漏液使塔板上不存在液层，因而无法操作。

2. 通常，在精馏塔内液相靠重力作用自上而下通过降液管而流动，可见液体是从低压部位向高压部位，因此要求降液管中液面必须有足够的高度，以克服两板间的压力降而流动。若气、液两相之一的流量增大时，致使降液管内液体不能顺利下流，管内液体升高到塔板上溢流堰的顶部，于是两板间的液体相连通，导致塔内积液，这种现象称为淹塔。

影响淹塔的因素除气、液相流量外，还有塔板结构，特别是板距。

3. 在气-液传质板式塔操作中，由泡沫状转为喷射状的临界点称为转相点。

4. 鼓泡状，气量低，气泡数量少，液层清晰；泡沫状，气量大，液体大部分以液膜形式存在于气泡之间，但仍为连续相；喷射状，气量很大，液体以液滴形式存在，气相为连续相。

5. 气-液两相在塔板上充分接触；总体上气-液逆流，提供最大推动力，每块板上均匀错流。

6. 夹带液泛是过量液沫夹带引起，而溢流液泛是由溢流管降液困难造成的。

7. 实际塔板上液体并不是完全混合的，而理论塔板的定义是以液体完全返混为基础的。

8. 前者考虑了液沫夹带对板效率的影响，可用表观操作线进行问题的图解求算，而后者没有。

9. 因为两者定义基准不同，全塔效率以所需理论板数为基准定义的，而板效率是以单板理论增浓度为基准定义的。

10. 空间上的反向流动：液沫夹带、气泡夹带；空间上的不均匀流动：气体的不均匀流动、液体的不均匀流动。

7.2.3　灵活应用题

一、填空题

1. 在设计筛板塔时，若将塔径增加，则液泛线_____；若增加降液管面积，则雾沫夹带线_____。（上移，下移，不变）

2. 对正常操作的塔，在同样空塔气速和液流量下，塔板开孔率增加，其雾沫夹带线_____（上升、下降、不变）；压力降_____；其漏液量可能_____。（增加，减小，不可能变）

3. 在一定的液相流量下，随着气速的增加，塔板上气-液两相可能出现四种不同的接触状态，分别为_____、_____、_____和喷射状。在喷射状态下，气相为_____相，液相为_____相。良好的接触状态是_____和_____，一般操作时控制在_____状态。

4. 塔板结构设计时，溢流堰长 l_w 应当适当，过长则会_____，过短则会_____。

5. 在筛板塔的设计中，塔径 D、孔径 d_o、孔间距 t 一定，若增加溢流堰长度 l_w，则组成负荷性能图的液相上限线_____，雾沫夹带线_____，溢流液泛线_____，漏液线_____。（上移，下移，左移，右移，不变）

二、选择题

1. 浮阀塔与泡罩塔比较，其最主要的一个改进是（　　）。

A. 简化塔板结构　　　　　　　B. 形成可变气道，拓宽高效操作区域

C. 提高塔板效率　　　　　　　D. 增大气-液负荷

2. 在板式塔设计中，加大板间距，负荷性能图中有关曲线的变化趋势是：雾沫夹带线（　　），液泛线（　　），漏液线（　　）。

A. 上移　　　　　　B. 下移　　　　　　C. 不变　　　　　　D. 不确定

3. 塔板开孔率过大，会引起（　　）。

A. 降液管液泛　　　B. 漏液严重　　　C. 板压降上升　　　D. 雾沫夹带过量

4. 在板式精馏塔的操作过程中，若上升气速过大，则（　　）。

A. 造成过量雾沫夹带　　　　　　B. 会引起漏液

C. 会引起液泛　　　　　　　　　D. 会造成过量的气泡夹带

5. 当塔板操作上限是过量雾沫夹带时，提高操作弹性，可采取（　　）措施。

A. 增加降液管　　　B. 增加堰高　　　C. 增加板间距　　　D. 增加堰长

6. 某板式塔的降液管面积为 $0.2m^2$，板间距为 $300mm$，液相负荷为 $150m^3/h$。该塔盘在操作中可能发生（　　）。

A. 淹塔　　　B. 过量雾沫夹带　　　C. 漏液　　　D. 过量气泡夹带

7. 某筛板精馏塔在操作一段时间后，分离效率降低，且全塔压降增加，其原因及应采取的措施是（　　）。

A. 塔板受腐蚀，孔径增大，产生漏液，应增加塔釜热负荷

B. 筛孔被堵塞，孔径减小，孔速增加，雾沫夹带严重，应降低负荷操作

C. 塔板脱落，理论板数减少，应停工检修

D. 降液管折断，气体短路，需要更换降液管

8. 若塔的传质效率预测偏高，那么生产操作的时候会发生什么现象？（　　）

A. 塔顶温度偏高　　　　　　　　　　B. 塔顶温度偏低

C. 塔顶压力偏高　　　　　　　　　　D. 塔顶压力偏低

9. 在常压精馏塔中，以下哪种情况应采取齿形堰？（　　）

A. 堰上液层高度 $h_{ow} < 10mm$　　　　B. 堰上液层高度 $h_{ow} < 6mm$

C. 板上液层高度 $h_L > 0.1m$　　　　　D. 板上液层高度 $0.5m < h_L < 0.1m$

10. 如果塔压力降过高，产生这种现象的原因可能有（　　）。

A. 气-液流动有阻塞点　　　　　　　B. 塔内件的设计、制造、安装存在问题

C. 气相流动速率的改变　　　　　　　D. 雾沫夹带现象严重

三、简答题

1. 如图 7-8 所示为两塔板的负荷性能图，图中的适宜操作区是由漏液线、气相负荷上限线、液相负荷上限线和液相负荷下限线所围成的区域，而液泛线在适宜操作区之上，是不是意味着该塔板不会发生液泛？

2. 什么系统喷射状态操作有利？什么系统泡沫状态操作有利？

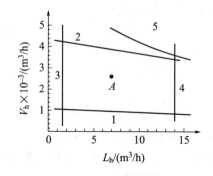

图 7-8　负荷性能图

【参考答案与解析】

一、填空题

1. 上移；下移。**解析**：若将塔径增加，而上升气体量不变，根据 $V = \dfrac{\pi}{4}D^2u \to u =$

$\sqrt{\dfrac{4V}{\pi D^2}}$，可以得到 D 变大，空塔气速减小，所以不易引起液泛，因此液泛线上移；降液管面积增加，使得板上液层高度下降，因此同样的上升气速容易将板上液体带入上层，即容易发生雾沫夹带（也可这么理解：降液管面积增加，导致开孔面积下降，气量不变的前提下气速会增大，变得容易发生雾沫夹带）。

2. 上升；减小；增加。

3. 鼓泡状；蜂窝状；泡沫状；连续；分散；泡沫状；喷射状；泡沫。

4. 降低塔板面积的有效利用率，使塔板上液流分布不均；降液管截面积过小。

5. 右移；下移；下移；上移。**解析**：若增加溢流堰长度，则溢流管截面积增加，而同时开孔数相对下降。而溢流管截面积增加，则液体通过降液管的流量也会相对增加，因此液相上限线会右移；而溢流管截面积增加，开孔数下降，上升气速相对增加，因此液滴容易被气体带入上层塔板，即容易发生雾沫夹带，则雾沫夹带线下移；同理，可以得出溢流液泛线下移；开孔数减小，说明不易发生漏液，因此漏液线下移。

二、选择题

1. B。　2. A；A；C。　3. B。

4. A、C。**解析**：若上升气速过大，上升气体容易将板上液体带入上层板，即易造成过量雾沫夹带；若液体大量地被带入上层，即会引起液泛。而气泡夹带是指液体流过塔盘，与气体接触后由降液管流至下层塔盘，液体流入降液管时常带有大量的气泡，在降液管中停留足够时间，使得泡沫分离成气体与清液，气体上升回至上层塔盘；如果液相负荷增加，液体在降液管中流速增加，停留时间很短，液体中夹带的气泡来不及分离就被带入下层塔盘。因此上升气速增加不会造成过量气泡夹带。而为了避免气泡夹带主要方法是控制回流液量

5. C。

6. D。**解析**：为了防止气泡夹带，液体在降液管停留时间 $\dfrac{3600A_{\mathrm{f}}H_{\mathrm{T}}}{L_{\mathrm{h}}}\geqslant 3\sim 5\mathrm{s}$，因此根据公式代入数据 $\theta=\dfrac{3600A_{\mathrm{f}}H_{\mathrm{T}}}{L_{\mathrm{h}}}=\dfrac{3600\times 0.2\times 0.3}{150}=1.44\mathrm{s}<3\sim 5\mathrm{s}$，故会发生过量气泡夹带。

7. B。　8. A。　9. B、D。　10. A、B、C、D。

三、简答题

1. 不是的，对于任何塔板，只要气-液负荷足够大，都会发生液泛。在图中，液泛线在适宜操作区之上，只是说明当气速增大时，在发生液泛之前，塔板的液沫夹带已非常严重了，即液沫夹带量 e_{V} 已超过 0.1kg 液/kg 气的界限，这在实际生产操作中是不允许的。若再增大气相负荷，液沫夹带量将进一步增大，最终必将导致液泛的发生，这在生产中更应加以禁止。

2. 用 x 表示重组分摩尔分数，且重组分从气相传至液相时，喷射状态对负系统有利，泡沫状态对正系统有利。

解析：在泡沫接触状态下，气泡密集，板上液体呈液膜状态而介于气泡之间。在传质过程中，液膜是否稳定左右着实际相界面的大小。如果液膜不稳定，则易被撕裂而发生气泡的合并，相界面将减少。现设有液膜，其表面张力为 σ。若液膜的某一局部发生质量传递，该处膜厚减薄，轻组分浓度减小，重组分浓度增加，表面张力发生变化。对于重组分表面张力小于轻组分表面张力的物系，局部传质处的表面张力 σ' 将小于 σ，液体被拉向四周，导致液膜破裂、气泡合并。反之，对于重组分表面张力大于轻组分表面张力的物系，局部蒸发处的表面张力 σ' 将大于 σ，可吸引周围的液体，使液膜得以恢复，液膜比较稳定。因此，重组分表面张力较大的物系，宜采用"泡沫状态"。若以 x 表示重组分摩尔分数，这种物系的 $\dfrac{\mathrm{d}\sigma}{\mathrm{d}x}>0$，称为正系统。

在喷射状态中，液相被分散成液滴而形成界面。与泡沫接触状态中的液膜相反，此时，液滴的稳定性越差，液滴越容易分裂，相界面越大。由于局部质量传递，液滴表面的

某个局部出现缺口，此处重组分摩尔分数增加，表面张力发生变化。对于正系统，缺口处的表面张力 σ' 将大于 σ，缺口得以弥合，液滴稳定不易分裂。对于重组分表面张力小于轻组分表面张力的物系，缺口处的表面张力 σ' 将小于 σ，缺口将自动扩展加深，导致液滴分裂。因此，重组分表面张力较小的物系，宜采用喷射接触状态。同样，若以 x 表示重组分摩尔分数，这种物系的 $\dfrac{d\sigma}{dx}<0$，称为负系统。

总之，正系统的液滴或液膜的稳定性皆好，宜采用泡沫接触状态而不宜采用喷射状态；负系统的液滴或液膜稳定性差，宜采用喷射接触状态而不宜采用泡沫接触状态。

7.3 填料塔

7.3.1 概念梳理

1. 填料塔的特点　结构简单，生产能力大；分离效率高，持液量小；操作弹性大，压降低；可处理腐蚀性物料；特别适用于真空精馏；造价高；不易处理含有悬浮物的原料、易聚合的物料；不适宜有侧线出料的场合。

2. 填料

（1）填料特性

① 比表面积 σ　单位体积填料层的填料表面积，m^2/m^3。

$$\sigma\uparrow\longrightarrow 传质面积\uparrow\longrightarrow 传质效率\uparrow$$

$$\sigma\uparrow\longrightarrow 流动阻力\uparrow\longrightarrow 生产能力\downarrow$$

② 空隙率 ε　单位体积填料层的空隙体积，m^3/m^3。

$$\varepsilon\uparrow\longrightarrow 流动阻力\downarrow\longrightarrow 塔压降\downarrow\longrightarrow 生产能力\uparrow$$

$$\varepsilon\uparrow\longrightarrow 流动阻力\downarrow\longrightarrow 传质效果\downarrow$$

③ 填料因子　有干填料因子 $\dfrac{\sigma}{\varepsilon^3}$ 和湿填料因子 Φ 两种表达形式。

$$\Phi\downarrow\longrightarrow \sigma\downarrow\longrightarrow 流动阻力\downarrow\longrightarrow 生产能力\uparrow$$

$$\Phi\downarrow\longrightarrow \varepsilon\uparrow\longrightarrow 流动阻力\downarrow\longrightarrow 传质效率\downarrow$$

选择填料原则：一般要求比表面积及空隙率要大，填料的润湿性能好，单位体积填料的质量轻，造价低，并有足够的机械强度。

（2）填料类型

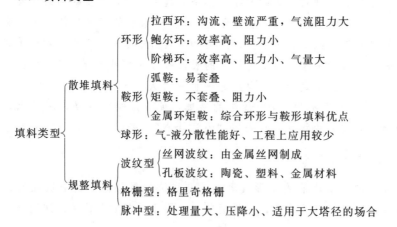

　动画
● 散堆填料
● 规整填料

3. 填料塔的流体力学性能与操作特性

(1) 填料塔的流体力学性能

① 填料层的持液量　总持液量 H_t＝静持液量 H_S＋动持液量 H_C

静持液量取决于填料和液体特性；动持液量取决于填料、液体特性以及气、液负荷。

$$H_t\uparrow \longrightarrow \varepsilon\downarrow \longrightarrow 填料层压降\uparrow \longrightarrow \begin{cases} 生产能力\downarrow \\ 传质效率\uparrow \end{cases}$$

适当的持液量对操作的稳定性与传质是有利的，但持液量过大，将导致填料层的压力降增大，生产能力降低。

② 气体通过填料层的压力降　压力降是塔设计中的重要参数，气体通过填料层压力降的大小决定了塔的动力消耗。填料层的 $\Delta p/Z$-u 关系图见图 7-9。

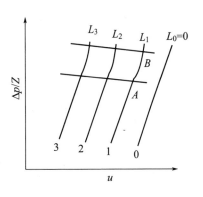

图 7-9　填料层的 $\Delta p/Z$-u 关系图

(2) 填料塔的操作特性

① 填料塔内的气-液分布　气-液两相的均匀分布是填料塔设计与操作中十分重要的问题。

$$\begin{cases} 初始分布：取决于分布装置的设计 \\ 动态分布：取决于操作条件、填料的类型与规格、填料充填的均匀程度、塔安装的 \\ \qquad\qquad 垂直度、塔的直径等 \end{cases}$$

② 液泛

a. 填料塔的液泛现象　液泛时的空塔气速即泛点气速 u_F。在泛点气速下，持液量的增多使液相由分散相变为连续相，而气相则由连续相变为分散相，此时气体呈气泡形式通过液层，气流出现脉动，液体被带出塔顶，塔的操作极不稳定，甚至被破坏，此种现象称为液泛。

b. 影响液泛的因素

填料特性：$\Phi\downarrow \longrightarrow u_F\uparrow$

流体物性：$\rho_L\uparrow \longrightarrow u_F\uparrow$；$\rho_V\uparrow \longrightarrow u_F\downarrow$；$\mu_L\uparrow \longrightarrow u_F\downarrow$

液气比：$\dfrac{w_L}{w_V}\uparrow \longrightarrow u_F\downarrow$

🖥 动画

填料塔液泛

目前工程设计中广泛采用埃克特通用关联图来计算填料塔的压力降及泛点气速。

③ 填料的润湿性能和液体喷淋密度　单位塔截面积上单位时间内喷淋的液体体积称为液体喷淋密度。

$$U=\frac{3600q_{V,L}}{\Omega}$$

最小液体喷淋密度　　　　　　$$U_{min}=(L_w)_{min}\sigma$$

若喷淋密度过小，可采用的措施：增大回流比、液体再循环、减小塔径、适当增加填料层高度。

④ 返混　气-液两相在塔内的逆流并非理想的活塞流状态，存在不同程度的返混。

返混的影响：传质推动力变小，传质效率降低$\longrightarrow$放大效应。

造成返混现象的原因：填料层内的气-液分布不均、气体和液体在填料层内的沟流、气-液的湍流脉动使气-液微团停留时间不一致。

4. 填料塔的设计计算

（1）塔径 $D = \sqrt{\dfrac{4V_s}{\pi u}}$，空塔气速 $u = (0.5 \sim 0.85)u_{max}$，式中，$u_{max}$ 为泛点气速。泛点率为空塔气速与泛点气速之比。

（2）填料层的有效高度

① 传质单元法　填料层高度＝传质单元高度×传质单元数

② 等板高度法　填料层高度 Z＝理论板层数 N_T×等板高度 HETP

等板高度是与一层理论塔板的传质作用相当的填料层高度。

有效高度的影响因素：填料的类型与尺寸、系统物性、操作条件、设备尺寸等。

③ 填料层的分段　塔内液体在填料层里自上而下流动时，由于壁流效应，有可能导致塔内中间部位的填料出现"干区"，从而失去提供气-液传质场所的功能。因此填料每隔一定高度需要分段、设置液体再分布装置。具体分段高度可参见各教材及塔设备设计手册。一般来说，散装填料的壁流效应大于规整填料。

5. 填料塔的内件

（1）填料支撑装置

① 作用：支撑塔内填料床层。

② 种类：栅板型、孔管型、驼峰型等。

③ 要求：具有足够强度与刚度；具有大于填料层空隙率的开孔率，防止在此首先发生液泛；结构需合理。

（2）填料压紧装置

① 作用：防止在高压力降、瞬时负荷波动等情况下填料床层发生松动和跳动，保持填料床层均匀一致的空隙结构。

② 种类：填料压板与床层限制板。

（3）液体分布装置

① 作用：使液体均匀分布。

② 种类：喷头式、盘式筛孔型、排管式等。

③ 要求：操作弹性大，适应性好；具有与填料相匹配的分液点密度和均匀的分布质量；为气体提供尽可能大的自由截面率，阻力小；结构合理。

（4）液体收集及再分布装置

① 作用：塔内液体有偏向塔壁流动的壁流现象，因此在塔内安装液体再分布装置，重新汇集液体并引向塔中央区域。

② 种类：截锥式再分布器与斜板式液体收集器。

動画
· 填料支撑和压紧装置
· 液体收集及再分布装置

7.3.2　夯实基础题

一、填空题

1. 填料的几何特性参数主要包括_____、_____、_____等。

2. 通常根据_____、_____及_____三要素衡量填料性能的优劣。

3. 填料塔的流体力学性能常用_____曲线表示，该曲线上有两个折点，上转折点是_____，下转折点是_____。填料操作压降线大致分为三个区域，即_____、_____和_____，填料塔操作时应控制在_____区域。

4. 填料塔设计时，空塔气速一般取_____气速的 50%～85%，理由是_____。

5. 当填料塔操作气速达到泛点气速时，_____充满全塔空隙并在塔顶形成_____，因而_____急剧升高。

6. 填料塔是连续接触式气-液传质设备，塔内_____为分散相，_____为连续相，为保证操作过程中两相的良好接触，故填料吸收塔顶部要有良好的_____装置。

7. 若填料层高度较高，为了有效湿润填料，塔内应设置_____装置。一般而言，填料塔的压降比板式塔压降_____。

8. 在相同的填料层高度和操作条件下，分别采用拉西环、阶梯环、鲍尔环填料进行填料的流体力学性能试验，填料根据压力降大小的排序为_____＜_____＜_____。

9. 对填料塔中的填料，要求其比表面积要大，理由是_____。为使气体通过填料塔的压降小，应选_____大的填料。而当气-液两相在填料塔内逆流接触时，_____是气-液两相的主要传质表面积。

二、选择题

1. 填料因子 Φ 值增加，泛点气速 u_F（　　）。

A. 减小　　　　　　B. 增大　　　　　　C. 不变　　　　　　D. 不确定

2. 某填料的比表面积为 $300m^2/m^3$，空隙率为 97.6%，则该填料的填料因子为（　　）。

A. 323.56　　　　B. 0.003　　　　　C. 322.67　　　　D. 0.00325

3. 填料塔的正常操作区域为（　　）。

A. 载液区　　　　B. 液泛区　　　　C. 恒持液量区　　　D. 任何区域

4. 以下属于散装填料的有（　　），属于规整填料的有（　　）。

A. 格栅填料　　　B. 鲍尔环填料　　C. 矩鞍填料　　　D. 波纹填料

E. 弧鞍填料　　　F. 阶梯环填料　　G. 脉冲填料

5. 填料的静持液量与（　　）有关，动持液量与（　　）有关。

A. 填料特性　　　B. 液体特性　　　C. 气相负荷　　　D. 液体负荷

6. （　　）越小，（　　）越大，越容易发生液泛。

A. 填料因子　　　B. 气体密度　　　C. 液体密度

D. 液体黏度　　　E. 操作液气比

7. 填料塔的直径与（　　）及（　　）有关。

A. 泛点气速　　　B. 空塔气速　　　C. 气体体积流量　　D. 气体质量流量

三、简答题

1. 试绘出填料塔在一定的液体喷淋量下阻力降 Δp 与空塔速度 u 的关系曲线，并对曲线关系加以说明。

2. 填料的主要特性可用哪些特征数字来表示？有哪些常用填料？

3. 何谓等板高度 HETP？

4. 填料塔和板式塔各适用于什么场合的气-液分离操作？

【参考答案与解析】

一、填空题

1. 比表面积；填料因子；空隙率。　2. 效率；通量；压降。

3. $\dfrac{\Delta p}{Z}-u$；泛点；载点；恒持液量区；载液区；液泛区；载液区。

4. 泛点；泛点气速是操作上限。　5. 液体；液层；压降。

6. 液相；气相；液体分布。　7. 液体再分布；小。　8. 阶梯环；鲍尔环；拉西环。

9. 使气-液接触面积大、传质好；空隙率；被润湿的填料表面。

二、选择题

1. A。　2. C。　3. A。　4. B、C、E、F；A、D、G。　5. A、B；A、B、C、D。

6. C；A、B、D、E。　7. B；C。

三、简答题

1. 如附图：B 点为载点，C 点为泛点。

AB 段：从 A 点到 B，u 较小，对填料表面液膜厚度没什么影响，因此填料液量一定；气体从填料空隙通过，随着 u 增加，在对数坐标上，Δp 以一定斜率随之增加。

BC 段：随 u 增加到达 B 点，气体扰动加强，由于上升气流与下降液体间的摩擦力开始阻碍液体顺利下流，使填料层的持液量开始随气速的增加而增加。

CD 段：随 u 增加，塔内持液量大到几乎充满填料空隙，气流流动很不稳定，到达 C 点后，气速稍有波动就会发生严重液泛（Δp 剧增），操作无法进行。

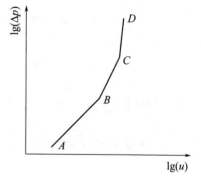

简答题 1 答案附图

2. 比表面积、空隙率、填料的几何形状；拉西环、鲍尔环、弧鞍形填料、矩鞍形填料、阶梯形填料、网体填料。

3. 分离效果相当于一块理论板的填料层高度。

4. 填料塔操作范围小，宜处理不易聚合的清洁物料，不宜中间换热，处理量较小，造价便宜，较宜处理易起泡、腐蚀性、热敏性物料，能适应真空操作；板式塔适合要求操作范围大、易聚合或含固体悬浮物，处理量大，设计要求比较准确的场合。

7.3.3 灵活应用题

1. 对于填料塔的附属结构，以下说法不正确的是（　　）。

A. 支撑板的自由截面积必须大于填料层的自由截面积

B. 液体再分布器可改善壁流效应造成的液体不均匀分布

C. 除沫器是用来除去由填料层顶部逸出的气体中的液滴

D. 液泛不可能发生在支撑板

2. 用填料吸收塔分离某气体混合物，以下说法正确的是（　　）。

A. 气-液两相流动参数相同，填料因子增加，液泛气速减小

B. 气-液两相流动参数相同，填料因子减小，液泛气速减小

C. 填料因子相同，气-液两相流动参数增大，液泛气速减小

D. 填料因子相同，气-液两相流动参数减小，液泛气速减小

3. 以下说法正确的是（　　）。

A. 等板高度是指分离效果相当于 1m 填料的塔板数

B. 填料塔操作时出现液泛对传质无影响

C. 填料层内气体的流动一般处于层流状态

D. 液泛条件下单位高度填料层的压降只取决于填料种类和物系性质

【参考答案与解析】

1. D。　2. A、C。　3. D。

7.4 拓展阅读 立体传质塔板（CTST）

【技术简介】立体传质塔板（CTST）是一种新型的喷射型塔板。这类塔板以矩形开孔，并在上方设置梯形喷射罩，罩的侧面为带筛孔的喷射板，两端为梯形的短板，上部为分离板。喷射板与塔板间存在底隙。由于传质元件整体尺寸较大，高出塔板较多，该塔板的上方区域能够充分传质，且传质过程是连续型、全塔式的。此塔板的最大特点是负荷大、效率高和能耗低[1]。

【工作原理】如图 7-10 所示：①液体自底隙进入罩内，气体自板孔进入喷射罩中，将液体提升拉成液膜贴在喷射罩下侧内壁；②液体被提升到喷射罩上部后一部分上升至分离板，一部分由喷射板上的筛孔喷出罩外；③气体及液滴碰撞到分离板后破碎，气、液一起自罩顶侧面缝隙和侧面筛孔向两侧斜上方喷出；④喷出的气、液与邻罩喷出的气、液相互激烈碰撞。分离板提供了更大的气液传质空间，并使气液两相有效分离，减少了雾沫夹带，因此具有较高的分离效率[2]。由于开孔大且无活动部件，因此特别适合于含固体颗粒及易发生自聚的物料。

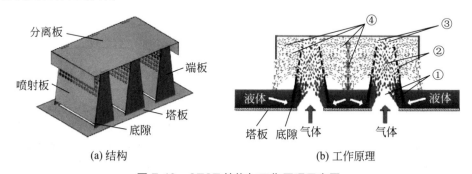

(a) 结构　　　　(b) 工作原理

图 7-10 CTST 结构与工作原理示意图

【应用案例】目前 CTST 广泛应用于常减压蒸馏工艺、催化裂化工艺及污水处理等。现我国已有 500 多家企业的 4000 多套装置成功运行。在传统化工工艺中，可在不改变塔径、塔高、塔外壳的情况下，仅更换为 CTST 塔板就可以提高生产能力，提升产品质量，并带来塔压降低、增加操作弹性等好处。又或是在污水处理中，由于高速气液对喷射孔的冲刷，大大降低了堵塞率。这直接减少设备停产检修频率，增加设备运行周期[3]。也正是工程师们勤于钻研，研发出高效的部件技术，使得改造后的装置获得了更高的经济效益、环境效益和社会效益。化工之路不断扩宽，离不开每一位化工人坚持不懈地探索，更

离不开新一代年轻人为其传递薪火。

　　【发展趋势】虽然 CTST 塔板目前已经取得了明显的效益，但其作用机理仍有一定的探究空间，例如板上的气相流动，板孔气速分布是否均匀等。塔板的模拟分析（CFD 技术）可以大大降低实验重复性、烦琐性，还能深刻分析气液两相传质机理。随着 CFD 技术的发展，CTST 传质模型机理的研究将成为重点。

参考文献

[1] 刘军. 新型立体传质塔板流体力学性能研究 [D]. 上海：华东理工大学，2018.

[2] 李春利，段丛. 立体传质塔板（CTST）高效分离塔板技术进展 [J]. 化工进展，2020，39（06）：2262-2274.

[3] 王治红，胡红，彭琳，等. 立体传质塔板 CTST 研究和应用现状 [J]. 现代化工，2016，36（06）：148-152.

本章符号说明

英文字母

A_a——塔板鼓泡区面积，m^2

A_f——降液管截面积，m^2

A_T——塔截面积，m^2

C——计算 u_{max} 时的负荷系数

d_o——阀孔直径，m

D——塔径，m

h_c——与干板压力降相当的液柱高度，m 液柱

h_d——与流体流过降液管时的压力降相当的液体高度，m 液柱

h_L——板上液层高度，m

h_o——降液管底隙高度，m

h_{ow}——堰上液层高度，m

h_p——与单板压力降相当的液柱高度，m 液柱

h_w——出口堰高度，m

h_w'——进口堰高度，m

N_T——理论板层数

Δp——压力降，Pa

t——孔心距，m

t'——排间距，m

u——空塔气速，m/s

H_T——塔板间距，m

l_w——堰长，m

e_V——雾沫夹带量，kg 液/kg 气

HETP——等板高度，m

L_h——塔内液体流量，m^3/h

L_w——润湿速率，$m^3/(m \cdot s)$

N_P——实际板层数

u_{max}——泛点气速，m/s

U——喷淋密度，$m^3/(m^2 \cdot s)$

u_o——阀孔气速，m/s

V_h——塔内气相流量，m^3/h

w_L——液相质量流量，kg/s

W_c——边缘区宽度，m

W_d——弓形降液管宽度，m

W_s——破沫区宽度，m

Z——塔的有效段高度，m

h_σ——与克服表面张力的压力降相当的液柱高度，m 液柱

希腊字母

Δ——液面落差

ε——空隙率

θ——液体在降液管内停留时间，s

μ——黏度，mPa·s

ρ_L——液相密度，kg/m^3

ρ_V——气相密度，kg/m^3

σ——液体表面张力，N/m；填料层的比表面积，m^2/m^3

Φ——填料因子，1/m

下标

max——最大

min——最小

L——液相

V——气相

第 8 章

液-液萃取

本章知识目标

❖ 理解并掌握部分互溶体系三角形相图;

❖ 理解并掌握部分互溶体系利用三角形相图进行单级萃取计算的方法;

❖ 理解并掌握部分互溶体系利用三角形相图进行多级错流、逆流萃取计算的方法;

❖ 理解 B-S 完全不互溶体系单级萃取、多级萃取的计算(图解法、解析法);

❖ 了解其他常用液-液萃取方式和萃取设备的结构、适用场所。

本章能力目标

❖ 能根据萃取要求进行萃取剂的选择;

❖ 能根据分离要求进行萃取方式的选择;

❖ 能进行液-液萃取的计算;

❖ 能进行萃取设备的选型。

本章素养目标

❖ 培养民族自豪感,能通过了解我国优秀科学家的科研经历及精神厚植民族振兴责任心;

❖ 建立科学方法,能基于图形结合等思维方式解决工程问题。

　　本章重点讨论液-液萃取体系的单组分物理萃取。本章的理论重点是依托三角形相图进行的萃取计算,因此部分互溶体系三角形相图的理解和掌握是基础也是重点。B-S 完全不互溶体系的计算建议与吸收操作的原理进行对比理解和掌握。本章需要重点掌握的公式较少,且各节不设计拓展提升类练习。

本章思维导图 ···

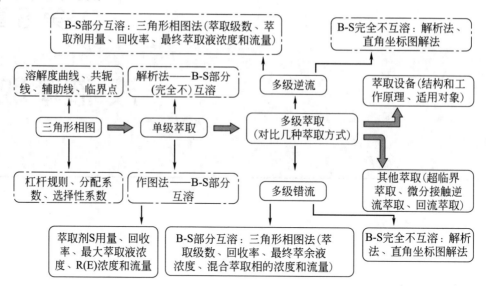

8.1　三元体系的液-液相平衡

8.1.1　概念梳理

1. 液-液萃取机理　液-液萃取是利用液体混合物中各组分在外加溶剂中溶解度的差异而实现分离的一种单元操作。

外加溶剂称为萃取剂，以 S 表示；易溶组分称为溶质，以 A 表示；对另一组分完全不溶解或部分溶解，称为稀释剂（或称原溶剂），以 B 表示。

将一定的溶剂加到被分离的混合物中，采取措施（如搅拌）使原料液和萃取剂充分混合，萃取操作完成后使两液相进行沉降分层，其中含萃取剂 S 多的一相称为萃取相，以 E 表示；含稀释剂 B 多的一相称为萃余相，以 R 表示。

萃取相 E 和萃余相 R 都是均相混合物，为了得到产品 A 并回收溶剂 S，还需对这两相分别进行分离。萃取相和萃余相脱除溶剂后分别得萃取液和萃余液，以 E' 和 R' 表示。萃取过程可连续操作，也可分批进行。

2. 萃取分离的适用场合　混合液中组分的相对挥发度接近于 1 或者形成恒沸物；溶质在混合液中组成很低且为难挥发组分；混合液中有热敏性组分。

3. 溶剂的选择　溶剂与被分离混合物不能完全互溶；溶剂对 A、B 组分具有选择性；溶剂与被分离混合物有密度差；溶剂易于回收。

4. 理论萃取　萃取剂与原溶液充分混合传质，萃取相与萃余相达到相平衡并可彻底分离。

5. 三角形相图

（1）在三角形坐标图中常采用质量分数表示混合物的组成。顶点代表纯组分，三条边代表二元溶液，相图内的点代表三元溶液。

（2）溶解度曲线：如图 8-1 联结 G、R_1、R_2、R_3、R_4、P 及 E_1、E_2、E_3、E_4、L

诸点的曲线为实验温度下该三元物系的溶解度曲线。P 为临界混溶点。

（3）共轭组成：$R_n E_n$ 为联结线，线段两端 R_n、E_n 组成为到达相平衡的共轭组成。

（4）曲线 PL 为辅助线。

（5）组分 B 与 S 的互溶度影响溶解度曲线的形状和分层区面积。B-S 互溶度越小越有利于分离，分层区面积越大，可能得到的萃取液最高组成 y'_{max} 越高。当 B-S 完全不互溶时，整个组成范围内都是两相区。

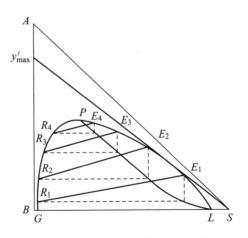

图 8-1　B-S 部分互溶的相图示意

6. 分配系数和分配曲线

（1）分配系数 k　一定温度下，某组分在互相平衡的 E 相与 R 相中的组成之比称为该组分的分配系数。

$$k_A = \frac{y_A}{x_A}, \quad k_B = \frac{y_B}{x_B}$$

溶质 A 的分配系数越大，萃取分离的效果越好。

（2）选择性系数 β　选择性是萃取剂 S 对原料液中两个组分溶解能力的差异。

$$\beta = \frac{\text{A 在萃取相中的质量分数}}{\text{B 在萃取相中的质量分数}} \Big/ \frac{\text{A 在萃余相中的质量分数}}{\text{B 在萃余相中的质量分数}} = \frac{y_A}{y_B} \Big/ \frac{x_A}{x_B} = \frac{k_A}{k_B}$$

选择性系数 β 类似于蒸馏中的相对挥发度 α（均称为分离因子）

$$y'_A = \frac{\beta x'_A}{1 + (\beta - 1) x'_A}$$

7. 杠杆规则　如图 8-2 所示，将 F kg 的原料和 S kg 的萃取剂混合，可得到总量为 M kg 的混合液，在分层区内，任一点 M 所代表的混合液可分为两个共轭液层 R、E。M 点称为和点，R 点与 E 点（F 点与 S 点）称为差点。和点与差点之间的量的关系可用杠杆规则描述，和点与差点应处于同一直线上。

（1）E 相和 R 相的量和线段 $\overline{MR}$ 与 $\overline{ME}$ 成比例

$$\frac{E}{R} = \frac{\overline{MR}}{\overline{ME}}$$

（2）S 的量与 F 的量和线段 $\overline{MF}$ 与 $\overline{MS}$ 成比例

$$\frac{F}{S} = \frac{\overline{MS}}{\overline{MF}}$$

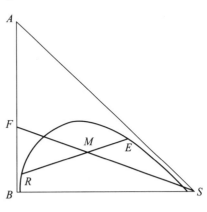

图 8-2　杠杆规则示意

8.1.2 夯实基础题

一、填空与选择题

1. 三元物系可分为以下三种情况，即

① 溶质 A 可完全溶于 B 及 S，但 B 与 S 不互溶；

② 溶质 A 可完全溶于 B 及 S，但 B 与 S 部分互溶；

③ 溶质 A 可完全溶于 B，但 A 与 S 及 B 与 S 部分互溶。

其中液-液萃取中最常见的体系是_____；传质机理类似于单组分物理吸收的是_____。

如图 8-3 所示，P 点组成为：A 占_____，B 占_____，S 占_____。

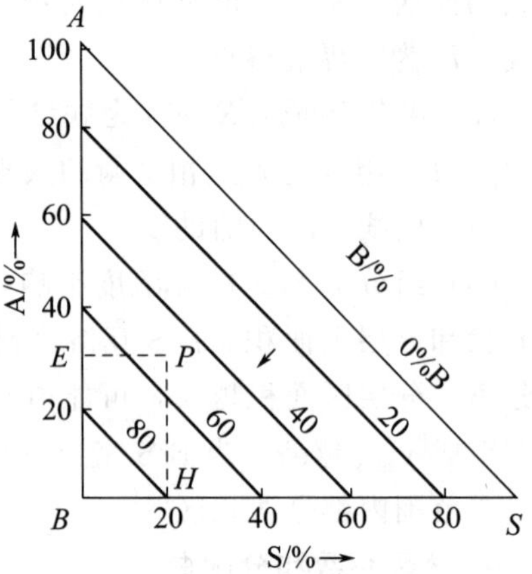

2. 共轭线的意义是_____。对于 B-S 部分互溶的三角形相图，通常情况下共轭线（也称联结线）_____。

A. 倾斜方向一致，但不平行 　　B. 倾斜方向一致，且互相平行

C. 倾斜方向不一致，但互不相交 　　D. 倾斜方向不一致，且可能相交

3. 如图 8-4 所示，T_1、T_2、T_3 的关系为_____；随着温度的升高，B-S 的互溶度_____，在图中表现为_____。一定温度下在萃取操作的 B-S 部分互溶物系中加入溶质 A 组分，将使 B-S 互溶度_____。

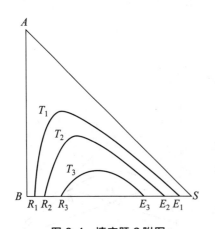

图 8-4　填空题 3 附图

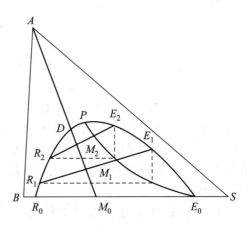

图 8-5　填空题 4、5 附图

图 8-3 附近：

图 8-3　填空题 1 附图

A—溶质；B—稀释剂；S—萃取剂

4. 如图 8-5，将一定量纯的溶剂 B、S 混合在一起，充分搅拌、静止后分层，R 相落在_____点，E 相落在_____点；当 B、S 投放量不同，R、E 相浓度_____，改变的是_____的位置；当溶质 A 加入 BS 混合液并充分搅拌、静止，液体混合物会_____，R、E 相的量可通过_____计算，加入的 A 的量逐渐增大直到_____点后，溶液进入均相区，因此_____点就是在此 B、S 质量配比下的混溶点。而临界混溶点 P 与 D 点的区别在于：通过 P 点的联结线的长度_____，共轭相组成浓度_____。

5. 如图 8-5 所示，M_1 点的联结线的斜率＞0，则分配系数 k_A ＿＿＿ 1，y_A ＿＿＿ x_A（＞、＜、＝），联结线斜率越大，则分配系数的值越＿＿＿（大、小），萃取分离的效果越好，同一物系，其值随温度和组成而变；该点的选择性系数 β ＿＿＿ 1（＞、＜、＝）。

6. 辅助线的作用是＿＿＿＿＿＿＿＿＿＿＿＿＿＿＿＿＿＿＿＿＿。

7. 萃取分离操作中，萃取剂加入量应使原料和萃取剂的和点 M 位于＿＿＿＿＿。

A. 溶解度曲线上方　　　B. 溶解度曲线上　　　C. 溶解度曲线下方　　　D. 坐标线上

8. 进行萃取操作中，应使溶质 A 的（　　）。

A. 分配系数＞1　　　B. 选择性系数＞1　　　C. 分配系数≤1　　　D. 选择性系数≤1

二、计算题

1. 如图 8-6 所示，已知 R 的量为 100kg，求：（1）差点 E、和点 M 的组成；（2）差点 E、和点 M 的量。

2. B-S 部分互溶情况下三角形相图的示意图如图 8-7 所示。（1）请解释图中主要点、线、面的名称；（2）确定临界混溶点的位置；（3）做出联结线和辅助曲线；（4）求当萃余相中 x_A＝20％时，确定 E 点及 R 点在图中的位置；（5）求此组成下的选择性系数及 A、B 组成的分配系数。

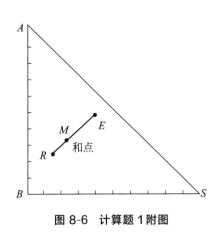

图 8-6　计算题 1 附图

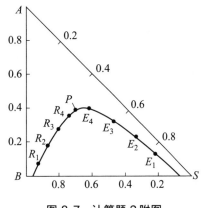

图 8-7　计算题 2 附图

【**参考答案与解析**】

一、填空与选择题

1. ②；①；0.3；0.5；0.2。

2. 共轭线两端与溶解度曲线的交点是一对浓度互为相平衡的组成；A。

3. $T_1 < T_2 < T_3$；增大；单相区面积增大、R 相与 E 相互溶浓度增大；增大。

4. R_0；E_0；不变；和点 M_0；分层；杠杆定律；D；D；无限短（为零）；相同。

5. ＞；＞；大；＞。

6. 求任一平衡液相的共轭相（已知相平衡中一相的组成浓度，可通过辅助线求出与之相平衡的另一相的组成浓度）。

7. C。　　8. B。

二、计算题

1. **解**：（1）E 点组成：A 占 50％，S 占 40％，B 占 10％；M 点组成：A 占 31％，S 占 21％，B 占 48％。

（2）$M=R\dfrac{\overline{RE}}{\overline{ME}}=155.6\text{kg}$，$E=M-R=55.6\text{kg}$

2. **解**：（1）三个顶点分别代表三个纯组分，
AB、AS、BS 线段坐标分别代表两组分 AB、AS、
BS 的浓度关系，三角形相图面内的任一点代表三
种组分混合物的浓度关系。

（2）图中 P 点即临界混溶点。

（3）联结线和辅助曲线见计算题 2 答案附图。

（4）即图中所标注的 E_2、R_2 所在位置。

（5）$k_A=1.25$，$k_B=0.14$，$\beta=8.9$。

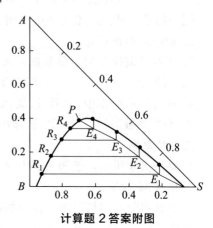

计算题 2 答案附图

8.1.3 灵活应用题

一、填空与选择题

1. 如何通过实验获得三元物系的三角形相图？其中临界混溶点的物理意义
是：_____。

2. 液-液萃取操作中选择性系数与精馏操作中_____相当。

3. 在液-液萃取操作中，溶质 A 的分配系数为 1，则说明该溶液（　　）用萃取方法
分离。若选择性系数为 1，则说明该溶液（　　）用萃取方法分离。

　A. 不能　　　　　　B. 可以　　　　　　C. 不能确定能否

4. 萃取操作中选择性系数趋于无穷出现在_____物系中。

5. 萃取操作中 B 与 S 的互溶度越小，萃取的操作范围越（　　），萃取液最高组成
y'_{max} 越（　　）。

　A. 大　　　　　　　B. 小　　　　　　　C. 不确定　　　　　D. 不变

二、分析题

对于溶剂部分互溶的液-液萃取体系，溶解度曲线见图 8-8，若在操作范围内溶质 A
的分配系数 $k_A=1$，请问是否还能达到萃取的效果？为什么？

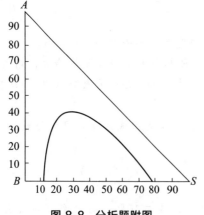

图 8-8　分析题附图

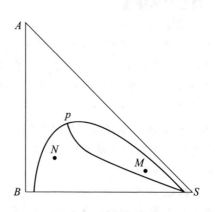

图 8-9　计算题附图

三、计算题

如图 8-9，将已知浓度的两种混合物 N、M，按照 2∶1 的量进行混合，其中 N 为 100kg，求：

（1）相平衡时萃取相和萃余相的浓度及量；

（2）完全脱溶剂后的萃取液、萃余液的组成及量。

【参考答案与解析】

一、填空与选择题

1. 将溶解度曲线分为两部分：靠原溶剂 B 一侧为萃余相部分，靠溶剂 S 一侧为萃取相部分。

2. 相对挥发度。　3. C；A。　4. B 与 S 不互溶。　5. A；A。

二、分析题

能，解释如附图所示。

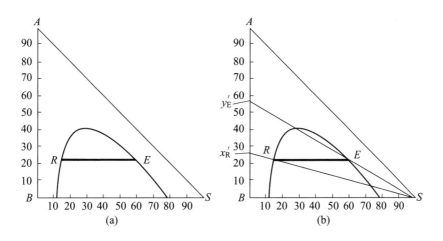

分析题答案附图

$k_A = 1$，联结线示意图如附图（a）所示。在这种情况下 $y_A = x_A$，但是 $k_B < 1$，因此 $\beta = \dfrac{k_A}{k_B} > 1$，仍然可以通过萃取进行分离。

注意：判断萃取能否进行的依据是选择性系数而非分配系数，如附图（b）所示，脱溶剂 S 之后，$y'_A > x'_A$。

三、计算题

解：（1）绘制各点如答案附图。和点 K 的定位依据杠杆定律；利用辅助线，通过试差绘出共轭线 RE。通过读图可知 $y_E = 0.22$，$x_R = 0.07$。由杠杆定律得

$$R = K \times \frac{\overline{KE}}{\overline{RE}} = 150 \times 0.53 = 79.5 \text{kg}$$

$$E = K - R = 150 - 79.5 = 70.5 \text{kg}$$

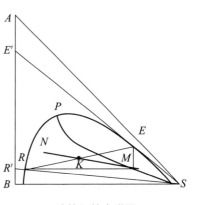

计算题答案附图

（2）过 S、E 做直线交坐标 AB 于 E'，同理做出 R'。由图读数可得萃取液浓度 $y_{E'}=0.805$，萃余液浓度 $x_{R'}=0.097$。由杠杆定律得

$$R' = R \times \frac{\overline{RS}}{\overline{R'S}} = 79.5 \times 0.93 = 73.9 \text{kg}$$

$$E' = E \times \frac{\overline{ES}}{\overline{E'S}} = 70.5 \times 0.29 = 20.4 \text{kg}$$

解析： ①在本题中，$E'y'_E + R'x'_R = Kx_K$，即混合物的 A 组分的量守恒；②在 E'-E-S 和 R'-R-S 这两个杠杆关系中，都不合适用差点 S 来计算完全脱溶剂后的萃取液、萃余液的量，同学们可以思考一下为什么？③由于作图和读图的缘故，每个人的答案可能存在少许不同。

8.2 单级萃取

8.2.1 概念梳理

1. 单级萃取流程 见图 8-10。

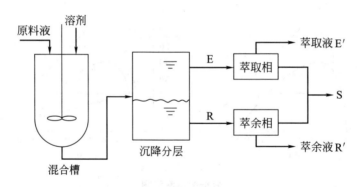

图 8-10 单级萃取流程示意

（1）混合 将定量的溶剂 S 加入原料液 F，混合液组成为点 M。

（2）分层 F、S 充分混合后，混合液沉降分层得到平衡的 E 相和 R 相。

（3）脱溶剂 从 E 相和 R 相中脱除全部溶剂，则得到萃取液 E' 和萃余液 R'。

各个量之间的数量关系可由杠杆规则确定。

2. 单级萃取的计算

（1）**图解法** 在单级萃取操作中，一般需将组成为 x_F 的定量原料液 F 进行分离，并规定萃余相组成不大于 x_R，要求在以上分离条件下计算溶剂 S 用量、理论萃余相 R 及萃取相 E 的量以及萃取相组成 y_E。

首先，根据 x_F 及 x_R 在三角形相图 8-11 上确定点 F 及点 R，过点 R 做联结线 RE 与 FS 线交于 M 点。图中 E' 和 R' 点为从 E 相及 R 相中脱除

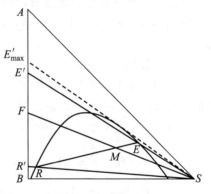

图 8-11 单级萃取在三角形相图中的示意

全部溶剂后的萃取液及萃余液组成坐标点。各流股组成可从相应点直接读出。

$$F+S=E+R=M, \quad S=F\times\frac{\overline{MF}}{\overline{MS}}, \quad E=M\times\frac{\overline{MR}}{\overline{RE}}$$

$$E'+R'=F, \quad E'=F\times\frac{\overline{R'F}}{\overline{R'E'}}$$

（2）**解析法** 单级萃取解析法即根据物料衡算进行解析计算，对 B-S 部分互溶体系，对溶质 A 进行物料衡算，得

$$Fx_F+Sy_S=Ey_E+Rx_R=Mx_M$$
$$F+S=E+R=M$$

联立两式，整理可得
$$E=\frac{M(x_M-x_R)}{y_E-x_R}$$

同理可得
$$E'=\frac{F(x_F-x'_R)}{y'_E-x'_R}, \quad R'=F-E'$$

对组分 B-S 完全不互溶体系，则可用质量比表示相组成的物料衡算式，即

$$BX_F+SY_S=BX_1+SY_1$$

8.2.2 典型例题

【例】 在 25℃下，以水为萃取剂从醋酸（A）-氯仿（B）混合液中单级提取醋酸。已知原料液中醋酸的质量分数为 35％，原料液流量为 2000kg/h，水的流量为 1600kg/h。操作温度下物系的平衡数据如表 8-1 所示。试求：

（1）E 相和 R 相的组成及流量；

（2）萃取液和萃余液的组成和流量；

（3）操作条件下的选择性系数。

▫ **表 8-1 操作温度下物系的平衡数据**（质量分数）

氯仿层（R 相）		水层（E 相）	
醋酸	水	醋酸	水
0.00	0.99	0.00	99.16
6.77	1.38	25.10	73.69
17.72	2.28	44.12	48.58
25.72	4.15	50.18	34.71
27.65	5.20	50.56	31.11
32.08	7.93	49.41	25.39
34.16	10.03	47.87	23.28
42.5	16.5	42.50	16.50

解： 由题给平衡数据，在等腰直角三角形坐标图中绘出溶解度曲线和辅助曲线，以及单级萃取结果，如图 8-12 所示。

（1）E 相和 R 相的组成及流量：根据醋酸在原料液中的质量分数为 35％，在 *AB* 边

上确定点 F，联结点 F、S，按 F、S 的流量依杠杆规则在 FS 线上确定和点 M。

因 E 相和 R 相的组成均未给出，故需借助辅助曲线用试差作图来确定过 M 点的联结线 ER。由图读得两相的组成为

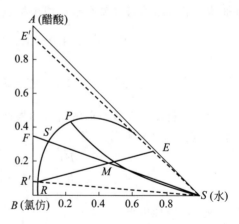

图 8-12 溶解度曲线

E 相 $y_A = 0.27$, $y_S = 0.72$,

         $y_B = 1 - y_A - y_S = 0.01$

R 相 $x_A = 0.07$, $x_S = 0.01$,

         $x_B = 1 - x_A - x_S = 0.92$

由总质量衡算得

$$M = F + S = 2000 + 1600 = 3600 \text{kg/h}$$

从图中测量出 RM 和 RE 的长度，则由杠杆规则可求出 E 相和 R 相的量，即

$$E = M \times \frac{\overline{RM}}{\overline{RE}} = 2228 \text{kg/h}, \quad R = M - E = 3600 - 2228 = 1372 \text{kg/h}$$

（2）萃取液和萃余液的组成和流量   联结点 S、E 并延长 SE 与 AB 边交于 E'，由例题答案附图读得 $y_{E'} = 0.93$；联结点 S、R 并延长 SR 与 AB 边交于 R'，由图读得 $x_{R'} = 0.08$。

萃取液和萃余液的量可通过在 AB 轴上由杠杆定律求得，即

$$E' = F \times \frac{\overline{R'F}}{\overline{R'E'}} = 654 \text{kg/h}, \quad R' = F - E' = 2000 - 654 = 1346 \text{kg/h}$$

（3）选择性系数 β

$$\beta = \frac{k_A}{k_B} = \frac{y_A / x_A}{y_B / x_B} = 355$$

由于该物系的氯仿（B）、水（S）的互溶度很小，所以选择性系数值较高，得到的萃取液 A 组成很高。

8.2.3 夯实基础题

一、选择题

1. 用萃取剂 S 对 A、B 混合液进行单级萃取，保持 F 和 x_F 不变，当萃取剂用量增大，则溶质 A 的萃取相浓度将（   ）、萃取相的量将（   ）。

A. 增大   B. 减小   C. 不变   D. 不一定

2. 对于一定的物系，影响萃取分离效果的主要因素是（   ）与（   ）。

A. 温度   B. 压力   C. 溶剂量   D. 溶剂比

3. 对于某溶剂部分互溶的液-液萃取体系，其可能得到的萃取液最高浓度和（   ）有关；若希望进一步提高萃取液最高浓度，除此之外可以采取的措施是改变（   ）。

A. 温度   B. 压力   C. 溶剂量   D. 溶剂比

E. 萃取剂品种

二、计算题

单级（理论）萃取中，如图 8-13，已知进料中 A 组成 $x_F = 20\%$（质量分数，下同），进料量为 $F = 1000\text{kg/h}$，要求萃取相浓度 $y_E = 30\%$，请计算萃取剂（纯溶剂）用量、萃余相和萃取相的流量。

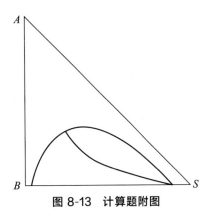
图 8-13 计算题附图

【参考答案与解析】

一、选择题

1. D；A。**解析**：本题第一空有两种情况，条件不同，对应答案也不同：一种情况是临界混溶点在溶解度曲线最高点的左边，这时溶剂量 S 持续增大，y_E 会有先增大后减小的趋势；另一种情况是临界混溶点在溶解度曲线的最高点，那么，随着溶剂量 S 的增大，y_E 会减小，这也是实际操作中比较常见的状况。2. A；D。 3. A；E。

二、计算题

解：由进料、萃取相中 A 组成质量分数可分别确定 F、E 的位置，如答案附图所示，通过辅助线可在已知 E 点位置后确定 R 的位置，线段 FS 和 RE 的交点即和点 M。可见

$$x_R = 0.084$$

根据杠杆规则可确定纯溶剂 S 量

$$S = F \times \frac{\overline{FM}}{\overline{SM}} = 205.1\text{kg/h}$$

$$E = M \times \frac{\overline{RM}}{\overline{RE}} = 301.3\text{kg/h}$$

$$R = M - E = 903.8\text{kg/h}$$

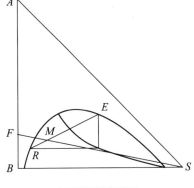
计算题答案附图

8.2.4 灵活应用题

一、选择题

对于如图 8-14 所示相平衡关系，用萃取剂 S 对 A、B 混合液进行单级理论萃取，以下 3 题备选项均为：A. 增加；B. 减少；C. 不变；D. 不一定。

1. 若保持进料的组成、处理量不变，当萃取剂用量增大时，则溶质 A 的浓度在萃余相中（　　），在萃取液中 A 的浓度将（　　），萃取液量与萃余液量之比将（　　），萃取效率将（　　），萃余相的量将（　　）。

2. 若保持原料组成和萃余相组成不变的条件下，用含有少量溶质的萃取剂代替纯溶剂，则萃取相组成将（　　），理论萃取液与萃余液量的比值将（　　）。

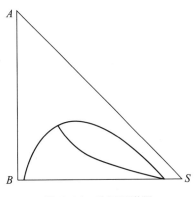
图 8-14 选择题附图

3. 若在维持进料的组成、处理量和萃取相浓度不变的条件下，用含有少量溶质的萃取剂代替纯溶剂，则所得萃余相浓度将（　　），和点中 A 组分的浓度会（　　），萃取剂用量（　　），萃取相的量会（　　），萃余相的量将（　　）。

二、简答题

1. 试在溶剂 B-S 部分互溶体系的单级理论萃取的三角形相图算法中找出所有杠杆规则。

2. 某液-液萃取体系的溶解度曲线如图 8-15 所示，在操作浓度范围内分配系数 $K=1$，已知原料处 A 的质量分数 $x_F=0.3$，请通过作图求：

(1) 若采用纯萃取剂萃取，理论萃取液浓度达到最大时的溶剂比（S/F）；

(2) 承上，用精馏的方法进行脱溶剂，则实际得到的萃取液组成 E_2'、溶剂 S_2' 位置将在图中的哪里？

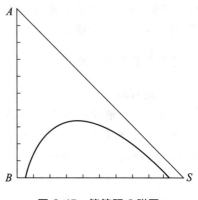

图 8-15　简答题 2 附图

三、计算题

1. 如图 8-16(a) 所示对于单级（理论）萃取，已知原料中 A 的质量分数为 20%，其余为 B，原料处理量为 1000kg/h，理论萃取相中 A 的质量分数为 30%。（1）请通过图 8-16 求出所需的纯萃取剂用量；（2）获得的理论萃取液浓度是多少？（3）理论萃取液的量是多少？（4）何为理论萃取液？（5）如图 8-16(b) 在相同的原料状况及萃余相指标下，将纯溶剂换成混合萃取剂 S'，求 S' 的用量。

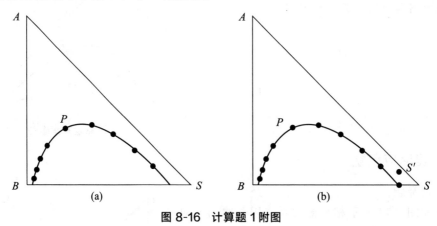

图 8-16　计算题 1 附图

2. 在 25℃下，以水为萃取剂从醋酸（A）－氯仿（B）混合液中单级（理论）提取醋酸。操作条件下 B-S 可视作完全不互溶，且以质量比表示的分配系数 $K=3.4$，原料液中醋酸的质量分数为 35%。要求原料液中醋酸 80% 进入萃取相，试求：（1）纯溶剂操作时的溶剂比 S/B；（2）萃取相与萃余相量的比 E/R。

【参考答案与解析】

一、选择题

1. B；D；A；A；B。**解析**：如本题答案附图所示，当和点在 M' 之左，随着 S 增量，萃取液中 A 的浓度会逐渐增大，直至萃取液的最高组成 $y_{\max}'$，和点过了 M' 之后，随着 S 增量，萃取液中 A 的浓度会逐渐减小。通过 R'、F、E' 这三点的杠杆定律可发现，

E'/R' 的值量随着 S 增大单调增大，即 R' 的量随着 S 增大单调减小，而萃余相中 $x_{R'}$ 也是单调减小，由此而知萃取效率将增大，最后从 R'、R、S 这三点的杠杆规则可知，$R' = R - S$，而萃余相理论脱除的萃取剂量为 $1 - x_S$，因此 $R = R'/(1 - x_S)$，由此可判断 R 量的变化趋势，在此，通过 R、M、E 这三点的杠杆定律是难以判断的。

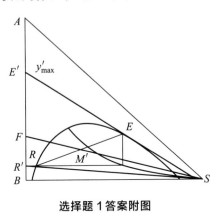

选择题 1 答案附图   选择题 3 答案附图

2. C；C。**解析：** 对于理论萃取，萃余相组成不变，则与之成相平衡的萃取相组成必然也不变；既然 R、E 的位置没有变化，则萃取液与萃余液在 AB 轴上也不会改变，因此其比值不变。

3. C；A；A；A；B。**解析：** 如本题答案附图所示，本题的关键在于将萃取剂改为存在少量 A 组分后，在相图上萃取剂位置由 S 改为 S'，和点由 M 改为 M'。萃取剂用量、萃取相的量分别通过杠杆规则可以推断出变化趋势；对 B 组分可做物料衡算：$E \times y_{BE} + R \times x_{BR} = F \times x_{BF}$，其中萃取相、萃余相中溶解的 B 组分的量分别为 $E \times y_{BE}$、$R \times x_{BR}$，由于萃取相中 B 组分的浓度 y_{BE} 和萃余相中 B 组分的浓度 x_{BR} 都没有改变，但用含有少量溶质的萃取剂代替纯溶剂后萃取相的量 E 增加了，由此可知萃余相的量 R 会减少，也就是说会有更多的 B 组分融入 E 相。

二、简答题

1. 由选择题 1 答案附图可见，存在杠杆关系的点分别有 F-M-S、R-M-E、E'-F-R'、E'-E-S、R'-R-S。其中需要注意的是：

(1) $E' + R' = F$；

(2) 在 E'-E-S、R'-R-S 的杠杆关系中的 S 量都不是萃取剂的总量，E 与 R 中脱出来的萃取剂之和才是萃取中加入的萃取剂总量，在杠杆关系中，S 的位置仅仅代表 S 的组成浓度，不代表 S 的量。

2. (1) 如简答题 2 答案附图(a) 所示，$S/F = \dfrac{\overline{MF}}{\overline{MS}}$。

(2) 经精馏脱溶剂，实际得不到 S 纯组分，根据挥发度的不同，溶剂 S 中多少含有少量的 A 及微量 B，而 E' 中也含有微量 S。但杠杆规则仍然存在，因此 E'_2 和 S'_2 所在位置可以如简答题 2 答案附图(b) 所示。

三、计算题

1. **解：** (1) 见答案附图(a)，可得 $S = F \dfrac{\overline{FM}}{\overline{SM}} = 176.5 \text{kg/h}$

(2) 见答案附图(a) $y_{E'} = 0.63$

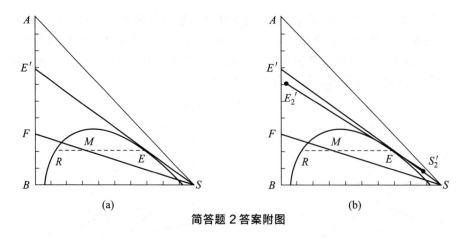

简答题 2 答案附图

（3）见答案附图（a）
$$E' = F \frac{\overline{R'F}}{\overline{R'E'}} = 84.7 \text{kg/h}$$

（4）在萃取相脱溶剂的环节，能将萃取剂 S 与萃取相中的另外两种组分进行彻底的分离，这样得到的萃取液即理论萃取液。

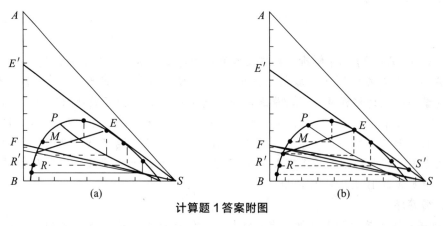

计算题 1 答案附图

（5）见答案附图（b），由于在相同的原料状况及萃余相指标下萃取，故 RE 共轭线位置不变，连接 FS' 交 RE 得和点 M 位置，由此利用杠杆定律得 S'用量，计算方法与（1）相同，在此不再赘述。从图中通过杠杆定律可见，S'的用量会适当增加。

2. **解：**（1）纯溶剂操作时溶剂比 $S/B = 1.176$；
（2）萃取相与萃余相量的比 $E/R = 1.45$。

计算题 2 讲解
完全不互溶体
系单级萃取

8.3　错流萃取和逆流萃取

8.3.1　概念梳理

1. 多级错流接触萃取　多级错流接触萃取操作中，如图 8-17 所示，每级都加入新鲜溶剂，前级的萃余相为后级的原料。这种操作方式与相同操作条件下的单级萃取相比，传质推动力较大，只要级数足够多，最终可得到溶质组成很低的萃余相，但溶剂的用量较多。适用于分配系数较大或萃取剂为水且最终萃余相无需回收等情况。

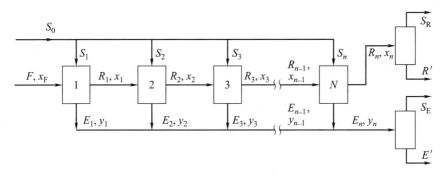

图 8-17　多级错流接触萃取流程示意

（1）**组分 B-S 部分互溶时的三角形坐标图图解法**　多级错流萃取设计型计算中，通常已知 F、x_F 及各级溶剂的用量 S_i，规定最终萃余相组成 x_n，如图 8-18，要求计算理论级数。而错流萃取的每一级的作图法都和一次单级萃取的一样。具体解题方法可见 4.3.2 典型例题 1。

（2）**组分 B-S 不互溶时理论级数的计算**

① 直角坐标图图解法　对于组分 B-S 不互溶体系，溶质在萃取相和萃余相中的组成分别用质量比 $Y(\text{kgA/kgS})$ 和 $X(\text{kgA/kgB})$ 表示，并可在 $X\text{-}Y$ 坐标图上用图解法求解理论级数。

对第 n 级作溶质 A 的衡算，得 $Y_n = -\dfrac{B}{S}X_n + \left(\dfrac{B}{S}X_{n-1} + Y_S\right)$，该式表示了离开任一级的萃取相组成 Y_n 与萃余相组成 X_n 之间的关系，称做操作线方程。

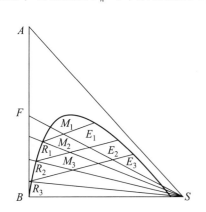

图 8-18　组分 B-S 部分互溶物系三级错流萃取图解法示意

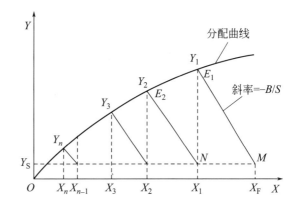

图 8-19　组分 B-S 不互溶物系错流萃取图解法示意

作图步骤（图 8-19）

a. 在直角坐标图上作出分配曲线。

b. 依 X_F 和 Y_S 确定 M 点，以 $-\dfrac{B}{S}$ 为斜率通过 M 点作操作线与分配曲线交于点 E_1。此点坐标即表示离开第一级的萃取相 E_1 和萃余相 R_1 的组成 Y_1 及 X_1。

c. 过 E_1 作垂直线与 $Y=Y_S$ 线交于 $N(X_1,Y_S)$，当各级萃取剂用量相等，各操作线平行。以此类推，直至萃余相组成 X_n 等于或低于指定值为止。重复作操作线的数目即为

所需的理论级数 n。

若各级萃取剂用量不相等，则诸操作线不相平行。

当各级萃取剂用量相等时，要达到一定的分离要求所需萃取剂用量最少。

② 解析法 使用解析法的条件：操作条件下共轭组成关系可表示为 $Y=KX$（K 为以质量比表示相组成的分配系数）。

令 $KS/B=A_{\mathrm{m}}$，A_{m} 称为萃取因子，对应于吸收中的脱吸因子。理论级数为

$$n=\frac{1}{\ln(1+A_{\mathrm{m}})}\ln\left(\frac{X_{\mathrm{F}}-\dfrac{Y_{\mathrm{S}}}{K}}{X_n-\dfrac{Y_{\mathrm{S}}}{K}}\right)$$

2. 多级逆流接触萃取

多级逆流接触萃取操作一般是连续的（见图 8-20），其传质平均推动力大、分离效果高、溶剂用量较少，故在工业中得到广泛应用。

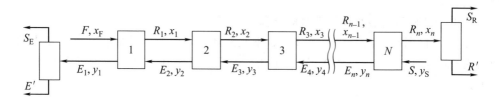

图 8-20 多级逆流接触萃取流程示意

在多级逆流萃取操作中，原料液的流量 F 和组成 x_{F}、最终萃余相中溶质组成 x_n 往往均由工艺条件规定，萃取剂的用量 S 和组成 y_{S} 根据经济因素而定，要求计算萃取所需的理论级数。

（1）组分 B 和 S 部分互溶时理论级数的计算 有利用三角形坐标图和 X-Y 直角坐标系两种解题方法。一般来说，重点要求掌握三角形坐标图的图解法。三角形坐标图解法见图 8-21，具体解题方法可见 8.3.2 典型例题 2。

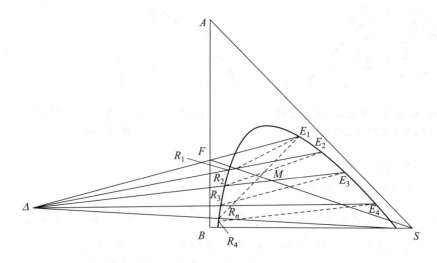

图 8-21 B 和 S 部分互溶物系逆流萃取图解法示意

（2）**组分 B 和 S 完全不互溶时理论级数的计算**

① 在 X-Y 直角坐标图中图解求理论级数　在操作条件下，若分配曲线不为直线，一般在 X-Y 直角坐标图中用图解法进行萃取计算较为方便。此法类似精馏操作求理论板层数。如图 8-22，具体求解步骤如下：

a. 由平衡数据在 X-Y 直角坐标上绘出分配曲线。

b. 在 X-Y 坐标上作出多级逆流萃取的操作线 $Y_{i+1} = \dfrac{B}{S} X_i + \left(Y_1 - \dfrac{B}{S} X_F \right)$。

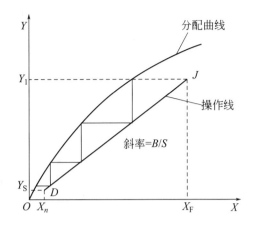

图 8-22　B-S 不互溶物系逆流萃取图解法示意

c. 从 J 开始，在分配曲线与操作线之间画阶梯，阶梯数即为所求理论级数。

② 解析法求理论级数　当分配曲线为通过原点的直线时，由于操作线也为直线，萃取因子 A_m 为常数，类似于脱吸过程的计算方式，可用下式求解理论级数。即

$$ n = \frac{1}{\ln A_m} \ln \left[\left(1 - \frac{1}{A_m} \right) \frac{X_F - \dfrac{Y_S}{K}}{X_n - \dfrac{Y_S}{K}} + \frac{1}{A_m} \right] $$

8.3.2　典型例题

【例 1】 一定温度下测得的 A、B、S 三元物系的平衡相图如图 8-23 所示。已知 $x_F = 45\%$（质量分数，下同），$F/S_1 = 2.7$，每级都采用纯的萃取剂，且各级用量相等，要求最终萃余相中 x_R 不高于 10%，试通过作图法求取错流萃取操作的萃取级数。

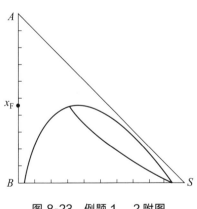

图 8-23　例题 1、2 附图

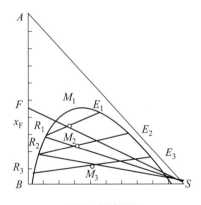

例题 1 答案附图

典型例题 1 讲解
多级错流计算

解： 如答案附图所示，经作图法求得错流操作级数需 3 级。

【例 2】 一定温度下测得的 A、B、S 三元物系的平衡相图如图 8-23 所示。已知 F、$x_F = 50\%$（质量分数，下同），要求最终萃余相中 x_R 不高于 5%，最终萃取相中 A 的含量为 32%，试通过作图法求取逆流萃取操作的萃取剂用量及萃取级数。

典型例题 2 讲解
多级逆流计算

解： 如答案附图所示，经作图法求得逆流操作级数需 3 级。

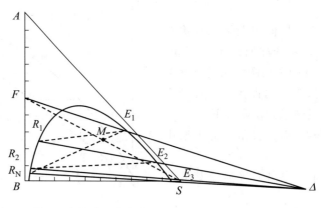

例题 2 答案附图

8.3.3 夯实基础题

一、填空题

1. 采取多级错流萃取往往是处于＿＿＿＿＿＿＿＿＿目的考虑的。

2. 多级＿＿＿流萃取实际上就是多个单级萃取的组合。

3. 多级错流萃取流程的特点：每级均加新鲜溶剂，故溶剂消耗量较＿＿＿＿＿＿，传质推动力＿＿＿＿＿＿，得到的萃取液产物平均浓度较＿＿＿＿＿＿，但萃取回收率较＿＿＿＿＿＿。

4. 在多级错流萃取中，对于相同的萃取级数和分离要求，各级的 S_i 用量相等时，萃取剂的总用量最＿＿＿＿＿＿。

5. B-S 完全不互溶时多级错流的图解法计算中，当各级操作线斜率相等的条件是＿＿＿＿＿＿＿＿＿＿。

6. 在生产中，为了用较少的萃取剂达到较高的萃取率，常采用多级＿＿＿＿＿＿流萃取操作，其操作一般为＿＿＿＿＿＿（间歇、连续）进行。

7. 多级逆流萃取流程的特点：料液走向和萃取剂走向＿＿＿＿＿＿（相同，相反），萃取剂消耗较＿＿＿＿＿＿（少，多），只在＿＿＿＿＿＿（第一级，每级，最后一级）中加入萃取剂，萃取液产物平均浓度较＿＿＿＿＿＿（高，低），产物收率较＿＿＿＿＿＿（低，高）。

8. 在多级错流萃取中，R_N、E_N 中 A 组分浓度＿＿＿＿＿＿（存在、不存在）相平衡关系；在多级逆流萃取中，R_N、E_1 ＿＿＿＿＿＿（存在、不存在）相平衡关系。

二、简答题

1. 试分析多级逆流萃取、多级错流萃取与单级萃取的萃取效果。

2. 在 B-S 完全不互溶体系，怎么理解多级逆流萃取和吸收操作的相似性？

三、计算题

1. 已知一定温度下测得的 A、B、S 三元物系的平衡相图如图 8-24 所示。其中原料中 A 组分的质量分数 $x_F = 0.35$，原料液的处理量为 100kg/h，试求：

（1）用 100kg/h 的纯萃取剂进行单级萃取时所得的萃余相的流量及组成；

（2）每次用 50kg/h 纯萃取剂进行两级错流萃取时所得的最终萃余相的流量及组成；

（3）计算上述两种萃取操作的萃余率；

（4）上述差异说明了什么？

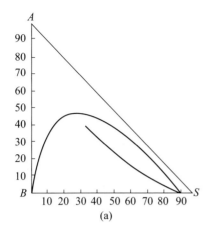

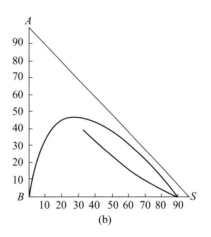

图 8-24 计算题 1 附图

2. 已知一定温度下测得的 A、B、S 三元物系的平衡相图如图 8-25 所示。在多级逆流接触的萃取器内，用 500kg 纯的萃取剂 S 处理 1000kg 含 20%A（质量分数，下同）的两组分原料液，要达到最终萃余相中 A 含量不高于 5%的分离要求，试求：（1）逆流萃取的级数；（2）最终萃取液的浓度和液量；（3）若希望萃取回收率提高，在萃取级数不变的前提下可采取什么措施？

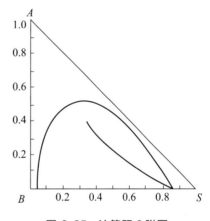

图 8-25 计算题 2 附图

【参考答案与解析】

一、填空题

1. 减少萃余相项中 A 的损失，即提高溶质 A 回收率。

2. 错。 3. 大；大；低；大。 4. 少。 5. 各级萃取剂用量相等时。

6. 逆；连续。 7. 相反；少；最后一级；高；高。 8. 存在；不存在。

二、简答题

1. 对于相同的 F、x_F、S 条件，多级萃取的效果优于单级萃取；当级数相同，逆流效果优于错流。

2. 在 B-S 完全不互溶体系，多级逆流萃取和单组分物理吸收操作非常相似，两相间都是通过相平衡关系进行传质计算；吸收、逆流萃取传质过程的计算是以摩尔比、质量比为基础；二者图解法和解析法求理论级数的方法也非常相似。明显的区别是液-液萃取形成的是两个液相，吸收形成的是气-液两相。

三、计算题

1. **解**：（1）单级萃取 由答案附图 1 可见 $x_R = 0.09$，$R = M \times \dfrac{EM}{RE} = 61.5$kg。

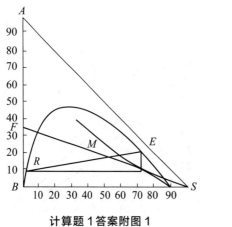

計算題1答案附图1　　　　　計算題1答案附图2

（2）错流萃取　由答案附图2可见 $x_{R_2}=0.05$，通过多次运用杠杆规则，可以求出

$$R_1=M_1\frac{E_1M_1}{R_1E_1}=71.6\mathrm{kg},\qquad R_2=M_2\frac{E_2M_2}{R_2E_2}=57.2\mathrm{kg}$$

（3）萃余率　对单级萃取 $\varphi=\dfrac{Rx_R}{Fx_F}=0.158$；对于错流萃取 $\varphi=\dfrac{R_2x_{R_2}}{Fx_F}=0.082$。

（4）上述差异说明了，取用同样多的萃取剂处理相同条件的原料，错流萃取可以使萃取更彻底，即因留在萃余相中而损失掉的 A 组分更少。

2. **解：**（1）级数　由答案附图1可见，连接 FS，通过杠杆规则确定 M 的位置；连接 x_{R_n} 与 M，延长与相平衡曲线相交得 E_1。延长 S、x_{R_n} 射线，与 E_1、F 射线相交得公共差点。之后用与8.3.2典型例题2相同的作图方式可得 $x_{R_2}<x_{R_n}$，因此需2级。

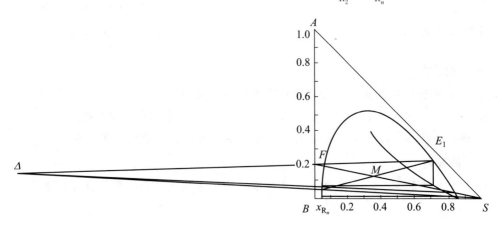

計算題2答案附图1

（2）最终萃取液的浓度和液量　由答案附图2可知，最终萃取液 E_1' 的浓度为 75%，通过在 $E_1'\text{-}F\text{-}R_2'$ 之间的杠杆规则可知最终萃取液的液量

$$E_1'=F\frac{\overline{R_2'F}}{\overline{R_2'E_1'}}=263.2\mathrm{kg/h}$$

（3）在萃取级数不变的前提下，若希望萃取回收率提高，可采取增加萃取剂用量、降低萃取操作温度的措施。

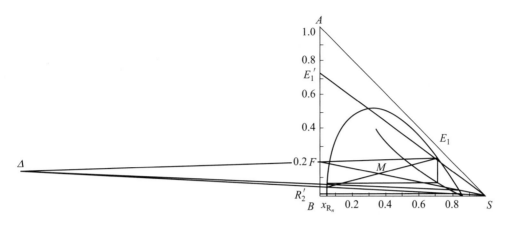

计算题 2 答案附图 2

8.3.4 灵活应用题

一、填空题

1. 在多级逆流萃取中，欲达到同样的分离程度，溶剂比（S/F）越大则所需理论级数越_____。（多、少）

2. 请分析对于一定的萃取物系、操作条件和原料条件，在用相图做多级逆流的操作线时，公共差点 Δ 在相图的左侧还在右侧，主要的影响因素是_____。

3. 在多级逆流萃取中，欲达到同样的分离程度，从总体趋势上判断，溶剂比（S/F）越大则操作点越_____ S 点。当溶剂比为最小值时，则所需理论级数为_____，此时必有一条_____线与_____线重合。

二、简答题

1. 利用相图对逆流萃取进行作图求萃取级数时，需要将 R_N 与 E_1 连接，通过与 SF 连线相交来确定萃取剂用量，请问，R_N 与 E_1 是一对共轭组成吗？为什么可以通过这两条线段的交点来确定萃取剂用量？

2. 多级逆流萃取中，最少萃取剂用量的确定方法和吸收、精馏单元操作中最少吸收剂用量、最小回流比的确定有何相似性？

3. 请对比精馏、吸收、萃取这三种单元操作的异同点。

4. 请利用图 8-26，回答以下问题：(1) 这是哪种萃取方式？级数是多少？(2) 这种萃取方法有何优势？(3) 通过在图中补充线条，计算原料量与萃取剂用量之比 F/S。(4) 请通过绘制两个辅助线上的点，大致画出辅助线的趋势。

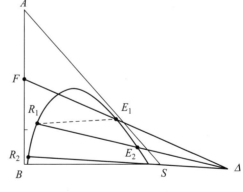

图 8-26 简答题 4 附图

三、计算题

1. 在 25℃下，已知丙酮(A)-水(B)-氯仿(S)溶解度曲线如图 8-27 所示。两级错流，$F = 500\text{kg/h}$，$x_F = 40\%$，各级 S_i 相同，$S_i = 0.5F$，试求：(1) 最终的萃余相浓度；(2) 萃取回收率；(3) 最后理论上混合萃取相浓度和量各为多少？

2. 用纯溶剂 S 萃取 A、B 两组分混合液中的 A。操作条件下 A-B-S 系统的相图见图 8-28。已知料液处理量为 1000kg/h，其中含 A45%（质量分数，下同）。今欲通过连续逆流萃取获得理论最高浓度的萃取液，且要求萃余相中含 A 不超过 5%，求：（1）萃取液浓度；（2）溶剂用量；（3）所需理论级数。

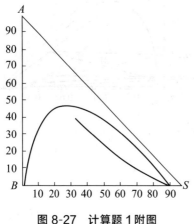

图 8-27　计算题 1 附图

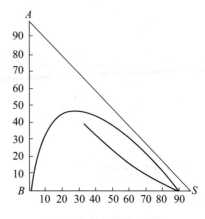

图 8-28　计算题 2 附图

3. 二级错流萃取如图 8-29 所示。已知 $x_F = 0.45$，各级分配系数 $k_A = 1$，各级的溶剂比 $S_1/F = S_2/R_1 = 1$，使用纯溶剂。求：（1）试在相图中表示二级错流过程；（2）求最终萃余相组成。

4. 以纯的萃取剂 S，回收某 A-B 混合液中的 A，原料液中 A 的浓度为 40%（质量分数，下同），B 与 S 可视作完全不互溶，$F/S_1 = 2$，错流萃取操作的各级所加萃取剂用量相同。以 A 物质的质量比组成表示的平衡关系为：$Y = 2.5X$。若要求最终萃余相中 A 含量不大于 2%。问：（1）分别通过解析法和图解法求错流所需的理论级数；（2）说明解析法和图解法这两种方法的联系；（3）采用相同的萃取剂用量，若改为逆流萃取，计算所需理论级数。

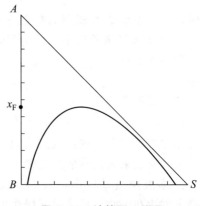

图 8-29　计算题 3 附图

【参考答案与解析】

一、填空题

1. 少。

2. 溶剂比 S/F。分析：溶剂比 S/F 较小，Δ 在左侧；较大，Δ 在右侧；S/F 为某值，Δ 在无限远处。

3. 靠近；无穷多；共轭线、操作线。

二、简答题

1. 不是。实际逆流萃取的操作中，R_N 与 E_1、F 与 S 并没有直接混合在一起，从总的物料衡算来看，$F + S = E_1 + R_N = M$，即 M 是个虚拟的和点。

2. 这三个单元操作在确定最小最少萃取剂用量、最少吸收剂用量、最小回流比方面，本质非常相似，都是在相平衡和操作线之间有交点、传质推动力趋于无穷小、所需理论级数（传质面积）趋于无限多的情况下获得的。

3. 相似点：（1）都是均相物系分离的单元操作，都需要制造两相，物质在两相间传质；（2）传质的推动力都是实际浓度和平衡浓度之间的差异；（3）都需要传质设备；（4）三种单元操作的计算都需要相平衡关系、物料衡算；B-S 完全不互溶的萃取和精馏、单组分物理吸收一样，都通过物料衡算得到操作线方程，都有极限值概念；（5）逆流萃取和精馏、吸收一样，都用相似的方法求取理论级数，采用作图法的时候都是在相平衡和操作线之间做阶梯。

差异点：（1）常规精馏操作只外加能量，不外加物质，吸收和萃取都需要外加物质；（2）精馏和吸收制造的是气-液两相，萃取制造的是液-液两相。

（本题答案不是标准答案，异同点根据各人分析角度的不同，还可以有其他理解。）

4.（1）逆流萃取，两级。

（2）萃取剂消耗少，萃取液产物平均浓度高，产物收率较高。

（3）作图见答案附图 1

$$\frac{F}{S}=\frac{\overline{MS}}{\overline{MF}}=0.93$$

（4）辅助线大致的趋势如答案附图 2 所示。

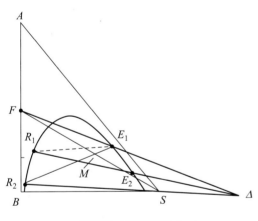

简答题 4 答案附图 1

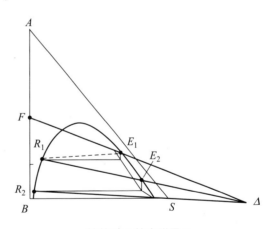

简答题 4 答案附图 2

三、计算题

1. **解：**（1）最终的萃余相浓度 $x_{R_2}=5.5\%$。

（2）萃取回收率　根据 4.3.2 典型例题 1 的方法，通过 F、S_1 之间的杠杆规则确定 M_1，试差得 E_1、R_1 位置，再通过 R_1、S_2 之间的杠杆规则确定 M_2，试差得 E_2、R_2 位置。E_1、R_1 的量通过 E_1-R_1 之间的杠杆规则求解，E_2、R_2 的量通过 E_2-R_2 之间的杠杆规则求解。具体作图见答案附图。

$$\varphi=\frac{Fx_F-R_2x_{R_2}}{Fx_F}=\frac{500\times0.4-271.1\times0.055}{500\times0.4}=92.5\%$$

（3）最后理论上，混合萃取相液量

$$E_1 + E_2 = 395.3 + 333.6 = 728.9 \text{kg/h}$$

混合萃取相浓度为

$$\frac{E_1 y_{E_1} + E_2 y_{E_2}}{E_1 + E_2} = \frac{395.3 \times 0.34 + 333.6 \times 0.15}{728.9}$$

$$= 0.253$$

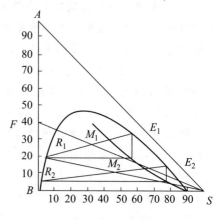

计算题 1 答案附图

2. **解：**（1）如答案附图所示，通过顶点 S 做相平衡曲线切线，可得理论最高浓度的萃取液 E_1' 和 E_1 的位置，读图可知 $y_1' = 0.83$。

（2）通过线段 FS 和 $R_n E_1$ 的交点获得虚拟和点 M 的位置，根据杠杆规则即可求得 S 用量

$$S = F \times \frac{\overline{MF}}{\overline{MS}} = 916.7 \text{kg/h}$$

（3）通过射线 FE_1 和 $R_n S$ 可得公共差点 Δ 的位置，由此可作出理论级数，因 $x_{R_2} < x_{R_n}$，故级数为 2。

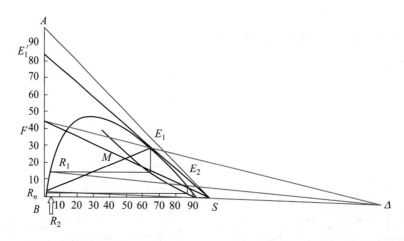

计算题 2 答案附图

3. **解：**本题的解题关键在于题干中"各级分配系数 k_A 为 1"这个条件，分配系数 $k_A = 1$ 即 $x = y$，由此等于知道了任一理论级中萃取相和萃余相的相对位置关系，因此本题不需要辅助线。

（1）因 $S_1/F = S_2/R_1 = 1$，故每一级萃取时和点 M 的位置都在杠杆的中点，过 M 点做 BS 轴平行线，交于相平衡曲线，可得理论级中 R、E 的位置，如答案附图所示。

（2）从答案附图中可知，第二级萃余相浓度 $x_{R_2} = 0.1$。

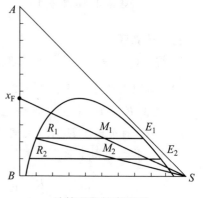

计算题 3 答案附图

4. 解：（1）错流萃取所需理论级数

① 解析法

$$X_F = \frac{x_F}{1-x_F} = \frac{0.4}{0.6} = 0.6667, \quad X_n = \frac{x_n}{1-x_n} = \frac{0.02}{0.98} = 0.0204$$

$$B = F(1-x_F), \quad B/S = \frac{F}{S}(1-x_F) = 1.2$$

$$A_m = \frac{K}{B/S} = \frac{2.5}{1.2} = 2.08$$

$$Y_S = 0$$

$$n = \frac{1}{\ln(1+A_m)}\ln\left(\frac{X_F - \dfrac{Y_S}{K}}{X_n - \dfrac{Y_S}{K}}\right) = 3.1 \approx 4$$

② 图解法，如答案附图所示。

（2）图解法和解析法本质是一样的，都是利用相平衡方程和各级的物料衡算式次第求解各级的共轭组成（x_i，y_i）浓度，区别仅在于：图解法用线段代表相平衡方程和物料衡算方程，逐级画出各级的理论萃取浓度，而解析法则通过联立这两个方程得到一个错流萃取级数和萃取因子等各项参数之间的关系式。

（3）逆流萃取所需理论级数　因萃取剂用量与错流操作的一样，故

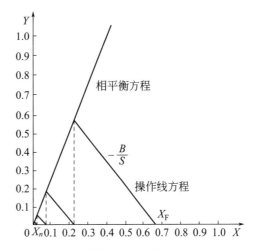

计算题 4 答案附图

$$A'_m = \frac{K}{B/S'} = \frac{2.5}{1.2} \times 4 = 8.33$$

$$n' = \frac{1}{\ln A'_m}\ln\left[\left(1-\frac{1}{A'_m}\right)\left(\frac{X_F - \dfrac{Y_S}{K}}{X_n - \dfrac{Y_S}{K}}\right)+\frac{1}{A'_m}\right] = 1.59 \approx 2$$

采取逆流所需级数显著减少，从一个侧面说明逆流萃取的效果优于错流；若保持相同理论级数和萃取要求，则逆流萃取所需萃取剂必少于错流之所需。

8.4　其他液-液萃取方式和萃取设备

8.4.1　概念梳理

8.4.1.1　其他萃取方式

1. 微分接触逆流萃取　微分接触逆流萃取过程通常在塔式设备（如喷洒塔、脉冲筛

板塔等）中进行，如图 8-30 所示，重液（如原料液）和轻液（如萃取剂）分别自塔顶和塔底进入，二者微分逆流接触进行传质。萃取结束后，萃取相和萃余相分别在塔顶、塔底分层后流出。

2. 带回流的逆流萃取 为了得到具有更高溶质组成的萃取相，使部分萃取液返回塔内，这种操作称为回流萃取。如图 8-31 所示，回流萃取操作可在逐级接触式或连续接触式设备中进行。

3. 超临界萃取

（1）**超临界流体** 超临界流体（SCF）是指操作状态在临界温度和临界压力以上的流体。处于超临界状态时，气-液两相性质非常接近，以至于无法分辨。

（2）**超临界流体的主要特性**

① 密度类似液体，因而溶剂化能力很强，压力和温度的微小变化可导致其密度显著变化；

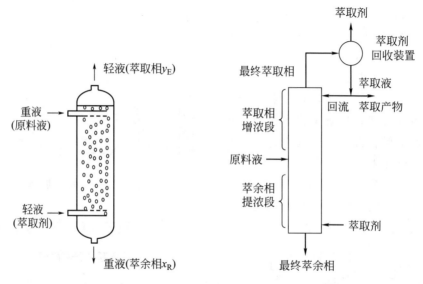

图 8-30 喷洒塔中微分接触逆流萃取示意　　图 8-31 回流萃取示意

② 黏度接近于气体，具有很强的传递性能和运动速度；

③ 扩散系数比气体小，但比液体高一到两个数量级；

④ 压力和温度的变化均可改变相变。

（3）**超临界萃取**

① 定义：利用超临界条件下的气体作萃取剂，从液体或固体中萃取出某些成分并进行分离的技术。

② 基本原理：超临界流体具有选择性溶解物质的能力，并随着临界条件（T，p）而变化。超临界流体可从混合物中有选择地溶解其中的某些组分，然后通过减压、升温或吸附将其分离析出。

③ 超临界流体的选择性：超临界萃取剂的临界温度越接近操作温度，则溶解度越大。临界温度相同的萃取剂，与被萃取溶质化学性质越相似，溶解能力越大。因此应该选取与被萃取溶质相近的超临界流体作为萃取剂。最常用的超临界萃取剂是 CO_2。

④ 超临界 CO_2 萃取的主要特点：可在较低温度和无氧下操作，不破坏提取物中的活性组分，特别适合于热敏性物质、天然物料的萃取；溶剂没有污染，可以回收使用；须在高压下操作，设备与工艺要求高，一次性投资比较大。

（4）**超临界流体萃取的工艺流程**

一般是由萃取（CO_2 溶解溶质）和分离（CO_2 和溶质的分离）2 步组成，包括高压泵及流体系统、萃取系统和收集系统三个部分。典型流程有：等温法、等压法、吸附法。

8.4.1.2　液-液萃取设备

萃取设备（表 8-2）的基本要求：两相充分接触并伴有激烈湍动；有利于液体的分散和流动；有利于两相液体的分层。

🎦 动画

常用萃取设备

□ **表 8-2　常用萃取设备一览表**

液体分散的动力		单级接触式设备	逐级接触式设备	微分接触式设备
重力差			筛板塔	喷洒塔、填料塔
外加能量	脉冲		脉冲混合-澄清器	脉冲填料塔、液体脉冲筛板塔
	旋转搅拌	单级混合澄清器	搅拌填料萃取塔	转盘塔（RDC）、偏心转盘塔（ARDC）
	往复搅拌			往复筛板塔
	离心力	转筒式离心萃取器	卢威式离心萃取机	POD 离心萃取机

8.4.2　夯实基础题

一、填空与选择题

1. 以下设备中哪个可以用于单级萃取？（　　　）

A. 混合-澄清器　　　B. 填料萃取塔　　　C. 筛板萃取塔　　　D. 卢威式离心萃取器

2. 下列哪个不是超临界流体萃取的特点？（　　　）

A. 具有与液体溶剂相同的溶解能力

B. 压力或温度的改变对超临界流体密度影响不大

C. 适合于高沸点、热敏性、易氧化物料的提取和纯化

D. 兼具精馏及液-液萃取的双重特点

3. 微分接触式逆流萃取的理论级当量高度 HETS 的数值与_____、_____和_____有关，一般需通过_____确定。

4. 采取回流萃取的目的是_____，回流萃取可在_____或_____设备中进行，其中加料口以上的塔段称为_____段，相当于精馏塔中的_____段。

5. 超临界流体的密度接近于_____体，因此溶解能力较强；黏度接近于_____体，因此具有较大的传质系数（气、液）；最常用的超临界萃取的载体是_____。

6. 超临界萃取特别适合于_____物系的提取和纯化，根据分离方法的不同，典型的超临界萃取流程有_____、_____、_____。

二、简答题

请对微分接触式逆流萃取的传质单元数法与吸收的传质单元数法进行分析，对比其异同点。

【参考答案与解析】

一、填空与选择题

1. A。　2. B。　3. 设备类型；物系性质；操作条件；实验。

4. 获得 A 组分更高浓度的萃取相；级式；微分式；增浓；精馏。

5. 液；气；CO_2。

6. 高沸点、热敏性、易氧化；等温变压流程；等压变温流程；等温等压吸附流程。

二、简答题

（1）使用条件相似：萃取中该法的使用条件是组分 B 和 S 完全不互溶，溶质浓度较低；吸收中使用该法的条件是低浓度单组分物理吸收，惰性组分 B 不溶于吸收剂，吸收剂不挥发。

（2）计算公式相似：萃取段有效高度的计算式与吸收的填料层有效高度计算式极为相似，都是有效高度＝传质单元高度×传质单元数，其中吸收剂用量 L 相当于萃取中的惰性组分流量 B，即可将萃余相及原料看成吸收的液相；萃取因子 A_m 相当于吸收中的脱吸因子，都是相平衡常数/操作线斜率。

（3）差异点：萃取在公式中采用质量流量及质量比组成，吸收在计算中采取摩尔流量和摩尔比表示组成浓度。

8.5　拓展阅读　亚临界低温萃取技术

【技术简介】亚临界流体是指某些化合物质在温度高于其沸点但低于临界温度，且压力低于其临界压力的条件下，以流体形式存在的物质。亚临界萃取技术在美国、日本等国虽早有实验室的研究报道，但成功应用于工业化生产还是由我国以祁鲲为代表的研究人员实现的。亚临界技术作为一种新型萃取与分离技术，具有萃取温度低、萃取压力低、分离温度低、萃取效率高、环境友好等优势。

【工作原理】以水来举例，在一定的压力下，将水加热到沸点（100℃）以上临界温度（374℃）以下，水体仍然能保持在液体状态，这个温度区间内的水处于亚临界状态。常温常压下水的极性较强，但处于亚临界状态下，随着温度的升高，水的氢键会被打开或减弱。这样就可以通过控制亚临界水的温度和压力，使水的极性在较大范围内变化，从而实现天然产物中有效成分从水溶性成分到脂溶性成分的选择性提取。

图 8-32 是亚临界低温萃取的工艺流程图，萃取的整个操作过程温度一般在 30～50℃，因为设置的温度较低，就能够保持物料内活性物质的稳定性。利用物料间相似相溶的物理性质，在设置一定的料液溶剂的比、萃取温度、萃取时间、萃取压力条件下，待萃取混合液进入蒸发系统，就开启萃取罐夹套加热及压缩机，使得易挥发的溶剂汽化，与萃余物分离，最终得到目标提取物[1]。

【应用案例】火锅在中国人的餐桌上很受欢迎，火锅里的香辛料油就可以由亚临界低温萃取来提取出来，该技术还可以从熬制火锅底料后的料渣中萃取出 22.5％的底料油，从而大大降低火锅底料的成本。另外在花椒、茴香、孜然、高良姜等香料油的提取方面，目前已建有多条亚临界萃取生产线[2]。

【发展趋势】经过近 30 年的发展，亚临界低温萃取工业化技术更加成熟，越来越多的学者、企业家投入其中的研究及产业化中，并取得一系列创新成果，主要体现在萃取理论

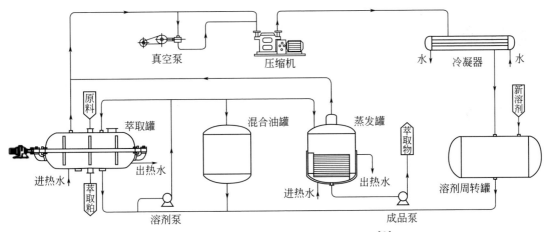

图 8-32 亚临界低温萃取工艺流程示意图[2]

及机制研究、工艺技术的打磨以及工业化装备的开发。未来，将通过构建智能化生产，进一步满足人们对生产设备连续化、自动化、更大规模化的需求。

参考文献

[1] 张爱华. 亚临界萃取光皮棟木油及富烃生物燃料的转化与机理 [D]. 长沙：中南林业科技大学，2023.

[2] 王金顺，侯晶晶，杨倩，等. 亚临界低温萃取技术装备和应用研究进展 [J]. 中国油脂，2022，47（05）：132-137.

本章符号说明

英文字母

a——填料的比表面积，m^2/m^3

A_m——萃取因子，对应于吸收中的脱吸因子

B——组分 B 的流量，kg/h

D——塔径，m

E——萃取相的量，kg 或 kg/h

E'——萃取液的量，kg 或 kg/h

F——原料液的量，kg 或 kg/h

h——萃取段的有效高度，m

H——传质单元高度，m

HETS——理论级当量高度，m

k——以质量分数表示组成的分配系数

K——以质量比表示组成的分配系数

K_xa——总体积传质分数，$kg/(m^3 \cdot h \cdot \Delta x)$

M——混合液的量，kg 或 kg/h

R——萃余相的量，kg 或 kg/h

R'——萃余液的量，kg 或 kg/h

S——组分 S 的量，kg 或 kg/h

x——组分在萃余相中的质量分数

X——组分在萃余相中的质量比组成，kg 组分/kg B

y——组分在萃取相中的质量分数

Y——组分在萃取相中的质量比组成，kg 组分/kg S

希腊字母

β——溶剂的选择性系数

Δ——净流量，kg/h

δ——以质量比表示组成的操作斜率

μ——液体的黏度，Pa·s

ρ——液体的密度，kg/m^3

$\Delta\rho$——两液相的密度差，kg/m^3

σ——界面张力，N/m。

下标

A，B，S——组分 A、组分 B 及组分 S

E——萃取相

R——萃余相

$1,2,\cdots,n$——级数

第 9 章

干燥

本章知识目标

◆ 掌握干燥的基本概念和原理；
◆ 掌握湿空气的性质以及湿焓图的应用；
◆ 掌握干燥系统的物料衡算以及热量衡算；
◆ 掌握物料在干燥过程中的平衡关系与速率关系；
◆ 掌握干燥设备选型以及结构特点。

本章能力目标

◆ 能分析湿空气参数变化过程；
◆ 能进行干燥系统物料衡算以及热量衡算的计算；
◆ 能进行恒定干燥条件下干燥时间的计算；
◆ 能进行对物料水分的区分；
◆ 能进行干燥设备的选用。

本章素养目标

◆ 强化环保意识，能够在干燥操作的学习过程中增强环保理念；
◆ 树立科学精神，能够以求真务实的科学态度进行干燥过程计算；
◆ 培养辩证思维，能够采用全面系统的观点分析干燥设备的优缺点，并完成设备选型。

本章重点公式

1. 湿空气性质

湿度　$H = \dfrac{0.622 p_v}{p - p_v}$

相对湿度　$\varphi = \dfrac{p_v}{p_s} \times 100\%$

比体积　$v_H = (0.772 + 1.244H) \times \dfrac{273 + t}{273} \times \dfrac{1.0133 \times 10^5}{p}$

比热容　$c_H = 1.01 + 1.88H$

焓　$I = (1.01 + 1.88H)t + 2490H$

2. 干燥过程物料衡算

水分蒸发量　$W = L(H_2 - H_1) = G(X_1 - X_2)$

空气消耗量　$L = W/(H_2 - H_1)$

3. 干燥过程的热量衡算

预热器消耗热量　$Q_P = L(I_1 - I_0) = L(1.01 + 1.88H_0)(t_1 - t_0)$

干燥器补充热量　$Q_D = L(I_2 - I_1) + G(I_2' - I_1') + Q_L$

干燥系统消耗的总热量　$Q = Q_P + Q_D = L(I_2 - I_0) + G(I_2' - I_1') + Q_L$

干燥系统的热效率　$\eta = \dfrac{W(2490 + 1.88t_2)}{Q} \times 100\%,\quad \eta = \dfrac{t_1 - t_2}{t_1 - t_0} \times 100\%$

4. 干燥时间计算

恒速阶段　$\tau_1 = \dfrac{G'}{U_c S}(X_1 - X_c)$

降速阶段　$\tau_2 = \dfrac{G'}{S}\dfrac{X_c - X^*}{U_c} \ln \dfrac{X_c - X^*}{X_2 - X^*}$

📇 本章思维导图

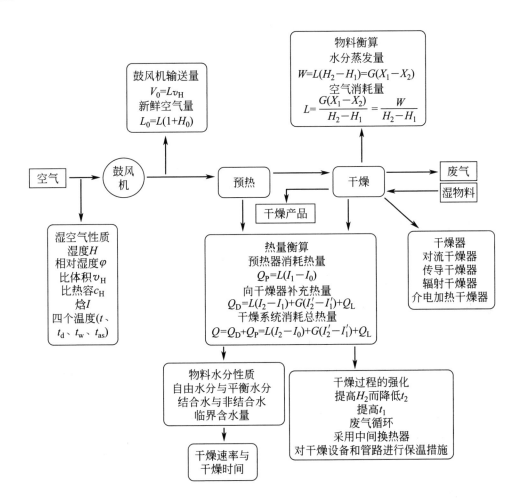

9.1　湿空气的性质及湿焓图

9.1.1　概念梳理

1. 除湿方法　①机械除湿；②吸附除湿；③加热除湿（即干燥）。

2. 干燥操作分类　见表 9-1。

⊡ **表 9-1　干燥操作分类表**

操作压力		操作方式		传热方式				
常压	真空	连续	间歇	传导	对流	辐射	介电加热	由前两种或多种方式组合的联合干燥

3. 干燥操作的必要条件　物料表面的水汽分压必须大于干燥介质中水汽分压，两者差别越大，干燥条件进行得越快。

4. 对流干燥的特点　干燥是传热与传质相结合的操作；干燥介质是载热体又是载湿体。

（1）传热过程：干燥介质 $\xrightarrow{Q}$ 湿物料表面 $\xrightarrow{Q}$ 湿物料内部。

（2）传质过程：湿物料内部 $\xrightarrow{湿分}$ 湿物料表面 $\xrightarrow{湿分}$ 干燥介质。

5. 湿空气的性质

（1）**湿度 H**（kg 水汽/kg 绝干气）

$$H = \frac{湿空气中水汽的质量}{湿空气中绝干气的质量} = \frac{n_v M_v}{n_g M_g} = \frac{0.622 n_v}{n_g} = \frac{0.622 p_v}{p - p_v}$$

当空气达到饱和时，相应的湿度称为饱和湿度，以 H_s 表示，即

$$H_s = \frac{0.622 p_s}{p - p_s}$$

（2）**相对湿度百分数 φ**

$$\varphi = \frac{p_v}{p_s} \times 100\%$$

相对湿度是湿空气中含水汽的相对值，说明湿空气偏离饱和空气的程度。φ 越小，湿空气偏离饱和程度越远，干燥能力越大。

对于空气-水系统　　　$H = 0.622 \dfrac{\varphi p_s}{p - \varphi p_s}$

p_s 随温度的升高而增加，而 H 不变，因此提高 t，可使 $\varphi \downarrow$、$I \uparrow$，气体的吸湿能力增加，故空气用作干燥介质应先预热。同理，当 H 不变而降低 t，$\varphi \uparrow$，空气趋近饱和状态。当空气达到饱和状态而继续冷却时，空气中的水分将呈液态析出。

（3）**比体积 v_H**（m³ 湿空气/kg 绝干气）

$$v_H = v_g + H v_w = (0.772 + 1.244 H) \times \frac{273 + t}{273} \times \frac{1.0133 \times 10^5}{p}$$

（4）**比热容 c_H**[kJ/(kg 绝干气·℃)]

$$c_H = c_g + H c_v = 1.01 + 1.88 H$$

（5）**焓 _I_**（kJ/kg 绝干气）

$$I = I_g + HI_v = (1.01 + 1.88H)t + 2490H$$

由于焓是相对值，计算焓值时必须规定基准状态和基准温度，一般以 0℃为基准，且规定在 0℃时绝干空气和液态水的焓值均为零。

（6）**湿球温度 _t__w 与绝热饱和温度 _t__{as}**

$$t_w = t - \frac{k_H r_{t_w}}{\alpha}(H_{s,t_w} - H), \quad t_{as} = t - \frac{r_0}{c_H}(H_{as} - H)$$

湿球温度与绝热饱和温度近似相等，但它们的物理意义完全不同。湿球温度是传热与传质速率均衡的结果，属于动力学范围。而绝热饱和温度却完全没有速率方面的含义，它是由热量衡算和物料衡算导出的，因而属于静力学范围。见表 9-2。

▫ **表 9-2　湿球温度 _t__w 与绝热饱和温度 _t__{as} 的差异表**

湿球温度 t_w	绝热饱和温度 t_{as}
$t_w = t - \dfrac{k_H r_{t_w}}{\alpha}(H_{s,t_w} - H)$	$t_{as} = t - \dfrac{r_0}{c_H}(H_{as} - H)$
大量空气与湿物料接触	大量湿物料与空气接触
空气的温度和湿度不变	空气的温度降低，湿度升高
空气与湿物料之间进行热质传递到平衡时，湿物料表面的温度	空气在绝热增湿过程中，焓不变，空气达到饱和时的温度

（7）**露点 _t__d**　湿空气在露点温度下，湿度达到饱和，故 $\varphi = 1$，所以

$$H_{s,t_d} = \frac{0.622 p_{s,t_d}}{p - p_{s,t_d}} \Rightarrow p_{s,t_d} = \frac{H_{s,t_d} p}{0.622 + H_{s,t_d}}$$

由上式可知，总压一定时，露点仅与空气湿度（即水汽分压 p）有关。

（8）**干球温度 _t_**　对于不饱和空气 $t > t_w = t_{as} > t_d$；对于饱和空气 $t = t_w = t_{as} = t_d$。

6. 湿空气的湿焓图

（1）**湿空气的 _H-I_ 图**　如图 9-1 所示，总压为常压时，湿空气各参数间的关系。总压变化后该图不能直接使用。

（2）**_H-I_ 图的说明与应用**

①已知 _H-I_ 图上湿空气的状态点查空气其他性质。②已知湿空气的两个独立参数在 _H-I_ 图上确定空气状态点。③湿空气的加热、冷却、混合等过程均可以在 _H-I_ 图上表述。杠杆规则也适用于 _H-I_ 图。

9.1.2　典型例题

【例】已知在总压 100kPa 下，空气的温度为 35℃，湿度为 0.015kg 水汽/kg 绝干气。试求：

（1）该空气的相对湿度及饱和湿度；

（2）若保持压强不变，使温度加热至 50℃时，空气的饱和湿度有何变化？

（3）当空气温度为 50℃时，若将压强升至 200kPa（绝压），空气的湿度与饱和湿度有何变化？

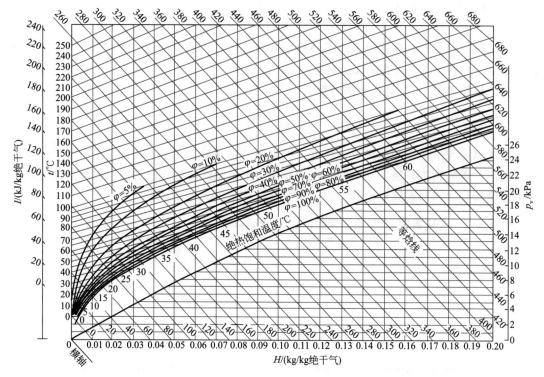

图 9-1 湿空气的 H-I 图（总压 1.013×10^5 Pa）

（4）保持空气温度为 35℃不变，压缩空气，使压强升至 300kPa（绝压），此时的空气湿度、相对湿度以及 1kg 绝干空气可冷凝析出的水分量为多少？

已知 35℃和 50℃时水的饱和蒸气压分别为 5.6099kPa 和 12.344kPa。

解：（1）已知 35℃时水的饱和蒸气压 $p_s = 5.6099$ kPa

根据 $H = \dfrac{0.622 p_v}{p - p_v}$，$p_v = 2.35$ kPa

空气的相对湿度 $\varphi = \dfrac{p_v}{p_s} \times 100\% = \dfrac{2.35}{5.6099} \times 100\% = 41.9\%$

饱和湿度 $H_s = \dfrac{0.622 p_s}{p - p_s} = \dfrac{0.622 \times 5.6099}{100 - 5.6099} = 0.0370$ kg 水汽/kg 绝干气

（2）将温度加热至 50℃，则其饱和蒸气压变为 12.344kPa，故

空气的饱和湿度 $H_s = \dfrac{0.622 p_s}{p - p_s} = \dfrac{0.622 \times 12.344}{100 - 12.344} = 0.0876$ kg 水汽/kg 绝干气

（3）当空气温度为 50℃，将压强升至 200kPa（绝压）时

空气的湿度 $H = \dfrac{0.622 p_v}{p - p_v} = \dfrac{0.622 \times 4.70}{200 - 4.70} = 0.015$ kg 水汽/kg 绝干气

即此时空气中水分量没有改变，湿度没有发生变化

饱和湿度 $H_s = \dfrac{0.622 p_s}{p - p_s} = \dfrac{0.622 \times 12.344}{200 - 12.344} = 0.0409$ kg 水汽/kg 绝干气

（4）当保持温度为 35℃，将压强升至 300kPa（绝压）

由于将总压升至 $p=300\text{kPa}$，则理论上蒸气水汽分压为

$p_v=3\times2.35=7.05\text{kPa}>5.6099\text{kPa}=p_s$，因此必有水分析出。

水分析出后空气达到饱和，此时 $p_v=p_s=5.6099\text{kPa}$

故此时的空气湿度 $H=H_s=\dfrac{0.622p_s}{p-p_s}=\dfrac{0.622\times5.6099}{300-5.6099}=0.0119\text{kg 水汽/kg 绝干气}$

空气的相对湿度 $\varphi=\dfrac{p_v}{p_s}\times100\%=100\%$

冷凝析出的水分量 $W=L(H-H_s)=1\times(0.015-0.0119)=0.0031\text{kg}$

分析：由本例计算结果可知，空气温度越高，或者操作压力越小，则 H_s 越大、相对湿度越小，即容纳的水分能力增加，因此升温、减压对干燥操作有利。说明干燥系统的风机只要提供空气流动所需的机械能即可，不需要高风压。在干燥过程中，为了提高气体容纳水分的能力、提高干燥效果，可将空气预热到一定温度。

①当总压不变、温度升高后，空气中的水汽分压不变，因此 H 值不变；但水的饱和蒸气压随温度的升高而增加，因此 φ 值减小。②当温度不变时，总压增加，空气水汽分压随总压增加而增加，因此 H 值不变、φ 值增大；继续加压至水汽分压升高到等于此温度下水的饱和蒸气压时，空气中的水汽达到饱和，φ 值达到 100%；若接着持续加压，水分会析出，但空气水汽分压即为此温度下的饱和蒸气压，φ 值恒为 100%，湿度（即为此温度下的饱和湿度）持续降低。

讨论：判断此题湿度变不变的依据是空气中水分有没有增加或减少。

9.1.3　夯实基础题

一、填空题

1. 干燥操作的必要条件是＿＿＿＿＿＿＿，干燥过程是＿＿＿＿＿相结合的过程。

2. 除去固体物料中湿分的操作称为＿＿＿＿。

3. 固体物料的去湿方法主要有＿＿＿＿、＿＿＿＿、＿＿＿＿和＿＿＿＿。

4. 干燥过程的传热方式有＿＿＿＿、＿＿＿＿、＿＿＿＿和＿＿＿＿。

5. 对于 $\varphi=50\%$ 的空气，t、t_{as}（或 t_w）及 t_d 三者之间的关系为＿＿＿＿；对于 $\varphi=100\%$ 的空气，它们的关系为＿＿＿＿。

6. 相对湿度 φ 值可以反映湿空气吸收水汽能力的大小，当 φ 值大时，表示该湿空气吸收水汽的能力＿＿＿＿；当 $\varphi=0$ 时，表示该空气为＿＿＿＿。

7. 采用热空气进行固体物料中水分干燥时，在焓湿图上，空气的绝热饱和温度是＿＿＿＿线和＿＿＿＿线的交点，且绝热饱和温度与＿＿＿＿温度近似相等。

二、选择题

1. 干燥过程中，干空气的质量（　　　）。
   A. 逐渐减小　　　　B. 逐渐增大　　　　C. 始终不变　　　　D. 据具体情况而定

2. 实验结果表明：对于空气-水蒸气系统，当空气流速较大时，其绝热饱和温度（　　　）湿球温度。
   A. 大于　　　　　　B. 等于　　　　　　C. 小于　　　　　　D. 近似等于

3. 将不饱和湿空气在总压和湿度不变的条件下冷却，当温度达到（　　　）时，空气中的水汽开始凝结成露滴。
   A. 干球温度　　　　B. 湿球温度　　　　C. 露点　　　　　　D. 绝热饱和温度

4. 在总压不变的条件下，将湿空气与不断降温的冷壁相接触，直至空气在光滑的冷壁面上析出水雾，此时的冷壁温度称为（　　）。

A. 湿球温度　　　　B. 干球温度　　　　C. 露点　　　　D. 绝热饱和温度

5. 将湿空气在总压不变的情况下进行等焓增湿至饱和，此时空气达到的温度为（　　）。

A. 湿球温度　　　B. 绝热饱和温度　　　C. 露点温度　　　D. 干球温度

6. 为了测准空气的湿球温度，应将干湿球温度计放在（　　）。

A. 不受外界干扰的静止空气中　　　　B. 气速＜5m/s 的空气中

C. 气速＜5m/s 辐射传导较强处　　　　D. 气速＞5m/s 辐射传导可忽略处

7. 采用热空气进行固体物料中水分干燥时，在湿焓图上，空气的湿球温度是（　　）。

A. 等 I 线与 $\varphi=100\%$ 线的交点　　　B. 等 H 线与 $\varphi=100\%$ 线的交点

C. 不存在湿焓图上　　　　D. 等 t 线与 $\varphi=100\%$ 线的交点

8. 湿空气在温度 340K 和总压 3.62MPa 下，已知其湿度 H 为 0.001kg 水汽/kg 绝干空气，则其比容 v_H 应为（　　）m^3/kg 绝干空气。

A. 0.0483　　　　B. 2.653　　　　C. 1.582　　　　D. 0.0270

【参考答案与解析】

一、填空题

1. 湿物料表面的水蒸气分压大于干燥介质中的水蒸气分压；传质过程与传热过程。

2. 干燥。　　3. 机械去湿；物理化学去湿；冷冻去湿；热能去湿。

4. 传导；对流；辐射；介电加热。　　5. $t>t_w=t_{as}>t_d$；$t=t_w=t_{as}=t_d$。

6. 小；绝干空气。　　7. $\varphi=100\%$；等 I；湿球。

二、选择题

1. C。　2. D。　3. C。　4. C。　5. B。　6. D。　7. C。　8. D。

9.1.4　灵活应用题

一、填空题

1. 温度 50℃、水汽分压为 3.2kPa 的湿空气与温度为 35℃ 的水接触，则传热方向为_____，传质方向为_____。已知 50℃ 和 35℃ 下水的饱和蒸气压分别为 12.34kPa 和 5.63kPa。

2. 大量未饱和湿空气与同温度大量水接触，则传质方向为_____；若未饱和空气中的水汽分压与水表面饱和蒸气压相同，则传热方向为_____。

3. 当湿空气的总压一定时，相对湿度 φ 与_____及_____两个独立参数有关。

4. 对于不饱和湿空气，在实际的干燥操作中，用_____及_____来测量空气的湿度，便宜而简单。

5. 总压恒定时，某湿空气的 t 一定，若其露点增大，则以下参数如何变化？

$p_{水汽}$_____，H_____，φ_____，t_w_____，I_____。

6. 总压一定时，某湿空气的 t 一定，若其湿球温度增大，则以下参数如何变化？

$p_{水汽}$_____，H_____，φ_____，t_d_____，I_____。

7. 冬天房间的玻璃窗上会出现一层水雾，这层水雾是在房间玻璃窗的里侧还是外侧？_____。为什么会有水雾形成？_____。

8. 若湿空气的 t 不变，将总压从 2atm(1atm＝101325Pa，下同) 减压至 1atm，则以下参数怎么变化？

$p_{水汽}$ _____，H _____，φ _____，t_d _____，I _____，t_w _____，t_{as} _____；而在相同的条件下，增加压力对于干燥操作是否有利？为什么？_____。

9. 在总压 101.33kPa、温度 20℃下（已知 20℃下水的饱和蒸气压为 2.334kPa），某湿空气的水汽分压为 1.603kPa，则（1）湿度 $H＝$ _____，相对湿度 $\varphi＝$ _____。（2）现温度保持不变，将此空气总压升高到 2atm，则该空气的水汽分压 $p＝$ _____，$H＝$ _____，此时空气的状态是 _____（不饱和湿空气、饱和湿空气、过饱和湿空气），会发生的现象是：_____。请写出分析过程。在本题已知分压 p_v 后，还能用教材中的湿焓图求湿度吗？_____。

10. 将相对湿度为 100％空气在恒压下冷却，温度由 t_1 降至 t_2，此时下列参数如何变化？湿度 _____，相对湿度 _____，绝热饱和温度 _____，露点 _____。

二、选择题

1. 下列各组参数中，哪一组的两个参数是相互独立的？（　　）

A. H、p_v　　　B. t_{as}、t_d　　　C. I、t_w　　　D. H、t_d

2. 不饱和的湿空气，其干球温度为 t、湿球温度为 t_w，将此空气升温至 t' 温度，相应的湿球温度 t'_w，则 $(t-t_w)$（　　）$(t'-t'_w)$。

A. 等于　　　B. 大于　　　C. 小于　　　D. 不确定

3. 对一定的水分蒸发量及空气的出口温度，则应按（　　）的大气条件来选择干燥系统的风机。

A. 夏季　　　　　　　　　　B. 冬季

C. 夏季或冬季结果一样　　　D. 条件不够，无法断定

三、计算题

在常压下，温度为 35℃、含水汽量为 0.03kg/m³ 湿空气，求：（1）湿空气的相对湿度；（2）欲将此湿空气的相对湿度降至 20％，应将温度上升至多少度？（已知 35℃时水的饱和蒸气压为 5.6267kPa）

【参考答案与解析】

一、填空题

1. 空气到水；水到空气。

2. 水到空气；空气到水。**解析：** 未饱和湿空气其分压小于同温度下水的饱和蒸气压，因此传质方向为水到空气；水在此温度下已经达到饱和蒸气压，而空气在此分压下还未达到饱和，说明空气的温度更高，因此传热方向为空气到水。

3. p_v（或者 H）；t。　　4. 干球温度；湿球温度。

5. 增大；增大；增大；增大；增大。

6. 增大；增大；增大；增大；增大。

7. 里侧；由于温度高的房间露点高，所以空气里可以有较高的水汽分压。但室外温度较低，玻璃温度也就低于室温，当低温的玻璃处露点温度所对应的水的饱和蒸气压小于室内水汽分压，雾气就凝结下来了。

填空题 1 讲解
传热与传质
方向判断

填空题 5 讲解
空气参数变化

8. 减小；不变；减小；减小；不变；减小；减小；降低压力对干燥操作有利，因为降低总压后水分的分压减小，温度不变的前提下空气相对湿度减小，干燥能力增加。提醒：判断此题湿度变不变的依据是空气中水分有没有增加或减少。

9. 0.01kg 水/kg 绝干气；68.7%；2.334kPa；0.00725kg 水/kg 绝干气；饱和湿空气；会有液滴析出；不能。

10. 下降；不变；下降；下降（提示：解题思路参考第 5 题）。

二、选择题

1. B。 2. C。

填空题 9 讲解
加压析水

3. A。**解析**：因为夏季空气湿度大，温度高。风机的风量 $V=Lv_H$，式中 $L=\dfrac{W}{H_2-H_1}$，$v_H=\left(\dfrac{1}{29}+\dfrac{H}{18}\right)\times 22.4\times\dfrac{t+273}{273}\times\dfrac{1.0133\times 10^5}{p}$。

由于夏季 H_1 大，需要消耗更多的绝干空气量 L；同时，由于夏季 t 高，湿空气的比体积 v_H 大。所以，同样的干燥任务，夏季需要的空气送风量大，风机应该按夏季的大气条件来选择。

选择题 2 讲解
湿球温度变化
趋势判断

三、计算题

解：(1) 对湿空气性质计算及物料衡算均以绝干空气为基准

$$0.03\left(\dfrac{\text{kg 水汽}}{\text{m}^3\text{ 湿空气}}\right)v\left(\dfrac{\text{m}^3\text{ 湿空气}}{\text{kg 绝干气}}\right)=0.03v\left(\dfrac{\text{kg 水汽}}{\text{kg 绝干气}}\right)$$

已知湿度 H 的单位为 kg 水汽/kg 绝干气，因此

$$H=0.03v_H=0.03\times(0.773+1.244H)\times\dfrac{273+35}{273}$$

解得 $H=0.027$kg 水汽/kg 绝干气。

当 $t=35℃$ 时，$p_s=5.6267$kPa，则相对湿度为

$$\varphi=\dfrac{Hp}{p_s(0.622+H)}=\dfrac{0.027\times 101.3}{5.6267\times(0.622+0.027)}=0.749$$

(2) 常压湿空气加热过程中，湿度保持不变，因此水汽分压也不变

$$p_v=\dfrac{Hp}{0.622+H}=\dfrac{0.027\times 101.3}{0.622+0.027}=4.214\text{kPa}$$

当相对湿度为 20% 时，饱和蒸气压必须为

$$p_s=\dfrac{p_v}{\varphi}=\dfrac{4.214}{0.2}=21.07\text{kPa}$$

通过饱和蒸气压表查的相对应的蒸气温度为 61.2℃，所以为使相对湿度降至 20%，必须将温度上升至 61.2℃。

9.1.5 拓展提升题

1.（考点 湿球温度和绝热饱和温度概念）采用热空气进行固体物料中水分干燥时，空气的湿球温度与空气的绝热饱和温度在数值上是近似相等的，二者近似相等的原因是_____。若换成甲苯-空气系统，空气的湿球温度与空气的绝热温度在数值上是否还相等？_____。

2.（考点 传热、传质方向）在常压下，温度为 20℃ 的少量饱和湿空气与温度为 30℃ 的大量水接触，则传热方向是_____，传质方向是_____。当达到传热与传质平衡时，则此时湿空气的温度为_____；湿度为_____。已知 20℃ 和 30℃ 下水的饱和蒸气压分别为 2.34kPa 和 4.24kPa。

3.（考点 某种温度的机理）冬季将洗好的湿衣服晾在室外，室外温度为 1℃，衣服_____可能结冰（有、无），其原因是_____。

4.（考点 某种温度的机理）氢气与大量乙酸在填料塔内接触，若氢气离开时与乙酸之间的热、质传递趋于平衡，系统与外界无热交换，乙酸进、出口温度相等，则氢气离开时的温度等于进入系统氢气的（   ）。

A. 干球温度　　　　B. 露点　　　　C. 绝热饱和温度　　　　D. 湿球温度

5.（考点 湿度的机理）大量水分别与氦气和氮气接触，若操作条件相同，它们的饱和湿度关系为（   ）。

A. $H_{s,h} = H_{s,d}$　　　　B. $H_{s,h} > H_{s,d}$　　　　C. $H_{s,h} < H_{s,d}$　　　　D. 都有可能

6.（考点 冷凝量的计算）某化学反应用乙苯作为溶剂，由于乙苯具有较高的毒性，不宜直接排放到大气中。因此将其蒸发到干燥的氢气中，形成氢气与乙苯蒸气的混合气体，然后再进一步分离、收集。在 40℃、1atm（绝压）下的相对湿度为 $\varphi = 55\%$，为回收混合气体中的乙苯，拟采用如下两种方法，试分别求出乙苯的回收率。（1）将混合气体冷却至 $-10℃$；（2）将混合气加压至 3atm（绝压），再冷却至 40℃。已知乙苯在 $-10℃$ 和 40℃ 时的饱和蒸气压分别为 1.02mmHg（1mmHg = 133.322Pa，下同）和 21.4mmHg。

【参考答案与解析】

1. $H_{as} = H_{s,w}$，$r_0 \approx r_w$，$c_H = \dfrac{\alpha}{k_H}$；否。

解析：对于甲苯-空气系统，$\dfrac{\alpha}{k_H} = 1.8 c_H$，因此 $t_{as} \neq t_w$。

选择题 4 讲解
绝热饱和温度

2. 水→空气；水→空气；30℃；0.0272kg 水汽/kg 绝干气。

3. 有；不饱和空气的湿球温度 $t_w < t$，当 $t_w < 0$ 时，可能结冰。

4. C。　5. B。

6. **解**：40℃ 时，氢气中乙苯蒸气分压

$$p_v = \varphi p_s = 0.55 \times 21.4 = 11.8 \text{mmHg}$$

40℃，1atm（绝压）下混合气的湿度为

选择题 5 讲解
不同物系的
湿度比较

$$H = \frac{106}{2} \times \frac{p_v}{p - p_v} = \frac{106}{2} \times \frac{11.8}{760 - 11.8} = 0.8359 \text{kg 乙苯/kg 氢气}$$

（1）混合气冷却至 $-10℃$ 时，饱和蒸气压为 $p_s = 1.02$mmHg，则 $p_v > p_s$，说明混合气中会有乙苯析出，混合气处于饱和状态，故 $\varphi = 1$，则混合气的湿度为

$$H_1 = \frac{106}{2} \times \frac{\varphi p_s}{p - \varphi p_s} = \frac{106}{2} \times \frac{1 \times 1.02}{760 - 1 \times 1.02} = 0.0712 \text{kg 乙苯/kg 氢气}$$

假定干燥氢气的流率为 G，则乙苯的回收率

$$\varepsilon_1 = \frac{GH - GH_1}{GH} = \frac{H - H_1}{H} = \frac{0.8359 - 0.0712}{0.8359} = 0.9148$$

（2）将混合气压缩到 3atm（绝压），则其乙苯蒸气分压也增加到原来的 3 倍，即 $p_v' = 35.4\text{mmHg}$，再冷却至 40℃后，其饱和蒸气压 $p_s' = 21.4\text{mmHg}$，所以 $p_v' > p_s'$，乙苯会析出，而混合气维持在饱和状态。加压后冷却至 40℃时的湿度为

$$H_2 = \frac{106}{2} \times \frac{\varphi p_s}{p - \varphi p_s} = \frac{106}{2} \times \frac{1 \times 21.4}{760 \times 3 - 1 \times 21.4} = 0.5022 \text{kg 乙苯/kg 氢气}$$

则苯的回收率为

$$\varepsilon_2 = \frac{H - H_2}{H} = \frac{0.8359 - 0.5022}{0.8359} = 0.3992$$

9.2 干燥过程的物料衡算与热量衡算

9.2.1 概念梳理

1. 湿物料的性质

（1）湿基含水量与干基含水量

湿基含水量 $w = \dfrac{\text{水分质量}}{\text{湿物料的总质量}} \times 100\%$，   干基含水量 $X = \dfrac{\text{湿物料中水分的质量}}{\text{湿物料中绝干料的质量}}$

湿基含水量与干基含水量关系：$w = \dfrac{X}{1+X}$， $X = \dfrac{w}{1-w}$

（2）湿物料的比热容 c_m[kJ/(kg 绝干料·℃)] $c_m = c_s + X c_w = c_s + 4.187X$

（3）湿物料的焓 I'（kJ/kg 绝干料） $I' = c_s \theta + X c_w \theta = (c_s + 4.187X)\theta = c_m \theta$

2. 干燥过程的物料衡算

（1）水分蒸发量 W

$$W = L(H_2 - H_1) = G(X_1 - X_2) \quad \text{或}$$

$$W = G_1 - G_2 = G_1 \frac{w_1 - w_2}{1 - w_2} = G_2 \frac{w_1 - w_2}{1 - w_1}$$

（2）空气消耗量 L

$$L = \frac{G(X_1 - X_2)}{H_2 - H_1} = \frac{W}{H_2 - H_1} (\text{kg 绝干气/s})$$

单位空气消耗量 $l = \dfrac{L}{W} = \dfrac{1}{H_2 - H_1}$

新鲜空气量 $L_0 = L(1 + H_0)$

风机输送量 $V_0 = L v_H$

3. 干燥系统的热量衡算

（1）预热器消耗热量 Q_P $Q_P = L(I_1 - I_0)$

（2）向干燥器补充热量 Q_D $Q_D = L(I_2 - I_1) + G(I_2' - I_1') + Q_L$

（3）干燥系统消耗总热量 Q $Q = Q_D + Q_P = L(I_2 - I_0) + G(I_2' - I_1') + Q_L$

简化为 $Q = Q_D + Q_P = \underbrace{1.01L(t_2 - t_0)}_{} + \underbrace{W(2490 + 1.88t_2)}_{} + \underbrace{Gc_{m2}(\theta_2 - \theta_1)}_{} + \underbrace{Q_L}_{}$

干燥系统的总热量消耗于：①加热空气；②蒸发水分；③加热湿物料；④热损失。

（4）**干燥系统的热效率 η**

$$\eta = \frac{蒸发水分所需的热量}{向干燥系统输入的总能量} \times 100\% \approx \frac{W(2490+1.88t_2)}{Q} \times 100\%$$

当 $Q_补 = 0$，$Q_损 = 0$ 时，

$$\eta = \frac{t_1-t_2}{t_1-t_0} \times 100\%$$

考虑到为达干燥之目的，难以避免会引起湿物料升温，故也可将热效率定义为

$$\eta' = \frac{蒸发水分所需的热量＋加热湿物料所需的热量}{向干燥系统输入的总能量}$$

当 $Q_补 = 0$，$Q_损 = 0$ 时，$\eta' = \dfrac{t_1-t_2}{t_1-t_0} \times 100\%$

（5）**提高干燥器热效率的措施** ①提高 H_2 而降低 t_2；②提高空气入口温度 t_1；③利用废气；④采用内换热器；⑤注意干燥设备和管路的保温。

4. 空气通过干燥器时的状态变化

（1）**等焓干燥** 又称为绝热干燥过程，即 $I_1 = I_2$。等焓干燥过程应满足三个条件：①不向干燥器中补充热量，即 $Q_D = 0$；②忽略干燥器向周围散失的热量，即 $Q_L = 0$；③物料进、出干燥器的焓相等，即 $G(I_2' - I_1') = 0$。

（2）**非等焓干燥** 根据干燥过程空气进、出干燥器的焓变化分为：①空气焓值降低；②空气焓值增加；③空气历经等温过程。

空气离开干燥器时的状态点可用计算法或图解法。

9.2.2 典型例题

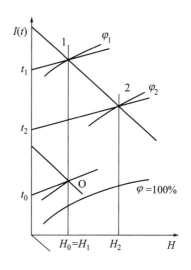

典型例题答案附图

【例】 现有一理想干燥器，湿物料处理量为 2300kg/h。物料水分由 21% 降至 3%（均为湿基），常压新鲜空气初温 20℃，相对湿度 45%，经预热器后加热升温至 75℃，干燥器出口废气的温度为 45℃。已知温度 20℃ 时，水的饱和蒸气压 2.3388kPa。试求：（1）在 $H\text{-}I$ 示意图上表示空气的状态变化过程；（2）蒸发水分量；（3）新鲜空气消耗量；（4）在预热器进口处安装鼓风机，那么鼓风机输送量为多少？（5）预热器消耗的热量；（6）干燥系统消耗的总热量；（7）干燥系统的热效率。

解：（1）$H\text{-}I$ 图上的空气状态变化见本题附图。

（2）蒸发水分量

解法① 绝干物料量 $G = G_1(1-w_1) = 2300 \times (1-0.21) = 1817$kg/h

湿物料的干基含水量 $X_1 = \dfrac{w_1}{1-w_1} = \dfrac{0.21}{1-0.21} = 0.266$kg 水/kg 绝干料

$$X_2 = \frac{w_2}{1-w_2} = \frac{0.03}{1-0.03} = 0.0309 \text{kg 水/kg 绝干料}$$

因此蒸发水分量 $W = G(X_1-X_2) = 1817 \times (0.266-0.0309) = 427$kg/h

解法②　干燥产品量 $G_2 = \dfrac{G_1(1-w_1)}{1-w_2} = \dfrac{2300 \times (1-0.21)}{1-0.03} = 1873 \text{kg/h}$

因此水分蒸发量 $W = G_1 - G_2 = 2300 - 1873 = 427 \text{kg/h}$

解法③　蒸发水分量 $W = G_1 \dfrac{w_1 - w_2}{1-w_2} = 2300 \times \dfrac{0.21 - 0.03}{1-0.03} = 427 \text{kg/h}$

（3）新鲜空气用量　因水分在干燥器进、出口处焓值相等，所以 $I_1 = I_2$，即

$$(1.01 + 1.88H_1)t_1 + 2490H_1 = (1.01 + 1.88H_2)t_2 + 2490H_2$$

$$H_0 = \frac{0.622p_v}{p - p_v} = \frac{0.622\varphi p_s}{p - \varphi p_s} = \frac{0.622 \times 0.45 \times 2.3388}{101.3 - 0.45 \times 2.3388} = 0.00653 \text{kg 水汽/kg 绝干气}$$

因 $H_1 = H_0 = 0.00653 \text{kg 水汽/kg 绝干气}$，$t_1 = 75℃$，$t_2 = 45℃$，故有

$$(1.01 + 1.88 \times 0.00653) \times 75 + 2490 \times 0.00653 = (1.01 + 1.88H_2) \times 45 + 2490H_2$$

解得　　　　　　　　　　$H_2 = 0.01844 \text{kg 水汽/kg 绝干气}$

干空气用量 $L = \dfrac{W}{H_2 - H_1} = \dfrac{427}{0.01844 - 0.00653} = 35852.2 \text{kg/h}$

新鲜空气用量 $L_0 = L(1 + H_0) = 35852.2 \times (1 + 0.00653) = 36086 \text{kg/h}$

（4）鼓风机输送量　空气的湿比容

$$v_H = \left(\frac{1}{29} + \frac{H_0}{18}\right) \times 22.4 \times \frac{273 + t_0}{273} = \left(\frac{1}{29} + \frac{0.00653}{18}\right) \times 22.4 \times \frac{273 + 20}{273}$$

$$= 0.838 \text{m}^3 \text{ 湿空气/kg 绝干气}$$

鼓风机输送量 $V = Lv_H = 35852.2 \times 0.838 = 30044.1 \text{m}^3/\text{h} = 8.35 \text{m}^3/\text{s}$

（5）预热器消耗量　预热器消耗量 $Q_P = L(1.01 + 1.88H_0)(t_1 - t_0)$

$$= 35852.2 \times (1.01 + 1.88 \times 0.00653) \times (75 - 20)$$

$$= 2.02 \times 10^6 \text{kJ/h}$$

（6）干燥系统消耗的总热量　由于是理想干燥器，则干燥器没有热损失，也没有补充能量，即

$$\text{干燥系统消耗的总能量 } Q = Q_P = 2.02 \times 10^6 \text{kJ/h}$$

（7）干燥系统的热效率

解法①　忽略湿物料中水分带入系统的焓，则干燥系统热效率

$$\eta = \frac{W(2490 + 1.88t_2)}{Q} \times 100\% = \frac{427 \times (2490 + 1.88 \times 45)}{2.02 \times 10^6} \times 100\% = 54.4\%$$

解法②　由于是理想干燥器，则干燥系统热效率

$$\eta = \frac{t_1 - t_2}{t_1 - t_0} \times 100\% = \frac{75 - 45}{75 - 20} \times 100\% = 54.4\%$$

解析： 由干燥系统热效率的定义式

$$\eta = \frac{W(2490 + 1.88t_2)}{Q} \qquad ①$$

干燥系统消耗的总热量可以表示为

$$Q = Q_P + Q_D = 1.01L(t_2 - t_0) + W(2490 + 1.88t_2) + Gc_{m_2}(\theta_2 - \theta_1) + Q_L$$

其中因为是等焓干燥 $Q_D = 0$，$Gc_{m_2}(\theta_2 - \theta_1) = 0$，$Q_L = 0$，故干燥系统消耗的总热量

$$Q = Q_P = 1.01L(t_2 - t_0) + W(2490 + 1.88t_2) \qquad ②$$

预热器消耗的热量　　　　　　$Q_P = L(1.01 + 1.88H_0)(t_1 - t_0)$　　　　　③

其中 $1.88H_0$ 项较小，故可忽略不计，即

$$Q_P = 1.01L(t_1 - t_0) \quad ④$$

将式②、式④联立得到

$$1.01L(t_2 - t_0) + W(2490 + 1.88t_2) = 1.01L(t_1 - t_0)$$

因此　　$W(2490 + 1.88t_2) = 1.01L(t_1 - t_0) - 1.01L(t_2 - t_0) = 1.01L(t_1 - t_2)$　　⑤

再将式④、式⑤代入式①，得

$$\text{热效率 } \eta = \frac{1.01L(t_1 - t_2)}{1.01L(t_1 - t_0)} = \frac{t_1 - t_2}{t_1 - t_0}$$

9.2.3　夯实基础题

1. 湿空气在进入干燥器之前，需要进行预热，预热后温度_____，相对湿度_____，焓_____，湿度_____，湿球温度_____，露点_____。

2. 在干燥过程中，空气通过理想干燥器后，其温度_____，焓_____，湿度_____，露点_____，湿球温度_____。

3. 进干燥器的气体状态一定，干燥任务一定，则气体离开干燥器的湿度越大，空气消耗量越_____，干燥效率越_____，传质推动力越_____。

4. 干燥器中实现理想干燥过程必须满足的条件是_____。

【参考答案与解析】

1. 升高；减小；增加；不变；增加；不变。　2. 变小；不变；变大；变大；不变。

3. 少；高；低。　4. $Q_D = 0$，$Q_L = 0$，$I'_1 = I'_2$。

9.2.4　灵活应用题

一、选择题

设有两股流量为 V_1、V_2（kg绝干气/s）的湿空气相混合，其中第一股气流的湿度为 H_1，第二股气流的湿度为 H_2，混合后空气的湿度为 H，则两股湿空气流之比 V_1/V_2 为（　　）

A. $\dfrac{H - H_1}{H_2 - H}$　　B. $\dfrac{H - H_2}{H_1 - H}$　　C. $\dfrac{H_2 - H_1}{H - H_1}$　　D. $\dfrac{H - H_1}{H_2 - H_1}$

二、计算题

1. 某湿物料在常压理想干燥器内进行干燥，干燥产品量为 20kg/min，湿物料的含水量为 15%，产品的含水量不高于 3%（以上均为湿基含水量），空气的初始温度为 30℃，露点温度为 23℃，若将空气预热至 120℃进入干燥器，试求：（1）当气体出干燥器温度选定 75℃，预热器所提供的热量；（2）为了通过降低废气的出口温度来提高热效率，达到节能的效果，将气体出干燥器的温度选定为 40℃，气体离开干燥器时，因在管道及旋风分离器中散热，温度下降了 10℃，问此时是否会发生物料返潮现象？

已知水的饱和温度和饱和蒸气压间的关系为

$$t_s = 3991/(16.5 - \ln p_s) - 234 \quad (p_s : kPa；t_s : ℃)$$

2. 在一常压理想干燥器中，新鲜空气的初始温度 25℃，相对湿度 60%，空气在预热器中被加热至 110℃后送入干燥器，进入干燥器的空气由 110℃降至 65℃时，用中间加热

器将空气重新升温至 110℃，当空气再次降温至 65℃时离开干燥器。干燥器内每小时处理 2000kg 湿物料，物料的湿基含水量需由 0.22 下降至 0.05，假设预热器的热损失可忽略不计。已知水温度在 25℃时，其饱和蒸气压为 3.169kPa。（1）在 H-I 图上定性表示出空气通过整个干燥系统的过程；（2）求新鲜空气量以及水分蒸发量；（3）求干燥系统的热效率、预热器热负荷以及中间加热器热负荷；（4）若干燥系统不设置中间加热器，空气进入干燥器降温至 65℃后直接离开干燥器，求此时干燥系统的热效率和预热器热负荷。

【参考答案与解析】

一、选择题

B。**解析：** 比值关系符合杠杆规则 $(V_1+V_2)H=V_1H_1+V_2H_2$，因此

$$V_1/V_2=\frac{H-H_2}{H_1-H}$$

二、计算题

1. **解：**（1）由于初始空气的露点温度为 23℃，则有

$$t_d=\frac{3991}{16.5-\ln p_{s,t_d}}-234=23℃，\quad p_{s,t_d}=2.64\text{kPa}$$

因此初始湿空气的水汽分压为 $p_v=2.64$kPa，故湿空气的湿度

$$H=\frac{0.622p_v}{p-p_v}=\frac{0.622\times2.64}{101.3-2.64}=0.0166\text{kg 水汽/kg 绝干气}$$

对于理想干燥器，$H_1=0.0166$kg 水汽/kg 绝干气

$$(1.01+1.88H_1)t_1+2490H_1=(1.01+1.88H_2)t_2+2490H_2$$
$$H_2=0.0344\text{kg 水汽/kg 绝干气}$$

$$W=G_2\frac{w_1-w_2}{1-w_1}=20\times\frac{0.15-0.03}{1-0.15}=2.82\text{kg/min}$$

$$L=W/(H_2-H_1)=2.82/(0.0344-0.0166)=158.4\text{kg/min}$$

$$Q_P=L(1.01+1.88H_1)(t_1-t_0)=158.4\times(1.01+1.88\times0.0166)\times(120-30)$$
$$=14843.5\text{kJ/min}=247.4\text{kW}$$

（2）记出口温度为 t_2'，出口湿度为 H_2'

$$(1.01+1.88H_1)t_1+2490H_1=(1.01+1.88H_2')t_2'+2490H_2'$$
$$H_2'=0.0491\text{kg 水汽/kg 绝干气}$$

$$p_v=\frac{pH_2'}{0.622+H_2'}=\frac{101.3\times0.0491}{0.622+0.0491}=7.41\text{kPa}$$

干燥器出口温度为 40℃，经过管路和旋风分离器后温度下降至 30℃，此时若湿空气的水汽分压小于饱和蒸气压 $p_v<p_s$，则不会发生返潮现象。

$$t_s=\frac{3991}{16.5-\ln p_s}-234=30℃\longrightarrow p_s=3.987\text{kPa}$$

因 $p_v>p_s$，故物料将返潮。本题说明，在判断干燥过程中可能出现的状况时，一定要基于实际情况进行科学的计算，从而得出可靠的结论，切不可靠感觉、猜测获得结论，求真务实的科学态度在化工生产过程的分析应用中尤为重要。

2. **解：**（1）在 H-I 图（见下页答案附图）上定性表示出空气通过整个干燥系统的过程。

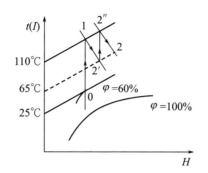

$$空气 \xrightarrow{H_0,\ t_0} \boxed{预热} \xrightarrow{H_1,\ t_1} \boxed{干燥} \xrightarrow{H_2',\ t_2'} \boxed{加热} \xrightarrow{H_2'',\ t_2''} \boxed{干燥} \xrightarrow{H_2,\ t_2} 废气$$

计算题 2 答案附图

（2）鲜空气量及水分蒸发量

湿物料的干基含水量

$$X_1 = \frac{w_1}{1-w_1} = \frac{0.22}{1-0.22} = 0.282, \quad X_2 = \frac{w_2}{1-w_2} = \frac{0.05}{1-0.05} = 0.0526$$

绝干物料流量　$G = G_1(1-w_1) = 2000 \times (1-0.22) = 1560\text{kg/h}$

当 $t_0 = 25℃$，水的饱和蒸气压 $p_s = 3.169\text{kPa}$，初始空气的湿度

$$H_0 = \frac{0.622\varphi p_s}{p - \varphi p_s} = \frac{0.622 \times 0.6 \times 3.169}{101.3 - 0.6 \times 3.169} = 0.0119\text{kg 水汽/kg 绝干气} = H_1$$

由于是在理想干燥器中进行干燥，因此 $I_1 = I_2'$

$$I_1 = (1.01 + 1.88H_1)t_1 + 2490H_1 = (1.01 + 1.88 \times 0.0119) \times 110 + 2490 \times 0.0119 = 143.2\text{kJ/kg}$$

$$I_2' = (1.01 + 1.88H_2')t_2' + 2490H_2' = 143.2\text{kJ/kg}$$

得到　　　　　　　　　　$H_2' = 0.0297\text{kg 水汽/kg 绝干气}$

由于在中间换热器中加热，湿度不变，$H_2'' = H_2' = 0.0297\text{kg 水汽/kg 绝干气}$，因此

$$I_2'' = (1.01 + 1.88H_2'')t_2'' + 2490H_2'' = (1.01 + 1.88 \times 0.0297) \times 110 + 2490 \times 0.0297 = 191.2\text{kJ/kg}$$

在理想干燥器中进行干燥，$I_2'' = I_2$，故

$$I_2 = (1.01 + 1.88H_2)t_2 + 2490H_2 = 191.2\text{kJ/kg}$$

可得　　　　　　　　　　$H_2 = 0.0481\text{kg 水汽/kg 绝干气}$

根据干燥系统的物料衡算 $L(H_2 - H_0) = G(X_1 - X_2)$，可得干燥系统消耗的绝干空气量

$$L = \frac{G(X_1 - X_2)}{H_2 - H_0} = \frac{1560 \times (0.282 - 0.0526)}{0.0481 - 0.0119} = 9885.7\text{kg/h}$$

因此新鲜空气量　$L_0 = L(1 + H_0) = 9885.7 \times (1 + 0.0119) = 10003.3\text{kg/h}$

水分蒸发量　　　$W = G(X_1 - X_2) = 1560 \times (0.282 - 0.0526) = 357.9\text{kg/h}$

（3）预热器的热负荷

$$Q_P = L(1.01 + 1.88H_0)(t_1 - t_0) = 9885.7 \times (1.01 + 1.88 \times 0.0119) \times (110 - 25) = 8.67 \times 10^5\text{kJ/h}$$

中间加热器的热负荷

$$Q_P' = L(1.01 + 1.88H_2')(t_2'' - t_2') = 9885.7 \times (1.01 + 1.88 \times 0.0297) \times (110 - 65)$$
$$= 4.74 \times 10^5 \, kJ/h$$

干燥系统的热效率

$$\eta = \frac{W(2490 + 1.88t_2)}{Q_P + Q_P'} \times 100\% = \frac{357.9 \times (2490 + 1.88 \times 65)}{8.67 \times 10^5 + 4.74 \times 10^5} \times 100\% = 69.7\%$$

（4）若没有中间加热器，干燥器出口气体的湿度即第（2）小题中从预热器出来后经过一次干燥时的湿度，即

$$H_2 = H_2' = 0.0297 kg \text{ 水汽/kg 绝干气}$$

根据物料衡算 $L(H_2 - H_0) = G(X_1 - X_2)$，则干燥系统消耗的绝干空气量

$$L = \frac{G(X_1 - X_2)}{H_2 - H_0} = \frac{1560 \times (0.282 - 0.0526)}{0.0297 - 0.0119} = 20104.7 kg/h$$

预热器的热负荷

$$Q_P = L(1.01 + 1.88H_0)(t_1 - t_0) = 20104.7 \times (1.01 + 1.88 \times 0.0119) \times (110 - 25)$$
$$= 1.76 \times 10^6 \, kJ/h$$

干燥系统的热效率

$$\eta = \frac{W(2490 + 1.88t_2)}{Q_P} \times 100\% = \frac{357.9 \times (2490 + 1.88 \times 65)}{1.76 \times 10^6} \times 100\% = 53.1\%$$

9.2.5　拓展提升题

（考点 废气循环）某连续干燥器的操作压强 120kPa（绝压），采用废气循环流程干燥某湿物料，出口气体温度 65℃，相对湿度 60%，废气循环比 0.6（循环废气中绝干气质量与混合后绝干气质量之比），在干燥器入口与湿度为 0.07kg 水/kg 干空气的新鲜空气混合，使进入干燥器气体温度不超过 100℃（参见图 9-2）。新鲜空气的质量流量为 1.0kg/s，初始温度为 20℃。已知温度为 65℃时，水的饱和蒸气压为 25.022kPa。试求：（1）新鲜空气的预热温度以及水分蒸发量；（2）预热器需提供的热量；（3）将流程改为先混合后预热（参见图 9-3），预热器所需提供热量。

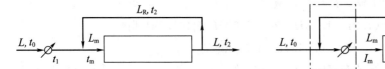

图 9-2　先预热后混合示意

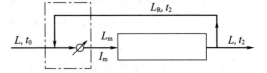

图 9-3　先混合后预热示意

【参考答案与解析】

　解：（1）在新鲜空气中，绝干空气的流量

$$L = \frac{L_0}{1 + H_0} = \frac{1.0}{1 + 0.07} = 0.935 kg \text{ 绝干气/s}$$

当 $t_2 = 65℃$ 时，水的饱和蒸气压 $= 25.022 kPa$，出口气体的湿度为

$$H_2 = 0.622 \frac{\varphi p_s}{p - \varphi p_s} = 0.622 \times \frac{0.6 \times 25.022}{120 - 0.6 \times 25.022} = 0.0889 \text{kg 水汽/kg 绝干气}$$

由题意可知 $\dfrac{L}{L + L_R} = 0.4$，所以

$$L_R = 1.5L = 1.5 \times 0.935 = 1.4025 \text{kg 绝干气/s}$$

以混合点为控制体，对水分做物料衡算，可求出循环气量为

$$LH_0 + L_R H_2 = (L + L_R) H_m$$

$$H_m = \frac{L_R H_2 + LH_0}{L_R + L} = \frac{1.4025 \times 0.0889 + 0.935 \times 0.07}{1.4025 + 0.935} = 0.0813 \text{kg 水汽/kg 绝干气}$$

以混合点为控制体做热量衡算，可求出新鲜空气的预热温度

$$LI_1 + L_R I_2 = (L + L_R) I_m$$

$$L[(1.01 + 1.88H_1)t_1 + 2490H_1] + L_R[(1.01 + 1.88H_2)t_2 + 2490H_2]$$
$$= (L + L_R)[(1.01 + 1.88H_m)t_m + 2490H_m]$$

将 $L = 0.935 \text{kg/s}$，$H_1 = H_0 = 0.07 \text{kg 水汽/kg 绝干气}$，$L_R = 1.4025 \text{kg/s}$，$t_2 = 65℃$，$H_2 = 0.0889 \text{kg 水汽/kg 绝干气}$，$t_m = 100℃$，$H_m = 0.0813 \text{kg 水汽/kg 绝干气}$代入上式，求得空气的预热温度 $t_1 = 153.9℃$。

水分蒸发量

$$W = L(H_2 - H_0) = 0.935 \times (0.0889 - 0.07) = 0.0177 \text{kg/s}$$

（2）预热器所提供的热量为

$$Q_P = L(1.01 + 1.88H_1)(t_1 - t_0) = 0.935 \times (1.01 + 1.88 \times 0.07) \times (153.9 - 20)$$
$$= 142.9 \text{kW}$$

（3）若将流程改为先混合后预热，出口气体的湿度仍为 $H_2 = 0.0889 \text{kg 水汽/kg 绝干}$气。在 $H\text{-}I$ 示意图中，按杠杆规则确定混合气状态点 M。

由 $t_0 = 20℃$、$H_0 = 0.07 \text{kg 水汽/kg 绝干空气}$ 确定新鲜空气的状态点 A，由 $t_2 = 65℃$、$H_2 = 0.0889 \text{kg 水汽/kg 绝干空气}$确定废气状态点 C。连接点 A 与点 C，在 AC 线长确定点 M。取混合气中 1kg 绝干气为计算基准，则

$$\frac{MA}{MC} = \frac{\text{循环废气中的绝干空气质量}}{\text{新鲜空气中的绝干空气质量}} = \frac{3}{2}$$

据此可在答案附图上确定混合气的状态点 M。

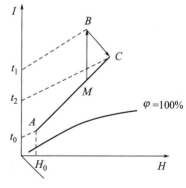

计算题答案附图

或通过计算得到 H_m。以混合点为控制体，对水分做物料衡算，可求出循环气量为

$$LH_0 + L_R H_2 = (L + L_R) H_m$$

$$H_m = \frac{LH_0 + L_R H_2}{L + L_R} = \frac{0.935 \times 0.07 + 1.4025 \times 0.0889}{0.935 + 1.4025} = 0.0813 \text{kg 水汽/kg 绝干气}$$

进干燥器的气体湿度为

$H_1 = H_m = 0.0813 \text{kg 水汽/kg 绝干气}$。

以混合点为控制体作热量衡算

$$LI_0 + L_R I_2 = (L + L_R) I_m$$

$$I_1 = (1.01 + 1.88H_1)t + 2490H_1 = (1.01 + 1.88 \times 0.0813) \times 100 + 2490 \times 0.0813$$
$$= 318.7 \text{kJ/kg}$$

同理可得 $I_0 = 197.1 \text{kJ/kg}$，$I_2 = 297.9 \text{kJ/kg}$，代入上式得

$$I_m = \frac{LI_0 + L_R I_2}{L + L_R} = \frac{0.935 \times 197.1 + 1.4025 \times 297.9}{0.935 + 1.4025} = 257.6 \text{kJ/kg}$$

预热器加热量 $Q_P = (L + L_R)(I_1 - I_m) = (0.935 + 1.4025) \times (318.7 - 257.6) = 142.8 \text{kW}$

> **总结**
>
> 　　从计算结果可以看出，采用废气再循环流程，可以将新鲜空气预热至允许温度以上，从而减少空气的用量，提高干燥过程的效率，降低干燥过程的能耗。两种废气循环方式的预热器耗热量是相同的，预热器的出口温度不同，第一种循环方式需要更高品位的热源。为了避免使用更高品位的热源，通常是先混合后预热。

9.3　干燥速率与干燥时间

9.3.1　概念梳理

1. 物料水分性质

（1）**平衡含水量与自由含水量**　根据在一定空气条件下物料中的水分能否通过干燥去除进行划分。

总水＝平衡水 X^*（不能被干燥）＋自由水（能干燥去除）

X^* 不仅与物料性质有关，还与空气状态有关。

（2）**结合水与非结合水**　根据物料中水分去除的难易程度进行划分。

总水＝结合水（$p_v < p_s$，难以去除）＋

非结合水（$p_v = p_s$，易于除去）

影响因素：只取决于物料本身的特性，而与空气状态无关。

四种水分的关系图见图9-4。

2. 干燥曲线、干燥速率曲线

（1）**干燥曲线**　在恒定条件下（空气温度、湿度、气速及流动方式不变），物料含水量 X 与干燥时间 τ、物料表面温度 θ 与干燥时间 τ 的关系曲线。

（2）**干燥速率曲线**　干燥速率 U 与物料含水量 X 的关系曲线，如图9-5所示，分为恒速阶段与降速阶段。

$$U = \frac{\text{d}W'}{S\text{d}\tau} = -G'\frac{\text{d}X}{S\text{d}\tau}$$

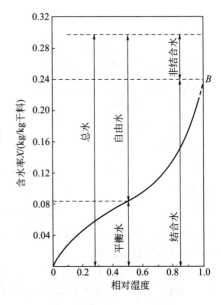

图9-4　四种水分的关系

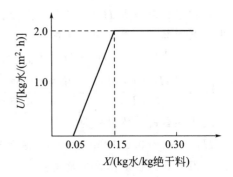

图9-5　干燥速率曲线

① 恒速干燥阶段

特点：物料表面温度 θ 等于空气的湿球温度 t_w，汽化的水分为非结合水，是表面汽化控制阶段。

干燥速率影响因素：取决于物料外部的干燥条件。一般，提高空气的温度、降低空气的湿度或提高空气的流速，均能提高恒速干燥阶段的干燥速率。

② 降速干燥阶段

特点：随着干燥时间延长，含水量 X 减少，干燥速率降低，物料表面温度上升，物料表面温度大于湿空气的湿球温度，除去的水分既有非结合水又有结合水，是内部迁移控制阶段。

干燥速率影响因素：与物料种类、结构、形状及尺寸有关，与空气状态关系不大。

③ 临界含水量　由恒速阶段转为降速阶段的点称为临界点，所对应的湿物料含水量称为临界含水量 X_c。

临界含水量越大，则会过早地转入降速干燥阶段，使在相同的干燥任务下所需的干燥时间加长，因此对干燥过程越不利。

临界含水量 X_c 的影响因素：物料结构尺寸小（厚度薄细、结构疏松），则临界含水量小；恒速干燥阶段的干燥速率小（空气的温度小、相对湿度大、空气的流速低），则临界含水量小。

3. 干燥时间计算

（1）**恒速干燥阶段**

$$\tau_1 = \frac{G'}{U_c S}(X_1 - X_c)$$

式中，G'/S 为单位干燥面积上的绝干物料的质量，kg 绝干料/m²；U_c 为临界干燥速率，kg/(m²·s)；X_1 为物料的初始含水量，kg 水/kg 绝干料。

$$U_c = \frac{\alpha}{r_{t_w}}(t - t_w)$$

式中，对流传热系数 α 和物料与介质的接触方式有关。有关经验式见教材。

（2）**降速干燥阶段**

$$\tau_2 = -\frac{G'}{S}\int_{X_c}^{X_2} \frac{\mathrm{d}X}{U}$$

降速阶段近似计算法　$\tau_2 = \frac{G'}{SK_X}\ln\frac{X_c - X^*}{X_2 - X^*}$，　$K_X = \frac{U_c}{X_c - X^*}$

当平衡含水量 X^* 非常低，或缺乏数据，可忽略平衡含水量。

$$\tau_2 = \frac{G'}{SK_X}\ln\frac{X_c}{X_2}, \quad K_X = \frac{U_c}{X_c}$$

🔲 动画
常用干燥设备

4. 干燥设备　工业上常见的干燥设备，见表 9-3。同学们要理解各设备的结构和工作原理，系统分析各种类型干燥设备的优缺点，以便选择合适的干燥设备。

⊡ 表9-3　干燥设备类型表

类型	干燥器	类型	干燥器
对流干燥器	沸腾床干燥器	传导干燥器	滚筒干燥器
	转筒干燥器		真空盘架式干燥器
	喷雾干燥器		耙式真空干燥器
	气流干燥器		冷冻干燥器
	厢式干燥器	辐射干燥器	红外线干燥器
		介电加热干燥器	微波干燥器

9.3.2　典型例题

【例1】在间歇恒定干燥过程中，恒速阶段物料表面温度等于_____。

（1）若进入干燥器的空气中湿度降低，温度不变，则恒速阶段物料温度_____，恒速阶段干燥速率_____，临界含水量 X_c _____，平衡含水量_____；

（2）若进入干燥器的空气温度升高，湿度不变，则恒速阶段物料温度_____，恒速阶段干燥速率_____，临界含水量 X_c _____，平衡含水量_____。

答：空气的湿球温度；（1）减小；增加；增加；减小；（2）增加；增加；增加；减小。

典型例题1讲解
空气状态变化对
干燥过程的影响

【例2】间歇干燥处理某含水量为12%（湿基）湿物料5.50kg，用总压1atm、温度为70℃的空气进行干燥，并测得空气的露点为33℃，湿球温度为37℃，要求干燥产品的含水量不超过2%（湿基）。已知干燥面积为1.5m²，气相传质系数 k_H 为0.0586kg/(s·m²)，物料的临界含水量 X_c 为0.07kg水/kg绝干物料，平衡含水量为0.01kg水/kg绝干物料。降速阶段的干燥速率曲线可按直线处理，求干燥时间。

温度 t/℃	33	37	70
饱和蒸气压/kPa	5.034	6.280	31.176

解： 由露点温度33℃可知其露点温度下的饱和蒸气压为5.034kPa，则空气的水汽分压 p_v=5.034kPa，故空气湿度

$$H = \frac{0.622 p_v}{p - p_v} = \frac{0.622 \times 5.034}{101.3 - 5.034} = 0.0325 \text{kg 水/kg 绝干气}$$

绝干物料量　　　　$G' = G_1(1 - w_1) = 5.50 \times (1 - 0.12) = 4.84 \text{kg}$

恒速阶段的干燥速率　　　　$U_c = k_H(H_{s,t_w} - H)$

由湿球温度为37℃可知其湿球温度下的饱和蒸气压为6.280kPa，故

$$H_{s,t_w} = \frac{0.622 p_{s,t_w}}{p - p_{s,t_w}} = \frac{0.622 \times 6.280}{101.3 - 6.280} = 0.0411 \text{kg 水/kg 绝干气}$$

因此　$U_c = k_H(H_{s,t_w} - H) = 0.0586 \times (0.0411 - 0.0325) = 5.04 \times 10^{-4} \text{kg/(m}^2 \cdot \text{s)}$

湿物料的干基含水量

$$X_1 = \frac{w_1}{1-w_1} = \frac{0.12}{1-0.12} = 0.136 \text{kg 水/kg 绝干物料}$$

$$X_2 = \frac{w_2}{1-w_2} = \frac{0.02}{1-0.02} = 0.0204 \text{kg 水/kg 绝干物料}$$

恒速阶段干燥时间　$\tau_1 = \frac{G'}{U_c S}(X_1 - X_c) = \frac{4.84}{5.04 \times 10^{-4} \times 1.5} \times (0.136 - 0.07) = 422.5\text{s}$

降速阶段干燥时间　$\tau_2 = \frac{G'}{S}\frac{X_c - X^*}{U_c}\ln\frac{X_c - X^*}{X_2 - X^*} = \frac{4.84}{1.5} \times \frac{0.07-0.01}{5.04 \times 10^{-4}} \times \ln\frac{0.07-0.01}{0.0204-0.01}$

$\qquad = 673.2\text{s}$

总干燥时间　　　　$\tau = \tau_1 + \tau_2 = 422.5 + 673.2 = 1095.7\text{s} = 0.304\text{h}$

9.3.3　夯实基础题

一、填空题

1. 物料中结合水的特点之一是其产生的水蒸气分压_____同温度下纯水的饱和蒸气压（小于、等于、大于）。

2. 恒速干燥与降速干燥阶段的分界点称为_____，其对应的物料含水量称为_____。

3. 当物料在恒定条件下用空气进行干燥，使物料的干基含水量降至小于临界含水量，那么在恒速阶段物料表面温度为_____，能除去的水分为_____；降速阶段除去的水分为_____，干燥终了时物料表面温度_____空气的湿球温度并_____空气的干球温度（大于、小于、等于）。

4. 在恒定干燥条件下测的湿物料的干燥速度曲线如图 9-5 所示。其恒速阶段干燥速度为_____ kg 水/(m²·h)，临界含水量为_____ kg/kg 绝干料，平衡含水量为_____ kg/kg 绝干料。

5. 已知在常温常压下水分在某湿物料与空气之间的平衡关系为：相对湿度 $\varphi = 100\%$ 时，平衡含水量 $X^* = 0.10$kg 水/kg 绝干料；相对湿度 $\varphi = 55\%$ 时，平衡含水量 $X^* = 0.005$kg 水/kg 绝干料。现该物料含水量为 0.25kg 水/kg 绝干物料，令其与 25℃、$\varphi = 55\%$ 的空气接触，则该物料的自由含水量为_____ kg 水/kg 绝干料，结合含水量为_____ kg 水/kg 绝干料，非结合含水量为_____ kg 水/kg 绝干料。

6. 恒定的干燥条件是指空气的_____、_____、_____以及_____都不变。

7. 在相同干燥条件下，在恒速干燥阶段，湿木头的干燥速率_____湿沙子的干燥速率。（大于，等于，小于）

8. 一般离开干燥器的湿空气温度 t_2 应比进入干燥器时空气的绝热饱和温度高_____℃，目的是_____。

9. 对高温下不太敏感的块状和散粒状的物料的干燥，通常可采用_____干燥器，当干燥液状或浆状的热敏性物料时，常采用_____干燥器。

二、选择题

1. 湿物料在指定的空气条件下被干燥的极限含水量为（　　）。
A. 结合水　　　B. 平衡含水量　　　C. 临界含水量　　　D. 自由含水量

2. 在一定温度下，物料中结合水分和非结合水分的划分是根据（　　）而定的；平衡含水量和自由含水量是根据（　　）而定的。

①物料的性质；②接触的空气状态。

A. ①　　　　　　　B. ②　　　　　　　C. ①和②

3. 固体物料进行干燥，在恒速干燥阶段终了时的含水量称为（　　）。

A. 自由含水量　　B. 平衡含水量　　C. 临界含水量　　D. 结合水

4. 物料的平衡水分一定是（　　）。

A. 自由水分　　　B. 非结合水　　　C. 临界水分　　　D. 结合水分

5. 物料中的非结合水一定是（　　）。

A. 平衡水分　　　B. 结合水分　　　C. 临界水分　　　D. 自由水分

6. 在一定空气状态下，用对流干燥方法干燥湿物料时，能除去的水分为（　　），不能除去的水分为（　　）。

A. 结合水分　　　B. 平衡水分　　　C. 非结合水分　　D. 自由水分

7. 在一定的干燥条件下，若将物料厚度增加，物料的临界含水量 X_c（　　），而干燥所需的时间（　　）。

A. 增加　　　　　B. 减小　　　　　C. 不变　　　　　D. 不确定

8. 用一定空气状态干燥某块状物料，若降低空气的流速，其他条件不变，则临界含水量（　　），平衡含水量（　　）。

A. 降低　　　　　B. 增加　　　　　C. 不变　　　　　D. 不确定

9. 在恒定干燥条件下，将含水 15%（湿基）的湿物料进行干燥，开始时干燥速率恒定，当干燥至含水 6%（湿基）时，干燥速率开始下降，再继续干燥至物料恒重，并测得此时物料含水量为 0.03%（干基），则物料的临界含水量 X_c（　　）。

A. 6%　　　　　B. 15%　　　　　C. 6.38%　　　　D. 0.03%

10. 影响恒速干燥速率的主要因素是（　　）。

A. 空气的状态　　B. 物料的含水量　　C. 物料的性质

11. 影响降速阶段干燥速率的主要因素是（　　）。

A. 空气的状态　　B. 空气的流速和流向　　C. 物料的性质与形状

12. 干燥热敏性物料时，为提高干燥速率，不宜采取的措施是（　　）。

A. 提高干燥介质的温度　　　　　　B. 改变物料与干燥介质的接触方式

C. 降低干燥介质的相对湿度　　　　D. 增大干燥介质流速

13. （　　）两种干燥器中，固体颗粒和干燥介质呈悬浮状态接触。

A. 厢式与气流　　B. 厢式与流化床　　C. 洞道式与气流　　D. 气流与流化床

14. 欲从液体料浆直接获得固体产品，则最适宜的干燥器是（　　）。

A. 气流干燥器　　B. 流化床干燥器　　C. 喷雾干燥器　　D. 厢式干燥器

15. 气流干燥器一般是在瞬间完成的，故气流干燥器最适宜干燥物料中的（　　）。

A. 自由水分　　　B. 结合水分　　　C. 非结合水分　　D. 平衡水分

16. 单层单室流化床干燥器的最大缺点是产品的湿度不均匀，这主要是因为（　　）。

A. 干燥条件不稳定

B. 物料的初始湿含量不均匀

C. 干燥介质湿度过高

D. 粒状物料在此干燥器内存在较宽的停留时间分布

17. 当干燥一种团块或者颗粒较大的湿物料，要求含水量降至较低时，可选用（　　）较适合。

　　A. 气流干燥器　　　　B. 流化床干燥器　　　C. 转筒干燥器　　　　D. 厢式干燥器

18. 湿物料在转筒干燥器中的停留时间一般为（　　　）。

　　A. 5～120min　　　B. 0.5～2s　　　　　C. 0.5～2min　　　　D. 5～30s

19. 当干燥一种易碎的物料，可采用（　　　）。

　　A. 气流干燥器　　　　B. 厢式干燥器　　　　C. 转筒干燥器　　　　D. 滚筒干燥器

20. 当干燥泥糊状物料时，可选用（　　　）干燥器。

　　A. 喷雾　　　　　　　B. 气流　　　　　　　C. 沸腾床　　　　　　D. 厢式

21. 以下干燥器中，（　　　）干燥器的传热方式是热传导。

　　A. 转筒　　　　　　　B. 滚筒　　　　　　　C. 气流　　　　　　　D. 喷雾

22. 对直管式气流干燥器，通常将其划分为加速段与等速段。下列关于这种划分正确的是（　　　）。

　① 这种划分是以"干燥速率"的加速与恒速为根据的；

　② 这种划分是以物料颗粒相对设备的运动变化为根据的。

　　A. ①对　　　　　　　B. ②对　　　　　　　C. ①、②都对　　　　D. ①、②都不对

23. 气流干燥器中，干燥作用最为有效的部分是（　　　）。

　　A. 粒子等速运动段　　　　　　　B. 粒子加速运动段

　　C. 干燥器的中部　　　　　　　　D. 干燥器的顶部

24. 干燥器出口气体状态的限制条件是：气体在离开设备之前（　　　）。

　　A. 不降至湿球温度　　　　　　　B. 不降至露点

　　C. 不降至绝热饱和温度　　　　　D. 不降至空气的初始温度

三、简答题

1. 在常温常压下干燥沙子，所用加热介质为相对湿度 50％ 的热空气，想要使沙子的水分含量从 20％ 降到 5％（湿基），你认为是否可能？为什么？已知在此条件下沙子的平衡水分为 5％（干基）。

2. 现在有以下需要干燥的几种湿物料和几种可选的干燥器（气流干燥器、喷雾干燥器、洞道式干燥器、带式干燥器），请将它们匹配起来。

湿物料	干燥器
大批量士林蓝染料浆液	
大批量聚氯乙烯树脂颗粒	
大批量的陶瓷坯体	
番薯片	

【参考答案与解析】

一、填空题

1. 小于。　2. 临界点；临界含水量。

3. 空气的湿球温度；非结合水；部分结合水与非结合水（自由水分）；大于；小于。

4. 2.0；0.15；0.05。　5. 0.245；0.1；0.15。　6. 湿度；温度；速度；物料接触

状态。　7. 等于。　8. 20～50；防止干燥产品返潮。　9. 转筒；喷雾。

二、选择题

1. B。　2. A；C。　3. C。　4. D。　5. D。　6. D；B。　7. A；A。　8. A；C。
9. C。　10. A。　11. C。　12. A。　13. D。　14. C。　15. C。　16. D。
17. C。　18. A。　19. B。　20. B。　21. B。　22. B。　23. B。　24. B。

三、简答题

1. 要求含水量降低至 $X_2 = \dfrac{w_1}{1-w_1} = \dfrac{0.05}{1-0.05} = 0.0526 > 0.05 = X^*$（平衡含水量），所以可能达到指定干燥要求。

2. 喷雾干燥器、气流干燥器、洞道式干燥器、带式干燥器。

9.3.4　灵活应用题

一、填空题

在恒定干燥条件下对 150kg 含水量为 13％（湿基）的物料进行干燥，其干燥介质为温度 44℃、湿球温度 29℃的空气。湿物料在该条件下的临界含水量为 0.10kg 水/kg 绝干物料。空气垂直流过边长为 5cm 的正方体物料，对流传热系数为 131W/(m²·℃)，湿球温度下水的汽化潜热 $r_w = 2432$kJ/kg，则恒速阶段干燥速率为_____ kg/(m²·s)。

二、选择题

1. 对同一物料进行干燥，若提高干燥介质空气的温度，其他条件不变，则物料的临界含水量（　　），平衡含水量（　　）。

A. 降低　　　　　　B. 增加
C. 不变　　　　　　D. 不确定

2. 在恒定空气状态下干燥某块状物料，若增加空气的湿度，其他条件不变，则临界含水量（　　），平衡含水量（　　）。

A. 降低　　　　　　B. 增加
C. 不变　　　　　　D. 不确定

3. 如图 9-6 所示的干燥速率曲线，在 X 为（　　）kg 水/kg 绝干料之前只干燥非结合水分，在 X 为（　　）kg 水/kg 绝干料之前非结合水分能被完全干燥。

A. 0.25　　B. 0.18　　C. 0.15　　D. 0.05

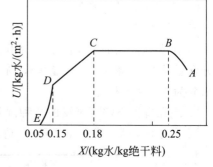

图 9-6　恒定干燥条件下的干燥速率曲线

三、简答题

1. 温度为 t、湿度为 H 的常压空气以一定的流速在湿物料表面掠过，测得其干燥速率曲线如图 9-7 所示，试定性绘出改动下列条件后的干燥速率曲线。（1）空气的温度与湿度不变，流速增加；（2）空气的湿度与流速不变，温度增加；（3）空气的温度、湿度与流速不变，将被干燥的物料厚度减半。

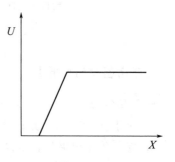

图 9-7　干燥速率曲线

2. 若空气用量相同，试比较下列三种常压空气作为干燥介质时，恒速阶段速率的大小关系。（1）$t=50℃$，$H=0.03$kg 水汽/kg 绝干气；（2）$t=90℃$，$H=0.06$kg 水汽/kg 绝干气；（3）$t=120℃$，$H=0.08$kg 水汽/kg 绝干气。

【参考答案与解析】

一、填空题

$8.08×10^{-4}$。

分析： $U_c=\dfrac{\alpha}{r_w}(t-t_w)=\dfrac{131×10^{-3}}{2432}×(44-29)=8.08×10^{-4}$kg/(m^2·s)。

二、选择题

1. B；A。　　2. A；B。　　3. B；C。

三、简答题

1.

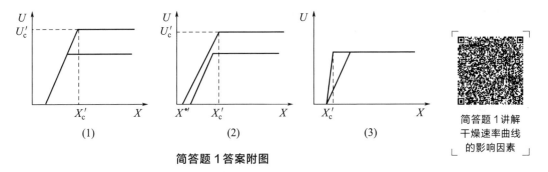

简答题 1 答案附图

简答题 1 讲解
干燥速率曲线
的影响因素

2. 决定恒速阶段速率的因素主要有空气的流速、湿度、温度，由于恒速阶段速率可表示为 $U_c\propto(t-t_w)$ 且 $U_c\propto(H_w-H)$，因此可通过 $(t-t_w)$ 或 (H_w-H) 来判断恒速阶段速率大小。

（1）由 $t=50℃$，$H=0.03$kg 水汽/kg 绝干气查 H-I 图，得 $t_w=33.5℃$，$H_w=0.036$kg 水汽/kg 绝干气

传热推动力　　　$(t-t_w)_1=50-33.5=16.5℃$

传质推动力　　　$(H_w-H)_1=0.036-0.03=0.006$kg 水汽/kg 绝干气

（2）传热推动力 $(t-t_w)_2=90-48=42℃$

　　　传质推动力 $(H_w-H)_2=0.078-0.06=0.018$kg 水汽/kg 绝干气

（3）传热推动力 $(t-t_w)_3=120-54=66℃$

　　　传质推动力 $(H_w-H)_3=0.109-0.08=0.029$kg 水汽/kg 绝干气

恒速阶段干燥速率与其推动力成正比，比较之，故（3）>（2）>（1）。

本题直接将压差作为传质推动力来判断恒速阶段速率大小，一样可以得到如上结论。

9.3.5　拓展提升题

1.（考点 毛细管力）有关降速干燥阶段物料内水分扩散机理的毛细管理论认为，当水分蒸发时水和固体之间由于（　　）而产生了毛细管力，这种毛细管力是水分由细孔移到固体表面的推动力。

A. 浓度差推动力　　　B. 表面张力　　　C. 摩擦力　　　D. 重力

2.（考点 干燥时间）已知在恒定干燥条件下对某湿物料进行干燥，干燥面积为 A，恒速段的干燥速率为常量，即为临界点上的干燥速率 U_c，已知干燥开始时，湿物料的干基含水量 X_1，临界含水量 X_c，平衡含水量为 X^*，假设降速段的干燥速率曲线随物料的含水量 X 呈线性变化，含水量之间大小关系为 $X_1 > X_c > X_2 > X^*$，写出干燥至 X_2 所需的总时间 τ 的关系式，并简要列出推导过程。

3.（考点 几种变量对干燥时间的影响）常压下将含水量为 30%（湿基）的物料 250kg 置于温度为 120℃、湿球温度为 65℃ 的空气中，空气以 5m/s 的流速流过物料。干燥面积为 10m²，湿物料在该条件下的临界含水量为 0.10kg 水/kg 绝干料，平衡含水量为 0.05kg 水/kg 绝干料，降速可视为直线。试求：（1）除去 50kg 水分所需的干燥时间（h）；（2）将物料继续干燥，再除去 10kg 水分所需的干燥时间（h）；（3）其他条件不变，只是将物料厚层切半，物料平铺一起进行干燥，将物料干燥至同（1）的含水量一样时所需的干燥时间。

已知：①空气平行于物料表面流动时的对流传热系数为 $\alpha = 0.0204G^{0.8}$，式中，α 单位为 $W/(m^2 \cdot ℃)$；G 为湿空气的质量速度，$kg/(m^2 \cdot h)$。②汽化潜热 $r = 2491.3 - 2.303t$，式中，r 的单位为 kJ/kg；t 的单位为 ℃。③ 65℃ 下水的饱和蒸气压为 25.022kPa。

【参考答案与解析】

1. B。

2. **解**：①恒速干燥阶段 $d\tau = -\dfrac{G'}{U_c A}dX$，两边同时积分可得 $\displaystyle\int_0^{\tau_1} d\tau = -\dfrac{G'}{U_c A}\int_{X_1}^{X_c} dX$

则
$$\tau_1 = \frac{G'}{U_c A}(X_1 - X_c)$$

② 降速干燥阶段 $d\tau = -\dfrac{G'}{UA}dX$，两边同时积分可得

$$\tau_2 = \int_0^{\tau_2} d\tau = -\frac{G'}{A}\int_{X_c}^{X_2} \frac{dX}{U}$$

题中假设降速段的干燥曲线随物料的含水量 X 呈线性变化，故

$$\frac{U-0}{X-X^*} = \frac{U_c - 0}{X_c - X^*} = K_X$$

可得
$$U = K_X(X - X^*)$$

则
$$\tau_2 = -\frac{G'}{A}\int_{X_c}^{X_2} \frac{dX}{U} = -\frac{G'}{A}\int_{X_c}^{X_2} \frac{dX}{K_X(X - X^*)}$$

积分得
$$\tau_2 = \frac{G'}{A K_X}\ln\frac{X_c - X^*}{X_2 - X^*}$$

将 $\dfrac{U_c}{X_c - X^*} = K_X$ 代入上式，可得 $\tau_2 = \dfrac{G'(X_c - X^*)}{A U_c}\ln\dfrac{X_c - X^*}{X_2 - X^*}$

总时间 $\qquad \tau = \tau_1 + \tau_2 = \dfrac{G'}{U_c A}(X_1 - X_c) + \dfrac{G'(X_c - X^*)}{U_c A}\ln\dfrac{X_c - X^*}{X_2 - X^*}$

3. 解：（1）65℃下水的汽化潜热 $r_w = 2491.3 - 2.303 \times 65 = 2342\text{kJ/kg}$

65℃下空气的饱和湿度 $\quad H_s = \dfrac{0.622 p_s}{p - p_s} = \dfrac{0.622 \times 25.022}{101.3 - 25.022} = 0.204\text{kg 水/kg 绝干气}$

空气的湿度

$$H = H_w - \dfrac{\alpha}{k_H r_w}(t - t_w) = 0.204 - \dfrac{1.09}{2342} \times (120 - 65) \approx 0.178\text{kg 水/kg 绝干气}$$

空气的比体积

$$v_H = \left(\dfrac{1}{29} + \dfrac{H}{18}\right) \times 22.4 \times \dfrac{t + 273}{273} = \left(\dfrac{1}{29} + \dfrac{0.178}{18}\right) \times 22.4 \times \dfrac{120 + 273}{273}$$
$$= 1.431\text{m}^3 \text{湿空气/kg 绝干气}$$

空气的密度 $\quad \rho = \dfrac{1 + H}{v_H} = \dfrac{1 + 0.178}{1.431} = 0.823\text{kg/m}^3$

空气的质量流速 $\quad G = \rho u = 0.823 \times 5 = 4.115\text{kg/(m}^2 \cdot \text{s)} = 14814\text{kg/(m}^2 \cdot \text{h)}$

对流传热系数 $\quad \alpha = 0.0204 G^{0.8} = 0.0204 \times 14814^{0.8} = 44.28\text{W/(m}^2 \cdot ℃)$

恒速段干燥速率 $\quad U_c = \dfrac{\alpha(t - t_w)}{r_w} = \dfrac{44.28 \times (120 - 65) \times 3600}{2342 \times 1000} = 3.744\text{kg/(m}^2 \cdot \text{h)}$

物料的初始干基含水量 $\quad X_1 = \dfrac{0.30}{1 - 0.30} = 0.429\text{kg 水/kg 绝干气}$

绝干物料质量 $\quad G' = G_1(1 - w_1) = 250 \times (1 - 0.30) = 175\text{kg}$

除去 50kg 水分后物料的干基含水量 $\quad X_2 = \dfrac{250 \times 0.30 - 50}{175} = 0.143 > X_c$

所以除去 50kg 水分的干燥过程处于恒速阶段，所需干燥时间为

$$\tau = \dfrac{G'(X_1 - X_2)}{A U_c} = \dfrac{175 \times (0.429 - 0.143)}{10 \times 3.744} = 1.34\text{h}$$

（2）再除去 10kg 水分后物料的含水量 $X_2' = \dfrac{250 \times 0.30 - 60}{175} = 0.0857 < X_c$。干燥分为

恒速段与降速段，所用干燥时间分别记为 τ_1、τ_2，则

$$\tau_1 = \dfrac{G'(X_2 - X_c)}{A U_c} = \dfrac{175 \times (0.143 - 0.10)}{10 \times 3.744} = 0.2\text{h}$$

因降速段干燥速率可视为直线，即

$$\tau_2 = \dfrac{G'}{A}\dfrac{X_c - X^*}{U_c}\ln\dfrac{X_c - X^*}{X_2' - X^*} = \dfrac{175}{10} \times \dfrac{0.10 - 0.05}{3.744} \times \ln\dfrac{0.10 - 0.05}{0.0857 - 0.05} = 0.079\text{h}$$

从物料中再除去 10kg 水分共需干燥时间

$$\tau = \tau_1 + \tau_2 = 0.2 + 0.079 = 0.279\text{h}$$

（3）按题意，X_c 将减小，而 X_2 不变，故干燥过程仍属于恒速段。通过恒速干燥阶段的干燥时间计算式可见，因其中 G'、X_1、X_2、U_c 均不变，面积 A 增大 1 倍，所以所需干燥时间

$$\tau' = \dfrac{\tau}{2} = \dfrac{1.34}{2} = 0.67\text{h}$$

9.4　拓展阅读　冷冻干燥技术

【技术简介】 冷冻干燥又称升华干燥。将含水物料冷冻到冰点以下，使水转变为冰，然后在较高真空下将冰转变为蒸气而除去的干燥方法，升华过程中所需的汽化热量，一般用热辐射供给[1]。

【工作原理】 由物理学可知，水有三相，O 点为三相点，其相平衡图如图 9-8 所示。冷冻干燥是将被干燥的物料先冻结到三相点温度以下，根据压力减小、沸点下降的原理，物料中的水分则可从水不经过液相而直接升华为水汽。根据这个原理，就可以先将湿物料冻结至冰点之下，使物料中的水分变为固态冰，然后在适当的真空环境下，将冰直接转化为蒸汽而除去，再用真空系统中的水汽凝结器将水蒸气冷凝，从而使物料得到干燥。这是个在低温低压下发生水的物态变化和移动的过程，因此冷冻干燥技术的工作原理就是在低温低压下的传热传质。

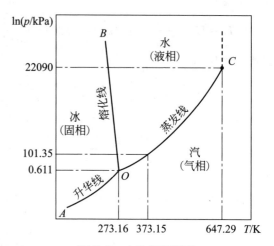

图 9-8　水的相平衡图

【工程应用】 由于真空冷冻干燥在低温、低压下进行，而且水分直接升华，因此赋予产品许多特殊的性能。如：真空冷冻干燥技术对热敏性物料亦能脱水比较彻底，可有效抑制热敏性物质发生生物、化学或物理变化，且经干燥的药品十分稳定，便于长时间贮存；由于物料的干燥在冻结状态下完成，与其他干燥方法相比，物料的物理结构和分子结构变化极小，其组织结构和外观形态被较好地保存；在真空冷冻干燥过程中，物料不存在表面硬化问题，且其内部形成多孔的海绵状，因而具有优异的复水性，可在短时间内恢复干燥前的状态。

目前，冷冻干燥技术在食品加工、中药材处理、生物制药等领域有着广泛应用。例如：在食品加工方面，冷冻干燥技术几乎可以对包括果蔬类、谷物类、肉禽水产类、调味食品类、饮料类、特色农产品等所有的农产品进行加工[2-3]；在中药材处理方面，冻干处理的鹿茸材料较煮炸干燥法可以更有效地保持鹿茸中的脂溶性成分及色泽；在生物制药方面，冻干技术可以维持药品的稳定性，并更有效地提升药物的生物活性；在制药领域，冷冻干燥技术可以满足对药物生物化学结构的保护，使药材的活性与品质得以保留，且由于脱水过程在真空环境下进行，也大大减少了药物被空气污染的可能性[4]。

参考文献

[1]　石伟勤 . 真空冷冻干燥技术与设备［M］. 北京：中国劳动社会保障出版社，2013.

[2]　李兢思，李俊欣，付佳佳 . 冷冻干燥技术及其在食品加工行业的应用［J］. 食品安全导刊，2022，34：151-153＋158.

[3]　吴雨豪，吕瑞玲，周建伟，等 . 真空冷冻干燥技术在果蔬类食品加工中的应用现状［J］. 包装工程，2023，44（7）：85-95.

[4] 毕金峰，冯舒涵，金鑫，等. 真空冷冻干燥技术与产业的发展及趋势 [J]. 核农学报，2022，36 (2)：414-421.

本章符号说明

英文字母

c_H——湿空气的比热容，kJ/(kg 绝干气·℃)

c_m——固体物料的比热容，kJ/(kg 绝干料·℃)

G——单位时间内绝干物料的流量，kg/s 绝干料/s

G_1——湿物料的流量，kg/s

G_2——干燥产品的流量，kg/s

G'——固体绝干物料的质量，kg

H——空气的湿度，kg/s 水汽/kg 绝干气

I——空气的焓，kJ/kg 绝干气

I'——固体物料的焓，kJ/kg 绝干料

k_H——传质系数，kg/(m^2·s·ΔH)

K_X——降速阶段干燥速率曲线的斜率，kg 绝干料/(m^2·s)

L_0——新鲜空气流量，kg/s 或 kg/h

L——绝干空气流量，kg/s 或 kg/h

l——单位空气消耗量，kg 绝干气/kg 水

M——摩尔质量，kg/kmol

n——物质的量，kmol

p_v——湿空气的水汽分压，kPa

p——湿空气的总压，kPa

p_s——水的饱和蒸气压，kPa

Q——干燥系统消耗的总热量，kW

Q_D——单位时间向干燥器补充的热量，kW

Q_L——干燥器的热损失速率，kW

Q_P——预热器消耗的热量，kW

r——汽化热，kJ/kg

S——干燥表面积，m^2

t——温度，℃

t_{as}——绝热饱和温度，℃

t_w——湿球温度，℃

t_d——露点温度，℃

U——干燥速率，kg/(m^2·s)

v_H——湿空气的比体积，m^3；湿空气/kg 绝干气

V_0——新鲜空气的体积流量，m^3/s

w——物料的湿基含水量；

W——水分的蒸发量，kg/s

X——物料的干基含水量，kg 水/kg 绝干料

X^*——物料的干基平衡含水量，kg 水/kg 绝干料

希腊字母

α——对流传热系数，W/(m^2·℃)

η——热效率

θ——固体物料的温度，℃

τ——干燥时间，s

φ——相对湿度百分数

第 10 章

新型分离技术概述

10.1 膜分离

10.1.1 膜分离技术简介

膜分离技术利用具有选择透过性的薄膜，在膜两侧施加一定推动力的作用下，选择性推动目标物质通过，从而实现混合物的分离、提纯、浓缩等目的。20 世纪 50 年代，膜技术首先在海水淡化方面成功应用，之后大约每十年有一种新的膜技术进入工业生产，并逐步迈入快速发展阶段。

常规膜分离技术有微滤、超滤、纳滤、反渗透技术，以及结合电化学技术的电渗析等；新型膜分离技术有渗透汽化膜技术、液膜技术、动态膜技术等。

膜材料按照材质，可分为聚合物膜和无机膜两大类。膜分离装置的核心是膜组件，常用形式有板框式、圆管式、螺旋卷式和中空纤维式。

膜分离操作方式，一般分为死端过滤和错流过滤（图 10-1、图 10-2）。死端过滤中原料流动的方向与料液透过膜的方向平行，膜污染会在较短时间内形成，分离效率较低。错流过滤中原料流动的方向与料液透过膜的方向垂直，能有效避免溶质在膜表面堆积，分离效率较高[1]。

图 10-1 死端过滤　　　　　　　图 10-2 错流过滤

膜分离技术具有高效分离、能耗低、无相变、设备简单易操作等优点，广泛应用于食品、药品、冶金、化工、电力等诸多行业。我国膜分离技术起步于 20 世纪 60 年代，90 年代后，在我国医疗、食品工业、化工、制药等领域工业生产中得到广泛应用。例如：在食品工业领域，可采用膜分离技术实现果胶提取液的浓缩与纯化，在果蔬汁、食醋等产品加工中去除浑浊物质、澄澈产品，取代高温杀菌实现冷杀菌保障热敏性产品的品质；在环境工程中，使用反渗透膜分离技术实现工业和生活污水中重金属、难降解有机污染物的达标排放，提升资源的利用率[2]。

膜分离技术和其它传统的分离技术相结合，逐步形成了一些新型膜技术，如膜萃取、膜蒸馏、膜吸收、膜反应、控制释放等，在此以膜蒸馏技术为例进行介绍。

10.1.2　膜蒸馏

【技术简介】膜蒸馏是膜分离过程和蒸馏过程的集合体，以疏水微孔膜为介质，利用膜两侧温差驱动水在膜介质内相变迁移，水以蒸汽的形态从原溶液中抽离出来，并在低温侧遇冷重凝成液态纯水。

【工作原理】如图 10-3 所示，膜蒸馏的热质传递过程主要分为蒸发、膜透过、扩散、凝缩四步。具体来说，易挥发性组分在高温侧蒸发，并通过直径为 $0.1\sim1\mu m$ 的疏水膜，之后挥发性物质扩散到低温侧，在低温侧壁面遇冷凝结成液体。膜蒸馏过程中由于膜孔的表面张力和疏水性，挥发性物质只能以气体形式通过膜孔，理论上能实现对非挥发性组分 100% 的截留率[3]。

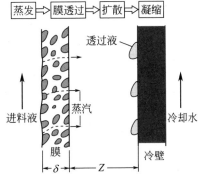

图 10-3　膜蒸馏分离过程示意图

相较于常规蒸馏，膜蒸馏的孔径较小，馏出液中的大分子量含量低，因此馏出液纯度更高；且膜蒸馏往往在常压下进行，无需把溶液加热到沸点，只要膜两侧维持适当的温差，该过程就可以进行，并可利用太阳能、地热、温泉、工厂的余热和温热的工业废水等廉价能源提供能量。

【应用领域】随着膜蒸馏过程研究的深入，膜蒸馏技术除了应用在海水、苦咸水淡化外，也逐渐在工业废水处理、热敏物质分离和其它特种分离等领域得到应用[4]。

例如，含有重金属的工业废水主要来源于采矿、电镀、印刷、木材加工、造纸、石化、钢铁和电池工业等，此类废水直接排放会严重污染环境并影响人体健康。相比传统膜分离技术，应用膜蒸馏技术，不仅能够更高效地将高浓度重金属废水过滤成合格的直排水，还能进一步回收重金属类物质，实现资源化利用。

【未来展望】近年来膜蒸馏技术飞速发展，在高浓度有机废水、高盐废水、放射性废水等工业废水处理领域的运用越来越多，针对膜污染形成的原因、影响因素以及控制措施等系列问题的研究也取得了很大的进展。然而，要真正实现膜蒸馏技术的大规模工业化运用，还需要认真考虑能耗问题，并对膜污染机理及污染膜的清洗加以深入研究。未来既要不断研究创新污染膜的清洗方式，也要加强对膜材料的研究，开发出更加稳定、抗污染的高效膜材料[5]。

参考文献

[1]　柳聪 . 基于膜分离技术的卵黄免疫球蛋白分级纯化研究及生产线设计 [D] . 武汉：华中农业大学，2022.

[2]　李欢 . 膜分离技术及其应用 [J] . 化工管理，2022 (33)：50-53.

[3]　毛名辉 . 基于界面改性的膜蒸馏页岩气废水处理研究 [D] . 重庆：重庆大学，2022.

[4]　李红宾，刘恒吉，石文英，等 . 膜蒸馏技术应用最新研究进展 [J] . 化工新型材料，2022，50 (02)：270-273＋277.

[5]　刘金瑞，孙天一，史载锋 . 膜蒸馏技术在废水处理中的研究进展 [C] // 中国环境科学学会 2021 年科学技术年会论文集，2021：1041-1046.

10.2　色谱分离

10.2.1　色谱分离技术简介

色谱分离技术是色谱法、层析法、层离法等分离方法的总称。它利用不同组分在固定相

（静止不动的一相）和流动相（自上而下运动的一相）中具有不同的分配系数和移动速率，从而实现不同组分分离的技术。

　　色谱分离技术可根据进样量、流动相相态、固定相附着方式、分离机理、操作条件等予以分类，详见图 10-4。

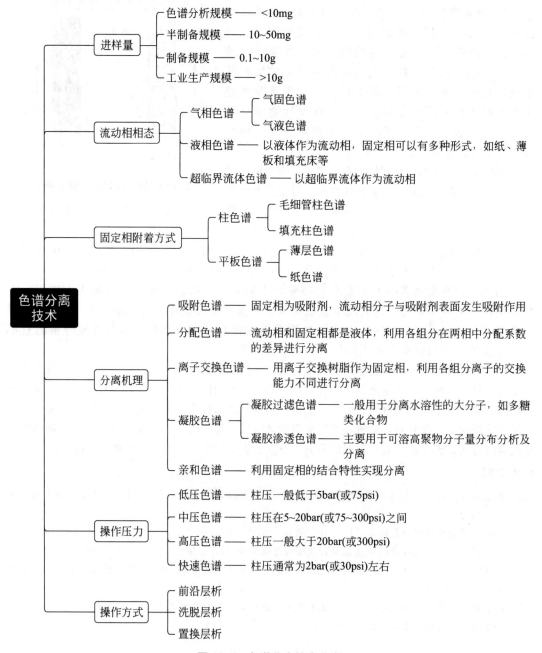

图 10-4　色谱分离技术分类

　　色谱分离技术具有分离效率高、应用范围广、选择性强、设备简单等优点，广泛应用于化工、医药、食品、生物、环境等行业。目前，气相色谱和液相色谱是世界上应用最广的分析技术，在食品安全、石油化工、生物医药、环境保护、材料科学等领域发挥着极其重要的作用[1]。例如：气相色谱法可以对农药残留量、氨基酸、维生素、激素、糖类、脂质、核酸等进行测定，也可对某些金属离子以及大气中的 CO_2、SO_2、H_2S、甲烷等进行分析。高效液相色谱法可对维生素、生物碱、激素、氨基酸、农药、核酸、香豆素、脂质等有机物质进行分析，也可测定一些无机离子及金属元素。离子色谱法能测定数百种阴、阳离子和化合物，非常适合多组分或多元素的同时分析，是分析水中阴离子的最好方法，广泛应用于环境水样的测定。

　　近二三十年，色谱分离技术和其它传统的分离技术相结合，也发展了一些新型的色谱分离技术，如气相色谱-质谱联用技术、离子色谱、超临界流体色谱、毛细管区带电泳等技术，使色谱分析领域充满了活力。同时，随着计算机技术和人工智能的应用发展，实现了顶空进样、吹扫捕集进样、固相微萃取、超临界流体萃取和加压溶剂萃取等技术与不同色谱仪器的在线联用[1]。

10.2.2　超临界流体色谱技术（SFC）

　　【技术简介】超临界流体色谱是 20 世纪 80 年代发展起来的新型低碳环保的色谱分离技术。它采用传质阻力小、扩散速度快、黏度低、表面张力小的超临界流体作为流动相，同时可联用质谱、紫外、荧光、氢离子火焰、傅里叶红外光谱等多种检测器进行分析测定[2]。SFC 兼具气相色谱和液相色谱的特点，既可分析气相色谱不适应的高沸点、低挥发性样品，又比高效液相色谱有更快的分析速度和更简单的条件[3]。CO_2 具有无色、无毒、无害、纯度高、易获取的优势，是目前常用的超临界流体。

　　【工作原理】利用超临界流体作为流动相，使用外力将含有样品的流动相通过与流动相互不相溶的固定相表面。通过对超临界流体的压缩和调节，使样品中各组分在两相中进行不同程度的作用，与固定相作用弱的组分流出速度快，而与固定相作用强的组分流出速度慢，根据不同组分流出速度的差异实现不同化合物的分离。在分离过程中，超临界流体的压力和温度控制是影响超临界流体的性质和分离效率的重要因素。

　　【应用领域】目前，SFC 已成功应用于医药、食品、化工、生物等领域的石化产品、药物、聚合物、添加剂、脂肪酸、芳香油等产品的制备分离和纯化中；可实现抗真菌类药物康唑类、消炎镇痛药洛芬类、降血压药洛尔类、镇静剂巴比妥类和消化性溃疡类药物拉唑类等手性药物的高效快速分离[2]。SFC 还可用于多环芳烃、有机染料、表面活性剂、农药、酚类、卤代烃等环境污染物的分析检测；对糖、氨基酸、蛋白质、天然产物以及具有生物活性物质，尤其是天然产物中的低挥发性、热不稳定和具生物活性组分具有良好的分离分析效果[4]。

　　【未来展望】SFC 在分离分析非挥发性大分子、生物大分子、手性对映体、药物代谢产物等等领域发挥着重要作用。随着超临界流体色谱法写入 2015 年版《中国药典》，该技术在分析化学行业受到越来越多的重视。未来，超临界流体色谱技术发展可能体现在以下几个方面：①从提高分离效率的角度，创新分离材料，研发更高效的色谱柱产品；②从提高色谱分析的自动化程度角度开发 SFC 与其他仪器（包括样品处理、检测和数据处理技术）的联用技术；③从更广泛应用的角度，在生命组学研究、新药的研发、重大疾病的诊断与治疗、环境污染分析和治理等领域发挥更大作用。

参考文献

[1]　刘虎威，傅若农 . 色谱分析发展简史及其给我们的启示［J］. 色谱，2019，37（4）：348-357.

[2]　刘娜 . 超临界流体色谱的应用进展 [J] . 军事医学，2021，45（7）：558-561.

[3]　张怡评，洪专，方华，等 . 超临界流体色谱分离技术应用研究进展 [J] . 中医药导报，2012，18（7）：89-91.

[4]　师萱，贾雪峰，钟耕 . 超临界流体色谱在食品功能性成分分离测定中的应用 [J] . 中国食品添加剂，2007，19（3）：138-141.

10.3　分子印迹技术

10.3.1　分子印迹技术简介

分子印迹技术又叫分子烙印技术，是 20 世纪末出现的一种高选择性分离技术。它是一种人工构建某些识别聚合物的技术，是一个涵盖生物、化学、物理和材料仿生学等基础学科的热点交叉研究领域。科学家们根据"抗原-抗体"识别原理，通过聚合反应合成出了一类能够特异性识别目标分子的分子印迹聚合物（MIPs）[1]。使用待分离的目标分子作为模板合成分子印迹聚合物，洗脱目标分子后在聚合物中形成一个特定的空腔，它具有预定的作用和预定的作用位点，与目标分子的空间位置互补，因此对目标分子具有很高的特异性识别能力。它的原理与酶-底物的以"钥匙与锁"相互作用的功能相似，制备简单，前处理步骤简便，同时可重复使用，机械强度高，稳定性好。与通过其他途径合成的分子识别材料相比，分子印迹聚合物具有三大特点：预定性、实用性和识别性，非常适合作为新型分离介质应用在分子分离领域。

10.3.2　分子印迹材料的制备与识别过程

目前，分子印迹技术相关理论已经应用到材料化学、环境分析、生物医药和食品检测等领域中。其主要的制备及作用过程分为四步：①通过合成或者直接使用商品化试剂获得目标分子（印迹分子）；以印迹分子为模板与功能单体相互作用形成特定的空间结构。②加入交联剂（偶联剂）、引发剂、致孔剂和催化剂进行聚合反应，合成出具有与模板分子结构尺寸大小相似的印迹空穴的功能单体——模板分子聚合物。③通过物理或化学方法移除模板，便得到分子印迹聚合物。④分子印迹聚合物与目标分子的选择性识别和特异性结合，实现目标分子的高效分离[2]。其具体过程如图 10-5 所示。

10.3.3　分子印迹技术在分离领域的应用 [3]

（1）**色谱分离领域**　分子印迹技术除了作为传统分离柱层析的固定相外，还可以作为薄层色谱的固定相，将小颗粒的聚合物涂抹在玻璃板上可以对模板分子以及其类似物或光学异构体进行分离鉴定，并将分子印迹技术与毛细管电泳技术相结合。与传统分离方法相比，分子印迹法具有高效、专一、快速等优点。目前，已经用于氨基酸及其衍生物、核酸以及单糖等物质的分离及药品的筛选及鉴定，例如，Kriz 等人将 L 型苯丙氨酸酰作为印迹分子，分离一对 D、L 对映体。

（2）**固相萃取领域**　目前，将分子印迹聚合物作为固相吸附剂来分离的样品，已经在药物和环境污染样品方面有所研究，如口香糖中尼古丁的富集，对生物样品中三苯氧胺、血清中茶碱的富集以及尿样中戊双眯的富集等。分子印迹固相萃取技术在环境样品痕量检测、生

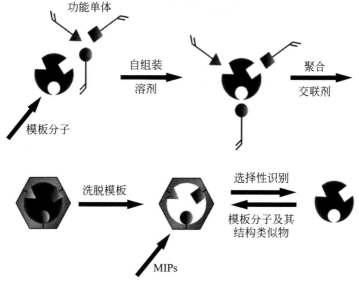

图 10-5　分子印迹过程示意图

物与临床样品分析、药物分析与分离、食品工业及其烟草行业等多方面也得到了广泛的应用。

（3）**膜分离技术领域**　分子印迹聚合物膜不仅对模板分子具有特异性的吸附能力，而且还具有通透量大、处理能力强的优点。Piletsky 等人将分子印迹聚合物应用于膜分离技术上，用单磷酸腺苷为模板，以 2-(N,N-二乙基）氨基甲基丙烯酸乙酯为单体制备分子印迹聚合物膜，并用电分析法对模板的选择性进行了研究，结果表明该膜对模板具有选择性的透过能力。分子印迹分离膜的制备为分子印迹技术走向规模化开辟了道路，目前已经报道分子印迹膜分离的研究包括环境、药物、食品分析等领域。

10.3.4　未来展望

随着分子印迹技术研究的不断深入和应用领域的不断扩展，人们越来越清楚地看到分子印迹技术具有广阔的应用前景和深刻的理论意义。分子印迹作为一种新型的分离手段，以其高度的专一性和选择性而备受人们的关注。分子印迹凭借其对印迹分子的特异识别能力以及稳定的物理、化学性质，在固相微萃取、手性分离、仿生传感器、模拟生物抗体、催化及有机合成等方面得到了广泛的应用。目前，分子印迹聚合物仍然存在以下问题：①理论研究方面，分子印迹和分子识别过程的机理以及分子印迹聚合物的表征和传质机理有待进一步研究。②生产应用方面，分子印迹聚合物的制备方法存在着一定的局限性。在分子印迹聚合物的制备过程中，可以供研究所选择的功能单体和交联剂种类少，尚不能完全满足实际应用的需要。也许在不久的将来，随着相关研究的进一步深入，分子印迹技术会给化工分离领域带来一场革命性的改变。

参考文献

[1]　刘秀．新型表面分子印迹材料制备及性能研究 [D]．银川：北方民族大学，2023.
[2]　张欣悦．磁响应型分子印迹聚合物及其在蛋白质分离纯化过程中的应用 [D]．扬州：扬州大学，2023.
[3]　郝莉花．分子印迹在分离技术中的应用 [J]．农产品加工，2014，05：58-60.

闯关自测

关卡 1　流体静力学相关知识

姓名＿＿＿＿＿＿　班级＿＿＿＿＿＿　时间＿＿＿＿＿＿

[第 1、2 题及第 3 题 (1) 为必答题，第 3 题 (1) 思路正确得基本分、答案正确加分；第 3 题 (2) 为加分题]

1. 对于一定的液体，内摩擦力 F 与两流体层的速度差 Δu 成（　　），与两层之间的垂直距离 Δy 成（　　），与两层间的接触面积 S 成（　　）。

A. 正比；反比；正比　　　　　　B. 正比；正比；正比

C. 反比；反比；正比　　　　　　D. 反比；反比；反比

2. 700mmHg ＝＿＿＿＿＿＿Pa；1.5kgf/cm^2 ＝＿＿＿＿＿＿Pa。

3. 如图所示，用水银压强计测量容器内水面上方压力 p_0，测压点 C 位于水面以下 0.2m 处，测压点 C 与 U 形管内水银界面 A 的垂直距离为 0.3m，水银压强计的读数 $R＝200$mm。已知水与汞的密度分别为 1000kg/m^3 及 13600kg/m^3。试求：

(1) 容器内压强 p_0 为多少？（5 分）

(2) 若容器内表压增加一倍，压强计的读数 R' 为多少？（15 分）。

关卡 2　伯努利方程及其应用

姓名＿＿＿＿＿＿　班级＿＿＿＿＿＿　时间＿＿＿＿＿＿

（第 1、2 题为必答题，2 题思路正确得基本分、答案正确加分；第 3 题为加分题）

1. 在稳定流动系统中，水由粗管连续地流入细管，若粗管直径是细管的两倍，则细管流速是粗管的（　　）倍。

A. 2　　　　　　B. 4　　　　　　C. 8　　　　　　D. 16

2. 如图所示，用泵将储罐中的有机混合液送至精馏塔的中部进行分离。已知储罐内液面维持恒定，其上方压力为 1.0133×10^5Pa。流体密度为 800kg/m^3。精馏塔进口处的塔内压力为 1.21×10^5Pa，进料口高于储罐内的液面 8m，输送管道直径为 $\phi68$mm×4mm，进料量为 20m^3/h。料液流经全部管道的能量损失为 70J/kg，求泵的有效功率。（10 分）

3. 水在管路中流动时，常用流速范围为＿＿＿＿＿＿ m/s，常压气体在管路中流动时，为＿＿＿＿＿＿ m/s。

（5＋5 分）

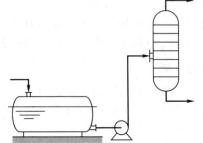

关卡 3　流体流动阻力计算及流量测量方法

姓名＿＿＿＿＿　班级＿＿＿＿＿　时间＿＿＿＿＿

（第 1、2 题为必答题，2 题思路正确得基本分、答案正确加分；第 3 题为加分题）

1. 流体在一段圆形水平直管中做层流流动，测得平均流速为 0.5m/s，则管中心处点速度为（　　）m/s。

A. 0.25　　　　　B. 0.5　　　　　C. 1.0　　　　　D. 1.5

2. 以碱液吸收混合气中的 CO_2 的流程如图所示。已知：塔顶压强为 0.45atm（表压），碱液槽液面与塔内碱液出口处垂直高度差为 10.5m，碱液的流量为 $10m^3/h$，输液管规格是 $\phi 57mm \times 3.5mm$，管长共 40m（包括局部阻力的当量管长），碱液密度 $\rho = 1200kg/m^3$，黏度 $\mu = 2cP$，管壁粗糙度 $\varepsilon = 0.2mm$。试求：

(1) 输送每千克质量碱液所需外加机械能，J/kg；（5 分）

(2) 输送碱液所需有效功率，W。（5 分）

3. 转子流量计的主要特点是（　　）。（10 分）

A. 恒截面、恒压差　　　　　　　B. 变截面、变压差

C. 恒流速、恒压差　　　　　　　D. 变流速、恒压差

关卡 4　离心泵基本方程、特性曲线、工作点及流量调节

姓名＿＿＿＿＿　班级＿＿＿＿＿　时间＿＿＿＿＿

（第 1、2 题为必答题，2 题思路正确得基本分、答案正确加分；第 3 题为加分题）

1. 离心泵最常用的调节方法是（　　）。

A. 改变吸入管路中阀门开度　　　B. 改变压出管路中阀门的开度

C. 安置回流支路，改变循环量的大小　　D. 车削离心泵的叶轮

2. 如图所示输水系统。已知：管路总长度（包括所有局部阻力当量长度）为 100m，从压力表至高位槽所有管长（包括所有局部阻力当量长度）为 80m，管路摩擦系数 $\lambda = 0.025$，管子内径为 0.05m，水的密度 $\rho = 1000kg/m^3$，泵的效率为 0.6，已知泵特性曲线为 $H = 30.5 - 9.5 \times 10^{-3}Q^2$，式中 Q 的单位为 m^3/h。求：

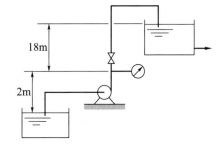

(1) 求管路特性方程；

(2) 求工作点流量；（5 分）

(3) 求泵轴功率；（5 分）

(4) 求压力表的读数为多少（kgf/cm^2）。（5 分）

3. 某同学进行离心泵特性曲线测定实验，启动泵后，出水管不出水，泵进口处真空计指示真空度很高，他对故障原因作出了正确判断，排除了故障，你认为以下可能的原因中，哪一个是真正的原因？（　　）（5分）

A. 水温太高　　　　B. 真空计坏了　　　　C. 吸入管路堵塞　　　　D. 排出管路堵塞

关卡5　沉降分离原理、计算及沉降设备

姓名_____班级_____时间_____

（第1、2题为必答题，2题思路正确得基本分、答案正确加分；第3题为加分题）

1. 一密度为 $8000kg/m^3$ 的小钢球在相对密度为1.5的某液体中的自由沉降速度为在20℃水中沉降速度的1/4000，20℃水的黏度为 $1mPa \cdot s$，则此溶液的黏度为_____ $mPa \cdot s$（设沉降区为层流）。

A. 4000　　　　　　B. 40　　　　　　　C. 37.14　　　　　　D. 3714

2. 某降尘室高 3m，宽 3m，长 5m，用于矿石焙烧炉的炉气除尘。矿尘密度为 $4500kg/m^3$，其形状近于圆球，操作条件下气体流量为 $29000m^3/h$，气体密度 $\rho = 0.6kg/m^3$，黏度为 $3 \times 10^{-5} Pa \cdot s$。则理论上除去矿尘颗粒的最小直径为_____ μm。（5分）

3. 某降尘室有4层隔板（板厚不计），设气流均布并为层流流动，颗粒沉降处于斯托克斯区，已知理论上能100%除去的颗粒直径为 $70\mu m$，则能90%除去的颗粒直径为_____ μm。（15分）

关卡6　过滤分离原理、计算及过滤设备

姓名_____班级_____时间_____

（第1、2题为必答题，第2题思路正确得基本分、答案正确加分；第3题为加分题）

1. "在一般过滤操作中，实际上起到主要拦截作用的是滤饼层而不是过滤介质本身""滤渣就是滤饼"，则_____。

A. 这两种说法都对　　　　　　　　B. 两种说法都不对

C. 只有第一种说法正确　　　　　　D. 只有第二种说法正确

2. 用某板框压滤机在恒压下过滤某悬浮液，要求经过 2h 得滤液 $5m^3$，不计滤布阻力，若已知过滤常数 $K = 1.634 \times 10^{-3} m^2/h$。试求：

（1）若框的尺寸为 $1000mm \times 1000mm \times 32mm$，则需要滤框和滤板各多少块？（5分）

（2）过滤终了用水进行洗涤，洗涤水的黏度和滤液相同，洗涤压力和过滤压力相同，若洗涤水用量为 $0.4m^3$，试求洗涤时间？（5分）

（3）若辅助时间为 0.5h，求该压滤机的生产能力？（5分）

3. 板框压滤机洗涤速率为恒压过滤最终速率的1/4，这一规律只有在_____时才成立。（5分）

A. 过滤时的压差与洗涤时的压差相同

B. 滤液的黏度与洗涤液的黏度相同

C. 过滤压差与洗涤压差相同且滤液的黏度与洗涤液的黏度相同

D. 过滤压差与洗涤压差相同，滤液的黏度与洗涤液黏度相同，且过滤面积与洗涤面积相同

关卡7　热传导原理及计算

姓名＿＿＿＿＿　班级＿＿＿＿＿　时间＿＿＿＿＿

（第1题为必答题，第2题思路正确得基本分、答案正确加分；第3题为加分题）

1. 有两种不同的固体材料，它们的导热系数第一种为 λ_1，第二种为 λ_2，其中 λ_1 比 λ_2 大很多，若作为换热器材料应选择第＿＿＿＿＿种，当作为保温材料时，应选择第＿＿＿＿＿种。

2. 某平壁炉的炉壁由耐火砖、绝热砖和普通砖组成，它们的导热系数分别为 1.163W/(m·K)、0.233W/(m·K) 和 0.582W/(m·K)，为使炉内壁温度保持 1000℃，每平方米炉壁的热损失控制在 930W 以下，若普通砖厚度取为 10cm，炉外壁温度为 83℃，绝热砖与耐火砖交界面温度为 800℃，求：

（1）耐火砖和绝热砖厚度各为多少？（5+5分）

（2）绝热砖和普通砖交界面温度为多少？（5分）

3. 为了减少室外设备的热损失，保温层外所包的一层金属皮应该是（　　）。（5分）

A. 表面光滑，颜色较浅　　　　　　　　B. 表面粗糙，颜色较深

C. 表面粗糙，颜色较浅　　　　　　　　D. 表面光滑，颜色较深

关卡8　对流传热原理及计算

姓名＿＿＿＿＿　班级＿＿＿＿＿　时间＿＿＿＿＿

[第1题（1）～（3）为必答题；第1题（4）及第2、3题为加分题]

1. 热空气在冷却管外流过，$\alpha_2 = 90\text{W}/(\text{m}^2 \cdot ℃)$，冷却水在管内流过，$\alpha_1 = 1000\text{W}/(\text{m}^2 \cdot ℃)$。冷却管外径 $d_o = 16\text{mm}$，壁厚 $b = 1.5\text{mm}$，管壁的 $\lambda = 40\text{W}/(\text{m} \cdot ℃)$。试求：

（1）总传热系数 K_o。

（2）管外对流传热系数 α_2 增加一倍，总传热系数有何变化？

（3）管内对流传热系数 α_1 增加一倍，总传热系数有何变化？

（4）对比（2）（3）的结果，你能得到什么结论？（5分）

2. 用常压水蒸气加热空气，蒸汽冷凝成饱和水排出，空气平均温度为20℃，则壁温约为（　　）。（5分）

A. 20℃　　　　　　B. 100℃　　　　　　C. 60℃　　　　　　D. 49.7℃

3. 冷热水通过间壁换热器换热，热水进口温度为90℃，出口温度为50℃，冷水进口温度为15℃，出口温度为53℃，冷热水的流量相同，且假定冷热水的物性为相同，则热损失占传热量的（　　）。（10分）

A. 5%　　　　　　　B. 6%　　　　　　　C. 7%　　　　　　　D. 8%

关卡 9 对流传热系数影响因素、传热综合应用计算及传热设备

姓名＿＿＿＿＿＿ 班级＿＿＿＿＿＿ 时间＿＿＿＿＿＿

［第 1 题（1）～（3）为必答题；第 1 题（4）及第 2、3 题为加分题］

1. 一列管换热器，管子规格为 $\phi25\text{mm}\times2.5\text{mm}$，管内流体的对流传热系数为 $100\text{W}/(\text{m}^2\cdot℃)$，管外流体的对流传热系数为 $2000\text{W}/(\text{m}^2\cdot℃)$，已知两流体均为湍流流动，管内外两侧污垢热阻均为 $0.0018\text{m}^2\cdot℃/\text{W}$。已知管壁 $\lambda=45\text{W}/(\text{m}\cdot℃)$，试求：

（1）传热系数 K 及各部分热阻的分配比例。

（2）若管内流体流量提高一倍，传热系数有何变化？

（3）若管外流体流量提高一倍，传热系数有何变化？

（4）由（2）（3）能得到什么结论？（5 分）

2. 有一套管换热器，长 10m，管间用饱和水蒸气作加热剂。一定流量下且做湍流流动的空气由内管流过，温度可升至指定温度。现将空气流量增加一倍，并近似认为加热面壁温不变，要使空气出口温度仍保持原指定温度，则套管换热器的长度为原来的（　　）。（5 分）

　　A. 2 倍　　　　　B. 1.75 倍　　　　C. 1.15 倍　　　　D. 2.30 倍

3. 迪特斯和贝尔特关联式使用的条件是什么？（10 分）

关卡 10　两组分气-液相平衡

姓名＿＿＿＿＿＿ 班级＿＿＿＿＿＿ 日期＿＿＿＿＿＿

（第 1、2 题为必答题，第 3、4 题为加分题）

1. 试画出苯-甲苯 t-x-y 示意图，并说明图中各条线和各个区域的名称。

2. 精馏是利用体系中各组分＿＿＿＿＿＿不同的特性进行分离的。

3. 请写出泡点方程、露点方程表达式。（10 分）

4. 某两组分理想溶液二元混合物，其中 A 为易挥发组分。液相组成 $x_A=0.5$ 时相应的泡点为 t_1，气相组成 $y_A=0.3$ 时相应的露点为 t_2，则（　　），并说明原因。（5＋5 分）

　　A. $t_1>t_2$　　　　B. $t_1=t_2$　　　　C. $t_1<t_2$　　　　D. 无法判断

关卡 11　两组分连续精馏的计算

（物料衡算，操作线方程求解，理论板层数计算，回流比计算，
塔高、塔径计算，板式塔设备等知识）

姓名＿＿＿＿＿＿ 班级＿＿＿＿＿＿ 日期＿＿＿＿＿＿

［第 1 题（1）～（3）为必答题，第 1 题（4）及第 2～4 题为加分题］

1. 用一连续精馏塔分离苯-甲苯混合液。进料为含苯 0.4（质量分数，下同）的饱和液体，质量流率为 1000kg/h。要求苯在塔顶产品中的回收率为 98%，塔底产品中含苯不超过 1.4%。若塔顶采用全凝器，饱和液体回流，回流比为最小回流比的 1.25 倍，塔底采用再沸器。全塔操作条件下，苯对甲苯的平均相对挥发度为 2.46，塔板的液相默弗里

(Murphree) 板效率为 70%，并假设塔内恒摩尔溢流和恒摩尔汽化成立。试求：

（1）塔顶、塔底产品的流率 D、W 及塔顶产品的组成 x_D；

（2）从塔顶数起第二块板上气、液相的摩尔流率各为多少；

（3）精馏段及提馏段的操作线方程；

（4）从塔顶数起第二块实际板上升气相的组成为多少？（5 分）

2. 当增大操作压强时，精馏过程中物系的相对挥发度_____，塔顶温度_____，塔釜温度_____。（2+2+2 分）

3. 总压为 99.7kPa（748mmHg），100℃时苯与甲苯的饱和蒸气压分别是 179.18kPa（1344mmHg）和 74.53kPa（559mmHg），平衡时苯的气相组成为_____，甲苯的液相组成为_____（以摩尔分数表示）。苯与甲苯的相对挥发度为_____。（2+2+2 分）

4. 上升的气体通过塔板时，需要克服的阻力有哪几个？（3 分）

关卡 12　气体吸收的相平衡关系

姓名_____ 班级_____ 日期_____

（第 1、2 题为必答题，计算过程正确得基本分，答案正确加分；第 3 题为加分题）

1. 含有 30%（体积分数）CO_2 的某种混合气体与水接触，系统温度为 30℃，总压为 101.3kPa。试求液相中 CO_2 的平衡浓度 c^* 为_____ $kmol/m^3$。（已知 30℃时 CO_2 的亨利系数为 $E=1.88×10^5 kPa$）（5 分）

2. 对接近常压的低浓度溶质的气-液平衡系统，当总压增加时，亨利系数 E _____，相平衡常数 m _____，溶解度系数 H _____。

3. 由于吸收过程气相中的溶质分压总_____液相中溶质的平衡分压，所以吸收操作线总是在平衡线的_____。增加吸收剂用量，操作线的斜率_____，则操作线向_____平衡线的方向偏移，并请在示意图中表达。（2+2+2+2+7 分）

关卡 13　吸收过程传质机理与吸收速率

姓名_____ 班级_____ 日期_____

（第 1、2 题为必答题，第 3 题为加分题）

1. 根据双膜理论，当被吸收组分在液体中溶解度很小时，以液相浓度表示的总传质系数（　　）

A. 大于液相传质分系数　　　　　B. 近似等于液相传质分系数

C. 小于气相传质分系数　　　　　D. 近似等于气相传质分系数

2. 含 SO_2 为 10%（体积分数）的气体混合物与浓度为 0.02kmol/m³ 的 SO_2 水溶液在 1atm 下接触，操作条件下两相的平衡关系为 $p^*=1.62c$（atm），则 SO_2 将从（　　）相向（　　）相转移，以气相组成表示的传质总推动力为（　　）atm，以液相组成表示的传质总推动力为（　　）$kmol/m^3$。

3. 在吸收塔某处，气相主体浓度 $y=0.025$，液相主体浓度 $x=0.01$，气相传质分系数 $k_y=2\text{kmol}/(\text{m}^2\cdot\text{h})$，气相传质总系数 $K_y=1.5\text{kmol}/(\text{m}^2\cdot\text{h})$，则该处气-液界面上气相浓度 y_i 应为_____。平衡关系 $y=0.5x$。（写出计算过程）（20 分，其中答案 5 分，过程 15 分）

关卡 14 吸收塔的计算

（物料衡算、操作线方程求解、填料层高度计算、填料塔设备等知识）

姓名_____ 班级_____ 日期_____

（第 1 题为必答题，思路正确得基本分，答案正确加分；第 2～4 题为加分题）

1. 用填料塔从一混合气体中吸收所含的苯。混合气体中含苯 5%（体积分数），其余为空气，要求苯的回收率为 90%（以摩尔比表示），吸收塔为常压操作，温度为 25℃，入塔混合气体为每小时 940m³（标准状态下），入塔吸收剂为纯煤油，煤油的耗用量为最小耗用量的 1.5 倍，已知该系统的平衡关系 $Y=0.14X$（其中 Y、X 为摩尔比），已知气相体积传质系数 $K_ya=0.035\text{kmol}/(\text{m}^3\cdot\text{s})$，纯煤油的平均分子量 $M_s=170$，塔径 $D=0.6\text{m}$。试求：

（1）吸收剂的耗用量为多少（kg/h）？（2 分）

（2）溶液出塔浓度 X_1 为多少？（2 分）

（3）填料层高度 Z 为多少（m）？（2 分）

2. 低浓度难溶气体在填料塔中被逆流吸收时，若入塔气体量增加而其他条件不变，则气相总传质单元高度 H_{OG} _____，气相总传质单元数 N_{OG} _____，出口气体组成 y_2 _____，出口液体组成 x_1 _____。（增大、减小、不变、不确定）（2+2+2+2 分）

3. 欲提高填料吸收塔的回收率，你认为应从哪些方面着手？（4 分）

4. 填料塔的直径与_____及_____有关。（2 分）

A. 泛点气速　　　B. 空塔气速　　　C. 气体体积流量　　　D. 气体质量流量

关卡 15 三元体系液-液相平衡

（三角形相图、溶解度曲线、选择性系数等知识）

姓名_____ 班级_____ 日期_____

[第 1 题、第 2 题（1）（2）为必答题，第 2 题（3）（4）为加分题]

1. 萃取是利用各组分间的（　　）差异来分离液体混合物的。

A. 挥发度　　　　B. 离散度

C. 溶解度　　　　D. 密度

2. 已知如右图所示，R 的坐标位置为 A 占 20%，

（1）标出 R 点位置和 E 点位置；

（2）读出 R 点、E 点组成；

（3）求分配系数 k_A、k_B；（10 分）

（4）求选择性系数 β。（10 分）

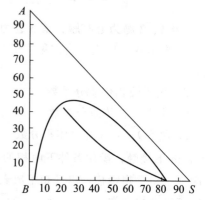

关卡 16　单级萃取及计算

姓名＿＿＿＿＿　班级＿＿＿＿＿　日期＿＿＿＿＿

[第 1 题（1）（2）为必答题，第 1 题（3）（4）、第 2 题为加分题]

1. 如图所示，含 40％（质量分数，下同）丙酮的水溶液，用甲基异丁基酮进行单级萃取。已知操作温度下，体系溶解度曲线和分配曲线如图所示，欲使萃余相中丙酮的含量不超过 10％，试求：

（1）处理每吨料液所需的溶剂量；

（2）萃取相与萃余相的量；

（3）脱溶剂后萃取相的量；（10 分）

（4）丙酮的回收率。（5 分）

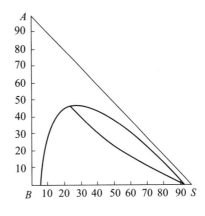

2. 单级（理论）萃取中，在维持进料组成和萃取相浓度不变的条件下，若用含有少量溶质的萃取剂代替纯溶剂，所得萃余相浓度将（　　）。（5 分）

A. 增加　　　　　B. 减少　　　　　C. 不变　　　　　D. 不一定

关卡 17　多级萃取（多级逆流、多级错流）及计算，超临界萃取，萃取设备

姓名＿＿＿＿＿　班级＿＿＿＿＿　日期＿＿＿＿＿

（第 1 题为必答题，解题思路正确得基本分，答案正确加分；第 2 题为加分题）

1. 含丙酮 20％（质量分数，下同）的水溶液，流量 $F=800\text{kg/h}$，按错流萃取流程，以 1,1,2-三氯乙烷萃取其中的丙酮，每一级的三氯乙烷流量 $S=320\text{kg/h}$。要求萃余液中的丙酮含量降到 5％以下，求所需的理论级数和萃取相、萃余相的流量。操作温度为 25℃，此温度下的平衡数据示于下表。（5＋5 分）

丙酮(A)-水(B)-三氯乙烷(S)在 25℃ 的平衡数据（质量分数）

序号	水相			三氯乙烷相		
	％A(x)	％B	％S	％A(y)	％B	％S
1	5.96	93.52	0.52	8.75	0.32	90.93
2	10.00	89.40	0.60	15.00	0.60	84.40
3	13.97	85.35	0.68	20.78	0.90	78.32
4	19.05	80.16	0.79	27.66	1.33	71.01
5	27.63	71.33	1.04	39.39	2.40	58.21
6	35.73	62.67	1.60	48.21	4.26	47.53
7	46.05	50.20	3.75	57.40	8.90	33.70

2. 多级逆流萃取中，操作线的斜率为＿＿＿＿＿，欲达到同样的分离程度，当溶剂比为最小值时，所需的理论级数为＿＿＿＿＿。（5＋5 分）

关卡 18　湿空气性质及湿焓图

姓名 _____ 班级 _____ 日期 _____

（第 1 题、第 2 题为必答题，思路正确得基本分，答案正确加分；第 3 题为加分题）

1. 相对湿度 φ 可以反映湿空气吸收水汽能力的大小，当 φ 值大时，表示该湿空气吸收水汽的能力 _____；当 $\varphi=0$ 时，表示该空气为 _____。

2. 常压下某湿空气温度为 22℃，湿度为 0.016kg/kg 绝干气，试求：

（1）此湿空气的相对湿度？（3 分）

（2）将此空气加热至 50℃，其相对湿度？（3 分）

（3）将此湿空气加压至 700kPa，温度仍维持为 50℃，则 1000m³ 原湿空气能冷凝析出多少千克水分？（已知 22℃和 50℃时水的饱和蒸气压分别为 2.6447kPa 和 12.344kPa。）（4 分）

3. 请利用湿焓图说明湿空气的干球温度、湿球温度和露点温度之间的大小关系。（10 分）

关卡 19　干燥系统物料衡算与热量衡算，干燥设备选择

姓名 _____ 班级 _____ 日期 _____

（第 1 题为必答题，基本公式、思路正确得基本分，答案正确加分；第 2 题为加分题）

1. 干球温度为 25℃、相对湿度为 73% 的常压空气，经过预热器温度升高到 70℃后送至干燥器内。空气在干燥器内经绝热等焓冷却，离开干燥器时的干球温度为 42℃。已知 25℃下水的饱和蒸气压为 3.169kPa。试求：

（1）在 I-H 示意图中确定空气进出预热器和离开干燥器时的状态点位置；

（2）若干燥过程绝干空气的用量为 1350kg/h，求每小时干燥的水分量；（2 分）

（3）若湿物料流率为 10000kg/h，湿基湿含量为 13%，问干燥产品的产量（kg/h）和湿基含水量；（2 分）

（4）新鲜湿空气的质量流量（kg/h）；（2 分）

（5）通风机需要有多大的送风量（m³/h）？（2 分）

2. 什么是等焓干燥，它要满足哪些条件？（12 分）

关卡 20　干燥过程中的平衡关系及干燥速率计算，干燥设备选择

姓名 _____ 班级 _____ 日期 _____

（第 1 题为必答题，思路正确得基本分，答案正确加分；第 2 题为加分题）

1. 常压下以温度为 20℃、湿度为 0.011kg 水/kg 绝干气的新鲜空气为干燥介质，干燥某种湿物料。空气在预热器中被加热至 100℃送入干燥器，空气离开干燥器时的温度为 55℃、湿度为 0.031kg 水/kg 绝干气。每小时有 1500kg 温度 20℃、湿基含水量为 5% 的湿物料送入干燥器，物料离开干燥器时温度升至 45℃、湿基含水量降至 0.3%。绝干物料比热容为 2.18kJ/(kg·℃)。忽略预热器向周围的热损失，干燥器的热损失速率为 1.5kW。试求：

（1）新鲜空气消耗量（kg/h）；（2分）

（2）若预热器中用压力为133kPa（绝压）的饱和水蒸气（汽化热 $r=2100kJ/kg$）加热，计算水蒸气用量；（3分）

（3）干燥系统消耗的总热量；（3分）

（4）干燥系统的热效率。（2分）

2. 为什么临界含水量 X_c 的确定对于如何强化具体的干燥过程具有重要的意义？下列两种情况下 X_c 将会增大还是减小？

（1）提高干燥时气流速度而使恒速阶段的干燥速率增大时；

（2）物料的厚度减小时。（5+5分）

闯关自测参考答案

流体流动

关卡 1

1. A。 2. 9.33×10^4；1.47×10^5。 3. 21778.2Pa（表压）；0.369m。

关卡 2

1. B。 2. 769W。 3. 1.5～3.0；10～20。

关卡 3

1. C。 2. 165.4J/kg；551.3W。 3. C。

流体输送机械

关卡 4

1. B。 2. $H_e = 20 + 0.051Q_e^2$；$13.17\text{m}^3/\text{h}$；1.72kW；2.5kgf/cm^2（表）。 3. C。

非均相物系的分离和固体流态化

关卡 5

1. D。 2. 81.1。 3. 66.4。

关卡 6

1. A。 2. 44，45；1.28h；1.32m^3（滤液）/h。 3. C。

传热及蒸发

关卡 7

1. 一；二。 2. 0.25m，0.14m；243℃。 3. A。

关卡 8

1. $80.8\text{W/(m}^2 \cdot ℃)$；$147.4\text{W/(m}^2 \cdot ℃)$；$85.3\text{W/(m}^2 \cdot ℃)$；要提高 K 值，应提高较小侧的 α 值。 2. B。 3. A。

关卡 9

1. $58.44\text{W/(m}^2 \cdot ℃)$，污垢 23.7%，管外 2.92%，管内 73%，管壁 0.36%；$84.78\text{W/(m}^2 \cdot ℃)$；$58.99\text{W/(m}^2 \cdot ℃)$；结论略。 2. C。 3. $Re > 10000$；$0.7 < Pr < 120$；管长与管径比 $L/d_i > 60$。

蒸馏

关卡 10

1. 略。 2. 挥发度。 3. $x_A = \dfrac{p - p_B^\circ}{p_A^\circ - p_B^\circ}$，$y_A = \dfrac{p_A^\circ}{p} \times \dfrac{p - p_B^\circ}{p_A^\circ - p_B^\circ}$。

4. C；作图解释（略）。

关卡 11

1. （1）$D = 5.43\text{kmol/h}$，$W = 6.22\text{kmol/h}$，$x_D = 0.925$；（2）$L = 8.25\text{kmol/h}$，$V = 13.68\text{kmol/h}$；（3）精馏段操作线方程：$y = 0.603x + 0.3672$；提馏段操作线方程：$y =$

1. $455x-0.0075$；（4）0.886。　2. 减小；增加；增加。　3. 0.433；0.759；2.40。
4. 干板阻力；板上充液层的静压力；液体表面张力。

吸收

关卡 12

1. 8.98×10^{-3}。　2. 不变；减少；不变。　3. 大于；上方；增大；远离。

关卡 13

1. B。　2. 气；液；0.0676；0.0417。　3. 0.01。

关卡 14

1. 1281；0.251；5.2。　2. 增大；减小；增大；增大。　3. 略。　4. B；C。

液-液萃取

关卡 15

1. C。　2. （1）略；（2）$R(x_A 0.2, x_B 0.72, x_S 0.08)$，$E(y_A 0.39, y_B 0.16, y_S 0.45)$；（3）$k_A=1.95$，$k_B=0.22$；（4）$\beta=8.86$。

关卡 16

1. （1）$S=1.4t$；（2）$E=1.75t$，$R=0.65t$；（3）$E'=0.4t$；（4）$\varphi=0.83$。　2. C。

关卡 17

1. 略。　2. B/S；无穷大。

干燥

关卡 18

1. 减小；绝干空气。　2. （1）96％；（2）20.6％；（3）5.65kg。　3. 略。

关卡 19

1. （1）略；　（2）15.255kg；　（3）9984kg/h；0.128；　（4）1369.6kg/h；（5）$1165m^3/h$。　2. 略。

关卡 20

1. （1）3574.4kg/h；（2）138.8kg/h；（3）391647kJ/h（或 108.8kW）；（4）46.8％。
2. （1）增大；（2）减小。

参考文献

[1] 柴诚敬，贾绍义. 化工原理（上下册）. 3 版. 北京：化学工业出版社，2020.

[2] 陈敏恒，丛德滋，齐鸣斋，等. 化工原理（上下册）. 5 版. 北京：化学工业出版社，2020.

[3] 管国锋，赵汝溥. 化工原理. 4 版. 北京：化学工业出版社，2015.

[4] 黄婕. 化工原理学习指导. 2 版. 北京：化学工业出版社，2021.

[5] 丁忠伟. 化工原理学习指导. 3 版. 北京：化学工业出版社，2021.

[6] 马江权，冷一欣，韶晖，等. 化工原理学习指导. 2 版. 上海：华东理工大学出版社，2012.

[7] 柴诚敬，夏清. 化工原理学习指南. 2 版. 北京：高等教育出版社，2012.

[8] 何潮洪. 化工原理习题精解. 北京：科学出版社，2003.